5G大规模天线增强技术

鲁照华 袁弋非 吴昊 高波 蒋创新◎著

5G Massive MIMO Enhancements

人民邮电出版社
北京

图书在版编目（CIP）数据

5G大规模天线增强技术 / 鲁照华等著. -- 北京 : 人民邮电出版社, 2022.5（2023.9重印）
（5G增强技术丛书）
ISBN 978-7-115-57800-6

Ⅰ. ①5… Ⅱ. ①鲁… Ⅲ. ①多变量系统－研究 Ⅳ. ①O231

中国版本图书馆CIP数据核字(2022)第000685号

内容提要

本书以 5G Rel-16 协议为基础，对多天线技术的发展历程进行了回顾，详细地介绍了大规模天线增强技术在 5G Rel-16 中的标准化方案，重点包括码本增强技术、波束管理增强技术、多 TRP 传输增强技术等，细致地分析了各个方案的提出背景、设计思路、仿真结果及标准制定过程背后的技术博弈，并对多天线技术的未来发展趋势进行了预测。

本书适合从事无线通信工作的科技人员、工科大学教师和研究生阅读、学习，也适合作为工程技术及科研教学人员的参考书。

◆ 著　鲁照华　袁弋非　吴　昊　高　波　蒋创新
责任编辑　李　强
责任印制　马振武
◆ 人民邮电出版社出版发行　北京市丰台区成寿寺路 11 号
邮编　100164　电子邮件　315@ptpress.com.cn
网址　https://www.ptpress.com.cn
北京七彩京通数码快印有限公司印刷
◆ 开本：787×1092　1/16
印张：28.75　2022 年 5 月第 1 版
字数：579 千字　2023 年 9 月北京第 4 次印刷

定价：199.80 元

读者服务热线：(010)81055493　印装质量热线：(010)81055316
反盗版热线：(010)81055315
广告经营许可证：京东市监广登字 20170147 号

序

多天线阵列很早就被用于军事领域的雷达和水下声呐系统，以增加接收灵敏度、及时发现对方目标。在民用通信方面，基于天线阵列的波束赋形既可以加强有用信号的接收功率，还能够有效减少用户间的干扰，提升系统频谱效率。多天线技术涉及信号处理理论，是极富应用前景的研究方向，成为近 20 年来学术界关注的焦点之一，也是国际移动通信标准化组织中的“常青树”。20 世纪 90 年代，贝尔实验室提出多输入多输出（Multiple-Input Multiple-Output，MIMO）天线技术，即通过充分利用无线信道的富散射特征，实现空间维度上的复用传输。2010 年提出了大规模 MIMO（Massive MIMO）的概念，从理论上证明了只要能解决导频污染问题，系统容量就会随着天线数的增多而线性增加。这极大地激发了多天线技术在 5G 上的推广应用，使得大规模天线成为满足 IMT-2020 系统容量性能指标的重要技术之一。5G 频段扩展到毫米波，传输条件变差，路损问题严重，而大规模天线下的波束赋形技术恰恰可以改善高频段下的小区覆盖。从 Rel-8 到 Rel-16，3GPP 国际标准化组织的每一个版本的协议都对 MIMO 进行了功能增强或者新功能引入，对物理层接口的许多重要方面，如参考信号设计、信道状态信息反馈、移动性管理等都有较大影响，因此参与标准研究和推进的公司众多，会议分配的时间和人数也在各项标准化技术当中名列前茅。

中国在多天线领域的突破始于 3G TD-SCDMA，时分双工信道的互易性为 MIMO 的研发提供了便利，让中国在较短的时间内走完 MIMO 从理论到实践，从技术标准到产业成熟的道路。得益于国内在 MIMO 方面的高水平基础性研究，中国厂商和运营商在多天线技术的标准化上做出了很大的贡献。尤其在 5G 大规模天线方面，国内有众多单位积极参与。

3GPP 的 Rel-16 协议制定已于 2020 年 6 月完成，其中的大规模天线技术也在历经了 Rel-15 的基本功能制定和 Rel-16 的功能增强之后，从标准活跃期走向标准稳定期。所以本书的出版是十分及时的。本书对多天线技术标准化的诸多方面，例如，信道模型、参考信号、信道状态信息反馈、多点传输/接收、波束管理、功率控制、系统性能等，做了十分详细的阐述，对相关的标准协议进行了深入浅出的解读。本书主要面向的对象是标准研究和产品开发人员，同时也可以作为教学人员和研究人员的参考书。

东南大学移动通信国家重点实验室主任
2020 年 8 月 20 日

前言

我国移动通信产业的发展经历了“1G 的空白”“2G 的跟随”“3G 的突破”“4G 的并行”“5G 的领跑”，并于 2013 年 12 月开始 5G 的实际部署研究。国家对大规模天线技术高度重视，于 2013 年年底专门成立了大规模天线技术专题组，集中了国内研究机构、运营商、设备商以及高等院校相关技术领域的核心单位，启动了面向 5G 的 Massive MIMO 技术的研究与标准化工作，并取得了大量成果。例如，中兴通讯推出了采用大规模天线技术的 Pre5G 商用系统，中国移动主推的 3D-MIMO 技术，都极大地提升了 LTE 商用系统的网络容量和服务质量。

移动通信技术和产业正在迈入第五代移动通信（5G）的发展阶段。3GPP 国际标准化组织已于 2018 年 6 月完成了 Rel-15 标准协议，而 Rel-16 协议的制定工作也于 2020 年 6 月完成。大规模天线增强技术作为 5G 物理层的关键技术，在提升 5G 商用网络的频谱效率上一直发挥着重要作用，在各个 5G 协议版本制定过程中不断保持增强。在整个研究过程中，众多公司积极参与，解决方案“百花齐放”。

本书由中兴通讯的鲁照华、吴昊、高波、蒋创新和中国移动的袁弋非等人撰写。其中，第 1 章主要由鲁照华撰写；第 2 章主要由肖华华、李永、王瑜新、窦建武撰写；第 3 章主要由蒋创新、王瑜新、李永和梅猛撰写；第 4 章主要由吴昊和郑国增撰写；第 5 章主要由蒋创新、潘煜和邵诗佳撰写；第 6 章主要由高波、张淑娟、何震和鲁照华撰写；第 7 章主要由姚珂和张阳撰写；第 8 章主要由袁弋非撰写；第 9 章主要由陈艺戬、李永、王瑜新、叶新泉和鲁照华撰写。全书由鲁照华和袁弋非统筹规划。感谢胡留军、王欣晖、郁光辉、李儒岳、耿鹏、李刚、黄俊、闫文俊等专家的大力支持。最后，还要感谢人民邮电出版社的鼎力支持和高效工作，使本书能尽早与读者见面。

本书是基于作者的有限视角对 5G 大规模天线增强技术的研究和标准化的理解，观点难免有欠周全之处。对于书中存在的叙述不当的地方，敬请读者谅解，并提出宝贵意见。

作者
2020 年 11 月

目录

第 1 章　大规模天线技术发展概述......1

1.1　无线通信系统和天线......2
1.2　多天线在移动通信的应用......4
1.2.1　波束赋形......5
1.2.2　空间分集......5
1.2.3　空间复用......5
1.2.4　干扰管理......6
1.3　大规模天线技术理论及发展历程......6
1.3.1　数学基础......6
1.3.2　信道相关系数特征分析......9
1.3.3　发展历程......11
1.4　大规模天线增强技术的主要方向......13
1.4.1　参考信号......14
1.4.2　CSI 反馈......14
1.4.3　协作多点传输（Multi TRP）......15
1.4.4　波束管理......16
1.4.5　上行传输......16
1.5　小结......17

第 2 章　大规模天线无线信道模型......19

2.1　无线信道概述......20
2.1.1　路径损耗......21
2.1.2　阴影衰落......21
2.1.3　小尺度衰落......22
2.2　无线信道理论......23
2.2.1　信道的表达式......23
2.2.2　瑞利衰落......25
2.2.3　莱斯衰落......27
2.2.4　多普勒频谱......28
2.3　信道模型......29

2.3.1 信道建模方法......29

2.3.2 信道模型介绍......31

2.4 信道建模流程......36

2.4.1 场景设置......37

2.4.2 天线设置......40

2.4.3 LOS 概率计算......46

2.4.4 路径损耗计算......48

2.4.5 穿透损耗计算......52

2.4.6 大尺度参数计算......53

2.4.7 小尺度参数计算......56

2.4.8 小尺度计算增强......62

2.4.9 基于地图的混合信道模型......82

2.5 小结......99

第 3 章 大规模天线系统参考信号设计......101

3.1 CSI–RS......104

3.1.1 CSI-RS 图样......105

3.1.2 CSI-RS 序列......108

3.1.3 CSI-RS 的周期与偏置设计......110

3.1.4 CSI-RS 资源配置......110

3.1.5 CSI-RS 与其他信号碰撞解决机制设计......111

3.1.6 CSI-RS 的速率匹配......112

3.1.7 用于 CSI 的 CSI-RS......112

3.1.8 用于跟踪的 CSI-RS......112

3.1.9 用于波束管理的 CSI-RS......116

3.1.10 用于移动管理的 CSI-RS......116

3.2 DM–RS......117

3.2.1 DM-RS 基本设计......117

3.2.2 Rel-16 低 PAPR DM-RS......135

3.3 SRS......140

3.3.1 LTE 中的 SRS 容量增强技术......141

3.3.2 SRS 类型......146

3.3.3 SRS 时频码域资源......148

3.3.4 SRS 序列......151

3.3.5 SRS 信令配置......154

3.3.6 SRS 与其他资源的优先级处理......155

3.3.7 SRS 天线切换......156

3.3.8 SRS 在分量载波之间的切换 158
3.4 PT-RS 161
3.4.1 基于 OFDM 波形的 PT-RS 的设计 162
3.4.2 基于 DFT-S-OFDM 波形的 PT-RS 的设计 178
3.5 QCL 关系 183
3.5.1 参考信号间的 QCL 关系 186
3.5.2 Rel-15 QCL 的信令配置 189
3.6 小结 193

第 4 章 CSI 反馈增强关键技术 195

4.1 5G 中 CSI 测量、反馈的基本原理和关键技术 196
4.1.1 获取 CSI 的基本方法 196
4.1.2 用于获取 CSI 的参考信号 198
4.1.3 CSI 报告的组成和属性 200
4.1.4 终端处理 CSI 的要求和能力 204
4.2 Rel-15 Type I 码本设计方案 208
4.3 Rel-15 Type II 码本设计方案 213
4.4 Rel-16 eType II 码本设计方案 218
4.5 性能分析 226
4.6 CSI 反馈的未来发展方向 229
4.7 小结 233

第 5 章 Multi-TRP 方案 235

5.1 场景分析 236
5.2 基于单 DCI 的 M-TRP 237
5.2.1 SDM 方式 238
5.2.2 FDM-A 方式 240
5.2.3 FDM-B 方式 243
5.2.4 TDM-A 方式 246
5.2.5 TDM-B 方式 247
5.2.6 各种方式的对比与切换 250
5.2.7 DM-RS 端口指示 251
5.2.8 波束指示与默认波束 252
5.3 基于多 DCI 的 M-TRP 255
5.3.1 PDCCH 255
5.3.2 PDSCH 260
5.3.3 HARQ-ACK 261

5.3.4 乱序（Out-of-order）......270
5.3.5 速率匹配......272
5.4 M-TRP 技术演进......274

第 6 章 波束管理增强方案......279

6.1 高频信道特征、系统结构及部署场景......280
6.1.1 高频信道特性......281
6.1.2 高频段通信系统架构......283
6.1.3 高频部署场景......286
6.1.4 高频组网......289
6.2 波束管理技术......292
6.2.1 波束扫描与测量......294
6.2.2 波束报告......296
6.2.3 波束指示......299
6.2.4 波束维护......302
6.2.5 波束恢复......303
6.3 波束管理后续演进......305
6.3.1 上行默认波束和默认路损确定......305
6.3.2 上下行多面板同时传输......307
6.3.3 MU-MIMO 下的感知干扰的波束管理......312
6.3.4 基于人工智能（AI）的波束管理增强......316
6.4 小结......318

第 7 章 上行传输增强......319

7.1 PUSCH 传输......320
7.1.1 基于码本的 PUSCH 传输......322
7.1.2 非码本的 PUSCH 传输......326
7.2 上行功率控制......328
7.2.1 波束相关的功率控制......329
7.2.2 CA、DC 的功率共享......345
7.2.3 PHR......348
7.3 上行满功率传输增强......351
7.3.1 上行满功率传输增强的约束因素......352
7.3.2 上行满功率传输模式 1......354
7.3.3 上行满功率传输模式 2......358
7.4 小结......363

第 8 章　大规模天线的 IMT-2020 性能评估 365

8.1　IMT–2020 的关键性能指标 366
8.2　IMT–2020 eMBB 系统频谱效率的评估 369
8.2.1　室内热点场景 370
8.2.2　密集城区场景 371
8.2.3　乡村场景 371
8.3　小结 372

第 9 章　未来技术演进 373

9.1　非理想互易性 CSI 获取 374
9.2　基于 OAM 的复用及涡旋波传输 379
9.2.1　OAM 模态与涡旋电磁波 379
9.2.2　OAM 模态正交性 381
9.2.3　OAM 无线通信发展 383
9.2.4　OAM 与 MIMO 的关系 384
9.2.5　OAM 的产生与接收 386
9.2.6　未来 OAM 的研究方向 387
9.3　智能电磁表面 389
9.3.1　可控无线环境 389
9.3.2　智能表面的理论与设计 392
9.3.3　面临的挑战性问题 395
9.3.4　未来研究方向 396
9.4　无蜂窝大规模 MIMO 398
9.4.1　Cell-Free Massive MIMO 的原理 399
9.4.2　Cell Free M-MIMO 的实现 402
9.4.3　Cell-Free M-MIMO 网络的特征 404
9.4.4　Cell-Free M-MIMO 的优势 405
9.5　太赫兹极窄波束通信 407
9.5.1　太赫兹通信介绍 407
9.5.2　太赫兹通信中的波束赋形 410
9.5.3　太赫兹通信的窄波束赋形应用前景与展望 412
9.6　小结 415

附录 417
缩略语 427
参考文献 435

第1章

大规模天线技术发展概述

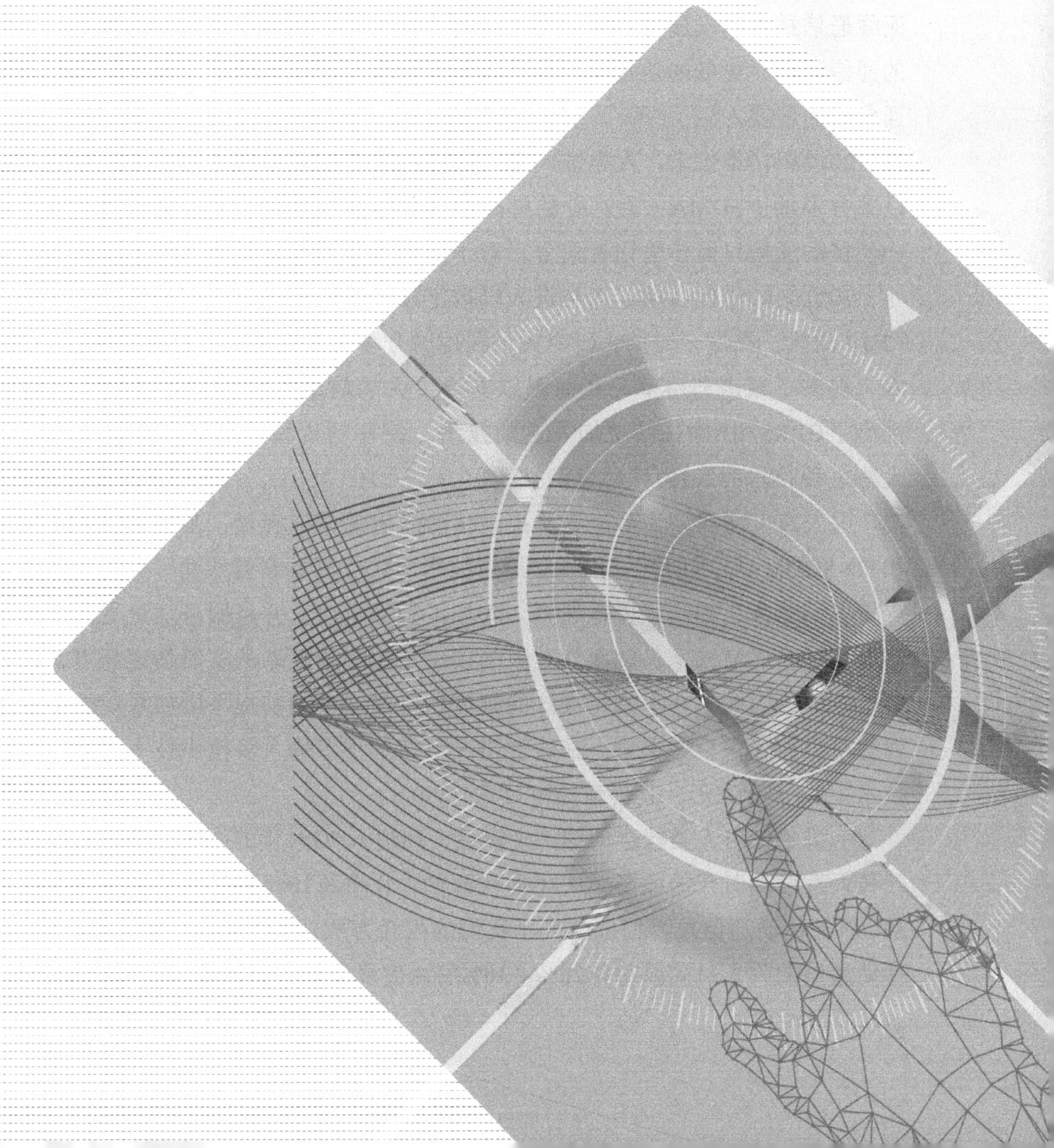

1.1 无线通信系统和天线

最早的无线通信系统使用狼烟、火炬、闪光镜、信号弹或者旗语，在视距内传输信息。为了能够传输更复杂的消息，人们又精心设计出用这些原始信号组成的复杂信号。为了能传得更远，人们在山顶道路旁建立了一些接力观测站。直到1838年，这些原始的通信网才被塞缪尔·莫尔斯（Samuel Morse）发明的无线电报网替代，接着又被电话取代。1895年，马可尼成功地进行了无线传输的实验，现代意义下的无线通信正式诞生。从此以后，人类社会在无线电的研究、开发和应用方面取得了十分辉煌的成绩。特别是进入21世纪后，在新技术革命和全球信息高速公路建设浪潮的影响下，无线通信技术的发展势头更是突飞猛进，这使我们能够在更远的传输距离上实现更高的通信质量、更低的功耗、更小体积的天线和更便宜的价格，也使公网和专网的无线通信成为现实。

20世纪70年代末，人类进入第一代移动通信技术（1G）时代，这一时期的技术是以频分多址（FDMA）为基础的模拟移动通信系统。由于受频谱利用率低的限制，第一代移动通信只能传输语音信号，对于传输大数据只能是可望而不可即的。

20世纪80年代后期，人类进入以数字移动通信技术为标准的第二代移动通信技术（2G）时代。在这一时期，研究人员利用时分多址（TDMA）和码分多址（CDMA）技术，提高了频谱利用率，从而可以支持更大的信道容量。在此基础上，电信运营商推出了GPRS和EDGE等更加先进的技术，使移动传输速率提高到每秒数百兆，也有人称这种技术为2.5代移动通信技术。

进入21世纪后，为了进一步提高移动通信的信道容量，基于WCDMA、cdma2000和TD-SCDMA技术的第三代移动通信技术（3G）开始崭露头角。第三代移动通信技术支持多种业务，提高了传输速率，增加了频带宽度，并且服务质量更高、成本更低。然而，移动通信技术仍然面临有限的频谱及越来越复杂的实时信道环境，如衰减和多径效应等。因此，在不占用额外的频谱和传输功率的前提下增加系统的传输速率和传输的可靠性变得至关重要。在这种情况下，基于多输入多输出技术的第四代移动通信技术（4G）诞生了，其传输速率可达1Gbit/s。

从贝尔打出人类社会的第一个电话，到迈入5G时代的今天，整个过程就是工业时代转入互联网时代的缩影。从2G时代开始，几乎每10年我们就会迎来速率提升的新浪潮，新的移动通信技术彻底改变了我们的生活方式。移动通信产业一直在快速地发展，移动通信的收入目前以每年20%～30%的速度显著增长，并很有可能持续数年。

移动通信系统中，天线是无线传播的重要接口，无线数据的传输都是依靠天线来完成的，天线的核心功能是向一定方向辐射或接收无线电波。发射天线将无线电发射机输出的射频信号转换为电磁波辐射出去；电磁波到达接收地点后，由接收天线将电磁波转换为高频电流，并通过馈线送到无线电接收机。天线设计是为了满足增益、极化、波束宽度、旁瓣强度、效率和辐射模式的要求。发送端和/或接收端使用多天线为空口开启了一个新的维度——空间域，如果能合理地利用空间域，会极大地提升系统性能。

1887年，德国卡尔斯鲁厄工学院的赫兹教授证实了电磁波的存在，并建立了第一个天线系统。1901年，意大利博洛尼亚研究者马可尼在赫兹教授的天线系统上添加了调谐电路，为较长波长配备大的天线和接地系统，并在纽芬兰的圣约翰斯接收到来自英格兰波尔多发送的无线电报。在这些初期的研究上，天线设计获得了广泛的关注和应用，其发展大致可划分为3个历史阶段。

- 线状天线时期（19世纪末至20世纪30年代初）。1901年马可尼开辟了无线电远距离通信的新时代，他所用的发射天线是从48m高的横挂线斜拉50根铜导线形成的扇形结构，该天线可认为是第一个实用的单极天线。随着电子管的发明和发展，移动通信从长波通信，发展到中波通信，并因电离层的发现，1924年前后开始了短波通信和远程广播，逐步建立了线状天线的基本理论。
- 面状天线时期（20世纪30年代初至20世纪50年代末）。第二次世界大战前夕，由于微波速调管和磁控管的发明，面状天线得以出现，厘米波得以普及，无线电频谱得到更为充分的利用。这一时期，抛物面天线或其他形式的反射面天线得以广泛使用，此外，还出现了波导缝隙天线、介质棒天线、螺旋天线等。这一时期，建立了口径天线及其基本理论，发明了天线测试技术，并开发了天线阵列增强等综合技术。
- 大发展时期（20世纪50年代至今）。1957年人造地球卫星上天标志着人类进入开发宇宙的新时代，也对天线提出了多方面的高要求，如高增益、精密跟踪、快速扫描、宽频带、低旁瓣等。同时，电子计算机、微电子技术和现代材料的发展又为天线理论与技术的发展提供了必要的基础。

当今，天线技术虽已具有成熟科学的许多特征，但仍然是一个富有活力的技术领域。天线的主要的发展方向包括多功能化（以一代多）、智能化（提供信息处理能力）、小型化、集成化及高性能化（宽频带、高增益、低旁瓣、低交叉极化等），具体内容如下。

- 多种制式网络共天馈应用。未来多种制式共用超宽带天线，不仅天线工作频段覆盖多个制式，而且可以根据系统的不同要求实现每一个制式的独立调节。多制式天线的应用将节省建站成本和节约天面资源，灵活满足每种制式的网络覆盖要求。
- 天线功能模式向智能化方向发展。未来天线实现智能化的波束赋形、波束指向控制、波束分裂和远程控制，灵活满足各种场景的应用需求。通过天线的智能化实现系统间互操作和资源的优化利用，最终实现智能化的运维方式。

- 天线体积小型化。天线体积小型化是在保证天线性能基本不变的条件下，减小天线的体积。天线体积小型化是一种基础性技术，是天线永恒的发展方向。
- 天线与射频模块连接由分离式向集中式发展。未来，集中式的设备代替分离式的设备，光纤代替电缆，天线与主设备实现小型化和一体化并充分结合，实现资源的节约和灵活的部署方式，适应网络扁平化的发展趋势。

随着现代通信技术的不断发展，如何降低多径衰落和干扰对传输速率和频谱带宽的影响，从而提升整个网络的吞吐量和提高通信质量，是多天线技术急需解决的问题，值得人们去研究。

1.2 多天线在移动通信的应用

多天线技术[1-17]是指在发送端和/或接收端都采用多根天线的移动通信技术，确切地说是对发射与接收信号进行空域处理，它最早应用在雷达和声呐信号处理中。由于移动通信中服务用户的增多，频率资源的日趋紧张，数据速率需求的逐渐增加，传统的频分多址（FDMA）、时分多址（TDMA）和码分多址（CDMA）等这些信号处理技术已经不能满足需求。于是，多天线技术就应用到现代移动通信中，成为移动通信系统中的关键技术之一。通过对具有丰富散射环境的信道进行积极地利用，多天线技术可实现系统收发的空间复用与分集[4]，可以获得功率增益、空间分集增益、空间复用增益、阵列增益和干扰抑制增益，从而在不显著增加移动通信系统成本的同时，提高系统的覆盖范围、链路的稳定性和系统传输速率。

近年来，许多国内外学者对MIMO技术的理论、性能、算法及具体实现方式等各方面进行了研究，在理论和性能方面已经发表了很多成果。贝尔实验室的BLAST（Bell-Laboratories Layered Space-Time）系统是最早研制的MIMO实验系统，利用每对发送和接收天线上信号特有的“空间标识”，在接收端对其进行“恢复”。基于学术界对MIMO技术的研究和评估，工业界也开始将MIMO技术规范化和商业化，无线局域网络（WLAN）和LTE（3GPP的长期演进）是应用最广泛的含有MIMO技术的标准[11]。

多天线技术有不同的实现模式，如波束赋形、空间分集、空间复用，以及它们之间的结合。

1.2.1 波束赋形

波束赋形是一种基于天线阵列的信号预处理技术，它利用发射端或接收端的多根天线（一般情况下天线之间的信道相关性比较强），以一定的方式形成一个特定波束，使目标方向上的天线增益最大并抑制其他方向上的干扰。

波束赋形技术在扩大覆盖范围、改善边缘吞吐量及干扰抑制等方面有很大的优势。

1.2.2 空间分集

移动通信系统中广泛使用分集技术来弱化多径衰落的影响，并且在不增加发射功率或不牺牲带宽的前提下提高传输的可靠性。分集的基本思想是利用信号的两个或多个独立样本，每个样本经历不相关的无线信道衰落，如果采用适当的方式合并这些样本值，则可以大大降低衰落的影响，从而提高传输的可靠性[1]。

分集技术主要包括时间分集、频率分集和空间分集。其中，空间分集是指利用多天线间较低的无线信道的相关性，提供额外的分集来对抗无线信道的衰落，是一种被用以恢复信号完整度的技术。

根据在发射端还是接收端使用多根发射天线，空间分集又分为发射分集和接收分集两类。

- 发射分集[5]分为有反馈方案和无反馈方案，有反馈方案依赖接收端反馈的信道信息对多根天线发送的信号进行处理；无反馈方案是指发射机不需要知道信道的任何信息，对传输信号进行特殊的处理后，在多根发送天线上发送，如Alamouti空时编码。
- 接收分集是指在接收端使用多根天线接收发射信号的独立副本，通过合适的信号处理算法合并发射信号的副本来降低多径衰落的影响，提高接收信噪比。对于有反馈方案的发射分集系统而言，调制信号按照不同的加权因子从多个发射天线发射，自适应地选择发射天线的加权因子使得接收信号功率或信道容量达到最大。

1.2.3 空间复用

空间复用是指多天线系统将高速数据流分成多路低速数据流，经过编码后调制到多根发射天线上进行发送。由于不同空间信道间具有相对独立的衰落特性，因此接收端通过最小均方误差或者串行干扰删除等技术，就能够区分这些并行的数据流[10]。这种方式下，使用相同的时频资源可以获取更高的数据传输速率，意味着频谱效率和峰值速率都得到提高。

1.2.4 干扰管理

无线频谱资源非常宝贵，为了尽可能地提高频谱的利用效率，移动通信系统引入频率重用的概念。然而，使用相同频率资源的小区之间会产生共信道干扰，降低了系统的服务质量。

当使用多天线时，可以利用目标用户的空间特征和共信道用户的空间特征之间的差别来管理干扰，如干扰抑制、干扰对齐等技术。干扰管理可以在发送端实现，也可以在发送端和接收端通过联合方式实现，其目标是在确保目标用户接收质量的同时，尽可能地把发向共信道用户的干扰功率最小化，从而允许移动通信网络能更好地进行频率重用。

1.3 大规模天线技术理论及发展历程

1.3.1 数学基础

1. 实数向量相关系数分布函数

多天线技术中，不同用户信道的相关性决定了系统容量提升的能力，相关性越低，用户之间使用相同资源传输数据产生的干扰就越小，容量提升越大。因此，需要通过数学手段分析大规模天线带来的不同用户之间信道的相关性变化情况。

对于任意两个长度为n的实数序列 $\boldsymbol{s}_1, \boldsymbol{s}_2 \in R^n$，其相关系数定义为

$$R_{s_1 s_2} = \frac{\boldsymbol{s}_1^{\mathrm{H}} \boldsymbol{s}_2}{\|\boldsymbol{s}_1\|_2 \|\boldsymbol{s}_2\|_2} = \frac{\boldsymbol{s}_1^{\mathrm{H}}}{\|\boldsymbol{s}_1\|_2} \frac{\boldsymbol{s}_2}{\|\boldsymbol{s}_2\|_2} \tag{1-1}$$

由于 $\frac{\boldsymbol{s}_2}{\|\boldsymbol{s}_2\|_2} = \frac{\boldsymbol{s}_1}{\|\boldsymbol{s}_1\|_2} = 1$，所以上述任意两个序列的相关系数为相应$n$维的单位超球面上任意两个点对应序列的相关系数（或者内积）。相关系数是衡量两个序列相似程度的指标，相关系数越高，则两个序列越相似，越不可分辨；反之，则越容易分辨。可以用不相关的序列来表示不同的信息，从而达到传输信息的目的。下面我们将对长度为n的序列相关系数的特性进行分析。

先以三维实数向量为例来说明任意两个单位模值的序列 $\boldsymbol{x}$ 和 $\boldsymbol{y}$（向量）之间的相关

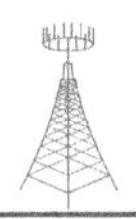

系数。用 $p(r_{xy}\leqslant c)$ 来表示任意两个序列之间相关系数不超过c的概率。由于三维球面上，任意一个向量可以通过正交矩阵旋转特定向量得到，所以上述问题等价于在任意给定一个向量的情况下，球表面其他向量与之相关系数不超过c的概率。在三维坐标系下，不妨设向量$\boldsymbol{x}$为圆上顶点对应向量 $\boldsymbol{v}(0,0,1)$（其他任意点都可以通过酉矩阵旋转$\boldsymbol{v}$而得到），其他任意向量 $\boldsymbol{y}=(y_1,y_2,y_3)$ 与$\boldsymbol{x}$的相关系数表示为

$$r_{xy}=\left|\sum_{i=1}^{3}\boldsymbol{x}_i\boldsymbol{y}_i\right|=|\boldsymbol{y}_3| \tag{1-2}$$

所以 $r_{xy}\leqslant c$ 的所有向量，就是球面上所有坐标分量满足 $y_3\leqslant c$ 的向量构成的集合。$p(r_{xy}\leqslant c)$ 就是球表面上所有满足 $|y_3|\leqslant c$ 的点围成的区域面积与球表面积的比值。由于球的对称性，可只选其上表面作为观察对象（如图1-1所示）。在图1-1中，虚线表示的带状 Ω 区域就是满足相关系数约束的区域，因此

$$p(r_{xy}\leqslant c)=\frac{S_\Omega}{S_{\text{sphere}}} \tag{1-3}$$

根据圆台侧面积公式和球表面积公式可知，$S_\Omega=2\pi c$ 、$S_{\text{sphere}}=2\pi$ ，所以 $p(r_{xy}\leqslant c)=c$ 。这说明任意两个三维单位向量之间的相关系数是概率分布函数为1的均匀分布。

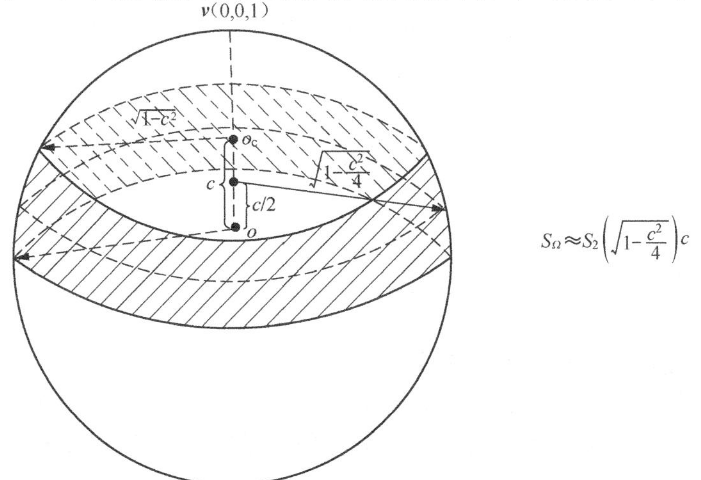

图1-1　三维单位实数向量的相关系数示意图

将三维实数向量推广到任意n维向量，有 $p(r_{xy}\leqslant c)=\frac{S_\Omega}{S_n}$ ，S_Ω 中的区域 Ω 应当为

$$\left\{\Omega(x_1,\cdots,x_n)\middle|1-c^2\leqslant\sum_{k=1}^{n-1}x_k^2\leqslant 1\text{且}\sum_{k=1}^{n}x_k^2=1\right\} \tag{1-4}$$

S_n 表示n维单位向量构成的超球面的表面积，即

$$S_n(R)=\frac{2\pi^{n/2}R^{n-1}}{\Gamma(n/2)} \tag{1-5}$$

这里，R表示n维超球面的半径，所以该问题的关键在于计算区域 Ω 的表面积。在三维球面中，该区域具有直观的几何意义，所以很容易计算。当 $n>3$ 时，没有直观的几何图形及相应的表面积计算公式，虽然难以计算其准确值，但可以使用近似的方法来计算区域 Ω 的表面积。利用微积分的思想，任意一个n维球面的表面积微元可以近似地写成 $(n-1)$ 维球表面积与一个变量微元 Δc 的乘积，即 $S_{n-1}(R)\cdot\Delta c$，对于n维超球面，当c取较小值时，有

$$S_\Omega = S_{n-1}\left(\sqrt{1-\frac{c^2}{4}}\right)c = \frac{2\pi^{n/2}\left(1-\frac{c^2}{4}\right)^{\frac{n-2}{2}}c}{\Gamma\left((n-1)/2\right)} \tag{1-6}$$

从而得到

$$p\left(r_{xy}\leqslant c\right)\approx\frac{S_\Omega}{S_n}=\frac{\Gamma(n/2)\left(1-\frac{c^2}{4}\right)^{\frac{n-2}{2}}c}{\sqrt{\pi}\Gamma\left((n-1)/2\right)} \tag{1-7}$$

后续的仿真表明，当 $c=0.1$时，公式（1-7）非常接近理论值。因此，利用该公式能够获得任意序列长度的任意两个序列相关系数 $r_{xy}\leqslant 0.1$的概率分布。为了推广至更大范围，可以采用分段函数，即

$$p\left(r_{xy}\leqslant c\right)\approx\sum_{k=0}^{K-1}g_k(0.1)+g_K(x) \tag{1-8}$$

其中，$K=\left\lfloor\frac{c}{0.1}\right\rfloor$，$x=c-0.1K$，$g_k(x)=\dfrac{\Gamma(n/2)\left(1-\left(0.1k+\frac{x}{2}\right)\right)^{\frac{n-2}{2}}c}{\sqrt{\pi}\Gamma\left((n-1)/2\right)}$ $\quad k=1,\cdots,6$

2. 复数向量相关系数分布函数

对于复数向量来说，其相关系数应当具有与实数向量类似的特征。对于 $\boldsymbol{x}$，$\boldsymbol{y}\in C^n$，有 $\|\boldsymbol{x}\|_2=\|\boldsymbol{y}\|_2=1$，它们均匀地分布在 $2n$ 维的单位超球表面上。设 $\boldsymbol{x}=\left[x_1+\mathrm{j}s_1 \quad x_2+\mathrm{j}s_2 \quad \cdots \quad x_n+\mathrm{j}s_n\right]^{\mathrm{T}}$、$\boldsymbol{y}=\left[y_1+\mathrm{j}t_1 \quad y_2+\mathrm{j}t_2 \quad \cdots \quad y_n+\mathrm{j}t_n\right]^{\mathrm{T}}$，则它们的相关系数为

$$\boldsymbol{x}^{\mathrm{H}}\boldsymbol{y}=\sum_{k=1}^{n}\left(x_ky_k+s_kt_k\right)+\mathrm{j}\sum_{k=1}^{n}\left(x_kt_k-y_ks_k\right) \tag{1-9}$$

对于均匀球面分布的向量来说，公式（1-9）的实部与虚部的累积概率分布都等价于$2n$维实数向量相关系数的累积概率分布。因此，其相关系数的实部与虚部概率累积分布与$2n$维实数向量的相关系数累积分布函数相同。若将相关系数的实部和虚部看成是两个随机变量，则它们具有一定的相关性，实部越大，它的虚部越小，反之亦成立。设

任意两个 $2n$ 维实数向量的相关系数为 r_{xy}^R，则这两个 $2n$ 维实数向量表示的两个 n 维复数向量相关系数 r_{xy}^C 应当满足 $r_{xy}^R \leqslant r_{xy}^C \leqslant \sqrt{2} r_{xy}^R$。

1.3.2　信道相关系数特征分析

从1.3.1节的数学基本原理可知，当单位向量维度增加到一定程度时，任意两个实数向量的相关性有很大的概率趋近于0，对于复数向量也是如此。在实际通信系统中，用 N 维复数向量 $H \in C^{N\times 1}$ 来描述用户的信道相应向量（N 是基站侧的发射天线数量，假定终端只有一个接收天线）。如果该信道向量之间服从独立复高斯分布，则可认为任意两个用户对应的信道大概率趋于正交。

1. 视距环境

在视距环境下，用户 i 和用户 j 的信道响应向量可以描述为

$$H_i = \begin{bmatrix} 1 & e^{j2\pi d\sin\theta_i} & \cdots & e^{j2\pi(N-1)d\sin\theta_i} \end{bmatrix}^T \tag{1-10}$$

$$H_j = \begin{bmatrix} 1 & e^{j2\pi d\sin\theta_j} & \cdots & e^{j2\pi(N-1)d\sin\theta_j} \end{bmatrix}^T \tag{1-11}$$

其中，d 为基站侧相邻天线之间的间距，以波长为单位，θ_i 和 θ_j 为用户 i 和用户 j 发出的电磁波在基站侧的到达角度。一般来说，只有当两个用户相隔一定的距离时，才能够满足 $\theta_i \neq \theta_j$ 这个条件，此时向量 H_i 和 H_j 的相关系数可以描述为

$$r_{ij} = \frac{\left|H_j^H H_i\right|}{\left\|H_i\right\|_2 \left\|H_j\right\|_2} = \frac{1}{N}\left|\sum_{k=0}^{N-1} e^{j2\pi kd(\sin\theta_i - \sin\theta_j)}\right| \tag{1-12}$$

令 $\sin\theta_i - \sin\theta_j = \Delta\theta$，将公式（1-12）化简得到

$$\begin{aligned} r_{ij} &= \frac{1}{N}\sqrt{\left(\sum_{k=0}^{N-1} e^{j2\pi kd\Delta\theta}\right)\left(\sum_{k=0}^{N-1} e^{j2\pi kd\Delta\theta}\right)} \\ &= \frac{1}{N}\sqrt{\frac{\left(1-e^{j2\pi Nd\Delta\theta}\right)\left(1-e^{-j2\pi Nd\Delta\theta}\right)}{\left(1-e^{j2\pi d\Delta\theta}\right)\left(1-e^{-j2\pi d\Delta\theta}\right)}} \\ &= \frac{1}{N}\left|\frac{\sin 2\pi Nd\Delta\theta}{\sin 2\pi d\Delta\theta}\right| \end{aligned} \tag{1-13}$$

一般来说，相邻天线间距 $d = \lambda/2$，此时，公式（1-13）的结果为 $\frac{1}{N}\left|\frac{\sin\pi N\Delta\theta}{\sin\pi\Delta\theta}\right|$，并在 $\Delta\theta = 0$ 时取得最大值1。当 $\Delta\theta$ 增大时，公式（1-13）的值迅速减小，在 $\Delta\theta = \frac{1}{N}$ 时，会取得第一个0值。图1-2给出了角度差异和相关系数的曲线，可以看出，只要角度差

异$\Delta\theta$大于一个非常小的值，用户i和用户j对应信道向量的相关系数就趋近于0。而在实际的系统中，不同用户对应的到达角度一般都能满足这个条件，所以此时两个用户同时向基站传输数据，其相互干扰就非常低。这也说明在视距环境之下，基站侧配置大阵列天线，可使得任意一个用户对应的信道向量具有非常精细的方向性，同时具有非常广阔的零空间，这一方面能够提供非常高的阵列增益，另一方面能够非常高效地抑制干扰，如图1-3所示。

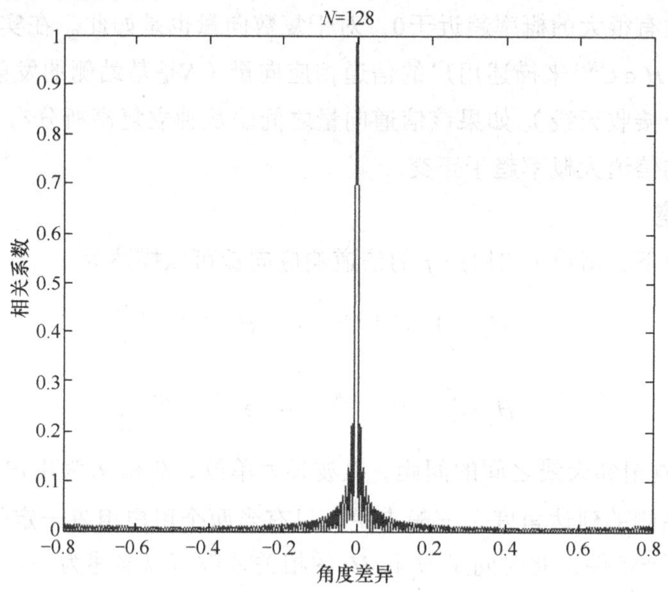

图1-2　角度差异和相关系数的关系

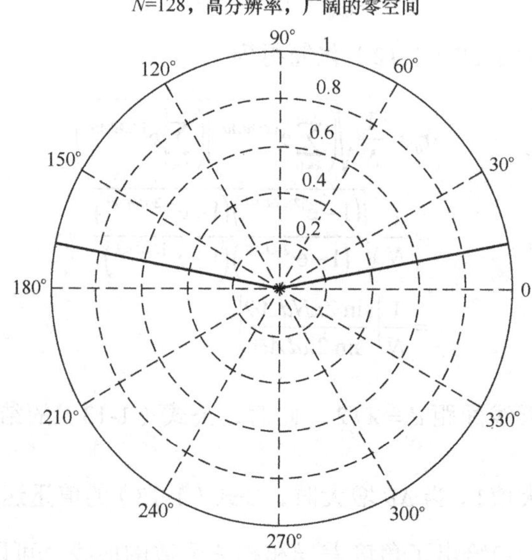

图1-3　视距环境下大规模天线带来的高分辨率和广阔的零空间（128根天线）

2. 强散射环境

以基站配置N个天线，终端配置单个天线为例。在强散射环境下，一般认为用户的信道向量$H \in C^{N\times 1}$服从独立循环复高斯分布。通过之前的分析可知，当$N \to \infty$时，任意两个用户对应的信道向量H_i和H_j之间的相关系数趋近于0，这一性质也可以利用随机变量的期望定义来推导。

设$H_i = \begin{bmatrix} x_1 & x_2 & \cdots & x_N \end{bmatrix}^{\mathrm{T}}$、$H_j = \begin{bmatrix} y_1 & y_2 & \cdots & y_N \end{bmatrix}^{\mathrm{T}}$，其中$x_1,\cdots,x_N$、$y_1,\cdots,y_N$为相互独立、零均值单位方差的复高斯随机变量，它们的相关系数可以写成

$$r_{ij} = \frac{\left|\sum_{k=1}^{N} x_k^{\mathrm{H}} y_k\right|}{\sqrt{\sum_{k=1}^{N}|x_k|^2}\sqrt{\sum_{k=1}^{N}|y_k|^2}} \tag{1-14}$$

两个独立复高斯分布的随机变量x、y，其相关系数为0。而公式（1-14）正好是在x、y的样本数为N时的相关系数表达式，所以当$N \to \infty$时，$r_{ij} \to 0$。也就是说，随着发射天线数量的增加，目标用户信道矢量和干扰目标用户信道的矢量是渐进正交的[严格地推导需要每个元素H_i是独立同分布（i.i.d，independently identically distributed）的]。从图1-4中可以看出，无论是视距环境下的强相关信道，还是强散射环境下的i.i.d信道，大规模天线带来的不同用户之间的信道具有非常低的相关性，这为小区内复用多用户及小区间的干扰抑制带来了广阔的应用前景。

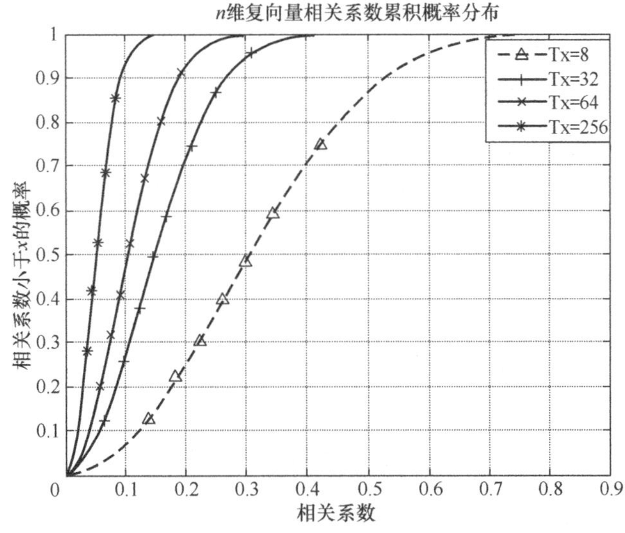

图1-4 散射环境下，随着天线数量的增加，不同用户信道相关系数对比

1.3.3 发展历程

多天线技术可大幅提高通信系统的信道容量和传输可靠性，目前已被LTE、

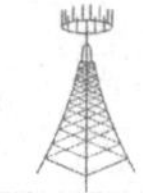

LTE-Advanced（4G）、IEEE 802.11n等大多数新兴的移动通信标准所采用，并被公认为5G移动通信系统中最为核心的传输技术之一。然而，2010年以前，大部分理论研究和实际通信标准主要局限于天线数量较少的小规模MIMO系统，例如，4G标准通常在下行链路上可支持1/2/4/8根发送天线，在上行链路上可支持1/2/4根发送天线，能够获得约10bit/（s·Hz）的频谱效率，而这难以满足未来无线网络中数据业务急剧增加的需求。

2010年年底，美国贝尔实验室科学家T. Marzetta[2-3]提出的大规模天线技术，该技术利用大规模天线阵列（天线数为几十至上千）带来巨大阵列增益和干扰抑制增益。如图1-5所示，大规模天线技术可以使用相同的时频资源同时向多个用户提供服务，使得小区总频谱效率和边缘用户的频谱效率提高数倍甚至数个量级，大规模天线技术理论也由此形成。Massive MIMO的基本原理是当移动通信系统中基站端天线数远大于用户数时，根据概率统计学原理，基站到各个用户的信道趋于正交，因此用户间干扰很弱。大规模天线技术获得巨大增益的原因有两个方面：一方面，基站侧的大规模天线阵列为每个用户带来了巨大的阵列增益，从而提升了每个用户的信号传输信噪比，使得大规模天线技术可以为多个用户提供同时、同频的高质量服务；另一方面，随着天线阵列规模趋于无限大，基站侧赋形后的波束将变得非常窄，具有极高的方向选择性及赋形增益，这种情况下多个用户之间的干扰将能够得到很好的控制[1]。

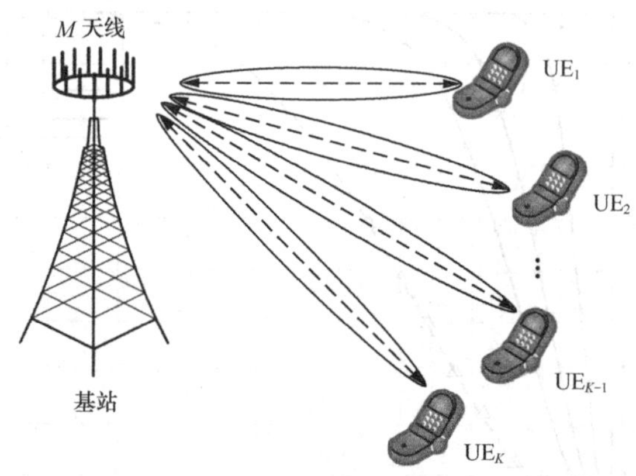

图1-5　大规模天线系统示意图

图1-6给出了大规模天线阵列系统（基站侧配置256根发射天线）与传统天线阵列系统（基站侧配置8根发射天线）复用4个终端（配置1根接收天线）在不同干扰源数量场景下的链路仿真结果（纵轴为误比特率）。可以看出，相比于传统天线阵列系统，大规模天线阵列系统能很好地通过大规模天线带来的空间分集增益和阵列增益提升移动通信系统的链路接收性能，并且具有极强的干扰抑制能力。

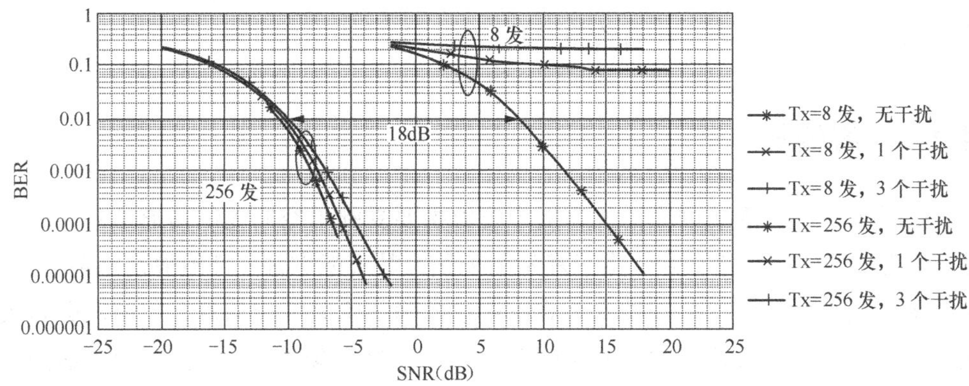

图1-6　大规模天线阵列系统的链路仿真结果

2010—2013年间，贝尔实验室、瑞典的隆德大学（Lund University）、林雪平大学（Linkoping University）、美国的莱斯大学（Rice University）等研究机构对Massive MIMO信道容量、传输、检测与信道状态信息获取等基本理论与技术进行了广泛的探索。在这些研究中，阿朗的贝尔实验室的研究成果起到了很大的推动作用，他们发表了多篇对该技术的理论分析论文，并在2011年2月的Green Touch技术讨论会上演示了Massive MIMO原型机，展示了Massive MIMO在节能、干扰抑制等方面的巨大优势和潜力。考虑到工程实现问题，大规模天线系统在实现时多采用面阵结构。

中国移动通信产业的发展在经历了“2G追赶”“3G突破”之后，4G也取得重大成功，并于2013年12月开始实际部署。中国对大规模天线技术也高度重视，于2013年年底专门成立了大规模天线技术专题组，集中了国内研究院所、运营商、设备商及高等院校中相关技术领域的核心单位，启动了对面向5G的Massive MIMO技术的研究与标准化工作，并取得了大量成果。例如，中兴通讯股份有限公司推出的采用大规模天线技术的Pre5G商用系统、中国移动通信集团有限公司主推的3D-MIMO技术，都极大地提升了LTE商用系统的网络容量和服务质量。

1.4　大规模天线增强技术的主要方向

大规模天线技术能够很好地契合5G移动通信系统对频谱利用率与用户数量的巨大需求，该技术提出后便很快获得了学术界与产业界的一致关注与认可。各大研究机构、运营商、设备商纷纷加大了对大规模天线技术的研究，并取得了一系列成果。

目前，大规模天线技术已被5G Rel-15标准采纳[17-18]，是5G移动通信系统最重要的物理层技术之一，并在Rel-16标准中进一步增强，主要方向包括参考信号、CSI反馈、协作多点传输、波束管理、上行传输等。

1.4.1 参考信号

大规模天线阵列系统的频谱效率提升能力主要受制于空间无线信道信息获取的准确性。大规模天线阵列系统中，由于基站侧天线维数大幅增加，且传输链路存在干扰，而现有的导频设计及信道估计技术都难以获取准确的瞬时信道信息，但该问题是大规模天线阵列系统必须解决的主要瓶颈问题之一。因此，探寻适用于大规模天线阵列系统的导频设计及信道估计技术，对构建实用的大规模天线阵列系统具有重要的理论价值和实际意义。

实际系统中，空间无线信道信息的获取来源于导频信号，而导频信号在时间、频率上的分布图样及小区间的干扰都会影响空间无线信道信息获取的准确性。提高空间无线信道信息获取的准确性，可采取如下手段。

- 主动干扰避免。主动干扰避免主要通过小区内和小区间导频的正交化设计来主动避免导频之间的相互干扰（导频污染）。接收端通过较为简单的信道估计算法即可获取较为准确的空间无线信道信息。但是，这种方式导频开销一般比较大。以时分双工系统为例，小区内终端可以通过导频的频分复用来避免小区内不同终端导频之间的干扰，不同小区之间则通过导频的时分复用来避免小区之间导频信号的干扰。另外，也可以通过码分复用与其他复用方式相结合的方法主动避免小区内或小区间的导频干扰。

- 被动干扰抑制。被动干扰抑制主要是指基站侧通过大规模天线阵列系统所拥有的精确空间分辨能力、接收端通过较为复杂的信道估计方法对小区内或小区间的导频干扰进行抑制，提升空间无线信息获取的准确性。这种方式不要求小区内和小区间的导频相互正交，因此开销相对较小，但接收端的复杂度将会有所提高。值得考虑的信道估计方法主要有子空间投影法、多重信号分类法和旋转不变法等。这些方法应用到大规模天线阵列系统中需要解决的主要问题是如何获取干扰信号的二阶统计特性，如协方差矩阵等。另外，基于压缩感知技术的变换域滤波信道估计方法在大规模天线阵列系统中也具有较大的应用潜力[8-9]。

1.4.2 CSI反馈

大规模天线阵列系统中，波束赋形从传统的水平方向扩展到垂直方向，共同作用形成空间立体自适应波束赋形。

研究表明，随着天线数量的增加，在码本量化精度不变的前提下，码本数量将呈

现出指数增长的态势。这给实际系统中上行反馈信道的设计带来了巨大的困难和挑战，同时也影响了系统的上行容量。因此，如何在尽可能降低上行反馈信道开销的情况下，设计大维度的码本，保证空间无线信道的量化精度[6-7,13]是需要仔细研究的问题。潜在的解决方法如下。

- 基于旋转的码本构造方法。目前学术界关于格拉斯曼流形（Grassmannian Manifold）压缩的研究主要集中于低维度，对于高维度的研究较少。因为高维度的研究对计算复杂度和性能提出了双重要求，所以必须通过对搜索算法的精心设计，才能够在较短时间内获得较为理想且上行反馈开销小的结果。值得考虑的技术有：使用搜索的方式，在对格拉斯曼流形的黎曼特性进行充分分析的基础上，基于测地线移动的方式快速获得格拉斯曼码本；或者基于互相的无偏基（Mutually Unbiased Bases, MUB）构造码本。
- 基于线性合并的码本构造方法。分析大规模天线阵列系统空间无线信道的特点，通过对线性合并码本的设计来降低系统的上行反馈信道开销，并保证空间无线信道的量化精度。例如，通过选择一组空间正交矢量集合对无线信道进行描述，并利用频带相关性对反馈信息进行有效压缩。

1.4.3　协作多点传输（Multi TRP）

为了满足更高的数据传输需求，5G移动通信网络的站点部署会比4G移动通信网络更加密集，这会带来非常大的小区间干扰。为了消除小区间干扰引起的小区边缘用户的性能恶化，提高频谱利用率，在5G大规模天线增强的关键技术中，协作多点传输技术受到广泛重视。图1-7所示的是多个收发节点协作向小区边缘用户提供服务的模型示意图。可以看出，处于小区边缘的用户可以同时被多个协作收发节点服务，从而减少干扰，提高边缘用户的性能。目前5G大规模天线增强的关键技术考虑的多点协作主要集中在两个方面。

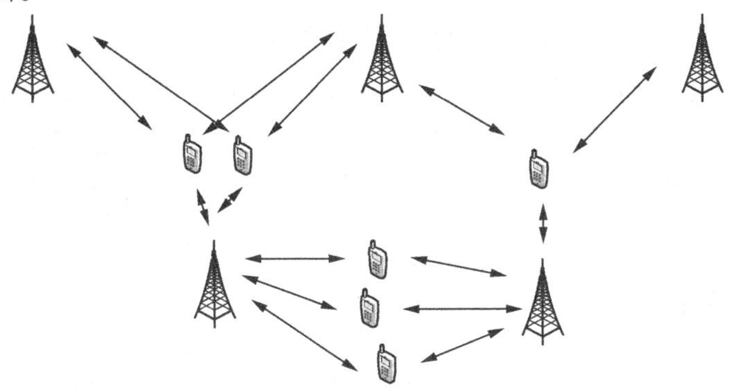

图1-7　协作多点传输模型

- 协作调度或协作波束成形。只有主收发节点需要给用户发送下行数据，协作收发节点主要负责提供辅助信息，以减少干扰。
- 联合处理及传输。除了主收发节点，协作收发节点也需要得到用户的数据，这可以大大提高小区边缘及小区的平均吞吐量，所以这也将会是5G技术突破的一个主要关注点。然而，这种方式需要大量的信息交互，包括信道信息、用户数据信息等。需要平衡其复杂度（信息、信令传输、调度等）与性能提高程度，从而提出一个满足5G大规模天线增强技术需求的优化解决方案。

1.4.4 波束管理

移动通信的快速发展使得移动传播特性比较好的6GHz以下可用频谱资源非常稀缺，但是6～300GHz频带范围内却有大量可用的频谱资源。如何利用这部分频带范围内的信道传播特性进行5G大规模天线增强技术的研究是非常值得思考的一个问题。

作为区别于4G LTE的一个重大进展，5G系统从传统的低频分米波频段，进一步扩展到高频毫米波频段[14-15]，可以支持高达100GHz的频谱，以及高达100MHz甚至1GHz的带宽资源。然而，在获得了超宽的频谱资源的同时，5G高频段通信系统面临着更为严重的路径损耗。

通常认为自由空间传播损耗依赖于频率，频率越高，损耗越大，但该结论的前提是天线接收的有效面积依赖于频率，频率越高，有效面积越小[16]。考虑到单位面积上可摆放的天线数量与频率成反比，所以在高频段可以通过更多的天线进行波束赋形以获得更高的增益。例如，天线面积相同的情况下，相较于工作在2.4GHz频带的系统，工作在80GHz频带的系统通过更多的天线可获得30dB左右的增益。因此，为了弥补显著的路径损耗，5G高频段通信系统需要采用大规模天线的波束管理技术进行有效、可靠的高频通信。

波束管理是5G毫米波移动通信系统中的一项重要功能，其核心任务是快速、准确地建立并保持合适的波束对。主要研究内容包括波束扫描、波束测量、波束报告、波束确定、波束维护、波束跟踪、波束恢复等。需要指出，合适的波束配对不一定是物理上彼此直接指向的发射机和接收机波束。由于周围环境中的障碍，发射机和接收机之间的这种“直接”路径可能被阻挡，这时反射/折射路径能提供更好的连通性。

1.4.5 上行传输

移动互联网正加速渗透人们生活中的方方面面，社交网络已成为个人必备的沟通工具。这些变化，对移动通信网络提出了新的挑战。从最初的上传文字、上传图片

发展到上传视频，网络的上行流量大幅度增加。对于大型聚会、演唱会等一些特定场景，部分时段公众用户对上行速率突发需求甚至超过下行。在政企领域，视频监控、远程医疗、随拍随传等业务也逐步成熟，各类需求对网络上行带宽的要求也越来越高。5G时代，上行体验已成为保障用户体验的关键一环。

在传统的蜂窝移动通信系统中，为克服邻道干扰和远近效应，要求从各终端到达基站的信号功率电平或解调后的误码率基本相同，这就需要对终端的发射功率进行控制。即在满足上行传输质量的情况下尽可能地减小终端的发射功率，从而提升整个系统的上行容量。大规模多天线增强技术与传统的功率控制技术有效结合是非常值得研究的，其重点是支持波束级别的功率控制[12]。

上行传输增强一直是移动通信系统设计追求的目标之一，大规模多天线技术引入的空间维度为解决该问题提供了新的思路。5G移动通信系统的上行数据传输支持基于码本的传输和基于非码本的传输两种方案，可充分利用无线信道的空域特性，提升移动通信系统的上行传输数据速率和覆盖能力。

1.5　小结

大规模天线增强技术是进一步提升5G移动通信系统频谱效率、用户体验、传输可靠性的重要手段，也为未来超密集的网络部署场景提供了灵活的干扰控制和协调手段。基于5G Rel-15标准，在3GPP制定的最新Rel-16标准中，对大规模天线技术进行了大量增强，主要包括低峰均比的参考信号设计、高精度的码本设计、有效控制系统干扰的协作多点传输技术、更为快速高效的波束管理方案等。

第2章

大规模天线无线信道模型

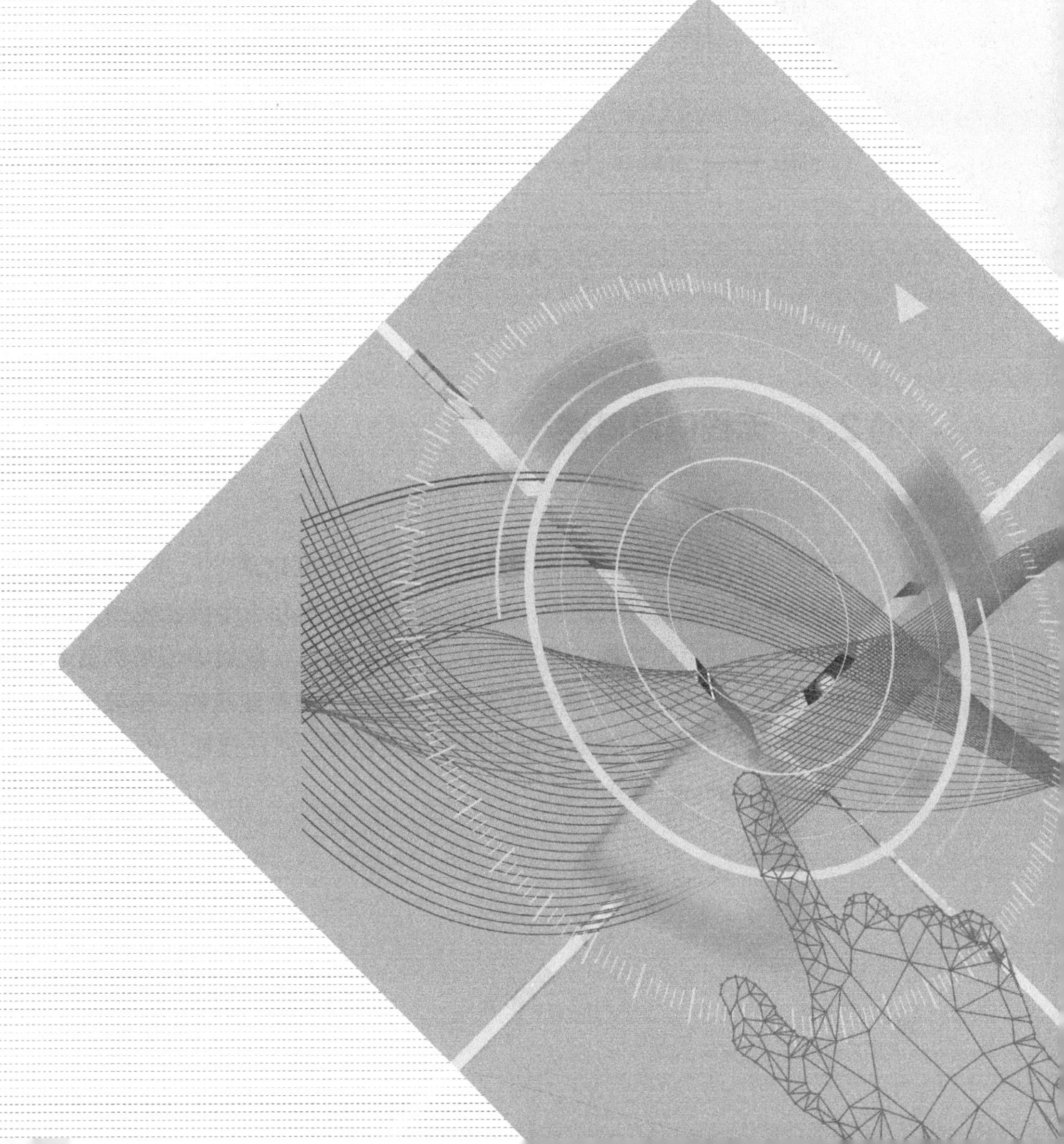

在无线通信技术的发展过程中，大多数重要的技术进步在本质上都源于对无线信道特性更深入的理解。了解和研究无线信道，是深入理解无线通信技术的关键。

通常，无线信道有广义信道和狭义信道之分，狭义的无线信道是指无线传播环境，也就是发送天线到接收天线之间的电磁波传播环境，这也是早期无线信道研究工作主要关注的部分。随着研究的深入，研究人员逐渐把发射天线和接收天线纳入信道研究的范畴，包含收、发天线的无线信道称为广义无线信道，广义无线信道的概念为天线技术的发展和研究奠定了理论基础。无线通信系统结构如图2-1所示。

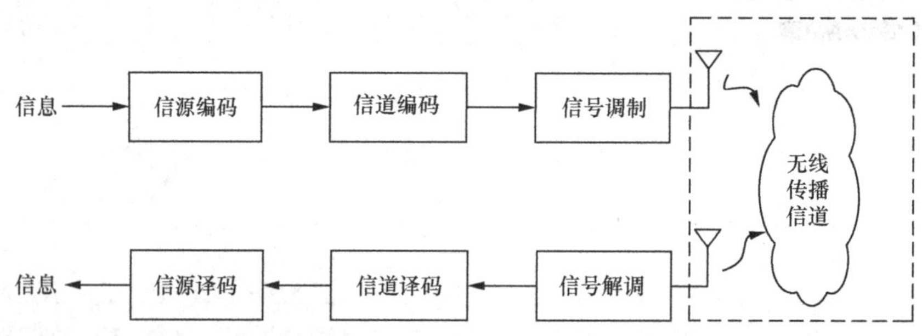

图2-1　无线通信系统结构

2.1　无线信道概述

无线信道从衰落角度可分为大尺度衰落和小尺度衰落[1-5]，如图2-2所示。大尺度衰落主要是指无线电波在长距离（如收发机间距大于几十个波长范围）传播过程中，由于传播损耗（如自由空间的功率发散，反射、衍射、散射等传播机制造成的功率损耗）、大气吸收、大气波导、建筑物波导、障碍物（包括建筑物、植被及人等）阻挡造成的传播信号功率衰减，该类特征的研究主要包括：路径损耗（Path Loss, PL）、阴影衰落（Shadow Fading, SF）。

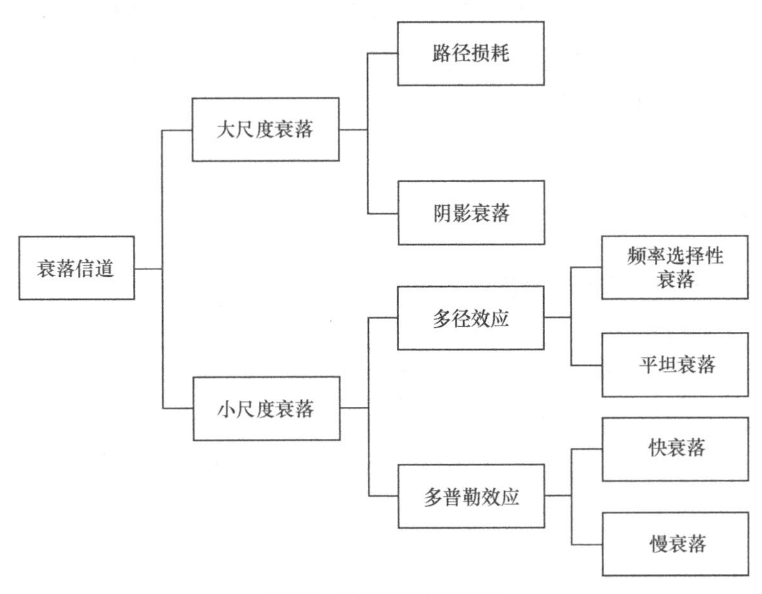

图2-2　衰落信道的分类

小尺度衰落是电磁波传输过程中瞬时的幅度与相位的一个表现，它通常由多径叠加和/或用户移动引起。一般来说，小尺度衰落分为多径效应和多普勒效应。多径效应是信号在无线环境传播中经过多条路径到达接收端而产生的，主要特征是各条路径的信号到达接收机的时间不同；多普勒效应是接收端以一定的速度移动而产生的频率偏移与弥散效率。

2.1.1　路径损耗

路径损耗描述的是在无线传播环境下，接收信号平均功率随传播距离而衰减的特性，它通常与无线传播环境、电磁波的频率、发射天线及接收天线的高度有关，属于大尺度衰落。其中，最简单的路径损耗模型为自由空间损耗模型，该模型建立在收发机之间存在视距传播的假设下，由Friis方程表述[1]，主要描述了路径损耗随着收发机距离及载波频段变化的特性，但实际传播环境更加复杂。因此，一些基于实测数据的模型被相继提出，如HaTa模型[2]、Walfisch-Bertoni模型[3]。实验数据表明，现实环境中，大多数情况下路径损耗都大于自由空间路径损耗。而在室内走廊类特殊环境下，由于波导效应，其路径损耗可能会小于自由空间路径损耗[4]。

2.1.2　阴影衰落

阴影衰落描述的是在相同的发射—接收距离条件下，不同位置上接收信号的平均功率随机变化的特性。阴影衰落属于大尺度衰落，主要是由于信号在传播过程中通过大的障碍物而产生的，例如，信号经历建筑物、山峰等。大尺度衰落一般变化比较缓慢，基本符合对数正态分布[1]。

2.1.3 小尺度衰落

小尺度衰落主要由多径效应和多普勒效应综合构成。

多径效应（Multipath）：电磁波在传播过程中产生的不同时延、不同方向和不同强度的多条路径信号在接收端叠加，叠加后的信号瞬时功率在很短的时间内或很小的距离上快速变化，包含多普勒频率扩展及时间弥散等，这些都属于小尺度衰落。

如果通过单一的发射源（如单天线）发射一个理想的脉冲信号$\delta(t)$，接收信号将是一个脉冲信号串，如图2-3所示。通过此图也可以发现无线信道有两个固有的特性。

（1）多径特性：无线信道由于其传播路径的开放性将一个脉冲扩展为多个脉冲。

（2）时变特性：无线信道在不同时刻对脉冲的扩展特性（传播特性）是不同的。

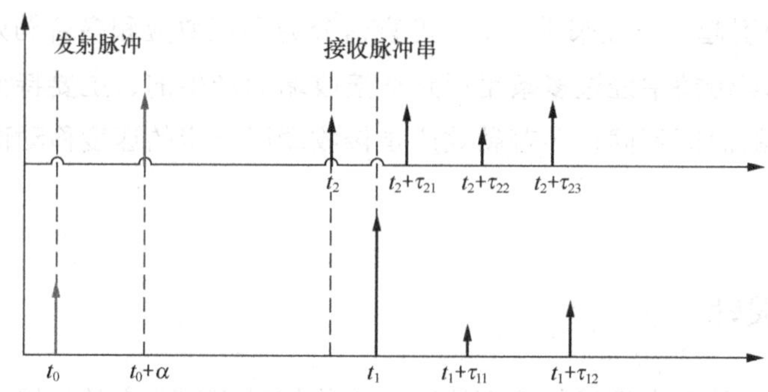

图2-3 输入为理想脉冲的时变多径信道响应

与多径效应相关的参数是相干带宽，相干带宽是指某一特定的频率范围内，任意两个频率分量都具有很强的幅度相关性，即在相干带宽范围内，多径信道具有恒定的增益和线性相位。若相干带宽小于信道带宽，则会发生频率选择性衰落；反之，则会发生平坦衰落，经历了平坦衰落信道的信号保持频谱形状不变，如图2-4所示。相关度为0.5时的相干带宽为

$$T_f \approx \frac{1}{5\sigma_\tau} \tag{2-1}$$

其中，σ_τ为均方根延时扩展。

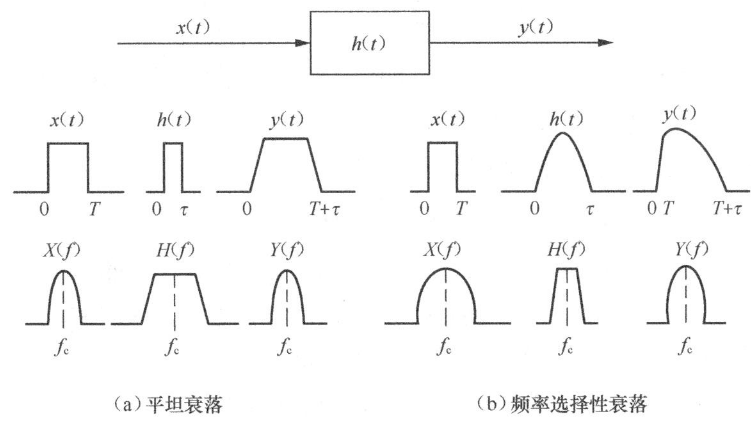

图2-4　多径传输引起的衰落

多普勒效应是指电磁波在传播过程中由于终端的移动而产生的频率的偏移。多普勒导致信号时域的幅度发生衰落，造成慢衰落还是快衰落，取决于多普勒最大频移与信号的符号长度。与多普勒相关的参数是相干时间，相干时间与多普勒扩展成反比，是信道冲激响应维持不变的时间间隔的统计平均值。如果基带信号的符号周期大于信道的相干时间，则在基带信号的传输过程中信道可能会发生改变，导致接收信号发生失真，产生时间选择性衰落，也称快衰落；如果基带信号的符号周期小于信道的相干时间，则在基带信号的传输过程中信道不会发生改变，也不会产生时间选择性衰落，这被称为慢衰落。相关度为0.5时的相干时间为

$$T_c \approx \frac{1}{16\pi f_n} \tag{2-2}$$

其中，f_n为对应的多普勒频移。

2.2　无线信道理论

2.2.1　信道的表达式

脉冲信号序列即为无线信道的冲击响应，表示为

$$h(\tau;t)=\sum_{n=1}^{+\infty}\alpha_n(t)\cdot\delta[\tau-\tau_n(t)] \tag{2-3}$$

在理论建模和实际接收机处理中，多径数量是有限的，即

$$h(\tau;t)=\sum_{n=1}^{N}\{\alpha_n(t)\cdot\delta[\tau-\tau_n(t)]\} \tag{2-4}$$

其中，$\alpha_n(t)$表示第n径接收信号的衰减因子，为实数（只有幅度衰减）或复数（幅度衰减和相位偏转）；$\tau_n(t)$表示第n径的传播时延。

在发射端，天线上发送的射频信号$s(t)$表示为

$$s(t)=\mathrm{Re}\left[s_l(t)\mathrm{e}^{\mathrm{j}2\pi f_c t}\right] \tag{2-5}$$

单载波系统中，$s_l(t)$为信道编码后的已调制符号，例如正交频分复用（Orthogonal Frequency Division Multiplexing，OFDM）系统，为时域的OFDM符号，一般为复数，常被称作射频信号$s(t)$的复包络或等效（复）低通信号。

在接收端，实际接收信号则为$s(t)$与$h(\tau;t)$的线性卷积，即

$$r(t)=\sum_{n=1}^{N}\alpha_n(t)\cdot s\left[t-\tau_n(t)\right] \tag{2-6}$$

进一步地，如果$\alpha_n(t)$是实数，则

$$r(t)=\mathrm{Re}\left\{\left\{\sum_{n=1}^{N}\alpha_n(t)\mathrm{e}^{-\mathrm{j}2\pi f_c\tau_n(t)}s_l\left[t-\tau_n(t)\right]\right\}\mathrm{e}^{\mathrm{j}2\pi f_c t}\right\} \tag{2-7}$$

如果$\alpha_n(t)$是复数，则

$$\begin{aligned}r(t)&=\sum_{n=1}^{N}\alpha_n(t)\cdot\mathrm{Re}\left\{\mathrm{e}^{-\mathrm{j}2\pi f_c\tau_n(t)}s_l\left[t-\tau_n(t)\right]\mathrm{e}^{\mathrm{j}2\pi f_c t}\right\}\\&=\sum_{n=1}^{N}\mathrm{Re}\left\{\mathrm{Re}\left(\alpha_n(t)\right)\mathrm{e}^{-\mathrm{j}2\pi f_c\tau_n(t)}s_l\left[t-\tau_n(t)\right]\mathrm{e}^{\mathrm{j}2\pi f_c t}\right\}+\\&\quad\mathrm{j}\sum_{n=1}^{N}\mathrm{Re}\left\{\mathrm{Im}\left(\alpha_n(t)\right)\mathrm{e}^{-\mathrm{j}2\pi f_c\tau_n(t)}s_l\left[t-\tau_n(t)\right]\mathrm{e}^{\mathrm{j}2\pi f_c t}\right\}\end{aligned} \tag{2-8}$$

等效基带（或低通）接收信号则为

$$r_l(t)=\sum_{n=1}^{N}\alpha_n(t)\mathrm{e}^{-\mathrm{j}2\pi f_c\tau_n(t)}s_l\left[t-\tau_n(t)\right] \tag{2-9}$$

$r_l(t)$是以等效低通信号$s_l(t)$为输入时的等效低通输出信号，此时，等效低通信道响应为

$$h(\tau;t)=\sum_{n=1}^{N}\alpha_n(t)\cdot\mathrm{e}^{-\mathrm{j}2\pi f_c\tau_n(t)}\cdot\delta\left[t-\tau_n(t)\right]$$

考虑多普勒频移时，每径的频移为f_n，则等效低通信道响应变为

$$h(\tau;t)=\sum_{n=1}^{N}\alpha_n(t)\cdot\mathrm{e}^{\mathrm{j}2\pi[f_n[t-\tau_n(t)]-f_c\tau_n(t)]}\cdot\delta\left[t-\tau_n(t)\right] \tag{2-10}$$

信道建模使用一些随机变量或过程逼近$h(\tau;t)$。单天线时，$h(\tau;t)$为一个时变的标量，多天线时，$h(\tau;t)$为一个时变向量或矩阵。

通常来说，$h(\tau;t)$的统计特性满足瑞利分布或者莱斯分布。

2.2.2　瑞利衰落

在无线通信信道环境中，电磁波经过反射、折射、散射等多条路径传播到达接收机后，总信号的幅度服从瑞利分布，也称信号幅度服从瑞利衰落。瑞利分布是一个均值为0，方差为σ^2的平稳窄带高斯过程，其概率密度公式为

$$p(A)=\frac{A}{\sigma^2}\exp\left(\frac{A^2}{2\sigma^2}\right),\quad A\geqslant 0 \tag{2-11}$$

为了说明多径信道下的信道服从瑞利衰落，在此先解释广义平稳窄带过程的定义。

任意随机过程经过高频信号调制后就变为窄带随机过程，如果该随机过程是广义平稳的，则该窄带随机过程就称为广义平稳窄带过程；如果该随机过程是高斯的，则该广义平稳窄带随机过程就称为广义平稳窄带高斯过程。

原始信号是个随机过程，为了长距离的无线通信，原始信号都要经过载频（均为高频信号）调制，所以，发射后的信号都是窄带信号。而无线传播环境内存在大量的障碍物和散射体，则调制信号到达接收机时，已变为大量不同时延、不同衰减的调制信号副本信号的叠加，而且副本间统计独立。根据中心极限定理，大量独立随机变量之和的分布趋近于高斯分布，即可认为接收信号为高斯过程。所以，接收的信号是一个窄带高斯过程，至于是否平稳，严格来讲则要基于研究的需要。下面将证明信道服从瑞利衰落。

考虑多径和多普勒时，接收信号为

$$r(t)=\mathrm{Re}\left\{\left\{\sum_{n=1}^{N}\alpha_n(t)s_l\left[t-\tau_n(t)\right]\right\}\mathrm{e}^{\mathrm{j}2\pi(f_c+f_n)(t-\tau_n(t))}\right\} \tag{2-12}$$

令$\phi_n=2\pi f_n[t-\tau_n(t)]-2\pi f_c\tau_n(t)$，则

$$\begin{aligned}r(t)=&\sum_{n=1}^{N}\{\mathrm{Re}[\alpha_n(t)\cdot s_l]\cos\phi_n-\mathrm{Im}[\alpha_n(t)\cdot s_l]\sin\phi_n\}\cos 2\pi f_c t\\&-\sum_{n=1}^{N}\{\mathrm{Re}[\alpha_n(t)\cdot s_l]\sin\phi_n-\mathrm{Im}[\alpha_n(t)\cdot s_l]\cos\phi_n\}\sin 2\pi f_c t\end{aligned}$$

令

$$x(t)=\sum_{n=1}^{N}\mathrm{Re}[\alpha_n(t)\cdot s_l]\cos\phi_n-\mathrm{Im}[\alpha_n(t)\cdot s_l]\sin\phi_n,$$

$$y(t)=\sum_{n=1}^{N}\mathrm{Re}[\alpha_n(t)\cdot s_l]\sin\phi_n-\mathrm{Im}[\alpha_n(t)\cdot s_l]\cos\phi_n$$

$$A(t)=\sqrt{x^2(t)+y^2(t)},\quad \varphi(t)=\arctan\left[x(t)/y(t)\right]$$

则

$$r(t)=A(t)\cos\varphi\cos 2\pi f_c t-A(t)\sin\varphi\sin 2\pi f_c t=A(t)\cos(2\pi f_c t+\varphi) \tag{2-13}$$

为了计算 $A(t)$ 和 $\varphi(t)$ 的概率分布，需要考察 $x(t)$ 和 $y(t)$ 的独立性问题。请注意，根据之前的分析，计算必须基于 $r(t)$ 是平稳窄带零均值高斯随机过程这一条件。

根据公式（2-13）、$x(t)=A(t)\cos\varphi$ 和 $y(t)=A(t)\sin\varphi$，$r(t)$ 的期望为

$$E[r(t)]=\cos 2\pi f_c t\cdot E[x(t)]-\sin 2\pi f_c t\cdot E[y(t)]$$

因为 $r(t)$ 平稳，即对任何 $E[r(t)]=0$，则 $E[x(t)]=E[y(t)]=0$。

$r(t)$ 的自相关函数为

$$\begin{aligned}R_{r,r}(t,t+\tau)=R_{x,x}(t,t+\tau)\cdot\cos 2\pi f_c t\cdot\cos 2\pi f_c(t+\tau)-\\R_{x,y}(t,t+\tau)\cdot\cos 2\pi f_c t\cdot\sin 2\pi f_c(t+\tau)-\\R_{y,x}(t,t+\tau)\cdot\sin 2\pi f_c t\cdot\cos 2\pi f_c(t+\tau)+\\R_{y,y}(t,t+\tau)\cdot\sin 2\pi f_c t\cdot\sin 2\pi f_c(t+\tau)\end{aligned}$$

因为 $r(t)$ 平稳，$R_{r,r}(\tau)=R_{r,r}(t,t+\tau)|_{t=0}=R_{r,r}(t,t+\tau)|_{t=\frac{1}{4f_c}}$，则

$$R_{r,r}(\tau)=R_{x,x}(t,t+\tau)|_{t=0}\cdot\cos 2\pi f_c\tau-R_{x,y}(t,t+\tau)|_{t=0}\cdot\sin 2\pi f_c\tau \tag{2-14}$$

$$R_{r,r}(\tau)=R_{y,y}(t,t+\tau)\Big|_{t=\frac{1}{4f_c}}\cdot\cos(2\pi f_c\tau)+R_{y,x}(t,t+\tau)\Big|_{t=\frac{1}{4f_c}}\cdot\sin(2\pi f_c\tau) \tag{2-15}$$

为了保证 $r(t)$ 平稳，必须要求 $x(t)$ 和 $y(t)$ 分别且互相关平稳，并满足

$$R_{x,x}(\tau)=R_{y,y}(\tau)\text{ 和 }R_{x,y}(\tau)=-R_{y,x}(\tau)$$

而 $R_{x,y}(\tau)=R_{y,x}(-\tau)$，则 $R_{y,x}(-\tau)=-R_{y,x}(\tau)$，可得

$$R_{y,x}(0)=R_{x,y}(0)=0$$

根据 $R_{r,r}(\tau)=R_{x,x}(t,t+\tau)|_{t=0}\cdot\cos 2\pi f_c\tau-R_{x,y}(t,t+\tau)|_{t=0}\cdot\sin 2\pi f_c\tau$ 和 $R_{r,r}(\tau)=R_{y,y}(t,t+\tau)\Big|_{t=\frac{1}{4f_c}}\cdot\cos(2\pi f_c\tau)+R_{x,y}(t,t+\tau)\Big|_{t=\frac{1}{4f_c}}\cdot\sin(2\pi f_c\tau)$，可得

$$R_{r,r}(0)=R_{x,x}(0)=R_{y,y}(0)$$

另外，根据 $r(t)=A(t)\cos\varphi\cos 2\pi f_c t-A(t)\sin\varphi\sin 2\pi f_c t=A(t)\cos(2\pi f_c t+\varphi)$，可得 $r(0)=x(0)$、$r\left(\frac{1}{4f_c}\right)=y\left(\frac{1}{4f_c}\right)$。由于 $x(t)$ 和 $y(t)$ 平稳，且 $r(t)$ 服从高斯分布，则 $x(t)$ 和 $y(t)$ 亦服从高斯分布。

进一步地，$x(t)$ 和 $y(t)$ 的联合概率密度函数为

$$p[x(t),y(t)]=\frac{1}{2\pi\sigma^2}\exp\left(\frac{x^2(t)+y^2(t)}{2\sigma^2}\right) \tag{2-16}$$

而 $p[A(t),\varphi]=p[x(t),y(t)]\left|\frac{\partial[x(t),y(t)]}{\partial[A(t),\varphi]}\right|$，因此

$$p[A(t),\varphi]=\frac{A(t)}{2\pi\sigma^2}\exp\left(\frac{[A(t)\cos\varphi]^2+[A(t)\sin\varphi]^2}{2\sigma^2}\right)=\frac{A(t)}{2\pi\sigma^2}\exp\left(\frac{A^2(t)}{2\sigma^2}\right)$$

$A(t)$ 和 $\varphi(t)$ 的概率密度函数为

$$p[A(t)]=\int_0^{2\pi}\frac{A(t)}{2\pi\sigma^2}\exp\left(\frac{A^2(t)}{2\sigma^2}\right)=\frac{A(t)}{\sigma^2}\exp\left(\frac{A^2(t)}{2\sigma^2}\right)\quad ,A(t)\geqslant 0 \tag{2-17}$$

$$p[\varphi(t)]=\int_0^{\infty}\frac{A(t)}{2\pi\sigma^2}\exp\left(\frac{A(t)^2}{2\sigma^2}\right)\mathrm{d}A(t)=\frac{1}{2\pi}\quad ,0\leqslant\varphi<2\pi \tag{2-18}$$

综上，接收信号的幅值服从瑞利分布，相位服从均匀分布。

根据 $A(t)$ 的概率密度函数，可以计算得到：

- 接收信号幅度 $A(t)$ 的均值为 $\sqrt{\pi/2}\cdot\sigma$，方差为 $\sqrt{2-\pi/2}\cdot\sigma^2$；
- 接收信号幅度 $A(t)$ 最大取值为 σ。

2.2.3 莱斯衰落

在接收信号中，除了2.2.2节提到的接收信号，还存在一个特殊的直射传播路径上的信号，在考虑多径效应和多普勒效应的情况下，接收信号为

$$r(t)=\mathrm{Re}\left\{\left\{\sum_{n=1}^{N}\alpha_n(t)s_l\left[t-\tau_n(t)\right]\right\}\mathrm{e}^{\mathrm{j}2\pi(f_c+f_n)(t-\tau_n(t))}+\hat{\alpha}_0\cdot s_l(t)\mathrm{e}^{\mathrm{j}2\pi(f_c+f_0)t}\right\} \tag{2-19}$$

进一步地，假设 $s_l(t)$ 为单位模值，相位为 θ，则

$$r(t)=[x(t)+\hat{\alpha}_0\cos\Delta\varphi]\cdot\cos 2\pi f_c t+[y(t)+\hat{\alpha}_0\sin\Delta\varphi]\sin 2\pi f_c t$$

其中，$\Delta\varphi=2\pi f_0 t+\theta$。$x(t)=\sum_{n=1}^{N}\mathrm{Re}[\alpha_n(t)\cdot s_l]\cos\phi_n-\mathrm{Im}[\alpha_n(t)\cdot s_l]\sin\phi_n$，

$$y(t)=\sum_{n=1}^{N}\mathrm{Re}[\alpha_n(t)\cdot s_l]\sin\phi_n-\mathrm{Im}[\alpha_n(t)\cdot s_l]\cos\phi_n$$

令

$\hat{x}(t)=x(t)+\hat{\alpha}_0\cos\Delta\varphi$，$\hat{y}(t)=y(t)+\hat{\alpha}_0\sin\Delta\varphi$，

$\hat{A}(t)=\sqrt{\hat{x}^2(t)+\hat{y}^2(t)}$，$\hat{\varphi}=\arctan(\hat{x}(t)/\hat{y}(t))$。

根据前文分析，$\hat{x}(t)$ 和 $\hat{y}(t)$ 将服从高斯分布，且独立。则在 $\Delta\varphi$ 确定的条件下，$\hat{x}(t)$ 和 $\hat{y}(t)$ 的联合概率密度函数为

$$p[\hat{x}(t),\hat{y}(t)\mid\Delta\varphi]=\frac{1}{2\pi\sigma^2}\exp\left(-\frac{[\hat{x}(t)-\hat{\alpha}_0\cos\Delta\varphi]^2+[\hat{y}(t)-\hat{\alpha}_0\sin\Delta\varphi]^2}{2\sigma^2}\right) \tag{2-20}$$

在 $\Delta\varphi$ 确定的条件下，$\hat{A}(t)$ 和 $\hat{\varphi}$ 的联合概率密度函数为

$$\begin{aligned}p[\hat{A}(t),\hat{\varphi}\mid\Delta\varphi]&=\frac{\hat{A}(t)}{2\pi\sigma^2}\exp\left(-\frac{[\hat{x}(t)-\hat{\alpha}_0\cos\Delta\varphi]^2+[\hat{y}(t)-\hat{\alpha}_0\sin\Delta\varphi]^2}{2\sigma^2}\right)\\&=\frac{\hat{A}(t)}{2\pi\sigma^2}\exp\left(-\frac{\hat{A}^2(t)+\hat{\alpha}_0^2-2\hat{A}(t)\hat{\alpha}_0\cos[\hat{\varphi}-\Delta\varphi]}{2\sigma^2}\right)\end{aligned} \tag{2-21}$$

在 $\Delta\varphi$ 确定的条件下，$\hat{A}(t)$ 的联合概率密度函数为

$$
\begin{aligned}
p[\hat{A}(t)\,|\,\Delta\varphi] &= \int_0^{2\pi}\frac{\hat{A}(t)}{2\pi\sigma^2}\exp\left(-\frac{\hat{A}^2(t)+\hat{\alpha}_0^2-2\hat{A}(t)\hat{\alpha}_0\cos[\hat{\varphi}-\Delta\varphi]}{2\sigma^2}\right)\mathrm{d}\hat{\varphi} \\
&= \left[\frac{\hat{A}(t)}{2\pi\sigma^2}\exp\left(-\frac{\hat{A}^2(t)+\hat{\alpha}_0^2}{2\sigma^2}\right)\right]\times\int_0^{2\pi}\exp\left(\frac{\hat{A}(t)\hat{\alpha}_0\cos[\hat{\varphi}-\Delta\varphi]}{\sigma^2}\right)\mathrm{d}\hat{\varphi} \\
&= \left[\frac{\hat{A}(t)}{2\pi\sigma^2}\exp\left(-\frac{\hat{A}^2(t)+\hat{\alpha}_0^2}{2\sigma^2}\right)\right]\times 2\pi I_0\left(\frac{\hat{A}(t)\hat{\alpha}_0}{\sigma^2}\right) \\
&= \frac{\hat{A}(t)}{\sigma^2}\exp\left(-\frac{\hat{A}^2(t)+\hat{\alpha}_0^2}{2\sigma^2}\right)J_0\left(\frac{\hat{A}(t)\hat{\alpha}_0}{\sigma^2}\right)
\end{aligned}
\tag{2-22}
$$

这里，J_0为修正的零阶贝塞尔函数。定义 $K=\dfrac{\hat{\alpha}_0^2}{2\sigma^2}$ 为莱斯因子，表示LOS径相对于其他径的功率比。

2.2.4　多普勒频谱

发送端和接收端的相对移动使接收端的接收信号发生了频率偏移。当存在多个入射波时，频谱发生扩展，产生多普勒频谱。下面以U型谱（Jakes谱）为例，介绍多普勒频谱。

U型谱基于以下几个重要假设：

- 入射波足够多；
- 入射波到达角在 $(-\pi,\pi]$ 内呈均匀分布：$p_a(\alpha)=\dfrac{1}{2\pi}$ ，$\alpha\in(-\pi,\pi]$；
- 接收天线具有各向同性的增益。

多普勒频移与到达角度 α 的关系：$f=f_{\max}\cos\alpha$，$f_{\max}$ 为最大多普勒频移。根据 α 的概率密度函数[这里仅取开区间 $(-\pi,0)$ 和 $(0,\pi)$]，且每个多普勒频移都对应两个可能的角度，可以求得 f 的概率密度函数为

$$
\begin{aligned}
p(f) &= \begin{cases} 2\cdot p_a(\alpha)\left|\dfrac{\mathrm{d}\alpha}{\mathrm{d}f}\right| \\ 0\quad,\text{其他} \end{cases} = \begin{cases} 2\cdot\dfrac{1}{2\pi}\cdot\left|\dfrac{1}{\dfrac{\mathrm{d}f}{\mathrm{d}\alpha}}\right|, f\in(-f_{\max},f_{\max}) \\ 0\quad,\text{其他} \end{cases} \\
&= \begin{cases} \dfrac{1}{\pi}\cdot\left|\dfrac{1}{f_{\max}\sin\alpha}\right| \\ 0\quad,\text{其他} \end{cases} = \begin{cases} \dfrac{1}{\pi f_{\max}\sqrt{1-(\dfrac{f}{f_{\max}})^2}}, f\in(-f_{\max},f_{\max}) \\ 0\quad,\text{其他} \end{cases}
\end{aligned}
\tag{2-23}
$$

又因为接收天线具有各向同性的增益，且到达角均匀分布，所以 $S(f)$ 与 $p(f)$ 成正比，且 $S(f)=2\sigma^2$，$\int_{\infty}^{+\infty} p(f)\mathrm{d}f=1$，可得到功率谱密度为

$$S(f)=\begin{cases}\dfrac{2\sigma^2}{\pi f_{\max}\sqrt{1-(f/f_{\max})^2}} & ,f\in(-f_{\max},f_{\max})\\ 0 & ,\text{其他}\end{cases} \tag{2-24}$$

公式（2-24）为多普勒U形谱（Jakes频谱），σ 为瑞利衰落的同相分量和正交分量的标准差。由于信道功率谱与信道相关函数是傅里叶变换对的关系，信道自相关函数为

$$\begin{aligned}R(\tau)&=\int_{-\infty}^{\infty}S(f)\cdot \mathrm{e}^{\mathrm{j}2\pi f\tau}\cdot \mathrm{d}f\\&=\frac{4\sigma^2}{\pi f_{\max}}\int_0^{f_{\max}}\frac{\cos(2\pi f\tau)}{\sqrt{1-(f/f_{\max})^2}}\mathrm{d}f \quad ,f\in(0,f_{\max})\\&=\frac{4\sigma^2}{\pi}\int_0^{\pi/2}\cos(2\pi f_{\max}\tau\cdot\cos\alpha)\mathrm{d}\alpha \quad ,\alpha\in(0,\pi/2)\end{aligned} \tag{2-25}$$

根据零阶贝塞尔函数定义

$$J_0(z)=\frac{2}{\pi}\int_0^{\pi/2}\cos(z\cos\theta)\mathrm{d}\theta$$

自相关函数为

$$R(\tau)=2\sigma^2 J_0(2\pi f_{\max}\tau)$$

利用多普勒的频谱信息和自相关函数信息可以估计接收端的最大多普勒频移及其移动速度，它们对于通信系统的切换、负载均衡、未来通信系统的接入选择等而言，均是重要参数。

2.3　信道模型

在研究和评估各种无线通信技术时，都需要用到无线信道模型，它是描绘复杂无线信号传播的有效手段。因此，如何准确而高效地建立信道模型一直是研究的热点。下面介绍一些经典的信道建模方法和信道模型。

2.3.1　信道建模方法

现有的信道建模方法主要分为统计性建模方法、确定性建模方法和半确定性建模方法，具体分类如图2-5所示。

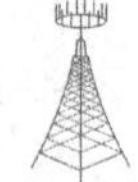

（1）统计性建模方法主要依赖于信道测量，是基于无线信道的各种统计特性来建立信道模型的。

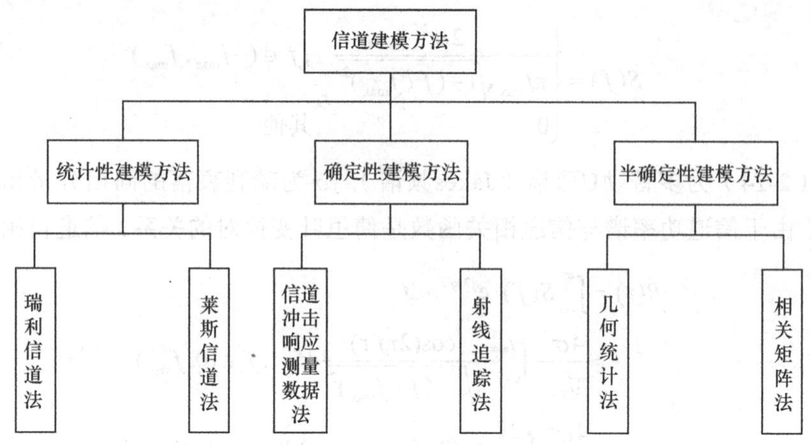

图2-5 信道建模方法分类

基于统计特性的建模方法需要给出AOD、AOA、PAS、AS等一系列参数。统计性建模方法能够较为全面地反映MIMO信道的衰落特性，特别是信道的空间衰落特性，这种方法的优点是建立的模型的复杂度较低，具有一定的通用性；缺点是和实际的信道有较大偏差。统计性建模方法分为瑞利信道法和莱斯信道法，基于统计特性建立的模型主要有李氏模型、离散均匀分布模型等。

（2）确定性建模方法利用传播环境的具体地理和形态信息，依据电磁波传播理论或者光学射线理论来分析并预测无线传播模型。该方法要求得到非常详细的信道环境信息，如地理特征、建筑结构、位置和材料特性等，环境描述的精度越高，模型越接近实际的传播情况。确定性建模方法分为信道冲击响应测量数据法和射线追踪法。

信道冲击响应测量数据法首先对实际通信信道的衰落进行测量，得到此通信环境下电磁波传播的信道冲击响应的测量数据，然后利用正弦波叠加的方法来模拟信道。

这一建模方法的优点是建模复杂度较低，过程也简单，而且很精确；但是该建模方法只能表示当前环境的通信场景，一旦通信环境改变，就需要重新进行测量，因此该建模方法适用于特定的传播环境。

射线追踪法在发射端通过多条传输射线来模拟实际的发射信号，射线在传输过程中会受到各种障碍物的阻碍作用，经历了发射、散射和衍射等多种传输机制，最终到达接收点。通过这种方法，能够计算出信号的幅度、相位、到达角及传输时延等有效信息，进而可以构建出信道矩阵$\boldsymbol{H}$。

这一建模方法的优点是能够获得较为准确的传播预测，但是计算时间较长，而且对仿真的内存需求也很大。

（3）半确定性建模方法基于确定性建模方法用于一般的市区或室内环境中导出的

公式，为改善公式的精度，使其保持和实验结果的一致性，需要根据实验结果对公式进行适当的修正。我们通常使用半确定性建模方法来仿真。

半确定性建模方法建立的模型是综合上述两种模型的优点发展起来的一种低复杂性，又能较好地符合实际环境的一种信道模型。这种模型的实现方法主要有两种，即几何统计法和相关矩阵法。

几何统计法是对确定性建模方法中的射线追踪法的一种简化，它不需要详细地知道信道环境，也不需要对特定的环境生成电子地图。它根据一定的统计特性，在基站和移动台周围随机散布散射体组，对于每一个散射体组中的散射体要符合测量统计出来的特定角度时延功率谱。每个散射体组对应信道模型中的一条路径，而每组中散射体反射、散射和绕射到接收端的射线就组成路径中的各条子路径。用射线追踪法来确定每条射线的角度、时延等信道参数。在接收端将这些射线叠加起来就得到了信道冲激响应。

几何统计法的优点是不依赖于传播环境中散射体的分布情况，只要改变信道的传输参数，就可以进行场景的切换。

相关矩阵法是根据基站端和用户端的相关矩阵，通过笛卡儿卷积得到各传输链路间的系数。其优点是模型简单，计算量小。

2.3.2 信道模型介绍

单天线的信道模型一般比较简单，如最简单的加性高斯白噪声（AWGN）信道，该信道只有高斯白噪声，或者Jakes模型等。但随着MIMO技术的研究与应用的发展，MIMO的信道模型也被开发出来，并不断发展。

早期的MIMO信道模型研究为简化分析，通常假设天线阵列周围存在大量的散射物，并且天线间距大于半个波长，不同天线的信道衰落是不相关的。在仿真中通常利用3GPP中的典型城市信道来模拟MIMO信道，各个天线的信道是独立产生的，相互之间独立，即相关系数为零。随着MIMO信道的研究发展逐渐趋于成熟，我们发现随着MIMO信道相关性的逐渐增强，MIMO信道的容量将急剧下降。而现实环境中，具有相关性或相关性强的MIMO信道环境又大量存在，所以要在MIMO信道研究中考虑建立接近实际信道环境的MIMO信道模型。除了天线相关性，还要考虑极化天线建模。

下面简要介绍在3G及B3G/4G/NR系统中采用的MIMO信道模型[6-11]，其中，包括空间信道模型（SCM）[6]、SCM扩展模型（SCME）[7]、IMT-Advanced信道模型[8]、WINNER信道模型[9]，IEEE802.16m系统评估模型（EVM）[10]、3D MIMO信道模型[11]、NR MIMO信道模型[12]。

3GPP在TR 25.996中提出的SCM起初是为载频为2GHz、带宽为5MHz的系统设计的，但由于在IMT-Advanced系统的带宽扩大到20～100MHz，所需要的采样频率也大大提高，每条链路能分辨的时延数量也随之增大，仅包括6条时延路径的SCM不再满足系统的需要，因此SCME顺势而生。

然而，为保持模型的一致性和可比性，SCME的设计考虑了与SCM的后向兼容，这限制了SCME的性能，这也是后续逐渐开始使用新的WINNER信道模型的原因。WINNER信道模型的参数是从目标信道探测测量中提取的，并且利用信道统计特性，在终端和基站周围撒满散射体组来模拟实际电磁波的反射、折射等，从而实现对实际信道的模拟。Rel-13中FD MIMO的引入，进一步在现有的MIMO信道中引入了垂直角度EOA和EOD，从而形成了3D信道模型。而在NR中，由于高频的应用，3D信道模型进一步改进，形成了NR MIMO信道模型。这些信道模型（除了802.16m的信道相关矩阵法建模）都是将信道分成多个簇（Cluster），每个簇对应不同的时延、功率、离开角和到达角。而每个簇中包括多个不同方向的射线（Ray），对于最弱的$L1$个簇，每个射线有相同的时延和功率，以及不同的离开角和到达角。射线的离开角和到达角基于所在簇的离开角或到达角加一个角度偏置生成。而对于最强的$L2$个簇（一般$L2=2$），会进一步分成多个子簇，每个子簇的功率和时延相同，而子簇间的功率、时延不同。

本节将对经典的MIMO信道模型进行简要介绍，2.4节将详细介绍用于5G NR技术标准研发的5G NR信道模型。

需要说明的是，在不同的信道模型中，由于参与组织的不同，所用的一些名称可能不同，但它们表达的是相似或者相近的概念。比如簇（Cluster）在有的模型中表示为径（Path）、射线（Ray），在有的模型中表示为子径（Sub-path），子簇对应中径。

1. SCM

3GPP TR 25.996[6]协议定义了SCM。SCM是为载频为2GHz、带宽5MHz的系统设计的。SCM原本专用于室外传播，定义了3种环境，即市区宏小区（又称城市宏，UMa）、郊区宏小区（SMa）和市区微小区（又称城市微，UMi），其中，只有UMi场景考虑了LOS条件。关于路损模型，SCM采用的是经过适当调整的COST 231 Urban Hata与COST 231 Walfish-Ikegami模型，它们分别被用于1.9GHz频段的宏小区和微小区，但模型在其他频率范围的适用性没有进一步地分析。另外，在SCM中，对于从一个终端到不同的BS链路的阴影衰落标准差具有恒定的相关系数（0.5）。

2. SCME

SCME[7]由SCM演变而来。SCM主要应用于载波频段为2GHz、带宽为5MHz的CDMA系统，SCME主要应用于载波频段为2GHz和5GHz、带宽为5MHz以上（包括100MHz）的通信系统。

SCM不支持宏小区场景下基于视线（LOS）路径，SCME没有扩展仿真场景，但提供了对宏小区场景下LOS路径的支持，另外，SCME将20条子径进行分组，引入中

径的概念，一条中径包含多条子径，以支持大带宽。

关于路损模型，SCME对与频率有关的自由空间损耗进行了修正，扩展了SCM场景的频率范围。

$$\Delta PL(f_c)=20\lg\left(\frac{f_c}{2}\right)$$

其中，f_c是载波频率，单位为GHz。另外，在SCME中，COST 231 Walfish-Ikegami路损模型（在SCM中原本用于微小区）也应用于5GHz范围的宏小区环境，因为更高频率的使用降低了覆盖。

3. IMT–Advanced信道模型

IMT-Advanced定位于B3G通信系统，为了评估IMT-Advanced的系统性能，国际电信联盟（ITU）在ITU-R M.2135[8]中给出了相应的评估方法及信道模型，该模型也被3GPP TR 36.814所借鉴和采纳。

ITU信道模型包括以下两类。

① 采用数学统计的通用（Generic）模型，用于评估各种无线接入技术。

② 采用固定某些参数的簇时延线（CDL）模型，CDL模型可认为是抽头时延线（TDL）模型的空间扩展。TDL模型定义多径抽头的功率、时延、多普勒频谱信息；CDL模型定义了多径的功率、时延、角度、用户移动速度信息。

ITU信道模型的簇概念相当于多条子径所组成的路径，簇内的射线相当于子径。另外，ITU通用（Generic）信道模型包括基本模型（Primary Model）及扩展模型（Extended Model），基本模型的框架基于WINNER2（WINNER PhaseII）信道模型，该模型的建模方法与3GPP/3GPP2的SCM基本相同。

4. WINNER信道模型

通过从测量的信道脉冲响应中获得的时间和空间参数，WINNER信道模型[9]能够刻画不同的环境或场景。每一种场景都会分析和处理测量数据，以获得指定场景的参数。随后，同样的通用信道用于建模所有的场景，只是使用了不同的控制参数值。与SCM/SCME相比，WINNER信道模型支持更多的场景。其中，WINNER1信道模型定义了以下场景：A1-室内（办公室/住宅）、B1-典型市区微小区、B3-室内热点、B5-包括具有不同部署设想的子场景（a、b、d）的都市热点（终端移动速度为零）、C1-郊区、C2-典型市区宏小区、D1-农村宏小区。WINNER2信道模型又进一步扩展了上述覆盖场景：A2-室内到室外、B4-室外到室内、B5-包括具有不同部署设想的子场景（c、f）的都市热点（终端移动速度为零）、D2a-移动网络、B2-恶劣市区微小区、C3-恶劣市区宏小区。通常，甚至对于同样的场景，LOS组件的存在也会大幅影响模型参数的值。关于这一属性，每个WINNER场景在LOS与NLOS条件方面是有区别的。根据SCME的方法，WINNER信道模型定义的所有场景都支持依赖于频率的路损模型，且对于2～6GHz

的频率范围都是有效的。WINNER路损模型主要基于在5.2GHz频率范围内进行测量。

测量系统支持100MHz带宽，在WINNER信道模型参数化期间，簇（Cluster）的数量与时延和角度域有关。因此，簇的数量能够反映系统带宽和场景。另外，与SCM/SCME相比，WINNER信道模型支持连接到同一BS的不同终端间的LOS概率的相关性。

显然，与其他模型相比，WINNER信道模型的种类更多，适用的场景更为细化，对通信系统的性能评估更为精确。WINNER信道模型的建模方式与ITU信道模型较为接近，但信道参数有所不同，因篇幅所限，本节不再详细论述。

5. IEEE802.16m系统评估模型

802.16m标准制定的性能评估方法文档中的空间信道模型同时支持射线追踪法和相关矩阵法[10]，其中，相关矩阵法是首选方法。

由于相关矩阵法在很多步骤上与射线追踪法相同，所以在此以SCM为基础，主要描述相关矩阵法的特殊之处。下面介绍相关矩阵的计算过程。

（1）每径相关函数

根据基站/终端天线的角度扩展$AS_{\mathrm{BS,path}}/AS_{\mathrm{MS,path}}$、基站/终端天线配置（主瓣方向、天线间距、天线数量、极化特性）等计算每径的空间相关矩阵。

说明：只要每径AS、mean AOA和mean AOD确定了，理论上基站侧、终端侧天线空间相关性就确定了。假设每径AS为拉普拉斯（Laplacian）功率角分布，天线为全向天线，则基站（或终端）的第p根和第q根天线间的空间相关性为

$$\begin{aligned} r_{n,\mathrm{BS}}(p,q) &= \int_{-\infty}^{\infty} f(\alpha)\exp\left[\mathrm{j}\frac{2\pi d_{\mathrm{BS}}}{\lambda}(p-q)\sin(\mathrm{AOD}_n+\alpha)\right]\mathrm{d}\alpha \\ r_{n,\mathrm{MS}}(p,q) &= \int_{-\infty}^{\infty} f(\beta)\exp\left[\mathrm{j}\frac{2\pi d_{\mathrm{MS}}}{\lambda}(p-q)\sin(\mathrm{AOA}_n+\beta)\right]\mathrm{d}\beta \end{aligned} \tag{2-26}$$

d_{BS}（d_{MS}）为基站（终端）天线间距，λ为波长。α为围绕基站侧平均AOD的偏差，β为围绕终端侧平均AOA的偏差，其概率密度函数为

$$\begin{aligned} f(\alpha) &= \frac{1}{\sqrt{2}AS_{\mathrm{BS,Path}}}\exp\left(-\frac{\sqrt{2}|\alpha|}{AS_{\mathrm{BS,Path}}}\right) \\ f(\beta) &= \frac{1}{\sqrt{2}AS_{\mathrm{MS,Path}}}\exp\left(-\frac{\sqrt{2}|\beta|}{AS_{\mathrm{MS,Path}}}\right) \end{aligned} \tag{2-27}$$

（2）每径相关函数求解（近似）

使用20个子径来逼近Laplacian分布，每路径用20个子径逼近，每个子径的相对于每路径角度均值的角度偏移如表2-1所示。

表2-1　子径角度偏移

子径	Δ_k	子径	Δ_k
1，2	± 0.0447	11，12	± 0.6797
3，4	± 0.1413	13，14	± 0.8844
5，6	± 0.2492	15，16	± 1.1481
7，8	± 0.3715	17，18	± 1.5195
9，10	± 0.5129	19，20	± 2.1551

基站（或终端）的第p根和第q根天线间的线性阵列下空间相关性为

$$\begin{aligned} r_{n,\mathrm{BS}}(p,q) &= \frac{1}{20}\sum_{k=1}^{20}\exp\left[\mathrm{j}\frac{2\pi d_{\mathrm{BS}}}{\lambda}(p-q)\sin(\mathrm{AOD}_n+\psi_{k,\mathrm{BS}}+\theta_{\mathrm{BS}})\right] \\ r_{n,\mathrm{MS}}(p,q) &= \frac{1}{20}\sum_{k=1}^{20}\exp\left[\mathrm{j}\frac{2\pi d_{\mathrm{MS}}}{\lambda}(p-q)\sin(\mathrm{AOA}_n+\psi_{k,\mathrm{MS}}+\theta_{\mathrm{MS}})\right] \end{aligned} \tag{2-28}$$

（3）每径（per-tap）的空间相关矩阵

每径的空间相关矩阵为

$$\boldsymbol{R}_n = \boldsymbol{R}_{\mathrm{BS},n} \otimes \boldsymbol{R}_{\mathrm{MS},n} \tag{2-29}$$

基站侧tap n的空间相关矩阵为 $\boldsymbol{R}_{\mathrm{BS},n}$，终端侧tap n的空间相关矩阵为 $\boldsymbol{R}_{\mathrm{MS},n}$。

如果天线（接收N根，发射M根）为交叉极化天线，则每径的空间相关矩阵为

$$\boldsymbol{R}_n = \boldsymbol{R}_{\mathrm{BS},n} \otimes \boldsymbol{\varGamma} \otimes \boldsymbol{R}_{\mathrm{MS},n}$$

当所有接收天线为同一极化方向，$\boldsymbol{R}_{\mathrm{MS},n}$为$N\times N$矩阵；当所有接收天线为交叉极化时，$\boldsymbol{R}_{\mathrm{MS},n}$为$(N/2)\times(N/2)$矩阵。

6. 3D MIMO信道模型

在长期演进的Rel-13以前，MIMO的主要研究都集中在开发空域的水平维度。为了进一步开发MIMO技术的性能，需要对空域的垂直维度进行开发。因此，随着MIMO研究的深入，有必要将垂直维度的空间特性引入无线通信系统。Rel-13在SCME的信道的基础上，引入垂直维度，这就是3D MIMO信道。3D MIMO信道[11]的建模参数主要有：时延扩展DS、水平离开角（方位角，Azimuth）AOD的角度扩展、水平到达角（AOA）的角度扩展、垂直离开角（俯仰角，Elevation）EOD的角度扩展、垂直到达角（EOA）的角度扩展、阴影衰落（SF）的标准差、莱斯因子（K）。需要说明的是，在已有的模型中，比如NR MIMO[12]，垂直离开角（顶点角，Zenith）为ZOD，而垂直到达角为ZOA。它们的关系是ZOD/ZOA以z轴的正方向为0°，而EOD/EOA以水平方向为0°，即EOD/EOA的值是对应的ZOD/ZOA的值减去90°。

7. NR MIMO信道模型

3D MIMO信道模型对高频不是很适用，而高频是NR中提高系统传输效率的有效

手段，所以NR MIMO信道[12]在3D MIMO信道的基础上进一步演进，支持载频范围为0.5～100GHz，并引入很多新的特性，如空间一致性、阻挡、氧吸等，这些将会在2.4.8节重点介绍。

NR MIMO信道模型主要包括：城市微（UMi）、城市宏（UMa）、乡村宏（RMa）及室内（Indoor）环境等。

信道模型有很多，这里主要以TR 38.901-v16.0.0为基础进行介绍，以便了解信道建模的过程和原理。其中，2.4.1～2.4.7节是信道模型的基础部分；2.4.8节是信道模型的扩展部分，是进行深入研究和一些特殊场景仿真需要了解的部分，例如高频中验证空间一致性、旋转、阻挡等特性，或者大带宽、大阵列的场景，双反射场景。为了加强对信道建模的了解，使模型更符合实际信道，增加了2.4.9节（混合建模的相关内容），读者可以根据需要了解2.4.8节和2.4.9节的内容。

2.4 信道建模流程

目前有多个标准研究报告对信道生成进行了描述，其中，比较典型的有TR 36.873、TR 38.900、TR 38.901，它们所描述的步骤大致相同。下面以5G NR信道模型（TR 38.901）为例展示信道生成过程，如图2-6所示。

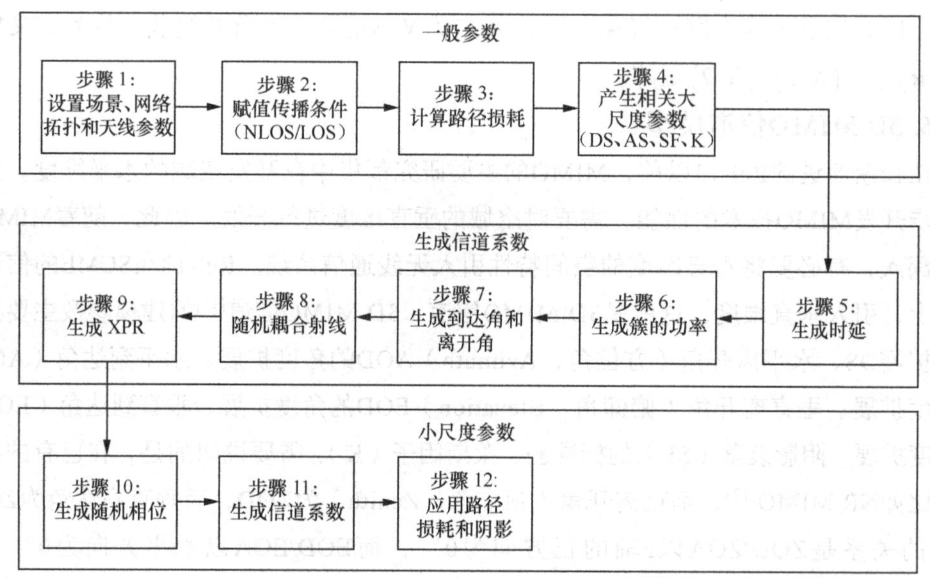

图2-6　5G NR信道生成过程

2.4.1　场景设置

本节图2-6中的“步骤1”主要介绍的是典型场景的参数配置。

TR 38.901中NR MIMO信道的场景，包括城市微（UMi）、城市宏（UMa）、乡村宏（RMa）、室内（Indoor）、室内工厂（InF）。每种场景包括其特有的基站天线高度、用户天线高度、用户分布、基站的网络拓扑、室内用户和室外用户的比例、终端的移动速度等。下面将逐一介绍这些场景的主要参数配置。

1. 城市微（UMi）

城市微场景是指城市中用户密集的场景，基站的天线通常比周围建筑低。典型的基站天线高度为10m，终端的天线高度为1.5～2.5m，而小区半径为200m，如TR 36.873中的3D-UMi、TR 38.901中的UMi。基站通常为室外的宏基站，用户可以在室内或者室外，室内用户可以随机分布在不同的楼层。用户在室外时，为O2O信道，用户在室内时为O2I信道。详细的UMi场景参数见表2-2，基站的布局为六边形19站点的蜂窝结构，如图2-7所示。

表2-2　UMi场景的评估参数

参数		UMi场景
小区布局		六边形19站点，每个站点3个扇区（ISD = 200m）
BS天线高度h_{BS}		10m
UT位置	室内/室外	室内/室外
	LOS/NLOS	LOS和NLOS
	高度h_{UE}	和TR 36.873 3D-UMi相同
室内UT比例		80%
UT移动速度（水平面）		3km/h
最小BS - UT距离（2D）		10m
UT分布（水平面）		均匀

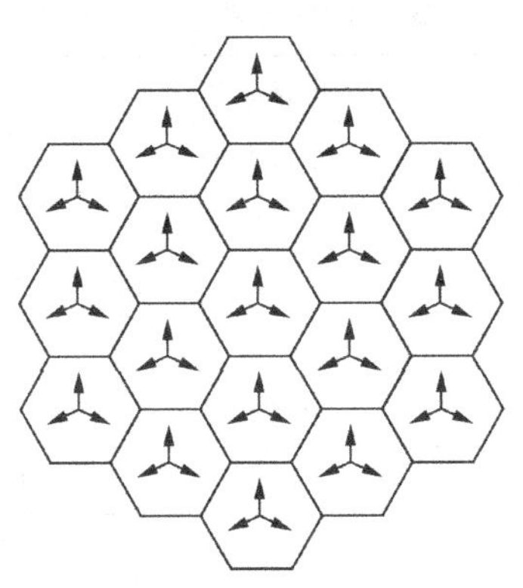

图2-7　六边形19站点，每个站点3个扇区

2. 城市宏（UMa）

城市宏场景是指城市中用户密集的场景，基站的天线通常比周围建筑高。典型的基站天线高度为25m，终端的天线高度为1.5～2.5m，小区半径为500m，如TR 36.873中的3D-Uma、TR 38.901中的UMa。基站通常为室外的宏基站，用户可以在室内或者室外，室内用户可以随机分布在不同的楼层。用户在室外时，为O2O信道，用户在室内时为O2I信道。详细的UMa场景参数见表2-3，基站的布局为六边形19站点的蜂窝结构，如图2-7所示。

表2-3 UMa场景的评估参数

参数		UMa场景
小区布局		六边形19站点，每个站点3个扇区（ISD = 500m）
BS天线高度h_{BS}		25m
UT位置	室内/室外	室内/室外
	LOS/NLOS	LOS和NLOS
	高度h_{UE}	和TR36.873 3D-UMa相同
室内UT比例		80%
UT移动速度（水平面）		3km/h
最小BS - UT距离（2D）		35m
UT分布（水平面）		均匀

3. 室内（Indoor）

室内场景针对各种典型的室内部署场景，包括办公室环境和购物中心。典型的办公环境包括开放的小隔间、有隔离的办公室、开放的区域、走廊等，基站通常安装在高度为2～3m的天花板或墙壁上。购物中心通常有1～5层高，可能包括几层的露天区域，基站通常安装在大约3m高的走廊墙壁上或商店的墙壁或天花板上。而终端通常高为1.5m，室内场景面积通常为500m^{2}左右。详细的室内场景参数见表2-4，典型的基站布局如图2-8所示。

表2-4 室内场景的评估参数

参数	开放场景	混合场景
布局	房间大小	120m×50m×3m
	ISD	20m
BS天线高度h_{BS}	3m（天花板高度）	
UT位置	LOS/NLOS	LOS和NLOS
	高度h_{UE}	1m
UT移动	3km/h	
最小BS - UT距离（2D）	0	
UT分布（水平）	均匀	

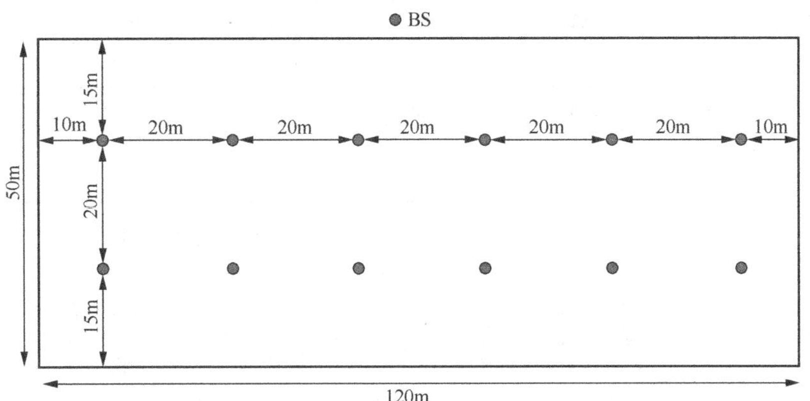

图2-8 室内场景布局（Indoor office）

4. 乡村宏（RMa）

乡村宏场景主要特点是连续的、广泛的覆盖，且用户可以高速移动。详细描述如表2-5所示，而基站的布局与UMa相同，也是六边形19站点，每个站点3个扇区。

表2-5 RMa场景的评估参数

参数	RMa场景
载频	最大7GHz
BS高度h_{BS}	35m
布局	六边形网格，19个宏站，每个宏站有3个扇区 ISD = 1732m或5000m
终端高度h_{UE}	1.5m
UT分布	均匀
室内/室外	50%室内和50%车内
LOS/NLOS	LOS和NLOS
最小BS - UT距离（2D）	35m

5. 室内工厂（InF）

工厂环境主要集中在可以变化的长度和宽度的工厂大厅（Factory Halls），且有不同密度的杂物（Clutter）。详细的场景见表2-6，而基站的布局如图2-9所示。

表2-6　InF的评估参数

参数		InF-SL	InF-DL	InF-SH	InF-DH	InF-HH
布局	房间大小	矩形，20～160000m^2				
	天花板高度	5～25m	5～15m	5～25m	5～15m	5～25m
	有效Clutter高度h_c	小于天花板高度，0～10m				
	外墙和天花板类型	具有金属涂料窗口的混凝土或金属墙和天花板				
Clutter类型		由常规金属表面构成的大型机械	中小型金属机械和不规则结构的物体	由常规金属表面构成的大型机械	中小型金属机械和不规则结构物体	任意
典型的Clutter尺寸，$d_{clutter}$		10m	2m	10m	2m	任意
Clutter密度r		（<40%）	（≥40%）	（<40%）	（≥40%）	任意
BS天线高度h_{BS}		BS天线高度比平均Clutter高		Above Clutter		比Clutter高
UT位置	LOS/NLOS	LOS和NLOS				100% LOS
	高度h_{UE}	Clutter-embedded（低于杂物高度）				比Clutter高

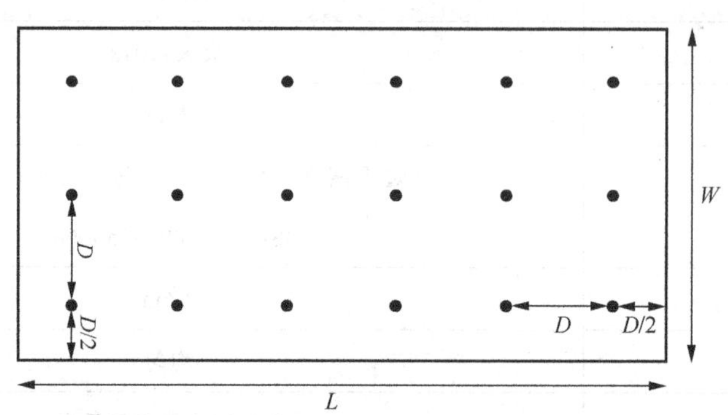

图2-9　InF基站示意图

2.4.2　天线设置

本节对应图2-6中的“步骤1”，主要介绍了天线的配置。

1. 天线布局

基站或者终端的天线配置可以建模为均匀平面天线阵列，如图2-10所示，包括$M_g \times N_g$个面板，即M_g列N_g行的面板。其中，天线面板在水平和垂直方向分别以$d_{g,H}$和$d_{g,V}$的间距均匀分布，每个面板包括M行N列的天线阵子，天线阵子在水平和垂直方向分别以d_H

和d_V的间距均匀分布，并且天线在X-Y平面上，可以是双极化的（$P=2$），也可以是单极化的（$P=1$）。这个天线配置可以表示为（M_g，N_g，M，N，P）。

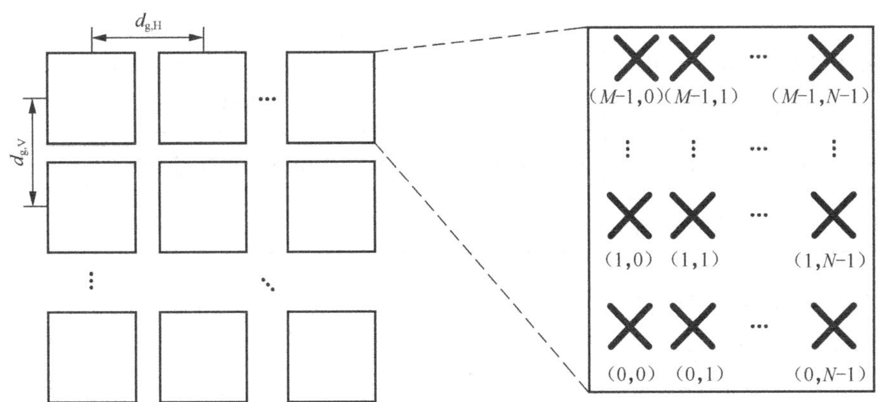

图2-10　双极化天线面板组模型

2. 天线阵子功率辐射图样

每个天线阵子都有一个功率辐射图，在信道建模中，通常简化成抛物线的形式，如图2-11所示，一般的参数配置见表2-7。

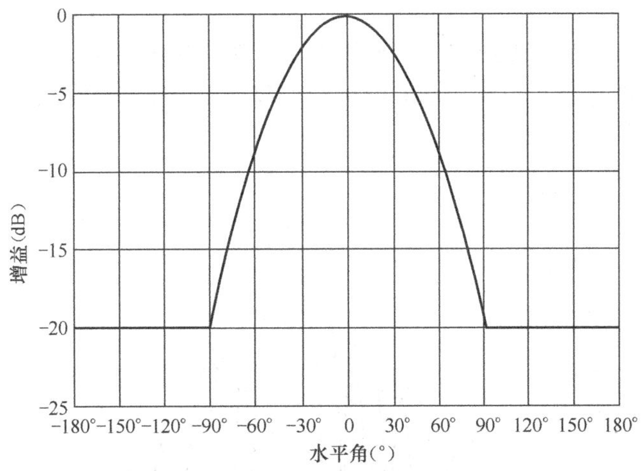

图2-11　宏站天线阵子辐射图

表2-7　宏站单个天线阵子的功率辐射图样的参数配置

参数	值
功率辐射图样的垂直截面（dB）	$A''_{dB}(\theta'', \phi''=0°) = -\min\left[12\left(\frac{\theta''-90°}{\theta_{3dB}}\right)^2, SLA_V\right]$ 其中，$\theta_{3dB}=65°, SLA_V=30\,dB$及$\theta'' \in [0°, 180°]$

续表

参数	值
功率辐射图样的水平截面（dB）	$A''_{\mathrm{dB}}(\theta''=90°,\phi'')=-\min\left[12\left(\frac{\phi''}{\phi_{3\mathrm{dB}}}\right)^2,A_{\max}\right]$ 其中，$\phi_{3\mathrm{dB}}=65°, A_{\max}=30\mathrm{dB}$及$\phi''\in[-180°,180°]$
3D功率辐射图样（dB）	$A''_{\mathrm{dB}}(\theta'',\phi'')=-\min\left\{-\left[A''_{\mathrm{dB}}(\theta'',\phi''=0°)+A''_{\mathrm{dB}}(\theta''=90°,\phi'')\right],A_{\max}\right\}$
天线阵子的最大方向增益$G_{\mathrm{E,max}}$	8dBi

其中，ϕ''和θ''分别为传播信号在本地坐标系下的水平角和垂直角。

3. 天线端口映射

在一个面板上有很多个天线阵子，但一般来说，为了获得更大的增益及减小成本，天线发送接收单元（TXRU）的数量比天线阵子数量少，即会有多个天线阵子映射到一个TXRU。简单地，均匀线性天线阵列以固定的移相操作，即第m个阵子乘以一个如下的复权值。

$$w_m=\frac{1}{\sqrt{M}}\exp\left(-\mathrm{j}\frac{2\pi}{\lambda}(m-1)d_{\mathrm{V}}\cos\theta_{\mathrm{etilt}}\right)$$

这里，m=1，…，M，θ_{etilt}是垂直指向角（下倾角），取值范围为0°~180°。λ为波长，d_{V}为垂直天线阵子间距离。图2-12所示为$M=8$，θ_{etilt}=96°和102°的权值对应的阵列增益。

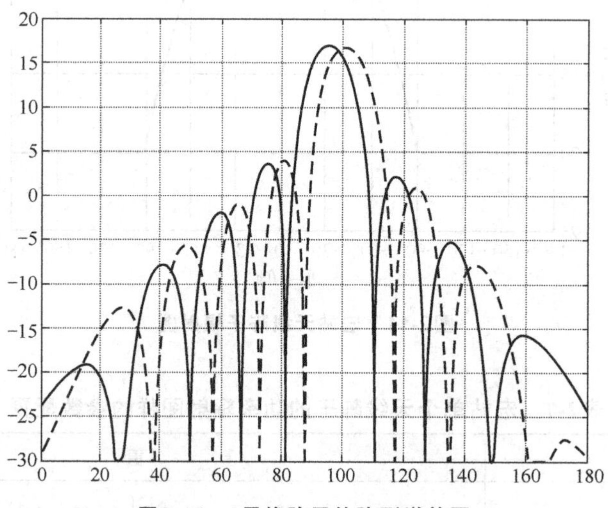

图2-12　8天线阵子的阵列增益图

对于均匀平面天线阵列，用K行L列个天线阵子虚拟一个TXRU，其中第m行n列个天线阵子的权值为

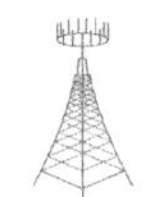

$$w_{io} = (v_i \otimes w_o)$$

这里，$w_{k,o}$为

$$w_{k,o} = \frac{1}{\sqrt{K}} \exp\left(-\mathrm{j}\frac{2\pi}{\lambda}(k-1)d_{\mathrm{V}}\cos\theta_{\mathrm{etilt},o}\right), k=1,\cdots,K; o=1,\cdots,M_{\mathrm{TXRU}}$$

$v_{l,i}$为

$$v_{l,i} = \frac{1}{\sqrt{L}} \exp\left(-\mathrm{j}\frac{2\pi}{\lambda}(l-1)d_{\mathrm{H}}\sin\theta_i\right), l=1,\cdots,L; i=1,\cdots,N_{\mathrm{TXRU}}$$

w_o的长度为K，$K = M/M_{\mathrm{TXRU}}$，v_i的长度为L，$L = N/N_{\mathrm{TXRU}}$。

3D波束仿真图如图2-13所示。

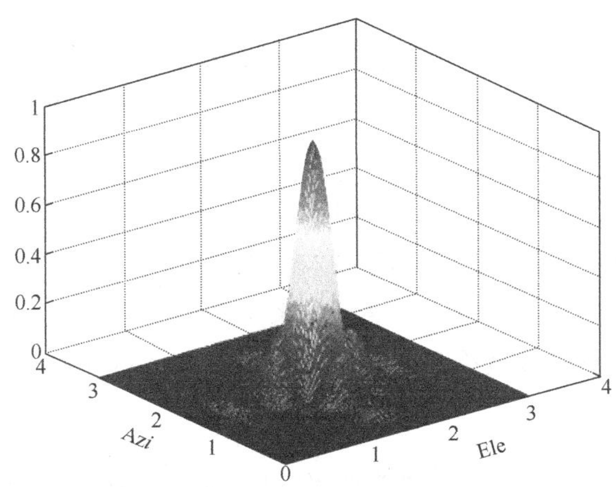

图2-13 3D波束仿真图

4. 极化天线模型

为了提高天线的鲁棒性并缩小天线的体积，大部分的天线都使用了双极化天线，双极化天线的辐射域和功率图样的关系如下。

$$A''(\theta'',\phi'') = \left|F''_{\theta''}(\theta'',\phi'')\right|^2 + \left|F''_{\phi''}(\theta'',\phi'')\right|^2$$

极化天线模型主要包括两种，角度相关的模型1（Model-1）和角度独立的模型2（Model-2），其中，角度相关的模型1与本地坐标系下的水平角和垂直角有关。

模型1中的天线阵子域成分在水平角和垂直角下的取值如下。

$$\begin{pmatrix} F_{\theta'}(\theta',\phi') \\ F_{\phi'}(\theta',\phi') \end{pmatrix} = \begin{pmatrix} +\cos\Phi & -\sin\Phi \\ +\sin\Phi & +\cos\Phi \end{pmatrix} \begin{pmatrix} F_{\theta''}(\theta'',\phi'') \\ F_{\phi''}(\theta'',\phi'') \end{pmatrix} \tag{2-30}$$

这里，

$$\cos\Phi=\frac{\cos\zeta\sin\theta'+\sin\zeta\sin\phi'\cos\theta'}{\sqrt{1-\left(\cos\zeta\cos\theta'-\sin\zeta\sin\phi'\sin\theta'\right)^2}}\sin\Phi=\frac{\sin\zeta\cos\phi'}{\sqrt{1-\left(\cos\zeta\cos\theta'-\sin\zeta\sin\phi'\sin\theta'\right)^2}}$$

ζ是极化方向倾斜角，取值为0时是垂直极化，θ'和ϕ'为本地坐标的垂直角和水平角，垂直角和水平角的域成分$F_{\theta'}(\theta',\phi')$、$F_{\phi'}(\theta',\phi')$、$F''_{\theta''}(\theta'',\phi'')$，$F''_{\phi''}(\theta'',\phi'')$为定义于本地坐标系的天线阵子域成分。其中，$F'_{\theta'}(\theta',\phi')$、$F'_{\phi'}(\theta',\phi')$与极化角有关，而$F''_{\theta''}(\theta'',\phi'')=\sqrt{A''(\theta'',\phi'')}$和$F''_{\phi''}(\theta'',\phi'')$与极化角无关。

而角度独立的模型2与所有射线的垂直角和水平角无关，垂直角和水平角下的取值如下。

$$F'_{\theta'}(\theta',\phi')=\sqrt{A'(\theta',\phi')}\cos\zeta\text{，}\quad F'_{\phi'}(\theta',\phi')=\sqrt{A'(\theta',\phi')}\sin\zeta \tag{2-31}$$

其中，$A'(\theta',\phi')$为3D天线阵子功率辐射图样，ζ是极化方向倾斜角，取值为0时代表垂直极化，θ'和ϕ'为本地坐标垂直角和水平角，且$A'(\theta',\phi')=A''(\theta'',\phi'')$，$\theta'=\theta''$，$\phi'=\phi''$，定义见表2-7。

这里所讲的天线阵子域成分$F'_{\theta'}(\theta',\phi')$和$F'_{\phi'}(\theta',\phi')$都是基于每个基站的本地坐标计算的，而由于扇区化等原因，每个基站的本地坐标系有可能是不一样的，信道模型产生的各类离开角、到达角都是基于全局坐标系定义的。所以，还需要将本地坐标系下计算的天线阵子域成分转换成全局坐标系下的天线阵子域成分$F_\theta(\theta,\phi)$和$F_\phi(\theta,\phi)$，转换公式如下。

$$\begin{pmatrix}F_\theta(\theta,\phi)\\F_\phi(\theta,\phi)\end{pmatrix}=\begin{pmatrix}\hat{\boldsymbol{\theta}}(\theta,\phi)^{\mathrm{T}}\boldsymbol{R}\hat{\boldsymbol{\theta}}'(\theta',\phi') & \hat{\boldsymbol{\theta}}(\theta,\phi)^{\mathrm{T}}\boldsymbol{R}\hat{\boldsymbol{\phi}}'(\theta',\phi')\\\hat{\boldsymbol{\phi}}(\theta,\phi)^{\mathrm{T}}\boldsymbol{R}\hat{\boldsymbol{\theta}}'(\theta',\phi') & \hat{\boldsymbol{\phi}}(\theta,\phi)^{\mathrm{T}}\boldsymbol{R}\hat{\boldsymbol{\phi}}'(\theta',\phi')\end{pmatrix}\begin{pmatrix}F'_{\theta'}(\theta',\phi')\\F'_{\phi'}(\theta',\phi')\end{pmatrix} \tag{2-32}$$

在公式（2-32）中，$\hat{\boldsymbol{\theta}}$和$\hat{\boldsymbol{\phi}}$分别表示全局坐标系下的球面单位向量，$\hat{\boldsymbol{\theta}}'$和$\hat{\boldsymbol{\phi}}'$分别表示本地坐标下的球面单位向量，如图2-14所示。

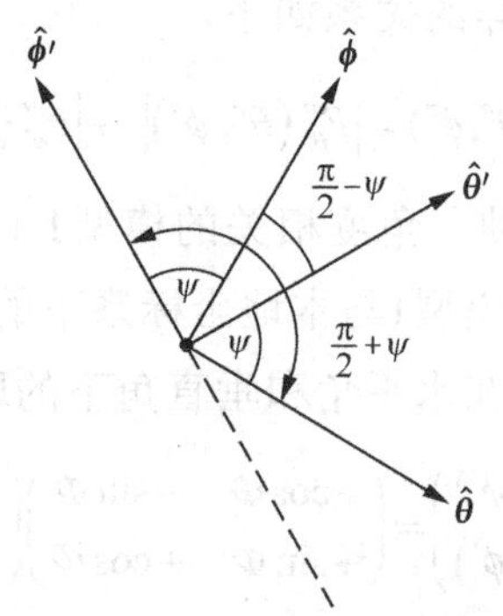

图2-14　GCS和LCS的球面坐标和单位向量及其关系

$\boldsymbol{R}$ 是本地坐标系到全局坐标系的转换矩阵，表达式为

$$\boldsymbol{R}=\boldsymbol{R}_z(\alpha)\boldsymbol{R}_y(\beta)\boldsymbol{R}_x(\gamma)=\begin{pmatrix}+\cos\alpha & -\sin\alpha & 0\\ +\sin\alpha & +\cos\alpha & 0\\ 0 & 0 & 1\end{pmatrix}\begin{pmatrix}+\cos\beta & 0 & +\sin\beta\\ 0 & 1 & 0\\ -\sin\beta & 0 & +\cos\beta\end{pmatrix}\begin{pmatrix}1 & 0 & 0\\ 0 & +\cos\gamma & -\sin\gamma\\ 0 & +\sin\gamma & +\cos\gamma\end{pmatrix} \tag{2-33}$$

这里，角度α、β、γ分别表示本地坐标到全局坐标旋转的水平角（z轴不变，旋转x轴和y轴），下倾角（y轴不变，旋转x轴和z轴）和倾斜角（x轴不变，旋转y轴和z轴），如图2-15所示。

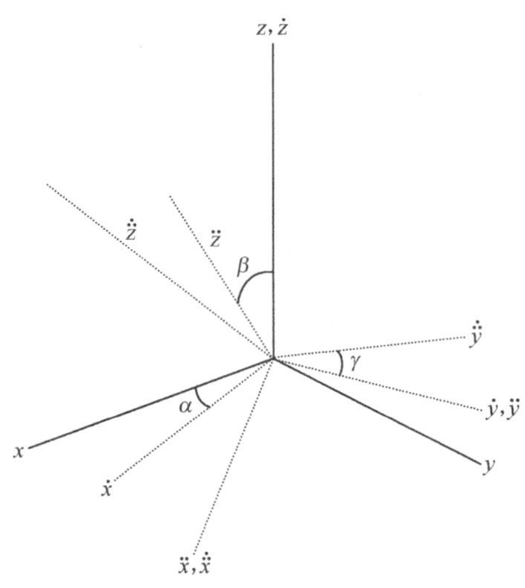

图2-15 LCS经过一系列的旋转α、β、γ到GCS

在图2-14中，$\psi=\arg\left(\hat{\boldsymbol{\theta}}(\theta,\phi)^{\mathrm{T}}\boldsymbol{R}\hat{\boldsymbol{\theta}}'(\theta',\phi')+\mathrm{j}\hat{\boldsymbol{\phi}}(\theta,\phi)^{\mathrm{T}}\boldsymbol{R}\hat{\boldsymbol{\theta}}'(\theta',\phi')\right)$，其中，单位向量可以表示为

$$\hat{\boldsymbol{\theta}}=\begin{pmatrix}\cos\theta\cos\phi\\ \cos\theta\sin\phi\\ -\sin\theta\end{pmatrix},\hat{\boldsymbol{\phi}}=\begin{pmatrix}-\sin\phi\\ +\cos\phi\\ 0\end{pmatrix} \tag{2-34}$$

具体来说，有

$$\begin{pmatrix}\hat{\boldsymbol{\theta}}(\theta,\phi)^{\mathrm{T}}\boldsymbol{R}\hat{\boldsymbol{\theta}}'(\theta',\phi') & \hat{\boldsymbol{\theta}}(\theta,\phi)^{\mathrm{T}}\boldsymbol{R}\hat{\boldsymbol{\phi}}'(\theta',\phi')\\ \hat{\boldsymbol{\phi}}(\theta,\phi)^{\mathrm{T}}\boldsymbol{R}\hat{\boldsymbol{\theta}}'(\theta',\phi') & \hat{\boldsymbol{\phi}}(\theta,\phi)^{\mathrm{T}}\boldsymbol{R}\hat{\boldsymbol{\phi}}'(\theta',\phi')\end{pmatrix}=\begin{pmatrix}\cos\psi & \cos(\pi/2+\psi)\\ \cos(\pi/2-\psi) & \cos\psi\end{pmatrix}=\begin{pmatrix}+\cos\psi & -\sin\psi\\ +\sin\psi & +\cos\psi\end{pmatrix}$$

从而有

$$\begin{pmatrix}F_\theta(\theta,\phi)\\ F_\phi(\theta,\phi)\end{pmatrix}=\begin{pmatrix}+\cos\psi & -\sin\psi\\ +\sin\psi & +\cos\psi\end{pmatrix}\begin{pmatrix}F'_{\theta'}(\theta',\phi')\\ F'_{\phi'}(\theta',\phi')\end{pmatrix}$$

通过对公式$\psi=\arg\left(\hat{\boldsymbol{\theta}}(\theta,\phi)^{\mathrm{T}}\boldsymbol{R}\hat{\boldsymbol{\theta}}'(\theta',\phi')+\mathrm{j}\hat{\boldsymbol{\phi}}(\theta,\phi)^{\mathrm{T}}\boldsymbol{R}\hat{\boldsymbol{\theta}}'(\theta',\phi')\right)$进行求解，可以得到

$$\psi = \arg\left(\begin{array}{c}\left(\sin\gamma\cos\theta\sin(\phi-\alpha)+\cos\gamma\left(\cos\beta\sin\theta-\sin\beta\cos\theta\cos(\phi-\alpha)\right)\right)+ \\ \mathrm{j}\left(\sin\gamma\cos(\phi-\alpha)+\sin\beta\cos\gamma\sin(\phi-\alpha)\right)\end{array}\right)$$

从而 $\cos\psi$ 和 $\sin\psi$ 可以表示为

$$\cos\psi = \frac{\cos\beta\cos\gamma\sin\theta-\left(\sin\beta\cos\gamma\cos(\phi-\alpha)-\sin\gamma\sin(\phi-\alpha)\right)\cos\theta}{\sqrt{1-\left(\cos\beta\cos\gamma\cos\theta+\left(\sin\beta\cos\gamma\cos(\phi-\alpha)-\sin\gamma\sin(\phi-\alpha)\right)\sin\theta\right)^2}}$$

$$\sin\psi = \frac{\sin\beta\cos\gamma\sin(\phi-\alpha)+\sin\gamma\cos(\phi-\alpha)}{\sqrt{1-\left(\cos\beta\cos\gamma\cos\theta+\left(\sin\beta\cos\gamma\cos(\phi-\alpha)-\sin\gamma\sin(\phi-\alpha)\right)\sin\theta\right)^2}}$$

5. 角度在不同坐标系的转换

由于天线阵子的功率辐射图和天线阵子的成分域都是基于本地坐标系的角度计算的，而信道模型产生的到达角和离开角都是基于全局坐标系产生的，这就涉及一个LCS和GCS相互转换的问题。这里将简单介绍两者的转换，具体的细节参考3GPP TR 38.901。

假设全局坐标系为（x，y，z，θ，ϕ），其单位向量为（$\hat{\boldsymbol{\theta}}$，$\hat{\boldsymbol{\phi}}$），本地坐标系为（$x'$，$y'$，$z'$，$\theta'$，$\phi'$），其单位向量为（$\hat{\boldsymbol{\theta}}'$，$\hat{\boldsymbol{\phi}}'$），通过推导可以得出它们之间的关系

$$\theta'(\alpha,\beta,\gamma\ \theta,\phi) = \arccos\left(\begin{bmatrix}0\\0\\1\end{bmatrix}^{\mathrm{T}}\boldsymbol{R}^{-1}\hat{\boldsymbol{\rho}}\right) = \mathrm{acos}\left(\cos\beta\cos\gamma\cos\theta+\left(\sin\beta\cos\gamma\cos(\phi-\alpha)-\sin\gamma\sin(\phi-\alpha)\right)\sin\theta\right)$$

$$\phi'(\alpha,\beta,\gamma,\theta,\phi) = \arg\left(\begin{bmatrix}1\\\mathrm{j}\\0\end{bmatrix}^{\mathrm{T}}\boldsymbol{R}^{-1}\hat{\boldsymbol{\rho}}\right) = \arg\left(\begin{array}{l}\left(\cos\beta\sin\theta\cos(\phi-\alpha)-\sin\beta\cos\theta\right)+ \\ \mathrm{j}\left(\cos\beta\sin\gamma\cos\theta+\left(\sin\beta\sin\gamma\cos(\phi-\alpha)+\cos\gamma\sin(\phi-\alpha)\right)\sin\theta\right)\end{array}\right)$$

如果 α 和 γ 都是0，则 θ'、ϕ'、ψ 可以简化为

$$\theta' = \arccos\left(\cos\phi\sin\theta\sin\beta+\cos\theta\cos\beta\right)$$
$$\phi' = \arg\left(\cos\phi\sin\theta\cos\beta-\cos\theta\sin\beta+\mathrm{j}\sin\phi\sin\theta\right)$$
$$\psi = \arg\left(\sin\theta\cos\beta-\cos\phi\cos\theta\sin\beta+\mathrm{j}\sin\phi\sin\beta\right)$$

2.4.3 LOS概率计算

由于用户离基站的远近高低不同，有的用户与基站存在视距（Line-Of-Sight，LOS），有的不存在。而LOS环境下用户的角度分布、功率分布、路径损耗等都可能与NLOS环境下不同，所以需要先计算用户是否为LOS用户。不同场景下的LOS概率如表2-8所示。在实际仿真中，判断一个用户是不是LOS用户，可以先计算它的LOS概率，当所述概率小于设定的门限时，认为它是LOS用户，否则为NLOS用户。LOS概率计算对应图2-6中“步骤2”的内容。一般来说，LOS概率主要与用户和基站的距离有关，离基站越远，其LOS的概率越低，如图2-16所示。

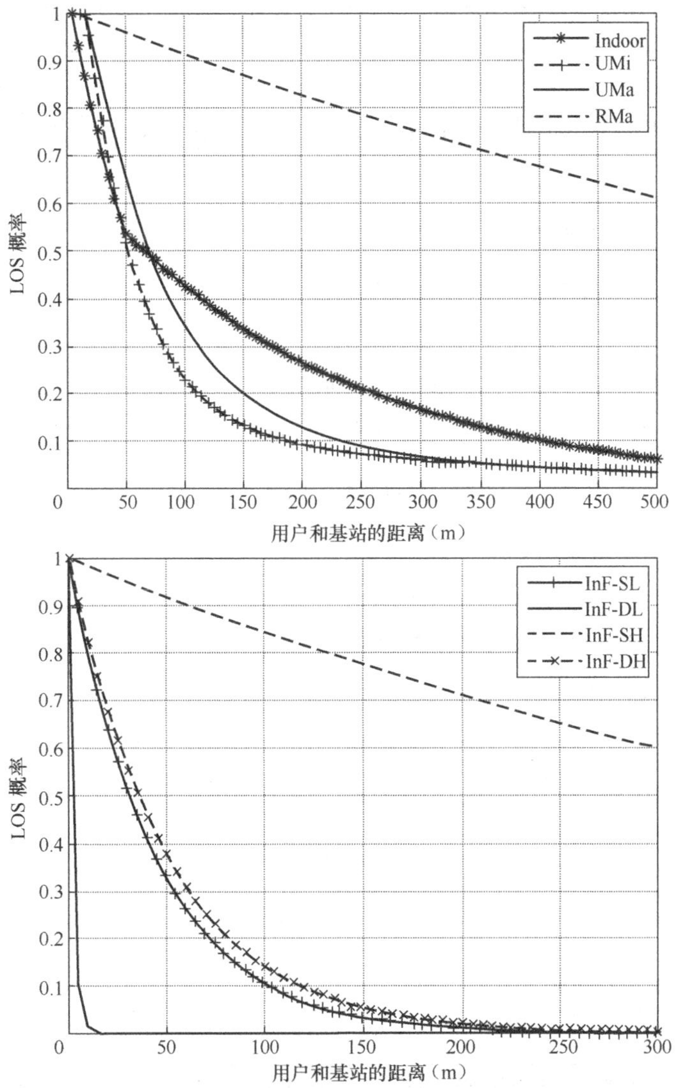

图2-16 LOS概率和距离的关系

表2-8 不同场景下的LOS概率

场景	LOS概率
RMa	$\mathrm{Pr_{LOS}}=\begin{cases}1 & ,d_{\text{2D-out}}\leqslant 10\text{m}\\ \exp\left(-\dfrac{d_{\text{2D-out}}-10}{1000}\right) & ,10\text{m}<d_{\text{2D-out}}\end{cases}$
UMi	$\mathrm{Pr_{LOS}}=\begin{cases}1 & ,d_{\text{2D-out}}\leqslant 18\text{m}\\ \dfrac{18}{d_{\text{2D-out}}}+\exp\left(-\dfrac{d_{\text{2D-out}}}{36}\right)\left(1-\dfrac{18}{d_{\text{2D-out}}}\right) & ,18\text{m}<d_{\text{2D-out}}\end{cases}$

续表

场景	LOS概率
UMa	$\mathrm{Pr}_{\mathrm{LOS}}=\begin{cases}1 & ,d_{\text{2D-out}}\leqslant 18\mathrm{m}\\ \left[\frac{18}{d_{\text{2D-out}}}+\exp\left(-\frac{d_{\text{2D-out}}}{63}\right)\left(1-\frac{18}{d_{\text{2D-out}}}\right)\right]\left(1+C'(h_{\mathrm{UT}})\frac{5}{4}\left(\frac{d_{\text{2D-out}}}{100}\right)^3\exp\left(-\frac{d_{\text{2D-out}}}{150}\right)\right) & ,18\mathrm{m}<d_{\text{2D-out}}\end{cases}$ 其中 $C'(h_{\mathrm{UT}})=\begin{cases}0, & h_{\mathrm{UT}}\leqslant 13\mathrm{m}\\ \left(\frac{h_{\mathrm{UT}}-13}{10}\right)^{1.5}, & 13\mathrm{m}<h_{\mathrm{UT}}\leqslant 23\mathrm{m}\end{cases}$
Indoor（混合场景）	$\mathrm{Pr}_{\mathrm{LOS}}=\begin{cases}1 & ,d_{\text{2D-in}}\leqslant 1.2\mathrm{m}\\ \exp\left(-\frac{d_{\text{2D-in}}-1.2}{4.7}\right) & ,1.2\mathrm{m}<d_{\text{2D-in}}<6.5\mathrm{m}\\ \exp\left(-\frac{d_{\text{2D-in}}-6.5}{32.6}\right)\cdot 0.32 & ,6.5\mathrm{m}\leqslant d_{\text{2D-in}}\end{cases}$
Indoor（开放场景）	$\mathrm{Pr}_{\mathrm{LOS}}=\begin{cases}1 & ,d_{\text{2D-in}}\leqslant 5\mathrm{m}\\ \exp\left(-\frac{d_{\text{2D-in}}-5}{70.8}\right) & ,5\mathrm{m}<d_{\text{2D-in}}\leqslant 49\mathrm{m}\\ \exp\left(-\frac{d_{\text{2D-in}}-49}{211.7}\right)\cdot 0.54 & ,49\mathrm{m}<d_{\text{2D-in}}\end{cases}$
InF-SL InF-SH InF-DL InF-DH	$\mathrm{Pr}_{\mathrm{LOS,\ subsce}}(d_{\mathrm{2D}})=\exp\left(-\frac{d_{\mathrm{2D}}}{k_{\mathrm{subsce}}}\right)$ 这里，$k_{\mathrm{subsce}}=\begin{cases}-\frac{d_{\mathrm{clutter}}}{\mathrm{In}(1-r)} & ,\ \mathrm{InF\text{-}SL和InF\text{-}DL}\\ -\frac{d_{\mathrm{clutter}}}{\mathrm{In}(1-r)}\cdot\frac{h_{\mathrm{BS}}-h_{\mathrm{UT}}}{h_{\mathrm{c}}-h_{\mathrm{UT}}} & ,\ \mathrm{InF\text{-}SL和InF\text{-}DL}\end{cases}$ 参数 d_{clutter}，r，h_{c}的定义见表2-6
InF-HH	$\mathrm{Pr}_{\mathrm{LOS}}=1$
说明：这里LOS概率的获取基于天线高度假设：Indoor、UMi、UMa情况下的天线高度分别为3m、10m、25m（“m”为距离单位）	

2.4.4 路径损耗计算

在图2-6的“步骤3”中，需要计算路径损耗，其中，路径损耗描述的是在各种无线传播环境下，接收信号平均功率随传播距离而衰减的特性，它通常与系统的工作频率、发射天线高度、接收天线高度及距离有关。其中，室外用户的2D距离 d_{2D} 和3D距离 d_{3D} 分别如图2-17（a）所示；室外2D距离 $d_{\text{2D-out}}$ 和3D距离 $d_{\text{3D-out}}$、室内2D距离 $d_{\text{2D-in}}$ 和3D距离 $d_{\text{3D-in}}$ 分别如图2-17（b）所示。

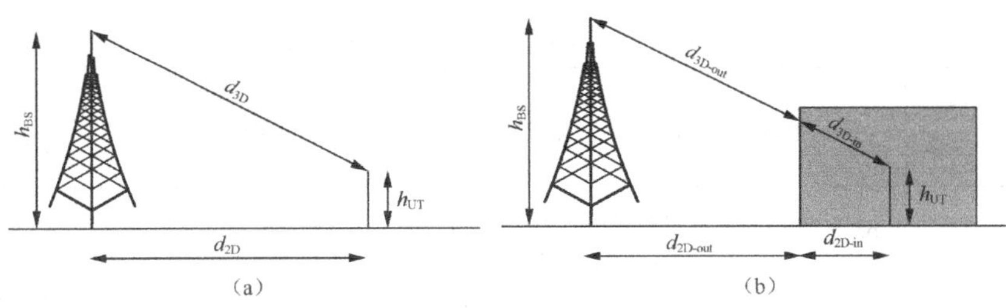

图2-17　2D和3D距离的定义

其中

$$d_{3D\text{-out}} + d_{3D} = \sqrt{\left(d_{2D}\right)^2 + \left(h_{BS} - h_{UT}\right)^2}$$

$$d_{3D\text{-out}} + d_{3D\text{-in}} = \sqrt{\left(d_{2D\text{-out}} + d_{2D\text{-in}}\right)^2 + \left(h_{BS} - h_{UT}\right)^2}$$

不同场景下的路径损耗计算如表2-9所示。图2-18给出了一个路径损耗和距离的仿真结果的示例，其中，NLOS用户的高度为1.5m，中心载频为4GHz。

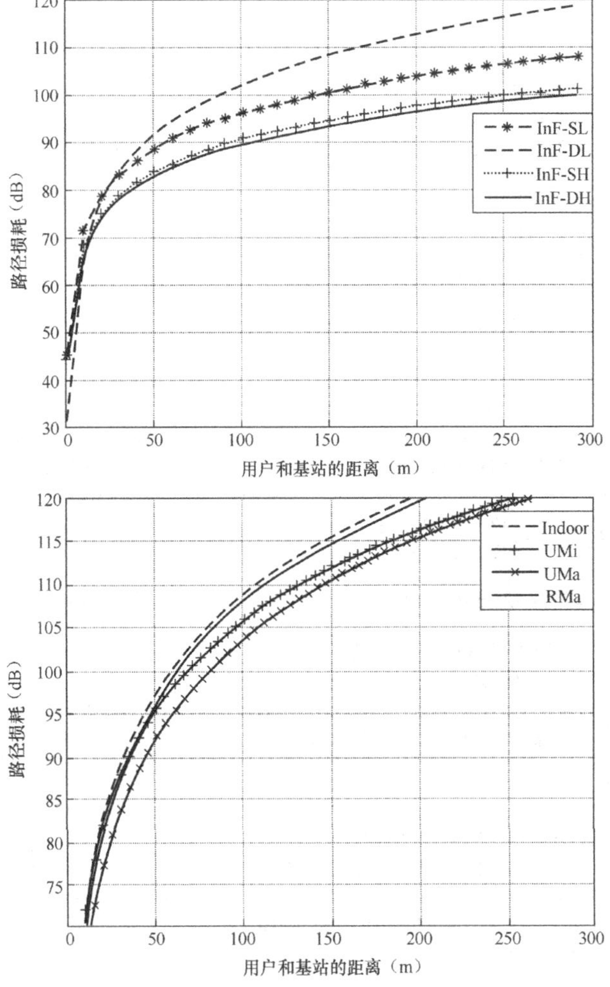

图2-18　路径损耗和距离的关系

表2-9　不同场景下的路径损耗计算

场景	LOS/NLOS	路径损耗（dB），f_c(GHz)，d(m)	阴影衰落方差（dB）	应用范围，天线高度的默认值
RMa	LOS	$PL_{\text{RMa-LOS}}=\begin{cases}PL_1 & 10\text{m}\leqslant d_{2D}\leqslant d_{BP}\\ PL_2 & d_{BP}\leqslant d_{2D}\leqslant 10\text{km}\end{cases}$，见“说明5” $PL_1=20\lg(40\pi d_{3D}f_c/3)+\min(0.03h^{1.72},10)\lg(d_{3D})-\min(0.044h^{1.72},14.77)+0.002\lg(h)d_{3D}$ $PL_2=PL_1(d_{BP})+40\lg(d_{3D}/d_{BP})$	$\sigma_{SF}=4$ $\sigma_{SF}=6$	$h_{BS}=35\text{m}$ $h_{UT}=1.5\text{m}$ $W=20\text{m}$ $h=5\text{m}$ $h=$ 平均建筑高度 $W=$ 平均街道宽度 应用范围： $5\text{m}\leqslant h\leqslant 50\text{m}$ $5\text{m}\leqslant W\leqslant 50\text{m}$ $10\text{m}\leqslant h_{BS}\leqslant 150\text{m}$ $1\text{m}\leqslant h_{UT}\leqslant 10\text{m}$
	NLOS	$PL_{\text{RMa-NLOS}}=\max(PL_{\text{RMa-LOS}},PL'_{\text{RMa-NLOS}})$ for $10\text{m}\leqslant d_{2D}\leqslant 5\text{km}$ $PL'_{\text{RMa-NLOS}}=161.04-7.1\lg(W)+7.5\lg(h)-(24.37-3.7(h/h_{BS})^2)\lg(h_{BS})+(43.42-3.1\lg(h_{BS}))(\lg(d_{3D})-3)+20\lg(f_c)-(3.2(\lg(11.75h_{UT}))^2-4.97)$	$\sigma_{SF}=8$	
UMa	LOS	$PL_{\text{UMa-LOS}}=\begin{cases}PL_1 & 10\text{m}\leqslant d_{2D}\leqslant d'_{BP}\\ PL_2 & d'_{BP}\leqslant d_{2D}\leqslant 5\text{km}\end{cases}$，见“说明1” $PL_1=28.0+22\lg(d_{3D})+20\lg(f_c)$ $PL_2=28.0+40\lg(d_{3D})+20\lg(f_c)-9\lg((d'_{BP})^2+(h_{BS}-h_{UT})^2)$	$\sigma_{SF}=4$	$1.5\text{m}\leqslant h_{UT}\leqslant 22.5\text{m}$ $h_{BS}=25\text{m}$
	NLOS	$PL_{\text{UMa-NLOS}}=\max(PL_{\text{UMa-LOS}},PL'_{\text{UMa-NLOS}})$ $10\text{m}\leqslant d_{2D}\leqslant 5\text{km}$ $PL'_{\text{UMa-NLOS}}=13.54+39.08\lg(d_{3D})+20\lg(f_c)-0.6(h_{UT}-1.5)$	$\sigma_{SF}=6$	$1.5\text{m}\leqslant h_{UT}\leqslant 22.5\text{m}$ $h_{BS}=25\text{m}$ 见“说明3”
		$PL=32.4+20\lg(f_c)+30\lg(d_{3D})$	$\sigma_{SF}=7.8$	
UMi	LOS	$PL_{\text{UMi-LOS}}=\begin{cases}PL_1 & 10\text{m}\leqslant d_{2D}\leqslant d'_{BP}\\ PL_2 & d'_{BP}\leqslant d_{2D}\leqslant 5\text{km}\end{cases}$，见“说明1” $PL_1=32.4+21\lg(d_{3D})+20\lg(f_c)$ $PL_2=32.4+40\lg(d_{3D})+20\lg(f_c)-9.5\lg((d'_{BP})^2+(h_{BS}-h_{UT})^2)$	$\sigma_{SF}=4$	$1.5\text{m}\leqslant h_{UT}\leqslant 22.5\text{m}$ $h_{BS}=10\text{m}$
	NLOS	$PL_{\text{UMi-NLOS}}=\max(PL_{\text{UMi-LOS}},PL'_{\text{UMi-NLOS}})$ for $10\text{m}\leqslant d_{2D}\leqslant 5\text{km}$ $PL'_{\text{UMi-NLOS}}=35.3\lg(d_{3D})+22.4+21.3\lg(f_c)-0.3(h_{UT}-1.5)$	$\sigma_{SF}=7.8$	$1.5\text{m}\leqslant h_{UT}\leqslant 22.5\text{m}$ $h_{BS}=10\text{m}$ 见“说明4”
		Optional $PL=32.4+20\lg(f_c)+31.9\lg(d_{3D})$	$\sigma_{SF}=8.2$	

续表

场景	LOS/NLOS	路径损耗（dB），f_c(GHz)，d(m)	阴影衰落方差（dB）	应用范围，天线高度的默认值
InH - Office	LOS	$PL_{\text{InH-LOS}}=32.4+17.3\lg(d_{3D})+20\lg(f_c)$	$\sigma_{SF}=3$	$1\text{m}\leqslant d_{3D}\leqslant 150\text{m}$
	NLOS	$PL_{\text{InH-NLOS}}=\max(PL_{\text{InH-LOS}},PL'_{\text{InH-NLOS}})$ $PL'_{\text{InH-NLOS}}=38.3\lg(d_{3D})+17.30+24.9\lg(f_c)$	$\sigma_{SF}=8.03$	$1\text{m}\leqslant d_{3D}\leqslant 150\text{m}$
		$PL'_{\text{InH-NLOS}}=32.4+20\lg(f_c)+31.9\lg(d_{3D})$	$\sigma_{SF}=8.29$	$1\text{m}\leqslant d_{3D}\leqslant 150\text{m}$
InF	LOS	$PL_{\text{LOS}}=31.84+21.50\lg(d_{3D})+19.00\lg(f_c)$	$\sigma_{SF}=4.3$	$1\leqslant d_{3D}\leqslant 600\text{m}$
	NLOS	InF-SL：$PL=33+25.5\lg(d_{3D})+20\lg(f_c)$ $PL_{\text{NLOS}}=\max(PL,\ PL_{\text{LOS}})$	$\sigma_{SF}=5.7$	
		InF-DL：$PL=18.6+35.7\lg(d_{3D})+20\lg(f_c)$ $PL_{\text{NLOS}}=\max(PL,\ PL_{\text{LOS}},\ PL_{\text{Inf-SL}})$	$\sigma_{SF}=7.2$	
		InF-SH：$PL=32.4+23.0\lg(d_{3D})+20\lg(f_c)$ $PL_{\text{NLOS}}=\max(PL,\ PL_{\text{LOS}})$	$\sigma_{SF}=5.9$	
		InF-DH：$PL=33.63+21.9\lg(d_{3D})+20\lg(f_c)$ $PL_{\text{NLOS}}=\max(PL,\ PL_{\text{LOS}})$	$\sigma_{SF}=4.0$	

说明1：断点距离为 $d'_{BP}=4h'_{BS}h'_{UT}f_c/c$，这里$f_c$是中心载频，单位是Hz，c = 3.0×$10^8$ m/s，为空间传播速度，h'_{BS} 和 h'_{UT} 分别为BS和UT的有效天线高度。有效天线高度 h'_{BS} 和 h'_{UT} 的计算如下：$h'_{BS}=h_{BS}-h_E$，$h'_{UT}=h_{UT}-h_E$，这里h_{BS}和h_{UT}是真实的天线高度，h_E为有效环境高度。对于UMi，h_E = 1m。对于UMa，h_E=1m的概率为1/（1+C（d_{2D}，h_{UT}）），否则选择离散均匀分布的集合（12，15，…，（h_{UT}−1.5））取值。这里，C（d_{2D}，h_{UT}）由如下公式给出。

$$C(d_{2D},h_{UT})=\begin{cases}0 & ,h_{UT}<13\text{m}\\ \left(\dfrac{h_{UT}-13}{10}\right)^{1.5}g(d_{2D}) & ,13\text{m}\leqslant h_{UT}\leqslant 23\text{m}\end{cases}$$

其中

$$g(d_{2D})=\begin{cases}0 & ,d_{2D}\leqslant 18\text{m}\\ \dfrac{5}{4}\left(\dfrac{d_{2D}}{100}\right)^3\exp\left(\dfrac{-d_{2D}}{150}\right) & ,18\text{m}<d_{2D}\end{cases}$$

这里，h_E依赖于d_{2D}和h_{UT}，所以需要基于每个UT到BS的链路分别计算。

说明2：PL的路径损耗计算公式适用的频率范围为$0.5<f_c<f_H$ GHz，这里，对于RMa，f_H = 30GHz，其他场景f_H = 100GHz。

说明3：UMa NLOS路径损耗公式来自TR 36.873的简化，$PL_{\text{UMa-LOS}}$表示UMa LOS在室外场景的路径损耗。

说明4：$PL_{\text{UMi-LOS}}$ = UMi LOS在室外场景的路径损耗。

说明5：断点距离$d_{BP}=2\pi h_{BS}h_{UT}f_c/c$，其中，$f_c$表示中心载频，单位是Hz，c = 3.0 × 10^8 m/s，h_{BS}和h_{UT}表示BS和UT的高度。

说明6：f_c表示中心载频并归一化到1GHz，距离相关的值都归一化到1m。

2.4.5 穿透损耗计算

当信号传输穿过障碍物（如外墙、车子等）到达终端时，会产生穿透损耗，路径损耗计算公式根据场景的不同而有所不同，它可以看成是穿透损耗的一部分。

1. 室内用户的穿透损耗

表2-9中路径损耗的计算，仅包括了基站和用户都在室外，或者基站和用户都在室内的场景，而对于基站在室外，用户在室内的场景，需要进一步建模建筑物的传统损耗，具体如下。

$$PL = PL_b + PL_{tw} + PL_{in} + N\left(0, \sigma_P^2\right) \tag{2-35}$$

这里，PL_b 为表2-9所示的路径损耗计算公式，且公式中的3D距离 d_{3D} 用 $d_{3D-out} + d_{3D-in}$ 替换。PL_{in} 代表室内的路径损耗，与用户和建筑的墙之间的距离有关，σ_P 代表穿透损耗的标准方差。PL_{tw} 代表建筑物的穿透损耗，公式如下。

$$PL_{tw} = PL_{npi} - 10\lg\sum_{i=1}^{N}\left(p_i \times 10^{\frac{L_{material\_i}}{-10}}\right) \tag{2-36}$$

PL_{npi} 是外墙损失中的额外损失，即非垂直入射导致的损失。

$$L_{material\_i} = a_{material\_i} + b_{material\_i} \cdot f$$

$L_{material\_i}$ 表示材料i的穿透损耗，一些常见的材料穿透损耗见表2-10，p_i为第i种材料的比例，$\sum_{i=1}^{N} p_i = 1$，N代表材料的数量。

表2-10 材料穿透损耗

材料	穿透损耗（dB）
标准玻璃	$L_{glass} = 2 + 0.2f$
IRR玻璃	$L_{IIRglass} = 23 + 0.3f$
混凝土	$L_{concrete} = 5 + 4f$
木材	$L_{wood} = 4.85 + 0.12f$

说明：f的单位是GHz。

O2I穿透损耗是UT专用产生的。表2-11给出了两种O2I建筑穿透损耗模型下的通过外墙的路径损耗（PL_{tw}）、室内路径损耗（PL_{in}）、标准方差（σ_P）。

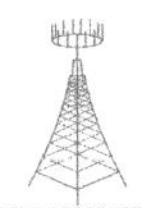

表2-11 O2I建筑穿透损耗模型

	PL_{tw}（dB）	PL_{in}（dB）	σ_P（dB）
低穿透损耗模型	$5-10\lg\left(0.3\cdot10^{\frac{-L_{glass}}{10}}+0.7\cdot10^{\frac{-L_{concrete}}{10}}\right)$	$0.5\cdot d_{2D-in}$	4.4
高穿透损耗模型	$5-10\lg\left(0.7\cdot10^{\frac{-L_{IIRglass}}{10}}+0.3\cdot10^{\frac{-L_{concrete}}{10}}\right)$	$0.5\cdot d_{2D-in}$	6.5

这里，$d_{2D\text{-}in}$也是UT专用产生的。UMa和UMi场景下，$d_{2D\text{-}in}$在0～25m范围内均匀随机产生，RMa场景下，$d_{2D\text{-}in}$在0～10m范围内随机生成。

UMa和UMi包括低损耗和高损耗模型，而RMa只有低损耗模型，InF只有高损耗模型。为了兼容TR 36.873，当单频仿真低于6GHz时，可以用表2-12来计算O2I建筑穿透损耗。

表2-12 单频仿真小于6GHz时的O2I建筑穿透损耗

参数	值
PL_{tw}	20dB
PL_{in}	$0.5\cdot d_{2D-in}$
σ_P	0dB
σ_{SF}	7dB（替换表2-9）

2. 车内用户的穿透损耗

对于室外的用户，如果用户在车内，那么需要考虑车的穿透损耗，建模如下。

$$PL = PL_b + N\left(\mu,\sigma_P^2\right) \qquad (2\text{-}37)$$

这里，PL_b代表基本的室外路径损耗，$\mu=9$，$\sigma_P=5$，且也是UT专用生成的。对于金属窗口，$\mu=20$。这个公式适用的频率在0.6～60GHz。

2.4.6 大尺度参数计算

在图2-6的“步骤4”中，需要计算大尺度参数，大尺度参数包括时延扩展（DS）、角度扩展（ASA、ASD、ZSA、ZSD）、莱斯因子（K）和阴影衰落（SF）等，它们都服从高斯分布，其方差和均值如附表1所示，这里，阴影衰落的均值为0。

根据附表1的方差和均值，通过高斯分布随机生成时延扩展（DS）、角度扩展（ASA、ASD、ZSA、ZSD）、莱斯因子（K）和阴影衰落（SF）。由于同一个基站下的这些参数有一定的相关性，需要根据附表1中的ZSA、ZSD、ASA、ASD、DS、SF、K之间的相关性获得相关矩阵$\boldsymbol{C}$，其方法如下。

$$\boldsymbol{C}=\begin{pmatrix}\rho_{1,1} & \rho_{1,2} & \rho_{1,3} & \rho_{1,4} & \rho_{1,5} & \rho_{1,6} & \rho_{1,7}\\ \rho_{2,1} & \rho_{2,2} & \rho_{2,3} & \rho_{2,4} & \rho_{2,5} & \rho_{2,6} & \rho_{2,7}\\ \rho_{3,1} & \rho_{3,2} & \rho_{3,3} & \rho_{3,4} & \rho_{3,5} & \rho_{3,6} & \rho_{3,7}\\ \rho_{4,1} & \rho_{4,2} & \rho_{4,3} & \rho_{4,4} & \rho_{4,5} & \rho_{4,6} & \rho_{4,7}\\ \rho_{5,1} & \rho_{5,2} & \rho_{5,3} & \rho_{5,4} & \rho_{5,5} & \rho_{5,6} & \rho_{5,7}\\ \rho_{6,1} & \rho_{6,2} & \rho_{6,3} & \rho_{6,4} & \rho_{6,5} & \rho_{6,6} & \rho_{6,7}\\ \rho_{7,1} & \rho_{7,2} & \rho_{7,3} & \rho_{7,4} & \rho_{7,5} & \rho_{7,6} & \rho_{7,7}\end{pmatrix}$$

ρ_{ij}表示第i个参数和第j个参数的相关性（见附表1），其中，i、j分别等于1，2，3，4，5，6，7时，分别对应参数ZSA、ZSD、ASA、ASD、DS、SF、K。具有相关性的参数如下。

$$\begin{pmatrix}c'_{\mathrm{ZSA}}\\ c'_{\mathrm{ZSD}}\\ c'_{\mathrm{ASA}}\\ c'_{\mathrm{ASD}}\\ c'_{\mathrm{DS}}\\ c'_{\mathrm{SF}}\\ c'_{K}\end{pmatrix}=\mathrm{Chol}\left(\begin{pmatrix}\rho_{1,1} & \rho_{1,2} & \rho_{1,3} & \rho_{1,4} & \rho_{1,5} & \rho_{1,6} & \rho_{1,7}\\ \rho_{2,1} & \rho_{2,2} & \rho_{2,3} & \rho_{2,4} & \rho_{2,5} & \rho_{2,6} & \rho_{2,7}\\ \rho_{3,1} & \rho_{3,2} & \rho_{3,3} & \rho_{3,4} & \rho_{3,5} & \rho_{3,6} & \rho_{3,7}\\ \rho_{4,1} & \rho_{4,2} & \rho_{4,3} & \rho_{4,4} & \rho_{4,5} & \rho_{4,6} & \rho_{4,7}\\ \rho_{5,1} & \rho_{5,2} & \rho_{5,3} & \rho_{5,4} & \rho_{5,5} & \rho_{5,6} & \rho_{5,7}\\ \rho_{6,1} & \rho_{6,2} & \rho_{6,3} & \rho_{6,4} & \rho_{6,5} & \rho_{6,6} & \rho_{6,7}\\ \rho_{7,1} & \rho_{7,2} & \rho_{7,3} & \rho_{7,4} & \rho_{7,5} & \rho_{7,6} & \rho_{7,7}\end{pmatrix}\right)\begin{pmatrix}c_{\mathrm{ZSA}}\\ c_{\mathrm{ZSD}}\\ c_{\mathrm{ASA}}\\ c_{\mathrm{ASD}}\\ c_{\mathrm{DS}}\\ c_{\mathrm{SF}}\\ c_{K}\end{pmatrix}$$

其中，Chol表示对矩阵进行Cholesky分解。

$$\begin{cases}c_{\mathrm{ZSA}}=\alpha_{\mathrm{ZSA}}\sigma_{\mathrm{ZSA}}+\mu_{\mathrm{ZSA}}\\ c_{\mathrm{ZSD}}=\alpha_{\mathrm{ZSD}}\sigma_{\mathrm{ZSD}}+\mu_{\mathrm{ZSD}}\\ c_{\mathrm{ASA}}=\alpha_{\mathrm{ASA}}\sigma_{\mathrm{ASA}}+\mu_{\mathrm{ASA}}\\ c_{\mathrm{ASD}}=\alpha_{\mathrm{ASD}}\sigma_{\mathrm{ASD}}+\mu_{\mathrm{ASD}}\\ c_{\mathrm{DS}}=\alpha_{\mathrm{DS}}\sigma_{\mathrm{DS}}+\mu_{\mathrm{DS}}\\ c_{\mathrm{SF}}=\alpha_{\mathrm{SF}}\sigma_{\mathrm{SF}}+\mu_{\mathrm{SF}}\\ c_{K}=\alpha_{K}\sigma_{K}+\mu_{K}\end{cases}$$

其中，c_X、α_X、σ_X、μ_X分别表示参数X的最终取值、零均值方差为1的高斯函数生成值、方差和均值，X可以为ZSA、ZSD、ASA、ASD、DS、SF、K。

另外，大尺度参数X在地理位置上也有相关性。相邻地理位置的参数X是有相关性的，其归一化的自相关函数如下所示。

$$R(\Delta x)=\mathrm{e}^{-\frac{|\Delta x|}{d_{\mathrm{cor}}}}$$

其中，Δx表示水平面上的距离，而d_{cor}表示相关距离。根据802.16m评估文档中的方法建模的示意图如图2-19所示。

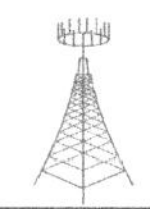

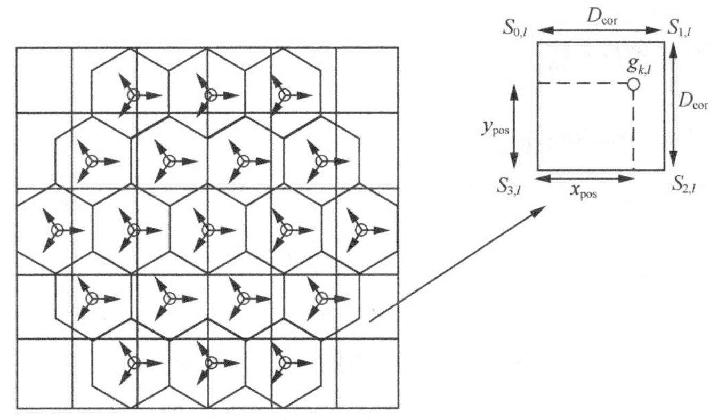

图2-19　大尺度相关性建模示意图

对每一个基站，均匀的网格通过预先定义的相关距离来产生。所有节点 $\{S_{n,0},\cdots,S_{n,L}\}$ 在网格中表示预先生成的阴影衰落值，其中，l 表示仿真中的一系列基站，相邻节点之间的距离为 D_{cor}。

从移动台到基站l的阴影衰落因子应该通过对邻近的4个节点插值来计算，如图2-19所示，与基站l相邻的节点是 $S_{n,0}\sim S_{n,3}$。根据基站l的位置，衰落因子 $g_{k,l}$ 由公式（2-38）计算得出。

$$SF(g_{k,l})=\left(1-\sqrt{\frac{x_{pos}}{D_{cor}}}\right)\left[S_{0,l}\sqrt{\frac{y_{pos}}{D_{cor}}}+S_{3,l}\left(\sqrt{1-\frac{y_{pos}}{D_{cor}}}\right)\right]+\left[S_{1,l}\sqrt{\frac{y_{pos}}{D_{cor}}}+S_{2,l}\left(\sqrt{1-\frac{y_{pos}}{D_{cor}}}\right)\right]\sqrt{\frac{x_{pos}}{D_{cor}}} \tag{2-38}$$

线性插值能够确保阴影衰落因子在节点周围均匀变化，并且标准差在所有节点处相同。

其他的大尺度参数DS、ASA、ASD、ZSA、ZSD、K（c'_{ZSA}、c'_{ZSD}、c'_{ASA}、c'_{ASD}、c'_{DS}、c'_{SF}、c'_{K}）也可以用类似阴影衰落的方式生成地理位置上相关的大尺度参数 c^{log}_{ZSA}、c^{log}_{ZSD}、c^{log}_{ASA}、c^{log}_{ASD}、c^{log}_{DS}、c^{log}_{SF}、c^{log}_{K}。这些参数都是以log对数形式生成的，并可以通过如下公式获得线性的值。

$$\begin{cases}c^{line}_{ZSA}=10^{c^{log}_{ZSA}}\\c^{line}_{ZSD}=10^{c^{log}_{ZSD}}\\c^{line}_{ASA}=10^{c^{log}_{ASA}}\\c^{line}_{ASD}=10^{c^{log}_{ASD}}\\c^{line}_{DS}=10^{c^{log}_{DS}}\\c^{line}_{SF}=10^{c^{log}_{SF}}\\c^{line}_{K}=10^{c^{log}_{K}}\end{cases}$$

2.4.7 小尺度参数计算

1. 步骤5：产生簇的时延

根据2.4.6节随机生成的时延扩展（DS），用指数分布计算时延。

$$\tau_n' = -r_\tau \mathrm{DS}\ln\left(X_n\right) \tag{2-39}$$

这里，r为时延分布比例因子，$X_n \sim \mathrm{uniform}$（0, 1），$n = 1$，…，$N$为簇索引。根据最小的时延值对$\tau_n'$进行归一化处理，并从小到大排序得到

$$\tau_n = \mathrm{sort}\left(\tau_n' - \min\left(\tau_n'\right)\right) \tag{2-40}$$

对于LOS场景，为了补偿时延扩展中LOS峰值的影响，需要对时延进行额外的伸缩，即

$$\tau_n^{\mathrm{LOS}} = \tau_n / C_\tau \tag{2-41}$$

这里，$C_\tau = 0.7705 - 0.0433K + 0.0002K^2 + 0.000017K^3$，$K$是莱斯因子（单位为dB）。需要说明的是，$\tau_n^{\mathrm{LOS}}$不用作计算功率。

2. 步骤6：产生簇的功率

根据“步骤5”生成的时延及时延扩展（DS），簇（Cluster）相关的阴影项目获得功率如下。

$$P_n' = \exp\left(-\tau_n \frac{r_\tau - 1}{r_\tau \mathrm{DS}}\right) \cdot 10^{\frac{-Z_n}{10}} \tag{2-42}$$

这里，$Z_n \sim N\left(0, \zeta^2\right)$是第$n$个簇的阴影项，单位为dB。

对NLOS用户的功率进行归一化处理。

$$P_n = \frac{P_n'}{\sum_{n=1}^{N} P_n'} \tag{2-43}$$

对于LOS条件，第一个簇需要增加一个额外的镜面反射成分，单一LOS射线（Ray）的功率为

$$P_{1,\mathrm{LOS}} = \frac{K_{\mathrm{R}}}{K_{\mathrm{R}} + 1} \tag{2-44}$$

每个簇的功率为

$$P_n = \frac{1}{K_{\mathrm{R}} + 1} \frac{P_n'}{\sum_{n=1}^{N} P_n'} + \delta\left(n-1\right) P_{1,\mathrm{LOS}} \tag{2-45}$$

这里，$\delta(\cdot)$是狄拉克的delta函数，K_{R}是莱斯因子的线性值。对于第n个簇的射线，每个射线的功率为P_n/M，M在这里代表每个簇中射线的数量。

需要说明的是，功率低于–25dB的簇需要移除。

3. 步骤7：产生角度信息

（1）产生AOA

簇的功率角度谱在水平到达角维度上建模为截断高斯分布，因此可以通过逆高斯函数获得水平到达角（AOA）。

$$\phi'_{n,\mathrm{AOA}}=\frac{2(\mathrm{ASA}/1.4)\sqrt{-\ln\left(P_n/\max\left(P_n\right)\right)}}{C_\phi} \tag{2-46}$$

这里 C_ϕ 定义为

$$C_\phi=\begin{cases}C_\phi^{\mathrm{NLOS}}\cdot\left(1.1035-0.028K-0.002K^2+0.0001K^3\right) & ,\mathrm{LOS}\\ C_\phi^{\mathrm{NLOS}} & ,\mathrm{NLOS}\end{cases} \tag{2-47}$$

其中，C_ϕ^{NLOS} 为所有簇的一个缩放因子，如表2-13所示。

表2-13　AOA、AOD的缩放因子

#簇	4	5	8	10	11	12	14	15	16	19	20	25
C_ϕ^{NLOS}	0.779	0.860	1.018	1.090	1.123	1.146	1.190	1.211	1.226	1.273	1.289	1.358

为了引入随机性，需要进一步对生成的 $\phi'_{n,\mathrm{AOA}}$ 乘以随机生成的正负号 X_n，并增加随机成分 $Y_n\sim N\left(0,(\mathrm{ASA}/7)^2\right)$，如下所示。

$$\phi_{n,\mathrm{AOA}}=X_n\phi'_{n,\mathrm{AOA}}+Y_n+\phi_{\mathrm{LOS,AOA}}$$

这里，$\phi_{\mathrm{LOS,AOA}}$ 是用户到基站的LOS方向，对于LOS场景，为了保证第一个簇是LOS方向，需要进行如下处理。

$$\phi_{n,\mathrm{AOA}}=\left(X_n\phi'_{n,\mathrm{AOA}}+Y_n\right)-\left(X_1\phi'_{1,\mathrm{AOA}}+Y_1-\phi_{\mathrm{LOS,AOA}}\right)$$

最后增加偏置角度 α_m（见表2-14）得到每个射线的AOA。

$$\phi_{n,m,\mathrm{AOA}}=\phi_{n,\mathrm{AOA}}+c_{\mathrm{ASA}}\alpha_m$$

这里，c_{ASA}是每个簇的均方根角度扩展（Cluster ASA），如附表1所示。

表2-14　一个簇内射线的角度偏移（均方根角度归一化）

射线序号	射线的角度偏移
1，2	± 0.0447
3，4	± 0.1413
5，6	± 0.2492
7，8	± 0.3715
9，10	± 0.5129

续表

射线序号	射线的角度偏移
11，12	± 0.6797
13，14	± 0.8844
15，16	± 1.1481
17，18	± 1.5195
19，20	± 2.1551

（2）产生AOD

簇的功率角度谱在水平离开角维度上建模为截断高斯分布，因此可以通过逆高斯函数来获得的水平离开角（AOD）。

$$\phi'_{n,\mathrm{AOD}} = \frac{2(\mathrm{ASD}/1.4)\sqrt{-\ln\left(P_n/\max\left(P_n\right)\right)}}{C_\phi} \tag{2-48}$$

这里 C_ϕ 定义为

$$C_\phi = \begin{cases} C_\phi^{\mathrm{NLOS}} \cdot \left(1.103\,5 - 0.028K - 0.002K^2 + 0.000\,1K^3\right) & ,\mathrm{LOS} \\ C_\phi^{\mathrm{NLOS}} & ,\mathrm{NLOS} \end{cases} \tag{2-49}$$

其中，C_ϕ^{NLOS} 为所有簇的一个缩放因子，如表2-13所示。

为了引入随机性，需要进一步对生成的 $\phi'_{n,\mathrm{AOD}}$ 乘以随机生成的正负号 X_n，并增加随机成分 $Y_n \sim N\left(0,(\mathrm{ASD}/7)^2\right)$，如下所示。

$$\phi_{n,\mathrm{AOD}} = X_n\phi'_{n,\mathrm{AOD}} + Y_n + \phi_{\mathrm{LOS,AOD}}$$

这里，$\phi_{\mathrm{LOS,AOD}}$ 是用户到基站的LOS方向。

对于LOS场景，为了保证第一个簇是LOS方向，需要进行如下处理。

$$\phi_{n,\mathrm{AOD}} = \left(X_n\phi'_{n,\mathrm{AOD}} + Y_n\right) - \left(X_1\phi'_{1,\mathrm{AOD}} + Y_1 - \phi_{\mathrm{LOS,AOD}}\right)$$

最后增加偏置角度 α_m（见表2-14）得到每个射线的AOD。

$$\phi_{n,m,\mathrm{AOD}} = \phi_{n,\mathrm{AOD}} + c_{\mathrm{ASD}}\alpha_m$$

这里，c_{ASD}是每个簇的ASD均方根扩展，如附表1所示。

（3）产生ZOA

假设簇的角度功率谱在垂直到达角维度上服从拉普拉斯分布，那么可以利用逆拉普拉斯函数获得ZOA。

$$\theta'_{n,\mathrm{ZOA}} = -\frac{\mathrm{ZSA}\ln\left(P_n/\max\left(P_n\right)\right)}{C_\theta} \tag{2-50}$$

这里 C_θ 定义为

$$C_\theta = \begin{cases} C_\theta^{\text{NLOS}} \cdot \left(1.308\,6 + 0.033\,9K - 0.007\,7K^2 + 0.000\,2K^3\right) & ,\ \text{LOS} \\ C_\theta^{\text{NLOS}} & ,\ \text{NLOS} \end{cases} \qquad (2\text{-}51)$$

其中，C_θ^{NLOS} 为对于所有簇的一个缩放因子，如表2-15所示。

表2-15 ZOA和ZOD的缩放因子

#簇	8	10	11	12	15	19	20	25
C_θ^{NLOS}	0.889	0.957	1.031	1.104	1.108 8	1.184	1.178	1.282

为了引入随机性，需要进一步对生成的 $\phi'_{n,\text{ZOA}}$ 乘以随机生成的正负号X_n，并增加随机成分 $Y_n \sim N\left(0,(\text{ZSA}/7)^2\right)$，如下所示。

$$\theta_{n,\text{ZOA}} = X_n\theta'_{n,\text{ZOA}} + Y_n + \bar{\theta}_{\text{ZOA}}$$

在O2I链路下，$\bar{\theta}_{\text{ZOA}} = 90°$，否则 $\bar{\theta}_{\text{ZOA}} = \theta_{\text{LOS,ZOA}}$。

对于LOS场景，为了保证第一个簇是LOS方向，需要进行如下处理。

$$\theta_{n,\text{ZOA}} = \left(X_n\theta'_{n,\text{ZOA}} + Y_n\right) - \left(X_1\theta'_{1,\text{ZOA}} + Y_1 - \theta_{\text{LOS,ZOA}}\right)$$

最后增加偏置角度a_m（见表2-14）得到每个射线的ZOA。

$$\theta_{n,m,\text{ZOA}} = \theta_{n,\text{ZOA}} + c_{\text{ZSA}}\alpha_m$$

这里，c_{ZSA}簇为ZOA的均方根扩展。由于 $\theta_{n,m,\text{ZOA}}$ 的范围为[0°, 180°]，所以对于 $\theta_{n,m,\text{ZOA}} \in [180°, 360°]$，$\theta_{n,m,\text{ZOA}}$ 可以设置为 $(360° - \theta_{n,m,\text{ZOA}})$。

（4）产生ZOD

假设功率角度谱在垂直离开角的角维度上服从拉普拉斯分布，那么可以利用逆拉普拉斯函数获得ZOD。

$$\theta'_{n,\text{ZOD}} = -\frac{\text{ZSD}\ln\left(P_n/\max\left(P_n\right)\right)}{C_\theta} \qquad (2\text{-}52)$$

这里 C_θ 定义为

$$C_\theta = \begin{cases} C_\theta^{\text{NLOS}} \cdot \left(1.308\,6 + 0.033\,9K - 0.007\,7K^2 + 0.000\,2K^3\right) & ,\ \text{LOS} \\ C_\theta^{\text{NLOS}} & ,\ \text{NLOS} \end{cases} \qquad (2\text{-}53)$$

其中，C_θ^{NLOS} 为对于所有簇的一个缩放因子，如表2-15所示。

为了引入随机性，需要进一步对生成的 $\phi'_{n,\mathrm{ZOD}}$ 乘以随机生成的正负号X_n，并增加随机成分 $Y_n \sim N\left(0,(\mathrm{ZSD}/7)^2\right)$，如下所示。

$$\theta_{n,\mathrm{ZOD}} = X_n\theta'_{n,\mathrm{ZOD}} + Y_n + \theta_{\mathrm{LOS,ZOD}} + \mu_{\mathrm{offset,ZOD}}$$

$\mu_{\mathrm{offset,ZOD}}$ 见附表2。

对于LOS场景，为了保证第一个簇是LOS方向，需要进行如下处理。

$$\theta_{n,\mathrm{ZOD}} = \left(X_n\theta'_{n,\mathrm{ZOD}} + Y_n\right) - \left(X_1\theta'_{1,\mathrm{ZOD}} + Y_1 - \theta_{\mathrm{LOS,ZOD}}\right)$$

最后增加偏置角度 α_m（见表2-14）得到每个射线的ZOD。

$$\theta_{n,m,\mathrm{ZOD}} = \theta_{n,\mathrm{ZOD}} + (3/8)(10^{\mu_{\mathrm{lgZSD}}})\alpha_m$$

这里，μ_{lgZSD} 是ZSD对数正态分布的均值。由于 $\theta_{n,m,\mathrm{ZOD}}$ 的范围为[0°, 180°]，所以对于 $\theta_{n,m,\mathrm{ZOD}} \in [180°,360°]$，$\theta_{n,m,\mathrm{ZOD}}$ 可以设置为 $(360° - \theta_{n,m,\mathrm{ZOD}})$。

4. 产生小尺度信道

步骤8：对于第n个簇，或者子簇中，随机配对簇内射线的 $\phi_{n,m,\mathrm{AOD}}$ 和 $\phi_{n,m,\mathrm{AOA}}$，$\theta_{n,m,\mathrm{ZOD}}$ 和 $\theta_{n,m,\mathrm{ZOA}}$，以及 $\phi_{n,m,\mathrm{AOD}}$ 和 $\theta_{n,m,\mathrm{ZOD}}$。

步骤9：对于第n个簇，生成第m个射线的随机相位 $\left\{\Phi_{n,m}^{\theta\theta}, \Phi_{n,m}^{\theta\phi}, \Phi_{n,m}^{\phi\theta}, \Phi_{n,m}^{\phi\phi}\right\}$，它们分别是第$n$个簇的第$m$个射线的4个不同极化偏振组合（$\theta\theta$，$\theta\phi$，$\phi\theta$，$\phi\phi$）的初始相位，一旦生成，在一个仿真周期内保持不变。

步骤10：对于第n个簇，生成第m个射线的 $\kappa_{n,m}$，$\kappa_{n,m}$ 表示第n个簇的第m个射线的双极化功率比例的线性值，生成方式：$\kappa_{n,m} = 10^{X_{n,m}/10}$。

这里，$X_{n,m} \sim N(\mu_{\mathrm{XPR}}, \sigma_{\mathrm{XPR}}^2)$ 是方差为 σ_{XPR}，均值为 μ_{XPR} 的高斯分布。需要注意的是，$X_{n,m}$ 对每个簇的每条射线是独立的。

步骤11：对于第n个簇，第u个接收天线和第s个发送天线，时域小尺度信道按如下方式生成。

（1）对于N−2个最弱的簇，即n = 3，4，…，N，信道系数由公式（2-54）生成。

$$H_{u,s,n}^{\mathrm{NLOS}}(t) = \sqrt{\frac{P_n}{M}}\sum_{m=1}^{M}\begin{bmatrix} F_{\mathrm{rx},u,\theta}\left(\theta_{n,m,\mathrm{ZOA}},\phi_{n,m,\mathrm{AOA}}\right) \\ F_{\mathrm{rx},u,\phi}\left(\theta_{n,m,\mathrm{ZOA}},\phi_{n,m,\mathrm{AOA}}\right)\end{bmatrix}^{\mathrm{T}}\begin{bmatrix}\exp\left(\mathrm{j}\Phi_{n,m}^{\theta\theta}\right) & \sqrt{\kappa_{n,m}^{-1}}\exp\left(\mathrm{j}\Phi_{n,m}^{\theta\phi}\right) \\ \sqrt{\kappa_{n,m}^{-1}}\exp\left(\mathrm{j}\Phi_{n,m}^{\phi\theta}\right) & \exp\left(\mathrm{j}\Phi_{n,m}^{\phi\phi}\right)\end{bmatrix}$$
$$\begin{bmatrix} F_{\mathrm{tx},s,\theta}\left(\theta_{n,m,\mathrm{ZOD}},\phi_{n,m,\mathrm{AOD}}\right) \\ F_{\mathrm{tx},s,\theta}\left(\theta_{n,m,\mathrm{ZOD}},\phi_{n,m,\mathrm{AOD}}\right)\end{bmatrix}\exp\left(\frac{\mathrm{j}2\pi\left(\hat{\boldsymbol{r}}_{\mathrm{rx},n,m}^{\mathrm{T}}\cdot\bar{d}_{\mathrm{rx},u}\right)}{\lambda_0}\right)\exp\left(\frac{\mathrm{j}2\pi\left(\hat{\boldsymbol{r}}_{\mathrm{tx},n,m}^{\mathrm{T}}\cdot\bar{d}_{\mathrm{tx},s}\right)}{\lambda_0}\right)$$
$$\exp\left(\mathrm{j}2\pi\frac{\hat{\boldsymbol{r}}_{\mathrm{rx},n,m}^{\mathrm{T}}\cdot\bar{\boldsymbol{v}}}{\lambda_0}t\right) \tag{2-54}$$

$F_{\mathrm{rx},u,\theta}$和 $F_{\mathrm{rx},u,\phi}$ 是第u个接收天线分别基于球面基向量 $\hat{\boldsymbol{\theta}}$ 和 $\hat{\boldsymbol{\phi}}$ 方向的场图案，$F_{\mathrm{tx},s,\theta}$ 和 $F_{\mathrm{tx},s,\phi}$ 是第s个发送天线分别基于球面基向量 $\hat{\boldsymbol{\theta}}$ 和 $\hat{\boldsymbol{\phi}}$ 方向的场图案。$\hat{\boldsymbol{r}}_{\mathrm{rx},n,m}$ 是第n个簇

的第m个射线的水平到达角$\phi_{n,m,\mathrm{AOA}}$和垂直到达角$\theta_{n,m,\mathrm{ZOA}}$对应的球面向量，$\hat{\boldsymbol{r}}_{\mathrm{tx},n,m}$是第$n$个簇的第$m$个射线的水平离开角$\phi_{n,m,\mathrm{AOD}}$和垂直离开角$\theta_{n,m,\mathrm{ZOD}}$对应的球面向量。

$$\hat{\boldsymbol{r}}_{\mathrm{rx},n,m}=\begin{bmatrix}\sin\theta_{n,m,\mathrm{ZOA}}\cos\phi_{n,m,\mathrm{AOA}}\\ \sin\theta_{n,m,\mathrm{ZOA}}\sin\phi_{n,m,\mathrm{AOA}}\\ \cos\theta_{n,m,\mathrm{ZOA}}\end{bmatrix},\quad \hat{\boldsymbol{r}}_{\mathrm{tx},n,m}=\begin{bmatrix}\sin\theta_{n,m,\mathrm{ZOD}}\cos\phi_{n,m,\mathrm{AOD}}\\ \sin\theta_{n,m,\mathrm{ZOD}}\sin\phi_{n,m,\mathrm{AOD}}\\ \cos\theta_{n,m,\mathrm{ZOD}}\end{bmatrix}$$

$\bar{\boldsymbol{d}}_{\mathrm{rx},u}$是第$u$个接收天线的本地向量，$\bar{\boldsymbol{d}}_{\mathrm{tx},u}$是第$s$个发送天线元的本地向量。多普勒频域成分基于到达角（AOA，ZOA），UT的移动速度向量$\bar{\boldsymbol{v}}$，移动的水平角ϕ_v和垂直角θ_v，见公式（2-55）。

$$\boldsymbol{v}_{n,m}=\frac{\hat{\boldsymbol{r}}_{\mathrm{rx},n,m}^{\mathrm{T}}\cdot\bar{\boldsymbol{v}}}{\lambda_0}\tag{2-55}$$

其中$\bar{\boldsymbol{v}}=\boldsymbol{v}\cdot\begin{bmatrix}\sin\theta_v\cos\phi_v & \sin\theta_v\sin\phi_v & \cos\theta_v\end{bmatrix}^{\mathrm{T}}$。

（2）对于最强的2个簇，即$n=1$，2。

每个簇的射线被分成3个子簇，它们有固定的时延偏置，即

$$\begin{aligned}\tau_{n,1}&=\tau_n\\ \tau_{n,2}&=\tau_n+1.28c_{\mathrm{DS}}\\ \tau_{n,3}&=\tau_n+2.56c_{\mathrm{DS}}\end{aligned}$$

这里，c_{DS}是簇的时延扩展（Cluster DS），簇内的每个子簇包括的射线及功率见表2-16。

表2-16　每个簇内的子簇的时延和功率

子簇#i	映射的射线R_i	功率	$\tau_{n,i}-\tau_n$
i=1	R_1={1，2，3，4，5，6，7，8，19，20}	10/20	0
i=2	R_2={9，10，11，12，17，18}	6/20	$1.28c_{\mathrm{DS}}$
i=3	R_3={13，14，15，16}	4/20	$2.56c_{\mathrm{DS}}$

最强的2个簇的信道系数为$H_{u,s,n,m}^{\mathrm{NLOS}}(t)$，其公式见（5-56）。

$$\begin{aligned}H_{u,s,n,m}^{\mathrm{NLOS}}(t)=&\sqrt{\frac{P_n}{M}}\begin{bmatrix}F_{\mathrm{rx},u,\theta}\left(\theta_{n,m,\mathrm{ZOA}},\phi_{n,m,\mathrm{AOA}}\right)\\ F_{\mathrm{rx},u,\phi}\left(\theta_{n,m,\mathrm{ZOA}},\phi_{n,m,\mathrm{AOA}}\right)\end{bmatrix}^{\mathrm{T}}\begin{bmatrix}\exp\left(\mathrm{j}\Phi_{n,m}^{\theta\theta}\right) & \sqrt{\kappa_{n,m}{}^{-1}}\exp\left(\mathrm{j}\Phi_{n,m}^{\theta\phi}\right)\\ \sqrt{\kappa_{n,m}{}^{-1}}\exp\left(\mathrm{j}\Phi_{n,m}^{\phi\theta}\right) & \exp\left(\mathrm{j}\Phi_{n,m}^{\phi\phi}\right)\end{bmatrix}\\ &\begin{bmatrix}F_{\mathrm{tx},s,\theta}\left(\theta_{n,m,\mathrm{ZOD}},\phi_{n,m,\mathrm{AOD}}\right)\\ F_{\mathrm{tx},s,\phi}\left(\theta_{n,m,\mathrm{ZOD}},\phi_{n,m,\mathrm{AOD}}\right)\end{bmatrix}\exp\left(\mathrm{j}2\pi\frac{\hat{\boldsymbol{r}}_{\mathrm{rx},n,m}^{\mathrm{T}}\cdot\bar{d}_{\mathrm{rx},u}}{\lambda_0}\right)\exp\left(\mathrm{j}2\pi\frac{\hat{\boldsymbol{r}}_{\mathrm{tx},n,m}^{\mathrm{T}}\cdot\bar{d}_{\mathrm{tx},s}}{\lambda_0}\right)\\ &\exp\left(\mathrm{j}2\pi\frac{\hat{\boldsymbol{r}}_{\mathrm{rx},n,m}^{\mathrm{T}}\cdot\bar{v}}{\lambda_0}t\right)\end{aligned}\tag{2-56}$$

在LOS情况下，对于第一个簇，需要增加一条直射径对应的信道系数$H_{u,s,1}^{\mathrm{LOS}}(t)$，计

算公式见（2-57）。

$$H_{u,s,1}^{\text{LOS}}(t)=\begin{bmatrix}F_{\text{rx},u,\theta}\left(\theta_{\text{LOS,ZOA}},\phi_{\text{LOS,AOA}}\right)\\F_{\text{rx},u,\phi}\left(\theta_{\text{LOS,ZOA}},\phi_{\text{LOS,AOA}}\right)\end{bmatrix}^{\text{T}}\begin{bmatrix}1&0\\0&-1\end{bmatrix}\begin{bmatrix}F_{\text{tx},s,\theta}\left(\theta_{\text{LOS,ZOD}},\phi_{\text{LOS,AOD}}\right)\\F_{\text{tx},s,\phi}\left(\theta_{\text{LOS,ZOD}},\phi_{\text{LOS,AOD}}\right)\end{bmatrix}\cdot$$
$$\exp\left(-\text{j}2\pi\frac{d_{\text{3D}}}{\lambda_0}\right)\exp\left(\text{j}2\pi\frac{\hat{\boldsymbol{r}}_{\text{rx,LOS}}^{\text{T}}\cdot\bar{\boldsymbol{d}}_{\text{rx},u}}{\lambda_0}\right)\exp\left(\text{j}2\pi\frac{\hat{\boldsymbol{r}}_{\text{tx,LOS}}^{\text{T}}\cdot\bar{\boldsymbol{d}}_{\text{tx},s}}{\lambda_0}\right)\exp\left(\text{j}2\pi\frac{\hat{\boldsymbol{r}}_{\text{rx,LOS}}^{\text{T}}\cdot\bar{\boldsymbol{v}}}{\lambda_0}t\right) \quad (2\text{-}57)$$

这里，$\delta(\cdot)$是狄拉克的delta函数，K_{R}是莱斯因子的线性值。

① NLOS下的信道冲击响应公式如下。

$$H_{u,s}^{\text{NLOS}}(\tau,t)=\sum_{n=1}^{2}\sum_{i=1}^{3}\sum_{m\in R_i}H_{u,s,n,m}^{\text{NLOS}}(t)\delta(\tau-\tau_{n,i})+\sum_{n=3}^{N}H_{u,s,n}^{\text{NLOS}}(t)\delta(\tau-\tau_n) \quad (2\text{-}58)$$

② LOS下的信道冲击响应公式如下。

$$H_{u,s}^{\text{LOS}}(\tau,t)=\sqrt{\frac{1}{K_{\text{R}}+1}}H_{u,s}^{\text{NLOS}}(\tau,t)+\sqrt{\frac{K_{\text{R}}}{K_{\text{R}}+1}}H_{u,s,1}^{\text{LOS}}(t)\delta(\tau-\tau_1) \quad (2\text{-}59)$$

这里$H_{u,s,n}^{\text{NLOS}}(t)$、$H_{u,s,n,m}^{\text{NLOS}}(t)$、$H_{u,s,1}^{\text{LOS}}(t)$分别根据公式（2-54）、公式（2-56）、公式（2-57）定义。

步骤12：在公式（2-58）或公式（2-59）的信道上加上路径损耗和阴影。

2.4.8 小尺度计算增强

2.4.7节介绍了最基本的信道模型，其中，移动速度、各种角度、功率、时延都保持不变。本节将介绍一些增强的信道特征及对应的建模方法，以方便根据评估方案进行选择使用。

1. 氧吸

5G NR MIMO信道模型支持的频率范围为0.5～100GHz。在53～67GHz的频率窗口，氧气吸收电磁波能量的能力比在其他频率范围内强，由氧吸导致的衰减，称为氧吸（Oxygen Absorption）。如图2-20所示，在一个载频固定后，氧吸的衰减随着距离的增加而增加，2.4.7节的第n个簇，中心载频为f_{c}的氧吸公式见（2-60）。

$$OL_n(f_{\text{c}})=\frac{\alpha(f_{\text{c}})}{1000}\cdot(d_{\text{3D}}+\text{c}\cdot(\tau_n+\tau_{\Delta}))\,(\text{dB}) \quad (2\text{-}60)$$

这里，

- $\alpha(f_{\text{c}})$是频率相关的氧吸损失（dB/km），具体见表2-17。
- c是光速（m/s），d_{3D}是用户和基站的距离（m）。
- τ_n为第n个簇的时延（s）。
- τ_{Δ}在LOS下为0，否则为没有归一化的时延的最小值。

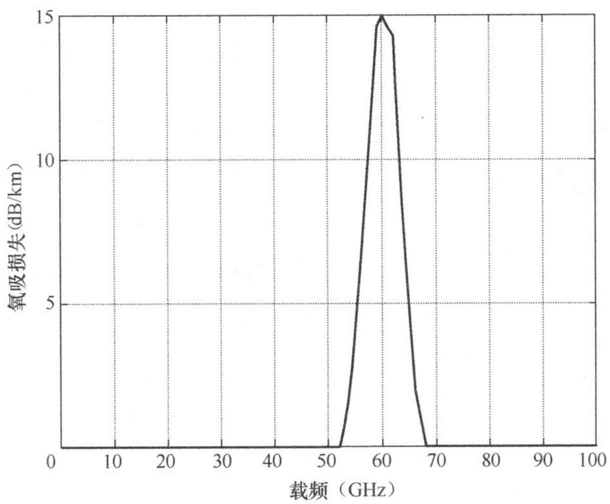

图2-20　氧吸损失随着频率的变化

表2-17　频率依赖的氧吸衰减系数$\alpha(f)$

f(GHz)	0～52	53	54	55	56	57	58	59	60	61	62	63	64	65	66	67	68～100
$\alpha(f)$(dB/km)	0	1	2.2	4	6.6	9.7	12.6	14.6	15	14.6	14.3	10.5	6.8	3.9	1.9	1	0

2. 大带宽和大天线阵列

随着无线网络的各类应用越来越多，使用无线网络的用户在大规模增加，导致无线数据业务呈爆炸式增长。为了满足未来无线数据业务的需求，需要大幅度提高系统的传输速率，而增加传输带宽和使用更多的天线是一种有效的手段。随着带宽的增加或者天线尺寸的增加，由天线引起的时延差异，或者每个射线的时延差异就不可以简单地认为是相同的。

一般来说，带宽B大于等于c/D时，需要进一步建模每个射线在每个天线对间的时延和角度的差异。这里c表示光速，D为天线阵列的孔径。比如D为1m时，如果$B>3\times10^8/1=300\text{MHz}$，则需要考虑天线对的时延和角度差异，否则不需要考虑这种差异。

传输天线s和接收天线u的第n个簇的第m个射线，在时间 t 和时延 τ 的信道为

$$H_{u,s,n,m}^{\text{NLOS}}(t;\tau)=\sqrt{P_{n,m}}\begin{bmatrix}F_{\text{rx},u,\theta}\left(\theta_{n,m,\text{ZOA}},\phi_{n,m,\text{AOA}}\right)\\F_{\text{rx},u,\phi}\left(\theta_{n,m,\text{ZOA}},\phi_{n,m,\text{AOA}}\right)\end{bmatrix}^{T}\begin{bmatrix}\exp\left(\text{j}\Phi_{n,m}^{\theta\theta}\right) & \sqrt{\kappa_{n,m}{}^{-1}}\exp\left(\text{j}\Phi_{n,m}^{\theta\phi}\right)\\\sqrt{\kappa_{n,m}{}^{-1}}\exp\left(\text{j}\Phi_{n,m}^{\phi\theta}\right) & \exp\left(\text{j}\Phi_{n,m}^{\phi\phi}\right)\end{bmatrix}$$

$$\begin{bmatrix}F_{\text{tx},s,\theta}\left(\theta_{n,m,\text{ZOD}},\phi_{n,m,\text{AOD}}\right)\\F_{\text{tx},s,\phi}\left(\theta_{n,m,\text{ZOD}},\phi_{n,m,\text{AOD}}\right)\end{bmatrix}\exp\left(\frac{\text{j}2\pi\left(\hat{r}_{\text{rx},n,m}^{\text{T}}.\bar{d}_{\text{rx},u}\right)}{\lambda(f)}\right)\exp\left(\frac{\text{j}2\pi\left(\hat{r}_{\text{tx},n,m}^{\text{T}}.\bar{d}_{\text{tx},s}\right)}{\lambda(f)}\right)\cdot$$

$$\exp\left(\text{j}2\pi\frac{\hat{r}_{\text{rx},n,m}^{\text{T}}.\bar{v}}{\lambda_0}t\right)\delta\left(\tau-\tau_{n,m}\right)$$

这里，$\lambda(f)$是载频$f \in \left[f_{\mathrm{c}}-\frac{B}{2}, f_{\mathrm{c}}+\frac{B}{2}\right]$对应的波长，可以基于用户自己的方式来实现。

$\tau_{n,m}=\tau_n+\tau'_{n,m}$为第$n$个簇里的第$m$个射线的时延，其中，$\tau_n$为第$n$个簇的时延，$\tau'_{n,m}=\tau''_{n,m}-\min\left(\left\{\tau''_{n,i}\right\}_{i=1}^{M}\right)$为第$m$个射线相对于第$n$个簇的时延$\tau_n$的时延，$\tau''_{n,m}\sim\mathrm{unif}\left(0,2c_{\mathrm{DS}}\right)$，$c_{\mathrm{DS}}$为簇的时延扩展。

$\phi_{n,m,\mathrm{AOA}}$、$\phi_{n,m,\mathrm{AOD}}$、$\theta_{n,m,\mathrm{ZOA}}$、$\theta_{n,m,\mathrm{ZOD}}$分别为第$m$个射线相对于第$n$个簇的水平到达角、水平离开角、垂直到达角、垂直离开角，并且有

$$\phi_{n,m,\mathrm{AOA}}=\phi_{n,\mathrm{AOA}}+c_{\mathrm{ASA}}\alpha_{n,m,\mathrm{AOA}}$$
$$\phi_{n,m,\mathrm{AOD}}=\phi_{n,\mathrm{AOD}}+c_{\mathrm{ASD}}\alpha_{n,m,\mathrm{AOD}}$$
$$\theta_{n,m,\mathrm{ZOA}}=\theta_{n,\mathrm{ZOA}}+c_{\mathrm{ZSA}}\alpha_{n,m,\mathrm{ZOA}}$$
$$\theta_{n,m,\mathrm{ZOD}}=\theta_{n,\mathrm{ZOD}}+c_{\mathrm{ZSD}}\alpha_{n,m,\mathrm{ZOD}}$$

其中，$\alpha_{n,m,\{\mathrm{AOA},\mathrm{AOD},\mathrm{ZOA},\mathrm{ZOD}\}}\sim\mathrm{unif}(-2,2)$为第$n$个簇中的第$m$个射线的角度分布，unif（$a$, b）表示区间[a, b]的均匀分布。

$P_{n,m}$表示第n个簇中的第m个射线的功率，每个簇中的每个射线功率相同，如$P_{n,m}=P_n/M$。或者每个射线的功率不同，建模如公式（2-61）所示。

$$P_{n,m}=P_n\cdot\frac{P'_{n,m}}{\sum_{m=1}^{M}P'_{n,m}} \tag{2-61}$$

这里，

$$P'_{n,m}=\exp\left(-\frac{\tau'_{n,m}}{c_{\mathrm{DS}}}\right)\exp\left(-\frac{\sqrt{2}\left|\alpha_{n,m,\mathrm{AOA}}\right|}{c_{\mathrm{ASA}}}\right)\exp\left(-\frac{\sqrt{2}\left|\alpha_{n,m,\mathrm{AOD}}\right|}{c_{\mathrm{ASD}}}\right)\cdot \exp\left(-\frac{\sqrt{2}\left|\alpha_{n,m,\mathrm{ZOA}}\right|}{c_{\mathrm{ZSA}}}\right)\exp\left(-\frac{\sqrt{2}\left|\alpha_{n,m,\mathrm{ZOD}}\right|}{c_{\mathrm{ZSD}}}\right)$$

其中，c_{DS}表示簇内的时延扩展，c_{ASA}、c_{ASD}、c_{ZSA}、c_{ZSD}分别表示簇内的角度相关的扩展。

3. 空间一致性

无线信号在传播过程中因天线空间位置连续变化而带来的空间信道连续变化，包括LOS/NLOS状态、室内/外状态、径的时延、收发水平角和功率的平滑演进。与低频相比，高频段电磁波的波长变短，空间损耗变大，需要通过高增益窄波束及波束追踪等技术来保证业务的接续性能。而对于MIMO技术的评估，也需要考虑相邻用户的信道空间相关性。相关技术评估需要在统计模型的基础上叠加空间一致性模型来构建评估场景，得到准确的评估结果。

空间一致性是指所有用户的信道特征随着用户或服务基站的位置变化而经历的连续性变化。在时间维度上，空间一致性表现为信道的连续时变特性。

空间一致性可以根据其研究内容分为狭义和广义两类，如图2-21所示。

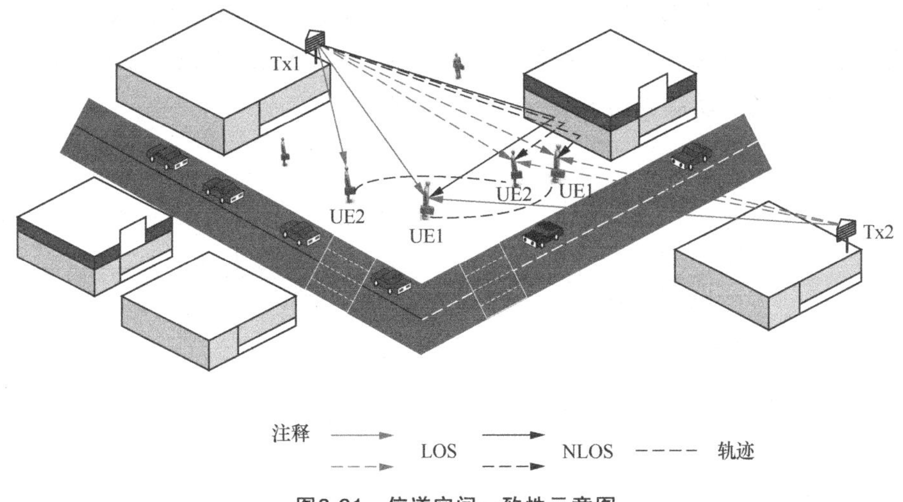

图2-21 信道空间一致性示意图

（1）狭义空间一致性主要指：

- 单用户、单站下信道特征随着用户位置变化的连续性演进，如图2-22所示；
- 大规模MIMO下信道特征随着收发天线位置的连续性演进；
- 相同服务基站下不同用户信道之间的相关性，包含大尺度和小尺度两个方面。

（2）广义的空间一致性主要指：

- 狭义空间一致性所有的内容；
- 多服务站点下，多个用户所经历信道特征的连续性演进及不同用户/链路之间的相关性。

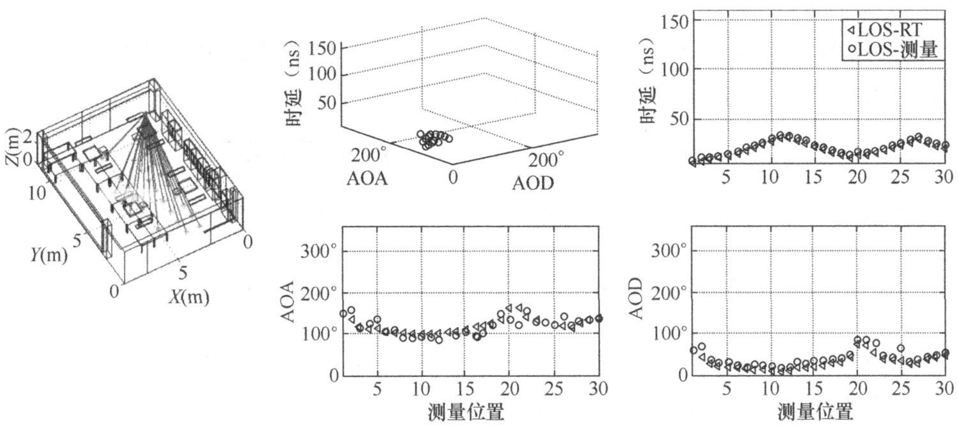

图2-22 狭义信道空间一致性示例

空间一致性至少包括角度空间一致性及LOS/NLOS的空间一致性。

对于波达角/波离角的空间一致性模型有两个可选方案。方案1：假设锚点与终端运动轨迹上的点均满足WSS假设，利用运动几何微分关系导出波达角/波离角的微分迭代函数，当终端在运动轨迹上运动时，可利用此微分迭代函数导出运动轨迹不同位置上的波达角/波离角及相关参数。图2-23给出了基于方案1的随机运动轨迹上6个簇的时延、波达角/波离角、功率随时间变化的仿真实例。

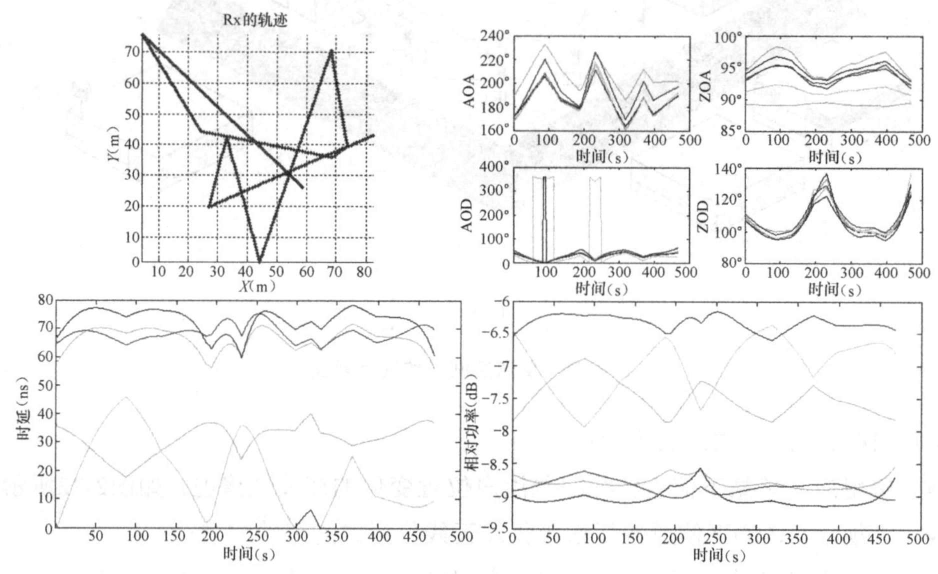

图2-23 空间一致性模型：方案一的仿真结果

方案2：修改基础统计模型中簇时延→簇功率→簇波达角/波离角的生成次序，修改为：簇时延→簇波达角/波离角→簇功率，首先生成锚点的信道参数（簇波达角/波离角/簇功率），当终端运动时，可以通过锚点的数据差值来得到运动轨迹各点的信道参数，簇内收发子径配对的结果须与锚点保持一致。

LOS/NLOS概率模型是空间一致性模型的一种，其信道系数由LOS和NLOS的信道系数加权得到（统计模型中相关步骤需要重复两次）。

$$H\left(\mathrm{LOS_{soft}}\right)=H^{\mathrm{LOS}}\mathrm{LOS_{soft}}+H^{\mathrm{NLOS}}\sqrt{1-\mathrm{LOS}_{\mathrm{soft}}^{2}} \tag{2-62}$$

权值$\mathrm{LOS_{soft}}$与“空间一致性高斯随机数”及“与基站距离相关的LOS概率函数”有关。$\mathrm{LOS_{soft}}=\frac{1}{2}+\frac{1}{\pi}\arctan\left(\sqrt{\frac{20}{\lambda}}\left(G+F\left(d\right)\right)\right)$，该模型实现了LOS/NLOS状态平滑转换。

对室内状态而言，需要考虑室内距离（25m）、穿透损耗方差（10m）、高/低损耗建筑物类型（50m）的空间一致性（括号内的数值表示各参数的相关距离）。不同楼层之间相对独立，相关信道参数需分别生成。室内/外状态转换不支持空间一致性。

下面将介绍TR 38.901中的空间一致性建模的内容。

用户一般是移动的，在移动的过程中会改变物理位置，2.4.7节的不同信道生成步骤中，生成的簇特定随机变量和射线特定随机变量在空间上应该具有一致性，如角度相关的分布、时延相关的分布，功率相关的分布在相邻的位置上应该具有相关性。空间一致性的相关距离见表2-18。

表2-18 空间一致性的相关距离

相关距离（m）	RMa			UMi			UMa			室内	InF
	LOS	NLOS	O2I	LOS	NLOS	O2I	LOS	NLOS	O2I		
簇和射线的变量	50	60	15	12	15	15	40	50	15	10	10
LOS和NLOS状态	60			50			50			10	$d_{\text{clutter}}/2$
室内/外状态	50			50			50			N/A	N/A

空间一致性有Procedure A和Procedure B两种建模方法，描述如下。

（1）Procedure A

对于$t_0=0$时刻，可以根据2.4.7节的内容计算每个簇的时延、功率、角度，并且以一定的步长更新$t_k=t_{k-1}+\Delta t$时刻的每个簇的时延、功率、角度，其中步长Δt可以根据需要进行设置。一般来说，要求更新的位置和原来的位置距离小于1m，即$v\cdot\Delta t<1\text{m}$。这里t_k时刻的时延、功率和角度分别基于t_{k-1}时刻的时延、功率和角度，并以如下方式生成。

① 簇时延的更新

$$\tilde{\tau}_n(t_k)=\begin{cases}\tilde{\tau}_n(t_{k-1})-\dfrac{\hat{\boldsymbol{r}}_{\text{rx},n}(t_{k-1})^{\text{T}}\,\overline{\boldsymbol{v}}_{\text{rx}}(t_{k-1})+\hat{\boldsymbol{r}}_{\text{tx},n}(t_{k-1})^{\text{T}}\,\overline{\boldsymbol{v}}_{\text{tx}}(t_{k-1})}{\text{c}}\Delta t & k>0\\[2ex] \tau_n(t_0)+\tau_\Delta(t_0)+\dfrac{d_{\text{3D}}(t_0)}{\text{c}} & k=0\end{cases}\qquad(2\text{-}63)$$

这里，c是光速（m/s）；$\overline{\boldsymbol{v}}_{\text{tx}}(t_k)$和$\overline{\boldsymbol{v}}_{\text{rx}}(t_k)$是基站和终端的移动速度向量，且满足$\|\overline{\boldsymbol{v}}_{\text{tx}}(t_k)\|_2=v_{\text{tx}}$和$\|\overline{\boldsymbol{v}}_{\text{rx}}(t_k)\|_2=v_{\text{rx}}$；$d_{\text{3D}}(t_0)$是$t_0$时刻接收天线和发送天线的三维坐标系中的距离；$\tau_n(t_0)$为2.4.7节步骤6生成的簇的时延。$\tau_\Delta(t_0)$在LOS下为0，在NLOS下为$\tau_\Delta(t_0)=\min\left(\{\tau'_n\}_{n=1}^N\right)$，其中$\tau'_n$为2.4.7节步骤6生成的，$\Delta\tau$为基站到用户的绝对传播时间。$\hat{\boldsymbol{r}}_{\text{rx},n}(t_{k-1}),\hat{\boldsymbol{r}}_{\text{tx},n}(t_{k-1})$为球面单位向量。

$$\hat{\boldsymbol{r}}_{\text{rx},n}(t_{k-1})=\begin{bmatrix}\sin(\theta_{n,\text{ZOA}}(t_{k-1}))\cos(\phi_{n,\text{AOA}}(t_{k-1}))\\ \sin(\theta_{n,\text{ZOA}}(t_{k-1}))\sin(\phi_{n,\text{AOA}}(t_{k-1}))\\ \cos(\theta_{n,\text{ZOA}}(t_{k-1}))\end{bmatrix}\qquad(2\text{-}64)$$

$$\hat{\boldsymbol{r}}_{\mathrm{tx},n}\left(t_{k-1}\right)=\begin{bmatrix}\sin\left(\theta_{n,\mathrm{ZOD}}\left(t_{k-1}\right)\right)\cos\left(\phi_{n,\mathrm{AOD}}\left(t_{k-1}\right)\right)\\ \sin\left(\theta_{n,\mathrm{ZOD}}\left(t_{k-1}\right)\right)\sin\left(\phi_{n,\mathrm{AOD}}\left(t_{k-1}\right)\right)\\ \cos\left(\theta_{n,\mathrm{ZOD}}\left(t_{k-1}\right)\right)\end{bmatrix} \tag{2-65}$$

这里，$\theta_{n,\mathrm{ZOA}}$、$\phi_{n,\mathrm{AOA}}$分别为垂直到达角和水平到达角，$\theta_{n,\mathrm{ZOD}}$、$\phi_{n,\mathrm{AOD}}$分别为垂直离开角和水平离开角。

更新簇的时延后，对其进行归一化。

$$\tau_n\left(t_k\right)=\tilde{\tau}_n\left(t_k\right)-\min\left(\left\{\tilde{\tau}_n\left(t_k\right)\right\}_{n=1}^{N}\right)$$

② 簇的功率

簇的功率根据公式（2-66）生成。

$$P_n'=\exp\left(-\tau_n\left(t_k\right)\frac{r_\tau}{r_\tau \mathrm{DS}}\right)\cdot 10^{\frac{-Z_n}{10}} \tag{2-66}$$

其中，Z_n为簇的阴影（dB），且应该在仿真过程中保持不变，对其进行归一化。

$$P_n=\frac{P_n'}{\sum_{n=1}^{N}P_n'}$$

如果是LOS径，则需要采用类似2.4.7节的方式对功率进行处理，并在第一个簇中增加镜面反射成分。

簇的离开角（$\theta_{n,\mathrm{ZOD}}$、$\phi_{n,\mathrm{AOD}}$）和到达角（$\theta_{n,\mathrm{ZOA}}$、$\phi_{n,\mathrm{AOA}}$）的更新如下。

$$\theta_{n,\mathrm{ZOD}}\left(t_k\right)=\theta_{n,\mathrm{ZOD}}\left(t_{k-1}\right)+\frac{\overline{\boldsymbol{v}}_{n,\mathrm{rx}}'\left(t_{k-1}\right)^{\mathrm{T}}\hat{\boldsymbol{\theta}}\left(\theta_{n,\mathrm{ZOD}}\left(t_{k-1}\right),\ \phi_{n,\mathrm{AOD}}\left(t_{k-1}\right)\right)}{c\cdot\tilde{\tau}_n\left(t_{k-1}\right)}\Delta t \tag{2-67}$$

$$\phi_{n,\mathrm{AOD}}\left(t_k\right)=\phi_{n,\mathrm{AOD}}\left(t_{k-1}\right)+\frac{\overline{\boldsymbol{v}}_{n,\mathrm{rx}}'\left(t_{k-1}\right)^{\mathrm{T}}\hat{\boldsymbol{\phi}}\left(\theta_{n,\mathrm{ZOD}}\left(t_{k-1}\right),\ \phi_{n,\mathrm{AOD}}\left(t_{k-1}\right)\right)}{c\cdot\tilde{\tau}_n\left(t_{k-1}\right)\sin\left(\theta_{n,\mathrm{ZOD}}\left(t_{k-1}\right)\right)}\Delta t \tag{2-68}$$

$$\theta_{n,\mathrm{ZOA}}\left(t_k\right)=\theta_{n,\mathrm{ZOA}}\left(t_{k-1}\right)-\frac{\overline{\boldsymbol{v}}_{n,\mathrm{tx}}'\left(t_{k-1}\right)^{\mathrm{T}}\hat{\boldsymbol{\theta}}\left(\theta_{n,\mathrm{ZOA}}\left(t_{k-1}\right),\ \phi_{n,\mathrm{AOA}}\left(t_{k-1}\right)\right)}{c\cdot\tilde{\tau}_n\left(t_{k-1}\right)}\Delta t \tag{2-69}$$

$$\phi_{n,\mathrm{AOA}}\left(t_k\right)=\phi_{n,\mathrm{AOA}}\left(t_{k-1}\right)-\frac{\overline{\boldsymbol{v}}_{n,\mathrm{tx}}'\left(t_{k-1}\right)^{\mathrm{T}}\hat{\boldsymbol{\phi}}\left(\theta_{n,\mathrm{ZOA}}\left(t_{k-1}\right),\ \phi_{n,\mathrm{AOA}}\left(t_{k-1}\right)\right)}{c\cdot\tilde{\tau}_n\left(t_{k-1}\right)\sin\left(\theta_{n,\mathrm{ZOA}}\left(t_{k-1}\right)\right)}\Delta t \tag{2-70}$$

其中，$\hat{\boldsymbol{\theta}}(\theta,\phi)$和$\hat{\boldsymbol{\phi}}(\theta,\phi)$为球形单位向量。$\overline{\boldsymbol{v}}_{n,\mathrm{rx}}'\left(t_k\right)$、$\overline{\boldsymbol{v}}_{n,\mathrm{tx}}'\left(t_k\right)$分别为UT和BS的速度向量，表示为

$$\overline{\boldsymbol{v}}_{n,\mathrm{rx}}'\left(t_k\right)=\begin{cases}\overline{v}_{\mathrm{rx}}\left(t_k\right)-\overline{v}_{\mathrm{tx}}\left(t_k\right) & \mathrm{LOS}\\ \boldsymbol{R}_{n,\mathrm{rx}}\cdot\overline{v}_{\mathrm{rx}}\left(t_k\right)-\overline{v}_{\mathrm{tx}}\left(t_k\right) & \mathrm{NLOS}\end{cases} \tag{2-71}$$

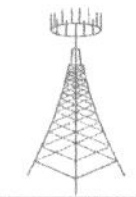

$$\bar{\boldsymbol{v}}'_{n,\text{tx}}(t_k)=\begin{cases}\bar{v}_{\text{tx}}(t_k)-\bar{v}_{\text{rx}}(t_k) & \text{LOS}\\ \boldsymbol{R}_{n,\text{tx}}\cdot\bar{v}_{\text{tx}}(t_k)-\bar{v}_{\text{rx}}(t_k) & \text{NLOS}\end{cases} \tag{2-72}$$

其中，

$$\boldsymbol{R}_{n,\text{rx}}=\boldsymbol{R}_Z\left(\phi_{n,\text{AOD}}(t_k)+\pi\right)\cdot\boldsymbol{R}_Y\left(\frac{\pi}{2}-\theta_{n,\text{ZOD}}(t_k)\right)\cdot\begin{bmatrix}1&0&0\\0&X_n&0\\0&0&1\end{bmatrix}\cdot\boldsymbol{R}_Y\left(\frac{\pi}{2}-\theta_{n,\text{ZOA}}(t_k)\right)\cdot\boldsymbol{R}_Z\left(-\phi_{n,\text{AOA}}(t_k)\right),$$

$$\boldsymbol{R}_{n,\text{tx}}=\boldsymbol{R}_Z\left(-\phi_{n,\text{AOD}}(t_k)\right)\cdot\boldsymbol{R}_Y\left(\frac{\pi}{2}-\theta_{n,\text{ZOD}}(t_k)\right)\cdot\begin{bmatrix}1&0&0\\0&X_n&0\\0&0&1\end{bmatrix}\cdot\boldsymbol{R}_Y\left(\frac{\pi}{2}-\theta_{n,\text{ZOA}}(t_k)\right)\cdot\boldsymbol{R}_Z\left(\phi_{n,\text{AOA}}(t_k)+\pi\right),$$

其中，$\boldsymbol{R}_Y(\beta)$和$\boldsymbol{R}_Z(\alpha)$为绕着 y 轴和 z 轴的旋转矩阵，$X_n\in\{1,-1\}$为随机离散分布，并在仿真过程中保持不变。

（2）Procedure B

在Procedure B中，通过使用2.4.7节的步骤1～步骤12及本节的空间一致性程序，分别生成所有链路到不同接收位置的信道，用于获得信道的空间或时间演化。在移动的情况下，这些位置可以是沿一个或多个接收轨迹的时间函数。此外，为确保时延和角度的空间或时间演变在合理的范围内，2.4.7节中的“步骤5”生成时延、“步骤6”生成功率和“步骤7”生成角度信息应替换为以下程序：先生成时延，再生成角度，最后生成功率。在实际使用的时候，可以根据参数的相关距离，生成参数地图，并根据差值的方式获得用户当前的参数。

步骤5：生成每个簇的时延 τ_n，$n\in[1,N]$。

通过均匀分布函数获得时延τ'_n~$\text{unif}\left(0,2\cdot10^{\mu_{\text{lgDS}}+\sigma_{\text{lgDS}}}\right)$，并对其进行归一化，$\tau_n=\tau'_n-\min(\tau'_n)$。这里，并没有对时延进行排序。在LOS下，设置第一个簇的时延为0，τ'_n的自相关距离为 $2c\cdot10^{\mu_{\text{lgDS}}+\sigma_{\text{lgDS}}}$。

步骤6：生成每个簇的AOA、AOD、ZOA、ZOD。

根据以下公式生成每个簇的角度信息。

$$\begin{cases}\phi'_{n,\text{AOA}}\sim2\cdot10^{\mu_{\text{lgASA}}+\sigma_{\text{lgASA}}}\,\text{unif}(-1,1)\\ \phi'_{n,\text{AOD}}\sim2\cdot10^{\mu_{\text{lgASD}}+\sigma_{\text{lgASD}}}\,\text{unif}(-1,1)\\ \phi'_{n,\text{ZOA}}\sim2\cdot10^{\mu_{\text{lgASD}}+\sigma_{\text{lgASD}}}\,\text{unif}(-1,1)\\ \phi'_{n,\text{ZOD}}\sim2\cdot10^{\mu_{\text{lgZSD}}+\sigma_{\text{lgZSD}}}\,\text{unif}(-1,1)\end{cases}$$

这里，$n\in[1,N]$，如果是LOS径，需要将第一径的角度设置为0，即$\phi'_{1,\text{AOA}}$、$\phi'_{1,\text{AOD}}$、$\phi'_{1,\text{ZOA}}$、$\phi'_{1,\text{ZOD}}$为0。另外，AOD和ZOD的自相关距离为 $2c\cdot10^{\mu_{\text{lgDS}}+\sigma_{\text{lgDS}}}$，而AOA和ZOA的自相关距离为固定的50m。

根据角度偏置生成第n个簇中的第m个射线的角度信息。

$$\begin{cases}\phi_{n,m,\mathrm{AOA}}=\phi'_{n,\mathrm{AOA}}+\phi_{\mathrm{LOS,AOA}}+c_{\mathrm{ASA}}\alpha_m\\ \phi_{n,m,\mathrm{AOD}}=\phi'_{n,\mathrm{AOD}}+\phi_{\mathrm{LOS,AOD}}+c_{\mathrm{ASD}}\alpha_m\\ \theta_{n,m,\mathrm{ZOA}}=\phi'_{n,\mathrm{ZOA}}+\bar{\theta}_{\mathrm{ZOA}}+c_{\mathrm{ZSA}}\alpha_m\\ \theta_{n,m,\mathrm{ZOD}}=\phi'_{n,\mathrm{ZOD}}+\theta_{\mathrm{LOS,ZOD}}+\mu_{\mathrm{offset,ZOD}}+3/8(10^{\mu_{\mathrm{lgZSD}}})\alpha_m\end{cases}$$

这里，$\bar{\theta}_{\mathrm{ZOA}}$在I2O时为90°，在其他情况下与$\theta_{\mathrm{LOS,\ ZOA}}$相等。

步骤7：生成功率P_n。

基于单斜率指数功率分布和拉普拉斯角功率分布的假设，计算簇功率为

$$P'_n=\exp\left(\frac{-\tau'_n}{\mathrm{DS}}\right)\exp\left(\frac{-\sqrt{2}\left|\phi'_{n,\mathrm{AOA}}\right|}{\mathrm{ASA}}\right)\exp\left(\frac{-\sqrt{2}\left|\phi'_{n,\mathrm{AOD}}\right|}{\mathrm{ASD}}\right)\cdot \exp\left(\frac{-\sqrt{2}\left|\theta'_{n,\mathrm{ZOA}}\right|}{\mathrm{ZSA}}\right)\exp\left(\frac{-\sqrt{2}\left|\theta'_{n,\mathrm{ZOD}}\right|}{\mathrm{ZSD}}\right)\cdot 10^{\frac{-Z_n}{10}} \tag{2-73}$$

这里，DS、ASA、ASD、ZSA、ZSD根据2.4.6节的步骤生成，而$Z_n\sim N(0,\zeta^2)$是每个簇的阴影项。接着，对功率进行归一化。

$$P_n=\frac{P'_n}{\sum_{n=1}^{N}P'_n}$$

对于LOS链路，其功率的计算公式如下。

$$P'_n=\exp\left(\frac{-\tau'_n}{\sqrt{1+K_{\mathrm{R}}/2\mathrm{DS}}}\right)\exp\left(\frac{-\sqrt{2}\left|\phi'_{n,\mathrm{AOA}}\right|}{\sqrt{1+K_{\mathrm{R}}}\mathrm{ASA}}\right)\exp\left(\frac{-\sqrt{2}\left|\phi'_{n,\mathrm{AOD}}\right|}{\sqrt{1+K_{\mathrm{R}}}\mathrm{ASD}}\right)\cdot \exp\left(\frac{-\sqrt{2}\left|\theta'_{n,\mathrm{ZOA}}\right|}{\sqrt{1+K_{\mathrm{R}}}\mathrm{ZSA}}\right)\exp\left(\frac{-\sqrt{2}\left|\theta'_{n,\mathrm{ZOD}}\right|}{\sqrt{1+K_{\mathrm{R}}}\mathrm{ZSD}}\right)\cdot 10^{\frac{-Z_n}{10}} \tag{2-74}$$

进一步地，对第一个簇增加一个镜面反射成分，LOS射线的功率为

$$P_{1,\mathrm{LOS}}=\frac{K_{\mathrm{R}}}{K_{\mathrm{R}}+1} \tag{2-75}$$

这里，不需要对簇的功率进行归一化，但需进行以下处理。

$$P_n=\frac{1}{K_{\mathrm{R}}+1}\frac{P'_n}{\sum_{n=1}^{N}P'_n}+\delta(n-1)P_{1,\mathrm{LOS}}$$

第n个簇中的每个射线的功率为P_n/M，这里M是每个簇中的射线数量。

4. 阻挡

高频电磁波的波长较短，衍射效应不明显，当收发天线间有车辆、人流等移动或身体背对发射天线时，电磁波很容易被遮挡。区别于低频的宽波束、富散射环境，高频通信系统通过波束追踪来提高业务覆盖及接续性能。与窄波束相对应，无线信道有

显著的稀疏特性，人流、车辆遮挡的影响具有突发性、衰落的时变性、环境强相关性、载频强相关性。

阻挡是指由于环境中移动物体的出现，如人和车辆，使得原有特定传播路径突然被影响，进而造成该路径的功率在短期内衰减甚至造成传播中断。阻挡现象的特点如下。

突发性：如图2-24所示，与传统由于静态建筑物引起的阴影衰落不同，阻挡现象主要是传播环境中动态物体的行为引起的路径传播阻断，而该类物体（尤其是人）的移动与多径之间的作用是不可预测的，因此该类阻挡现象具有突发性。

小尺度衰落：如图2-24所示，该类现象主要描述了移动物体对于传播路径的影响，由于多径传播的独立性，该现象对于不同传播路径的影响是相互独立的，因此该类阻挡现象主要体现为小尺度衰落。

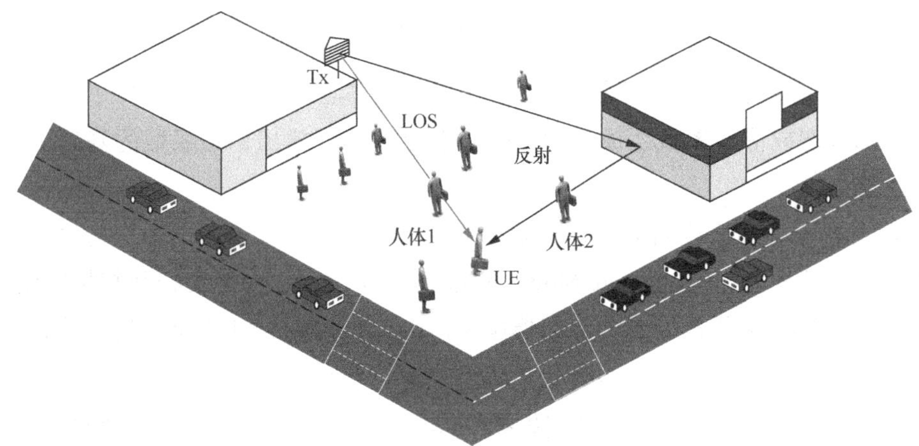

图2-24　人体阻挡示意图

衰落的时变性：如图2-24所示，造成该阻挡现象的物体本身是移动的，因此其目标路径的阻挡深度和造成的衰落也是时变的。完整的阻挡过程应由5部分组成：未阻挡、部分阻挡、完全阻挡、部分阻挡、阻挡结束，其所造成的路径衰落如图2-24所示。

与环境的强相关性：从定义和图2-25可知，该现象对于路径的影响（接收机阻挡概率、路径阻挡概率、路径衰落强度和时变特性）与环境中移动物体的密度（人流和车流的分布密度）、移动速度及几何尺寸密切相关，因此在对该现象进行研究时需要充分考虑不同环境配置下的情况。

与载频的强相关性：从物理本质上讲，路径被阻挡的一个主要原因是阻挡物的尺度远大于传输电磁波的波长，从而使得衍射效应不明显，因此在研究该现象时同样也需要考虑不同波长下的阻挡特性。

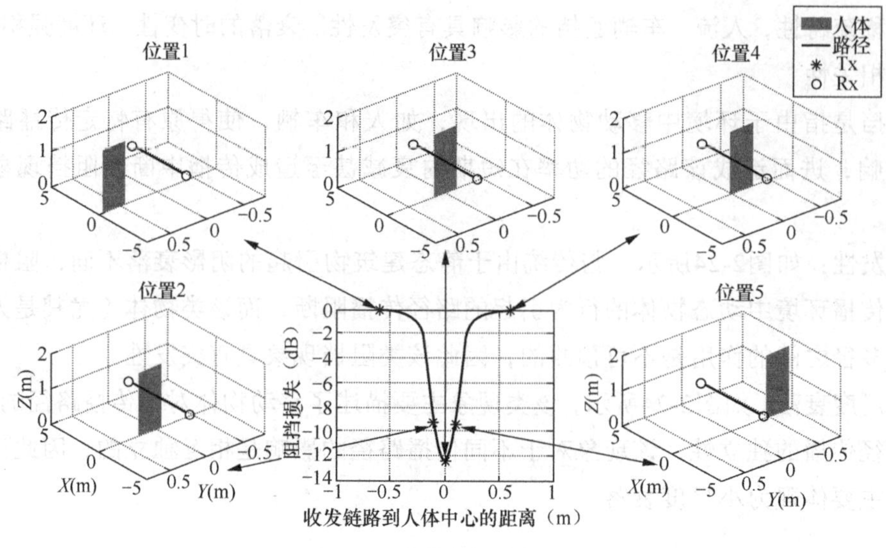

图2-25　人体阻挡过程示例

遮挡模型是统计信道模型或基于地图混合信道模型的增补模型，并不改变信道的LOS/NLOS状态或信道系数生成过程，仅是在上述模型输出信道系数的基础上进行遮挡损耗的叠加。

遮挡模型基于几何绕射理论，将遮挡物简化为竖直放置的矩形面来构建。有两种可选方案：遮挡模型A（Blockage Model A）是统计方法，仅考虑遮挡面与接收侧交互，适合对计算效率有要求的场景；遮挡模型B（Blockage Model B）是几何方法，可同时考虑收发侧与遮挡面的交互，适合更接近真实遮挡情形的场景。

在TR 38.901中，遮挡的建模在“步骤9”和“步骤10”之间，如图2-26所示。

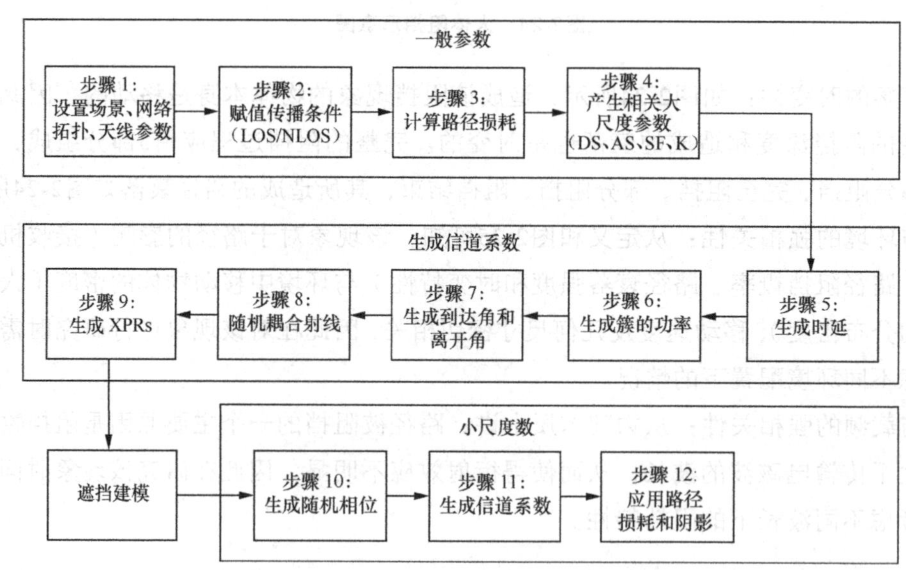

图2-26　有遮挡模型的信道生成过程

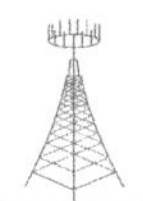

TR 38.901的遮挡模型包括遮挡模型A和遮挡模型B。

（1）遮挡模型A

遮挡模型A采用随机模型来模拟人体和物体的阻挡，通过以下步骤实现。

步骤a：确定遮挡体的数量。

在中心角、水平角和垂直角等方面，围绕UT产生多个二维（2D）角遮挡区域。它包括一个自遮挡区域和4个非自遮挡区域k。对于某些情形（如更高的遮挡密度），这些区域可以发生变化。

请注意，模型的自遮挡分量对于捕捉人体遮挡的影响非常重要。

步骤b：产生遮挡物的位置和尺寸。

对于自遮挡，它的遮挡区域根据垂直角和水平角$\left(\theta'_{sb},\phi'_{sb}\right)$，以及垂直角和水平角的角度扩展$\left(x_{sb},y_{sb}\right)$定义。

$$\left\{(\theta',\phi')\middle|\left(\theta'_{sb}-\frac{y_{sb}}{2}\leqslant\theta'\leqslant\theta'_{sb}+\frac{y_{sb}}{2},\phi'_{sb}-\frac{x_{sb}}{2}\leqslant\phi'\leqslant\phi'_{sb}+\frac{x_{sb}}{2}\right)\right\}\tag{2-76}$$

自遮挡区域参数如表2-19所示。

表2-19 自遮挡区域参数

	ϕ'_{sb}	x_{sb}	θ'_{sb}	y_{sb}
横向	260°	120°	100°	80°
纵向	40°	160°	110°	75°

对于非自遮挡物k，$k=1,\cdots,4$，遮挡区域定义如下。

$$\left\{(\theta,\phi)\middle|\left(\theta_k-\frac{y_k}{2}\leqslant\theta\leqslant\theta_k+\frac{y_k}{2},\phi_k-\frac{x_k}{2}\leqslant\phi\leqslant\phi_k+\frac{x_k}{2}\right)\right\}\tag{2-77}$$

这里，参数定义见表2-20，其中，r表示UT和遮挡物的距离。

表2-20 遮挡区域参数

遮挡物索引（$k=1,\cdots,4$）	ϕ_k	x_k	θ_k	y_k	r
室内	[0°, 360°] 均匀分布	[15°, 45°] 均匀分布	90°	[5°, 15°] 均匀分布	2m
UMi、UMa、RMa	[0°, 360°] 均匀分布	[5°, 15°] 均匀分布	90°	5°	10m

步骤c：确定每个簇相对遮挡物的衰减。

每个簇相对自遮挡物的衰减基于中心角度对$\left(\theta'_{sb},\ \phi'_{sb}\right)$计算，如果满足$\left|\phi'_{AOA}-\phi'_{sb}\right|<\frac{x_{sb}}{2}$和$\left|\theta'_{ZOA}-\theta'_{sb}\right|<\frac{y_{sb}}{2}$，则衰减值为30dB，否则衰减值为0dB。

每个簇相对非自遮挡物（k=1,⋯,4）的衰减基于中心角度对(θ_k, ϕ_k)计算，如果满足$|\phi_{\text{AOA}}-\phi_k|<x_k$和$|\theta_{\text{ZOA}}-\theta_k|<y_k$，则由下面的公式确定衰减值，否则衰减值为0。

$$L_{\text{dB}}=-20\lg\left(1-\left(F_{A_1}+F_{A_2}\right)\left(F_{Z_1}+F_{Z_2}\right)\right) \tag{2-78}$$

其中，

$$F_{A_1|A_2|Z_1|Z_2}=\arctan\left(\pm\frac{\pi}{2}\sqrt{\frac{\pi}{\lambda}r\left(\frac{1}{\cos\left(A_1|A_2|Z_1|Z_2\right)}-1\right)}\right)/\pi$$

$A_1=\phi_{\text{AOA}}-\left(\phi_k+\dfrac{x_k}{2}\right), A_2=\phi_{\text{AOA}}-\left(\phi_k-\dfrac{x_k}{2}\right), Z_1=\theta_{\text{ZOA}}-\left(\theta_k+\dfrac{y_k}{2}\right), Z_2=\theta_{\text{ZOA}}-\left(\theta_k-\dfrac{y_k}{2}\right)$, arctan的正负号描述见表2-21。

表2-21　正负号描述

	$-y_k<\theta_{\text{ZOA}}-\theta_k\leqslant-\frac{y_k}{2}$	$-\frac{y_k}{2}<\theta_{\text{ZOA}}-\theta_k\leqslant\frac{y_k}{2}$	$\frac{y_k}{2}<\theta_{\text{ZOA}}-\theta_k\leqslant y_k$
$\frac{x_k}{2}<\phi_{\text{AOA}}-\phi_k\leqslant x_k$	（−, +）(A_1,A_2) （+, −）(Z_1,Z_2)	（−, +）(A_1,A_2) （+, +）(Z_1,Z_2)	（−, +）(A_1,A_2) （−, +）(Z_1,Z_2)
$-\frac{x_k}{2}<\phi_{\text{AOA}}-\phi_k\leqslant\frac{x_k}{2}$	（+, +）(A_1,A_2) （+, −）(Z_1,Z_2)	（+, +）(A_1,A_2) （+, +）(Z_1,Z_2)	（+, +）(A_1,A_2) （−, +）(Z_1,Z_2)
$-x_k<\phi_{\text{AOA}}-\phi_k\leqslant-\frac{x_k}{2}$	（+, −）(A_1,A_2) （+, −）(Z_1,Z_2)	（+, −）(A_1,A_2) （+, +）(Z_1,Z_2)	（+, −）(A_1,A_2) （−, +）(Z_1,Z_2)

步骤d：每个遮挡物的空间和时间的一致性。

每个遮挡物的中心是随机变量，它在时间和空间上是一致的，这主要是为了保证位置相关的用户，其遮挡物的中心位置也是相关的。其中，二维的相关矩阵定义如下。

$$\boldsymbol{R}\left(\Delta_x,\Delta_t\right)=\exp\left(-\left(\frac{|\Delta_x|}{d_{\text{corr}}}+\frac{|\Delta_t|}{t_{\text{corr}}}\right)\right) \tag{2-79}$$

这里，不同的场景中的空间相关距离d_{corr}如表2-22所示，相关时间为t_{corr}，$t_{\text{corr}}=d_{\text{corr}}/v$，$v$代表阻挡物的移动速度。

表2-22　空间相关距离

	UMi			UMa			RMa			InH	
用于确定阻挡物中心的随机变量的空间相关距离d_{corr}	LOS	NLOS	O2I	LOS	NLOS	O2I	LOS	NLOS	O2I	LOS	NLOS
	10	10	5	10	10	5	10	10	5	5	5

（2）遮挡模型B

模型B采用几何模型来获得人和测量物之间的遮挡。

步骤a：确定遮挡物。

配置k个遮挡物，每个建模放置于仿真地图中的矩形屏幕，它们位于仿真地图中，每个遮挡物的高为h_k，宽为w_k，位置为(x_k, y_k, z_k)。这些参数在仿真中进行配置，表2-23列出了一组推荐的参数。阻挡效应随着距离的增加而减小，为了达到评估的目的，仅考虑离所研究的终端较近的阻挡层即可。

表2-23 推荐的遮挡物参数

	典型的遮挡物集合	遮挡物描述	移动模式
室内; InF	人	$w = 0.3\text{m};\ h = 1.7\text{m}$	静止或最大3km/h
室外	车辆	$w = 4.8\text{m};\ h = 1.4\text{m}$	静止或最大100km/h
InF	AGV	$w = 3\text{m};\ h = 1.5\text{m}$	最大30km/h
InF	工业机器人	$w = 2\text{m};\ h = 0.2\text{m}$	最大3m/s

步骤b：确定每个射线的遮挡衰减。

每个射线（Ray，或者称为子径）经过遮挡物的衰减可以建模为刀口边缘衍射模型。

$$L_{\text{dB}} = -20\lg\left(1-\left(F_{h_1}+F_{h_2}\right)\left(F_{w_1}+F_{w_2}\right)\right) \tag{2-80}$$

这里，F_{h_1}、F_{h_2}、F_{w_1}、F_{w_2}表示矩形屏幕4个边的刀口边缘衍射，表示为

$$F_{h_1|h_2|w_1|w_2} = \begin{cases} \dfrac{\arctan\left(\pm\dfrac{\pi}{2}\sqrt{\dfrac{\pi}{\lambda}\left(D1_{h_1|h_2|w_1|w_2}+D2_{h_1|h_2|w_1|w_2}-r\right)}\right)}{\pi}, & \text{LOS射线} \\ \dfrac{\arctan\left(\pm\dfrac{\pi}{2}\sqrt{\dfrac{\pi}{\lambda}\left(D1_{h_1|h_2|w_1|w_2}-r'\right)}\right)}{\pi}, & \text{其他射线} \end{cases} \tag{2-81}$$

如图2-27所示，$D1_{h_1|h_2|w_1|w_2}$表示接收者和遮挡物的4个边缘的投影距离，而$D2_{h_1|h_2|w_1|w_2}$表示发送者和遮挡物的4个边缘的投影距离。其中，h_1、h_2对应侧面投影平面的距离，而w_1、w_2对应顶投影平面的距离。侧面投影平面垂直于水平地面，顶投影平面垂直于侧面投影平面。遮挡屏幕旋转每个簇或者径的中心，因此它的到达方向总是和屏幕垂直。应当注意，每个子路径需要不同的旋转。同时，屏幕的底部和顶部边缘总是平行于水平面。因为屏幕垂直于每个子路径，r表示传输者和接收者的LOS距离，r'表示遮挡屏幕和接收者的距离，所以对于所有的NLOS簇，公式$F_{h_1|h_2|w_1|w_2}$的正负号如图2-27所示。

- 对于边视情况，如果射线没有贯穿屏幕，则NLOS情况下，$D1_{h_1}$、$D1_{h_2}$中最短的路径使用负号（LOS情况下，$D1_{h_1}+D2_{h_1}$和$D1_{h_2}+D2_{h_2}$的最短路径使用负号）。其他边

缘使用正号。

- 对于顶视情况，如果射线没有贯穿屏幕，则NLOS情况下，$D1_{w_1}$、$D1_{w_2}$ 中最短的路径使用负号，（LOS情况下，$D1_{w_1}+D2_{w_1}$ 和 $D1_{w_2}+D2_{w_2}$ 的最短路径使用负号）。其他边缘使用正号。
- 如果射线穿透了屏幕，则两个边缘都使用正号。

对于多个屏幕，可以算出每个屏幕的衰减值，并将它们的衰减值相加得到总的损失值。

遮挡模型B在时间、频率和空间上是一致的，并且更适用于具有任意指定的阻塞密度的仿真。

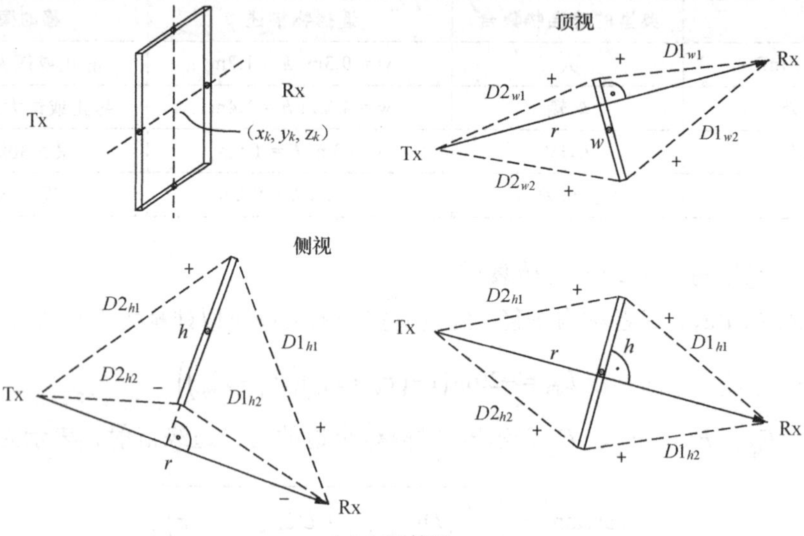

（a）LOS情况

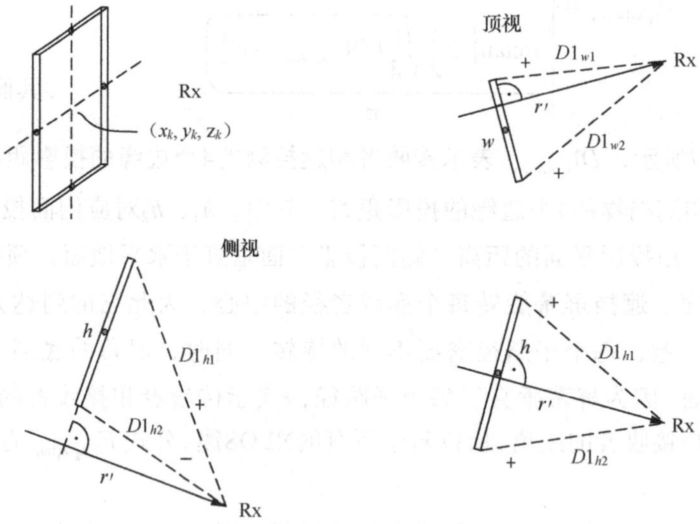

（b）NLOS情况

图2-27　遮挡物、接收者、发送者的几何关系

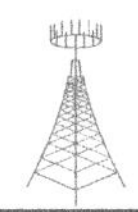

5. 多频点建模

多频点（共站址不同载波）系统的仿真，需要考虑频点之间的频率相关性。与频率有关的参数包括天线辐射方向图、天线阵列的拓扑。另外，不同频点的带宽配置也可不同。每个频点分别生成相应的信道。

此小节将描述如何生成不同频点的具有相关性的参数。2.4.1 ~ 2.4.7节的步骤应按照以下步骤修改。

- 步骤1中生成的参数对于所有频率都相同，除了天线模式、数组几何形状、系统中心频率和带宽。
- 步骤2中生成的传播条件对于所有频率均相同。注意，由于频率相关函数，软LOS状态可能不同。
- 步骤4中生成的参数对于所有频率都是相同的，除了一些与频率相关的缩放比例，如时延扩展和角扩展相关的LSP表。设x是从高斯分布中抽取的随机变量［$x \sim N$（0，1）］，则频率f对应的时延扩展DS（f）为$10^{(\lg DS(f)+\lg DS(f)\cdot x)}$，这里，$x$对所有的频率都是相同的。这个过程也适用所有的其他角度扩展。
- 步骤6中的每个簇的阴影Z_n是由每个频率独立生成的。
- 簇的功率与每个频率相关。
- 步骤8 ~ 步骤11的每个频点是独立的。

此外，如果建模了遮挡，遮挡物的位置在所有频率上相同。

上述要求可能与2.4.7节所述模型的行为不完全一致，因为在DS或AS与频率相关的情况下，簇时延和角度将取决于频率。或者使用下面的步骤来确保簇时延和角度独立于频率产生。

用步骤5′ ~ 步骤7′取代2.4.7节中的步骤5 ~ 步骤7。替代方法的输入是根据步骤4中以锚定频率确定的时延和角展宽，例如，2GHz，DS_0、ASD_0、ASA_0、ZSD_0、ZSA_0，根据步骤4确定的时延和角展宽，频率为DS、ASD、ASA、ZSD、ZSA及附表1中N个集群的数量。

步骤5′：基于锚点的DS、ASD、ASA、ZSD、ZSA产生每个簇的τ'_n和角度$\phi'_{\mathrm{AOD},n}$、$\phi'_{\mathrm{AOA},n}$、$\phi'_{\mathrm{ZOD},n}$、$\phi'_{\mathrm{ZOA},n}$。

$$\begin{cases} \tau'_n = -r\,\mathrm{DS}_0 \ln(X_n), \quad X_n \sim \mathrm{unif}(0,1) \\ \varphi'_{\mathrm{AOD},n} = \arg(\exp(-\mathrm{j}r\,\mathrm{ASD}_0\, Y_n)), Y_n \sim N(0,1) \\ \varphi'_{\mathrm{AOA},n} = \arg(\exp(-\mathrm{j}r\,\mathrm{ASA}_0\, Z_n)), Z_n \sim N(0,1) \\ \theta'_{\mathrm{ZOD},n} = \arg(\exp(-\mathrm{j}r\,\mathrm{ZSD}_0\, \mathrm{sgn}(V_n-0.5)\ln(1-2|V_n-0.5|)/\sqrt{2})), V_n \sim \mathrm{unif}(0,1) \\ \theta'_{\mathrm{ZOA},n} = \arg(\exp(-\mathrm{j}r\,\mathrm{ZSA}_0\, \mathrm{sgn}(W_n-0.5)\ln(1-2|W_n-0.5|)/\sqrt{2})), W_n \sim \mathrm{unif}(0,1) \end{cases}$$

这里，r =1.5是比例常数。对于LOS情况

$$\tau_1' = 0, \phi_{\text{AOD},1}' = 0, \phi_{\text{AOA},1}' = 0, \theta_{\text{ZOD},1}' = 0, \theta_{\text{ZOA},1}' = 0$$

步骤6′：产生功率P_n，按如下公式生成功率。

$$P_n' = \exp\left(-\tau_n' g_{\text{DS}} - \left(\frac{\phi_{\text{AOD},n}' g_{\text{ASD}}}{\sqrt{2}} \right)^2 - \left(\frac{\phi_{\text{AOA},n}' g_{\text{ASA}}}{\sqrt{2}} \right)^2 - \sqrt{2}\left|\theta_{\text{ZOD},n}'\right| g_{\text{ZSD}} - \sqrt{2}\left|\theta_{\text{ZOA},n}'\right| g_{\text{ZSA}} \right) \cdot 10^{-Q_n/10}$$

这里，$Q_n \sim N\left(0,\zeta^2\right)$是每个簇的阴影项（dB），并且

$$\begin{cases} g_{\text{DS}} = \max\left(r \cdot \text{DS}_0 - \text{DS}, 0\right) / \left(\text{DS} \cdot r \cdot \text{DS}_0\right) \\ g_{\text{ASD}} = \sqrt{\max\left(\left(r \cdot \text{ASD}_0\right)^2 - \text{ASD}^2, 0\right)} / \left(\text{ASD} \cdot r \cdot \text{ASD}_0\right) \\ g_{\text{ASA}} = \sqrt{\max\left(\left(r \cdot \text{ASA}_0\right)^2 - \text{ASA}^2, 0\right)} / \left(\text{ASA} \cdot r \cdot \text{ASA}_0\right) \\ g_{\text{ZSD}} = \max\left(r \cdot \text{ZSD}_0 - \text{ZSD}, 0\right) / \left(\text{ZSD} \cdot r \cdot \text{ZSD}_0\right) \\ g_{\text{ZSA}} = \max\left(r \cdot \text{ZSA}_0 - \text{ZSA}, 0\right) / \left(\text{ZSA} \cdot r \cdot \text{ZSA}_0\right) \end{cases}$$

将簇的功率规范化，使所有集群功率之和等于1，例如

$$P_n = \frac{P_n'}{\sum_{n=1}^{N} P_n'}$$

或者在LOS下

$$P_n = \frac{1}{1+K_{\text{R}}} \frac{P_n'}{\sum_{n=1}^{N} P_n'} + \frac{K_{\text{R}}}{1+K_{\text{R}}} \delta(n-1)$$

这里，K_{R}是K-factor的线性值。

步骤7′：产生时延τ_n和角度$\phi_{\text{AOD},n}$、$\phi_{\text{AOA},n}$、$\theta_{\text{ZOD},n}$、$\theta_{\text{ZOA},n}$。

对于NLOS情况

$$\begin{cases} \tau_n = \tau_n' \\ \phi_{n,m,\text{AOA}} = \phi_{n,\text{AOA}}' + \phi_{\text{LOS,AOA}} + c_{\text{ASA}} \alpha_m \\ \phi_{n,m,\text{AOD}} = \phi_{n,\text{AOD}}' + \phi_{\text{LOS,AOD}} + c_{\text{ASD}} \alpha_m \\ \theta_{n,m,\text{ZOA}} = \theta_{n,\text{ZOA}}' + \theta_{\text{LOS,ZOA}} + c_{\text{ZSA}} \alpha_m \\ \theta_{n,m,\text{ZOD}} = \theta_{n,\text{ZOD}}' + \theta_{\text{LOS,ZOD}} + c_{\text{ZSD}} \alpha_m \end{cases}$$

对于LOS情况

$$\begin{cases} \tau_n = \sqrt{1+K_{\text{R}}/2}\, \tau_n' \\ \phi_{n,m,\text{AOA}} = \sqrt{1+K_{\text{R}}}\, \phi_{n,\text{AOA}}' + \phi_{\text{LOS,AOA}} + c_{\text{ASA}} \alpha_m \\ \phi_{n,m,\text{AOD}} = \sqrt{1+K_{\text{R}}}\, \phi_{n,\text{AOD}}' + \phi_{\text{LOS,AOD}} + c_{\text{ASD}} \alpha_m \\ \theta_{n,m,\text{ZOA}} = \sqrt{1+K_{\text{R}}}\, \theta_{n,\text{ZOA}}' + \theta_{\text{LOS,ZOA}} + c_{\text{ZSA}} \alpha_m \\ \theta_{n,m,\text{ZOD}} = \sqrt{1+K_{\text{R}}}\, \theta_{n,\text{ZOD}}' + \theta_{\text{LOS,ZOD}} + c_{\text{ZSD}} \alpha_m \end{cases}$$

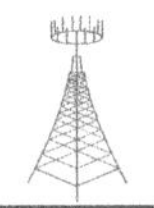

对每个感兴趣的频点重复步骤6′～步骤7′，对所有频率重复使用步骤5′的时延和角度。

6. 地面反射模型

有些场景既存在LOS径，也存在一条明显的地面反射径，如图2-28所示。

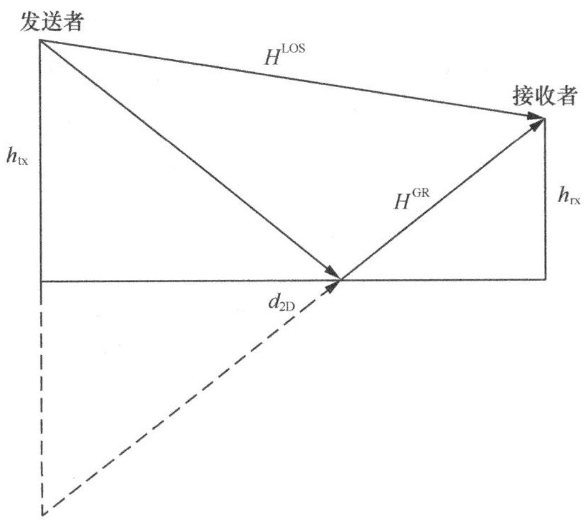

图2-28 地面反射示意图

对于有地面反射的情况，公式（2-59）需要用公式（2-82）代替。

$$H_{u,s}^{\mathrm{LOS}}(\tau,t)=\sqrt{\frac{1}{K_{\mathrm{R}}+1}}H_{u,s}^{\mathrm{NLOS}}\left(\tau-\tau_{\mathrm{LOS}},t\right)+\sqrt{\frac{K_{\mathrm{R}}}{K_{\mathrm{R}}+1}}\left(H_{u,s,1}^{\mathrm{LOS}}(t)\delta\left(\tau-\tau_{\mathrm{LOS}}\right)+\frac{d_{\mathrm{3D}}}{d_{\mathrm{GR}}}H_{u,s}^{\mathrm{GR}}(t)\delta\left(\tau-\tau_{\mathrm{GR}}\right)\right) \tag{2-82}$$

这里，地面反射径时延和LOS径时延由它们的距离计算。对于发送天线高度为h_{tx}、接收天线为h_{rx}、发送天线和接收天线的距离为d_{2D}，那么反射径的时延为

$$\tau_{\mathrm{GR}}=\frac{d_{\mathrm{GR}}}{\mathrm{c}}=\frac{\sqrt{\left(h_{\mathrm{tx}}+h_{\mathrm{rx}}\right)^2+d_{\mathrm{2D}}^2}}{\mathrm{c}}, \tag{2-83}$$

而LOS径的时延为

$$\tau_{\mathrm{LOS}}=\frac{d_{\mathrm{3D}}}{\mathrm{c}}=\frac{\sqrt{\left(h_{\mathrm{tx}}-h_{\mathrm{rx}}\right)^2+d_{\mathrm{2D}}^2}}{\mathrm{c}} \tag{2-84}$$

地面反射路径的信道系数为

$$H_{u,s}^{\mathrm{GR}}(t)=\begin{bmatrix}F_{\mathrm{rx},u,\theta}\left(\theta_{\mathrm{GR,ZOA}},\phi_{\mathrm{GR,AOA}}\right)\\F_{\mathrm{rx},u,\phi}\left(\theta_{\mathrm{GR,ZOA}},\phi_{\mathrm{GR,AOA}}\right)\end{bmatrix}^{\mathrm{T}}\begin{bmatrix}R_{\parallel}^{\mathrm{GR}} & 0\\0 & -R_{\perp}^{\mathrm{GR}}\end{bmatrix}\begin{bmatrix}F_{\mathrm{tx},s,\theta}\left(\theta_{\mathrm{GR,ZOD}},\phi_{\mathrm{GR,AOD}}\right)\\F_{\mathrm{tx},s,\phi}\left(\theta_{\mathrm{GR,ZOD}},\phi_{\mathrm{GR,AOD}}\right)\end{bmatrix}\cdot \exp\left(-\mathrm{j}2\pi\frac{d_{\mathrm{GR}}}{\lambda_0}\right)\exp\left(\mathrm{j}2\pi\frac{\hat{\boldsymbol{r}}_{\mathrm{rx,GR}}^{\mathrm{T}}\cdot\bar{\boldsymbol{d}}_{\mathrm{rx},u}}{\lambda_0}\right)\exp\left(\mathrm{j}2\pi\frac{\hat{\boldsymbol{r}}_{\mathrm{tx,GR}}^{\mathrm{T}}\cdot\bar{\boldsymbol{d}}_{\mathrm{tx},s}}{\lambda_0}\right)\exp\left(\mathrm{j}2\pi\frac{\hat{\boldsymbol{r}}_{\mathrm{rx,GR}}^{\mathrm{T}}\cdot\bar{\boldsymbol{v}}}{\lambda_0}t\right) \tag{2-85}$$

其中，

$$\hat{r}_{\text{tx,GR}}=e_r\left(\theta_{\text{GR,ZOD}},\phi_{\text{GR,AOD}}\right)=\begin{bmatrix}\sin\theta_{\text{GR,ZOD}}\cos\phi_{\text{GR,AOD}}\\ \sin\theta_{\text{GR,ZOD}}\sin\phi_{\text{GR,AOD}}\\ \cos\theta_{\text{GR,ZOD}}\end{bmatrix}$$

$$\hat{r}_{\text{rx,GR}}=e_r\left(\theta_{\text{GR,ZOA}},\phi_{\text{GR,AOA}}\right)=\begin{bmatrix}\sin\theta_{\text{GR,ZOA}}\cos\phi_{\text{GR,AOA}}\\ \sin\theta_{\text{GR,ZOA}}\sin\phi_{\text{GR,AOA}}\\ \cos\theta_{\text{GR,ZOA}}\end{bmatrix}$$

地面反射路径的角度由几何形状给出，该几何形状假定为平坦表面，其法线指向z轴方向。Tx侧的角度可通过公式（2-86）确定。

$$\theta_{\text{GR,ZOD}}=180°-\arctan\left(\frac{d_{\text{2D}}}{h_{\text{rx}}+h_{\text{tx}}}\right)$$
$$\phi_{\text{GR,AOD}}=\phi_{\text{LOS,AOD}} \tag{2-86}$$

Rx侧的角度可通过公式（2-87）确定。

$$\theta_{\text{GR,ZOA}}=\theta_{\text{GR,ZOD}}，\phi_{\text{GR,AOA}}=\phi_{\text{GR,AOD}}+180° \tag{2-87}$$

地面平行和垂直偏振的反射系数，参见参考文献[13]，由以下公式给出。

$$R_{\parallel}^{\text{GR}}=\frac{\frac{\varepsilon_{\text{GR}}}{\varepsilon_0}\cos\left(\theta_{\text{GR,ZOD}}\right)+\sqrt{\frac{\varepsilon_{\text{GR}}}{\varepsilon_0}-\sin^2\left(\theta_{\text{GR,ZOD}}\right)}}{\frac{\varepsilon_{\text{GR}}}{\varepsilon_0}\cos\left(\theta_{\text{GR,ZOD}}\right)-\sqrt{\frac{\varepsilon_{\text{GR}}}{\varepsilon_0}-\sin^2\left(\theta_{\text{GR,ZOD}}\right)}} \tag{2-88}$$

$$R_{\perp}^{\text{GR}}=\frac{\cos\left(\theta_{\text{GR,ZOD}}\right)+\sqrt{\frac{\varepsilon_{\text{GR}}}{\varepsilon_0}-\sin^2\left(\theta_{\text{GR,ZOD}}\right)}}{\cos\left(\theta_{\text{GR,ZOD}}\right)-\sqrt{\frac{\varepsilon_{\text{GR}}}{\varepsilon_0}-\sin^2\left(\theta_{\text{GR,ZOD}}\right)}} \tag{2-89}$$

地材料的相对介电常数由以下公式给出。

$$\frac{\varepsilon_{\text{GR}}}{\varepsilon_0}=\varepsilon_r-\text{j}\frac{\sigma}{2\pi f_{\text{c}}\varepsilon_0}$$

电气常数ε_0为$8.854187817\times10^{-12}\text{F}\cdot\text{m}^{-1}$，对于适用的频率范围，实际相对介电常数可建模为

$$\varepsilon_r=a_\varepsilon\cdot\left(\frac{f_{\text{c}}}{10^9}\right)^{b_\varepsilon} \tag{2-90}$$

电导常数可以建模为

$$\sigma=c_\sigma\cdot\left(\frac{f_{\text{c}}}{10^9}\right)^{d_\sigma} \tag{2-91}$$

这里，f_{c}为中心频率，单位为Hz。

表2-24给出了一些材料的属性[14]。

表2-24　材料属性

材料类别	介电常数		电导常数		频率范围（GHz）
	a_ε	b_ε	c_σ	d_σ	
混凝土	5.31	0	0.0326	0.8095	1 ~ 100
砖块	3.75	0	0.038	0	1 ~ 10
石膏板	2.94	0	0.0116	0.7076	1 ~ 100
木材	1.99	0	0.0047	1.0718	0.001 ~ 100
地板	3.66	0	0.0044	1.3515	50 ~ 100
金属	1	0	10^7	0	1 ~ 100
非常干燥地面	3	0	0.00015	2.52	1 ~ 10
中等干燥地面	15	−0.1	0.035	1.63	1 ~ 10
湿地	30	−0.4	0.15	1.30	1 ~ 10

7. 双移动

为了支持发射侧与接收侧双移动或散射体移动的模拟，2.4.7节步骤11的多普勒频率分量应更新如下。

对于LOS的路径，多普勒频率为

$$v_{n,m} = \frac{\hat{\boldsymbol{r}}_{\text{rx},n,m}^{\text{T}} \cdot \overline{v}_{\text{rx}} + \hat{\boldsymbol{r}}_{\text{tx},n,m}^{\text{T}} \cdot \overline{v}_{\text{tx}}}{\lambda_0} \tag{2-92}$$

这里，

$$\hat{\boldsymbol{r}}_{\text{rx},n,m} = \begin{bmatrix} \sin\theta_{n,m,\text{ZOA}} \cos\phi_{n,m,\text{AOA}} \\ \sin\theta_{n,m,\text{ZOA}} \sin\phi_{n,m,\text{AOA}} \\ \cos\theta_{n,m,\text{ZOA}} \end{bmatrix}, \quad \hat{\boldsymbol{r}}_{\text{tx},n,m} = \begin{bmatrix} \sin\theta_{n,m,\text{ZOD}} \cos\phi_{n,m,\text{AOD}} \\ \sin\theta_{n,m,\text{ZOD}} \sin\phi_{n,m,\text{AOD}} \\ \cos\theta_{n,m,\text{ZOD}} \end{bmatrix}$$

$$\overline{v}_{\text{rx}} = v_{\text{rx}} \begin{bmatrix} \sin\theta_{v,\text{rx}} \cos\phi_{v,\text{rx}} & \sin\theta_{v,\text{rx}} \sin\phi_{v,\text{rx}} & \cos\theta_{v,\text{rx}} \end{bmatrix}^{\text{T}}$$

$$\overline{v}_{\text{tx}} = v_{\text{tx}} \begin{bmatrix} \sin\theta_{v,\text{tx}} \cos\phi_{v,\text{tx}} & \sin\theta_{v,\text{tx}} \sin\phi_{v,\text{tx}} & \cos\theta_{v,\text{tx}} \end{bmatrix}^{\text{T}}$$

对于其他的路径，多普勒频率为

$$v_{n,m} = \frac{\hat{\boldsymbol{r}}_{\text{rx},n,m}^{\text{T}} \cdot \overline{v}_{\text{rx}} + \hat{\boldsymbol{r}}_{\text{tx},n,m}^{\text{T}} \cdot \overline{v}_{\text{tx}} + 2\alpha_{n,m} D_{n,m}}{\lambda_0} \tag{2-93}$$

这里，$D_{n,m}$ 为 $[-v_{\text{scatt}}, v_{\text{scatt}}]$ 区间的随机变量，$\alpha_{n,m}$ 为满足均值为p=0.2的伯努利分布

的随机变量，v_{scatt} 为簇的最大移动速度。

8. 绝对到达时间

由2.4.7节生成的信道对应的时延都对第一个簇的时延进行了归一化，即所有簇的时延都减去了第一个簇的时延，这个操作相当于对频域信道整体进行了一个常数的相位旋转，不会影响最终的仿真结果。但在实际的传输中，信号从基站传输到用户需要一定的时间，而2.4.7节并没有考虑这部分的时延，但有的研究需要测量基站到用户的距离，如定位，所以需要了解信道中建模传播时间。

对于NLOS，可以用公式（2-94）替换公式（2-58）。

$$H_{u,s}^{\text{NLOS}}(\tau,t)=\sum_{n=1}^{2}\sum_{i=1}^{3}\sum_{m\in R_i}H_{u,s,n,m}^{\text{NLOS}}(t)\delta\left(\tau-\tau_{n,i}-d_{\text{3D}}/c-\Delta\tau\right)+$$
$$\sum_{n=3}^{N}H_{u,s,n}^{\text{NLOS}}(t)\delta\left(\tau-\tau_n-d_{\text{3D}}/c-\Delta\tau\right) \quad (2\text{-}94)$$

这里，d_{3D}表示基站和用户的3D距离；$\Delta\tau$表示NLOS簇相对LOS距离的额外传播距离，建模为对数正态分布。室内工厂环境的取值如表2-25所示。

表2-25 到达模型的绝对时间参数

场景		InF-SL，InF-DL	InF-SH，InF-DH
$\Delta\tau=\lg(\Delta\tau/1\text{s})$	$\mu\lg\Delta\tau$	−7.5	−7.5
	$\sigma\lg\Delta\tau$	0.4	0.4
水平面的相关距离（m）		6	11

需要说明的是，$\Delta\tau\leqslant 2L/c$，其中，$L=\max$（工厂的长，工厂的宽，工厂的高）

对于LOS情况，可以用公式（2-95）替换公式（2-59）。

$$H_{u,s}^{\text{LOS}}(\tau,t)=\sqrt{\frac{1}{K_{\text{R}}+1}}H_{u,s}^{\text{NLOS}}(\tau,t)+\sqrt{\frac{K_{\text{R}}}{K_{\text{R}}+1}}H_{u,s,1}^{\text{LOS}}(t)\delta\left(\tau-\tau_1-d_{\text{3D}}/c\right) \quad (2\text{-}95)$$

2.4.9 基于地图的混合信道模型

区别于3GPP目前广泛采用的统计模型，混合信道模型以电磁理论为基础构建信道模型。不同频段的电磁波在空间传播的物理统计特性由相关场景的空间拓扑和电磁理论保证，适合400MHz～100GHz多种带宽的配置。对于当前5G对信道的空间相关性、时间相关性、频率相关性等特性自然满足，具有很强的后向兼容性。

混合信道模型包括确定性模型、统计模型两大部分。确定性模型主要基于确定性场景的3D模型，利用射线追踪（Ray Tracing, RT）技术，考虑直射、透射、反射、绕射等物理现象，进行确定性计算，得到发射及接收的主要射线的确定性结果。统计模

型主要反映确定性模型中未进行建模的小物件、粗糙面，以及因为人流、车辆、植被等引发的散射、遮挡和闪烁反射现象。下面将从场景定义、确定性建模、统计建模等方面对混合信道模型进行讲解，并在最后介绍TR 36.901中第8章的内容。

1. 场景定义

混合模型的场景定义不同于纯统计模型，相关场景中面/刃的几何尺寸、材质参数均为确定数值。从实现的角度，可以通过构建模型库的方式进行，仿真时仅需要配置场景索引即可。模型库分为：材质库、场景库，相互关系可参考图2-29，具体实例及描述如图2-29所示。

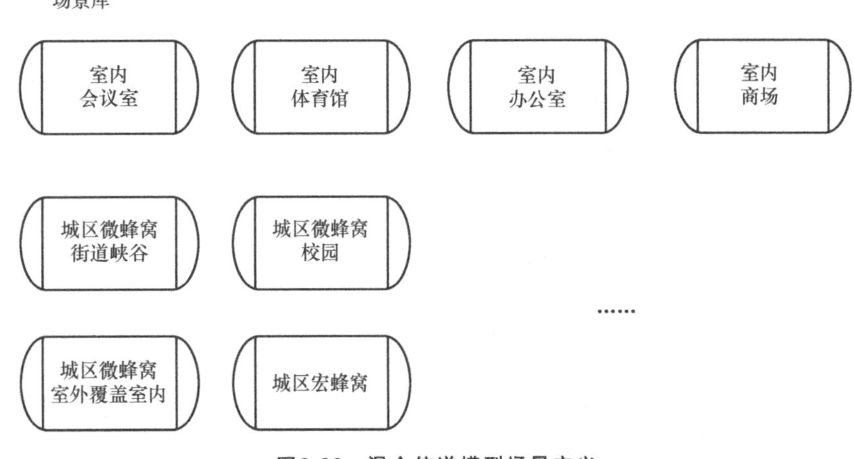

图2-29　混合信道模型场景定义

（1）材质库：含各类材质在0.4～100GHz频段内的电导率及介电常数。每类材质有一个编号，可分为基本材质和扩展材质，基本材质可标准化，扩展材质便于特殊仿真评估时灵活使用。

（2）场景库：场景库中有基于需求组定义的各类场景的完整模型数据，包括“面”集合和“刃”集合，“面”由多个三维空间共面的点组成（每个点均有3个坐标）、每个面有唯一的材质编号和一个厚度参数；“刃”由两个点组成。

（3）场景：是场景库中一个确定的模型，其标准化结果可以通过xml文件进行定义。

（4）建模配置：Tx/Rx位置的配置、Tx/Rx移动速度的配置及模型、频点及带宽、RT确定性计算的相关参数配置，如反射次数、统计模型参数配置等。

2. 确定性建模

射线追踪是一种被广泛用于移动通信和个人通信环境中的预测无线电波传播特性的技术，可以用来辨认多径信道中收发之间所有可能的射线路径。一旦所有可能的射线被辨认出，就可以根据电波传播理论来计算每条射线的幅度、相位、时延和极化。然后结合天线方向图和系统带宽就可得到接收点的所有射线的相干合成结果。

在射线追踪过程中，主要考虑射线的反射、绕射和透射过程。主要的建模原理和实现流程如图2-30所示，首先经几何运算部分获得所有有效径轨迹，其次在电磁计算部分中利用电参数等信息，根据Snell反射定律、UTD绕射模型及基于折射的穿透模型计算各有效径的电场，最终得到确定性的信道脉冲响应 h_{RT}，以及每条多径的传播时延 τ_l、幅度响应系数 α_l、波达角信息 $\Omega_{\mathrm{DOA},l}$、波离角信息 $\Omega_{\mathrm{DOA},l}$。

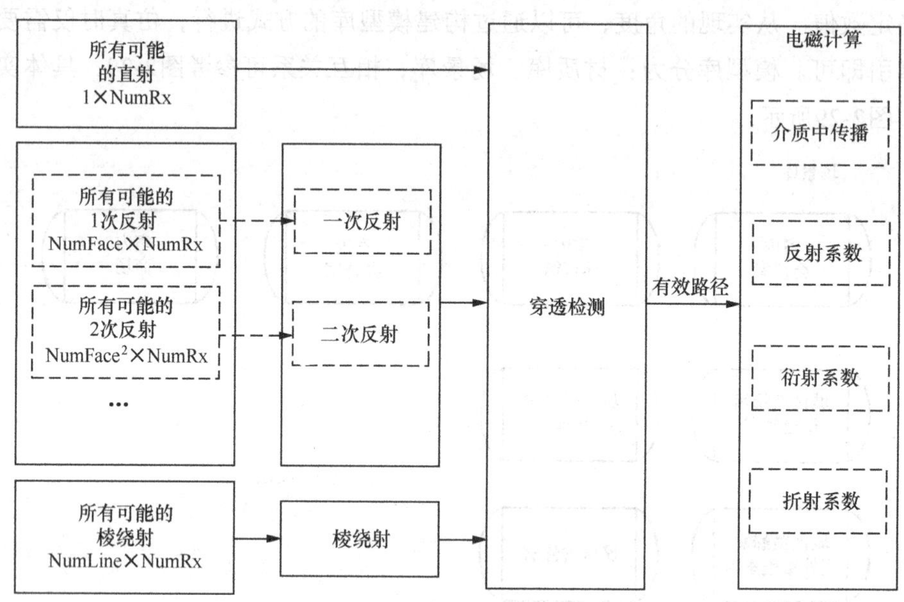

图2-30 确定性建模原理与流程

通过RT仿真计算得到的主径分量示例如图2-31所示。

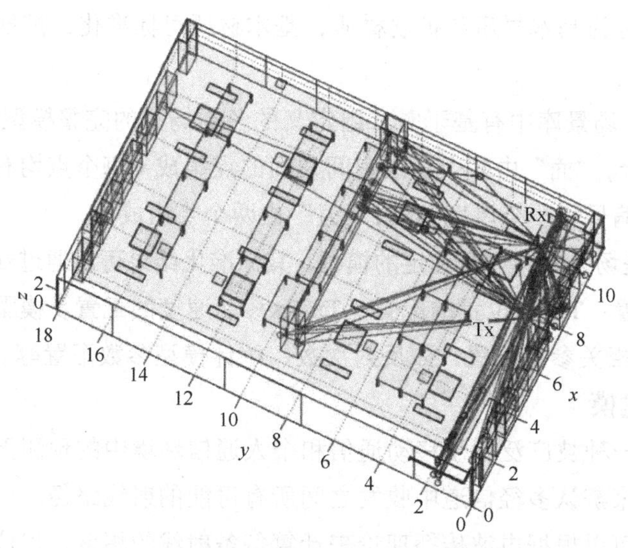

图2-31 通过RT仿真计算得到的主径分量示例

具体的确定性传播机制和相关描述如下。

（1）反射原理和计算公式

① 几何计算

采用镜像法，以1次反射为例，算法模型意义如图2-32所示。

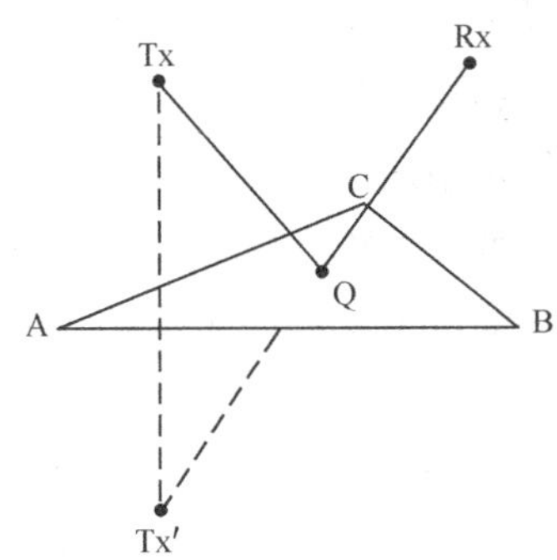

图2-32　镜像法进行反射路径寻迹

② 电磁计算

设S为反射射线上任意场点，距反射点Q的距离为s。则场点S处的反射波末场$\vec{h}^r(s)$与反射点Q处入射波末场$\vec{h}^i(Q)$的关系为

$$\vec{h}^r(Q)=\vec{h}^i(Q)\cdot\overline{\overline{R}}\cdot A(s)\cdot \mathrm{e}^{-\mathrm{j}ks} \tag{2-96}$$

其中，$\overline{\overline{R}}$为反射系数，表示为

$$\overline{\overline{R}}=R_{\perp}\mathrm{e}_{\perp}^{i}\mathrm{e}_{\perp}^{r}+R_{\parallel}\mathrm{e}_{\parallel}^{i}\mathrm{e}_{\parallel}^{r} \tag{2-97}$$

其中，$R_{\perp}$和$R_{\parallel}$分别为垂直极化和水平极化的反射系数。

$$\begin{aligned}R_{\perp}&=\frac{\cos\theta_1-\sqrt{\dfrac{\hat{\varepsilon}_2}{\hat{\varepsilon}_1}-\sin^2\theta_1}}{\cos\theta_1+\sqrt{\dfrac{\hat{\varepsilon}_2}{\hat{\varepsilon}_1}-\sin^2\theta_1}}\\ R_{\parallel}&=\frac{\dfrac{\hat{\varepsilon}_2}{\hat{\varepsilon}_1}\cos\theta_1-\sqrt{\dfrac{\hat{\varepsilon}_2}{\hat{\varepsilon}_1}-\sin^2\theta_1}}{\dfrac{\hat{\varepsilon}_2}{\hat{\varepsilon}_1}\cos\theta_1+\sqrt{\dfrac{\hat{\varepsilon}_2}{\hat{\varepsilon}_1}-\sin^2\theta_1}}\end{aligned} \tag{2-98}$$

其中，θ_1、θ_2、θ_3为入射角，且$\theta_1=\theta_i=\theta_r$；媒质的复电容率$\hat{\varepsilon}=\varepsilon\left[1-\mathrm{j}\dfrac{\sigma}{\omega\varepsilon}\right]$，$\varepsilon$代表介电常数，$\sigma$代表反射面的电导率，$\omega$代表角频率。$A(s)=\dfrac{s'}{s'+s}$，$s'$指源点与反射点$Q$之间的距离，$s$指反射点$Q$与场点之间的距离。反射场场点$S$处的反射波末场$\vec{h}^r(s)$与反射点$Q$处入射波末场$\vec{h}^i(Q)$的关系为

$$\vec{h}^r(s)=\vec{h}^i(Q)\cdot\overline{\overline{R}}\cdot\frac{s'}{s'+s}\cdot e^{-jks} \tag{2-99}$$

（2）衍射原理和计算公式

① 几何计算

衍射是指在电磁波传播路径上，当尺寸相当大的障碍物对其遮挡时，在障碍物背后的阴影区中会产生电磁波。衍射射线有曲面衍射射线和边缘衍射射线两种，本模型仅讨论边缘衍射射线。边缘衍射射线是指从源点传输经过边缘上某一绕射点Q而到达场点接收的射线，其边缘可能是一条直边、一条共面曲边或一条非共面曲边。这里仅考虑直边情况，一般认为射线经过直边后的衍射路径分布在Keller圆锥上，如图2-33所示。

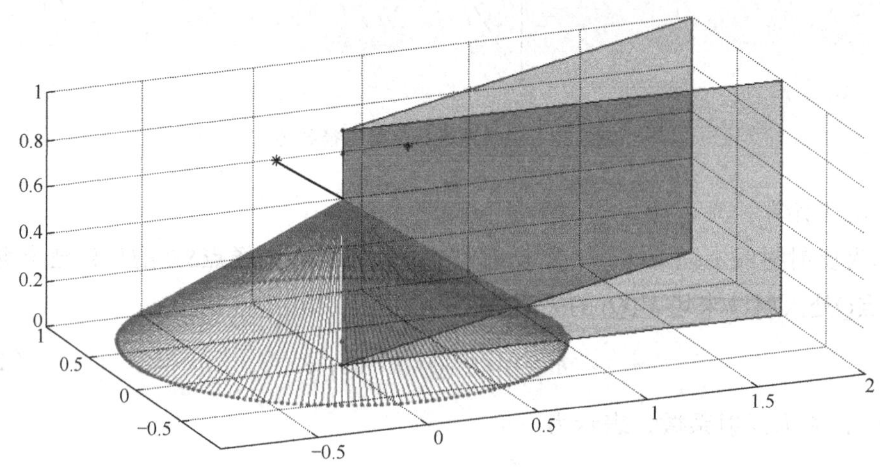

图2-33 衍射几何寻迹示意图

② 电磁计算

与反射情况相类似，假设S为绕射射线上任意场点，距绕射点Q的距离为s，则$\vec{h}^d(s)$与$\vec{h}^i(Q)$的关系为

$$\vec{h}^d(s)=\vec{h}^i(Q)\cdot\overline{\overline{\boldsymbol{D}}}\cdot A(s)\cdot e^{-jks} \tag{2-100}$$

其中，$\overline{\overline{\boldsymbol{D}}}$被称为并矢绕射系数或绕射矩阵，在射线基坐标系下，根据局部平面波假设，其矩阵形式可表示为

$$\overline{\overline{\boldsymbol{D}}}=-\left(\vec{e}_{\parallel}^{i}\vec{e}_{\parallel}^{d}\right)\cdot D_s-\left(\vec{e}_{\perp}^{i}\vec{e}_{\perp}^{d}\right)\cdot D_h \tag{2-101}$$

根据UTD理论，并矢绕射系数为

$$\begin{aligned}D_s&=\frac{-e^{-j\frac{\pi}{4}}}{2n\sqrt{2\pi k}\sin\beta_0}(d_0+d_1-d_2-d_3)\\D_h&=\frac{-e^{-j\frac{\pi}{4}}}{2n\sqrt{2\pi k}\sin\beta_0}(d_0+d_1+d_2+d_3)\end{aligned} \tag{2-102}$$

其中，n是楔因子，在90°拐角处，n为3/2；k是波数，$k=\dfrac{2\pi}{\lambda}$；β_0是入射射线与楔的夹角；R_0和R_n分别是入射面和绕射面的反射因子。

$$\begin{cases} d_0=\cot\left(\dfrac{\pi+\beta^-}{2n}\right)F[kL^i\alpha^+(\beta^-)] \\ d_1=\cot\left(\dfrac{\pi-\beta^-}{2n}\right)F[kL^i\alpha^-(\beta^-)] \\ d_2=\cot\left(\dfrac{\pi+\beta^+}{2n}\right)F[kL^d\alpha^+(\beta^+)] \\ d_3=\cot\left(\dfrac{\pi-\beta^+}{2n}\right)F[kL^d\alpha^-(\beta^+)] \end{cases} \tag{2-103}$$

公式（2-103）中，

$$\begin{cases} F(X)=2\mathrm{j}\sqrt{X}\mathrm{e}^{\mathrm{j}X}\int_{\sqrt{X}}^{\infty}\mathrm{e}^{-\mathrm{j}\tau^2}d\tau \\ \alpha^+(\beta^-)=2\cos^2\left(\dfrac{2n\pi N^+-\beta^-}{2}\right) \\ \alpha^-(\beta^-)=2\cos^2\left(\dfrac{2n\pi N^--\beta^-}{2}\right) \\ \alpha^+(\beta^+)=2\cos^2\left(\dfrac{2n\pi N^+-\beta^+}{2}\right) \\ \alpha^-(\beta^+)=2\cos^2\left(\dfrac{2n\pi N^--\beta^+}{2}\right) \end{cases}$$

其中，$2\pi nN^+-\beta^{\pm}\approx\pi$，$2\pi nN^--\beta^{\pm}\approx-\pi$，$\beta^+=\phi+\phi'$，$\beta^-=\phi-\phi'$。

对于直劈，绕射物体边缘的曲率半径$\alpha\to\infty$，$L^i=L^d=L=\dfrac{ss'}{s+s'}\sin^2\beta_0$。$s'$指源点与绕射点$Q$之间的距离，$s$指场点与绕射点$Q$之间的距离。

$A(s)=\sqrt{\dfrac{s'}{s(s'+s)}}$，$A(s)$被称为扩散因子，所以球面波绕射场场点$S$处的绕射波末场$\vec{h}^d(s)$与绕射点$Q$处入射波末场$\vec{h}^i(Q)$的关系为

$$\vec{h}^d(s)=\vec{h}^i(Q)\cdot\overline{\overline{\boldsymbol{D}}}\cdot\sqrt{\frac{s'}{s(s'+s)}}\cdot\mathrm{e}^{-\mathrm{j}ks} \tag{2-104}$$

绕射系数在局部坐标系下可写为如下形式。

$$\overline{\overline{\boldsymbol{D}}}_L=\begin{bmatrix}-D_s & 0\\ 0 & -D_h\end{bmatrix} \tag{2-105}$$

（3）透射原理和计算公式

① 几何计算

几何计算模拟电磁波穿透建筑物（墙体、玻璃等）的过程，考虑墙体的厚度，电磁计算由3部分组成：折射入介质、在介质中传播、折射出介质，具体如图2-34所示。

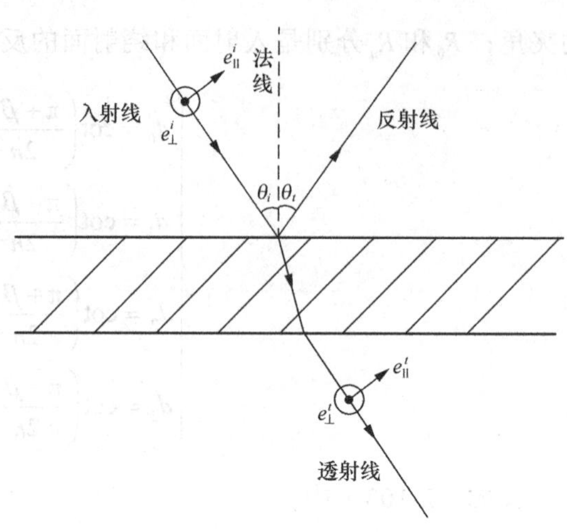

图2-34 折射示意图

② 电磁计算

穿透电场计算步骤如下。

- 计算进入介质的折射系数$\bar{\bar{T}}_{\text{in}}$。
- 计算电磁波在介质中传播的距离d。

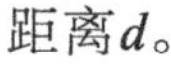

- 计算穿出介质的折射系数$\bar{\bar{T}}_{\text{out}}$。

假设在Q点穿透前射线途径总距离为S，反射场场点Q处的透射波末场$\vec{h}^{t}(Q)$与反射点Q处入射波末场$\vec{h}^{i}(Q)$的关系为

$$\vec{h}^{r}(Q)=\vec{h}^{i}(Q)\cdot\bar{\bar{T}}_{\text{in}}\cdot\frac{S}{S+d}\cdot\mathrm{e}^{-(\alpha+\mathrm{j}\beta)d}\cdot\bar{\bar{T}}_{\text{out}} \tag{2-106}$$

其中，$\bar{\bar{T}}$为折射系数，表示为

$$\bar{\bar{T}}=T_{\perp}\left(\mathrm{e}_{\perp}^{i}\mathrm{e}_{\perp}^{t}\right)+T_{\parallel}\left(\mathrm{e}_{\parallel}^{i}\mathrm{e}_{\parallel}^{t}\right) \tag{2-107}$$

其中，$T_{\perp}$和$T_{\parallel}$分别为垂直极化和水平极化的折射系数。

$$\begin{aligned}T_{\perp}&=\frac{2\eta_2\cos\theta_i}{\eta_2\cos\theta_i+\eta_1\cos\theta_t}\\T_{\parallel}&=\frac{2\eta_2\cos\theta_i}{\eta_1\cos\theta_i+\eta_2\cos\theta_t}\end{aligned} \tag{2-108}$$

θ_i为入射角，θ_t为透射角，有损耗的介质折射角为复数，$\gamma_1\sin\theta_i=\gamma_2\sin\theta_t$。其中，$\gamma$是传播常数，$\gamma=\alpha+\mathrm{j}\beta$，实部$\alpha$是衰减常数，虚部$\beta$是相位常数。$\eta$是波阻抗，$\eta=\sqrt{\frac{\mu}{\hat{\varepsilon}}}$，$\hat{\varepsilon}$是复介电常数。

3. 统计建模

在通过射线跟踪对功率较强的离散主径分量进行仿真重构之后，接下来需要将统计部分嵌入混合模型之中。采用基于扩展的Salen-Valuenzula（S-V）的统计模型，其模型框架如图2-35所示，主要体现了信道传播多径在多个维度上的统计分布情况。模型参数描述如下，且一般可以通过实测或仿真数据进行参数估计回归得到。

（1）簇间分布参数

$\varGamma$：指数分布参数，用于描述簇（主径）的功率随传播时延的衰减特性。

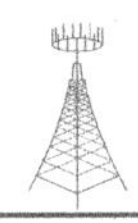

σ_1：对数正态分布参数，用于描述簇（主径）的功率与均值的偏离量。

$1/\Lambda$：泊松分布参数，用于描述簇（主径）的到达时延特性。

P_0：第一径的功率，由RT结果得到。

（2）簇内射线（子径）分布参数

γ：指数分布参数，用于描述簇内子径相对于主径的功率随传播时延的衰减特性。

σ_2：对数正态分布参数，用于描述簇内子径的功率与均值的偏离量。

$1/\lambda$：泊松分布参数，用于描述簇内子径的到达时延特性。

σ_ϕ：拉普拉斯分布参数，描述簇内子径的角度分布特性，根据角度定义又分为$\sigma_{\phi,\text{AOD}}$、$\sigma_{\theta,\text{EOD}}$、$\sigma_{\phi,\text{AOA}}$、$\sigma_{\theta,\text{EOA}}$。

（3）其他统计参数

L'：总的簇数量。

S：簇内子径数量。

XPR：交叉极化鉴别度κ_n。

$\nu_{l',s}$：子径多普勒频移。

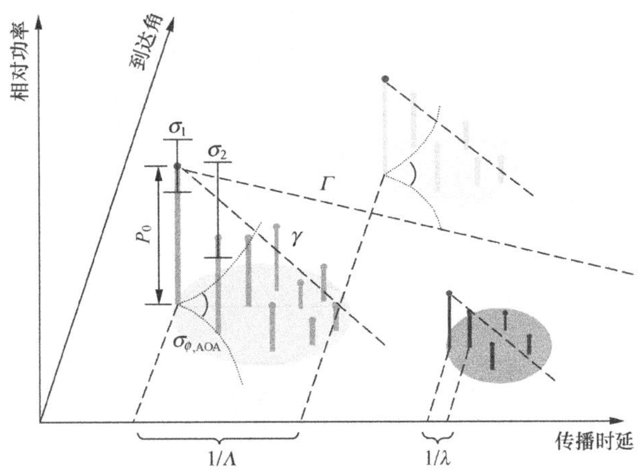

图2-35　基于扩展S-V的统计模型框架

图2-36给出了混合模型中统计部分的实现流程，输入的内容包括2.4.9节中确定性的RT建模结果，以及对应场景下统计模型的参数分布表。场景、频率和系统配置不同，信道模型的参数分布类型和数据也会不一样，但模型框架和应用流程是完全一样的。除了S-V框架下基于簇的统计模型，遮挡和闪烁现象也是通过统计方式实现的，具体步骤包括：

- 随机主径的生成；
- 随机遮挡模型的应用；
- 主径扩展为多径簇的过程；
- 随机闪烁路径的产生。

输出的内容包括未耦合天线的混合传播信道脉冲响应 h_{total}，以及每个簇（l'）内每条多径（s）的多维特征参数，如传播时延 $\tau_{l',s}$、幅度响应系数 $\alpha_{l',s}$、波达角信息 $\Omega_{DOA,l',s}$ 等。

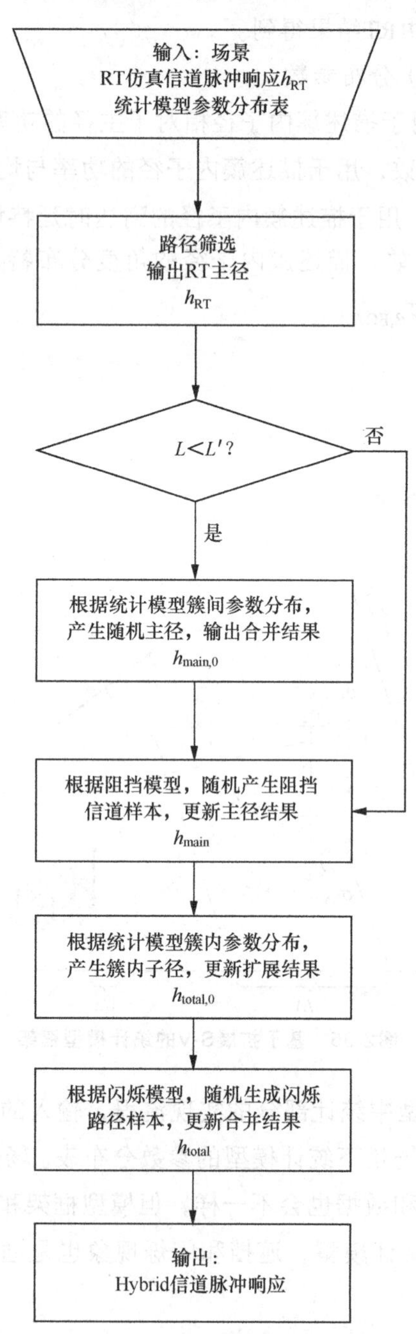

图2-36　Hybrid模型统计部分实现流程

（4）随机主径产生流程

对RT得到的所有确定性传播路径进行筛选后，输出筛选后的主径脉冲响应：

$h_{\mathrm{RT}}=\sum_{l}^{L}\alpha_l\cdot\delta(\tau-\tau_l)\cdot\delta(\Omega_{\mathrm{DOA}}-\Omega_{\mathrm{DOA},l})\cdot\delta(\Omega_{\mathrm{DOD}}-\Omega_{\mathrm{DOD},l})$。如果筛选后的路径数量$L$大于统计模型中的簇数量$L'$，则选取功率最强的$L'$条路径作为RT的确定性主径输出，此时$h_{\mathrm{main}}=h_{\mathrm{RT}}(l\leqslant L')$，并跳过以下操作；否则通过基于扩展S-V的统计模型产生随机主径分量（$n=L'-L$），输出全部主径的脉冲响应。

$$\begin{aligned}h_{\mathrm{main},0}&=h_{\mathrm{RT}}+\sum_{n=1}^{L'-L}\alpha_n\cdot\delta(\tau-\tau_n)\cdot\delta(\Omega_{\mathrm{DOA}}-\Omega_{\mathrm{DOA},n})\cdot\delta(\Omega_{\mathrm{DOD}}-\Omega_{\mathrm{DOD},n})\\&=\sum_{l'=1}^{L'}\alpha_{l'}\cdot\delta(\tau-\tau_{l'})\cdot\delta(\Omega_{\mathrm{DOA}}-\Omega_{\mathrm{DOA},l'})\cdot\delta(\Omega_{\mathrm{DOD}}-\Omega_{\mathrm{DOD},l'})\end{aligned}\tag{2-109}$$

其中，$\tau_n\sim\mathrm{Poisson}(\Lambda)$为随机主径相对于第一径的额外时延值，满足泊松分布的随机数，加上RT得到的第一径时延后得到路径真实时延值$\tau_n(\tau_n=\tau'_n+\tau_0)$；每条路径的功率值满足单边指数分布，即$P_n=P_0\cdot\exp\left(-\frac{\tau'_n}{\Gamma}\right)\cdot10^{\frac{-Z_n}{10}}$，其中$Z_n\sim\mathrm{N}(0,\sigma_1)$为满足对数正态阴影衰落的随机数，用dB表示。于是有多径的幅度α_n为$\sqrt{P_n}$，如果是双极化，则

$$\alpha_n=\sqrt{P_n}\begin{bmatrix}\mathrm{e}^{\mathrm{j}\Phi_{\mathrm{V,V}}} & \sqrt{\kappa_n}\mathrm{e}^{\mathrm{j}\Phi_{\mathrm{V,H}}}\\ \sqrt{\kappa_n}\mathrm{e}^{\mathrm{j}\Phi_{\mathrm{H,V}}} & \mathrm{e}^{\mathrm{j}\Phi_{\mathrm{H,H}}}\end{bmatrix}\tag{2-110}$$

其中，$\Phi\sim U(0,2\pi)$为不同极化对上添加的随机相位，κ_n为XPR、$\Omega_{\mathrm{DOA},n}$和$\Omega_{\mathrm{DOD},n}$分别为每条路径的波到达角和波离开角的值，建模为在整个3D空间均匀分布的随机数。

（5）遮挡模型应用流程

在2.4.8节中已经对遮挡现象的统计描述方法进行了简单说明，这里需要在主径的基础上应用该遮挡模型对部分路径进行屏蔽和删减，得到遮挡后的脉冲响应h_{main}（含L''条多径参数），具体流程与步骤如图2-37所示。

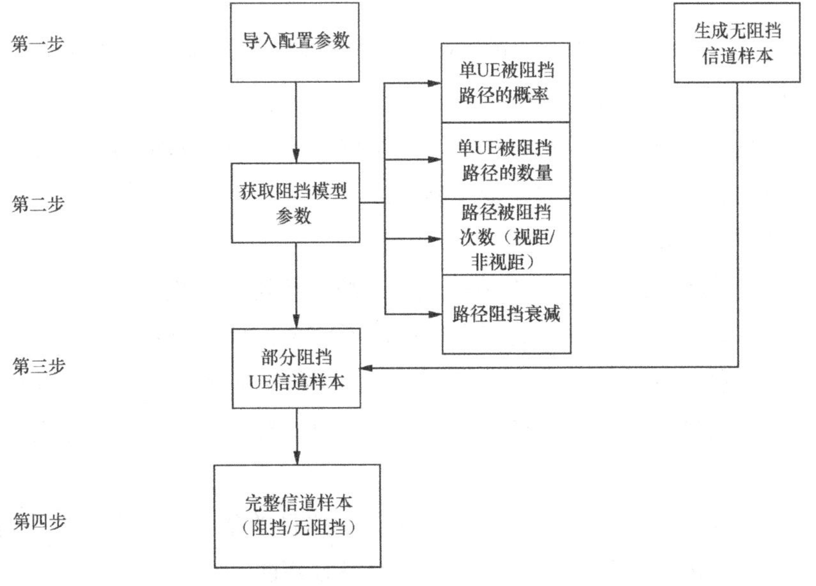

图2-37 遮挡模型应用流程

（6）簇内子径产生流程

在得到所有离散主径信息后，需要将其扩展为在多个维度具有一定展宽的多径簇，输出每条子径的脉冲响应。

$$h_{\text{total}}\left(\tau,\Omega_{\text{DOA}},\Omega_{\text{DOD}}\right)=\sum_{l'=1}^{L'}\sum_{s=1}^{S}\alpha_{l',s}\cdot\delta\left(\tau-\tau_{l'}-\Delta\tau_{l',s}\right)\cdot\delta\left(\Omega_{\text{DOA}}-\Omega_{\text{DOA},l'}-\Delta\Omega_{\text{DOA},l',s}\right)\cdot \delta\left(\Omega_{\text{DOD}}-\Omega_{\text{DOD},l'}-\Delta\Omega_{\text{DOD},l',s}\right)$$

其中，s为簇内每条子径的编号，$s=1$代表第二步中每个簇的主径，即$\varDelta_{s=1}=0$；而对于$s\geqslant1$的子径，需要在主径的参数基础上增加一个多维的偏移量，如$\Delta\tau_{l',s}\sim\text{Poisson}(\gamma)$为满足泊松分布的随机数。

每条子径的幅度为

$$\alpha_{l',s}=\sqrt{P_{l',s}}=\sqrt{P_{l'}\cdot\exp\left(-\frac{\Delta\tau_{l',s}}{\gamma}\right)\cdot10^{\frac{-Z_{l',s}}{10}}}\,,\qquad(2\text{-}111)$$

其中，$Z_{l',s}\sim N\left(0,\sigma_2\right)$为满足对数正态阴影衰落的随机数，用dB表示，如果是双极化，则需要转换为2×2的幅度响应矩阵。

$$\alpha_{l',s}=\sqrt{P_{l',s}}\begin{bmatrix}\text{e}^{\text{j}\Phi_{\text{V,V}}} & \sqrt{\kappa_{l',s}}\text{e}^{\text{j}\Phi_{\text{V,H}}}\\ \sqrt{\kappa_{l',s}}\text{e}^{\text{j}\Phi_{\text{H,V}}} & \text{e}^{\text{j}\Phi_{\text{H,H}}}\end{bmatrix}$$

其中，$\Phi\sim U\left(0,2\pi\right)$为不同极化对上添加的随机相位，$\kappa_{l',s}$为簇内子径的XPR，$\Delta\Omega_{\text{DOA},l',s}\sim\text{Laplace}\left(0,\sigma_{\phi,\text{AOA}}\right)$和$\Delta\Omega_{\text{DOD},l',s}\sim\text{Laplace}\left(0,\sigma_{\phi,\text{AOD}}\right)$分别表示簇内每条子径相对主径在波达角和波离角上的偏移量，满足拉普拉斯分布。如果是3D模型，则包含水平角和垂直角，即

$$\Delta\Omega_{\text{DOA},l',s}=[\Delta\phi_{\text{AOA},l',s},\Delta\theta_{\text{EOA},l',s}],\quad \Delta\Omega_{\text{DOD},l',s}=[\Delta\phi_{\text{AOD},l',s},\Delta\theta_{\text{EOD},l',s}]\qquad(2\text{-}112)$$

（7）闪烁路径产生流程

闪烁路径是指由于环境中随机物体（闪烁体）的出现，如室内装饰物和车辆，在某一时刻形成的新的强反射或散射传播路径。

闪烁路径的特点如下。

- 突发性：从定义可知，闪烁路径主要起源于环境中随机出现的物体，且该物体需要和收发机两端同时可见，因此其发生条件不可控，具有突发性。
- 小尺度现象：从定义和图2-38可知，由闪烁体引起的信道传播状态的变化仅体现为增加了新的闪烁路径，即路径级别的变化，因此对该现象的研究应着眼于小尺度层级。
- 瞬时性：从定义和图2-38可知，产生闪烁路径的条件是偶发的且不可控制的，其稳定性比较差，因此该类路径的存在体现为瞬时特性。

- 与环境强的相关性：从定义和图2-38可知，该现象产生的概率易受到传播环境的影响，如闪烁体分布密度和几何尺寸。
- 与载频的强相关性：该类路径来源于反射或者全散射的单跳路径，因此路径强度受载频影响。

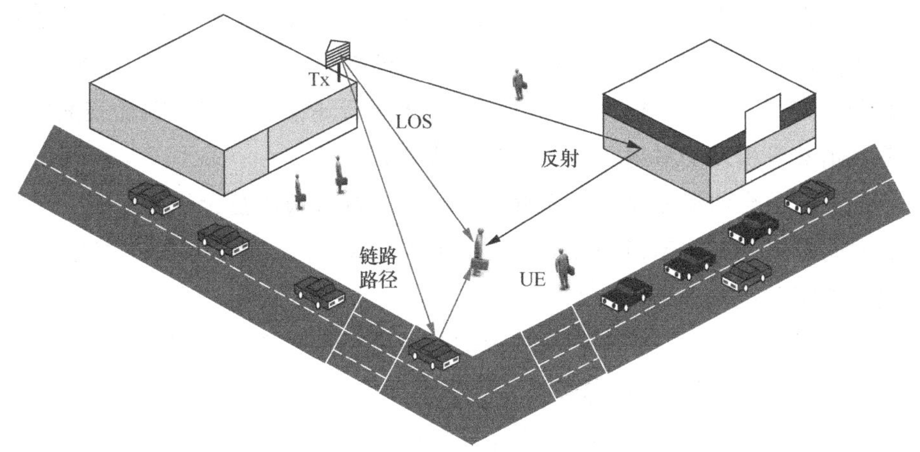

图2-38 闪烁路径示例

由于该现象的产生具有极高的突发性，通过实测进行研究的可行性比较低，建议通过仿真的方式对不同传播条件下的闪烁路径特征进行研究。在统计模型构建时需要考虑以下参数特征：接收机接收闪烁路径概率、闪烁路径数量，以及该类路径的强度。

这里需要基于该模型在所有多径的基础上额外随机生成部分闪烁路径，具体流程与步骤如图2-39所示，最终得到未耦合天线的纯净信道脉冲响应h_{total}。

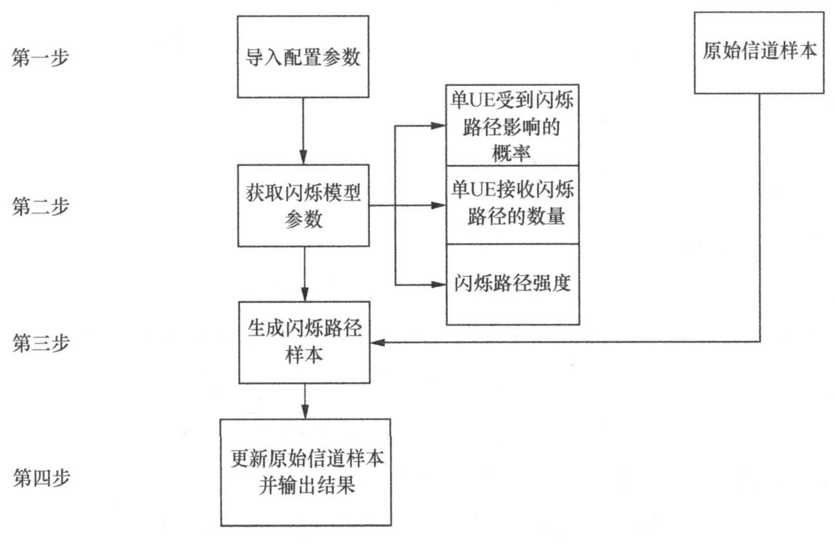

图2-39 闪烁路径模型的使用流程图

4. 混合信道模型

在前面几小节介绍了混合信道模型建模的一般原理性、框架性的内容，这里将根据这些原理和框架，介绍一个具体的混合信道建模的示例——TR 38.901中的混合信道建模，它包括确定性建模和统计建模。确定性建模利用射线追踪技术模拟电磁波的直射、反射、透射、衍射或散射，不同频段电磁波在空间传播的确定性结果基于相关场景的地图由电磁计算得到；统计建模在确定性建模结果的基础上，进行随机簇/径的补充，并对子径进行扩展，以模拟确定性模型中未进行建模的对象、粗糙表面以及因人流、车流、植被等引发的散射、遮挡和反射等物理现象。

基于地图的混合信道模型适用于500MHz ~ 100GHz频段及大带宽配置，具备空间相关性、时间相关性和频率相关性，可支持超大规模天线、D2D、分布式MIMO建模，体现链路间的相关特性。

这里，坐标体系、场景定义、天线模型与统计模型一致，其统计部分参数可参考统计信道模型参数表。建模流程如下。

第一步：设定场景环境及地图（确定性建模）。

设定场景，包含选择全局坐标，定义水平和垂直角度等。

地图部分包含所涉及建筑物或者房间的3D几何信息、几何参数（面的位置/厚度）与材质参数（电导率/介电常数），也可以基于仿真需求包含额外的信息，如人流、车辆或植被模型等。

第二步：设置网络拓扑和天线阵列参数（确定性建模）。

这一步骤包括收发天线对的三维方位坐标（笛卡儿坐标/方位角/下倾角）、天线辐射方向图，终端运动速度和方向，系统的中心频点、带宽。

当系统的带宽B大于c/D时（c为光在真空中速度，D为天线的孔径），需要对带宽进行分段，所分段数为：K_B，且$K_B \geqslant \left\lceil \frac{B}{c/D} \right\rceil$，每一段的带宽为$\Delta B$，$\Delta B = \frac{B}{K_B}$，子频段中心频点为$f_k$，$f_k = f_c - \frac{K_B - 2k + 1}{2}\Delta B$。

后续步骤均是针对每一子频段进行的。

第三步：基于射线追踪技术进行确定性计算（确定性建模）。

这一步骤分为两个子步骤：先进行几何寻迹计算，再进行电场计算。

几何寻迹计算部分考虑直射、反射、衍射、穿透及散射体，考虑计算量、内存消耗与精度的均衡，需要设置最大寻迹阶数，如“反射+绕射”的阶数为3，绕射的最大阶数为2，最大穿透次数为5等。几何计算结果对所有子频段均有效。

电场计算部分需要基于几何计算的结果，针对每个子频段分别进行。

第三步的输出包括收发链路的以下参数。

- LOS/NLOS状态。

- 确定性径的数量 L_{RT}，各径的功率均大于最强径功率减去25dB。
- 每条确定性径的功率、时延、波到达角和波离开角。

其中，时延为 $\tau_{l_{\mathrm{RT}}}^{\mathrm{RT}}$，$\tau_{l_{\mathrm{RT}}}^{\mathrm{RT}}=\tau_{l_{\mathrm{RT}}}'-\min\limits_{l_{\mathrm{RT}}}\left(\tau_{l_{\mathrm{RT}}}'\right)$，第一径的绝对时延为 $\min\limits_{l_{\mathrm{RT}}}\left(\tau_{l_{\mathrm{RT}}}'\right)$，$\tau_{l_{\mathrm{RT}}}'$ 是径的真实传播时延。

到达角和离开角分别为[$\phi_{l_{\mathrm{RT}},\mathrm{AOA}}^{\mathrm{RT}}$，$\theta_{l_{\mathrm{RT}},\mathrm{ZOA}}^{\mathrm{RT}}$，$\phi_{l_{\mathrm{RT}},\mathrm{AOD}}^{\mathrm{RT}}$，$\theta_{l_{\mathrm{RT}},\mathrm{ZOD}}^{\mathrm{RT}}$]。

第k个频点的功率为 $P_{l_{\mathrm{RT}}}^{\mathrm{RT,real}}=\dfrac{1}{K_B}\sum\limits_{k=1}^{K_B}P_{l_{\mathrm{RT}},k}^{\mathrm{RT,real}}$。

- 每条确定性径的XPR及XPR的算术平均值：$\kappa_{l_{\mathrm{RT}}}^{\mathrm{RT}}=\dfrac{1}{K_B}\sum\limits_{k=1}^{K_B}\kappa_{l_{\mathrm{RT}},k}^{\mathrm{RT}}$。
- 每条确定性径的路径ID和属性，如反射/衍射/穿透类型、次序及面ID等。

采用统计模型类似的算法进行时延归一化，使得首径时延为0：$\tau_1^{\mathrm{RT}}=0$。

第四步：生成大尺度统计参数（统计建模）。

参数包括时延扩展（DS）、角度扩展（ASA/ASD/ZSA/ZSD）、随机簇的莱斯因子（K）。

混合模型这部分策略与统计模型基本相同，但不再需要生成阴影衰落地图。

随机簇的ASA、ASD、ZSA和ZSD的取值范围限制与统计模型一致。

第五步：生成随机簇的时延（统计建模）。

初始随机簇的数量 L_{RC}' 可配置，推荐值可参考统计模型对应场景的参数。

基于指数分布为每条初始随机簇生成初始时延。

$$\tau_n'=-\mu_\tau^{\mathrm{RC}}\ln\left(X_n\right)$$

这里，$\mu_\tau^{\mathrm{RC}}=\max\left\{\mu_\tau,\dfrac{1}{L_{\mathrm{RT}}}\sum\limits_{l_{\mathrm{RT}}=1}^{L_{\mathrm{RT}}}\tau_{l_{\mathrm{RT}}}^{\mathrm{RT}}\right\}$，$X_n$～uniform（0，1），$n=0,\cdots,L_{\mathrm{RC}}'$，$L_{\mathrm{RC}}'$的值推荐使用附表1。$\mu_\tau=r_\tau\mathrm{DS}+\dfrac{L_{\mathrm{RT}}}{L_{\mathrm{RC}}'+1}\left(r_\tau\mathrm{DS}-\dfrac{1}{L_{\mathrm{RT}}}\sum\limits_{l_{\mathrm{RT}}=1}^{L_{\mathrm{RT}}}\tau_{l_{\mathrm{RT}}}^{\mathrm{RT}}\right)$，$r_\tau$为时延分布因子。

归一化处理：$\tau_n=\mathrm{sort}\left(\tau_n'-\min\left(\tau_n'\right)\right)/C_\tau$，其中，

$$C_\tau=\begin{cases}0.7705-0.0433K+0.0002K^2+0.000017K^3 & \mathrm{LOS}\\ 1 & \mathrm{NLOS}\end{cases}$$

归一化处理后判断每条初始簇与其时延最近邻的确定性径的时延差是否过小：$\left|\tau_n-\tau_{l_{\mathrm{RT}}}^{\mathrm{RT}}\right|<\tau_{\mathrm{th}}$，如果过小，则删除这些随机簇。其中，时延差门限 $\tau_{\mathrm{th}}=\mu_\tau^{\mathrm{RC}}\cdot\ln\left(\dfrac{1}{1-p_0}\right)$，参数 p_0 推荐值为0.2；$\tau_{\mathrm{th}}=0.223\,\mu_\tau^{\mathrm{RC}}$，可基于需求调整。

最后，仅保留那些与确定性径有一定时延差的随机簇，数量为L_{RC}。

第六步：生成随机簇的功率 $P_i^{\mathrm{RC,real}}$，$1\leqslant i\leqslant L_{\mathrm{RC}}$（统计建模）。

随机簇功率的计算需要参考确定性径的功率进行。

首先，基于指数功率时延函数生成确定性径和随机簇的虚拟功率 $P_j^{\mathrm{RT,virtual}}$ 和 $P_i^{\mathrm{RC,virtual}}$，而后，基于虚拟功率总和加权及确定性径的实际功率计算得到随机簇的实际功率。确定性径和随机簇的虚拟功率生成方式如下。

$$P_i^{\mathrm{RC,virtual}}=\frac{1}{A+1}\cdot\frac{V_i^{\mathrm{RC}}}{\sum_{i=1}^{L_{\mathrm{RC}}}V_i^{\mathrm{RC}}+\sum_{j=1}^{L_{\mathrm{RT}}}V_j^{\mathrm{RT}}}$$

$$P_j^{\mathrm{RT,virtual}}=\frac{1}{A+1}\cdot\frac{V_j^{\mathrm{RT}}}{\sum_{i=1}^{L_{\mathrm{RC}}}V_i^{\mathrm{RC}}+\sum_{j=1}^{L_{\mathrm{RT}}}V_j^{\mathrm{RT}}}+\frac{A}{A+1}\cdot\delta(j-1)$$

在LOS下，$A=K_{\mathrm{R}}$，否则$A=0$；$Z_{i,\mathrm{RC}}$和$Z_{j,\mathrm{RT}}$为每个簇的满足 $N(0,\zeta^2)$ 的阴影项（dB）。

$$V_i^{\mathrm{RC}}=\exp\left(-\tau_i^{\mathrm{RC}}\frac{r_\tau-1}{r_\tau\mathrm{DS}}\right)\cdot10^{\frac{-Z_{i,\mathrm{RC}}}{10}},\quad V_j^{\mathrm{RT}}=\exp\left(-\tau_j^{\mathrm{RT}}\frac{r_\tau-1}{r_\tau\mathrm{DS}}\right)\cdot10^{\frac{-Z_{j,\mathrm{RT}}}{10}}$$

第k个频点的随机簇的真实功率为

$$P_{i,k}^{\mathrm{RC,real}}=\frac{\sum_{j=1}^{L_{\mathrm{RT}}}P_{j,k}^{\mathrm{RT,real}}}{\sum_{j=1}^{L_{\mathrm{RT}}}P_j^{\mathrm{RT,virtual}}}\cdot P_i^{\mathrm{RC,virtual}} \tag{2-113}$$

其中，$1\leqslant i\leqslant L_{\mathrm{RC}}$，$1\leqslant k\leqslant K_B$，类似确定簇的计算方法，第$i$个随机簇的功率为

$$P_i^{\mathrm{RC,real}}=\frac{1}{K_B}\sum_{k=1}^{K_B}P_{i,k}^{\mathrm{RC,real}} \tag{2-114}$$

第七步：生成随机簇的到达角和离开角参数（统计建模）。

利用统计模型计算随机簇的波到达角（AOA/ZOA）与波离开角（AOD/ZOD）。

对于第 n 个随机簇的水平角

$$\phi_{n,\mathrm{AOA}}=X_n\phi'_{n,\mathrm{AOA}}+Y_n+\phi_{\mathrm{center,AOA}} \tag{2-115}$$

这里，$\phi'_{n,\mathrm{AOA}}$ 根据功率和ASA及逆高斯函数生成AOA。

$$\phi'_{n,\mathrm{AOA}}=\frac{2(\mathrm{ASA}/1.4)\sqrt{-\ln\left(P_n^{\mathrm{RC,real}}/\max_{i,j}\left(P_i^{\mathrm{RC,real}},P_j^{\mathrm{RT,real}}\right)\right)}}{C_\phi}$$

其中，$\phi_{\mathrm{center,AOA}}=\arg\left(\sum_{l=1}^{L_{\mathrm{RT}}}P_l^{\mathrm{RT,real}}\cdot\exp\left(\mathrm{j}\phi_{l,\mathrm{AOA}}^{\mathrm{RT}}\right)\right)$，$\phi_{l,\mathrm{AOA}}^{\mathrm{RT}}$ 的单位为弧度，X_n满足离散随机分布{1，−1}，$Y_n\sim N\left(0,(\mathrm{ASA}/7)^2\right)$，$C_\phi$ 为

$$C_\phi=\begin{cases}C_\phi^{\mathrm{NLOS}}\left(1.1035-0.028K-0.002K^2+0.0001K^3\right) & ,\mathrm{LOS}\\ C_\phi^{\mathrm{NLOS}} & ,\mathrm{NLOS}\end{cases} \tag{2-116}$$

AOD（ $\phi_{n,\mathrm{AOD}}$ ）的生成方式与AOA类似。

对于第 n 个随机簇的垂直角

$$\theta_{n,\mathrm{ZOA}} = X_n \theta'_{n,\mathrm{ZOA}} + Y_n + \bar{\theta}_{\mathrm{ZOA}} \tag{2-117}$$

这里，X_n满足离散随机分布{1，−1}， $Y_n \sim N\left(0,(\mathrm{ZSA}/7)^2\right)$ ，如果UT在室内，则 $\bar{\theta}_{\mathrm{ZOA}} = 90°$；否则，$\bar{\theta}_{\mathrm{ZOA}} = \theta_{\mathrm{center,ZOA}}$，其中，$\theta_{\mathrm{center,ZOA}} = \arg\left(\sum_{l=1}^{L_{\mathrm{RT}}} P_l^{\mathrm{RT,real}} \cdot \exp\left(\mathrm{j}\theta_{l,\mathrm{ZOA}}^{\mathrm{RT}}\right)\right)$。$\theta'_{n,\mathrm{ZOA}}$ 根据功率和ZSA及逆拉普拉斯函数生成ZOA。

$$\theta'_{n,\mathrm{ZOA}} = -\frac{\mathrm{ZSA}\ln\left(P_n^{\mathrm{RC,real}} \Big/ \max\limits_{i,j}\left(P_i^{\mathrm{RC,real}}, P_j^{\mathrm{RT,real}}\right)\right)}{C_\theta}$$

这里， C_θ 定义如下。

$$C_\theta = \begin{cases} C_\theta^{\mathrm{NLOS}}\left(1.308\,6 + 0.033\,9K - 0.007\,7K^2 + 0.000\,2K^3\right) & ,\ \mathrm{LOS} \\ C_\theta^{\mathrm{NLOS}} & ,\ \mathrm{NLOS} \end{cases}$$

ZOD的计算方法与ZOA类似，其中，需要将公式（2-117）替换为

$$\theta_{n,\mathrm{ZOD}} = X_n \theta'_{n,\mathrm{ZOD}} + Y_n + \theta_{\mathrm{center,ZOD}} + \mu_{\mathrm{offset,ZOD}} \tag{2-118}$$

这里，X_n满足离散随机分布{1，−1}， $Y_n \sim N\left(0,(\mathrm{ZSA}/7)^2\right)$， $\mu_{\mathrm{offset,ZOD}}$ 见附表2。

第八步：随机簇与确定性簇的合并（统计建模）。

将随机簇与确定性簇合并，低于最强簇功率25dB以上的簇会被删除。其中，最强簇功率为所有确定性簇实际功率和随机簇实际功率的最大值，为$\max\{P_j^{\mathrm{RT,real}}, P_j^{\mathrm{RC,real}}\}$。然后，简单地将剩余的确定性簇和随机簇放入单个簇集合中，同时保持每个聚类的属性，以指示簇类是确定性簇类还是随机簇类。

第九步：生成所有簇的簇内子径（统计建模）。

本步骤中，进行随机簇和确定性簇的射线扩展，得到簇中射线的收发角度信息和时延信息、子径数量与场景、LOS/NLOS状态有关，可参考统计模型参数表。记M为射线的个数。

当子频段数量为1时，各子径的相对时延等于0；第n个簇的第m个AOA、AOD、ZOA、ZOD分别为

$$\begin{cases} \phi_{n,m,\mathrm{AOA}} = \phi_{n,\mathrm{AOA}} + c_{\mathrm{ASA}}\alpha_m \\ \phi_{n,m,\mathrm{AOD}} = \phi_{n,\mathrm{AOD}} + c_{\mathrm{ASD}}\alpha_m \\ \theta_{n,m,\mathrm{ZOA}} = \theta_{n,\mathrm{ZOA}} + c_{\mathrm{ZSA}}\alpha_m \\ \theta_{n,m,\mathrm{ZOD}} = \theta_{n,\mathrm{ZOD}} + (3/8)(10^{\mu_{\mathrm{lgZSD}}})\alpha_m \end{cases}$$

其中， c_{ASA}、 c_{ASD}、 c_{ZSA}、 c_{ZSD}、 α_m、 μ_{lgZSD} 见2.4.7节的第3部分。

当子频段数量大于1时，各子径的相对时延通过均匀分布随机确定：$\tau'_{n,m}=\mathrm{sort}\left(\tau''_{n,m}-\min\limits_{1\leqslant m\leqslant M}\left\{\tau''_{n,m}\right\}\right)$，$\tau''_{n,m}\sim\mathrm{unif}\left(0,2c_{\mathrm{DS}}\right)$。

第n个簇的第m个AOA、AOD、ZOA、ZOD分别为

$$\begin{cases}\phi_{n,m,\mathrm{AOA}}=\phi_{n,\mathrm{AOA}}+\phi'_{n,m,\mathrm{AOA}}\\ \phi_{n,m,\mathrm{AOD}}=\phi_{n,\mathrm{AOD}}+\phi'_{n,m,\mathrm{AOD}}\\ \theta_{n,m,\mathrm{ZOA}}=\theta_{n,\mathrm{ZOA}}+\theta'_{n,m,\mathrm{ZOA}}\\ \theta_{n,m,\mathrm{ZOD}}=\theta_{n,\mathrm{ZOD}}+\theta'_{n,m,\mathrm{ZOD}}\end{cases}$$

并且，

$$\begin{cases}\phi'_{n,m,\mathrm{AOA}}\sim 2c_{\mathrm{ASA}}\mathrm{unif}\left(-1,1\right)\\ \phi'_{n,m,\mathrm{AOD}}\sim 2c_{\mathrm{ASD}}\mathrm{unif}\left(-1,1\right)\\ \theta'_{n,m,\mathrm{ZOA}}\sim 2c_{\mathrm{ZSA}}\mathrm{unif}\left(-1,1\right)\\ \theta'_{n,m,\mathrm{ZOD}}\sim 2c_{\mathrm{ZSD}}\mathrm{unif}\left(-1,1\right)\end{cases}$$

第十步：簇内子径功率确定和随机配对（统计建模）。

本步骤中，簇内各子径的波达角与波离角随机配对。当子频率分段为1时，簇总功率平均分给簇内各子径；当子频率分段大于1时，各子频率的簇子径功率基于各子频率簇内时延扩展及角度扩展进行计算。

第十一步：生成交叉极化比（XPR）（统计建模）。

基于对数正态分布（Log Normal）：$X_{n,m}\sim N(\mu_{\mathrm{XPR}},\sigma^2_{\mathrm{XPR}})$，生成簇中每条子径的XPR。对于确定性簇，其均值取第三步中电场计算结果的对数：$\mu=10\lg\kappa^{\mathrm{RT}}_{l_{\mathrm{RT}}}$。对于随机簇，其均值采用统计模型中的参数。确定性簇和随机簇的方差均取统计模型中的参数。

第十二步：初始化随机相位（统计建模）。

簇中每条子径的初始相位$\left\{\Phi^{\theta\theta}_{n,m},\Phi^{\theta\phi}_{n,m},\Phi^{\phi\theta}_{n,m},\Phi^{\phi\phi}_{n,m}\right\}$在（$-\pi$，$\pi$）范围内进行随机化，LOS下的初始相位的计算公式：$\Phi_{\mathrm{LOS}}=-2\pi d_{\mathrm{3D}}/\lambda_0$。

第十三步：生成信道系数（统计建模）。

对于每对收发天线，在生成信道系数时，需要考虑收发天线对相对于基准天线对的方位、收发天线辐射方向图、终端的移动速度和方向、氧吸遮挡损耗。

对于接收天线u-发射天线s-簇n-子径m-子频段k的NLOS子径

$$\begin{aligned}H_{u,s,n,m,k}\left(t\right)=&\begin{bmatrix}F_{\mathrm{rx},u,\theta}\left(\theta_{n,m,\mathrm{ZOA}},\phi_{n,m,\mathrm{AOA}}\right)\\ F_{\mathrm{rx},u,\phi}\left(\theta_{n,m,\mathrm{ZOA}},\phi_{n,m,\mathrm{AOA}}\right)\end{bmatrix}^{\mathrm{T}}\begin{bmatrix}\exp\left(\mathrm{j}\Phi^{\theta\theta}_{n,m}\right) & \sqrt{\kappa^{-1}_{n,m}}\exp\left(\mathrm{j}\Phi^{\theta\phi}_{n,m}\right)\\ \sqrt{\kappa^{-1}_{n,m}}\exp\left(\mathrm{j}\Phi^{\phi\theta}_{n,m}\right) & \exp\left(\mathrm{j}\Phi^{\phi\phi}_{n,m}\right)\end{bmatrix}\cdot\\ &\begin{bmatrix}F_{\mathrm{tx},s,\theta}\left(\theta_{n,m,\mathrm{ZOD}},\phi_{n,m,\mathrm{AOD}}\right)\\ F_{\mathrm{tx},s,\phi}\left(\theta_{n,m,\mathrm{ZOD}},\phi_{n,m,\mathrm{AOD}}\right)\end{bmatrix}\cdot\exp\left(\mathrm{j}2\pi\frac{f_k}{\mathrm{c}}\left(\hat{r}^{\mathrm{T}}_{\mathrm{rx},n,m}.\bar{d}_{\mathrm{rx},u}+\hat{r}^{\mathrm{T}}_{\mathrm{tx},n,m}.\bar{d}_{\mathrm{tx},s}\right)\right)\cdot\\ &\left(\sqrt{P_{n,m,k}}\cdot 10^{\frac{-\left(OL_{n,m}\left(f_k\right)+BL_{n,m}\left(f_k,t\right)\right)}{20}}\right)\exp\left(\mathrm{j}2\pi\frac{f_k}{\mathrm{c}}\hat{r}^{\mathrm{T}}_{\mathrm{rx},n,m}.\bar{v}t\right)\end{aligned}\qquad(2\text{-}119)$$

对于接收天线u-发射天线s-簇n-子频段k的LOS情况

$$H_{u,s,n=1,k}(t)=\begin{bmatrix}F_{\text{rx},u,\theta}\left(\theta_{\text{LOS,ZOA}},\phi_{\text{LOS,AOA}}\right)\\F_{\text{rx},u,\phi}\left(\theta_{\text{LOS,ZOA}},\phi_{\text{LOS,AOA}}\right)\end{bmatrix}^{\text{T}}\begin{bmatrix}\exp\left(\text{j}\Phi_{\text{LOS}}\right) & 0\\0 & -\exp\left(\text{j}\Phi_{\text{LOS}}\right)\end{bmatrix}$$
$$\begin{bmatrix}F_{\text{tx},s,\theta}\left(\theta_{\text{LOS,ZOD}},\phi_{\text{LOS,AOD}}\right)\\F_{\text{tx},s,\phi}\left(\theta_{\text{LOS,ZOD}},\phi_{\text{LOS,AOD}}\right)\end{bmatrix}\cdot\exp\left(\text{j}2\pi\frac{f_k}{\text{c}}\left(\hat{\boldsymbol{r}}_{\text{rx,LOS}}^{\text{T}}.\bar{d}_{\text{rx},u}+\hat{\boldsymbol{r}}_{\text{tx,LOS}}^{\text{T}}.\bar{d}_{\text{tx},s}\right)\right)\cdot \tag{2-120}$$
$$\left(\sqrt{P_{1,k}}\cdot 10^{\frac{-\left(OL_{n,m=1}(f_k)+BL_{n,m=1}(f_k,t)\right)}{20}}\right)\exp\left(\text{j}2\pi\frac{f_k}{\text{c}}\hat{\boldsymbol{r}}_{\text{rx,LOS}}^{\text{T}}.\bar{v}t\right)$$

簇n-射线m在频点f的氧吸损耗为

$$OL_{n,m}(f)=\alpha(f)/1000\cdot\text{c}\cdot\left[\tau_n+\tau'_{n,m}+\min_{l_{\text{RT}}}\left(\tau'_{l_{\text{RT}}}\right)\right]\ (\text{dB}) \tag{2-121}$$

每一射线的遮挡损耗$BL_{n,m}$可基于统计模型新特性中遮挡模型进行计算。上述公式中的参数含义可以参考2.4.7节第4部分，而每个时延公式如下。

$$\begin{cases}\tau_{u,s,n,m}=\tau_n+\tau'_{n,m}-\dfrac{1}{c}\hat{\boldsymbol{r}}_{\text{rx},n,m}^{\text{T}}\cdot\bar{d}_{\text{rx},u}-\dfrac{1}{c}\hat{\boldsymbol{r}}_{\text{tx},n,m}^{\text{T}}\cdot\bar{d}_{\text{tx},s}\\\tau_{u,s,n=1}=\tau_n-\dfrac{1}{c}\hat{\boldsymbol{r}}_{\text{rx,LOS}}^{\text{T}}\cdot\bar{d}_{\text{rx},u}-\dfrac{1}{c}\hat{\boldsymbol{r}}_{\text{tx,LOS}}^{\text{T}}\cdot\bar{d}_{\text{tx},s}\end{cases} \tag{2-122}$$

2.5　小结

本章首先对无线信道进行了概述，随后介绍了无线信道的理论，推导了瑞利分布和莱斯分布的公式，并简单介绍了现有的信道建模方法，以及常用的信道模型，如SCM、SCME、IMT-Advanced信道模型、WINNER信道模型、IEEE802.16m系统评估模型、3D MIMO信道模型、NR MIMO信道模型等。在2.4节中详细地介绍了TR 38.901中的NR MIMO信道建模过程，包括场景设置、天线设置、LOS概率计算、路径损耗计算、穿透损耗计算、大尺度参数计算、小尺度参数计算等。其中，小尺度计算还包括了增强部分，比如氧吸、大带宽和大天线阵列、空间一致性、阻挡、多频点建模、地面反射模型、双移动、绝对到达时间等。最后，介绍了混合信道建模的内容。

第3章

大规模天线系统参考信号设计

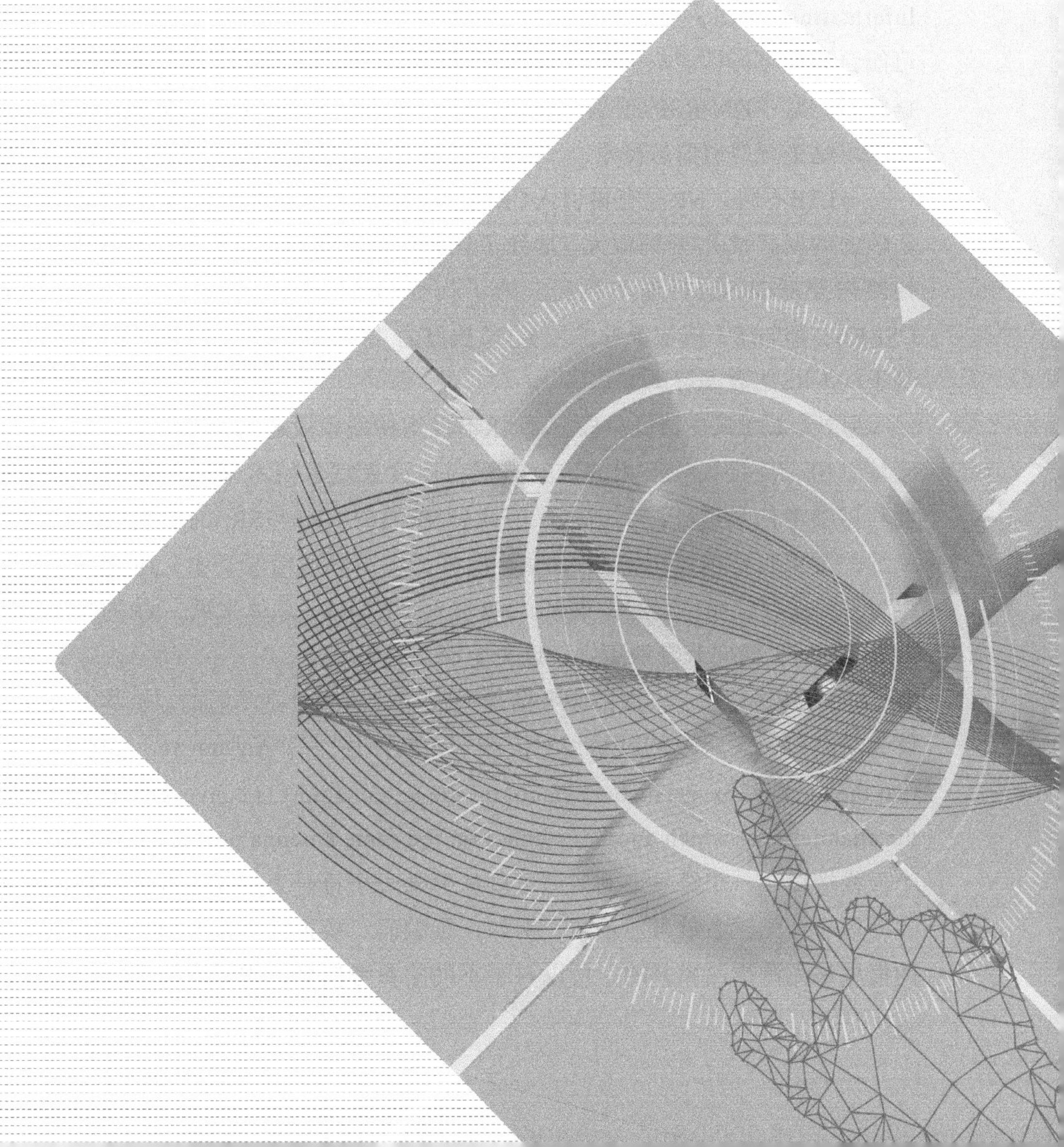

参考信号的设计是整个NR系统的重要组成部分。NR MIMO涉及的参考信号主要包括以下内容。

- 上行：物理上行共享信道（PUSCH）的解调参考信号（DM-RS）、上行探测参考信号（SRS）、相位追踪参考信号（PT-RS）。
- 下行：物理下行共享信道（PDSCH）的解调参考信号（DM-RS）、信道状态信息测量参考信号（CSI-RS）、相位追踪参考信号（PT-RS）。

在LTE中，小区特定参考信号（Cell-specific Reference Signal，CRS）的作用巨大，主要包括移动性管理测量、精同步检测、若干传输模式下的数据解调、干扰估计等。由于CRS是小区级别的，所以没有针对特定UE进行预编码，即CRS可能与PDSCH的预编码不同，因此将CRS用作解调参考信号时，需要在下行控制信息（Downlink Control Information，DCI）中通知预编码矩阵索引给接收端。然而，通知量化的预编码索引可能会导致下行性能损失及过多的DCI开销，所以LTE也支持UE特定的DM-RS用于数据解调，其中DM-RS的预编码和数据是一样的。另外，LTE也支持CSI-RS和SRS，主要作用是进行信道信息测量。

与LTE不同，NR没有再引入CRS。NR的每个子帧都需要发送CRS（除了MBSFN子帧的数据区域），开销很大，导致了较差的前向兼容性，为了避免干扰，未来业务的传输需要对CRS进行速率匹配。为了代替CRS的作用，NR引入用于时频偏估计的CSI-RS，即TRS（相位参考信号），又被称为“CSI-RS for tracking”。同时，NR只采用基于DM-RS的数据解调方式。

另外，LTE只支持低频段，而NR不仅支持低频段通信，也支持高频段通信。在高频场景中，路径损失很大，这就需要利用波束赋形技术来弥补路径损失，发射端需要利用参考信号进行波束训练。因此，NR的CSI-RS和SRS的功能中包括波束管理，详细的波束管理描述可参考第6章。此外，在高频通信场景中，还会有相位噪声的产生，为补偿相位噪声引起的误差，NR引入了PT-RS。总体来说，NR的参考信号设计比LTE更灵活，前向兼容性更好，也更全面。

在3GPP协议中，不同的参考信号天线端口的序号是不同的。初学者可能不容易理解天线端口的概念。3GPP协议对天线端口的描述[1]：“An antenna port is defined such that the channel over which a symbol on the antenna port is conveyed can be inferred from the channel over which another symbol on the same antenna port is conveyed.”。即对于一个天线端口，一个符号上的信道可以从另外一个符号上的信道推测出来。对于不同的参考信号，配置参数可能不同，例如，预编码、模拟波束或发射功率不同，相互之间的信道是无法推测出来的，所以对于不同的参考信号，需要定义不同的天线端口序号来加以区分。即使对于同一种参考信号，考虑到不同的天线位置、极化方向或预编码等，也需要定义多个天线端口序号。

对于传统的用于进行CSI测量上报的CSI-RS，假设每个天线端口不进行预编码，此时可以理解为每个天线端口对应1个物理天线单元，如图3-1左图所示。假设基站有4个物理天线单元，分别对应4个CSI-RS端口，所用的序列分别表示为x_0、x_1、x_2和x_3。为了测量每个天线端口上的信道信息，不同端口发送的序列所占用的资源应是正交的，正交资源是指时域/频域/码域正交，具体多个CSI-RS端口的正交复用方式可参考3.1.1节。需要注意，每个天线端口上发送的参考信号序列及序列所占用的时域/频域/码域资源，基站和UE都是已知的，这样就可以根据每个端口上的接收信号和参考信号的序列值估计出每个端口与接收天线之间的信道。

假设UE有R个接收天线，可以按照以下步骤来理解基站和UE的交互过程。

步骤1：基站发送4个端口的CSI-RS，假设每个CSI-RS端口对应一个物理天线单元。

步骤2：UE测量CSI-RS的每个端口，估计得到的信道矩阵$\boldsymbol{H}$是一个R×4的矩阵。然后UE根据信道矩阵$\boldsymbol{H}$及干扰信息计算并给基站反馈测量结果，测量结果一般包括RI、PMI及CQI。其中，PMI是一个4×RI 的矩阵，“4”对应基站CSI-RS的4个端口，RI 指信道秩的数量。假设RI = 1，那么PMI的矩阵就可以表示为$[\underline{w_0}, \underline{w_1}, \underline{w_2}, \underline{w_3}]^{\mathrm{T}}$。

步骤3：基站根据反馈的CSI决定实际传输的数据层数，即DM-RS端口数及每个DM-RS端口的预编码值。如图3-1右图所示，1个DM-RS端口实际上是由4个物理天线单元发送的信号合成的，假设 s 是DM-RS的序列，w_0、w_1、w_2、w_3是每个物理天线单元上所用的预编码因子，取决于PMI，如$[w_0、w_1、w_2、w_3] = [\underline{w_0}、\underline{w_1}、\underline{w_2}、\underline{w_3}]$，当然它们也可以不相等，具体取决于基站。UE端通过已知的DM-RS序列 s 和接收到的信号 y 可以估计出等效信道h_E。

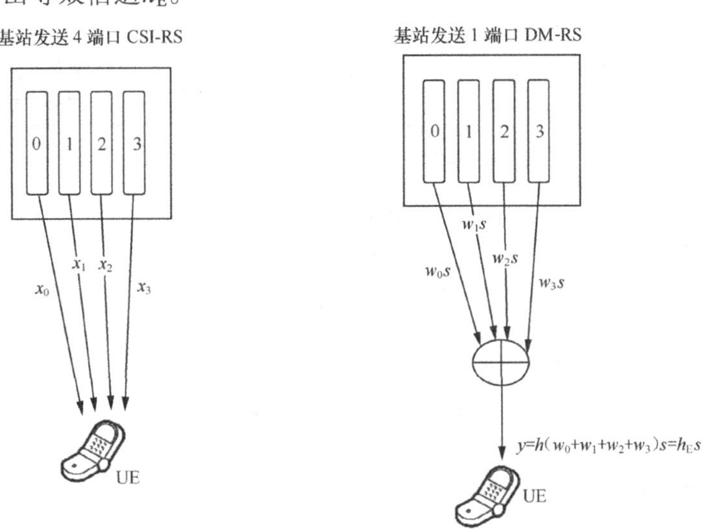

图3-1　CSI-RS和DM-RS天线端口

NR的CSI-RS有可能是经过预编码处理的，图3-1只是一个例子，目的是帮助读者理解天线端口的概念。在实际网络中，每个物理天线单元可能包含若干个天线阵子，天线阵子之间的相位（或者称作预编码因子）是可以调整的（一般是在射频端操作的），这个调整就是射频端的模拟波束赋形，具体可参考第6章的描述。端口间的预编码因子调整是在基带端处理的，通常称为数字波束或数字预编码。

在NR协议中，对于上行，PUSCH DM-RS的天线端口序号是从0开始的，SRS是从1000开始的；对于下行，PDSCH DM-RS的天线端口序号是从1000开始的，CSI-RS是从3000开始的。为了叙述简单，下面的章节都假定每种参考信号的端口序号是从0开始的。

3.1 CSI-RS

CSI-RS按照不同的划分方法可以分为不同的类型，如图3-2所示。按照功率，可以分为零功率CSI-RS和非零功率CSI-RS。按照用途，可以分为用于CSI测量的CSI-RS、用于波束管理的CSI-RS、用于时频偏估计的CSI-RS（TRS）、用于移动管理或者RRM测量的CSI-RS。对于CSI测量，CSI-RS既可以用于测量信道，也可以用于测量干扰（CSI-IM），需要指出的是，NR中的CSI-IM是和其他CSI-RS单独配置的，因为CSI-IM用于干扰测量，必须伴随信道测量的CSI-RS来使用，不单独出现。按照时域类型，CSI-RS可以划分为周期CSI-RS、半持续CSI-RS及非周期CSI-RS。

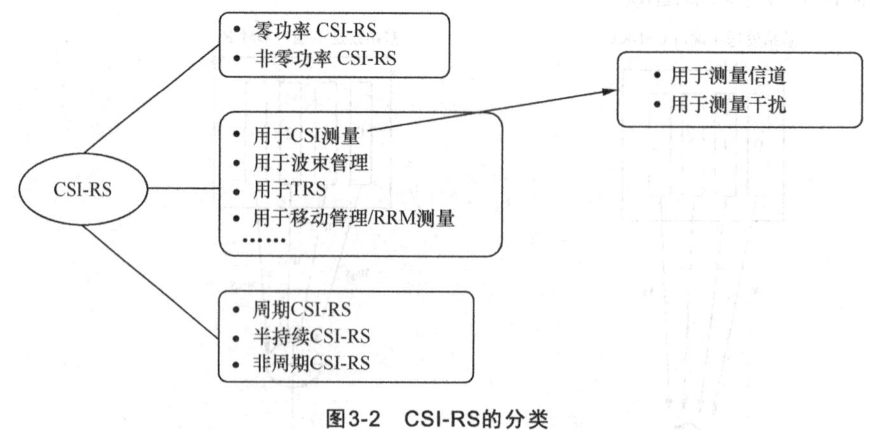

图3-2 CSI-RS的分类

不同类型的CSI-RS的参数特征或用途具体如表3-1所示。

表3-1 各类CSI-RS的参数特征或用途

CSI-RS类别	参数特征或用途
用于CSI测量	UE上报CRI/RI/PMI/CQI/LI
用于波束管理	UE上报CRI/RSRP，或者不上报
用于TRS	UE不上报
用于移动管理/RRM测量	UE高层RSRP上报
零功率CSI-RS	用于PDSCH的速率匹配

在表3-1中，层指示（Layer Indicator，LI），一般用于UE指示信道质量最好的层，以使基站确定用于相关的下行PT-RS传输的层信息，具体的PT-RS可参考3.4节的描述。

3.1.1 CSI-RS图样

在LTE初期，考虑到CRS开销大，不足以支持更多的天线端口，所以从LTE Rel-10开始就引入了8个端口CSI-RS，以取代CRS测量下行信道状态信息。随着多天线系统的发展，CRS在LTE的后续版本中又进行了增强，最多支持32个天线端口。CSI-RS天线端口数的配置要考虑基站实际的天线配置及应用场景。天线端口越多，UE反馈的信道空间的相关信息越精细，但是CSI-RS开销也越大。NR和LTE类似，目前最多支持32个天线端口。

由于NR CSI-RS的用途众多，需求量很大，考虑到灵活性，NR中CSI-RS资源的位置可以位于一个时隙内任意OFDM符号上，如图3-3所示，它所支持的端口数目与CDM组长度的组合如下。

- 单个OFDM符号，支持端口数目{1，2，4，8，12}，除1端口外其余都支持频域CDM2。
- 两个连续的OFDM符号，支持端口数目{8，12，16，24}，支持{频域CDM2，时频域CDM4}。
- 两对OFDM符号，每对OFDM符号连续，支持端口数目{24，32}，支持{频域CDM2，时频域CDM4}。两对OFDM符号连续的情况下还支持CDM8，即“频域CDM2+时域CDM4”。

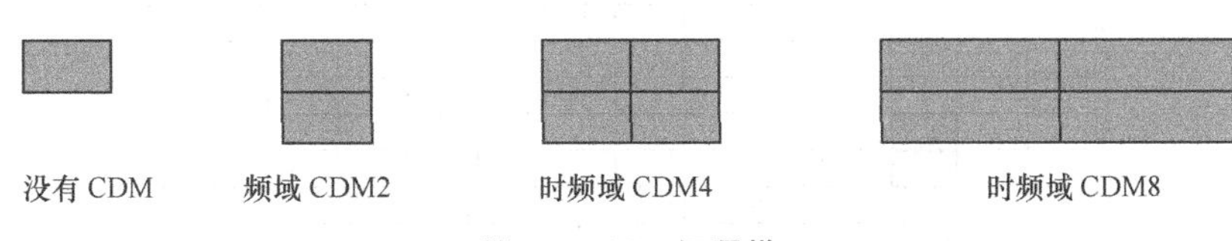

图3-3 CDM组图样

CDM组的索引排序是先频域、后时域，CSI-RS的端口序号是先CDM组内，然后按照CDM组的索引往上增长[2]。以图3-4中8个端口，CDM4为例，端口0、1、2、3码分复用在CDM组0中，端口4、5、6、7码分复用在CDM组1中。CDM组的索引排序与CSI的端口序号确定方式基于反馈所使用码本的端口排序方式与信道变化的时域特性、频域特性、码域特性来确定。通常，信道在同一个CDM组内基本不变化，在频域上的变化小于在时域上的变化。码本中，端口从低向高索引，对应的是对信道变化很敏感的第一空域维度上的变化，其次是对信道变化较低敏感的第二空域维度上的变化，最后是对信道变化最低敏感的极化域维度上的变化。因此，采用上述的CDM组索引号与CSI-RS端口索引号确定方式可以优化CSI反馈的性能。CDM-F-T方案与CDM-T-F方案相比具有较高的性能[3]，如表3-2所示。

表3-2　CSI-RS端口索引号不同的确定方式对反馈PMI的影响

端口	天线阵列	SCS	正确PMI所占比例	
			CDM-F-T	CDM-T-F
16个端口	（8，1）	60kHz	97.62%	95.24%
		120kHz	90.79%	85.71%
	（4，2）	60kHz	95.24%	91.48%
		120kHz	90.37%	88.10%
32个端口	（16，1）	60kHz	91.06%	83.33%
		120kHz	80.19%	73.81%
	（8，2）	60kHz	90.48%	88.10%
		120kHz	78.57%	76.19%
	（4，4）	60kHz	85.71%	80.95%
		120kHz	76.19%	64.29%

对于1个端口，协议支持CSI-RS的密度为0.5、1、3 RE/PRB；对于16、24、32个端口，协议支持CSI-RS的密度为0.5、1 RE/PRB，这考虑了CSI-RS端口数较大时开销太大的因素。对于其他端口，协议只支持密度1 RE/PRB。

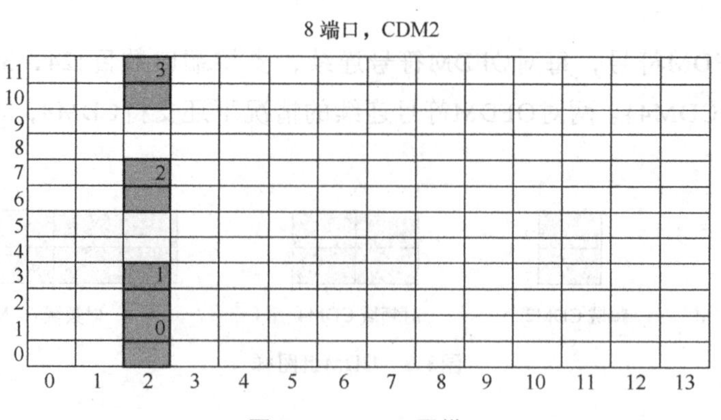

图3-4　CSI-RS图样

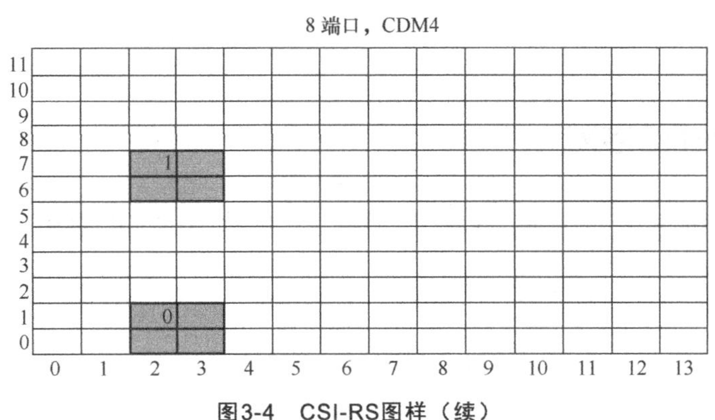

图3-4 CSI-RS图样（续）

在一个CDM组内，如一个频域CDM2组，两个CSI-RS端口码分复用在相同的时频域资源上，利用FD-OCC来区分。如图3-5所示，假设CSI-RS端口0和端口1映射在一个CDM组内，端口0用FD-OCC [1 1]，而端口1用FD-OCC [1 –1]，a和b分别表示CDM组内两个RE上的基本序列。由于两个RE是相邻的，一般假设每个端口在两个相邻的RE上的信道是相同的，即端口0的信道为$h0$，端口1的信道为$h1$。如果不考虑噪声，那么在上面的RE上，UE接收到的信号为$y0$；在下面的RE上，UE接收到的信号为$y1$，这样，就可以估计出端口0的信道$h0$和端口1的信道$h1$。

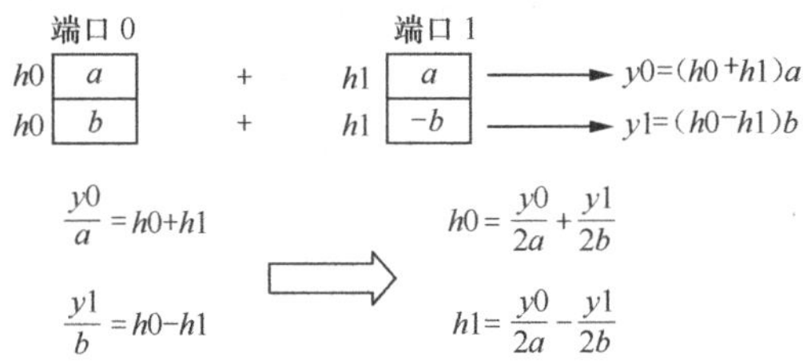

图3-5 CDM码分复用

可以看出，对CDM组内的端口进行解调的时候，需要组内RE上的信道相同或者非常接近才能保证CDM组内各个端口的正交性。需要说明的是，LTE的CSI-RS主要采用时域CDM2，而NR采用频域CDM2。这是因为NR要支持高频，而在高频下会有相位噪声的影响，导致相邻OFDM符号间信号有随机相位的变化，此时时域CDM2内的两个端口的正交性就不能得到很好的保证。因此，对于图3-4所示的图样，时频域CDM4和CDM8一般用于低频，即没有相位噪声的情况。

CSI-RS端口之间码分复用的长度，即CDM组的大小或CDM组内元素的数量，与CDM组的图案是一一对应的，如CDM2(FD2)、CDM4(FD2-TD2)、CDM8(FD2-TD4)。

协议中采用CSI-RS端口之间码分复用的长度与CDM组的图案联合编码的方式指示这两个参数，因为上述的对应关系，从而节省了信令的开销。

3.1.2 CSI-RS序列

对于CSI-RS的序列初始化，NR仍然沿用了长度为31的Gold序列，具体公式为

$$c_{\text{init}}=\left(2^{10}\left(N_{\text{symb}}^{\text{slot}}n_{\text{s,f}}^{\mu}+l+1\right)\left(2n_{\text{ID}}+1\right)+n_{\text{ID}}\right)\text{mod}\,2^{31} \tag{3-1}$$

其中，n_{ID}是指RRC配置的CSI-RS加扰ID，取值为0～1023，与NR小区ID范围一样，l代表一个时隙内OFDM符号的索引，取值为0～13，$n_{\text{s,f}}^{\mu}$代表一个无线帧内的时隙索引，$N_{\text{symb}}^{\text{slot}}$代表一个时隙内的OFDM符号个数，$\mu$代表子载波间隔。与LTE序列公式相比，NR多了mod2^{31}。这是因为NR支持更多的网元连接与终端接入，以及更短的时隙与更短的OFDM符号，其参数范围发生了很大的变化，整个c_{init}的取值超过2^{31}，因此不能直接使用原有的长度为31的Gold序列生成器生成的所需要的随机序列。而mod运算可以在不降低随机序列性能的情况下继续沿用长度为31的Gold序列生成器[2]。

从频域上看，整个序列是一个宽带的序列，起始位置以一个CC的point A为参考点，每个UE的CSI-RS序列是从整个宽带序列中截取分配给该UE的PRB对应的部分序列。假设UE0分配的CSI-RS资源是PRB 0～51，那么UE0的CSI-RS序列就是整个宽带序列对应PRB 0～51的部分；假设UE1分配的资源是PRB 48～95，那么UE1的CSI-RS序列就是整个宽带序列对应PRB 48～95的部分。这样做的好处就是对于不同的UE，在相同的PRB上可以配置成相同的CSI-RS序列。虽然CSI-RS的配置是UE专属的，但基站实现的往往是一个小区内的用户共享CSI-RS，这样可以节省开销。

在一个PRB内，简单起见，一个时域符号上，不同CDM组的基本序列是相同的。这样的设计可以避免产生的序列过长。然而，不同的CDM组上的序列相同可能会导致PAPR过高。Rel-16初期讨论了通过增强CSI-RS序列来降低PAPR，但最终未能形成结论，因为有些公司认为可以通过基站实现算法来降低CSI-RS的PAPR，不需要标准化。图3-6显示了序列与RE之间的映射关系，其中图3-6（a）、图3-6（b）表示端口数量大于1的情况，图3-6（c）、图3-6（d）、图3-6（e）表示端口数量等于1的情况。

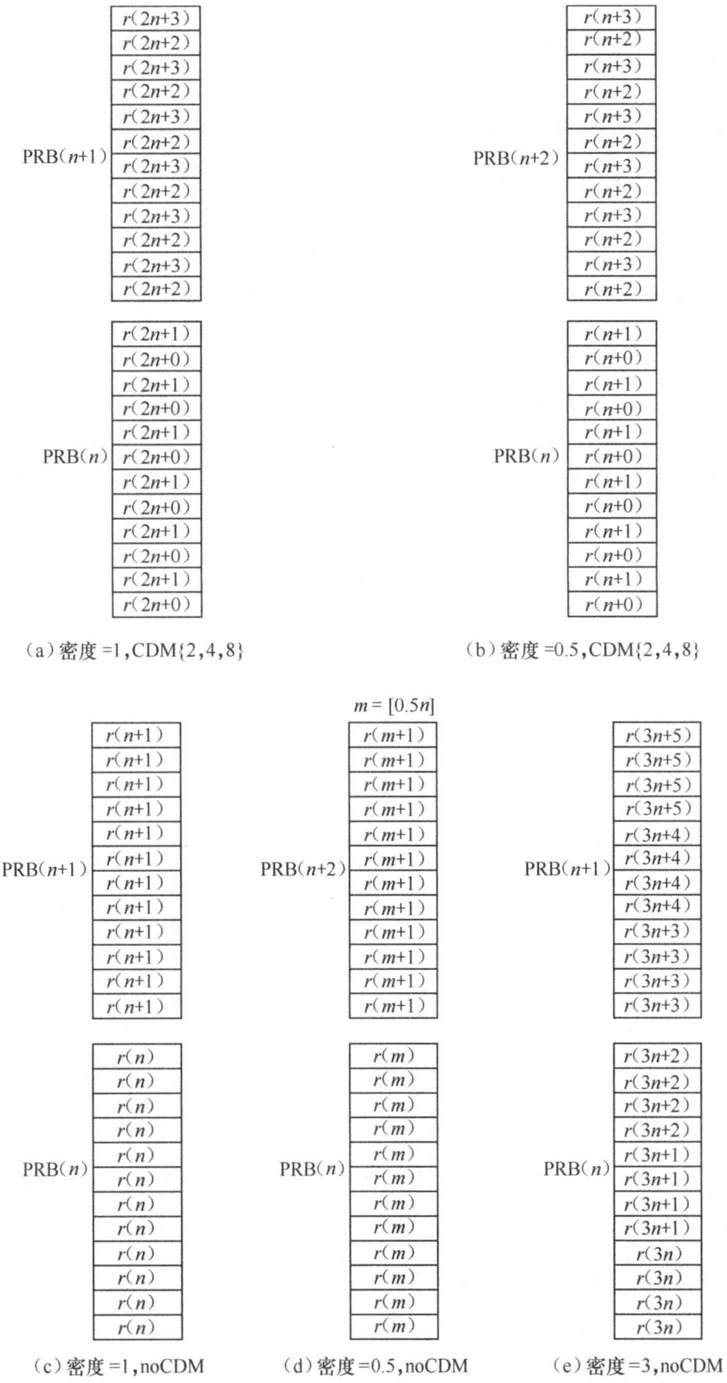

PRB(n+1)

$r(2n+3)$
$r(2n+2)$
$r(2n+3)$
$r(2n+2)$
$r(2n+3)$
$r(2n+2)$
$r(2n+3)$
$r(2n+2)$
$r(2n+3)$
$r(2n+2)$
$r(2n+3)$
$r(2n+2)$

PRB(n)

$r(2n+1)$
$r(2n+0)$
$r(2n+1)$
$r(2n+0)$
$r(2n+1)$
$r(2n+0)$
$r(2n+1)$
$r(2n+0)$
$r(2n+1)$
$r(2n+0)$
$r(2n+1)$
$r(2n+0)$

(a) 密度 =1，CDM{2，4，8}

PRB(n+2)

$r(n+3)$
$r(n+2)$
$r(n+3)$
$r(n+2)$
$r(n+3)$
$r(n+2)$
$r(n+3)$
$r(n+2)$
$r(n+3)$
$r(n+2)$
$r(n+3)$
$r(n+2)$

PRB(n)

$r(n+1)$
$r(n+0)$
$r(n+1)$
$r(n+0)$
$r(n+1)$
$r(n+0)$
$r(n+1)$
$r(n+0)$
$r(n+1)$
$r(n+0)$
$r(n+1)$
$r(n+0)$

(b) 密度 =0.5，CDM{2，4，8}

PRB(n+1)

$r(n+1)$
$r(n+1)$
$r(n+1)$
$r(n+1)$
$r(n+1)$
$r(n+1)$
$r(n+1)$
$r(n+1)$
$r(n+1)$
$r(n+1)$
$r(n+1)$
$r(n+1)$

PRB(n)

$r(n)$
$r(n)$
$r(n)$
$r(n)$
$r(n)$
$r(n)$
$r(n)$
$r(n)$
$r(n)$
$r(n)$
$r(n)$
$r(n)$

(c) 密度 =1，noCDM

$m=[0.5n]$

PRB(n+2)

$r(m+1)$
$r(m+1)$
$r(m+1)$
$r(m+1)$
$r(m+1)$
$r(m+1)$
$r(m+1)$
$r(m+1)$
$r(m+1)$
$r(m+1)$
$r(m+1)$
$r(m+1)$

PRB(n)

$r(m)$
$r(m)$
$r(m)$
$r(m)$
$r(m)$
$r(m)$
$r(m)$
$r(m)$
$r(m)$
$r(m)$
$r(m)$
$r(m)$

(d) 密度 =0.5，noCDM

PRB(n+1)

$r(3n+5)$
$r(3n+5)$
$r(3n+5)$
$r(3n+5)$
$r(3n+4)$
$r(3n+4)$
$r(3n+4)$
$r(3n+4)$
$r(3n+3)$
$r(3n+3)$
$r(3n+3)$
$r(3n+3)$

PRB(n)

$r(3n+2)$
$r(3n+2)$
$r(3n+2)$
$r(3n+2)$
$r(3n+1)$
$r(3n+1)$
$r(3n+1)$
$r(3n+1)$
$r(3n)$
$r(3n)$
$r(3n)$
$r(3n)$

(e) 密度 =3，noCDM

图3-6　CSI-RS序列的映射

3.1.3 CSI-RS的周期与偏置设计

在CSI-RS周期与偏置的设计方面，Rel-16相较于Rel-15没有改变。对于配置为周期或半持续的CSI-RS将在满足公式（3-2）的时隙上传输。

$$\left(N_{\text{slot}}^{\text{frame},\mu} n_{\text{f}} + n_{\text{s,f}}^{\mu} - T_{\text{offset}}\right) \bmod T_{\text{CSI-RS}} = 0 \tag{3-2}$$

其中，$T_{\text{CSI-RS}}$是周期，T_{offset}是偏置，这两个参数由高层配置。CSI-RS支持的周期、偏置配置如表3-3所示。

表3-3　CSI-RS周期与偏置可选配置表

周期	偏置
4	0…3
5	0…4
8	0…7
10	0…9
16	0…15
20	0…19
32	0…31
40	0…39
64	0…63
80	0…79
160	0…159
320	0…319

可以看到，NR除了支持{5，10，20，40，80，160，320}系列的周期，还支持{4，8，16，32，64}系列的周期。支持{4，8，16，32，64}系列的周期能够提供更灵活的周期粒度，这也得益于NR系统支持灵活的上下行时隙分配。

3.1.4 CSI-RS资源配置

Rel-16的CSI-RS层级配置与Rel-15的CSI-RS层级配置相同。一个CSI-RS set包含一个或多个CSI-RS resource，一个CSI-RS setting包含一个或多个CSI-RS set，其结构关系如图3-7所示。

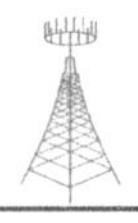

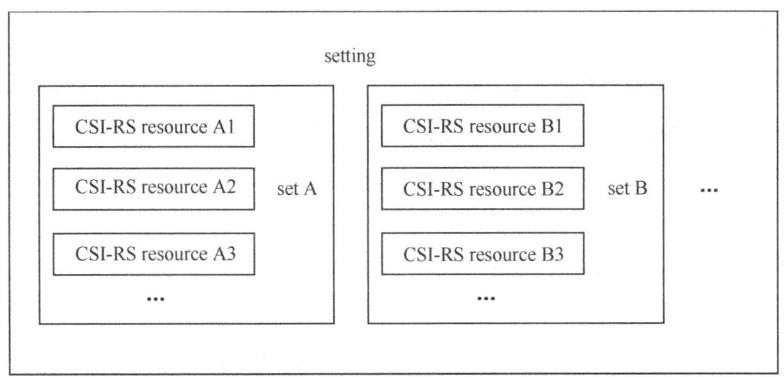

图3-7 CSI-RS setting、set、resource之间的关系

一个CSI报告总是对应一个用于测量信道的CSI-RS setting，还可能对应一个用于测量干扰的CSI-RS setting，以及一个用于干扰测量的CSI-IM。当一个CSI-RS setting 包含多个CSI-RS set时，基站会为终端从CSI-RS setting中指定一个CSI-RS set用于测量报告；当所指定的CSI-RS set包含多个CSI-RS resource时，UE会在CSI报告中上报所选择的CSI-RS resource。同属于一个CSI-RS setting中的CSI-RS resource具有相同的时间特性，即它们同属于周期CSI-RS，或同属于半持续CSI-RS，或同属于非周期CSI-RS。同属于一个用于信道测量的CSI-RS set中的CSI-RS resource，如果它们是周期信号，那么它们的周期相同。相较于LTE在一个CSI过程中配置多个CSI-RS resource的结构，NR中的三层CSI-RS配置结构增加了基站管理测量的灵活性，例如，基站通过指定不同的CSI-RS set来改变测量CSI-RS的周期，以匹配信道变化和控制CSI-RS的开销，同时有助于终端省电。

3.1.5 CSI-RS与其他信号碰撞解决机制设计

CSI-RS可能会与其他信号（SIB、SS/PBCH、DM-RS、PT-RS）产生碰撞，根据各个信号与CSI-RS之间的重要性比较，NR解决机制如下。

（1）CSI-RS与SIB 1信息有碰撞，在有碰撞的OFDM符号的PRB上，终端不接收CSI-RS与SIB 1信息，也就是说基站不在碰撞的PRB上发射这两种信号，以避免为各信号的接收引入干扰，因为有可能终端不知道产生了碰撞。

（2）不配置与SS/PBCH块具有重叠PRB的波束管理的CSI-RS resource，NR认为SS/PBCH的作用要比用于波束管理的CSI-RS更为重要，所以用于波束管理的CSI-RS resource应当进行避让。

（3）CSI-RS与DM-RS有碰撞，在有碰撞的RE上，终端不接收CSI-RS与DM-RS，也就是说基站不在碰撞的RE上发射这两种信号，以避免为各信号的接收引入干扰，因为有可能终端不知道碰撞的发生。

（4）CSI-RS与PT-RS有碰撞，有碰撞的RE不用于CSI-RS传输。也就是说，NR认为此时发射的PT-RS比CSI-RS重要，需要CSI-RS进行避让，同时认为即使PT-RS为CSI-RS的接收引入干扰，也应当发射。

3.1.6 CSI-RS的速率匹配

CSI-RS还具有速率匹配功能。为了避免CSI-RS和PDSCH相互干扰，PDSCH会进行速率匹配，即不会映射在一些CSI-RS所在的RE上。具体关系：零功率CSI-RS对PDSCH具有速率匹配作用；非零功率周期的或者半持续的CSI-RS对PDSCH具有速率匹配作用；用于移动管理的CSI-RS对PDSCH不具有速率匹配作用。零功率的CSI-RS不影响非零功率的CSI-RS与CSI-IM的测量作用。对于非零功率的非周期CSI-RS，NR中DCI触发的非零功率、非周期CSI-RS的时序关系比较灵活，如果在一个DCI0与该DCI0调度的PDSCH之间又有另外一个DCI1触发了非零功率的非周期CSI-RS，且CSI-RS与该PDSCH重叠，若UE在解调该PDSCH时还没有解调出DCI1，则可能不会对DCI1触发的非零功率非周期的CSI-RS进行速率匹配。如果基站想让UE对非零功率、非周期的CSI-RS进行速率匹配，就需要配置一个时频域完全重叠的零功率的CSI-RS。

3.1.7 用于CSI的CSI-RS

用于CSI的CSI-RS在协议中的名称为CSI-RS for CSI，就是它既不用于波束管理（配置高层参数报告）也不用于跟踪的CSI-RS（配置高层参数trs-Info）。用于CSI的CSI-RS对应的CSI报告，通常要求报告RI、PMI及CQI。用于CSI的CSI-RS支持3GPP协议中CSI-RS所有的图案与端口配置。具体CSI测量的描述可参考第4章。

3.1.8 用于跟踪的CSI-RS

用于跟踪的CSI-RS，在协议中的名称为CSI-RS for tracking（TRS）。在NR中引入TRS的目的是跟踪频率偏差与时间偏差，以进行频率同步与时间同步。

1. Rel-15 TRS

LTE有CRS用于精确的时频偏估计。然而，CRS每个时隙都会发送，前向兼容性较差。因此，NR没有引入CRS这种一直发送的参考信号，取而代之的是周期发送的TRS。周期发送的TRS的功能相对LTE CRS来说更简单，专门用于进行精确的时频偏估计，而不再用于数据解调，这样单端口设计可以满足性能需求。NR的TRS图样设计参

考了LTE单端口的CRS图样，即在频域上是均匀分布的。具体地，为了保证时频偏估计的准确性，TRS的图样设计需要考虑以下因素。

- X：一个TRS图样所包含的用于TRS的时隙个数。
- N：一个时隙内所包含的用于TRS的OFDM符号个数。
- S_t：一个时隙内TRS占用的OFDM符号间距。
- Y：TRS的周期。
- B：TRS频域带宽，即占多少PRB。
- S_f：频域上相邻TRS子载波的间隔。

TRS在时域上的图样主要取决于X、N、S_t的取值。X的取值决定了一个TRS发送包中TRS时域符号的跨度，即TRS的第一个OFDM符号到最后一个OFDM符号的距离。一个TRS发送包中TRS时域符号的跨度越大，TRS用于测量多普勒的分辨率就越高，同时TRS的开销也会越大，前向兼容性也会变差。而一个TRS发送包中TRS时域符号的跨度越小，多普勒测量的精确度就得不到保证。最终经过大量仿真验证，3GPP规定在FR1下$X = 2$，即一次TRS发送在连续的两个时隙上。从UE实现简单性和测量精准度的角度看，TRS的时域符号最好在时域上是等间隔分布的，但是TRS需要和PDCCH、PDSCH的DM-RS的时域符号等错开，这样就很难保证在连续两个时隙内的TRS时域符号是均匀分布的。在高频下，由于时隙间隔更短，且PT-RS也可以用于多普勒估计，所以TRS的要求就可以放松，即X=2或者X=1。S_t决定了观测多普勒估计的范围，这个范围不能太大，因为要应对多普勒变化较大的场景，但也不能太小，否则TRS开销太大。最后经过一系列讨论，3GPP规定S_t的值为4，即一个时隙内两个TRS符号的距离为4个OFDM时域符号，且每个时隙内是两个TRS时域符号，即N=2。另外，TRS的周期Y的取值主要取决于UE的移动速度、UE晶体振荡器的频偏变化的快慢、中心载频、子载波间隔等。比如对于移动速度慢的UE，多普勒变化慢，TRS的周期就可以配置大些，以节省TRS开销。最终，3GPP规定TRS的周期包括：10ms、20ms、40ms、80ms，由RRC信令来配置。由于10ms时TRS的开销过大，所以限制了TRS的频域带宽不能超过52个PRB，以节省开销。

TRS在频域上的图样主要取决于B和S_f的取值。B的取值决定了TRS的带宽，TRS的带宽越大，在时域上的采样率就越高，即时域上的测量分辨率会越高。反之，如果TRS的带宽太小，在时域上的测量分辨率就无法保证。所以参数B决定了平均时延估计和时延扩展估计的分辨率。在UE配置的BWP（Band Width Part，带宽部分）比较大时，有公司提出，50个PRB左右的TRS带宽，在15kHz子载波间隔下有大约0.1μs的分辨率，足以提供精确的时延扩展和平均时延估计[4]。而有些公司认为，TRS应该是全带宽发送的，以保证精确的测量性能[5]。当然，如果配置给UE的BWP本身就没有50个，那么TRS的带宽就只能等于BWP了。最终，3GPP规定TRS的带宽可以配置为52个PRB或者和BWP相等。需要说明的是，由于TRS也是CSI-RS的一种，它的带宽配置粒度最少是4个PRB，而50不能整除4，所以采用了52。S_f决定了时延估计的观测范围，通过仿真最终规定$S_f=4$，即频域上的密度为每4个子载波放置一个TRS。

总的来说，3GPP最终规定TRS图样由单端口的CSI-RS组成，频域上的密度为3，即每个PRB包括3个TRS子载波。在时域上，连续的两个时隙用于TRS，每个时隙上有两个TRS时域符号，且间距为4个OFDM符号。每个时隙内TRS时域符号l可配置的位置为$l \in \{4,8\}$、$l \in \{5,9\}$、$l \in \{6,10\}$。在FR2上，TRS图样可以映射在连续的两个时隙上，也可以只映射在一个时隙内。然而，由于有模拟波束，基站往往需要在多个波束方向上发送TRS，TRS的需求就比较大，所以在Rel-15后期对于FR2又增加了一些可配置的TRS时域位置$l \in \{0,4\}$、$l \in \{1,5\}$、$l \in \{2,6\}$、$l \in \{3,7\}$、$l \in \{7,11\}$、$l \in \{8,12\}$或$l \in \{9,13\}$。

一个TRS图样如图3-8所示，在连续的两个时隙上映射了4个TRS时域符号。从配置上讲，一次TRS传输就等同于一个CSI-RS资源集合，该集合内配置了4个CSI-RS资源，且要满足一个时隙内时域间隔为4个OFDM符号，频域密度都为3，资源集合内各资源的频域位置、密度、带宽要相等。TRS可以在连续的两个时隙上映射4个TRS时域符号，而不仅仅只映射在两个时隙上的两个时域符号，这样有三方面的好处：增大频偏的检查范围；增加检测TRS的SINR；尽可能缩短频偏的检测时间。TRS对频偏的检测主要通过对相位变化的检测获得，而相位是周期变化的，因此，当频偏检测的范围较大时，根据跨度较大的两个时域符号得到的相位差很难断定是频偏大造成的，还是频偏小造成的。例如，当检查到相位变化为π/6，就会有以下3种情况需要判断：正向旋转了π/6；正向旋转了π/6+2π；逆向旋转了11π/6。显然，通过对4个时域符号上的检查与相关累加计算会提高检测的精确度。在某些情况下，仅需要检查同一个时隙内的两个时域符号，就可以确定频偏的大小，而没有必要一定需要等待检查完另一个时隙上的最后一个时域符号，这样就可以减小检测频偏的时间。

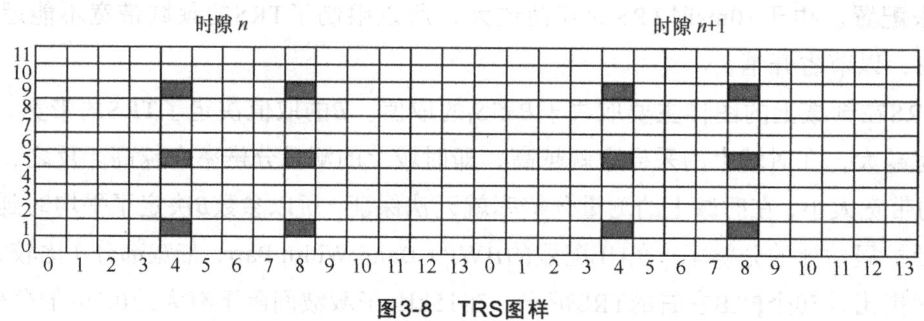

图3-8　TRS图样

在Rel-15讨论的后期，有公司提出支持非周期的TRS[6]，优点是比周期的TRS更灵活，比如在激活Scell后或者BWP切换后或者波束切换后立即就触发一个非周期的

TRS，这样不需要等到周期的TRS发送到来就可以进行精确的时频偏估计，时延更短。如果周期的TRS配置的周期太大，如80ms，那么非周期的TRS就能明显缩短进行精确时频偏估计的时延。但当时Rel-15的标准已经基本完善，一个崭新的功能可能会影响UE的实现，所以3GPP最终规定将非周期的TRS作为周期的TRS的一个补充，一个非周期的TRS的QCL-TypeA和QCL-TypeD的源必须来自于与它相关的一个周期的TRS，此非周期的TRS和周期的TRS的带宽、PRB位置相同，且时域上的TRS符号个数相同。这就意味着，非周期的TRS不能单独出现，必须有与它相关的周期TRS配置才行。

2. Rel-16 TRS增强

在低频段下，Rel-15的TRS图样设计要求在连续的两个时隙发送TRS，这给调度带来了很大的限制，尤其是一些TDD场景，很可能没有两个连续的下行时隙。在一些TDD频段的重要场景中，如4.9GHz TDD频段，垂直工业的通信需求往往是高上行数据速率和低时延，而这两个需求就需要配置合理的TDD UL-DL配置。这里给出了一个在4.9GHz频段下，相当重要的TDD UL-DL配置，如图3-9所示。1ms的D+S（Downlink+Special）时隙配置周期及子载波间隔为30kHz能提供低时延以及充足的上行传输资源。由于这种典型的TDD UL-DL配置没有两个连续的时隙用于TRS的发送，所以3GPP最终规定在FR1下支持一个时隙的TRS传输，即在没有两个连续的下行时隙时，低频下支持一个时隙的TRS传输。

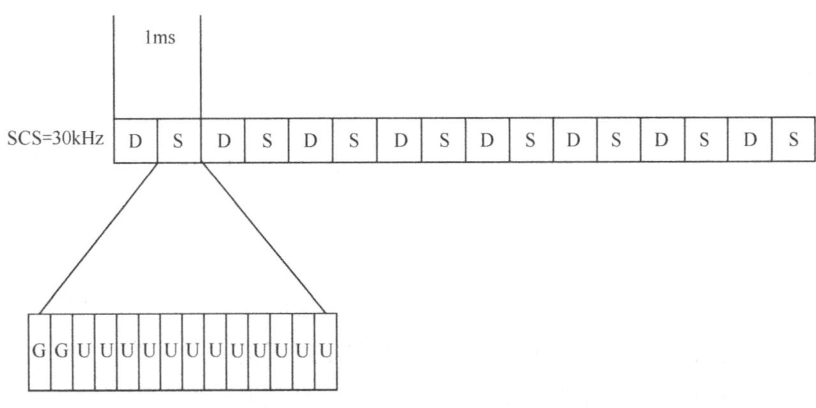

图3-9　载频4.9GHz下的一个重要TDD DL-UL配置[7]

另外，在Rel-16讨论的后期，有公司指出，Rel-15和Rel-16的UE一般实现的BWP的大小只是名义上的，如5MHz、10MHz的FDD带宽，而运营商能利用的带宽可能只在5～10MHz之间，如7MHz，10MHz中的某部分有可能被其他非NR的信号所占用，如LTE的信号。此时如果UE的BWP配置是10MHz，如图3-10所示，按照Rel-15 TRS所述，TRS的带宽只能等于52个PRB或者等于BWP的长度，这就导致了TRS会在这7MHz以外的部分发送，从而影响了非NR信号的发送。为解决这一问题，协议对于FDD的带宽规定，BWP的配置为长度10MHz且子载波间隔15kHz时，额外支持包括{28，32，36，40，44，

48}RB的TRS带宽，以使得NR的TRS和PDSCH只发送10MHz以内的部分带宽。换句话说，如果TRS的带宽配置小于52个PRB，那么BWP内能用于NR PDSCH传输的带宽与TRS配置的带宽大约相等，因为超出TRS的部分用于其他非NR信号了。由于TRS的带宽是4的整数倍，而PDSCH的带宽可以是任何数，所以PDSCH可能会比TRS的带宽（最多）多3个PRB。

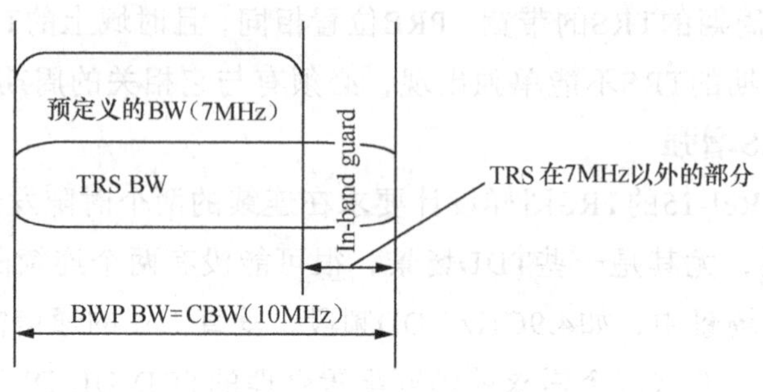

图3-10　NR 7MHz的部署[8]

3.1.9　用于波束管理的CSI-RS

用于波束管理的CSI-RS在协议中的名称为CSI-RS for L1-RSRP and L1-SINR Computation，主要用于发射波束扫描与接收波束扫描。因为用于波束扫描的CSI-RS不需要考虑用于CSI反馈，所以从节省开销的角度考虑，用于波束管理的CSI-RS资源的端口数量仅需要配置为1或2，不需要更多的端口。考虑到双极化天线配置，允许端口数量配置为2。因为只用于波束管理，所以仅需要反馈L-RSRP或者L1-SINR，或者不需要反馈。出于减小终端复杂度的考虑，用于波束管理的CSI-RS资源的端口图样与用于CSI的端口图样相同。

当上层参数重复配置为“开”时，同一CSI-RS资源集内的CSI-RS资源采用相同的发射波束，即进行接收波束扫描；当上层参数重复配置为“关”时，同一CSI-RS资源集内的CSI-RS资源不能认为采用相同的发射波束，即进行发射波束扫描。

此外，NR中不允许配置与SS/PBCH块具有重叠PRB的波束管理的CSI-RS资源。

3.1.10　用于移动管理的CSI-RS

用于移动管理的CSI-RS在协议中的名称为CSI-RS for Mobility。

用于移动管理的CSI-RS资源仅有一个CSI-RS端口。在默认状态下，采用服务小区的时间同步关系测量用于移动管理的CSI-RS资源；在有配置的情况下，采用配置小区的时间同步关系测量用于移动管理的CSI-RS资源。

3.2 DM-RS

DM-RS在整个通信系统中发挥着非常重要的作用，主要用于在用户数据解调时进行信道估计。LTE同时支持以CRS和DM-RS两种参考信号为PDSCH解调参考信号的传输模式，但是由于CRS为全带宽参考信号，灵活性较差并且信令开销较大，所以NR没有引入CRS，其数据解调是以DM-RS为基础的。在发射端，每个DM-RS端口和对应的数据层的预编码是一样的，发送端不需要通知发射预编码给接收端，而接收端也不需要知道发射端所使用的预编码，只需要根据每个DM-RS端口去估计一个等效的信道，即包含了预编码和无线信道环境的合成信道。

DM-RS的设计内容主要包括图样、序列、端口信息等。相比LTE，NR中对于数据信道的DM-RS设计更灵活，所需要的配置信令开销也比较大。下面就以NR PDSCH/PUSCH的DM-RS设计为例进行详细描述。

3.2.1 DM-RS基本设计

1. 前置DM-RS符号

面向IMT-2020，NR的主要应用三大场景包括[9]：

- eMBB（enhanced Mobile Broadband）：增强型移动宽带；
- mMTC（massive Machine Type Communication）：大规模机器类通信；
- URLLC（Ultra-Reliable and Low-Latency Communication）：超可靠性低时延通信。

针对URLLC业务，LTE short TTI feature引入了包含2、4、7符号的子帧长度，目的是降低调度时延。与LTE short TTI一样，NR也引入了迷你时隙（Mini-Slot）的资源分配方式，即PDSCH/PUSCH Mapping Type B方式。Mapping Type B方式的资源起始位置几乎可以是一个时隙内任何时域符号，资源长度的分配也很灵活。这样处理的好处是，一旦有业务数据需要传输，基站可立即调度Mapping Type B方式的PDSCH/PUSCH，从而降低时延。在Rel-15中，PUSCH的时域长度可以是1～14个时域符号中的任意一个，而对于普通CP长度的PDSCH只支持时域长度为2、4、7个时域符号，灵活度不够。因此，PUSCH在Rel-16中进行了增强，最终PDSCH Mapping Type B支持2～14个时域符号中的任意一个。为了快速解调，NR引入了前置参考信号，它的位置一般是PDSCH或者PUSCH的第一个时域符号。Mapping Type B的资源分配方式灵活度非常高，但是不太利于进行MU-MIMO（多用户MIMO）操作，这是因为此时很难保证多个用户的时频域资源重叠，且DM-RS完全重叠，这样一个用户的数据会和另外一个用户的DM-RS之间产生干扰，从而影响MU-MIMO的解调性能。

eMBB业务的时延要求不高，资源分配方式的灵活性较低的PDSCH/PUSCH Mapping Type A更适合。时域资源的起始符号受限制，对于下行时隙，起始符号位置只能是符号#{0，1，2，3}中的一个，这是因为PDCCH的资源有可能占用一个时隙内前两个或者3个时域符号。而对于上行时隙，因为没有PDCCH，所以起始符号的位置只能是符号#0。同时，考虑到灵活性，协议也支持灵活的资源长度配置。基于Mapping Type A的时域资源分配方式，一个小区的前置参考信号可以固定在时域符号#2或者时域符号#3上，具体是符号#2还是符号#3（从符号#0开始数）是由MIB通知的。前两个或者3个时域符号是给PDCCH预留的，这样，所有用户的前置DM-RS位置相对固定，较容易保证MU-MIMO的多个用户之间DM-RS时域位置一样，这样基站可以分配正交的DM-RS端口给多用户，从而实现MU-MIMO。

表3-4和表3-5描述了Rel-16中PDSCH和PUSCH的两种Mapping Type下资源起始符号和长度的所有可配的值。最终实际调度时PDSCH/PUSCH的时域资源的起始符号位置和长度还要取决于DCI中的TDRA（Time Domain Resource Assignment，时域资源分配）指示。针对这两种资源分配方式，前置参考信号的位置也不同。

表3-4　PDSCH时域符号起始位置*S*和长度*L*

PDSCH Mapping Type	正常CP			扩展CP		
	S	*L*	*S*+*L*	*S*	*L*	*S*+*L*
Type A	{0，1，2，3}（说明）	{3，…，14}	{3，…，14}	{0，1，2，3}（说明）	{3，…，12}	{3，…，12}
Type B	{0，…，12}	{2，…，13}	{2，…，14}	{0，…，10}	{2，4，6}	{2，…，12}

说明：当DM-RS-Type A-Position=3时，*S*=3才可成立。

表3-5　PUSCH时域符号起始位置*S*和长度*L*

PUSCH Mapping Type	正常CP			扩展CP		
	S	*L*	*S*+*L*	*S*	*L*	*S*+*L*
Type A	0	{4，…，14}	{4，…，14}	0	{4，…，12}	{4，…，12}
Type B	{0，…，13}	{1，…，14}	{1，…，14}	{0，…，11}	{1，…，12}	{1，…，12}

LTE数据信道的DM-RS图样基本是固定的。由于最后一个DM-RS的位置比较靠后，接收端需要将所有DM-RS解调完后才能进行数据解调，会有一定的时延。NR为了弥补这一缺点，引入了前置DM-RS符号。顾名思义，DM-RS的第一个符号位置比较靠前。对于时延要求比较高且移动速度比较慢的用户，基站可以只配置前置DM-RS，这样接收端就可以提前基于DM-RS进行信道估计，快速进行数据解调。如图3-11（a）所示，

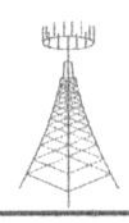

对于PDSCH或者PUSCH Mapping Type A，前置DM-RS可以位于PDCCH之后，即位于符号#2或者符号#3；而对于Mapping Type B，前置DM-RS则位于分配的数据信道区域第一个时域符号。对于下行能力比较强的用户，甚至可以在同一个时隙内反馈PDSCH对应的ACK/NACK。

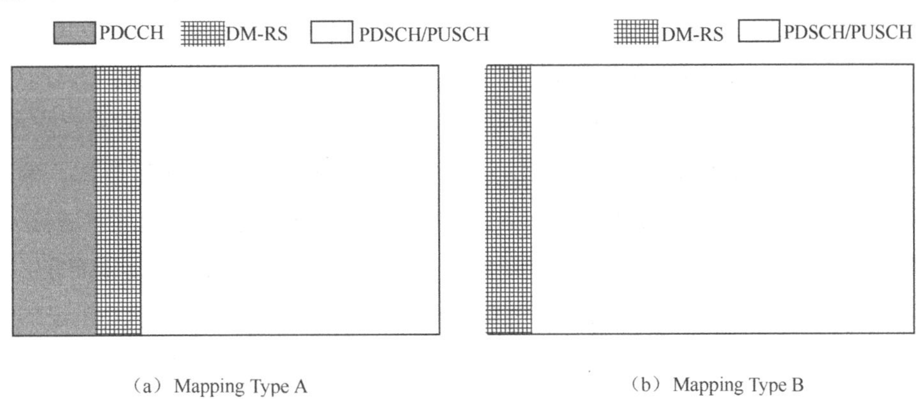

图3-11 前置DM-RS符号

前置DM-RS的引入是NR DM-RS设计的一大特点，这使得数据解调速度可能比传统的DM-RS设计更快。同时，为了支持更多的DM-RS端口，前置参考信号可以占用一个或者两个连续的OFDM符号。

基于前置的参考信号，针对不同用户，NR基站可以再配置不同的补充DM-RS符号个数。如果用户移动速度比较快，就可以配置比较多的补充DM-RS，以抵抗高多普勒的影响。而对于低速移动的用户，补充的DM-RS就可以少配置，甚至不配置。同时，补充DM-RS的图样及端口与前置DM-RS相同。此外，由于NR上行支持两种波形，即CP-OFDM和DFT-S-OFDM，在DM-RS设计上，两种波形也会有所不同。

由于NR的用户密度及吞吐量需求比LTE更大，需要支持更多的DM-RS端口，所以一些公司建议将DM-RS端口个数增加到16（LTE是8个端口）。然而，太多的DM-RS端口会导致更大的DM-RS开销或者较低的DM-RS密度，所以最终3GPP采用了一个折中方案：最多支持12个端口[10]。

具体DM-RS的端口复用方式，主要有以下两大候选方案。

- 方案1：IFDMA方式，即图样类似于SRS，DM-RS的RE等间隔地放置在频域上。此种方案既可以用于上下行CP-OFDM，也可以用于上行DFT-S-OFDM（因为每个端口的DM-RS在频域上是等间隔分布的，进行IFFT转换到时域上后，ZC序列（Zadoff-Chu）的特性没有被破坏。

- 方案2：FD-OCC（Frequency Domain-Orthogonal Cover Code，频域正交掩码）方式，即两个端口在频域上相邻的两个RE进行码分复用。这种方案与LTE的TD-OCC（Time Domain-Orthogonal Cover Code，时域正交掩码）复用方式类似，码分复用必须在相邻的RE上，这是由于相邻RE的信道可以认为是基本相同的，所以能保证OCC的解调性。

由于支持上述两种方案的公司数量相当，僵持不下，最终两种方案均被3GPP NR协议采纳[11]，分别对应协议支持的DM-RS Type 1（支持最多8个端口）和DM-RS Type 2（支持最多12个端口）。

（1）DM-RS Type 1：两个CDM组

- 一个时域符号最多支持4个正交端口：端口0、1占用相同的子载波，位于CDM组0中，码分复用。CDM组0是指偶数位的子载波所映射的RE。具体而言，端口0用FD-OCC码[1 1]；端口1用FD-OCC码[1 –1]。同理，端口2、3占用相同的子载波，位于CDM组1中，码分复用。CDM组1是指奇数位的子载波所映射的RE。具体而言，端口2用FD-OCC码[1 1]；端口3用FD-OCC码[1 –1]。具体图样如图3-12所示。
- 两个时域符号最大支持8个正交端口：端口0、1、4、5占用相同的子载波，位于CDM组0中，码分复用。CDM组0是指偶数位的子载波所映射的RE，且占用两个连续的OFDM符号。具体而言，端口0用FD-OCC码[1 1]、TD-OCC码[1 1]；端口1用FD-OCC码[1 –1]、TD-OCC码[1 1]；端口4用FD-OCC码[1 1]、TD-OCC码[1 –1]；端口5用FD-OCC码[1 –1]、TD-OCC码[1 –1]。同理，端口2、3、6、7占用相同的子载波，位于CDM组1中，码分复用。CDM组1是指奇数位的子载波所映射的RE，且占用两个连续的OFDM符号。具体地，端口2用FD-OCC码[1 1]、TD-OCC码[1 1]；端口3用FD-OCC码[1 –1]、TD-OCC码[1 1]；端口6用FD-OCC码[1 1]、TD-OCC码[1 –1]；端口7用FD-OCC码[1 –1]、TD-OCC码[1 –1]。具体图样如图3-12（续）所示。

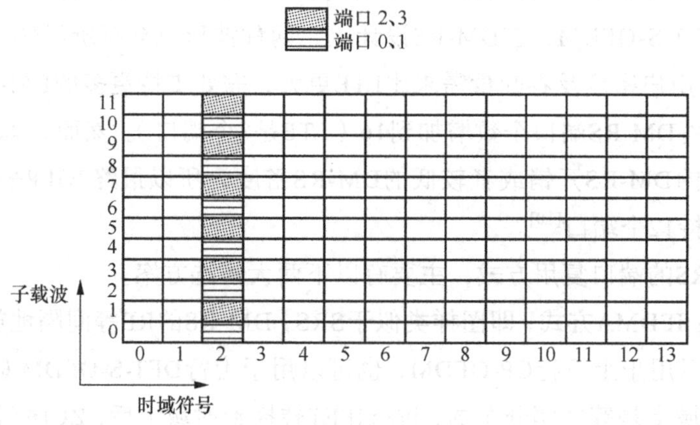

图3-12　DM-RS Type 1前置符号的图样

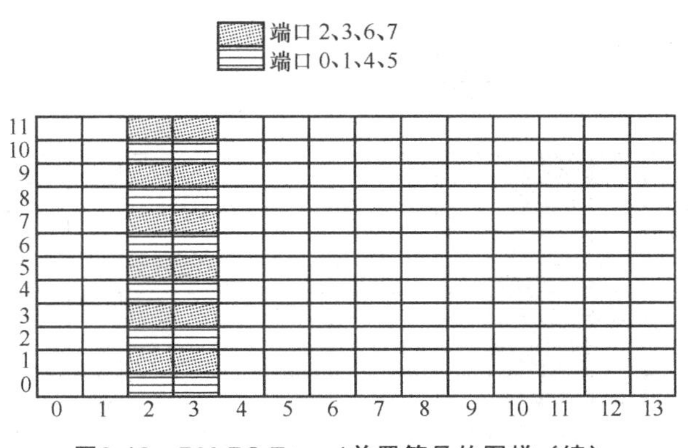

图3-12　DM-RS Type 1前置符号的图样（续）

（2）DM-RS Type 2：3个CDM组

- 一个时域符号最多支持6个正交端口：端口0、1占用相同的两个相邻子载波，位于CDM组0中，码分复用。每个CDM组就是连续的两个RE。具体地，端口0用FD-OCC码[1 1]；端口1用FD-OCC码[1 –1]。同理，端口2、3占用相同的两个相邻子载波，位于CDM组1中，码分复用。具体而言，端口2用FD-OCC码[1 1]；端口3用FD-OCC码[1 –1]。同理，端口4、5占用相同的两个相邻子载波，位于CDM组2中，码分复用。具体而言，端口4用FD-OCC码[1 1]；端口5用FD-OCC码[1 –1]。具体图样如图3-13所示。
- 两个时域符号最多支持12个正交端口：端口0、1、6、7占用相同的子载波，位于CDM组0中，码分复用。每个CDM组就是时频域上连续的4个RE。具体而言，端口0用FD-OCC码[1 1]、TD-OCC码[1 1]；端口1用FD-OCC码[1 –1]、TD-OCC码[1 1]；端口6用FD-OCC码[1 1]、TD-OCC码[1 –1]；端口7用FD-OCC码[1 –1]、TD-OCC码[1 –1]；同理，端口2、3、8、9位于CDM组1中，码分复用；端口4、5、10、11位于CDM组2中，码分复用。具体图样如图3-13（续）所示。

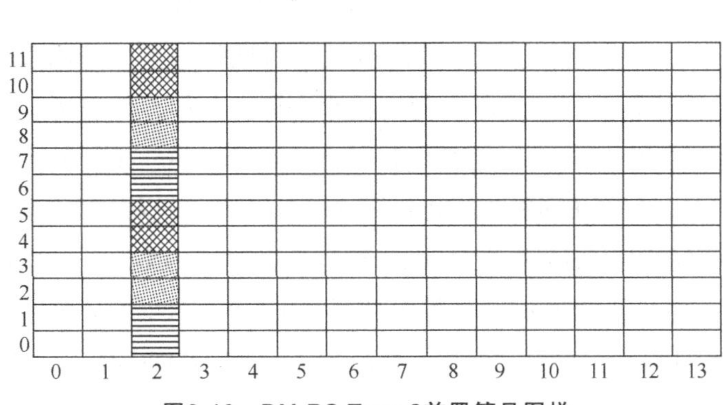

图3-13　DM-RS Type 2前置符号图样

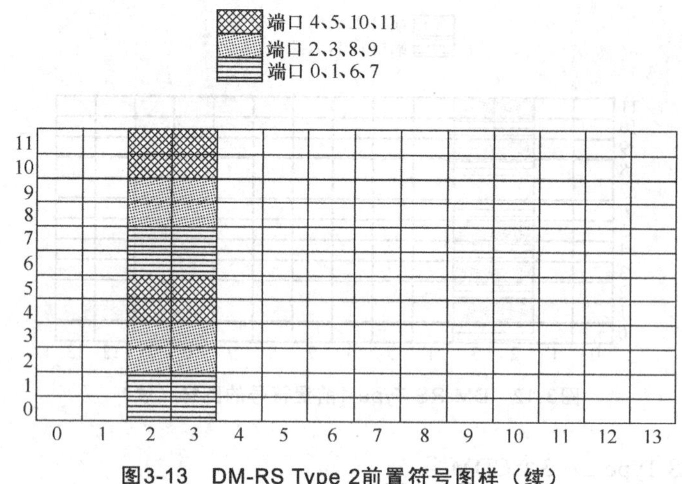

图3-13 DM-RS Type 2前置符号图样（续）

需要指出的是，虽然协议最多支持12个DM-RS端口，但主要目的是供MU-MIMO使用，即多个进行MU调度的用户总共可以使用最多12个正交的DM-RS端口。对于一个用户，下行支持的最大的端口数仍然是8，由于用户能力限制，上行支持的最大端口数是4。

对于CP-OFDM波形，包括PDSCH和PUSCH，协议同时支持以上两种DM-RS类型。然而对于DFT-S-OFDM波形，DM-RS Type 2不能保持ZC序列在时域上的特性，所以只支持DM-RS Type 1。

2. 补充DM–RS符号

对于高速移动的用户，光是前置DM-RS符号肯定不够。为了抵抗多普勒效应带来的影响，基站可以再给UE配置补充DM-RS符号。因此，NR DM-RS的时域符号基本组成是“前置DM-RS符号+补充DM-RS符号”，其中，基站可以利用信令配置DM-RS符号的个数。

对于补充DM-RS符号的个数，基站可以用RRC（Radio Resource Control，无线资源控制）信令来配置。如果前置DM-RS符号个数是1，那么补充DM-RS符号的个数可以是{0，1，2，3}，且分散映射在不连续的几个时域符号上，具体取值需要基站根据UE的移动速度、信道条件、多用户调度情况来判断。例如，低速场景中，补充DM-RS符号的个数可以配置得少一些，高速场景下配置得多一些。又例如，基站将潜在的若干个能使用MU-MIMO的UE的补充DM-RS个数配置相同，这样UE才能正确检测出多用户干扰。需要说明的是，如果前置DM-RS符号个数是1，那么每个补充DM-RS的符号个数也是1。即，对于前置DM-RS符号个数是1的情况，NR协议支持的DM-RS的符号映射可以是{1+1，1+1+1，1+1+1+1}，每个“1”代表1列DM-RS，且DM-RS的时域符号不连续。如果前置DM-RS时域符号个数是2，那么补充DM-RS的符号个数是0或者2。即对于前置DM-RS符号个数是2的情况，NR协议支持的DM-RS的符号映射可以是

{2+0，2+2}，每个“2”代表2列连续的DM-RS时域符号。这是由于前置DM-RS符号个数是2的时候，往往是为MU-MIMO服务的，最多支持12个MU用户，此时UE速度不会过快，那么补充参考信号的个数就不需要那么多。另外一个原因就是DM-RS的开销问题。

虽然补充DM-RS的个数可由RRC配置，可是实际补充DM-RS的个数还要根据实际调度的PDSCH或者PUSCH来判断。

（1）PDSCH DM-RS时域位置

DM-RS时域位置的设计原则就是要使DM-RS的信道估计最好且尽可能降低DM-RS的开销，同时DM-RS要尽可能地在PDSCH的时域上分散开以有效地估计多普勒频移。如果PDSCH占用的时域符号数过少，实际所需要的DM-RS符号数就会小于RRC信令配置的符号数，以节省开销。

对于PDSCH Mapping Type A，由MIB通知前置DM-RS映射在一个时隙的符号#2或者符号#3（从符号#0开始数）上。这样，小区所有UE的前置DM-RS位置就固定了，这有利于UE利用DM-RS测量干扰。

对于PDSCH Mapping Type B，前置DM-RS一般映射在PDSCH的第一个时域符号上以达到快速解调的目的。然而，如果基站预留了PDCCH资源在PDSCH的第一个时域符号上，那么DM-RS的时域位置要向后移动，以防止PDSCH的DM-RS和PDCCH的资源碰撞，如图3-14所示。如果有补充的DM-RS，补充的DM-RS也需要像前置DM-RS符号一样后移。当然，DM-RS不能无限制后移，否则会给UE的实现带来影响。

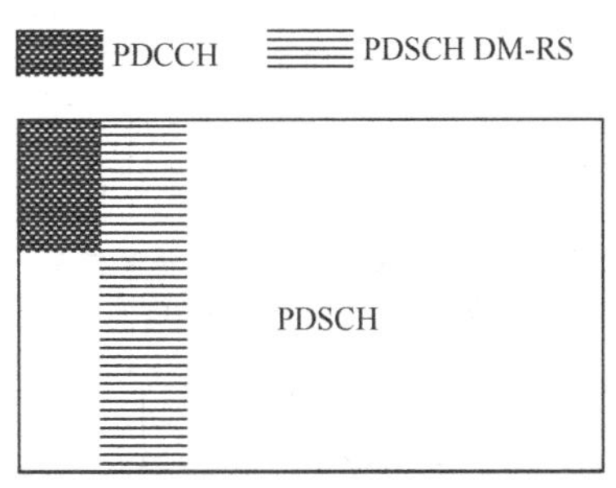

图3-14　DM-RS符号后移

补充参考信号的位置与PDSCH的长度有关系。单前置PDSCH DM-RS时域符号的位置，具体图样示例如图3-15和图3-16所示。对于PDSCH Mapping Type A和Mapping Type B长度是7、9、12的3种情况，补充DM-RS信号的位置是不一样的。映射时需要保证DM-RS基本可以均匀分布，并且最后1个补充的DM-RS符号不能太靠前，否则最后几个数据符号的信道估计会不准；也不能太靠后，否则信道估计性能不好，且影响UE的解调速度。

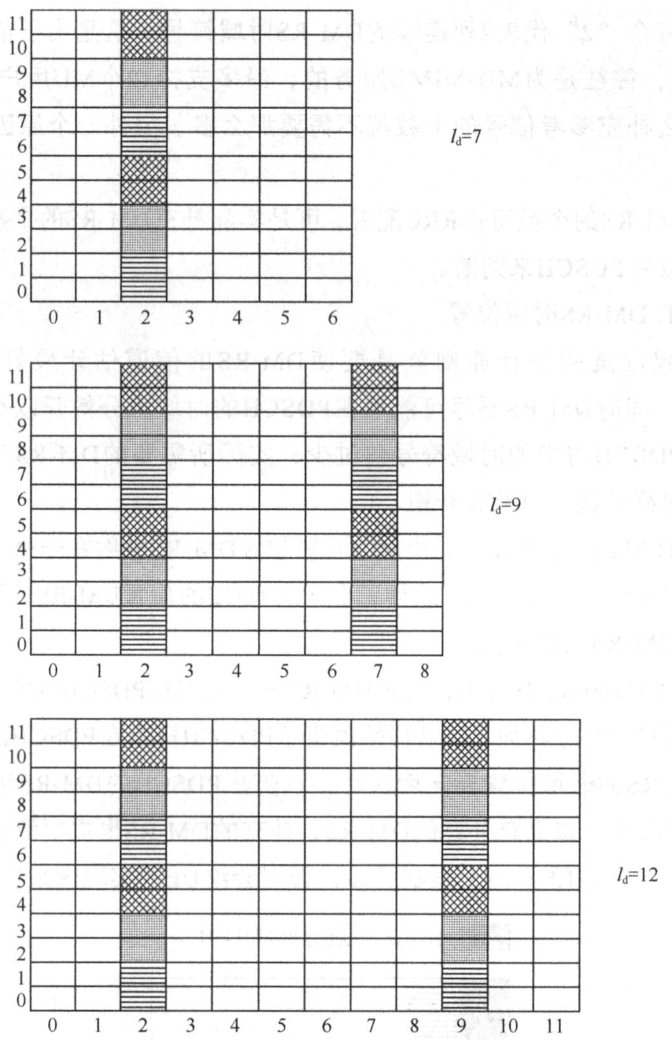

图3-15　DM-RS时域位置，RRC配置了1个补充参考信号，单前置DM-RS符号，PDSCH Mapping Type A

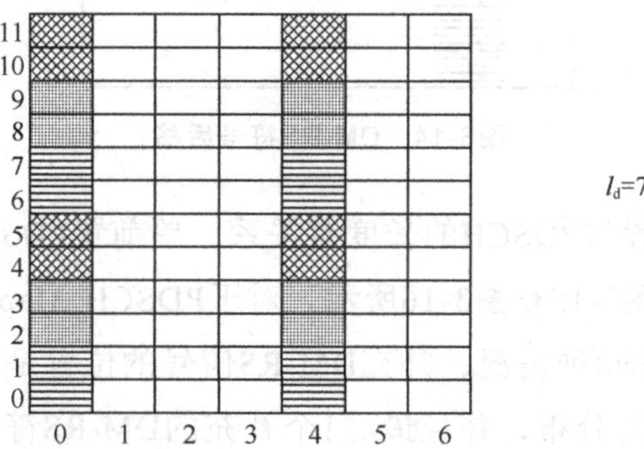

图3-16　DM-RS时域位置，RRC配置了1个补充参考信号，单前置DM-RS符号，PDSCH Mapping Type B

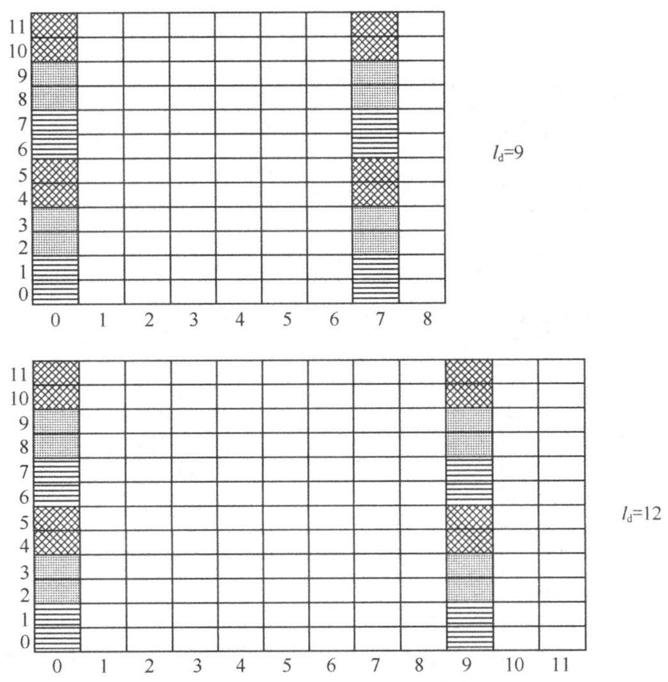

图3-16　DM-RS时域位置，RRC配置了1个补充参考信号，单前置DM-RS符号，PDSCH Mapping Type B（续）

对于双前置PDSCH DM-RS时域符号的位置，这里给出了一个具体图样的示例，如图3-17所示。对于PDSCH Mapping Type A长度是9、12、14的3种情况，补充DM-RS信号的位置是不一样的。

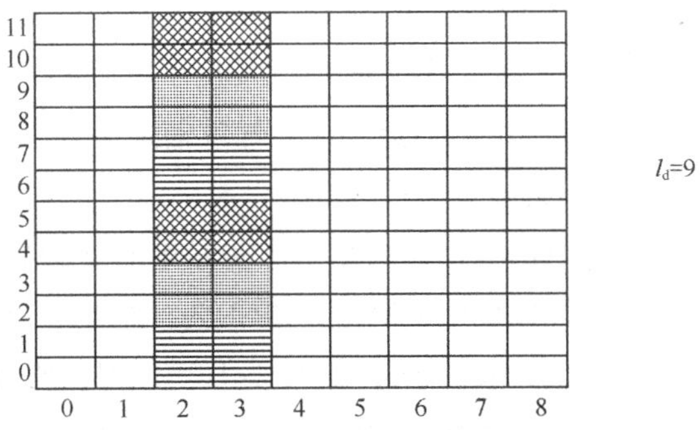

图3-17　DM-RS时域位置，RRC配置了1个补充参考信号，双前置DM-RS符号，PDSCH Mapping Type A

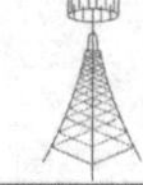

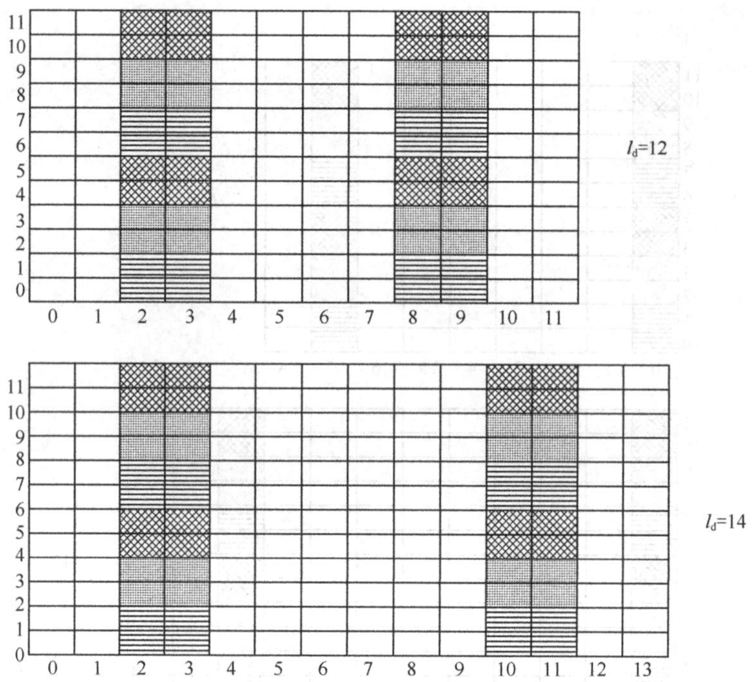

图3-17　DM-RS时域位置，RRC配置了1个补充参考信号，双前置DM-RS符号，PDSCH Mapping Type A（续）

其他注意事项如下。

- 对于PDSCH Mapping Type B，如果PDSCH的长度不超过4个时域符号，考虑到参考信号开销问题，则不支持补充参考信号。因为PDSCH长度较短，即使不进行信道估计插值，对解调性能也不会产生太大影响。
- 对于PDSCH Mapping Type A，有3个补充DM-RS时，前置DM-RS符号必须位于符号#2，而不能位于符号#3。如果前置DM-RS符号位于符号#3，那么前置DM-RS符号在时域上和第一个补充参考信号相距很近，这会导致信道估计性能与两个补充DM-RS相比相差无几，而且增加了不必要的信令开销。
- 对于PDSCH Mapping Type A，如果$l_d = 3$，且是单前置DM-RS符号，前置DM-RS符号必须位于符号#2，这样可以保证DM-RS在PDSCH内。如果$l_d = 4$，且是双前置DM-RS符号，第一个前置DM-RS符号也必须位于符号#2，这样可以保证所有DM-RS在PDSCH内。

此外，由于Rel-15需要考虑到NR与LTE共存的场景，NR和LTE可能会共用某一段频谱，并且LTE CRS是小区级参考信号，且无法用高层信令关断CRS的发射，所以为了避免NR PDSCH DM-RS和LTE CRS的干扰，当补充参考信号与CRS碰撞时，最好将它后移一个时域符号。由于该问题在Rel-15初始版本的标准已经完成时才被提出，为了最小化影响，NR只是针对标准件最典型的LTE部署场景进行了改动，即对PDSCH Mapping Type A，在前置DM-RS是1个时域符号且只配置1个补充DM-RS的情况下，才

进行了增强，此时前置DM-RS也没有和CRS碰撞，即位于符号#2上，并且此增强是依赖于UE能力的[12]，具体地表现为：当UE支持这种后移补充DM-RS符号的能力时，且在前置DM-RS是1个时域符号并只配置了1个补充DM-RS的情况下，如果补充DM-RS和RRC配置的CRS发生碰撞，补充参考信号位置由符号#11变为#12。

（2）PUSCH DM-RS时域位置

NR中的上行也支持OFDM波形，所以上下行的DM-RS设计基本上是对称的，这一方面是为了降低标准化的影响，另一方面是为了检测相邻小区间干扰。例如，如果上下行的DM-RS位置相同，即使相邻小区时隙结构不同，UE也可以利用DM-RS来检测小区间DM-RS干扰，无论干扰是来自于UE还是基站。和下行不同的是，PUSCH Mapping Type B的DM-RS不用考虑和PDCCH预留资源碰撞后移的问题，也不用考虑和LTE CRS碰撞的问题。同时，在PUSCH进行时隙内跳频时，DM-RS时域符号的位置也略有不同。

当时隙内跳频开启时，对于PUSCH Mapping Type A，第一个Hop内的前置DM-RS符号位置与下行一样；第二个Hop内的前置DM-RS位于该Hop内的第一时域符号上。为了节省DM-RS开销，时隙内跳频开启时不支持前置DM-RS是两个连续时域符号的情况。由于每个Hop最多是7个时域符号，因此，没有必要支持多于1个补充DM-RS符号的情况。图3-18给出了每个Hop是7个时域符号的示意图，假设高层配置了1个补充DM-RS。

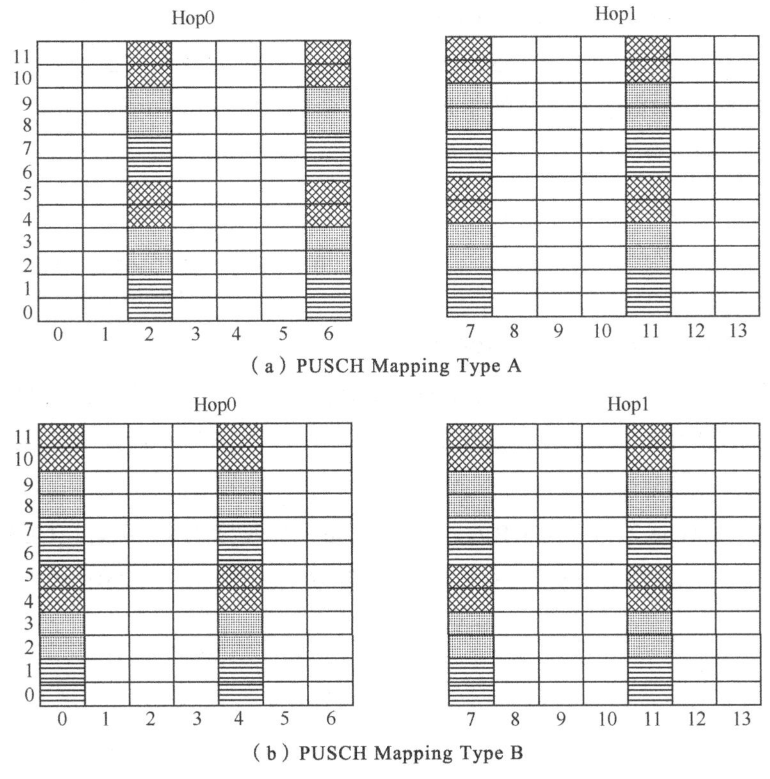

图3-18 PUSCH DM-RS时域位置，RRC配置了1个补充参考信号，PUSCH每个Hop长度为7

3. DM-RS序列

NR下行采用的波形仍然是CP-OFDM，而上行同时支持CP-OFDM和DFT-S-OFDM两种波形。对于CP-OFDM波形，NR与LTE相同，DM-RS序列采用Gold序列。对于DFT-S-OFDM波形，DM-RS的序列与LTE上行类似。

（1）CP-OFDM

CP-OFDM波形的整个序列是一个宽带序列，起始位置以一个CC的Point A为参考点，UE的DM-RS序列是从整个宽带序列中截取分配给该UE的PRB对应的部分。如图3-19所示，如果UE0分配的资源是PRB 11～17，那么UE0的DM-RS序列就是整个宽带序列对应PRB 11～17的部分；如果UE1分配的资源是PRB 8～14，那么UE1的DM-RS序列就是整个宽带序列对应PRB 8～14的部分。这样做的好处是对于不同的UE，在相同的PRB上可以配置相同的基本Gold序列，不同用户配置不同的OCC（Orthogonal Cover Code，正交覆盖码），以得到正交的DM-RS端口，从而进行MU-MIMO调度。即使两个UE调度的资源是部分重叠的，在重叠部分的基本序列也可以相同，UE之间可以进行干扰检测。

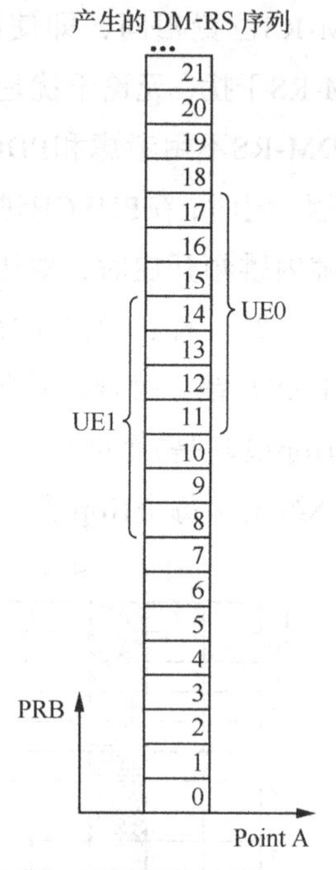

图3-19　CP-OFDM波形的PDSCH/PUSCH DM-RS序列产生

Rel-15规定在一个PRB内，不同CDM组的基本序列是相同的，关于DM-RS的序列设计并没有进行过多的讨论。对于DM-RS Type 1，一个PRB内产生的Gold序列长度为6，映射在CDM组#0内的6个子载波上，CDM组#1内的6个子载波上的序列与CDM组#0相同，如图3-20所示。

对于DM-RS Type 2，一个PRB内产生的Gold序列长度为4，映射在CDM组#0内的4个子载波上，CDM组#2和CDM组#3内的4个子载波上的序列与CDM组#0相同，如图3-21所示。

$r(n+5)$
$r(n+5)$
$r(n+4)$
$r(n+4)$
$r(n+3)$
$r(n+3)$
$r(n+2)$
$r(n+2)$
$r(n+1)$
$r(n+1)$
$r(n)$
$r(n)$

图3-20　DM-RS Type 1，PRB内DM-RS序列的映射

$r(n+3)$
$r(n+2)$
$r(n+3)$
$r(n+2)$
$r(n+3)$
$r(n+2)$
$r(n+1)$
$r(n)$
$r(n+1)$
$r(n)$
$r(n+1)$
$r(n)$

图3-21　DM-RS Type 2，PRB内DM-RS序列的映射

这样的设计可以避免产生过长的序列。然而，不同的CDM组的相同序列导致了过高的PAPR。因此，Rel-16对DM-RS序列进行了进一步增强，具体可参考3.2.2节。

对于序列初始化，采用的原则与LTE的原则类似。DM-RS的序列值由公式（3-3）给出，序列的初始化值由公式（3-4）给出。

$$r(n)=\frac{1}{\sqrt{2}}\left(1-2\cdot \mathrm{c}(2n)\right)+\mathrm{j}\frac{1}{\sqrt{2}}\left(1-2\cdot \mathrm{c}(2n+1)\right) \tag{3-3}$$

$$c_{\text{init}}=\left(2^{17}\left(N_{\text{symb}}^{\text{slot}}n_{\text{s,f}}^{\mu}+l+1\right)\left(2N_{\text{ID}}^{n_{\text{SCID}}}+1\right)+2N_{\text{ID}}^{n_{\text{SCID}}}+n_{\text{SCID}}\right)\bmod 2^{31} \tag{3-4}$$

其中，l是时隙$n_{\text{s,f}}^{\mu}$中的OFDM时域符号索引。NR数据的子载波间隔取值支持15kHz、30kHz、60kHz及120kHz，这可能会导致一帧中的时隙个数很多，公式（3-4）中mod前括号中的值可能会超过2^{31}，需要进行mod操作，这样就可以沿用LTE长度为31的Gold序列。

- n_{SCID}是加扰ID，取值为0或1，在Rel-15中由DCI format 0_1和DCI format 1_1动态指示，分别用于PUSCH和PDSCH。Rel-16引入的DCI format 0_2、1_2也可指示该加扰ID。与LTE一样，引入n_{SCID}是为了获得伪正交端口。例如，同一个小区内的用户可以动态分配不同的n_{SCID}，保证这些用户即使在相同的时频域资源上，序列也不一样，在一定程度上减少了干扰。序列的长度越长，正交性越好。由于NR DCI中DM-RS端口指示的表格很大，所以NR R15没有像LTE那样，将DM-RS端口指示和n_{SCID}联合编码在一个表格内，而是单独在DCI中引入了1 bit。对于其他DCI format，即DCI format 0_0、1_0没有比特去指示n_{SCID}，默认$n_{\text{SCID}}=0$。
- N_{ID}^{0}，$N_{\text{ID}}^{1}\in\{0,1,\cdots,65535\}$，由RRC信令给出。虽然小区ID的范围是0 ~ 1023，即10 bit，而N_{ID}^{0}、N_{ID}^{1}每个值占用16 bit。这是由于NR所要支持的场景用户密度可能更大，每个小区用户数量可能很多。在一个小区内，如果用户数量很多，正交的DM-RS端口不够，那么多用户之间可以分配不同的N_{ID}，以获得不同的DM-RS序列，即伪正交，这样可以一定

程度上减少干扰。另外，NR引入了两个值，即 N_{ID}^{0}、N_{ID}^{1}，当$n_{\mathrm{SCID}}=0$时取 N_{ID}^{0}，当$n_{\mathrm{SCID}}=1$时取 N_{ID}^{1}。这样可以动态选择服务基站，即所谓的动态站点选择（Dynamic Point Selection, DPS）。例如，UE0是一个小区边缘用户，且RRC配置的参数 N_{ID}^{0}、N_{ID}^{1} 分别对应基站0和基站1，当$n_{\mathrm{SCID}}=0$时取 N_{ID}^{0}，代表基站0给UE0发送数据，而当$n_{\mathrm{SCID}}=1$时取 N_{ID}^{1}，代表基站1给UE0发送数据。如果RRC没有配置，则 $N_{\mathrm{ID}}^{n_{\mathrm{SCID}}}=N_{\mathrm{ID}}^{\mathrm{cell}}$，即等于小区ID。

（2）DFT-S-OFDM

和LTE类似，对于DFT-S-OFDM波形，NR Rel-15采用“ZC序列+机器产生”（Computer Generated Sequence，CGS）的QPSK序列，目的是能够获得较好的PAPR（Peak to Average Power Radio，峰值平均功率比）与较低的序列互相关性。由于采用的是DM-RS Type 1，因此，每个PRB只有6个DM-RS子载波。DM-RS序列产生的长度都是UE级别的，即序列的产生依赖PUSCH的长度，而不是由宽带产生的。这是因为从一个宽带产生的ZC序列上截取的部分序列不再具备ZC序列的特性。

具体而言，当DM-RS频域资源超过30个RE时，DM-RS序列采用ZC序列，当频域资源小于或等于30个RE时，采用CGS序列。机器产生的原则就是挑出30个互相关性低且PAPR低的序列。产生的DM-RS序列与OFDM时域符号索引相关，也就是说序列随着时域符号的变化而变化，目的是达到干扰随机化。

然而，如果两个连续的DM-RS时域符号上的序列值不同，不同用户在使用TD-OCC时可能无法获得正交DM-RS端口。所以在前置DM-RS是两个时域符号的情况下，NR进行了特殊处理，使得两个连续的DM-RS时域符号上的序列值相同。如图3-22所示，如果UE0和UE1的PUSCH只是部分重叠，那么UE0和UE1的PUSCH序列值就会不一样，例如UE0在子载波11上，时域符号#3、#4上的序列值分别为a、b，UE1为c、d，若UE0用TD-OCC [1 1]，UE1用TD-OCC [1 −1]，那么加上TD-OCC后，UE0和UE1在子载波11上，时域符号#3、#4上的最终序列值将分别为[a b]和[c −d]，即不正交。而如果使每个用户的两个连续的DM-RS序列值相同，那么a = b、c = d，UE0和UE1在子载波11上，时域符号#3、#4上的最终序列值将分别为[a a]和[c −c]，即使a不等于c，正交性仍然可以保持。

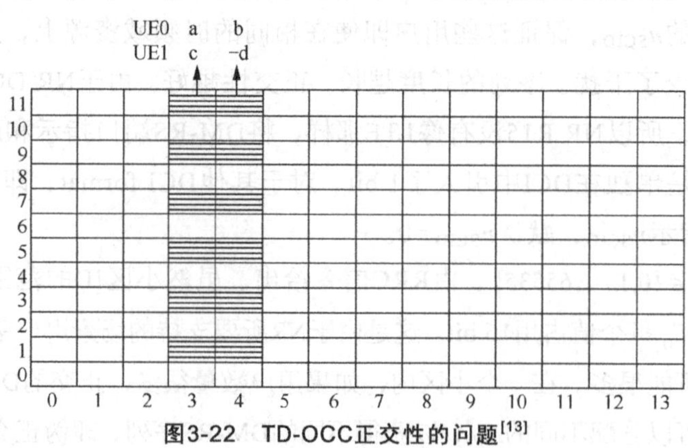

图3-22 TD-OCC正交性的问题[13]

4. DM-RS的参数配置

NR的DM-RS设计十分灵活，包括端口设计、补充参考信号配置等，然而这也导致了较大的配置信令开销，主要的配置信令是指RRC和DCI。

（1）PDSCH DM-RS参数

在RRC配置DM-RS参数之前，或者采用DCI format 1_0调度PDSCH时，PDSCH可能是广播给多个UE的，需要考虑信道估计的鲁棒性。因为可能无法将DM-RS的配置信息发送给特定的用户，所以NR采用默认的DM-RS参数：DM-RS Type 1；单端口的DM-RS用的是DM-RS端口0；对于单前置DM-RS符号，假设高层配置的补充DM-RS符号是两个；如果PDSCH的长度大于2，则PDSCH不会映射在DM-RS所在的时域符号上（此时可以有3dB DM-RS功率增强）；如果PDSCH的长度等于2，则PDSCH数据会映射在DM-RS组#1上（主要考虑DM-RS开销问题）；如果SU-MIMO调度，UE则不需要进行MU-MIMO的干扰检测。

如果PDSCH由DCI format 1_1调度，或者由DCI format 1_2调度且DCI中包含DM-RS端口指示域，那么DM-RS的信息由RRC信令和DCI中的端口指示域共同决定：DM-RS Type由RRC信令配置，可以是Type 1或者Type 2；前置DM-RS符号数由RRC信令配置，配置一个或者两个；如果RRC配置两个前置DM-RS符号，那么DCI中的端口指示域会进一步指示实际传输时前置DM-RS符号数是一个还是两个；n_{SCID}由DCI中的DM-RS序列初始化域指示（LTE中n_{SCID}是和DM-RS端口联合指示的，但是NR中DM-RS端口指示的表格太大，所以就单独利用1bit来指示n_{SCID}）。

DCI中的端口指示域用来通知实际PDSCH传输对应的DM-RS端口、未用于数据的DM-RS CDM组数、实际前置DM-RS符号数。Rel-16引入了DCI format 1_2，RRC可以配置是否存在端口指示域。如表3-6所示，当未用于数据的DM-RS CDM组数量为1时，即CDM组#0用于DM-RS端口，其他CDM组的RE用于数据传输；当没有数据的DM-RS CDM组数量为2时，即CDM组#0和#1用于DM-RS端口传输，有可能是本用户和其他MU-MIMO的用户，其他CDM组#2（对于DM-RS Type 2）的RE用于数据传输；当没有用于数据的DM-RS CDM组数量为3时，即CDM组#0、#1和#2都用于DM-RS端口传输，有可能是本用户和其他MU-MIMO的用户，此时DM-RS所在的时域符号上没有数据传输。

MU-MIMO的接收机在对配对用户信号进行干扰检测时，如果没有任何信令告知潜在配对用户的天线端口信息，则接收机需要多次盲检测，复杂度过高。所以NR DM-RS端口指示也携带了一些关于SU-MIMO或者MU-MIMO的信息。在设计表格时，MU-MIMO调度有以下规则。

① 假设基站先将CDM组0的DM-RS端口按顺序分配完，然后分配CDM组1上的DM-RS端口，最后分配CDM组2上的DM-RS端口。

- 如果一个UE被分配的DM-RS端口数少于指示的没有数据的CDM组所包含的DM-RS端口数，那么一般情况下，该用户需要检测除自己的DM-RS端口以外潜在的其他用户的DM-RS端口，即进行MU-MIMO干扰检测。例如，在表3-6中，索引0指示一个UE被分配的DM-RS端口为0，此时该UE要检测基站是否调度了其他的UE用了端口1。如果是，则端口1就是MU-MIMO带来的干扰。此时CDM组1上的RE用于数据传输，UE不需要检测该CDM组上的潜在MU-MIMO的UE的DM-RS端口。又例如，在表3-6中，索引3指示一个UE被分配的DM-RS端口为0，此时CDM组0、1都用于数据传输，都有可能有配对的UE的DM-RS，所以该UE需要检测基站是否也调度了其他UE用了端口1、2、3。

- 如果一个UE的DM-RS端口从端口0开始，且被分配的DM-RS端口数等于指示的没有用于数据的CDM组所包含的DM-RS端口数，那么此时没有其他DM-RS端口能分配给其他UE了，也就是SU-MIMO调度。例如表3-6中的索引2和索引10。

② 对于每个MU-MIMO的UE，分配的DM-RS的多个端口应先占满一个CDM组，才能去占下一个CDM组。如果某个UE的DM-RS端口的分配不符合该规则，那么该用户就是SU-MIMO调度，此用户就不用再检测除自己端口以外的其他潜在多用户的DM-RS端口所带来的干扰。例如表3-6中的索引23，它们指示的端口组合是{0，2}，由于CDM组0中的端口1没有分配给UE，所以如果DCI指示给UE索引23，即为SU-MIMO调度。端口组合{0，2}的优点是，端口0和2之间没有做FD-OCC，即使信道在频域上不平坦也不影响解调性能，而且相比{0，1}会有3dB的DM-RS功率增益。

③ 对于DM-RS Type 1，如果前置DM-RS时域符号是1个，那么进行MU-MIMO调度时，一个用户的最大层数是2。反之，对于一个UE，如果配置了DM-RS Type 1，且实际前置DM-RS时域符号是1个，且DM-RS端口数大于2，那么该UE就是SU-MIMO调度。

④ 对于DM-RS Type 1，如果前置DM-RS时域符号是两个，那么进行MU-MIMO调度时，一个用户的最大层数是4。

⑤ 对于DM-RS Type 2，进行MU-MIMO调度时，一个用户的最大层数是4。

这些规则的设计不仅可以帮助UE简化MU-MIMO干扰的检测复杂度，也节省了DCI的信令开销。

表3-6　DM-RS Type 1，单DM-RS前置符号

单码字			双码字		
索引	没有数据的CDM组数	端口	索引	没有数据的CDM组数	端口
0	1	0	0	3	0~4
1	1	1	1	3	0~5
2	1	0，1	2~31	预留	预留
3	2	0			
4	2	1			
5	2	2			
6	2	3			
7	2	0，1			
8	2	2，3			

续表

单码字			双码字		
索引	没有数据的CDM组数	端口	索引	没有数据的CDM组数	端口
9	2	0～2			
10	2	0～3			
11	3	0			
12	3	1			
13	3	2			
14	3	3			
15	3	4			
16	3	5			
17	3	0，1			
18	3	2，3			
19	3	4，5			
20	3	0～2			
21	3	3～5			
22	3	0～3			
23	2	0，2			
24～31	预留	预留			

（2）PUSCH DM-RS参数

和下行类似，在UE无法获知上行DM-RS的配置信息时，例如在RRC配置DM-RS参数之前，或者PUSCH由DCI format 0_0调度时，NR也采用了默认的DM-RS参数：DM-RS Type 1，单端口的DM-RS用的是DM-RS端口0，前置参考信号是单个时域符号；当PUSCH时域跳频开启时，假设每个Hop配置1个补充DM-RS符号（实际个数仍然根据PUSCH的长度来确定）；当PUSCH时隙内跳频关闭时，假设高层配置的补充DM-RS符号是两个（实际个数仍然根据PUSCH的长度来确定）；对于CP-OFDM波形的PUSCH，如果PUSCH长度为2，则PUSCH数据会映射在DM-RS组#1上，对于其他情况，PUSCH数据都不会映射在DM-RS的时域符号上。

如果PUSCH由DCI format 1_1调度，或者由DCI format 1_2调度，且DCI中包含DM-RS端口指示域，那么和下行类似，DM-RS的信息由RRC信令和DCI中的端口指示域共同决定。和下行不同的是，对于CP-OFDM波形，如果是基于码本传输的PUSCH，则DCI中预编码指示域联合通知数据传输层数和预编码指示；如果是基于非码本的PUSCH，则DCI中的SRI域联合通知数据的传输层数和SRS资源。详细上行传输方式可参考第7章。对于PUSCH，DM-RS的端口数取决于DCI中预编码指示域或者SRI域，所以，PUSCH的DM-RS端口指示域的比特数比下行少。针对不同的DM-RS端口数，

DM-RS的端口指示的表格是独立的。由于DFT-S-OFDM波形（只能用DM-RS Type 1）主要用于上行功率受限的用户，所以DM-RS的端口数始终等于1，并且受波形影响，故而PUSCH数据和DM-RS始终是时分复用的，即没有用于数据的CDM组数始终是2。

5. DM-RS功率增益

在数据解调或者发送时，UE需要知道PDSCH的DM-RS或PUSCH的DM-RS与数据之间在每个RE上的相对能量比，这样才能进行精准的信道估计，特别是当PDSCH/PUSCH数据不是QPSK调制时，数据解调是与功率（幅度的平方）有关系的。

对于每个端口，DM-RS和PDSCH/PUSCH的数据功率比取决于没有用于数据的CDM组数，如表3-7所示。

表3-7 PDSCH/PUSCH数据和DM-RS的能量比

没有用于数据的CDM组数	DM-RS Type 1	DM-RS Type 2
1	0dB	0dB
2	−3dB	−3dB
3	—	−4.77dB

对于DM-RS Type 1，如果没有用于数据的CDM组的个数是2，那么对于1个DM-RS端口，如端口0，它在CDM组0传输，且在CDM组1上没有发送任何数据和DM-RS，所以对于端口0，CDM组1上的能量就可以叠加到CDM组0上。而对于数据的RE，每个层上的功率没有叠加。这样，DM-RS端口0在一个RE上发送的DM-RS的能量相对于一个RE上该DM-RS端口对应的数据就有了2倍的提升，即3dB的增强。

而如果没有用于数据的CDM组的个数是1，那么DM-RS端口0在CDM组0上传输，而DM-RS端口0在CDM组1上是有PDSCH/PUSCH数据传输的，即CDM组1上的能量是不能借给CDM组0的，这样DM-RS端口0在一个RE上发送的DM-RS的能量与一个RE上的数据的能量之比为1:1，即0dB的增强。

同理，对于DM-RS Type 2，如果没有用于数据的CDM组的数量是3，那么对于一个DM-RS端口在一个RE上发送的DM-RS的能量相对于一个RE上的数据就有了3倍的提升，即4.77dB的增强。

6. DM-RS端口在高频下的应用限制

NR相较于LTE增益大的一个主要原因是NR支持更多的频谱，尤其是高频段频谱。然而，高频下会有相位噪声带来的影响，相位噪声导致每个OFDM时域符号上有一个随机的相位变化。为了估计相位噪声在时域符号上带来的相位变化，在数据传输区域，NR引入了PT-RS，详述可见3.4节。

由于DM-RS所在的OFDM符号上可能没有空余的RE用于传输PT-RS，所以DM-RS本身也可以当作PT-RS来估计DM-RS符号上的相位变化。然而，当前置DM-RS符号是2个时，一些DM-RS端口是利用TD-OCC正交复用在2个连续的时域符号上的。此时接收

端在解调这些DM-RS时，需要假设一个子载波上两个相邻的OFDM时域符号上的信道是相同的。但是，实际上由于相位噪声的存在，两个相邻OFDM时域符号上的信道存在较大的差异，因此利用TD-OCC不再能获得较好的正交性。也就是说，基站如果配置了PT-RS，那么就说明存在相位噪声，此时DM-RS就不能再使用TD-OCC去正交复用了。所以NR规定，PT-RS和使用了TD-OCC [1 –1]的DM-RS端口不能同时存在。对于DM-RS Type 1，用了TD-OCC [1 –1]的端口是DM-RS端口4～7；对于DM-RS Type 2，用了TD-OCC [1 –1]的端口是DM-RS端口6～11。

3.2.2 Rel-16低PAPR DM-RS

1. CP-OFDM的DM-RS增强

在3.2.1节介绍了Rel-15中对于CP-OFDM的PDSCH/PUSCH的DM-RS的序列设计，DM-RS序列在不同CDM组的序列是一样的，如图3-20和图3-21所示，这导致了DM-RS具有很高的功率峰均比（PAPR）。如图3-23所示，最右边的曲线代表基于Rel-15 DM-RS Type 2，单DM-RS时域符号上使用了端口0～6的序列的PAPR分布，右边起第二条曲线代表基于Rel-15 DM-RS Type 1，单DM-RS时域符号上使用了端口0～3的序列的PAPR分布，最左边的两条曲线重合，也是DM-RS Type 1和Type 2的PAPR分布，但不同CDM组所使用的序列不同。从图3-23中可以看出，如果不同CDM组使用不同的DM-RS序列，在10^{-4}概率处大概有2dB的PAPR降低。

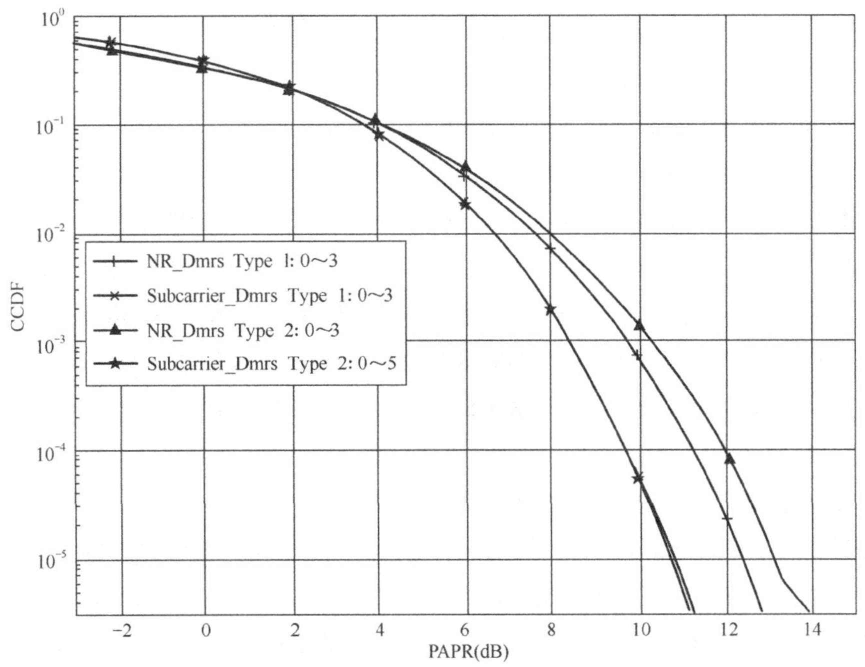

图3-23　不同DM-RS序列导致的PAPR对比[14]

因此，Rel-16在第一次会议上就进行了DM-RS序列增强，使得不同CDM组的DM-RS序列初始化不同，所采用的序列初始化公式如公式（3-5）所示[1]。

$$c_{\text{init}} = \left(2^{17}\left(N_{\text{symb}}^{\text{solt}} n_{\text{s,f}}^{\mu} + l + 1\right)\left(2N_{\text{ID}}^{\bar{n}_{\text{SCID}}^{\bar{\lambda}}} + 1\right) + 2^{17}\left\lfloor\frac{\bar{\lambda}}{2}\right\rfloor + 2N_{\text{ID}}^{\bar{n}_{\text{SCID}}^{\bar{\lambda}}} + \bar{n}_{\text{SCID}}^{\bar{\lambda}}\right) \text{mid} 2^{31} \quad (3\text{-}5)$$

其中，

$$\bar{n}_{\text{SCID}}^{\bar{\lambda}} = \begin{cases} n_{\text{SCID}}, & \lambda = 0 \text{ 或 } \lambda = 2 \\ 1 - n_{\text{SCID}}, & \lambda = 1 \end{cases}$$

$$\lambda = \bar{\lambda}$$

λ是CDM组的索引，可以是0、1、2（2只能用于DM-RS Type 2）。

为了支持Rel-16的UE和Rel-15的UE之间进行MU-MIMO传输，当$\lambda = 0$时，公式（3-5）和Rel-15的公式是一样的，即CDM组0上的DM-RS序列和Rel-15的序列是一样的。如此一来，Rel-16的UE和Rel-15的UE仍然可以复用，在相同的CDM组内，用不同DM-RS端口，也不影响下行MU-MIMO的干扰检测。如果Rel-15 UE和Rel-16 UE的DM-RS端口位于不同的CDM组，此时UE在进行MU-MIMO干扰检测时，往往不需要盲检测除自己端口外的其他CDM组上具体的干扰用户的DM-RS序列，所以也不影响MU-MIMO的实现。

2. DFT-S-OFDM的DM-RS增强

小区边缘用户的传输功率受限，此时传输波形可以配置成DFT-S-OFDM，这主要是为了使传输信号的PAPR更低。PAPR是决定UE最大发送功率的主要因素之一。在Rel-15，对于上行DFT-S-OFDM波形的数据传输引入了π/2 BPSK调制方式加上频域谱波形（Frequency Domain Spectrum Shaping，FDSS），目的就是获得非常低的PAPR。其中，FDSS波形的生成方法是UE实现问题，没有进行标准化。然而，当上行波形是DFT-S-OFDM时，对于Rel-15的DM-RS序列来说，无论数据传输的调制方式是什么，DM-RS都采用“ZC序列+CGS序列”，且是从频域上插入的，与CP-OFDM的DM-RS实现过程类似。这就导致了PUSCH和某些PUCCH格式是π/2 BPSK调制方式时，PUSCH/PUCCH数据的PAPR要低于DM-RS。由于UE的发送功率受限于数据和DM-RS中PAPR的较大值，所以最好保证DM-RS和数据的PAPR的等级相同。

如图3-24所示[15]，当DM-RS序列的子载波的数量为96或180时，最左边的两条重合的实曲线分别是数据PUSCH π/2 BPSK调制方式下的PAPR分布，以及Gold序列在π/2 BPSK调制方式下的PAPR分布；右边的实曲线是Rel-15的DM-RS的PAPR分布。图中实曲线都应用了FDSS，虚线没有应用FDSS。可以看出，Rel-15中PUSCH π/2 BPSK调制方式下DM-RS的PAPR要明显高于数据。而如果将基于Gold序列的DM-RS序列也经过π/2 BPSK调制，那么DM-RS的PAPR就和数据的PAPR几乎一样了。

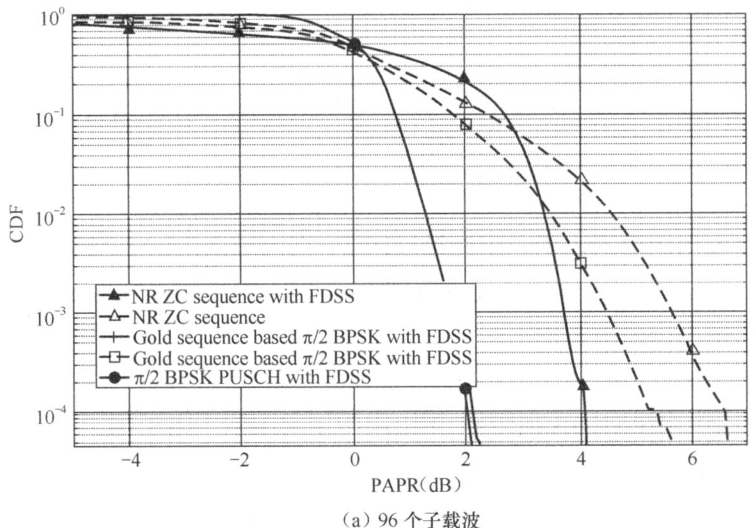

（a）96 个子载波

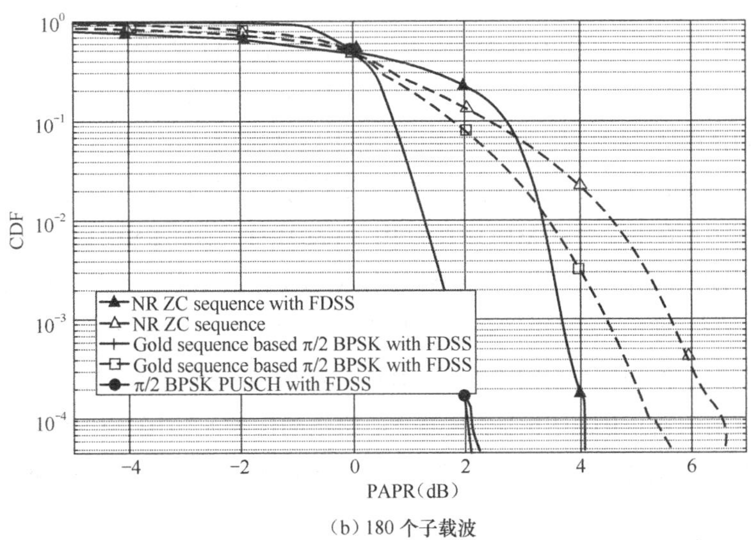

（b）180 个子载波

图3-24 PAPR比较，PUSCH，π/2 BPSK调制，FDSS对应的时域响应是[0.28，1，0.28]

为了使DFT-S-OFDM波形下数据和DM-RS的PAPR可以维持在相同等级，Rel-16对于PUSCH/PUCCH格式3、4的方案是当数据调制方式为π/2 BPSK时，DM-RS的生成过程与PUCCH/PUSCH的数据类似（基于DFT-S-OFDM），即先在时域上插入DM-RS，然后经过DFT变到频域，最后再经过IFFT变到时域上进行发送。当序列长度比较长时，即大于30时，此时可以简单地采用Gold序列作为时域上的参考信号，然后进行π/2 BPSK调制，再将调制好的符号进行DFT操作，并加上FDSS系数映射到相应的频域资源上。为了保证DM-RS信道估计的准确性，此过程需要数据和DM-RS所使用的FDSS相同。由于DM-RS是在DFT之前插入的，可以称之为Pre-DFT的DM-RS产生，如图3-25

所示。

图3-25　Pre-DFT DM-RS序列产生过程

DM-RS是在时域上插入的，因此经过DFT，在频域上的DM-RS可能不再平坦（ZC序列在频域上是平坦的），这或多或少会影响一些信道估计性能，通过分析各厂家的仿真发现，它实际上性能损失很小。

（1）PUSCH DM-RS

PUSCH需要支持MU-MIMO调度，即需要支持多端口。由于DM-RS是在时域上插入的，且不同用户所用的FDSS系数可能不同，因此不同用户在频域相同RE上的DM-RS序列值不同。此时，基于DM-RS Type 1的图样就不能用FD-OCC来保证两个UE的DM-RS端口正交，即FD-OCC [1 –1]的DM-RS端口（端口1、端口3、端口5、端口7）不能继续使用，如表3-8所示。一个OFDM时域符号时，Rel-16 PUSCH DM-RS只支持两个正交端口，其中两个正交端口分别映射在频域上的不同comb，即DM-RS Type 1的端口0和端口2。而两个OFDM时域符号时，Rel-16 PUSCH DM-RS只支持4个正交端口，其中两个正交端口利用不同comb正交，另外两个正交端口利用两个时域符号上的TD-OCC正交。

图3-26给出了在一个OFDM时域符号内，Pre-DFT的DM-RS映射到DM-RS Type 1的操作过程。DM-RS的序列长度是N个基于DM-RS Type 1的子载波，DM-RS序列长度是PUSCH的一半，即PUSCH的子载波个数为$2N$。将产生的长度为N的DM-RS序列进行π/2 BPSK调制后，再进行N点DFT扩展，DM-RS序列会变换到频域，长度仍然是N，最后映射在相应端口对应的comb的子载波上。如果端口为0，那么N个频域序列就映射在PUSCH的偶数子载波上，如果端口为2，那么N个频域序列就映射在PUSCH的奇数子载波上。

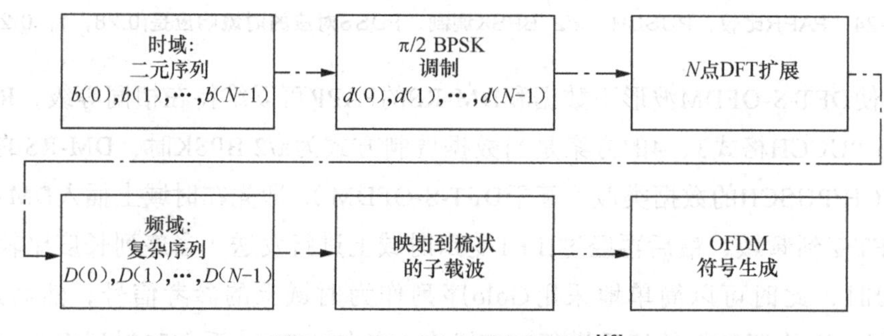

图3-26　DM-RS序列产生过程[16]

如果DM-RS序列较短，即PUSCH分配的PRB较少时，为了和其他非π/2 BPSK调制的DM-RS序列数量保持一致，则可以用计算机生成30个PAPR低、互相关性低、自相关

性高的QPSK调制的序列。在时域上插入的DM-RS经过DFT之后，在频域上可能不再平坦，所以CGS序列也要保证信道估计的性能。当DM-RS序列长度为6时，即PUSCH占1个PRB，由于序列长度太短，长度6的QPSK调制的候选序列过少，选不出30个足够好的序列，所以Rel-16最终采用了8-PSK的CGS序列。具体产生的序列可以参考TS38.211的5.2.3.2节[1]。

如果DM-RS序列较长，则无法采用CGS序列。直观地，可以利用Rel-15的方式生成Gold序列后，再进行π/2 BPSK调制。这样只需要定义序列初始化所需要的参数即可。Rel-15用于CP-OFDM PUSCH的DM-RS序列产生公式仍然可以重用。

$$c_{\text{init}} = \left(2^{17}\left(N_{\text{symb}}^{\text{solt}} n_{\text{s,f}}^{\mu} + l + 1\right)\left(2N_{\text{ID}}^{n_{\text{SCID}}} + 1\right) + 2N_{\text{ID}}^{n_{\text{SCID}}} + n_{\text{SCID}}\right) \bmod 2^{31} \quad (3\text{-}6)$$

其中，N_{ID}^{0} 和 N_{ID}^{1} 是由两个新的RRC信令参数配置得到的，n_{SCID}的取值仍然是0或1。然而在Rel-15中，当PUSCH是DFT-S-OFDM波形时，DCI format 0_1中是没有DM-RS序列初始化指示域的。由于DCI format 0_0调度的PUSCH是紧凑型的DCI，且不做多用户，默认$n_{\text{SCID}} = 0$。而对于DCI format 0_1调度的PUSCH，且在PUSCH是π/2 BPSK调制方式时，Rel-16的DM-RS端口只有其他调制方式时的一半，所以DM-RS端口信息和n_{SCID}可以联合编码，并利用DCI中的DM-RS端口指示域通知，而且能保证与Rel-15的DCI大小一样，如表3-8所示。另外，Rel-16也支持DCI format 0_2，如果包含端口指示域，则可以用于指示DM-RS端口和n_{SCID}的信息。

表3-8 Rel-16 PUSCH是π/2 BPSK调制，1个前置DM-RS符号

索引	没有数据的CDM组数量	端口
0	2	0，$n_{\text{SCID}} = 0$
1	2	0，$n_{\text{SCID}} = 1$
2	2	2，$n_{\text{SCID}} = 0$
3	2	2，$n_{\text{SCID}} = 1$

另外，从DM-RS序列初始化的公式可以看出，序列值随着OFDM时域符号索引的变化而变化。当前置DM-RS是两个时，如果同一子载波上连续的两个OFDM符号上的DM-RS序列不同，TD-OCC的应用会受影响，见图3-22。所以，NR Rel-16仍规定两个连续的DM-RS时域符号上的序列相同，即第二个时域符号与第一个时域符号相同。

需要说明的是，Rel-16的PUSCH DM-RS不能用于公共搜索空间配置的DCI format 0_0调度的PUSCH。在调度PUSCH之前，基站可能无法知道一个UE是否支持Rel-16新的DM-RS序列。

（2）PUCCH DM-RS

与PUSCH是π/2 BPSK调制时的情况一样，PUCCH格式3和格式4的DM-RS在Rel-16中也进行了增强，目的是希望PUCCH数据在π/2 BPSK调制方式时DM-RS的

PAPR和PUCCH数据的PAPR差不多。由于Rel-15 PUCCH的DM-RS没有采用comb的形式，Rel-16为了最小化标准影响，仍然采用Rel-15在频域上的映射方式，即1个PRB内12个子载波都用于DM-RS。由于没有采用comb的形式，且PUCCH格式3和格式4的DM-RS符号之间不支持TD-OCC，所以Rel-16增强后的DM-RS的端口数限制为1。

由于PUCCH格式4只有1个PRB，所以采用长度为12的CGS序列。

由于PUCCH格式3的PRB数量可配置，所以采用的序列与上述PUSCH类似。序列的初始化c_{init}采用Rel-15 PUCCH格式2的序列初始化公式。

$$c_{\text{init}} = \left(2^{17}\left(N_{\text{symb}}^{\text{slot}} n_{\text{s,f}}^{\mu} + l + 1\right)\left(2N_{\text{ID}}^{0} + 1\right) + 2N_{\text{ID}}^{0}\right) \bmod 2^{31} \tag{3-7}$$

其中，N_{ID}^{0}是由PUSCH DM-RS的加扰ID配置的。

3.3 SRS

在无线通信系统中，信道状态信息（Channel State Information，CSI）的准确度会对多天线系统尤其是大规模多入多出（Massive MIMO）系统的性能产生重要影响。CSI又分为上行CSI和下行CSI。基站通过接收测量用户发送的上行导频，获取上行CSI，从而制定出最优调度策略，为用户分配合适的时频资源以及调制编码方式。通常会通过基站发送下行导频序列，获取下行CSI，各用户接收测量下行导频获得相应的CSI并反馈给基站。但随着基站侧天线数量的增加，不仅下行导频会占用大量的下行时频资源，CSI反馈也会面临巨大的上行资源开销。而利用信道互易性获取下行CSI的方式，则是通过基站接收测量UE发送的上行导频，将得到的上行CSI互易为下行CSI，这样不仅可以避免大额的反馈开销，而且可以提高CSI获取的准确度，从而提升下行传输的性能。因此，利用信道互易性的TDD方式更适用于配置了大规模天线的Pre 5G/4.5G或5G系统。由此可见，上行导频的设计至关重要，会对无线通信系统的上下行性能产生严重影响。

在4G的LTE系统中，上行导频分为上行解调参考信号和探测参考信号（Sounding Reference Signal，SRS），上行解调参考信号用于上行数据的解调，而SRS则用于上行CSI和下行CSI的测量，SRS的发送方法直接关系到SRS正交复用的资源利用率、信令指示的开销、信道测量的准确度，进而影响整体的系统传输性能，这是无线通信技术中的重要内容。5G对SRS的设计，继承了4G中部分SRS的设计原理，同时根据5G的设计需求，采用了众多新的设计方案，扩展了SRS的功能，将SRS用于上行波束的扫描、终端的定位。

本节首先对4G LTE中SRS容量增强技术进行了回顾，接着介绍5G SRS的设计，5G SRS设计内容主要包括SRS类型、SRS时频码域资源、SRS序列、SRS信令配置等。

3.3.1 LTE中的SRS容量增强技术

为了准确地反映信道的变化，SRS的发送周期需小于信道相干时间，其带宽需求显著大于信道相干带宽。

以Rel-8为例，假定在TU信道下时速为10km/h的场景中，TU信道的最大时延为5.5μs，信道的相干时间大约为10ms，而每个CS的循环移位间隔为4.1669μs（66.67/2/8 = 4.1669μs），因此，为了适应TU信道大的时延扩展，只能选取4个CS，且SRS的发送周期不能大于10ms。5MHz带宽下，SRS最小为4 RB，最大为24 RB，如表3-9所示。

表3-9 不同UE-Specific SRS周期和带宽下的SRS复用容量对比

SRS周期	窄带探测（4 RB）	宽带探测
2ms	96	16
5ms	240	40
10ms	480	80
20ms	960	160
40ms	1920	320

Rel-8的单天线发送，每个UE只需占用1个SRS资源，因此可满足5MHz带宽下300个活跃用户的需求。但在LTE-A系统中，除了单天线的用户，还有2天线和4天线的用户，他们分别需占用2个SRS资源和4个SRS资源。假设平均每个用户占用2个SRS资源，根据表3-9可知，10ms周期窄带SRS时，只能容纳240个活跃用户。如果存在频率选择性调度和非连续资源分配，且采用宽带探测，则容纳的用户就更少。

实际系统中，不同的用户移动速度和所处的信道环境差别都比较大，而且用户的天线数也不尽相同，为了便于量化SRS的资源需求，假设用户群的平均时速为10km/h，所处信道的平均最大多径时延为3μs，用户群的平均天线数为2，则：

- 窄带SRS（4 RB）情况下能容纳的用户数为480（8×2×10×6/2 = 480）；
- 宽带SRS（24 RB，5MHz）情况下能容纳的用户数为80（8×2×10/2 = 80）。

另外，从图3-27中可以看出，随着SU-MIMO终端天线数量的增长，复用的用户数越多，SRS的周期就越长[17]，而周期长会导致SRS不能及时反映出信道的变化，最终使得系统性能下降，如图3-28所示[18]。因此，在LTE-A Rel-10系统中，增强SRS的复用容量是有必要的。

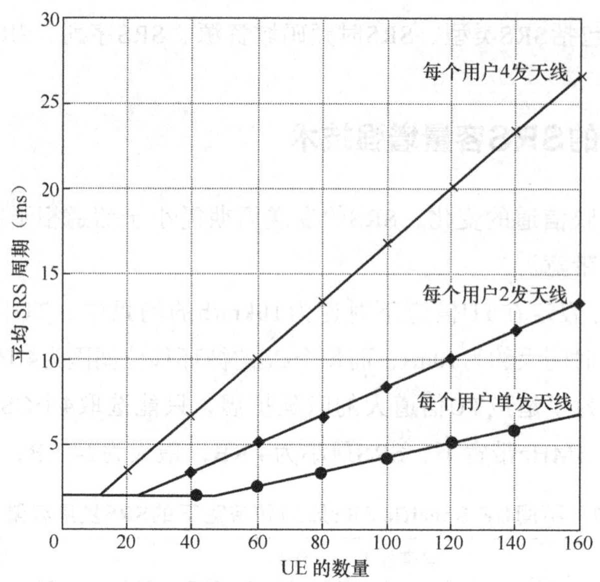

图3-27 不同发射天线、不同数量UE的平均SRS周期

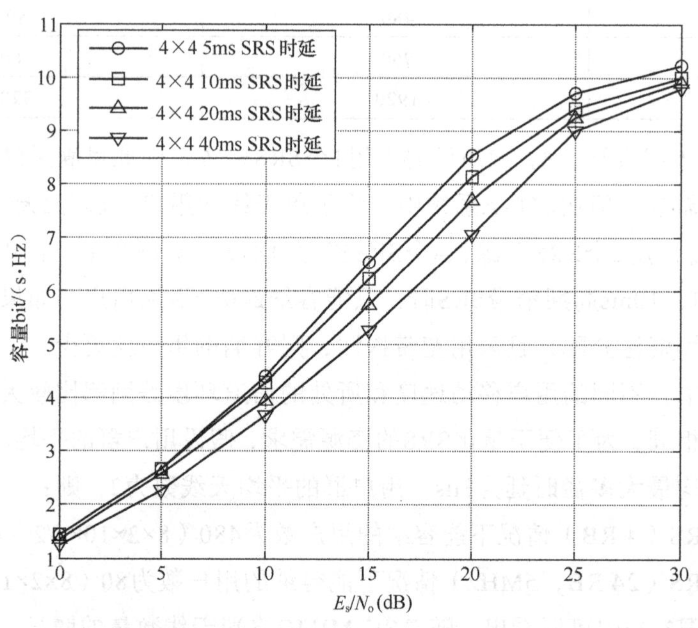

图3-28 不同探测参考信号（sounding）时延下的性能（4×4，3km/h）

在Rel-10阶段引入了非周期SRS用于提高资源利用率，但实际上SRS的物理资源并没有增加。到了Rel-11阶段，为了利用信道互易性增强下行CoMP（Coordinated Multiple Points，多点协作）的传输，发送SRS会更频繁。SRS资源在多个小区之间进行协作调度有利于改善小区间SRS的正交性，这也意味着CoMP UE要占用更多的SRS资源，所

以相较Rel-10，Rel-11中的SRS的资源会变得更加紧缺。到了Rel-13，FD-MIMO系统下基站会调度更多的用户，SRS不仅要用于上行信道的估计，还要用于利用信道互易性时下行信道的估计，这时SRS的容量不足的问题会更加突出，因此Rel-13有必要增强SRS的复用容量。

1. 增加SRS的发送梳（comb）数量

Rel-8中可用的SRS循环移位数量为8，可用的comb数量为2。为了增强SRS的复用容量，可在保持CS之间为整数个抽样点距离的情况下，将CS数量扩展为12，同时将comb的数量扩展为4（时域的RPF相应增加为4，RPF为重复因子，即时域上波形重复的次数），如图3-29所示，这样最多可将SRS的复用容量提升为原来的3倍［（4×12）/（2×8）= 3］。

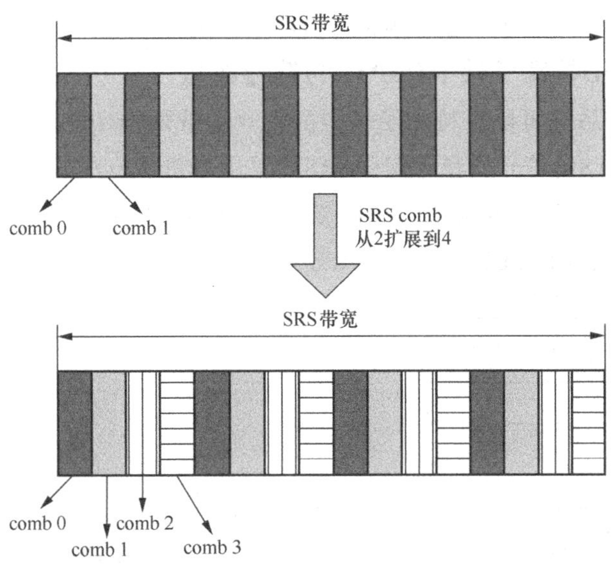

图3-29 SRS的comb数量从2增加至4

1个OFDM符号的持续时间为66.67μs，相邻CS的时间间隔为66.67/（RPF×CS的数量），当CS的数量为12，RPF为4时，相邻CS的时间间隔为1.39μs。增加CS的数量和comb的数量，适合用在平坦信道，而不适用于典型的频率选择性信道（如TU6信道，最大时延为5.5μs）。但如果基站能够根据UE所处的环境配置相应的RPF，例如，小时延扩展的信道环境下，RPF配置为4，大时延扩展的信道环境下，RPF配置为2，那么增加循环移位或RPF就是一种非常有效的增加SRS复用容量的解决方式。

表3-10给出了comb 2和comb 4的复用容量对比，假定系统带宽为20MHz，每个comb下分为窄带探测和宽带探测。

comb 2：假定每个comb使用4个CS，相邻CS的时间间隔为8.33μs。

comb 4：假定每个comb使用6个CS，相邻CS的时间间隔为2.78μs。

表3-10 SRS的复用容量对比（UE with 1Tx）

	SRS周期	窄带（8 RB）探测	宽带（96 RB）探测
comb 2	2ms	192	16
	5ms	480	40
	10ms	960	80
	20ms	1920	160
comb 4	2ms	576	48
	5ms	1440	120
	10ms	2880	240
	20ms	5760	480

相较于comb 2，comb 4可以非常有效地提升SRS的复用容量，但它在频率选择性信道下容量提升非常有限，会影响SRS信道估计的准确度。

2. 增加TDD特殊子帧中UpPTS的符号数量

传统的TDD系统可以在特殊子帧中配置一个或两个UpPTS符号用于发送SRS。可以通过增加UpPTS的符号数量来增强SRS的复用容量，方法如下。

方法1：调整特殊子帧配置，通过减少DwPTS符号来增加UpPTS符号的数量（见图3-30）。GP与传统的TDD系统保持一致。

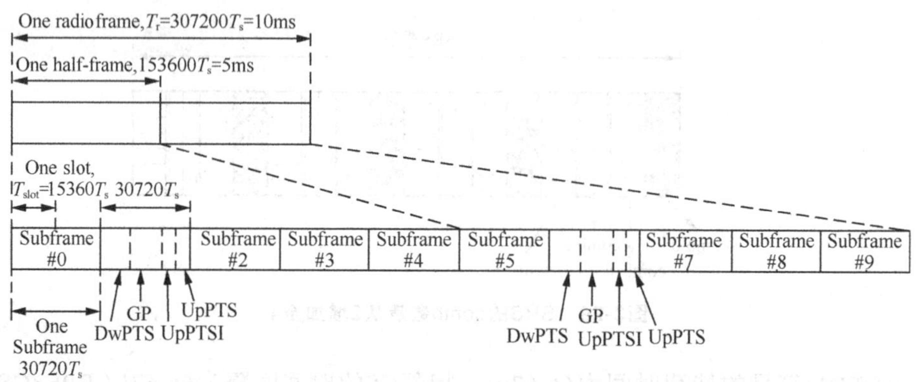

图3-30 通过减少DwPTS符号增加UpPTS符号的数量

方法2：通过减少某些场景下的GP来增加UpPTS符号的数量。

在大覆盖的小区中配置方法1，会在一定程度上减小下行的吞吐量，但会有更多的UpPTS符号用于发送SRS，因此增强了SRS的复用容量。方法2可配置在对保护间隔要求比较低的稠密小区中。这两种方法的优缺点如下。

优点：明显提升SRS的复用容量；不存在后向兼容性的问题。

缺点：会缩短GP间隔或者减少可用的DwPTS符号数。

3. 空闲的DM-RS资源作为SRS资源

通过在相同带宽或者部分重叠的带宽上联合调度“sounding UE”和“PUSCH

transmitting UE”，并利用上行DM-RS的空闲CS资源，来达到扩展SRS容量的目的[19]。其中，“PUSCH transmitting UE”为正常发送PUSCH和DM-RS的UE，“sounding UE”为只发送DM-RS用于信道测量的UE，如图3-31所示。可以利用不同的OCC或者CS区分DM-RS for PUSCH和DM-RS for SRS，OCC则可以用来区分不同带宽的UE。

DM-RS的资源作为SRS的资源需要信令的支持，其最大的缺点是浪费DCI信令，此外，“sounding UE”复用在“PUSCH transmitting UE”上，会影响“PUSCH transmitting UE”的性能。

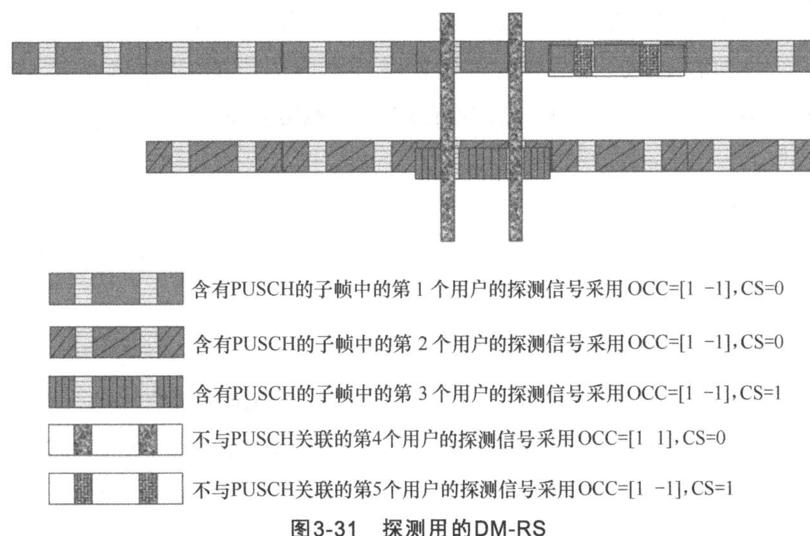

图3-31 探测用的DM-RS

空闲的DM-RS资源作为SRS资源的优点是明显提升SRS的复用容量；其缺点是会影响其他UE的DM-RS信道估计性能。

4. 扩展SRS的时域符号数量

对于上行子帧，现有LTE-A协议只允许在最后一个时域符号发送SRS，为了增强SRS的复用容量，也可以新增时域符号发送SRS，如在倒数第二个时域符号发送SRS，具体如图3-32所示。

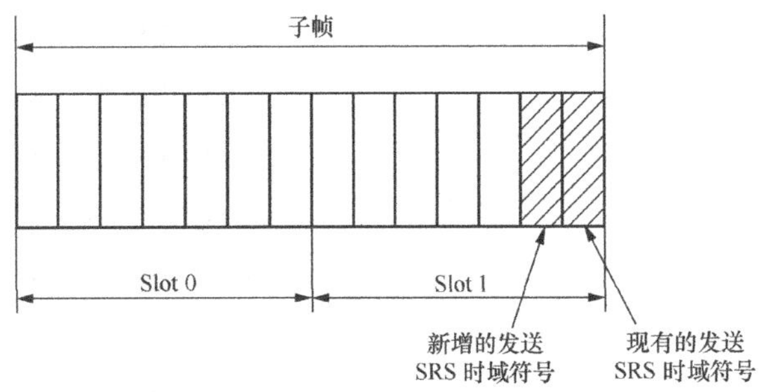

图3-32 增加上行子帧发送SRS的时域符号的数量

增加SRS时域符号资源的优缺点如下。

优点：SRS的复用容量翻倍。

缺点：影响上行传输的吞吐量；存在后向兼容性问题。

3.3.2 SRS类型

SRS包括周期SRS、半持续SRS和非周期SRS。半持续SRS是5G NR中新加入的SRS类型。

（1）周期SRS

可以采用周期SRS通过时域资源错开的方式复用不同的SRS用户。如果配置的SRS周期相同，则可以通过不同的时隙偏置错开不同用户的SRS资源。对于周期SRS，网络侧通过高层信令为周期或者半持续的SRS配置slot周期和slot offset，只有在满足$\left(N_{\text{slot}}^{\text{frame},\mu} n_{\text{f}} + n_{\text{s,f}}^{\mu} - T_{\text{offset}}\right) \bmod T_{\text{SRS}} = 0$的候选时隙上才会发送周期或半持续SRS。Rel-15 NR配置的周期支持1、2、4、5、8、10、16、20、32、40、64、80、160、320、640、1280、2560个slot，Rel-16 NR用于定位的SRS则支持更大的周期配置取值，高层RRC信令分别如下所示。

```
SRS-Periodicity and Offset ::=          CHOICE {
    sl1                                      NULL,
    sl2                                      INTEGER（0...1），
    sl4                                      INTEGER（0...3），
    sl5                                      INTEGER（0...4），
    sl8                                      INTEGER（0...7），
    ...                                 ...
    sl2560                                   INTEGER（0...2559）
}
SRS-Periodicity and Offset-r16 ::=          CHOICE {
    sl1                                  NULL,
    sl2                                  INTEGER（0...1），
    sl4                                  INTEGER（0...3），
    sl5                                  INTEGER（0...4），
    sl8                                  INTEGER（0...7），
    sl10                                 INTEGER（0...9），
    ...                                  ...
    sl81920                              INTEGER（0...81919），
    ...
}
```

（2）半持续SRS

为了增强SRS发送的灵活性，同时节省下行控制信令开销，NR引入了半持续SRS。半持续SRS与周期SRS一样，需要在满足$\left(N_{\text{slot}}^{\text{frame},\mu}n_{\text{f}}+n_{\text{s,f}}^{\mu}-T_{\text{offset}}\right)\bmod T_{\text{SRS}}=0$的候选时隙发送，此外，网络侧需要通过MAC CE信令激活半持续SRS。半持续SRS比周期SRS更灵活，因为MAC CE的发送比RRC信令更快。

（3）非周期SRS

非周期SRS通过DCI中的SRS Request域触发，如表3-11所示。发送非周期SRS的时隙与包含SRS Request域的DCI所在时隙之间的时隙偏置值，传统的SRS由网络侧通过RRC信令在SRS资源集中进行配置；对于定位的SRS，时隙偏置是在SRS资源中配置的。除了TypeA SRS载波切换，1个SRS Request域的2bit的4种状态分别表示不触发SRS、触发链接在SRS触发状态01上的所有SRS资源集、触发链接在SRS触发状态10上的所有SRS资源集、触发链接在SRS触发状态11上的所有SRS资源集。

表3-11 SRS请求

SRS请求域的取值	DCI格式0_1、0_2、1_1、1_2，以及配置的高层参数srs-TPC-PDCCH-Group设置为'TypeB'时的DCI格式2_3触发的非周期SRS资源集	配置的高层参数srs-TPC-PDCCH-Group设置为'TypeA'时的DCI格式2_3触发的非周期SRS资源集
00	无非周期SRS资源集触发	无非周期SRS资源集触发
01	配置的高层参数aperiodic SRS-Resource Trigger设置为1或者在参数aperiodic SRS-Resource Trigger List中的入口设置为1时的SRS资源集触发SRS	对于高层配置的第1服务小区集合，SRS资源集中配置的高层参数usage设置为'antennaSwitching'，而且资源集中的resource Type设置为'aperiodic'
10	配置的高层参数aperiodic SRS-Resource Trigger设置为2或者在参数aperiodic SRS-Resource Trigger List中的入口设置为2时的SRS资源集触发SRS	对于高层配置的第2服务小区集合，SRS资源集中配置的高层参数usage设置为'antennaSwitching'，而且资源集中的resource Type设置为'aperiodic'
11	配置的高层参数aperiodic SRS-Resource Trigger设置为3或者在参数aperiodic SRS-Resource Trigger List中的入口设置为3时的SRS资源集触发SRS	对于高层配置的第3服务小区集合，SRS资源集中配置的高层参数usage设置为'antennaSwitching'，而且资源集中的resource Type设置为'aperiodic'

携带SRS请求域的DCI格式有：

- DCI format 0–1；
- DCI format 0–2；
- DCI format 1–1；
- DCI format 1–2；
- DCI format 2–3。

3.3.3 SRS时频码域资源

1. 时域资源

为了扩充SRS容量，NR Rel-15规定了一个时隙中最后6个OFDM符号用于SRS传输。所以SRS时域的起始位置由l_0（$l_0 = N_{\text{symb}}^{\text{slot}} - 1 - l_{\text{offset}}$）决定，用于从时隙的最后一个符号从后往前计算，其中，$l_{\text{offset}} \geqslant N_{\text{symb}}^{\text{SRS}} - 1$。为了进一步增加SRS的容量并提高定位的准确度，经过NR Rel-16 NR-U（NR Unlicensed Band）和定位议题的讨论，最终同意了SRS潜在的传输位置可以是一个时隙内任何的OFDM符号。其中偏置值$l_{\text{offset}} \in \{0,1,\cdots,13\}$由高层RRC信令进行配置；对于非定位的SRS资源，$N_{\text{symb}}^{\text{SRS}} \in \{1,2,4\}$为SRS资源所占用的连续的符号数量，由高层信令配置。SRS时域符号位置示例如图3-33和图3-34所示。

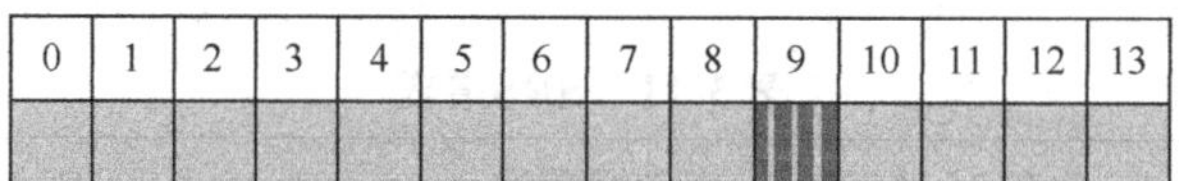

图3-33　SRS时域符号位置示例1（$N_{\text{symb}}^{\text{SRS}} = 1$，$l_0 = 9$）

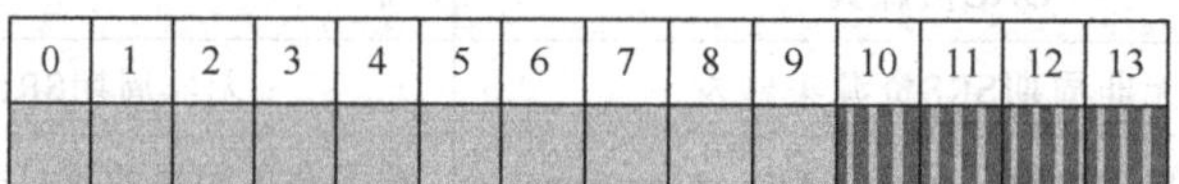

图3-34　SRS时域符号位置示例2（$N_{\text{symb}}^{\text{SRS}} = 4$，$l_0 = 10$）

2. 频域资源

频域起始位置$k_0^{(p_i)}$由公式（3-8）决定。

$$k_0^{(p_i)} = \overline{k}_0^{(p_i)} + \sum_{b=0}^{B_{\text{SRS}}} K_{\text{TC}} M_{\text{sc,b}}^{\text{SRS}} n_b \tag{3-8}$$

其中

$$\overline{k}_0^{(p_i)} = n_{\text{shift}} N_{\text{sc}}^{\text{RB}} + (k_{\text{TC}}^{(p_i)} + k_{\text{offset}}^{l'}) \bmod K_{\text{TC}}$$

$$k_{\text{TC}}^{(p_i)} = \begin{cases} \left(\overline{k}_{\text{TC}} + K_{\text{TC}}/2\right) \bmod K_{\text{TC}} & \text{如果 } n_{\text{SRS}}^{\text{cs}} \in \left\{n_{\text{SRS}}^{\text{cs,max}}/2,\cdots,n_{\text{SRS}}^{\text{cs,max}}-1\right\}, N_{\text{ap}} = 4, p_i \in \{1,3\} \\ \overline{k}_{\text{TC}} & \text{其他} \end{cases}$$

如果$N_{\text{BWP}}^{\text{start}} \leqslant n_{\text{shift}}$，则$k_0^{(p_i)} = 0$的参考点为通用资源块CRB0的子载波0，否则，参考点为BWP的最低子载波。

频域移位值n_{shift}用于调整SRS相对于参考点栅格的位置，由高层参数freqDomain Shift确定。发送梳偏置$\overline{k}_{\text{TC}} \in \{0,1,\cdots,K_{\text{TC}}-1\}$由高层参数transmission Comb确定，n_b是频域位置索引。

其中，$M_{\text{sc},b}^{\text{SRS}} = m_{\text{SRS},b} N_{\text{sc}}^{\text{RB}} / K_{\text{TC}}$，$m_{\text{SRS},b}$为SRS在频域上分布的RB数量，由高层RRC

的配置参数 C_{SRS}、B_{SRS} 和表3-12确定。

表3-12 SRS带宽配置

C_{SRS}	$B_{\text{SRS}}=0$		$B_{\text{SRS}}=1$		$B_{\text{SRS}}=2$	
	$m_{\text{SRS},0}$	N_0	$m_{\text{SRS},1}$	N_1	$m_{\text{SRS},2}$	N_2
0	4	1	4	1	4	1
1	8	1	4	2	4	1
2	12	1	4	3	4	1
3	16	1	4	4	4	1
4	16	1	8	2	4	2
5	20	1	4	5	4	1
6	24	1	4	6	4	1
7	24	1	12	2	4	3
8	28	1	4	7	4	1
9	32	1	16	2	8	2
10	36	1	12	3	4	3
11	40	1	20	2	4	5
⋮	⋮	⋮	⋮	⋮	⋮	⋮
63	272	1	16	17	8	2

LTE原有的带宽配置方法：首先根据系统配置的带宽，从4个配置表格中选出一个表格，再基于参考信号的带宽配置索引得到SRS的发送带宽集合。为了支持NR中更大的带宽配置，而且考虑到NR中不会再给UE配置cell-specific的系统带宽，NR使用一个大的独立表格来配置所有的SRS发送带宽集合，这个表格包括了多个公司给出的值。

计算 n_b 时，要通过高层参数 $b_{\text{hop}} \in \{0,1,2,3\}$ 来配置SRS在频域上是否进行Hopping。

（1）当 $b_{\text{hop}} \geqslant B_{\text{SRS}}$ 时，表示SRS不在频域上进行Hopping（Hopping Disable），此时，在计算SRS信号的频域起始位置公式中，n_b 的计算公式为 $n_b = \lfloor 4n_{\text{RRC}}/m_{\text{SRS},b} \rfloor \bmod N_b$。

（2）当 $b_{\text{hop}} < B_{\text{SRS}}$ 时，表示SRS在频域上进行Hopping（Hopping Enable），此时，在计算SRS信号的频域起始位置公式中，n_b 的计算公式分为两部分，一部分是初始值（其计算公式与Hopping Disable时是一样的）；另一部分是随时间跳变的部分 $F_b(n_{\text{SRS}})$，具体描述如下。

$$n_b = \begin{cases} \lfloor 4n_{\text{RRC}}/m_{\text{SRS},b} \rfloor \bmod N_b & b \leqslant b_{\text{hop}} \\ \{F_b(n_{\text{SRS}}) + \lfloor 4n_{\text{RRC}}/m_{\text{SRS},b} \rfloor\} \bmod N_b & \text{其他} \end{cases} \tag{3-9}$$

$F_b(n_{\text{SRS}})$ 的计算方法与LTE的计算方法一致。

SRS的Hopping公式实际上体现了如图3-35所示的一种Hopping方式：图中不同的UE占用不同的频域带宽，假设这些UE的SRS周期相同。

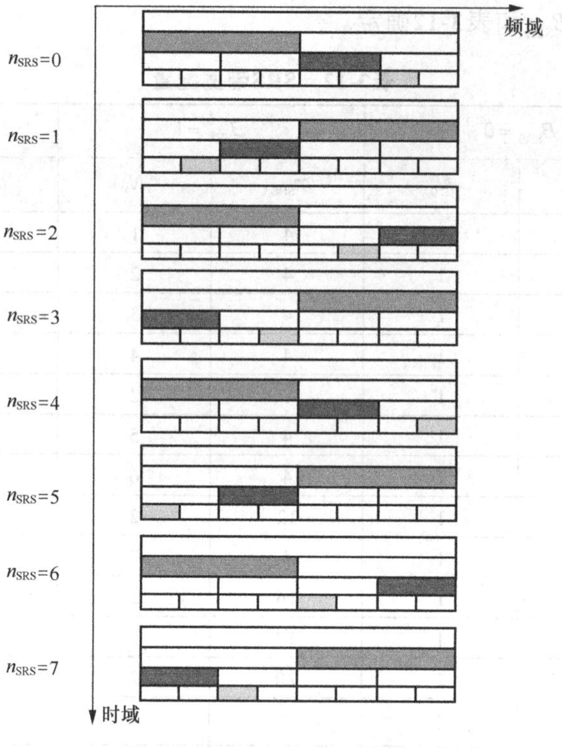

图3-35 SRS Hopping示意图

Hopping公式中，$F_b(n_{SRS})$的计算看起来比较复杂，其实规律很明显。

$F_0(n_{SRS})$始终等于0

$$F_1(n_{SRS}) = 0,1,2,\cdots,N_1-1,0,1,2,\cdots,N_1-1,\cdots$$

$$F_2(n_{SRS}) = \underbrace{0,0,\cdots,0}_{N_0\times N_1},\underbrace{1,1,\cdots,1}_{N_0\times N_1},\underbrace{2,2,\cdots,2}_{N_0\times N_1},\cdots,\underbrace{N_2-1,N_2-1,\cdots,N_2-1}_{N_0\times N_1},\cdots$$

$$F_3(n_{SRS}) = \underbrace{0,0,\cdots,0}_{N_0\times N_1\times N_2},\underbrace{1,1,\cdots,1}_{N_0\times N_1\times N_2},\underbrace{2,2,\cdots,2}_{N_0\times N_1\times N_2},\cdots,\underbrace{N_3-1,N_3-1,\cdots,N_3-1}_{N_0\times N_1\times N_2},\cdots$$

再加上初始值部分$\lfloor 4n_{RRC}/m_{SRS,b} \rfloor \bmod N_b$就能得到每个Hopping时隙$n_{SRS}$上的频域位置。

非周期SRS和周期或半持续SRS对于SRS发送次数n_{SRS}的计算方法分别如下：

（1）对于非周期SRS，$n_{SRS} = \lfloor l'/R \rfloor$；

（2）对于周期或半持续SRS，$n_{SRS} = \left(\dfrac{N_{slot}^{frame,\mu} n_f + n_{s,f}^{\mu} - T_{offset}}{T_{SRS}}\right) \cdot \left(\dfrac{N_{symb}^{SRS}}{R}\right) + \left\lfloor \dfrac{l'}{R} \right\rfloor$。

n_{SRS}的计算方法与4G LTE中的计算方法差异很大，这主要是因为NR支持时隙内连续多个符号的SRS及SRS在多个符号间的频域重复和频域跳转，如图3-36所示。

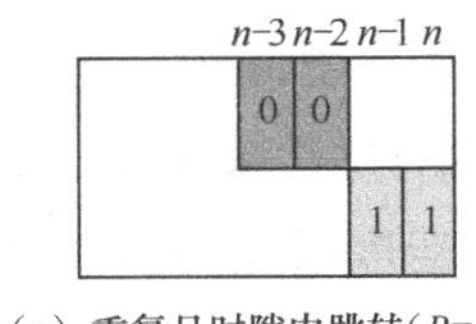

（a）重复且时隙内跳转（R=2）

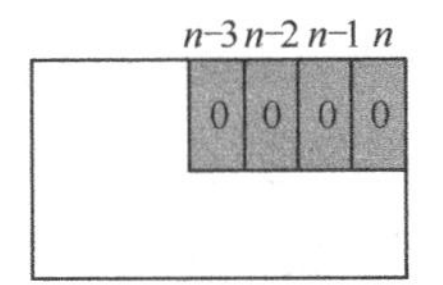

（b）重复且时隙间跳转（R=4）

图3-36　SRS跳转示意图

3. 码域资源

不同的UE可以使用相同的SRS时频资源，并通过码域资源进行复用。不同的UE既可以通过不同的根序列进行码分复用，也可以通过不同的循环移位进行复用。SRS序列的产生方式将在3.3.4节介绍。本节主要介绍不同UE的不同SRS端口，通过不同的循环移位进行复用。

天线端口 p_i 的循环移位 α_i 由公式（3-10）确定。

$$\begin{aligned}\alpha_i &= 2\pi\frac{n_{\text{SRS}}^{\text{cs},i}}{n_{\text{SRS}}^{\text{cs,max}}} \\ n_{\text{SRS}}^{\text{cs},i} &= \left(n_{\text{SRS}}^{\text{cs}} + \frac{n_{\text{SRS}}^{\text{cs,max}}\left(p_i-1000\right)}{N_{\text{ap}}^{\text{SRS}}}\right) \bmod n_{\text{SRS}}^{\text{cs,max}}\end{aligned}, \tag{3-10}$$

其中，$n_{\text{SRS}}^{\text{cs}} \in \left\{0,1,\cdots,n_{\text{SRS}}^{\text{cs,max}}-1\right\}$，并由高层RRC信令进行配置。

不同的SRS发送梳对应的最大循环移位数量 $\left(n_{\text{SRS}}^{\text{cs,max}}\right)$ 如表3-13所示。

表3-13　不同的SRS发送梳对应的最大循环移位数量

K_{TC}	$n_{\text{SRS}}^{\text{cs,max}}$
2	8
4	12
8	6

3.3.4　SRS序列

NR的SRS序列与LTE一样，是基于计算机生成的CGS序列（序列长度小于30时）或者ZC序列（序列长度大于等于30时生成）。当SRS序列长度小于72时，SRS根序列的数量为30；当SRS序列长度大于等于72时，SRS根序列的数量为30或60。需要说明的是，这里SRS的序列长度是指映射了SRS的子载波数量，不包括两个SRS子载波中间空的RE。

LTE的SRS序列并不是资源专有（Resource Specific）的设计，也就是说，SRS序列的生成与SRS资源的位置无关，这也导致了不同UE之间的正交复用只能以不同comb的方式或者在SRS时频资源完全重叠时用不同CS的方式来实现，SRS的时频资源配置不够灵活高效。为了提高SRS时频资源分配的灵活度以支持不同UE的SRS时频资源部分重叠，在标准的讨论过程中，有如下两种增强型的5G NR的SRS序列生成方式。

（1）基于截取（Truncated）的ZC序列产生方式

首先基于最大的系统发送带宽生成一个母序列，然后UE根据其分配的SRS资源位置，从母序列中对应的资源位置截取SRS序列，如图3-37所示[20]。

然而，基于截取的ZC序列产生方式，序列的互相关特性较差，同时导致PAPR/CM值较大。

（2）基于块连接（Block-Wise Concatenation）的ZC序列产生方式

每个用户的SRS序列由多段短序列级联而成，如图3-38所示，这样可以使得部分重叠的多个用户之间实现SRS序列正交[21]。

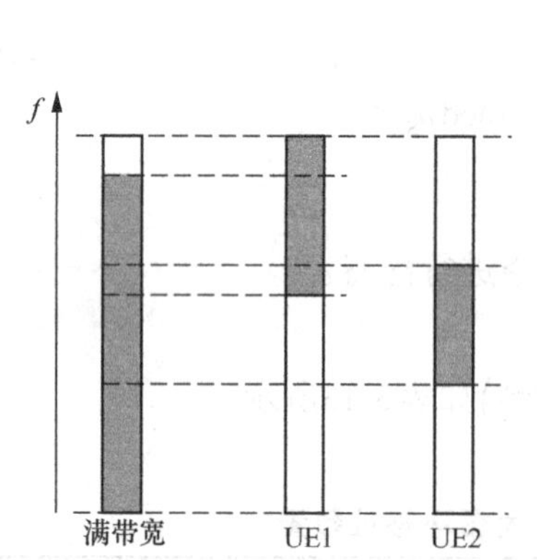

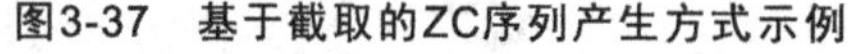

图3-37　基于截取的ZC序列产生方式示例

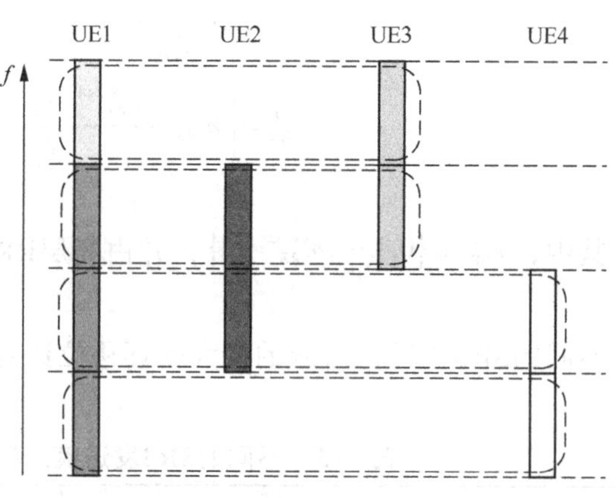

图3-38　基于块连接的ZC序列产生方式示例

为了避免出现块连接的ZC序列所导致的高CM值，可以在每个SRS子带上使用不同的SRS序列ID，产生不同的SRS基序列，而SRS序列ID基于SRS序列块所在的子带索引生成。此外，可以在不同的子带使用不同的循环移位以达到干扰随机化的目的。然而，这种方式导致了每个子带上的SRS序列过短，SRS序列间的相关性变差。

在NR的标准化讨论过程中，大部分终端厂商更看重PAPR/CM值的性能指标及序列间的相关特性，因此最终决定不采用上述两种序列产生方式，而是沿用了LTE中的SRS序列生成方式。

NR SRS的序列组可根据公式（3-11）确定。

$$u=\left(f_{\mathrm{gh}}\left(n_{\mathrm{s,f}}^{\mu},\ l'\right)+n_{\mathrm{ID}}^{\mathrm{SRS}}\right)\bmod 30 \tag{3-11}$$

其中，$n_{\mathrm{ID}}^{\mathrm{SRS}}$基于高层参数sequenceId确定，如果高层参数sequenceId来自SRS-Config IE，则$n_{\mathrm{ID}}^{\mathrm{SRS}}\in\{0,1,\cdots,1023\}$。$l'\in\{0,1,\cdots,N_{\mathrm{symb}}^{\mathrm{SRS}}-1\}$是SRS资源内的OFDM符号编号。

- 如果参数groupOrSequenceHopping为neither，则不进行组Hopping、序列Hopping。

$$f_{\text{gh}}\left(n_{\text{s,f}}^{\mu},l'\right)=0$$
$$v=0$$

- 如果参数groupOrSequenceHopping为groupHopping，则进行组Hopping，但不进行序列Hopping。

$$f_{\text{gh}}\left(n_{\text{s,f}}^{\mu},l'\right)=\left(\sum_{m=0}^{7}c\left(8\left(n_{\text{s,f}}^{\mu}N_{\text{symb}}^{\text{slot}}+l_0+l'\right)+m\right)\cdot 2^m\right)\bmod 30$$
$$v=0$$

其中，在每个无线帧的起始位置使用 $c_{\text{init}}=n_{\text{ID}}^{\text{SRS}}$ 初始化伪随机序列 $c(i)$。

- 如果参数groupOrSequenceHopping为sequenceHopping，则进行序列Hopping，但不进行组Hopping。

$$f_{\text{gh}}\left(n_{\text{s,f}}^{\mu},l'\right)=0$$
$$v=\begin{cases}c\left(n_{\text{s,f}}^{\mu}N_{\text{symb}}^{\text{slot}}+l_0+l'\right) & M_{\text{sc},b}^{\text{SRS}}\geqslant 6N_{\text{sc}}^{\text{RB}}\\ 0 & \text{其他}\end{cases}$$

每个符号的序列编号v是不一样的，LTE中v的初始化方式为

$$c_{\text{init}}=\left\lfloor\frac{n_{\text{ID}}^{\text{RS}}}{30}\right\rfloor\cdot 2^5+\left(n_{\text{ID}}^{\text{RS}}+\Delta_{\text{ss}}\right)\bmod 30 \tag{3-12}$$

LTE中产生SRS序列时，$n_{\text{ID}}^{\text{RS}}=N_{\text{ID}}^{\text{cell}}$，即LTE中的SRS序列ID其实还是cell-specific的小区ID，Δ_{ss} 也是cell-specific的偏置参数。而NR中引入了UE-specific的SRS序列ID，因此可以直接采用序列ID作为初始化值 $c_{\text{init}}=n_{\text{ID}}^{\text{SRS}}$。

上述组Hopping和序列Hopping公式中的 l_0+l' 的结果为时隙中的符号索引0，1,…, $N_{\text{symb}}^{\text{slot}}-1$，这样即使两个用户配置的SRS资源部分重叠，相同符号位置的SRS序列也能通过CS正交，如图3-39所示。除了公式中的这一项 $8\left(n_{\text{s,f}}^{\mu}N_{\text{symb}}^{\text{slot}}+l_0+l'\right)$ 与LTE的 $8n_{\text{s}}$ 不一样，其余产生的方式与LTE一样。这是由于NR的每个时隙中可以配置多个符号用于发送SRS，因此需要具体到符号的索引，而LTE的每个上行子帧最多只有1个符号用于SRS。因此，只需与时隙的索引 n_{s} 关联。序列初始化的方式：LTE为 $\left\lfloor\frac{N_{\text{ID}}^{\text{cell}}}{30}\right\rfloor$，NR为 $\left\lfloor n_{\text{ID}}^{\text{SRS}}/30\right\rfloor$。

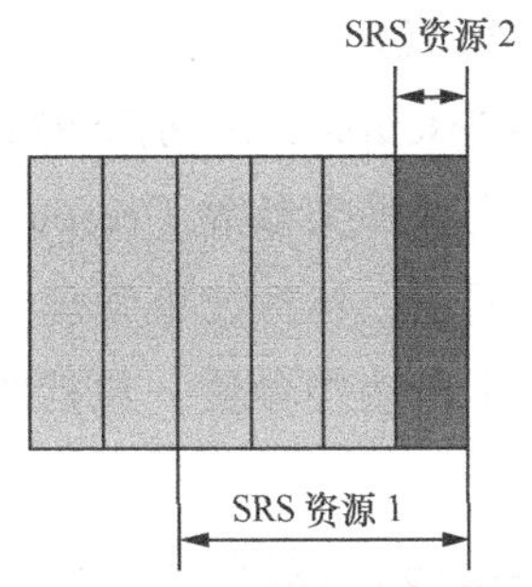

图3-39　两个用户SRS资源部分重叠的示例

3.3.5 SRS信令配置

5G NR对3种类型的SRS都使用了Resource（Resource Set）的两层资源配置结构，其高层RRC信令的配置结构如图3-40所示。

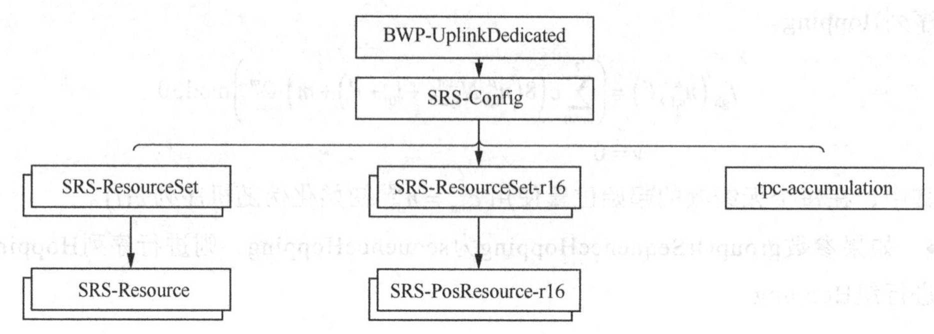

图3-40 SRS的RRC信令配置结构

其中，Rel-16的SRS是用于定位的，这里不进行详细介绍。UE可以配置一个或多个SRS ResourceSet，每个ResourceSet的SRS Resources至少有一个，且可通过高层参数SRS-SetUse配置其用途，用途包括波束管理、码本、非码本、天线切换。

当SRS的用途配置为非码本时，主要用于上下行有互易性时PUSCH的传输指示。如果SRS ResourceSet中配置了CSI-RS Association，则基于下行的CSI-RS计算发送SRS的预编码。当SRS的用途配置为码本时，SRS用于上行信道信息的测量。PUSCH的传输方式详见7.1节和7.2节。

当用途配置为波束管理时，配置的多个SRS ResourceSet中每个Set在同一时间只有一个SRS Resource能用于发送，属于不同Set的Resource则可以同时发送。所以，一个SRS ResourceSet可以对应一个UE的天线面板，同一个天线面板对应的多个波束只能在不同时刻发送，而不同天线面板对应的多个波束可以同时发送。具体的波束管理可参考第6章。

SRS-ResourceSet级别下的参数包括：

（1）资源种类参数（resourceType），取值可为非周期、半持续、周期；

（2）用途，包括波束管理、码本、非码本、天线切换；

（3）上行功控参数，包括路损补充因子（alpha）、目标功率（p0）、SRS功率控制调整状态。

SRS-Resource级别下的参数包括：

（1）SRS端口数量（nrofSRS-Ports），取值包括port1、port2、port4；

（2）PT-RS端口索引，取值包括*n*0、*n*1；

（3）发送梳（transmissionComb），取值包括*n*2、*n*4；

（4）资源映射（resourceMapping），包括参数资源的时域起始位置（startPosition）、资源所占的时域符号数量（nrofSymbols）、资源内的时域重复因子（repetitionFactor）；

（5）频域位置；

（6）频域偏移；

（7）频率跳转，包括参数c-SRS、b-SRS、b-hop；

（8）SRS组或序列跳转控制参数（groupOrSequenceHopping），取值包括neither、groupHopping、sequenceHopping；

（9）资源种类参数（resourceType），取值可为非周期、半持续、周期；

（10）SRS序列ID参数（sequenceId），取值范围为0 ~ 1023；

（11）SRS波束参数（spatialRelationInfo），取值包括ssb-Index、csi-RS-Index、srs。

综上所述，不同类型的SRS的信令配置如下。

（1）周期SRS

高层RRC信令配置Resource Set/Sets。

（2）半持续SRS

高层RRC信令配置Resource Set/Sets；使用MAC CE信令激活和去激活。

（3）非周期SRS

高层RRC信令配置多个Resource Sets；DCI信令动态选择一个或者多个SRS Resource Set。

3.3.6 SRS与其他资源的优先级处理

SRS资源可以被配置在时隙内的任何一个或多个时域符号位置，容易与其他信号发送冲突，如PUSCH/PUCCH，因此需要定义冲突时的信号发送优先级。对于sPUCCH（short PUCCH，短格式PUCCH）和SRS的冲突问题，可使用表3-14所示的优先级排序后发送。

表3-14 sPUCCH和SRS冲突时的发送优先级

	非周期SRS	半持续SRS	周期SRS
仅携带非周期CSI报告的sPUCCH	No rule*	sPUCCH	sPUCCH
仅携带半持续CSI报告的sPUCCH	SRS	sPUCCH	sPUCCH
仅携带周期CSI报告的sPUCCH	SRS	sPUCCH	sPUCCH
携带波束失败恢复请求的sPUCCH	sPUCCH	sPUCCH	sPUCCH

* UE可以假定这种冲突不会发生。Rel-15早期同意支持用PUCCH反馈非周期的CSI，但是由于Rel-15时间有限，最终没有得到标准化。

当SRS和PUCCH时域符号部分冲突时，如果打掉SRS，则只打掉和PUCCH重叠的

SRS符号。

此外，SRS和PUSCH可以在同一个时隙中发送，但SRS必须在PUSCH和DM-RS之后发送。目前Rel-15/16的NR只允许SRS的时域位置位于PUSCH和DM-RS的后面，即如图3-41所示的SRS 2所在的位置。曾有公司提议在图3-41的SRS1所在位置发送SRS，目的是更快地探测上行信道，但最终未被标准采纳。

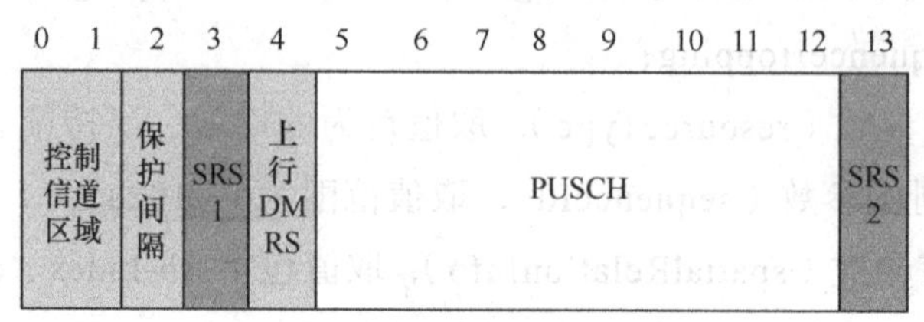

图3-41 SRS时域候选位置

不同类型的SRS，如果发送时刻发送冲突，则发送优先级：非周期SRS > 半持续SRS >周期SRS。

3.3.7 SRS天线切换

下行CSI的获取可利用信道互易性，通过发送上行SRS的方式来实现。然而，如果UE的能力受限，用于下行接收的天线数量往往超过用于上行发送的天线数量。比如基站有8个发送天线，UE的接收天线数为4，而发送天线数为2，那么下行完整信道是一个4×8的矩阵。为了让基站获得完整的下行信道矩阵，UE需要发送两次SRS，如第一次用天线0、1发送，第二次用天线2、3发送，这样基站在接收端将两个2×8的信道合并起来就可以得到完整的下行信道矩阵。这种SRS发送天线切换的方式被称为SRS天线切换。当然，如果UE能力不受限，即接收天线数等于发送天线数，UE就不需要进行SRS天线切换了。总的来说，就是将接收天线按照UE的发送能力分成几个组，每组对应一个SRS资源，一个SRS资源的天线数代表了UE一次所能发送SRS的端口数。当UE的SRS资源集的参数usage被配置为antennaSwitching时，基站可以基于UE能力配置如下几种配置中的一种。

- 1T2R最多可以配置两个SRS资源集，这两个SRS资源集中的资源类型参数resourceType取值不同，每个资源集包含两个位于不同符号发送的SRS资源，每个SRS资源由单独的SRS端口组成，而且相同资源集中的第二个资源的SRS端口与第一个资源的SRS端口关联到不同的UE天线端口上。
- 2T4R最多可以配置两个SRS资源集，这两个SRS资源集中的资源类型参数resourceType取值不同，每个资源集包含两个位于不同符号发送的SRS资源，每个SRS资源由两个SRS端口组成，而且相同资源集中的第二个资源的SRS端口对与第一个资源的SRS端口对关联到不同的UE天线端口对上。

- 1T4R可以配置0个或1个SRS资源集，SRS资源集中的资源类型参数被设置为periodic或者semi-persistent，资源集包含4个位于不同符号发送的SRS资源，每个SRS资源由单独的SRS端口组成，而且每个资源的SRS端口关联到不同的UE天线端口上。

1T4R也可以配置0个或2个SRS资源集，SRS资源集中的资源类型参数被设置为aperiodic，资源集包含4个位于不同时隙不同符号发送的SRS资源，这两个资源集中的每个SRS资源的SRS端口关联到不同的UE天线端口上。可以每个资源集分别包含两个SRS资源，或者一个资源集包含1个SRS资源，另外一个资源集包含3个SRS资源。UE期望这两个资源集中的参数alpha、*p*0、pathloss ReferenceRS和srs-PowerControlAdjustment States取相同的值，UE期望每个SRS资源集中高层参数aperiodicSRS-ResourceTrigger取值相同，或者SRS资源集中的实体AperiodicSRS-ResourceTriggerList取值相同，而且SRS资源集中的参数slotOffset取值不同。

1T=1R、2T=2R、4T=4R最多配置两个SRS资源集，每个资源集包含1个SRS资源，每个资源的SRS端口数量为1、2或4。

可以看出，用于antennaSwitching的SRS资源集中的所有SRS资源的SRS端口数量相同。另外，从实现角度讲，因为周期SRS和半持续的SRS功能类似，所以用于下行CSI获取的SRS，一般协议支持的两个资源集中一个是周期或者半持续的，另一个是非周期的。对于1T2R、1T4R、2T4R，UE不期望在相同的时隙上被配置或被触发多于1个高层参数usage被设置为antennaSwitching的SRS资源集。对于1T=1R、2T=2R、4T=4R，UE不期望在相同的符号上被配置或被触发多于1个高层参数usage被设置为antennaSwitching的SRS资源集。这样的限制是为了避免不同SRS资源在时域上有重叠。

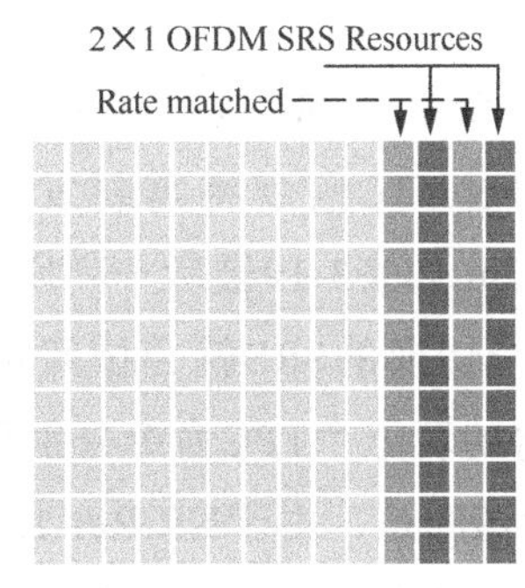

图3-42　通过配置多个资源来实现SRS的天线切换

综上所述，可以采用配置多个资源的方式来实现SRS的天线切换，如图3-42所示，每个资源中SRS端口或端口组关联到不同的天线端口上。考虑到UE的天线切换处理时延，配置的多个资源之间要预留*Y*个符号的保护间隔，*Y*的取值与子载波间隔有关，如表3-15所示。对同一个UE来说，保护间隔不能用来发送其他信号，但其他UE可在此保护间隔对应的资源内发送信号。

表3-15 用于天线切换的SRS资源集中的两个SRS资源之间的最小保护间隔

μ	$\Delta f = 2^{\mu} \cdot 15$(kHz)	Y（符号）
0	15	1
1	30	1
2	60	1
3	120	2

3.3.8 SRS在分量载波之间的切换

有些场景下，下行业务多于上行业务，下行业务占用的TDD CC（Component Carrier，分量载波）多于上行业务占用的TDD CC。所以UE的下行CA（Carrier Aggregation，载波聚合）能力高于上行，例如，UE支持5个CC的下行数据接收，但是仅支持1个CC的上行数据发送。一般在仅有下行业务的CC上，基站不配置PUSCH或者PUCCH，即这些CC可被称为PUSCH-less或PUCCH-less的CC。

为了提升下行的传输性能，基站可以配置UE在PUSCH-less/PUCCH-less的CC上轮询发送SRS，然后通过测量SRS并利用信道互易性获得下行的信道状态信息。对于SRS在多个分量载波之间的切换，NR在标准会议中讨论不多，主要是沿用Rel-14 LTE中的结论。

协议采用DCI format 2_3触发一组UE在各自的多个PUSCH-less/ PUCCH-less的CC上发送非周期的SRS，这样可以大大节省DCI的开销。另外，DCI format 2_3的一个主要作用是通知SRS的TPC命令。协议支持以下两种SRS触发模式。

（1）TypeA：对于一个UE，DCI format 2_3中包含0bit或者2bit的SRS request域及若干个TPC命令。RRC信令通知UE的SRS/TPC信息在DCI format 2_3中的位置。

① 通过RRC信令将需要发送SRS的CC最多划分成4个CC Set，4个Set和SRS Request的2bit如表3-19最后一列所示。如果SRS Request域存在，且触发了一个set，那么用于天线切换的SRS就会按照set内CC的顺序在这个Set内的各个CC上依次发送。DCI中包含的若干个TPC命令分别用于此Set内多个CC上的SRS发送。

② 遗憾的是，由于NR Rel-15时间紧，最终协议对以下问题没有定义清楚。

- 如果SRS Request指示值为00，则不清楚DCI中的TPC命令用于哪个Set。
- 第4个CC Set似乎没有用处。

- 协议中SRS request域可以是0bit，即不存在，然而，当SRS request域不存在时，不清楚DCI中的TPC命令用于哪个set。

（2）TypeB：对于1个UE，DCI format 2_3中可包含多个块，每个块包含0bit或2bit的SRS request域及1个TPC命令，每个块对应1个CC。RRC信令通知每个块信息在DCI format 2_3中的位置。

与其他非周期SRS Resource Set一样，RRC信令会将每个非周期的SRS Resource Set对应1个或者多个SRS Trigger State。如果SRS Request域存在DCI format 2_3，SRS Request的2bit和非周期SRS触发的对应关系如表3-11前两列所示。如果SRS被触发，那么用于天线切换的SRS就会按照DCI中块顺序对应的CC的顺序依次在各个CC上发送，且DCI中包含的若干个TPC命令分别用于此Set内多个CC上的SRS发送。

依据标准，对于DCI format 2_3触发的非周期SRS，如果UE被配置的高层参数srs-TPC-PDCCH-Group设置为typeA，且配置在没有配置PUSCH/PUCCH发送的分量载波信元上，则在服务小区触发的SRS发送次序跟随指示的服务小区集合中高层配置的服务小区顺序，其中，在每个服务小区的UE发送1个或2个配置的SRS资源集，该资源集的高层参数usage被设置为antennaSwitching，高层参数resourceType被设置为aperiodic。对于DCI format 2_3触发的非周期SRS，如果UE被配置的高层参数srs-TPC-PDCCH-Group设置为typeB，且没有配置PUSCH/PUCCH发送，则在服务小区触发的SRS发送次序跟随DCI format 2_3中块顺序对应的小区顺序，其中，在每个服务小区的UE发送1个或2个配置的SRS资源集，该资源集的高层参数usage被设置为antennaSwitching，高层参数resourceType被设置为aperiodic。一般在CC数量比较少的时候用TypeB，这会比较灵活，而在CC数量比较多的时候用TypeA，这可以节省DCI开销。基于上述SRS在多个分量载波之间切换的方式，即使UE上行的CA能力低于下行，通过不同时间轮询的方式在多个PUSCH-less/PUCCH-less CC上发送用于天线切换的SRS也能获取下行CSI信息。

然而，由于上行发送能力受限制，UE在切换到一个CC1上发送SRS时，原来CC2上的上行信号发送可能会被迫中断。图3-43为SRS在分量载波之间切换的示意图，UE在载波c_1上被配置SRS资源，此载波的时隙格式由下行和上行符号组成，且没有配置PUSCH/PUCCH发送。对于载波c_1，UE被配置高层参数srs-SwitchFromServCellIndex，表示切换前的载波c_2，其被配置有PUSCH/PUCCH发送。在载波c_1发送SRS期间，UE需要临时终止在载波c_2上的上行发送，包括SRS在多个分量载波之间的回调时间。

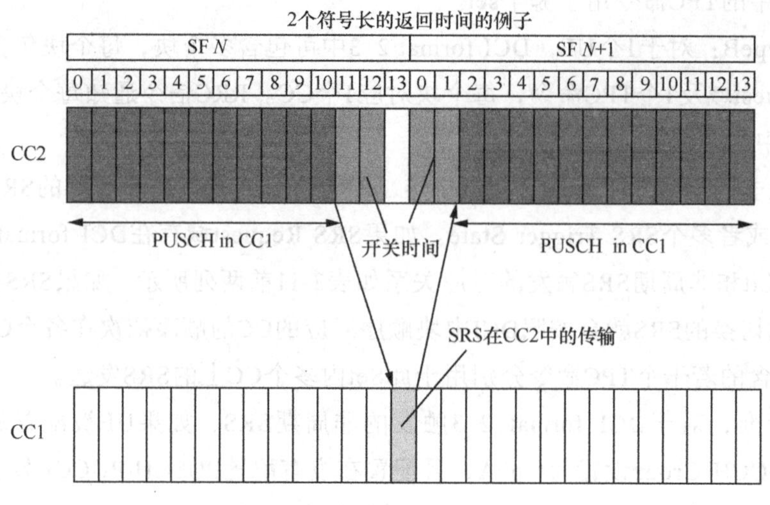

图3-43 SRS在分量载波之间的切换

按照如下的优先级顺序决定是否在未配置有PUSCH/PUCCH发送的分量载波上发送SRS：A/N，SR，RI/PTI/CRI，PRACH > A-SRS > other A-periodic CSI > P-SRS > other CSI > Legacy SRS。

如果UE在载波c_1上没有配置PUSCH/PUCCH发送，则此载波的时隙格式由下行和上行符号组成，而且UE不能在载波c_1和c_2上同时接收和发送，如果UE的SRS Switching发送干扰了本UE对下行SS/PBCH或者PDCCH的接收，则UE不期望在没有配置PUSCH/PUCCH发送的分量载波c_1上被配置或被指示SRS资源。

对于小区c的第n个（$n \geqslant 1$）非周期SRS发送，一旦检测到SRS的调度触发请求，UE则在配置的符号和时隙上开始发送SRS，并需满足以下条件。

（1）发送时间不早于以下时间的总和。

① 被小区c的numerology的N个OFDM符号跨越的两个持续时间与小区的携带准予信令之间的最大持续时间。N为UE上报的能力，是触发的DCI与非周期SRS发送之间的最小时间间隔，单位为符号。

② 上行或下行的射频回调时间，在TS 38.133中由高层参数srs-SwitchingTimeNR中的switchingTimeUL和switchingTimeDL定义。

（2）不与先前的任何SRS发送相冲突，或者不被上行或下行回调时间中断，否则需要打掉第n个SRS的发送。

如果是Inter-Band（带之间）的载波聚合，UE可以在UE能力范围内的不同band的分量载波之间同时发送SRS，PUCCH/PUSCH，PRACH，SRS。

3.4 PT-RS

在无线通信系统中，信号经过上变频在射频端发送，在接收端下变频后进行信号解调等处理。在发送和接收时，考虑到晶体振荡器本身并不是完美的，所以信号会受到射频端晶体振荡器产生的相位噪声的影响，从而产生一定的相位偏转。晶体振荡器中的相位噪声是由有源元件和有耗元件中的噪声转换到载频而引起的[22]。晶体振荡器在转换到不同载频过程中，引入的相位噪声也是不同的。

假设在接收端接收到的信号只有相位噪声的影响，在不考虑高斯白噪声的情况下，接收端得到的信号为[22]

$$y[n]=\frac{1}{N}\sum_{k=0}^{N-1}s_k\mathrm{e}^{\mathrm{j}\frac{2\pi}{N}kn}\mathrm{e}^{\mathrm{j}\theta[n]} \tag{3-13}$$

其中，$\mathrm{e}^{\mathrm{j}\theta[n]}$为相位噪声对发送端信号产生的相位偏转。

经过FFT变换之后，接收到的信号如公式（3-14）所示。

$$\begin{aligned}\hat{S}_m&=\frac{1}{N}\sum_{n=0}^{N-1}y[n]\mathrm{e}^{-\mathrm{j}\frac{2\pi}{N}mn}\\&=S_m\frac{1}{N}\sum_{n=0}^{N-1}\mathrm{e}^{\mathrm{j}\theta[n]}+\frac{1}{N}\sum_{k=0,k\neq m}^{N-1}S_k\sum_{n=0}^{N-1}\mathrm{e}^{\mathrm{j}\frac{2\pi n}{N}(k-m)}\mathrm{e}^{\mathrm{j}\theta[n]}\end{aligned} \tag{3-14}$$

公式（3-14）等号右边的第一项就是相位噪声在一个时域符号的子载波m上引起的相位差，而此相位差引起了信号的相位偏转。

相位噪声的影响在高频段比在低频段更加严重。如图3-44所示[22]，最下方的曲线是基于4GHz载频下建模得到的相位噪声的功率谱密度模型，中间的曲线是基于30GHz载频下建模得到的相位噪声的功率谱密度模型，最上方的曲线是基于70GHz载频下建模得到的相位噪声的功率谱密度模型。高频时晶体振荡器产生的相位差相较于低频时更大，因此，LTE阶段的载频较低，相位噪声的影响较小，而NR引入了更高的载频，相位噪声的影响比较明显。为了补偿由相位噪声引起的相位偏转，需要计算不同时域符号上的相位变化，得到时域符号上相位的变化值，然后对信号进行补偿。基于上述方式，NR引入了相位噪声参考信号，即PT-RS。相位噪声的影响类似于频率误差，它在整个OFDM时域符号上的影响是近似的，不随着子载波的不同而大幅变化。

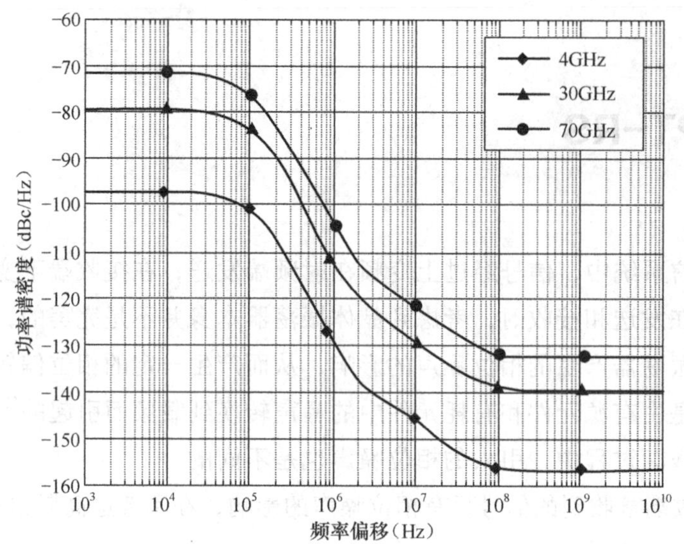

图3-44 相位噪声功率谱密度模型

PT-RS进行相位估计和补偿时，相位噪声的估计值为PT-RS和与之相关联的DM-RS端口间的相位差，如公式（3-15）所示[23]。

$$\theta_l = \frac{1}{N}\sum_{j=1}^{N} \arg\{\hat{H}_{kj,l}\hat{H}_{kj,2}^{*}\} \tag{3-15}$$

假设此时DM-RS在时域符号2上，则 $\hat{H}_{kj,2}$ 为DM-RS所在时域符号上不同子载波j位置的信道估计值，$\hat{H}_{kj,l}$ 为PT-RS所在时域符号l上不同子载波j位置的信道估计值。

NR支持CP-OFDM和DFT-S-OFDM两种波形。其中，下行采用的是CP-OFDM波形，而上行支持CP-OFDM和单载波DFT-S-OFDM两种波形。考虑到DFT-S-OFDM波形对PAPR的要求更高，而相位噪声引起的不同时域符号上的相位偏转不同，PT-RS需要在不同的时域符号上进行映射，可能造成单载波PAPR升高，因此针对上述两种波形，PT-RS有两种不同的设计。

3.4.1 基于OFDM波形的PT-RS的设计

在进行相位补偿时，需要通过PT-RS来计算时域符号上的相位差，然后用PT-RS的相位差估计结果进行数据信道的相位补偿。因此，一个PT-RS端口设计关联一个DM-RS端口，PT-RS的相位差估计结果用于补偿该DM-RS端口对应的数据信道及与该DM-RS端口共享晶体振荡器的数据信道。在DM-RS的时域符号上，关联的DM-RS端口可以当作PT-RS来看。所以，PT-RS的设计包括的序列、图样等都与该关联的DM-RS端口相关。

1. PT-RS图样

PT-RS的主要功能是对数据信道进行相位的补偿，如果配置了PT-RS，那么PT-RS

就映射在数据信道的物理资源块位置上。PT-RS的映射主要表现在PT-RS所映射的时域符号位置、时域密度、频域所在子载波位置和频域密度上。

由于一个PT-RS的端口关联一个DM-RS端口，所以PT-RS的时频域图样参考相关联的DM-RS端口的时频域位置。在一个物理资源块内，同一个DM-RS端口映射在多个子载波上，而PT-RS在一个PRB内只映射到一个子载波上。在下行系统中，由于PT-RS都是基站配置和指示的，通常情况下，为了减小信令开销，PT-RS默认关联一组DM-RS端口中最低标识位的DM-RS端口。

对于下行数据信道，PT-RS映射的资源位置不能和DM-RS、非零功率的CSI-RS、零功率的CSI-RS、SSB、广播信道，以及控制信道的资源发生冲突。

对于上行数据信道，PT-RS映射的资源位置不能和DM-RS资源发生冲突。

（1）时域图样

在高频段，射频的不匹配会造成更大的EVM损失，且相较于低阶调制，高阶的调制方式对EVM的要求更高[24]，所以射频段引入的噪声对于高阶调制方式的影响更严重。相位噪声会引起发送信号的相位偏转，直接造成发送数据偏离了原来在星座图上的位置，而这与星座图上的数据分布状态和发送数据所使用的调制方式相关。例如，如果基站配置的发送数据所使用的调制方式为QPSK，那么此时在星座图中相邻的两个数据之间的相位差别较大，相位噪声不会造成很大的相位偏差，所以，对于QPSK而言，相位噪声造成了一定的相位偏转，而这个相位偏转相对QPSK数据之间的相位来说很小，不会导致数据解调时出现很大的误差。如果基站配置使用的是64QAM或更高阶的调制方式，那么此时基站发送的调制数据之间的相位差较小，而相位噪声引起的相位偏转可能造成发送数据在解调时将一个数据解调成相邻的星座点内的数据，此时就造成了解调上的误差。不同时刻的相位噪声不同，且考虑到PT-RS对系统吞吐量的影响，不同的调制方式可能需要不同配置的PT-RS进行相位补偿。所以，PT-RS的时域图样和MCS等级相关。总之，对于高阶MCS调制的数据，需要更大的PT-RS密度以应对相位噪声的严重影响，而对于低阶MCS调制的数据，较小的PT-RS密度就可以满足需求，因为相位噪声对数据解调的影响较小。这种将PT-RS的密度和数据的MCS进行绑定的处理方法不仅节省了信令开销，而且根据实际需求灵活指示了PT-RS的参数配置。

相位噪声是射频的晶体振荡器引起的，且在发送端和接收端都有晶体振荡器，所以在下行系统中，基站需要根据终端的能力来确定PT-RS的相关配置。在UE所分配的载频上，针对此载频上每个数据信道可用的子载波间隔，UE需要根据其能力上报优选MCS的阈值，基站基于UE能力通过高层信令配置如表3-16所示的MCS的阈值，并根据调度的MCS和基站配置的MCS阈值来指示PT-RS的时域密度。

如果高层信令配置了PT-RS，而且通过高层参数time-density指示了不同MCS的阈值，那么PT-RS的时域密度就通过数据使用的MCS等级和指示的MCS阈值进行指示，具体参考表3-16[25]。

表3-16　PT-RS时域密度和调度的MCS的关系

调度MCS	时域密度（L_{PTRS}）
I_{MCS} < PT-RS-MCS1	不配置PT-RS
PT-RS-MCS1≤I_{MCS} < PT-RS-MCS2	4
PT-RS-MCS2≤I_{MCS} < PT-RS-MCS3	2
PT-RS-MCS3≤I_{MCS} < PT-RS-MCS4	1

当MCS小于一定阈值时（如表3-16中的阈值PT-RS-MCS1），不需要PT-RS，因为此时认为相位噪声对数据的影响较小。随着调度的MCS的等级升高，需要的PT-RS的时域密度越大，最小的时域密度为每4个OFDM符号配置1个PT-RS，最大的时域密度为每个OFDM时域符号配置1个PT-RS。如果高层信令配置了PT-RS，但是没有通过高层参数来指示MCS的阈值，那么此时就默认配置的PT-RS的时域密度为每个OFDM符号都配置了PT-RS。表3-16中的PT-RS-MCS4是不用配置的，对应的就是MCS表格中可以配置的除保留比特位外最高的等级。基站在配置其他几个阈值时，如果出现了两个阈值相同的情况，即PT-RS-MCS(i)和PT-RS-MCS(i+1)相同，那么此时这一行所对应的PT-RS的时域密度就不再生效。如果发生重传，且重传的MCS的等级超过了MCS表格中除保留比特位外的最高等级，那么此时PT-RS的时域密度就根据初传的DCI中的MCS等级获得。

在一些情况下，可以认为PT-RS是没有配置的，例如，调制方式为QPSK，或者RNTI为随机接入RNTI、寻呼RNTI或者系统信息RNTI。在系统进行调制方式的MCS指示时，根据场景的不同有3个不同的MCS的表格用于指示调度的MCS，而在这3个表格中，如果指示调度的MCS对应的调制方式为QPSK，那么此时可以认为PT-RS是没有配置的。同样，如果传输的信息用于随机接入、寻呼或者传输系统信息，那么此时没有必要配置PT-RS，即接收端默认PT-RS是没有配置的。

对于数据信道映射的类型B，时域符号数不是以时隙为单位的。具体而言，如果接收端接收到的数据长度为两个OFDM符号，而此时如果配置的PT-RS的时域密度为2或者4，那么接收端会认为PT-RS是没有配置的。同样，如果此时接收端接收到的数据的长度为4个时域符号，而PT-RS的时域密度为4时，则接收端会认为没有配置PT-RS。上述两种情况如果配置了DM-RS，就没有时域密度的PT-RS。

PT-RS在时域上的映射从数据映射的第一个时域符号开始。具体的映射规则如下。

在PDSCH开始的时域符号位置配置PT-RS。在DM-RS所在时域符号上，DM-RS可以当作PT-RS，所以在根据时域密度映射PT-RS时，如果两个PT-RS中间出现了DM-RS，

那么此时就需要重新根据DM-RS映射后面时域符号上的PT-RS。

对于PDSCH映射类型A，以DM-RS占用的OFDM符号{2，11}为例，此时PT-RS关联DM-RS端口0，映射到最低子载波位置，映射图样如图3-45所示。总的来说，在DM-RS的OFDM符号上，与PT-RS关联的DM-RS端口可以当作PT-RS来使用，所以在PT-RS时域映射时，若遇到DM-RS，就会往后顺延。

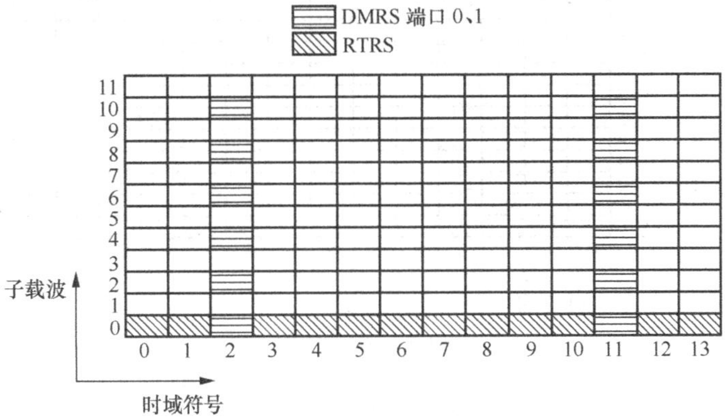

(a) PT-RS 时域密度为 1 的图样

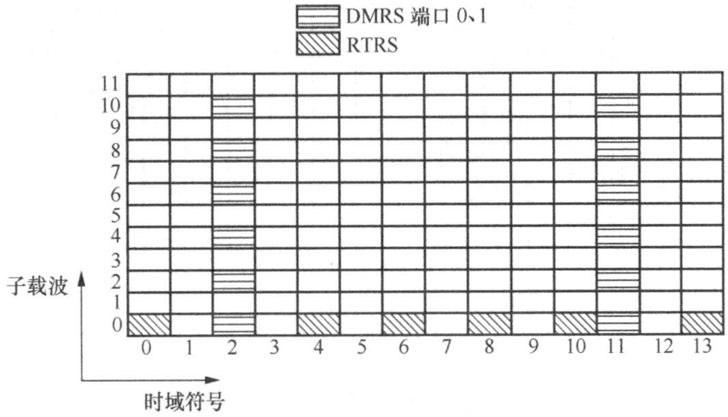

(b) PT-RS 时域密度为 2 的图样

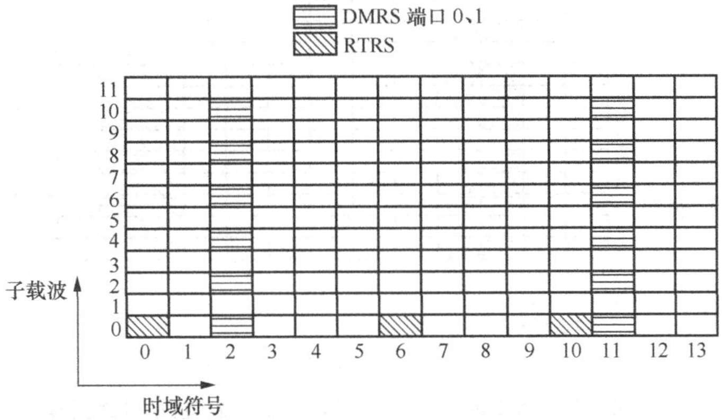

(c) PT-RS 时域密度为 4 的图样

图3-45　单符号DM-RS时，PT-RS不同时域密度的映射图样

根据PT-RS的映射规则，PT-RS的符号位置以双符号DM-RS的第二个符号位置作为参考。以PDSCH映射类型A为例，第一个DM-RS符号位置在{2，10}，PT-RS的图样如图3-46所示。

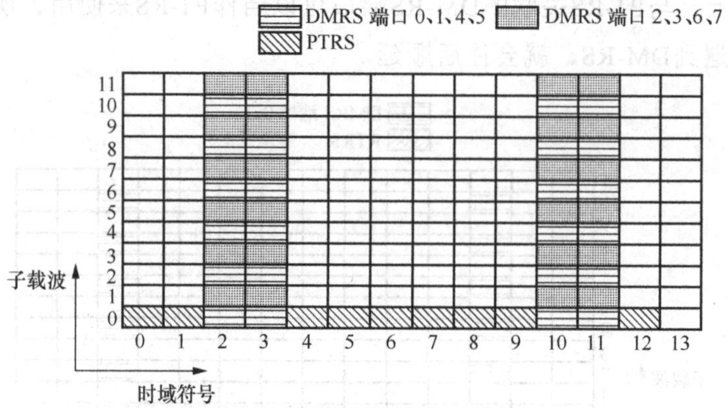

（a）PT-RS 时域密度为 1 的图样

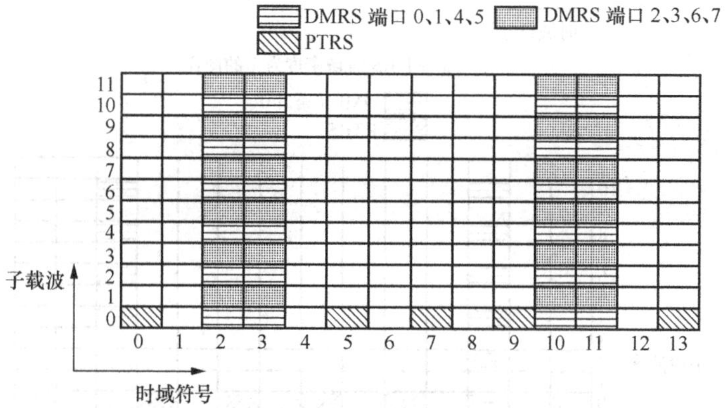

（b）PT-RS 时域密度为 2 的图样

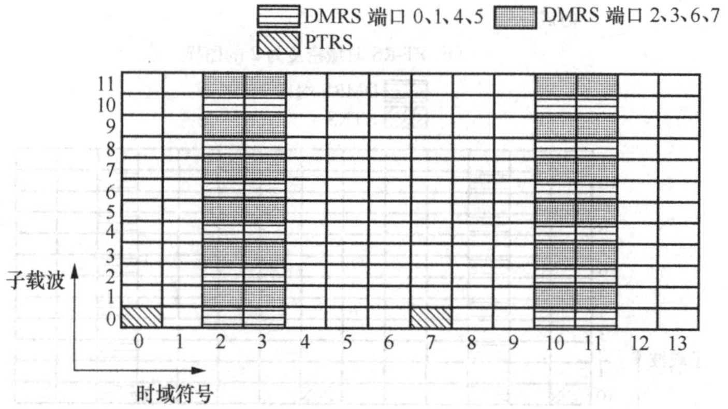

（c）PT-RS 时域密度为 4 的图样

图3-46 双符号DM-RS时，PT-RS不同时域密度的映射图样

不同时域密度的PTRS对相位噪声的补偿作用可以通过图3-47的仿真曲线得到[26]。图中所示的样式#1和样式#2分别代表了时域密度为1和时域密度为2的情况，这两种情况和不添加PT-RS相比，系统的性能提升了很多，且时域密度为1时在调制方式及码率较高的情况下，性能也有一定的提升。需要注意的是，由于相位噪声模型的不同，仿真结果可能有些差异，即使是影响比较小的相位噪声模型，在更高阶的调制方式下，对时域密度仿真结果的影响同样比较大。

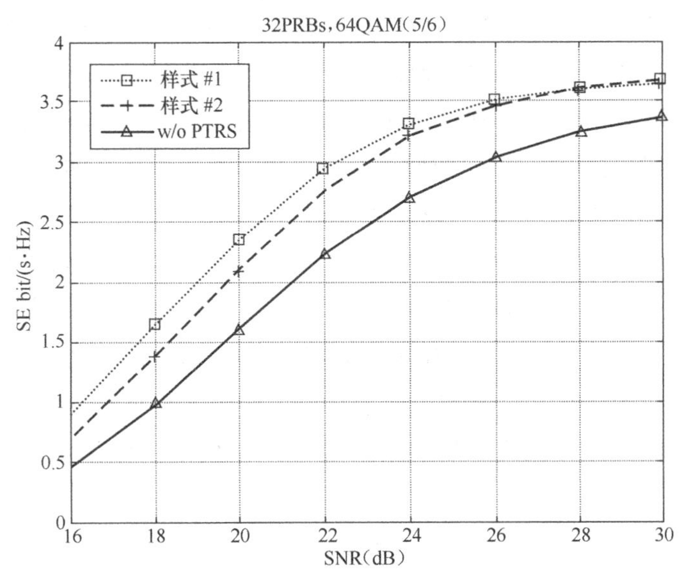

图3-47 PT-RS不同时域密度对系统性能影响的仿真曲线

（2）频域图样

同一个数据信道在不同的频域位置经历的信道不同，所以在频域不同位置上映射PT-RS时，可以对频域信道进行更多的采样以抵抗噪声干扰并获得合并增益。但同时需要注意的是，在频域更多的子载波位置映射PT-RS会引入更多的参考信号开销，造成系统吞吐量下降，或者为了保证系统的吞吐量而需要使用更高的码率，可能对系统的性能造成影响。

PT-RS在频域不同子载波上的相位噪声估计可以通过公式（3-15）来计算。从公式（3-15）中可以看出，PT-RS每个符号上估计得到的相位是在频域得到的多个子载波上相位的一个平均值。为了均衡PT-RS的相位补偿能力和信令开销，PT-RS的频域密度和数据信道调度带宽的对应关系如表3-17所示。

表3-17　PT-RS的频域密度和数据信道调度带宽的对应关系

调度带宽	频域密度（K_{PT-RS}）
$N_{RB} < N_{RB0}$	不配置PT-RS
$N_{RB0} \leqslant N_{RB} < N_{RB1}$	2
$N_{RB1} \leqslant N_{RB}$	4

基站通过高层信令配置带宽的阈值，并根据所分配的带宽所在的高层信令配置的带宽阈值的范围来指示PT-RS的频域密度。表3-17中的3个PT-RS的频域密度的参数分别表示不配置PT-RS、每2个PRB配置1个PT-RS、每4个PRB配置1个PT-RS。如果所调度的带宽很小，那么此时就不需要配置PT-RS，这是因为配置PT-RS所引入的开销太大。同样，PT-RS进行相位差估计时，频域的计算过程是将频域多个PT-RS的估计结果取平均值，而当PT-RS在频域占用的子载波数量达到一定程度时，对取平均值来获得一个时域符号上的相位影响不大[27]。考虑到频域密度较大的PT-RS引入的开销太大，所以随着频域所调度带宽增大，PT-RS的频域密度变小。基站在配置带宽阈值时，如果出现了两个阈值相同的情况，即$N_{RB}(i)$和$N_{RB}(i+1)$相同，那么此时这一行所对应的PT-RS的频域密度不再生效。总之，基站可以通过RRC信令来控制PT-RS在频域上的密度以权衡相位噪声补偿的增益和PT-RS开销带来的损失。不同PT-RS频域密度的映射图样如图3-48所示。

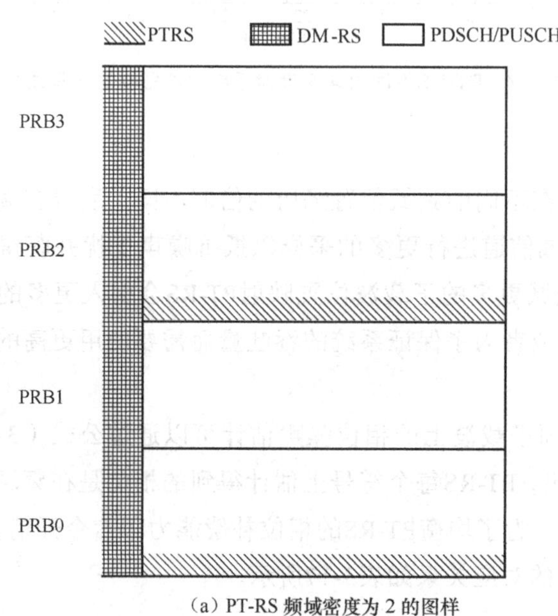

（a）PT-RS 频域密度为 2 的图样

图3-48　不同PT-RS频域密度的映射图样

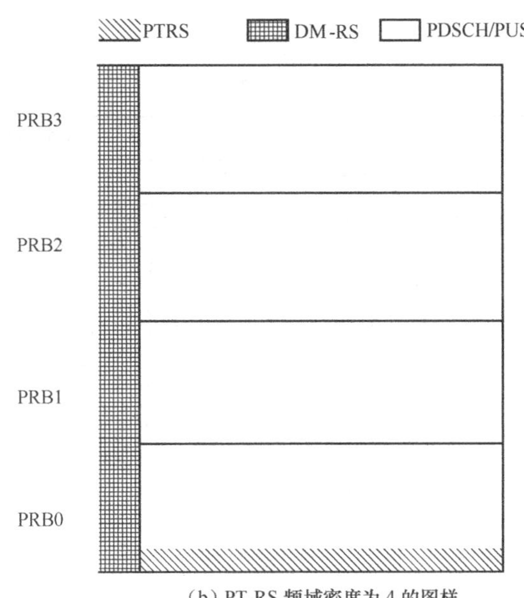

（b）PT-RS 频域密度为 4 的图样

图3-48 不同PT-RS频域密度的映射图样（续）

PT-RS进行频域映射时，PT-RS在调度的频域带宽内，从最低的物理资源块位置开始计数，从0计数到最大的调度带宽 $N_{RB}-1$ 。同样，子载波位置的计数也从最低位的0计数到最高的 $N_{SC}^{RB}N_{RB}-1$ 。如果所有UE配置的PT-RS都从最低位的物理资源块中的最低子载波位置开始映射，则可能会出现PT-RS之间的碰撞，从而使得UE间PT-RS干扰严重。所以对于PT-RS的频域图样，为了减少多UE PT-RS之间的干扰，在NR中引入两个参数，分别是RB级别的映射 k_{ref}^{RB} 偏移和子载波RE级别的映射 k_{ref}^{RE} 偏移，此时PT-RS映射的子载波的位置如公式（3-16）所示。

$$k=k_{ref}^{RE}+(iK_{PT-RS}+k_{ref}^{RB})N_{SC}^{RB}$$
$$k_{ref}^{RB}=\begin{cases} n_{RNTI} \bmod K_{PT-RS} & N_{RB} \bmod K_{PT-RS}=0 \\ n_{RNTI} \bmod (N_{RB} \bmod K_{PT-RS}) & \text{其他} \end{cases} \quad (3\text{-}16)$$

其中，

- $i=0,1,2,\cdots$
- n_{RNTI} 是DCI传输相关联的RNTI。如果不同UE的RNTI不同，那么即使映射的PRB相同，PT-RS也会映射在不同的PRB上。
- B_{RB} 是调度的资源块的数量。
- N_{SC}^{RB} 是一个资源块内的子载波的数量。
- k_{ref}^{RE} 是子载波RE级别的映射，关联该PT-RS的DM-RS端口的子载波位置。

通过高层信令进行配置，不同UE可以配置不同的值，如果高层信令没有配置，那么就默认选择offset00这一列，如表3-18所示。虽然PT-RS的子载波位置可以进行偏移，但是仍然要和关联的DM-RS在相同的子载波上。

表3-18 参数 k_{ref}^{RE}

DM-RS天线端口p	DM-RS配置类型1				DM-RS配置类型2			
	资源单元偏移				资源单元偏移			
	offset00	offset01	offset10	offset11	offset00	offset01	offset10	offset11
1000	0	2	6	8	0	1	6	7
1001	2	4	8	10	1	6	7	0
1002	1	3	7	9	2	3	8	9
1003	3	5	9	11	3	8	9	2
1004	—	—	—	—	4	5	10	11
1005	—	—	—	—	5	10	11	4

以PT-RS关联到DM-RS端口1000、DM-RS的配置类型1为例，如果此时高层信令将 k_{ref}^{RE} 配置为offset00，那么PT-RS映射到和DM-RS端口1000相关联的子载波0的位置；如果此时高层信令将 k_{ref}^{RE} 配置为offset01，那么PT-RS映射到和DM-RS端口1000相关联的子载波2的位置；如果此时高层信令将 k_{ref}^{RE} 配置为offset10，那么PT-RS映射到和DM-RS端口1000相关联的子载波6的位置；如果此时高层信令将 k_{ref}^{RE} 配置为offset11，那么PT-RS映射到和DM-RS端口1000相关联的子载波8的位置。关联到其他DM-RS端口的PT-RS，可以根据高层信令配置的offset的值并通过表3-18得到 k_{ref}^{RE} 。不同的DM-RS配置类型，在同一个PRB内，同一个DM-RS端口占用的子载波数和子载波位置不同，所以针对不同的DM-RS配置类型，每个offset对应的子载波位置不同。

考虑到PT-RS在调度带宽内所占用的子载波数量，RB级别的偏移需要考虑基站调度的带宽是否是PT-RS频域密度的整数倍。根据两种情况进行PT-RS频域RB级别的映射，公式（3-16）中的第一种计算方式，即调度的带宽是PT-RS频域密度的整数倍，可以保证在这种情况下最大限度地将不同的PT-RS映射到不同的RB上；公式中的第二种计算方式能够有效地避免分配的带宽不能整除PT-RS的频域密度而导致的一些PT-RS进行RB级别的偏移时少映射了一个或一些子载波，影响PT-RS补偿的性能。例如，分配的带宽是21个RB，而PT-RS的频域密度为4，如果从第一个RB开始映射，那么此时在这21个RB内可以映射到6个子载波上，而如果按照整除的公式计算，假设此时起始位置映射到第二个RB上，那在整个调度的21个RB上PT-RS只能映射到5个子载波上。

虽然基于OFDM波形的上行数据信道针对PT-RS的配置和指示的信令有所不同，但是PT-RS的时频域的图样是相同的。

2. 序列

对于基于CP-OFDM的下行数据信道，PT-RS和某个DM-RS端口相关联，此PT-RS

端口的序列和相关联的前置DM-RS端口的序列是相同的。

根据PT-RS的资源映射规则，PT-RS会映射到与之相关联的DM-RS端口占用的一个子载波k上，在这个子载波上的PT-RS的序列就和在这个子载波上的相关联的第一个前置DM-RS端口的序列相同，DM-RS的序列产生方式可参考3.3节。

基于CP-OFDM的上行数据信道的PT-RS序列产生方式与下行数据信道的PT-RS序列产生方式类似。上行PT-RS的序列和相关联的DM-RS端口的序列是相同的，但上行的PUSCH存在时隙内的跳频，如果配置了时隙内的跳频，那么PUSCH会在跳频前后占用不同的子载波位置。而对于PT-RS的序列，无论上行的PUSCH是否存在时隙内的跳频，PT-RS的序列都和所关联的DM-RS在相同子载波上的第一个DM-RS时域符号上的序列相同。

总之，PT-RS的序列没有进行单独设计，而是沿用了DM-RS序列，简化了标准设计及UE的复杂度。

3. PT-RS和DM-RS端口的关联关系

PT-RS的作用是补偿相位噪声造成的系统性能下降。PT-RS进行相位估计时，根据PT-RS所在时域符号同DM-RS所在时域符号的相位差得到数据信道时域符号之间的相位差。因此，PT-RS和DM-RS端口存在一种关联关系，用于配置和指示PT-RS在进行映射时和哪个DM-RS端口相关联，在解调时需要和哪个DM-RS端口进行相位差的计算。为了使PT-RS估计准确，一般挑选信道条件较好的DM-RS端口和PT-RS进行关联。

对于下行CP-OFDM，由于Rel-15最终没有支持多TRP传输或者多天线面板传输，所以假定多个DM-RS端口共享一个PT-RS端口，即Rel-15下行只支持1个PT-RS端口。在Rel-16阶段，PT-RS进行了一定的增强，引入的Multi-TRP/Panel的场景支持下行2个端口的PT-RS，具体介绍可参考第5章。

对于上行CP-OFDM，Rel-15支持了2个端口的PT-RS。如果UE的天线间相位噪声不同，那么就需要支持两个PT-RS端口以估计不同的相位噪声。

（1）下行PT-RS和DM-RS端口的关联关系

对于基于CP-OFDM的下行数据信道，可以认为一个DM-RS组相位噪声相似，因此可以共享一个PT-RS端口。而在该DM-RS组内，需要确定一个DM-RS端口和该PT-RS端口相关联。PT-RS和DM-RS相关联是指该PT-RS端口和所关联的DM-RS端口是准共位置的。PT-RS和DM-RS的准共位置包括两种类型，分别为QCL Type A和QCL Type D。其中，QCL Type A包括多普勒频移、多普勒扩展、平均时延和时延扩展；QCL Type D指PT-RS和DM-RS端口的空间参数是相同的。如果PT-RS和DM-RS端口满足上述的QCL关系，那么就可以认为PT-RS和相关联的DM-RS在上述参数上是相同的。Rel-15中的所有DM-RS端口的相位噪声相似，因为它们都来自于一个TRP。而在Rel-16 MTRP中，一个DM-RS端口组对应一个TRP，需要独立的PT-RS端口。

对于非MTRP的场景，PT-RS如果可以映射到信道条件最好的DM-RS端口，那么PT-RS的相位估计就最精确。而在下行数据信道中，基站通过调整预编码的方式可以将该调度的带宽内信道条件最好的DM-RS端口映射为标识位最低的DM-RS端口[28]，从而保证PT-RS映射到标识位最低的DM-RS端口上，既减少了信令的开销，又保证了PT-RS关联到信道条件最优的DM-RS端口上，从而保证了相位估计的准确性。因此，在下行数据信道只调度一个码字时，PT-RS和标识位最低的DM-RS端口相关联。如果调度两个码字，那么就会出现两个码字配置了不同MCS的情况。从前面章节的介绍可知，MCS的等级直接影响到PT-RS的时域图样甚至是相位差的估计精度。如果根据PT-RS关联于MCS等级较低的那个码字中的某个DM-RS端口，那么PT-RS的时域密度可能就比较低，不能够有效地对MCS等级较高的那个码字进行有效的相位估计和补偿。因此，如果调度了两个码字，且这两个码字共享一个PT-RS端口，那么这个PT-RS端口应该关联于较高MCS等级的DM-RS端口中标识位最低的DM-RS端口。

为了让基站知道信道条件最好的DM-RS端口的预编码，UE在CSI反馈时会反馈一个LI（Layer Indicator，层指示器）给基站，用于指示一个码字的多个层中哪个层信道条件最好。基站在得到LI后会将LI对应的预编码调整到标识位最低的DM-RS端口以使得PT-RS的信道条件最好。

（2）上行PT-RS和DM-RS端口的关联关系

基于CP-OFDM的上行数据信道最多支持两个PT-RS端口。UE根据能力上报支持的PT-RS端口数量，基站通过高层信令配置PT-RS的最大端口数，而基站配置的最大端口数不可以大于UE上报的支持的最大端口数。上行支持两种传输模式，分别为基于码本的上行传输和基于非码本的上行传输。对于基于码本的上行传输，上行传输的预编码通过SRI、TPMI和TRI来确定。其中，SRI指示SRS的资源，在高频下，一个SRS资源对应一个波束。一个SRS可以指示多个SRS端口，表示一个PUSCH层可以通过多个天线端口发送。基于非码本上行传输的预编码通过SRI来指示。一个SRS资源只能支持一个SRS端口，对应一个PUSCH层的传输，而一个SRI可以指示多个SRS资源，即可以指示多个PUSCH层的传输。

① 基于码本的上行传输的PT-RS端口数量

基于码本的上行传输量可以根据UE能力分为全相干（Full-Coherent）上行传输、部分相干（Partial-Coherent）上行传输和非相干（Non-Coherent）上行传输。上述上行传输模式可以通过TPMI的指示来区分，以4个天线端口、4层数据传输为例，按照TPMI的配置如表3-19所示。

表3-19 基于4个天线端口的4层传输预编码矩阵

TPMI序号	预编码矩阵（从左至右按照TPMI标识升序排列）			
0～3	$\frac{1}{2}\begin{bmatrix}1&0&0&0\\0&1&0&0\\0&0&1&0\\0&0&0&1\end{bmatrix}$	$\frac{1}{2\sqrt{2}}\begin{bmatrix}1&1&0&0\\0&0&1&1\\1&-1&0&0\\0&0&1&-1\end{bmatrix}$	$\frac{1}{2\sqrt{2}}\begin{bmatrix}1&1&0&0\\0&0&1&1\\j&-j&0&0\\0&0&j&-j\end{bmatrix}$	$\frac{1}{4}\begin{bmatrix}1&1&1&1\\1&-1&1&-1\\1&1&-1&-1\\1&-1&-1&1\end{bmatrix}$
4	$\frac{1}{4}\begin{bmatrix}1&1&1&1\\1&-1&1&-1\\j&j&-j&-j\\j&-j&-j&j\end{bmatrix}$	—	—	—

全相干上行传输指不同的层映射在所有相同的天线端口上，如表3-19中TPMI序号3～4所示，此时每一层数据使用所有天线端口发送，若将这些天线端口看作共享一个晶体振荡器，那么可以只配置一个PT-RS。因此，如果终端上报能力支持全相干上行传输，那么终端就希望PT-RS的端口数量为1。

部分相干传输如表3-19中TPMI序号1～2所示，此时一个数据层使用某些天线端口发送上行数据。非相干上行传输如表3-19中TPMI序号0所示，此时一个数据层使用某一个天线端口发送。部分相干传输和非相干传输认为上行发送的所有天线端口或许不能共享同一个晶体振荡器，因此可以支持两个PT-RS端口。基站通过高层参数配置上行最大的PT-RS端口数，但是对于部分相干和非相干上行传输，实际使用的PT-RS数量还是通过TPMI来指示的。

对于两个PT-RS端口的情况，从部分相干的TPMI可以看出：SRS端口0和端口2是相干的，可以理解为来自于同一个晶体振荡器，相位噪声相同；而SRS端口1和端口3是相干的，可以理解为来自另一个晶体振荡器。所以，如果高层信令配置了上行最大的PT-RS端口数为2，那么此时根据TPMI的指示就可以获得使用的PT-RS的端口数，再根据表3-21就可以获得PT-RS端口和DM-RS端口的关联关系。为了简化标准，对于非相干的TPMI也使用了相同的规则，即假定SRS端口0和2共享PT-RS端口0，SRS端口1和端口3共享PT-RS端口1。以TPMI 2为例，此时DM-RS端口0和DM-RS端口1配置同时使用的SRS端口0和端口2传输，而DM-RS端口2和DM-RS端口3使用SRS端口1和端口3发送。根据上面的分析可知，DM-RS端口0和DM-RS端口1共享一个PT-RS端口0，DM-RS端口2和DM-RS端口3共享一个PT-RS端口1，总共配置了两个PT-RS端口。而通过DCI信令通知可以得到PT-RS端口0和PT-RS端口1关联的DM-RS端口情况。假如此时DCI信令为00，由表3-21可知，PT-RS端口0关联共享该PT-RS端口的第一个DM-RS端口，即DM-RS端口0，PT-RS端口1关联第一个共享该PT-RS端口的第一个DM-RS端口，即DM-RS端口2。如果实际指示的TPMI只占用了SRS端口0和端口2，那么即使高层配置了两个PT-RS端口，实际也只有PT-RS端口0发送。同理，如果实际指示的TPMI只占用了SRS

端口1和端口3，那么即使高层配置了两个PT-RS端口，实际也只有PT-RS端口1发送。

② 基于非码本的上行传输的PT-RS端口数量

基于非码本的PUSCH传输中，每个SRS资源都是经过波束赋形或者预编码处理的。如果UE支持2个端口的PT-RS，可以将SRS资源划分成两组，每组共享一个PT-RS端口。协议最终在每个SRS资源中引入了一个PT-RS端口索引[29]，其值为0或者1。具有相同PT-RS端口索引的SRS资源共享一个PT-RS端口。对于基于非码本的PUSCH传输，SRI指示的SRS资源和DM-RS的端口是一一对应的。所以，具有相同PT-RS端口索引的SRS资源对应的DM-RS端口共享一个PT-RS端口。例如，用于非码本的SRS资源集包含4个SRS资源，其中，SRS资源0、1配置的PT-RS端口索引为0，SRS资源2、3配置的PT-RS端口索引为1，此时就认为SRS资源0和1共享PT-RS端口0，而SRS资源2和3共享PT-RS端口1。UE在发送SRS资源时，就可以用相位噪声相同的射频单元发送SRS资源0和1，用另外相位噪声相同的射频单元发送SRS资源2和3。而在PUSCH调度时，实际用的PT-RS端口取决于DCI中的SRI指示。例如，如果SRI指示了SRS资源0、1、2，总共3层传输，那么对应的3个DM-RS端口共用2个PT-RS端口，前两个DM-RS端口共享PT-RS端口0，最后1个DM-RS端口用PT-RS端口1；如果SRI指示了SRS资源2、3，总共两层传输，那么对应的2个DM-RS端口共用1个PT-RS端口，即共享PT-RS端口1。

在决定了PUSCH实际所用的PT-RS端口数量后，无论是基于码本还是基于非码本的上行传输或者是基于类型1的非调度上行传输，基站可能需要利用DCI去通知UE所用的一个或者两个PT-RS端口与一个或者两个DM-RS端口关联。因为上行的预编码矩阵指示的顺序依赖于TPMI或者SRI指示，基站不能像下行那样靠实现方式来调整预编码以将信道条件最好的DM-RS端口映射为标识位最低的DM-RS端口，所以基站需要利用信令指示给UE哪个DM-RS端口是关联PT-RS端口的。

如果上行传输通过DCI模式0_1来指示，那么PT-RS和DM-RS端口的关联关系如表3-20和表3-21所示。其中，如果PT-RS没有配置或者此时上行传输是单载波DFT-S-OFDM传输，或者最大的上行传输层数为1，那么PT-RS和DM-RS端口的对应关系就是唯一的，不需要通过动态信令指示这两者的关系。

表3-20　上行PT-RS端口为1时，PT-RS和DM-RS端口的关联关系

值	DM-RS端口
0	1st调度的DM-RS端口
1	2nd调度的DM-RS端口
2	3rd调度的DM-RS端口
3	4th调度的DM-RS端口

当上行传输只配置了1个PT-RS端口时，PT-RS端口和DM-RS端口的关联关系通过

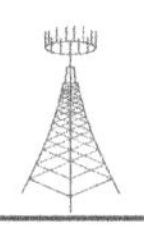

表3-20来指示，DCI信令中使用2bit来指示这个关系，当DCI信令配置了不同的值时，其PT-RS关联于不同的DM-RS端口。

表3-21　上行PT-RS端口为2时，PT-RS和DM-RS端口的关联关系

高比特位值	DM-RS端口	低比特位值	DM-RS端口
0	共享PT-RS端口0的1st DM-RS端口	0	共享PT-RS端口1的1st DM-RS端口
1	共享PT-RS端口0的2nd DM-RS端口	1	共享PT-RS端口1的2nd DM-RS端口

当上行传输使用两个PT-RS端口时，PT-RS端口和DM-RS端口的关联关系通过表3-21来指示，也可以使用2bit的DCI信令来指示。例如，对于基于非码本的PUSCH传输，如果此时认为最多两个SRS资源共享1个天线面板和晶体振荡器，那么两个SRS端口可以共享1个PT-RS端口。如果配置的两个DM-RS端口根据SRS资源的指示，共享的是1个PT-RS端口，那么就需要通过DCI信令来指示，如表3-21所示。由于每两个DM-RS端口各自共享1个PT-RS端口，因此需要通过1bit信令指示每个PT-RS端口关联于哪个DM-RS端口，即高位的1bit信令用于指示共享PT-RS端口0的DM-RS端口情况，不同的信令指示关联不同的DM-RS端口，低位的1bit信令用于指示共享PT-RS端口1的DM-RS端口情况。其中，不同的信令指示关联于两个DM-RS端口中的1个DM-RS端口。

如果上行传输通过DCI格式0_0来调度，那么此时就默认PT-RS端口和DM-RS端口0相关联，因为也只有DM-RS端口0被用于PUSCH传输。

4. 功率

无论是在上行信道还是在下行信道中，对PT-RS进行功率增强都能够提高PT-RS对相位的估计精度。

在下行数据信道中，如果基站配置了PT-RS，且高层信令配置了高层信令epre-Ratio，则用于指示每层每个RE上每个PT-RS端口和PDSCH端口的EPRE的比值如表3-22所示。

表3-22　每层每个RE上每个PT-RS端口和PDSCH端口的EPRE的比值（ρ_{PTRS}）

epre-Ratio	PDSCH层数					
	1	2	3	4	5	6
0	0	3	4.77	6	7	7.78
1	0	0	0	0	0	0
2	预留					
3	预留					

PDSCH传输中，多层的PDSCH可以映射到1个RE上，而对于PT-RS所占用的RE上只配置1个端口的PT-RS，此时就可以对PT-RS按照公式（3-17）进行功率增强。从公

式（3-17）中可知，影响PT-RS比例因子的因素主要是PDSCH的层数 N_{PDSCH} 和PT-RS的端口数 N_{PTRS}，Rel-15阶段的PT-RS支持下行1个PT-RS端口。

$$EPRE_{PDSCH\_to\_PTRS} = 10\lg(N_{PDSCH}) - 10\lg(N_{PTRS}) \tag{3-17}$$

$EPRE_{PDSCH_to_PTRS}$为得到的PT-RS和每层每个RE上的PDSCH的EPRE的比值，表示为dB值，转换为线性值，然后得到幅值。

高层信令配置epre-Ratio中的配置0表示进行PT-RS的功率增强；配置1表示不进行PT-RS的功率增强。当配置了DM-RS时域的TD-OCC功能时，PT-RS不生效。尽管下行DM-RS类型1最大支持8层传输，DM-RS类型2最大支持12层传输，但在有PT-RS传输时，占用TD-OCC [1 –1]的一半的DM-RS端口是不能使用的。此时DM-RS类型1最多支持4个正交的DM-RS端口，而DM-RS类型2最多支持6个正交的DM-RS端口，所以在计算PT-RS功率增强时，不同类型的DM-RS对应的PDSCH的层数 N_{PDSCH} 最大值是不同的。虽然表3-22支持的最大PDSCH层数为6，但是DM-RS类型1最大到4层。假定每个RE上的功率为1，当epre-Ratio配置为0时，整个RE上的功率都给了PT-RS，所以PT-RS的功率等于1，而PDSCH RE上所有层加起来为1，所以PT-RS端口的功率就是每层PDSCH数据功率的N倍，N代表DM-RS的端口数量，即PDSCH的层数。当epre-Ratio配置为1时，PT-RS端口和每层的数据功率假设一样。对于信道条件比较好的UE，PT-RS的功率可以不进行增强以降低对其他UE的干扰。

上行的PT-RS同样可以利用功率增强使PT-RS的相噪估计精度得到提升。PT-RS的功率增强如表3-23所示，其中，α_{PTRS}^{PUSCH} 为高层信令配置的PUSCH每层每个RE上的功率和PT-RS的功率的比值。上行传输的PT-RS在映射时，针对相关联的DM-RS的端口进行了功率的增强，得到的功率增强的线性幅值因子 β_{PT-RS} 为 $10^{\frac{-\rho_{PTRS}^{PUSCH}}{20}}$，其中 $\rho_{PTRS}^{PUSCH} = -\alpha_{PTRS}^{PUSCH}$，$Q_p$代表PT-RS端口数量。

表3-23 PUSCH每层每个RE上和上行PT-RS功率比例因子

UL-PT-RS-power/ α_{PTRS}^{PUSCH}	PUSCH层数（n_{layer}^{PUSCH}）							
	1	2		3		4		
	所有情况	全相干	部分相干、非相干及基于非码本的传输	全相干	部分相干、非相干及基于非码本的传输	全相干	部分相干	非相干及基于非码本的传输
00	0	3	$3Q_p-3$	4.77	$3Q_p-3$	6	$3Q_p$	$3Q_p-3$
01	0	3	3	4.77	4.77	6	6	6
10	预留							
11	预留							

由于上行的PT-RS最多支持两个端口，而基于码本的全相干上行传输只支持1个PT-RS端口，且上行最多支持4个SRS端口的传输，同时也最多支持4层数据的传输，所以根据TPMI指示的层数，基于全相干码本的上行传输，其每层数据使用所有的SRS端口发送。1个PT-RS端口的功率在一个RE上进行增强类似于PT-RS的下行功率增强，所有DM-RS端口使用的SRS端口相同，共享一个PT-RS端口，也就是1个PT-RS功率增强的比例因子，为$10\lg(n_{\text{layer}}^{\text{PUSCH}})$[30]。

基于码本的非相干上行传输，每层的数据传输来自1个天线端口，且天线端口（SRS端口）间功率是不可共享的。根据TPMI的指示，由于各个SRS端口间功率不可共享，每层数据通过1个SRS端口进行发送，因此，如果配置了1个PT-RS端口，则PT-RS的功率和PUSCH每层每个RE上的功率是相同的。如果配置了两个PT-RS端口，考虑到PT-RS端口之间的正交性，则同一个时域符号上不同端口的PT-RS端口映射到不同的子载波位置，同一个时域符号上的PT-RS端口0就不会映射到PT-RS端口1所在的RE位置，PT-RS端口0就可以将这个RE上的功率用到PT-RS端口0所在的RE上。考虑到上行最多支持两个端口的PT-RS，所以支持3dB的功率增强，PT-RS的功率增强比例因子为$10\lg(Q_p)$。

基于码本的部分相干传输，一层数据可以在部分SRS端口上传输，部分SRS端口可以共享1个PT-RS端口。对于部分相干的两层数据的上行传输，根据TPMI的指示，两层数据使用不同的SRS端口发送，在配置了两个PT-RS端口的情况下，考虑到PT-RS的正交性，PT-RS对于每层每个RE上的PUSCH的功率可以获得3dB的功率增强。对于部分相干3层数据的上行传输，如果高层信令配置了最多支持两个PT-RS端口，则根据TPMI的指示，其中1个DM-RS端口关联1个PT-RS端口，另外两个DM-RS端口共享另一个PT-RS端口，但是这两个DMRS端口对应的SRS端口是非相干传输的。所以，对于部分相干的两层或者3层数据传输，在进行PT-RS功率的增强时，PT-RS的功率计算方式和基于码本的非相干传输类似，即如果此时使用的是两个PT-RS端口，那么每个PT-RS端口的功率增强值来自于因为两个PT-RS端口的正交性，映射在不同的RE上，此时每个PT-RS端口所在的RE位置可以增强为两个RE上的发送功率。对于部分相干的4层数据的上行传输，如果高层信令配置了最多两个PT-RS端口，根据TPMI的指示，1层和2层使用相同的SRS端口发送，且共享1个PT-RS端口0，3层和4层使用相同的SRS端口发送且共享PT-RS端口1。所以此时实际使用的也是两个PT-RS端口，1层和2层以及3层和4层相当于两组全相干的上行传输，根据全相干的PT-RS的功率计算，此时每个PT-RS端口可以获得3dB的功率增益。而且，此时配置了两个PT-RS端口，考虑到PT-RS端口之间的正交性，根据上述非相干的上行传输，针对两个PT-RS端口，每个PT-RS端口也可以获得3dB的增益。所以，根据表3-23的配置，对于4层数据的部分相干的上行传输，PT-RS进行功率增强时可以得到6dB的增益。

基于非码本的上行传输，一个SRS端口关联一层数据的传输。其功率因子的获取方式和基于码本的非相干传输类似，PT-RS的功率增强比例因子为10lg(Q_p)。

3.4.2 基于DFT-S-OFDM波形的PT-RS的设计

上行通信系统目前支持OFDM和DFT-S-OFDM两种波形。基于OFDM波形的PT-RS在1个PRB内占用1个子载波的位置，所以存在PAPR比较高的缺点。而DFT-S-OFDM能够减少上行传输的PAPR，具体而言，基于DFT-S-OFDM的PT-RS在映射时会在发送端的DFT之前进行映射，这样就不会对DFT-S-OFDM系统单载波PAPR较低的优点造成影响。在DFT之前映射PT-RS样点，即Pre-DFT。PT-RS映射示意图如图3-49所示[31]。

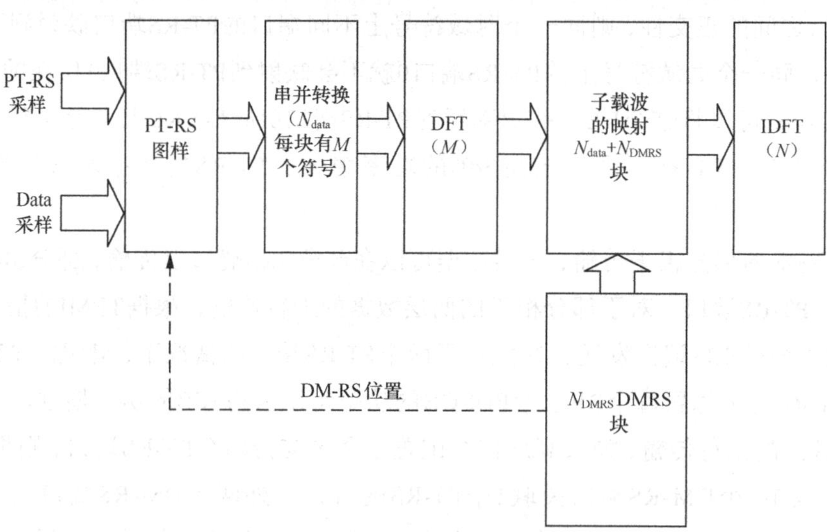

图3-49 Pre-DFT PT-RS映射流程

Pre-DFT在映射数据样点时将PT-RS同时映射，此时会形成一个数据流，数据流包括PT-RS和数据两部分。然后这个数据流进行DFT变换，形成了频域特性，在此时按照正常的流程映射DM-RS等参考信号。

1. 图样

在考虑PT-RS时域密度时，即每几个OFDM符号上放置1个PT-RS符号，为了确保Pre-DFT映射的PT-RS相噪估计的性能，在DFT-S-OFDM波形下的PT-RS时域密度仅支持{1，2}，如果高层信令配置了PT-RS的时域密度为2，那么此时PT-RS是每隔两个OFDM时域符号发送一次，其他情况下则认为PT-RS的时域密度为1。在时域上的映射方法和OFDM波形下PT-RS的映射方法相同。

不同于OFDM波形下PT-RS映射在一个符号上的数据流中，DFT-S-OFDM波形下的PT-RS的映射支持块状结构的映射。其中，基于块状结构的映射可以通过块内进行平

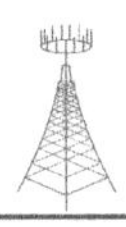

均来对相位进行降噪，然后在块之间进行线性差值。其中，基于块状映射的PT-RS图样如表3-24所示。

表3-24 PT-RS块状结构映射图样

$N_{\text{group}}^{\text{PTRS}}$	$N_{\text{sample}}^{\text{group}}$	PT-RS在OFDM符号l处的样点
2	2	$s\lfloor M_{\text{SC}}^{\text{PUSCH}}/4\rfloor+k-1$ where $s=1,3,\ k=0,1$
2	4	$sM_{\text{SC}}^{\text{PUSCH}}+k$ where $\begin{cases}s=0,\ k=0,1,2,3\\ s=1,\ k=-4,-3,-2,-1\end{cases}$
4	2	$\lfloor sM_{\text{SC}}^{\text{PUSCH}}/8\rfloor+k-1$ where $s=1,3,5,7,\ k=0,1$
4	4	$sM_{\text{SC}}^{\text{PUSCH}}/4+n+k$ where $\begin{cases}s=0\ ,\ k=0,1,2,3 & n=0\\ s=1,2,\ k=-2,-1,0,1 & n=\lfloor M_{\text{SC}}^{\text{PUSCH}}/8\rfloor\\ s=4\ ,\ k=-4,-3,-2,-1 & n=0\end{cases}$
8	4	$\lfloor sM_{\text{SC}}^{\text{PUSCH}}/8\rfloor+n+k$ where $\begin{cases}s=0\ ,\ k=0,1,2,3 & n=0\\ s=1,2,3,4,5,6,\ k=-2,-1,0,1 & n=\lfloor M_{\text{SC}}^{\text{PUSCH}}/16\rfloor\\ s=8\ ,\ k=-4,-3,-2,-1 & n=0\end{cases}$

其中，$N_{\text{group}}^{\text{PTRS}}$表示PT-RS的块数，$N_{\text{sample}}^{\text{group}}$表示在一个PT-RS块内的样点数，$M_{\text{SC}}^{\text{PUSCH}}$表示映射数据的子载波数量。在PT-RS映射时，将PUSCH总的子载波数分成几部分后，按照表3-24所示的方法将PT-RS不同块映射到不同的位置。表中不同的PT-RS的块数和每个块数中不同的样点数及上行PUSCH调度的带宽相关联。与OFDM映射PT-RS的频域资源类似，基站通过高层信令来配置多个RB（资源块）数量的阈值，然后根据调度的带宽和基站配置的多个RB数量阈值的关系来确定此时PT-RS的映射块数、每个块的位置，以及每个块内的样点数，主要目的是在保证一定相位估计精度的前提下，适当地控制PT-RS的信令开销。其中，调度的带宽和高层信令配置的带宽阈值的对应关系如表3-25所示。

表3-25 调度带宽和PT-RS图样的对应关系

调度带宽	PT-RS块数	每个PT-RS块内样点数
$N_{\text{RB0}}\leqslant N_{\text{RB}}<N_{\text{RB1}}$	2	2
$N_{\text{RB1}}\leqslant N_{\text{RB}}<N_{\text{RB2}}$	2	4
$N_{\text{RB2}}\leqslant N_{\text{RB}}<N_{\text{RB3}}$	4	2
$N_{\text{RB3}}\leqslant N_{\text{RB}}<N_{\text{RB4}}$	4	4
$N_{\text{RB4}}\leqslant N_{\text{RB}}$	8	4

当调度的带宽小于一定的阈值时，如表中的N_{RB0}，此时认为PT-RS没有配置，这是因为此时配置PT-RS引入的开销相对数据来说过大，影响系统的频谱效率。根据表3-25的对应关系，当指示了PT-RS图样配置的块数和每个块内的样点数，其图样按照表3-24

的映射方式获得。在一个映射了PT-RS的时域符号长度内，以配置了PT-RS的块数为2，每个块内的样值数为2为例，根据表3-24中的计算方式，将调度给PUSCH的子载波数分成4个部分。当s分别取值为1和3时，此时根据公式计算得到PT-RS的两个块，分别映射到以第一和第三个部分为参照，再根据k的取值，或者每个块内两个样点相对于每个PUSCH部分的位置。根据上述计算得到的PT-RS的图样如图3-50（a）所示，表格中对应的其他PT-RS图样的映射方式同上述方法相似，其图样如图3-50所示。

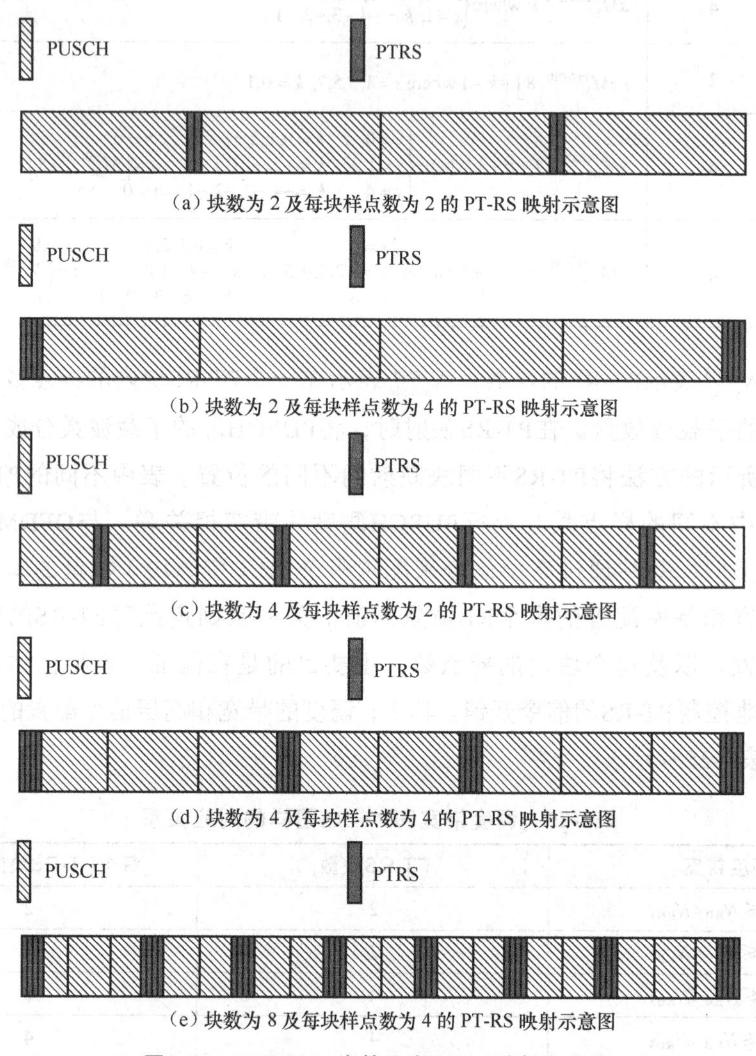

图3-50　PUSCH一个符号内PT-RS映射示意图

图3-50是PT-RS映射的示意图，PUSCH中子载波数和PT-RS的点数并未按照等比例来显示。

2. 序列

基于DFT-S-OFDM波形的PT-RS，为了减小PAPR的影响，在映射物理资源时，采用了在DFT之前进行映射的方法，PT-RS序列的选择同样需要考虑PAPR的影响。在OFDM波形下，PT-RS和相关联的DM-RS端口采用相同的序列，即对于PDSCH，PT-RS采用QPSK的序列。但在DFT-S-OFDM波形下，低阶调制方式能有效降低单载波系统下的PAPR。如图3-51所示[32]，图中最右侧曲线表示QPSK调制方式，左侧3条曲线基本重合在一起，分别表示未添加PT-RS、独立于数据的π/2 BPSK调制方式及和数据级联的π/2 BPSK调制方式。从结果中可以看到使用π/2 BPSK调制方式的PT-RS在PAPR的控制上要优于使用QPSK调制方式的PT-RS。所以，上行在单载波系统下，为控制系统的PAPR，PT-RS使用π/2 BPSK的调制方式。

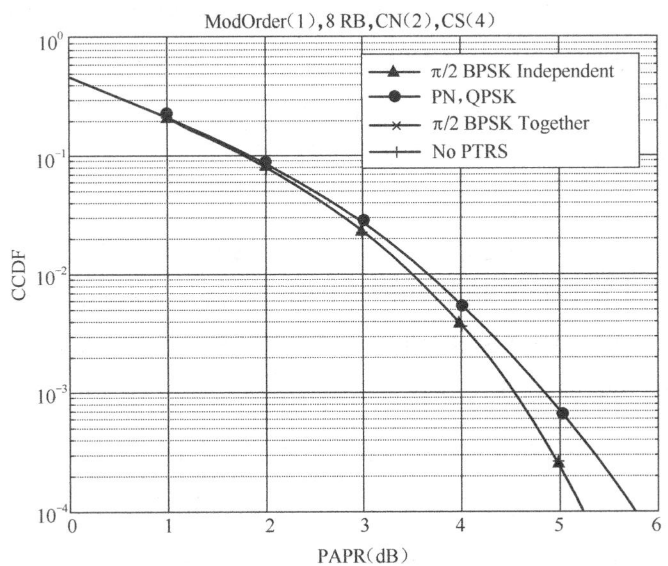

图3-51　PT-RS不同调制方式仿真对比

PT-RS序列 $r_m(m')$ 在m位置处的序列由公式（3-18）产生。其中，m取决于PT-RS的集合个数 $N_{\text{group}}^{\text{PTRS}}$、每个集合内的样值数 $N_{\text{samp}}^{\text{group}}$，以及 $M_{\text{sc}}^{\text{PUSCH}}$。

$$
\begin{aligned}
r_m(m') &= w(k')\frac{e^{j\frac{\pi}{2}(m \bmod 2)}}{\sqrt{2}}\left[\left(1-2c(m')\right)+j\left(1-2c(m')\right)\right] \\
m' &= N_{\text{samp}}^{\text{group}}s'+k' \\
s' &= 0,1,\cdots,N_{\text{group}}^{\text{PTRS}}-1 \\
k' &= 0,1,N_{\text{samp}}^{\text{group}}-1
\end{aligned}
\tag{3-18}
$$

序列 $c(i)$ 为伪随机序列，由初始化序列 $c_{\text{init}}=\left(2^{17}\left(14n_{\text{s,f}}^{\mu}+l+1\right)\left(2N_{\text{ID}}+1\right)+2N_{\text{ID}}\right) \bmod 2^{31}$ 产生，其中，$n_{\text{s,f}}^{\mu}$ 为配置了PT-RS的子帧号，l为在 $n_{\text{s,f}}^{\mu}$ 内最低的OFDM符号数，N_{ID} 为高层信令配置的PUSCH的标识。参数 $w(k')$ 如表3-26所示。

表3-26 正交序列

$n_{\mathrm{RNTI}} \bmod N_{\mathrm{samp}}^{\mathrm{group}}$	$N_{\mathrm{samp}}^{\mathrm{group}}=2$ $[w(0)\ \ w(1)]$	$N_{\mathrm{samp}}^{\mathrm{group}}=4$ $[w(0)\ \ w(1)\ \ w(2)\ \ w(3)]$
0	$[+1\ \ +1]$	$[+1\ \ +1\ \ +1\ \ +1]$
1	$[+1\ \ -1]$	$[+1\ \ -1\ \ +1\ \ -1]$
2	—	$[+1\ \ +1\ \ -1\ \ -1]$
3	—	$[+1\ \ -1\ \ -1\ \ +1]$

采用OCC序列能够将每个块内的干扰随机化。一个块内的不同PT-RS样点在进行解调时会根据OCC序列的指示来进行加权，以获得这些样点的序列。由于PT-RS和DM-RS端口间存在一定的关联，所以可以PT-RS端口和相关联的DM-RS端口可以使用相同的扰码。通过表3-26中的 n_{RNTI} 和每个块中的样点数的关系确定此时针对一个块中的样点采用的OCC序列。如表3-26所示，若目前单载波波形下的PT-RS每个块中支持的样点数为2或者4，那么此时的OCC长度也包括2或者4两种。

3. 功率

PT-RS在PUSCH进行DFT之前映射，此时PT-RS的序列需要进行功率幅度的调整，即放大PT-RS的功率有助于提高PT-RS的可靠性。数据采用不同的调制方式进行发送，为了和数据对齐，可以将π/2 BPSK调制方式的PT-RS的序列调整到和当前数据使用的调制方式最外侧点相同的幅值，如表3-27所示。

表3-27 PT-RS比例因子和调度调制方式的关系

调度MCS	PT-RS比例因子（β'）
π/2 BPSK	1
QPSK	1
16QAM	$3/\sqrt{5}$
64QAM	$7/\sqrt{21}$
256QAM	$15/\sqrt{85}$

表3-27中PT-RS的缩放因子β'表示调度数据使用的调制方式和π/2 BPSK最外侧点的幅值的比例。以不同调制方式在第一象限最外侧点为例，如图3-52所示[33]，根据不同调制方式的映射方式，通过计算使用π/2 BPSK和QPSK调制方式得到的最外侧点为 $\frac{1}{\sqrt{2}}(1+\mathrm{j})$，使用16QAM得到的最外侧点为 $\frac{3}{\sqrt{10}}(1+\mathrm{j})$，使用64QAM得到的最外侧点为 $\frac{7}{\sqrt{42}}(1+\mathrm{j})$，使用256QAM得到的最外侧点为 $\frac{15}{\sqrt{170}}(1+\mathrm{j})$。

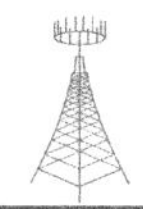

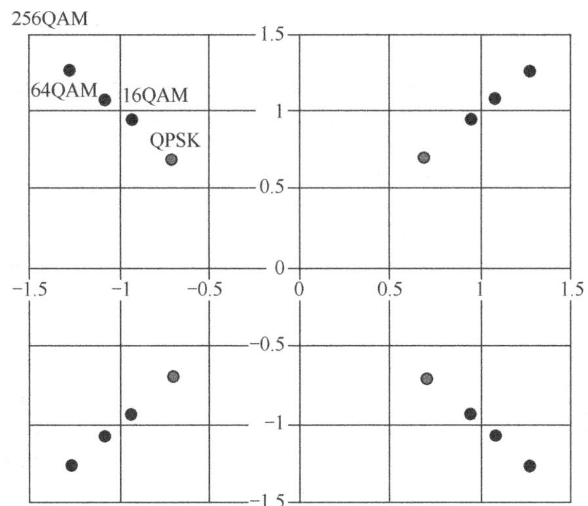

图3-52 不同调制方式最外侧点示意图

经过不同调制方式下比例因子的放大，π/2 BPSK序列和相应的调制方式的最外侧点幅值是相同的，达到了对PT-RS进行功率放大的目的，提升了PT-RS对相位噪声的估计和补偿的性能。

3.5 QCL关系

引入LTE CoMP之前，一个UE的数据传输只是在UE和它的服务扇区之间进行的。服务扇区先发送同步信号和CRS，然后UE利用同步信号或者CRS来估计信道的大尺度参数，这些大尺度参数可以用于信道估计，如纠正时频偏误差等。UE在接收一个目标信号时，如PDSCH的DM-RS，可以将这些大尺度参数用于这个目标信号的解调。因为发送同步信号或者CRS的天线和发送PDSCH的天线属于同一个天线系统，所以它们经历的大尺度信道传播特性相同。这样UE就可以在对目标信号信道估计时进行滤波系数的调整和优化，从而简化了UE的实现复杂度。另外，同步信号或者CRS的时频域密度可能高于目标信号，这些大尺度信道特性的传递使得目标信号信道估计更加准确。由于服务扇区的同步信号和CRS是唯一确定的，所以一个目标信号的大尺度参数可以直接默认为基于该服务扇区的同步信号和CRS，不需要额外的信令通知，且UE具体如何利用大尺度参数是UE的实现行为。

后来，3GPP讨论了LTE CoMP技术，该技术主要的应用场景是多个基站或者一个基站的多个扇区，或者一个基站的多个分布式天线系统传输数据给一个UE。如图3-53所示，由于TP1和TP2的地理位置不同，到UE之间的信道完全不同，信道大尺度参数也不同。此时，UE在接收一个目标信号时，UE需要知道相对应的大尺度参数是哪个TP发送的CRS。因此，LTE Rel-11引入了准共站址（Quasi Co-Location，QCL）的概念及相关信令的增强。在LTE中，如果两个天线端口之间是QCL的，那么这两个天线端口上所经历的大尺度参数特性就是相同的。协议明确规定大尺度参数包括多普勒频移、多普勒扩展、平均时延、时延扩展、平均增益。另外，LTE的QCL信令中也包含了速率匹配资源，不同TP传输的PDSCH对应的速率匹配资源是不一样的。

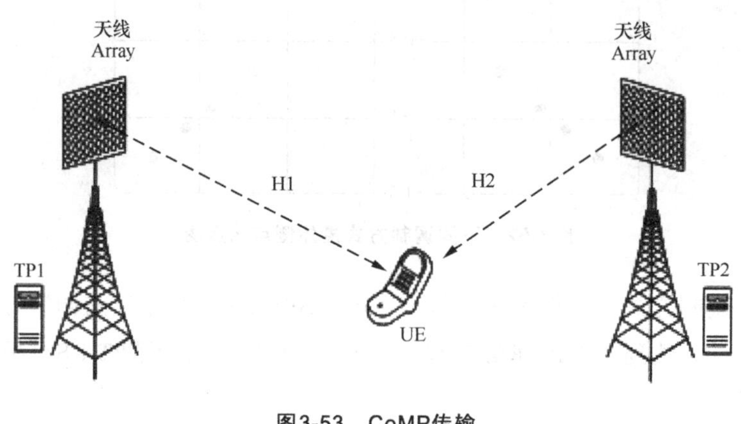

图3-53　CoMP传输

NR对QCL的定义与LTE类似。但是NR支持高频段，考虑到模拟波束对信道大尺度参数带来的影响，NR在LTE的基础上又引入了一个关于波束的QCL参数。最终，NR的QCL参数包括：

- 多普勒频移，是指最大频偏或者系统频偏；
- 多普勒扩展，是指多径的频偏，描述时域上的信道变化特性；
- 平均时延，一般指首径的时延；
- 时延扩展，是指多径的时延，描述信道频率选择特性；
- 平均增益，是指信道增益，用于接收端SNR估计等；
- 空间接收参数，是指接收端空间特性，用于接收端模拟波束的调整。

总之，由于目标信号配置或者功能的单一性，UE在接收目标信号时可能无法从该目标信号完全获取所有信道传输的特征。例如，目标信号的带宽不够大，或者时频域密度不够大，不足以通过测量目标信号本身而获得精准的多普勒频移、多普勒扩展等。因此，引入QCL参数的定义及相关信令是为了从一个QCL参考源继承一些信道传输的特征。这里目标信号和QCL参考源主要都是用于信道估计的参考信号。如图3-54所示，UE先对QCL参考源中的参考信号进行接收，从而获得相应的QCL参数，然后应用于目标接收参考信号。如果QCL参数中包含空间接收参数，用户一般选择接收QCL参考源中的参考信号最好的接收波束接收目标参考信号。

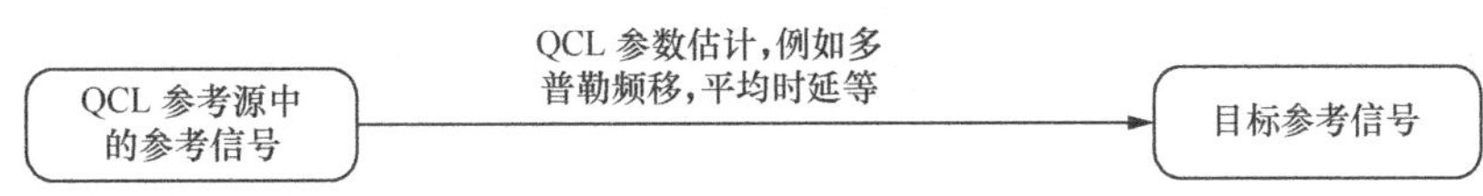

图3-54　QCL参数的传递

由于参考源中的参考信号不同或者目标参考信号不同，需要传递的QCL参数可能不同，所以需要灵活配置QCL参数的类型。为了节省信令开销，NR将上述QCL参数分为了4种类型。

- QCL-TypeA: {多普勒频移，多普勒扩展，平均时延，时延扩展}；
- QCL-TypeB: {多普勒频移，多普勒扩展}；
- QCL-TypeC: {多普勒频移，平均时延}；
- QCL-TypeD: {空间接收参数}。

NR中用RRC信令TCI（Transmission Configuration Indicator，传输配置指示）状态去配置QCL源中的参考信号及参数类型。一般来说，TCI信令主要用于QCL源和目标参考信号为不同类型或者不同配置的参考信号之间的情况，而不同类型或者不同配置的参考信号一般功率可以不同。功率不同，平均增益也会不同，所以QCL类型中没有包含平均增益。

由于模拟波束一般只用于高频段（Frequency Range 2，FR2），所以低频段（FR1）一般不配置QCL-TypeD。

总的来说，可以将上述QCL类型再划分为以下两类。在FR1中，一个TCI状态一般只包含一个参考信号，QCL类型是QCL-Type1；而在FR2中，一个TCI状态包含两个参考信号，QCL类型分别是QCL-Type1和QCL-Type2。

- QCL-Type1，可以是QCL-TypeA、QCL-TypeB或者QCL-TypeC中的一个；
- QCL-Type2指QCL-TypeD。

究其原因，QCL-Type1中的参考信号主要用于时频偏估计，由于QCL源和目标参考信号不同，有的QCL-Type1中的参考信号能用来传递QCL-TypeA中所有参数，而有的QCL-Type1中的参考信号只能用来传递QCL-TypeA中的部分参数，即QCL-TypeB或者QCL-Type C。参数是QCL-TypeA、QCL-TypeB还是QCL-TypeC，需要看具体的参考信号源和目标参考信号。而QCL-Type2中的参考信号主要用于接收波束指示。QCL-Type1和QCL-Type2中的参考信号可以是同一个，即同一个参考信号源不但可以用于{多普勒频移，多普勒扩展，平均时延，时延扩展}中的某些参数传递，也用于接收波束指示。当然，QCL-Type1和QCL-Type2中的参考信号也可以是不同的，此时往往用于传递{多普勒频移，多普勒扩展，平均时延，时延扩展}中的某些参数的参考信号和接收波束指示的参考信号的波束宽度不同。例如，TRS作为QCL-TypeA的参考信号源，波束宽度大于用于QCL-TypeD的CSI-RS的波束宽度，这样做是为了节省TRS的开销。

QCL-TypeD的作用是指示接收端进行波束校正，具体波束管理的细节可参考第6章。

3.5.1 参考信号间的QCL关系

UE开机后，会搜索同步信号传输块（SS/PBCH Block，SSB），即将SSB当作最开始的QCL源。在UE没有收到RRC配置之前，CSI-RS（包括TRS）是无法传输给UE的，所以只能用SSB作为PDCCH，以及PDSCH的DM-RS的QCL-TypeA和QCL-TypeD（用于FR2）的QCL参考源。由于NR支持多个SSB，如图3-55所示，且不同SSB可能对应不同波束，即QCL参数可能不同。所以在RRC配置前，PDCCH及PDSCH的DM-RS的QCL源一般默认是UE在初始接入时检测到最好的那个SSB，不需要额外的RRC信令通知（当然也无法用RRC通知），如表3-28中带*的行所示，*表示不需要RRC信令配置。

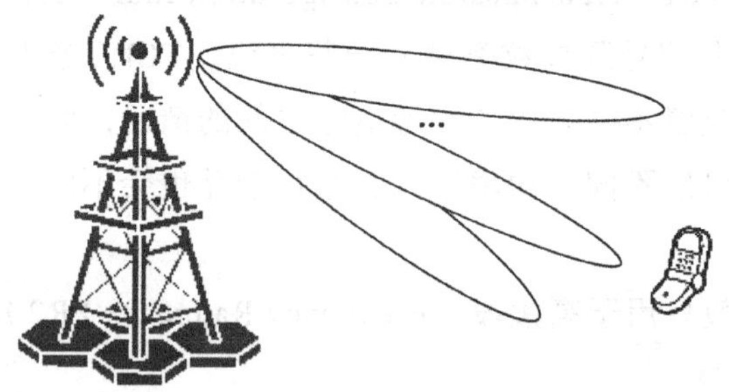

图3-55　多波束传输

在RRC配置之后，UE就可以收到CSI-RS和专有的PDCCH及PDSCH。UE在接收这些目标信号之前，基站需要配置QCL源，给这些目标信号传递信道特征信息，即TCI状态。

（1）当目标信号是用于Tracking的CSI-RS，即TRS时，如表3-28所示。

表3-28　目标RS和QCL源中的RS列表

目标信号	参考信号-1	QCL-Type1	参考信号-2（可选，对应QCL-Type2）
TRS	SSB	QCL-TypeC	SSB（Same ）
	SSB	QCL-TypeC	CSI-RS for BM
CSI-RS for CSI	TRS	QCL-TypeA	SSB
	TRS	QCL-TypeA	CSI-RS for BM
	TRS	QCL-TypeA	TRS（Same）
	TRS	QCL-TypeB	—
CSI-RS for BM	TRS	QCL-TypeA	TRS（Same ）
	TRS	QCL-TypeA	CSI-RS for BM
	SSB	QCL-TypeC	SSB（Same ）

续表

目标信号	参考信号-1	QCL-Type1	参考信号-2（可选，对应QCL-Type2）
DM-RS （PDCCH）	TRS	QCL-TypeA	TRS （Same）
	TRS	QCL-TypeA	CSI-RS for BM
	CSI-RS for CSI	QCL-TypeA	CSI-RS for CSI （Same）
	*SSB	*QCL-TypeA	*SSB （Same）
DM-RS （PDSCH）	TRS	QCL-TypeA	TRS （Same）
	TRS	QCL-TypeA	CSI-RS for BM
	CSI-RS for CSI	QCL-TypeA	CSI-RS for CSI （Same）
	*SSB	*QCL-TypeA	*SSB

- SSB可以是TRS的QCL源，以传递QCL-TypeC中的参数，使得UE在检测TRS时能快速和系统进行粗同步，从而简化UE的实现。由于SSB的带宽小于TRS，不足以提供足够精准的{多普勒扩展，时延扩展}，所以SSB传递给TRS的QCL参数只包含了{多普勒频移，平均时延}。UE可以通过TRS本身去估计{多普勒扩展，时延扩展}参数。
- 在高频下，SSB仍然可以作为TRS的QCL-TypeD的源，以指示UE的接收波束。与SSB一样，UE可以配置多个TRS，并对应不同的波束。TRS的波束宽度是实现问题，例如和SSB的波束宽度一样。同一个SSB既可以是TRS的QCL-TypeC的源也可以是QCL-TypeD的源。
- TRS的波束宽度可以比SSB更细，与用于波束训练（或者称作波束管理）的CSI-RS一样，以匹配数据信道的窄波束。此时用于波束训练的CSI-RS就可以作为TRS的QCL-TypeD的源。但用于波束训练的CSI-RS的时频域密度不足，可能不足以当作QCL-TypeC的源，所以仍然需要指示一个合适的SSB用于QCL-TypeC参数的传递。

（2）当目标信号是用于BM（Beam Management，波束管理）的CSI-RS时，如表3-28所示。

- 由于TRS的时频域密度较高，且带宽很大，所以TRS一般用于传递QCL-TypeA的参数。出于灵活性的考虑，NR也支持TRS作为QCL-TypeD的源。如果TRS既用于QCL-TypeA也用于QCL-TypeD，那么这两个TRS必须是同一个CSI-RS资源。
- 相同的SSB既可以用于BM的CSI-RS的QCL-TypeC，也可以用于QCL-TypeD。这样标准实现的灵活度就很高，不需要等待TRS发送，SSB就可以先用作BM的CSI-RS的QCL源。
- 为了波束精细化训练，一个用于BM的CSI-RS可以作为另外一个用于BM的CSI-RS的QCL-TypeD的源。例如，一个用于BM的CSI-RS资源集合A中，所有的CSI-RS资源都配置相同的QCL-TypeD的参考信号，该参考信号是另外一个用于BM的CSI-RS资源b，此时资源集合A中将repetition设置为on，UE假定A中所有资源的发射波束都与资源b相同，所以UE会利用不同的接收波束轮询接收A中的资源，以进行较细致的接收端波束训练。同样，由于用于波束训练的CSI-RS的时频域密度不足，可能不足以当作QCL-TypeC或者QCL-TypeA的源，所以基站还得配置一个TRS用于QCL-TypeA。

（3）当目标信号是用于CSI测量的CSI-RS，即既不是TRS也不是用于BM的CSI-RS，如表3-28所示。

- 这里目标信号是用于CSI测量的CSI-RS，所以一般认为已经有了TRS传输配置。所以相同的TRS既可以用于QCL-TypeA，也可以传递QCL-TypeD。
- 如果目标CSI-RS的波束较窄，波束宽度窄于TRS，那么TRS可以用于提供QCL-TypeA，而用于BM的CSI-RS可以用于提供QCL-TypeD。
- 如果TRS的波束宽度与目标CSI-RS的波束宽度不一样，例如TRS的波束宽度大于SSB，此时在没有用于BM的CSI-RS的情况下，SSB就可以用于提供QCL-TypeD，而TRS用于提供QCL-TypeA。
- 在低频下，用于CSI测量的CSI-RS端口数可以很多，频域密度和带宽甚至可以比TRS更高，测量TRS不足以提供更精确的{平均时延，时延扩展}。另外，TRS的波束宽度和目标CSI-RS可能不同，导致{平均时延，时延扩展}参数可能不同，所以可以通过目标CSI-RS本身去测量得到{平均时延，时延扩展}。而由于CSI测量的CSI-RS时域密度不够，不足以从自己本身获得精确的{多普勒频移，多普勒扩展}，所以此时TRS仅用于提供QCL-TypeB。

（4）当目标信号是PDCCH的DM-RS时，如表3-28所示。

- 在RRC配置之后，相比SSB，TRS能够提供更精确的时延及多普勒参数，所以无须再用TCI去配置SSB作为QCL源。
- 为了标准的灵活性，低频下也可以将用于CSI测量的CSI-RS当作QCL源，以提供QCL-TypeA和QCL-TypeD。

（5）当目标信号是PDSCH的DM-RS时，在RRC配置之后，情况和PDCCH的DM-RS相同，如表3-28所示。

基于表3-28，几乎所有CSI-RS都可以当作QCL的源。QCL-TypeA最开始的参考源还要追溯到TRS，而TRS的时频偏估计的参考源可追溯到SSB。由于SSB也可以用于波束训练，所以可以不配置用于BM的CSI-RS。如果没有BM的CSI-RS，TRS的QCL-TypeD的源就是SSB，如图3-56（a）所示；而如果有BM的CSI-RS，波束训练就可以基于SSB和CSI-RS联合进行，TRS的QCL-TypeD的源就是用于BM的CSI-RS，如图3-56（b）所示。图3-56中的虚线代表RRC配置之前的QCL关系。如果用于CSI测量的CSI-RS作为QCL源，那么此时QCL-TypeA的参数估计实际上是继承自对应的TRS。

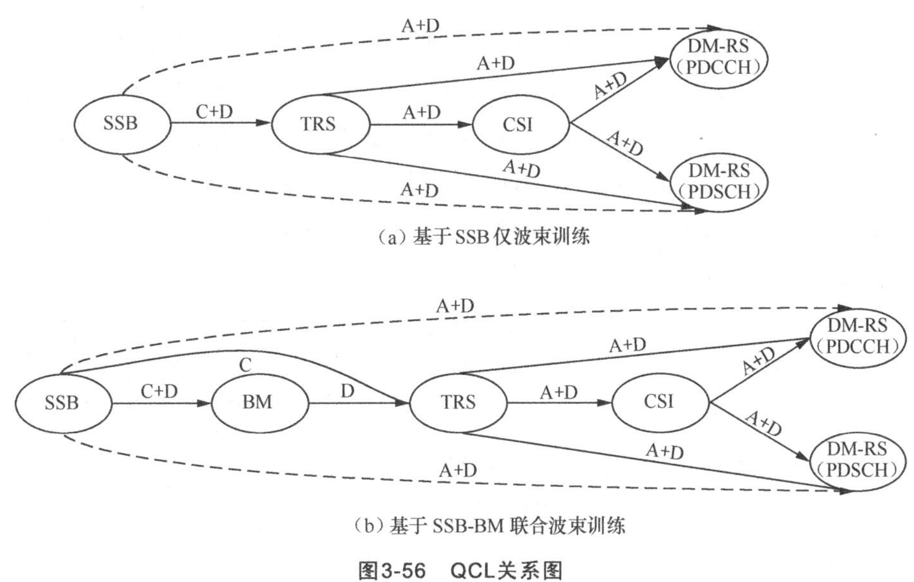

图3-56　QCL关系图

3.5.2　Rel-15 QCL的信令配置

QCL的参数类型及包含的参考信号封装在TCI状态下，如图3-57所示。由于在低频下不涉及QCL-TypeD，所以不配置QCL-Type2。对于QCL-Type1，RRC信令会从QCL-TypeA、QCL-TypeB、QCL-TypeC中选1个。其中，QCL-Type1和QCL-Type2中包含的RS可以是SSB的ID或者CSI-RS资源ID（包括CSI-RS for Tracking，即TRS）。

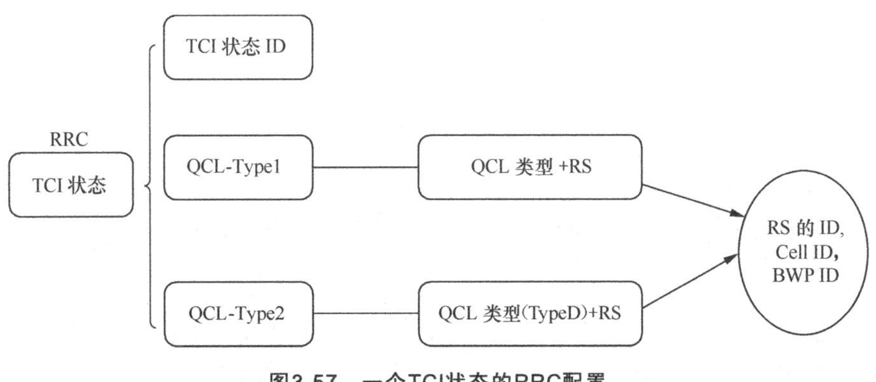

图3-57　一个TCI状态的RRC配置

QCL-TypeC是用于传递粗同步参数的，即使SSB和目标信号不在相同的分量载波（Component Carrier，CC）上，它们所经历的{多普勒频移，平均时延}也可以相同，所以目标信号和它的QCL-TypeC的参考信号源，即SSB可以不在相同的载波上。这样就需要基站配置SSB所在的CC的索引。

类似地，即使目标信号和QCL-TypeD的参考信号不在相同的CC上，它们所经历的波束也可以相同，即UE可以用相同的波束接收这两个参考信号，如图3-58所示。一般一个带宽的所有CC共享相同的射频单元，其接收波束都是一样的。这样带宽内的一个CC上的参考信号就可以作为另外一个CC上的参考信号的波束指示，即QCL-TypeD的源。这样就需要基站配置QCL-TypeD的参考信号所在的载波索引。

然而，QCL-TypeA和B的要求比较严格，目标信号和QCL源必须在相同的载波上，否则不能提供精准的测量结果。所以，如果QCL-Type1是QCL-TypeA或QCL-TypeB，就默认QCL源的参考信号和目标信号在相同的CC上，可以不配置CC索引。

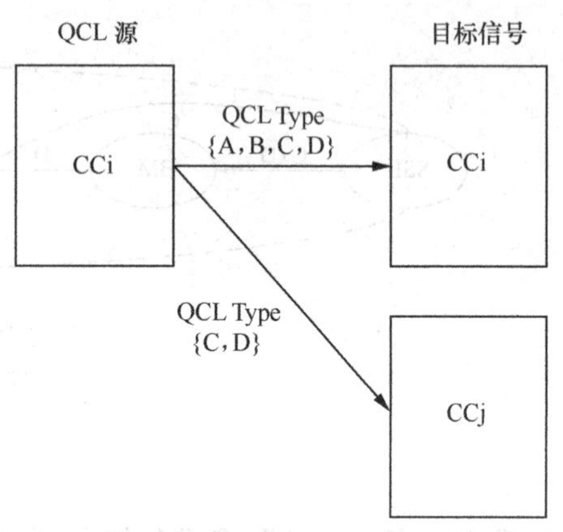

图3-58　QCL跨CC传递

由于NR支持多波束，所以NR允许配置多个TCI状态，最多可以配置128个TCI状态。不同的TCI可以对应不同的波束或者不同的参考信号配置。为了节省信令开销，且使得RRC信令架构清晰，NR将所有TCI的参数配置放在了PDSCH的RRC参数配置下，对于其他目标信号，包括CSI-RS、PDCCH，RRC，只需要配置TCI的ID即可。

如图3-59所示，基站首先利用RRC信令在PDSCH-Config下配置M个TCI状态。每个TCI状态的参数信息如图3-57所示，包括1个TCI状态ID、QCL-Type1和QCL-Type2（可选的，一般只应用于FR2），其中$M \leqslant 128$。

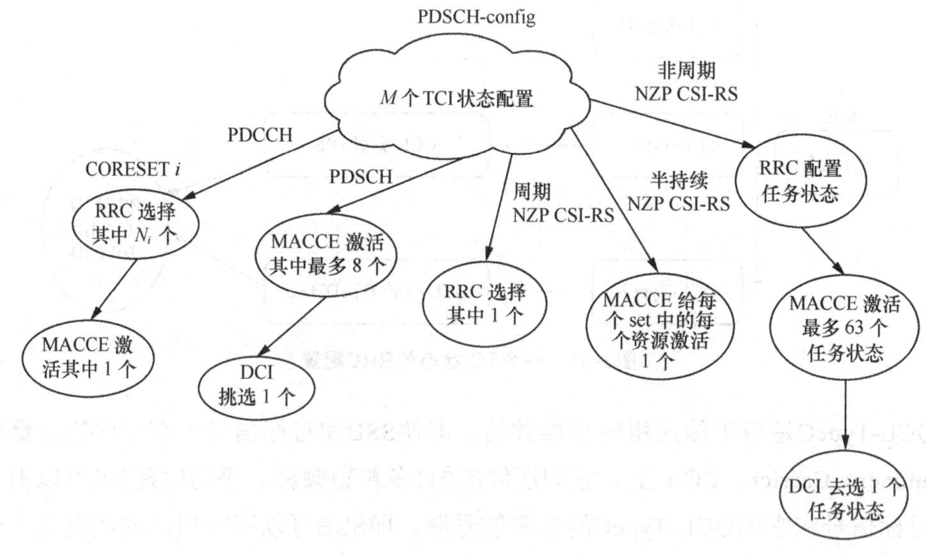

图3-59　各个信号的TCI状态配置框架

（1）如果目标信号是PDSCH的DM-RS，基站利用MAC-CE从RRC配置的M个TCI状态中最多激活8个，如果DCI中存在TCI指示域，那么就从DCI中的3bit挑选其中1个；如果DCI中没有TCI指示域，那么对应PDSCH的TCI默认与PDCCH的TCI相同，具体细节可参考第6章。MAC CE的结构如图3-60所示[34]，其中R是预留的比特；Serving Cell ID和BWP ID指此MAC CE要应用的PDSCH所在的CC和BWP索引；T_i用于指示RRC配置的TCI ID i被MAC CE激活还是去激活，也就是用位图的形式最多激活了8个TCI，和DCI中的TCI状态按照顺序一一对应。

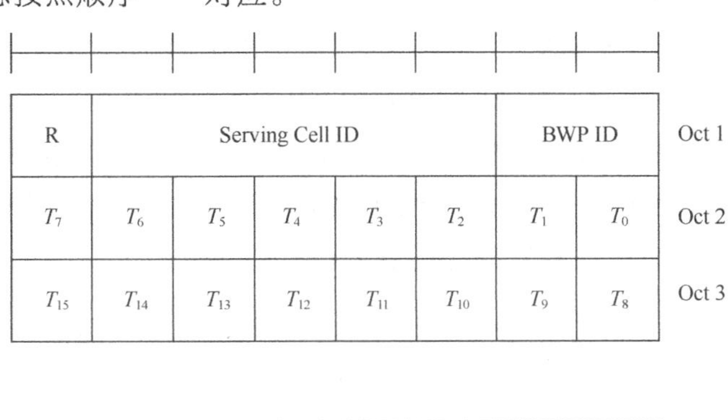

图3-60 PDSCH MAC-CE激活TCI states

（2）如果目标信号是PDCCH的DM-RS，针对每个控制资源集（Control Resource Set，CORESET），RRC信令先从PDSCH-Config下配置的M个TCI中挑选N（$N \leqslant 64$）个，这样UE实现的复杂度就比较低，没必要维持那么多TCI给该CORESET。最后用MAC CE去激活一个TCI，所以每个CORESET的TCI可以是不同的。MAC CE的结构如图3-61所示[34]，其中Serving Cell ID指该MAC-CE要应用的PDCCH所在的CC索引；TCI State ID就是从CORESET ID对应的CORESET（除了CORESET0）下配置的N个TCI中挑选的一个。CORESET0要用于RRC配置之前的数据调度，其相关参数一般是RRC预定义的，所以默认是M个TCI中前64个TCI。值得注意的是，现有协议支持的MAC CE中TCI State ID是7bit，且表示绝对的TCI的索引，而不是CORESET中配置的相对索引，所以，基站在发送MAC CE时要保证激活的TCI状态是RRC配置的64个中的一个。

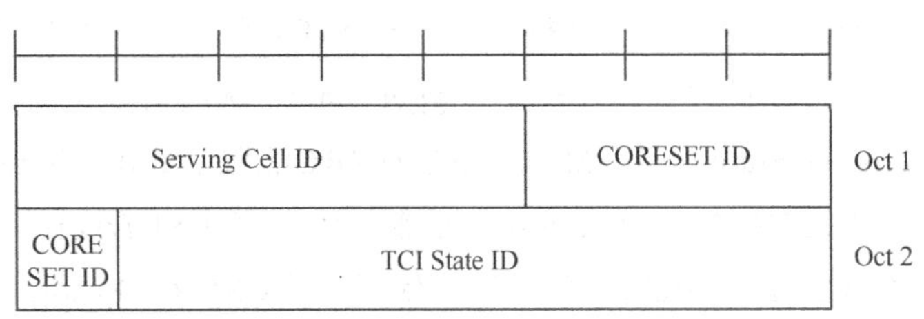

图3-61 PDCCH MAC-CE激活TCI状态

（3）如果目标信号是周期的NZP CSI-RS，RRC信令给每个CSI-RS资源下配置一个TCI索引。

（4）如果目标信号是半持续的NZP CSI-RS，即半持续CSI-RS，基站通过RRC信令配置CSI-RS/CSI-IM的参数，不包括QCL信息，然后基站通过MAC CE去一次激活一个SP CSI-RS资源集和CSI-IM。MAC CE的结构如图3-62所示[34]，对于SP NZP CSI-RS，基站同时用此MAC CE给资源集合内的每个CSI-RS资源激活一个TCI。其中，IM指此MAC CE是否包含一个CSI-IM集，如果IM指示不包含，那么此MAC CE就不包含SP CSI-IM资源集ID。此时此MAC CE就只用于CSI-RS。例如，对于用于波束管理的CSI-RS，就可以不包含CSI-IM。TCI State ID *i*用于指示SP CSI-RS资源集内第*i*个资源的TCI；A/D用于指示MAC CE中对应的资源集合是激活了还是去激活；Serving Cell ID和BWP ID指此MAC CE要应用的CSI-RS/CSI-IM所在的CC和BWP索引。值得注意的是，CSI-IM是不需要配置TCI的，因为CSI-IM的QCL参数由用于信道测量的CSI-RS来确定。

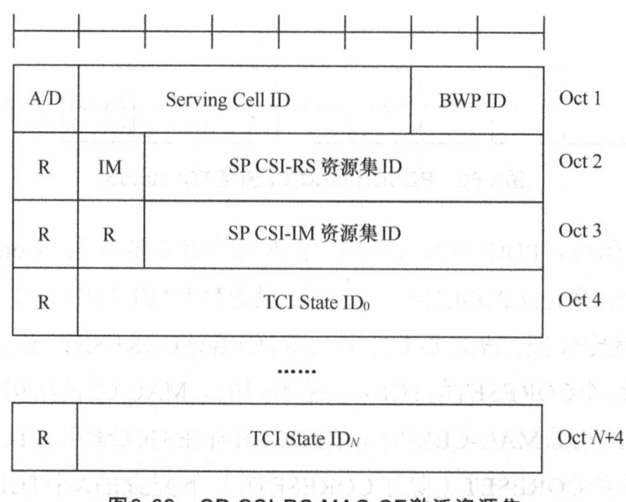

图3-62 SP CSI-RS MAC CE激活资源集

（5）如果目标信号是非周期的NZP CSI-RS，那么配置过程比较复杂，涉及非周期CSI上报的配置过程。RRC信令先配置最多128个CSI任务状态，每个CSI任务状态下可以配置最多16个CSI Report Config，RRC信令会对每个CSI Report Config下配置的非周期的CSI-RS Resource Set内的每个资源配置一个TCI状态。即使对于一个非周期的CSI-RS Resource，也可以链接到多个CSI Trigger State，从而可以配置不同的TCI状态。如果配置的CSI Trigger State太多，MAC CE会从RRC配置的CSI Trigger State中激活其中一部分，然后再用DCI中的CSI Request域去挑选其中1个CSI Trigger State。DCI中CSI Request域挑选的CSI Trigger State不同，可以使得一个CSI-RS Resource的TCI State不同，从而获得非周期CSI-RS QCL参数配置的灵活性。

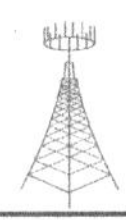

3.6 小结

在多天线技术方面，NR的参考信号设计摒弃了LTE中严重影响前向兼容性的CRS设计，继承了LTE CSI-RS、SRS，以及DM-RS的特性。为了支持高频，NR增强了CSI-RS和SRS的功能。NR设计的CSI-RS既可以支持传统意义上的CSI获取，也可以支持高频下的波束管理，而且可以替代CRS完成精同步及实现QCL的作用。另外，CSI-RS也可以用于RRM测量，即用于移动性管理。NR SRS的功能同样十分强大，可以用于基于码本和非码本的上行信道测量，也可以进行天线切换以获得下行CSI，并且在高频下可以进行波束管理。同时，NR引入了PT-RS以抵抗相位噪声。对于DM-RS，NR支持更多的端口和更密的时域DM-RS符号，以获得更高的系统容量，还支持更高的用户移动速度。虽然Rel-15 DM-RS序列设计上存在缺陷，但是Rel-16很快进行了增强以降低DM-RS的PAPR。

总体而言，灵活且多样化的NR参考信号设计符合大规模天线技术需求及有源天线技术的发展趋势。

除了MIMO议题，其他议题也涉及了参考信号，例如PDCCH的DM-RS、下行定位参考信号（Positioning RS，PRS）、用于定位的SRS（SRS for Positioning）、PUCCH的DM-RS等，本章不再进行详细说明。

目前，NR Rel-16标准已经基本完成，参考信号的设计已经基本成熟。

第4章

CSI反馈增强关键技术

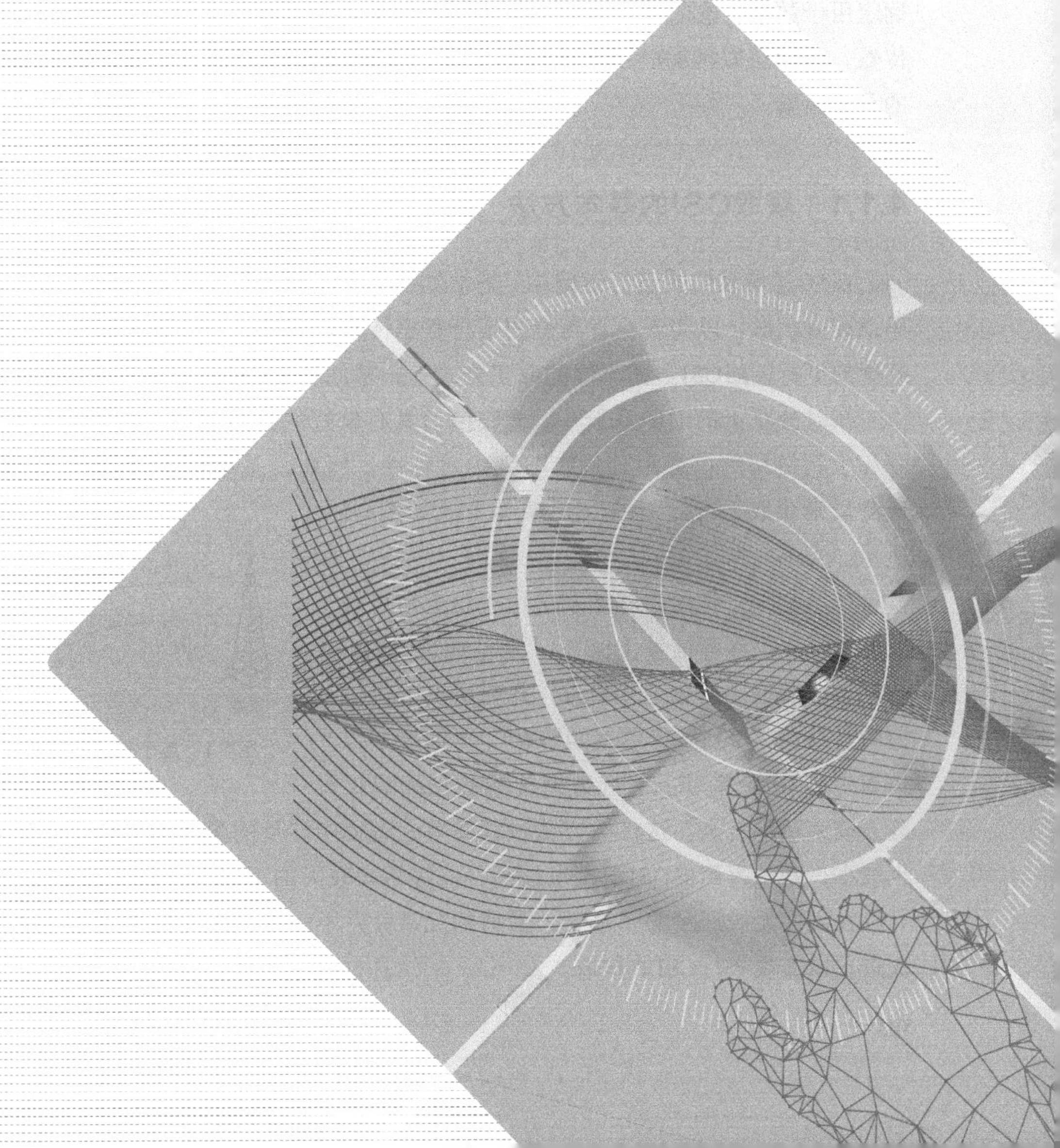

4.1 5G中CSI测量、反馈的基本原理和关键技术

在无线通信系统中，无线信道的多径、衰落、时变、频率选择性等特性会对信息传输的性能带来巨大的影响。因此，如何匹配无线信道的上述特性，保证高性能的信息传输，是无线通信系统设计的重要研究内容。通常来说，多天线无线通信系统通过发射端信号处理，以预编码、波束成形等方式实现单流或多流的信息传输，来提升信息传输的吞吐量。此时，发射端选取的秩、预编码矩阵（或波束成形矢量）、调制编码方式等信息传输方式是否匹配无线信道，决定了最终能否达到高性能的数据传输。

发射端可以根据CSI来确定上述信息传输的方式。发射端获取CSI之后，可以据此确定用于数据传输的秩、预编码矩阵、调制编码方式等，来实现与信道匹配的自适应传输，从而获取预编码带来的性能增益。因此，CSI的获取是最终决定数据传输性能的重要因素。

4.1.1 获取CSI的基本方法

在5G通信系统的下行链路中，基站侧使用大规模天线阵列对发射的信号进行预编码或波束赋形，以实现高吞吐量的下行数据传输。因此，作为发射端的基站需要得到准确的下行链路CSI。在不同的双工方式下，基站获取CSI的方法也不尽相同。

在时分双工的通信系统中，无线信道具有较好的互易性[1]，即下行链路的信道矩阵和上行链路的信道矩阵具有较强的对称性。因此，基站可以通过对上行链路的信道测量来获取下行链路的CSI，具体方式如图4-1所示。

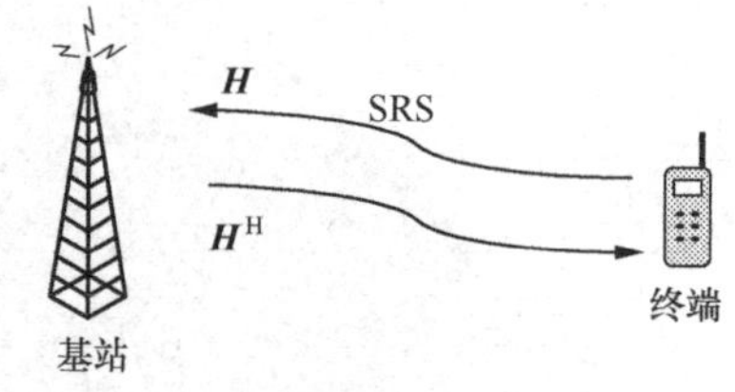

图4-1 基于信道互易性获取CSI

在图4-1中，终端向基站发送用于信道信息获取的上行探测参考信号（SRS），基站通过对SRS的测量，获取上行信道矩阵$\boldsymbol{H}$，并利用上下行信道的互易性，得到下行信道矩阵$\boldsymbol{H}^{\mathrm{H}}$，再通过下行信道矩阵$\boldsymbol{H}^{\mathrm{H}}$计算用于下行数据传输的预编码矩阵、波束赋形矢量。这样的方法过程简单，过程中涉及的参考信号和反馈带来的开销也较小，基站得到的CSI精度也很高，能够带来较大的下行吞吐量增益。

在某些无线通信的场景下，信道的互易性并不完美，因此需要对上述的方法进行改进，以实现下行CSI的获取。

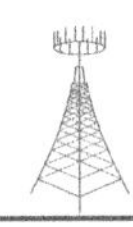

一个比较典型的场景是终端发送天线数量小于接收天线数量。终端实现多根发送天线的技术难度远高于实现多根接收天线的技术，因此，发送天线数量小于接收天线数量是较为典型的一种终端天线形态。例如，终端支持 Y 根天线用于信号接收，但是仅支持 X ($X<Y$)根天线用于信号发送。此时，Y 根接收天线最多可以形成Y层的CSI，而通过X根发送天线只能得到X层的CSI，即利用信道互易性，基站无法得到完整的CSI。对于这样的场景，NR采用SRS天线切换的方式获取完整的CSI。基站配置 Y/X 个SRS资源，每个SRS资源包含 X 个天线端口，终端在Y/X个SRS资源上轮流发送每组 X 根天线，基站依此得到 Y 根天线上的完整CSI。具体的方式可参考本书3.3节。

另一个比较典型的场景是下行存在干扰。在这样的场景下，基站无法通过互易性获取下行干扰的状态，因此无法仅通过互易性得到考虑干扰的情况下最优的预编码矩阵和MCS。NR标准采用无PMI反馈的方法获取该场景下的最优CSI，如图4-2所示。终端发送上行SRS，基站通过对SRS的测量得到一组较好的预编码矢量集合，该集合可以包含基于DFT矢量生成的波束，或者是基于$\boldsymbol{H}$的特征向量生成的预编码矢量。对于下行传输，由于干扰的存在，基站此时无法判断最优的预编码矩阵和秩，但是最优的预编码矩阵包含的矢量是从通过SRS测量得到的一组预编码矢量集合中挑选得到的，即从候选的信道空间中去除干扰对应的零空间，以得到最优的信道子空间。

根据这一原理，基站利用SRS测量得到的预编码矢量集合对CSI-RS进行预编码，并发送给终端。终端根据CSI-RS及对应的干扰测量资源测得预编码后的信道矩阵和干扰信息，计算最优的秩和MCS，并将指示秩信息的RI和指示MCS的CQI反馈给基站。基站根据终端反馈的RI、CQI及之前通过SRS测量得到的预编码矢量集合确定预编码矩阵和MCS，来进行下行数据传输。其中，基站可以灵活配置终端测量CSI时所用的CSI-RS天线端口，以达到灵活分配CSI-RS可用资源的目的。具体而言，基站配置终端测量CSI时，秩为R的CSI使用CSI-RS端口集合$\{p_0, p_1, \cdots, p_{R-1}\}$，而计算CQI所假设的预编码是在配置的该端口集合上使用单位矩阵得到的。不同终端的候选预编码矢量集合一般是部分重叠的，因此，这样的配置方式可以在同一个CSI-RS资源中复用不同终端对应的候选预编码矢量集合，而不同终端根据此配置信息，只需测量为其配置的CSI-RS端口集合，这样可以节省发送预编码的CSI-RS所带来的参考信号开销，同时可以降低终端测量CSI的计算量和复杂度。基站得到的CSI反映了下行干扰对预编码矩阵和MCS的影响，基站通过SRS测量结果和CSI反馈，可以得到当前的下行干扰信道中最优的数据传输方式。基站通过无PMI反馈的方式最终可以得到未经过量化的预编码矩阵，如基于信道的特征矢量构建的预编码矩阵[2]，而PMI反馈的预编码矩阵基于量化后的DFT矢量得到，量化误差会带来一定的性能损失。因此，和通过PMI反馈预编码矩阵的方式相比，无PMI反馈的方式最终能达到更大的性能增益[3]。

在使用频分双工（Frequency Division Duplex，FDD）模式的移动通信系统中，上下行的工作频段不同，无线信道通常不具备互易性，因此基站无法通过对SRS的测量来获取下行链路的信道信息。此时，基站需要依赖终端的上行反馈来获取下行CSI。

终端反馈CSI的基本过程如图4-3所示。首先，基站在预先定义的资源上发送用于CSI反馈的参考信号；其次，终端根据对参考信号资源的测量计算CSI，并通过上行信道反馈CSI；最后，基站根据终端反馈的CSI进行下行数据传输。

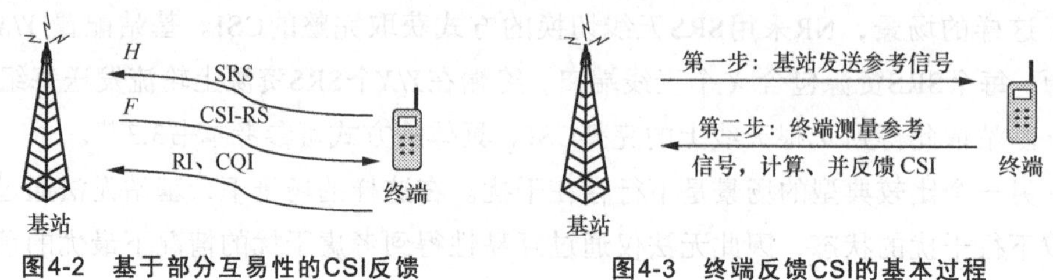

图4-2　基于部分互易性的CSI反馈　　　　图4-3　终端反馈CSI的基本过程

4.1.2　用于获取CSI的参考信号

CSI反馈过程的第一步，基站需要在预先定义的参考信号资源上发送参考信号。在5G-NR系统中，可以使用多种类型的参考信号获取CSI。

- 最常用的参考信号是CSI-RS，CSI-RS可以用来测量用户信道，也可以用来测量干扰信道。本书的3.1节介绍了CSI-RS相关的基本知识。
- 波束信息的测量和获取会用到SSB，具体方式可参考本书6.1节。
- 干扰测量通常还会用到一种特殊的CSI测量资源，即CSI干扰测量资源（CSI Interference Measurement Resource，CSI-IM）。一般来说，在给定的带宽下，CSI-IM包含某个时隙上的每个资源块（RB）内，多个资源单元（RE）组成的集合，终端在这些RE组成的集合上测量到的功率为干扰功率。事实上，基站可以通过实际需求，选择在这些RE上发送或者不发送信号。例如，如果基站希望终端在CSI-IM上测量邻小区干扰，那么基站就可以选择在这些RE上不发送任何信号；反之，如果基站希望终端在CSI-IM上测量为同小区内进行多用户（Multi-User，MU）配对传输的另一个终端用户的发射信号所造成的干扰，那么基站就可以在CSI-IM上用为MU用户准备的预编码发射信号，以模拟MU的干扰。

为了灵活地支持不同场景下不同方式的CSI获取，NR支持灵活多变的CSI-RS配置。基站可以根据所需的CSI获取方案，灵活地配置CSI-RS资源的数量、测量方式等信息，具体方案如下。

基站为某个终端设置一个或多个CSI-RS资源用于有用信道测量、可选地设置一个或多个CSI-IM资源用于干扰测量，其中，CSI-RS资源和CSI-IM资源是一一对应关系。当CSI-RS资源为一个时，终端根据对这一个CSI-RS资源的测量，反馈RI、PMI、CQI

等CSI。当CSI-RS资源为多个时，通常CSI-RS为经过预编码的CSI-RS，每个CSI-RS资源代表一个预编码矩阵，用于CSI-RS的预编码信息可由基站通过一定条件进行预设。例如，遍历全空间内的DFT波束成形矢量，或者根据对SRS的测量进行推算。终端测量CSI-RS，并从中挑选出最好的CSI-RS，反馈指示该资源的CRI，并根据对该资源的测量进一步反馈RI、PMI、CQI等CSI。

基站为某个终端设置一个CSI-RS资源用于有用信道测量、可选地设置一个或多个CSI-RS资源用于干扰测量，此时，这一个有用信道测量资源关联到所有的干扰测量资源。在CSI-RS干扰测量资源中，每个CSI-RS天线端口对应干扰的一层，终端在每个CSI-RS干扰资源的多个天线端口上测量到的信道矩阵为干扰信道矩阵，终端可通过该矩阵进一步计算干扰信道的协方差矩阵、零空间等，以用于计算和反馈干扰信道下最优的预编码矩阵、CQI。这种基于CSI-RS进行干扰测量的方法特别适用于计算MU的干扰，此时，基站在CSI-RS干扰资源上用MU的预编码传输CSI-RS，终端据此得到MU的有用信道矩阵，该矩阵也是MU的干扰矩阵。利用CSI-IM也可以进行MU干扰的测量，和利用CSI-IM进行干扰测量的方式相比，CSI-RS干扰测量可以节省参考信号的资源开销。以3个终端用户进行潜在MU配对传输为例[4]，使用CSI-RS干扰测量，只需配置3个CSI-RS资源用于有用信道和干扰测量。如图4-4所示，某个终端用户的有用信道测量资源是另外两个终端用户的干扰测量资源，基站在某个终端用户的有用信道测量资源上使用该用户的潜在预编码矩阵传输CSI-RS。如果通过CSI-IM进行干扰测量，那么基站除了要使用这3个CSI-RS资源进行有用信道测量，还需为每个终端使用1个CSI-IM资源，在这个CSI-IM资源上传输另外两个终端的预编码信号，这样，就需要额外消耗3个CSI-IM资源。然而，虽然CSI-RS干扰测量资源可以用较小的开销得到精确的干扰测量结果，但是需要基站进行一定的预调度，即基站已经通过一些先验信息确定了可能会被进行MU调度的一组终端，甚至是它们的潜在预编码矩阵，因此，该方案使用场景较为有限。

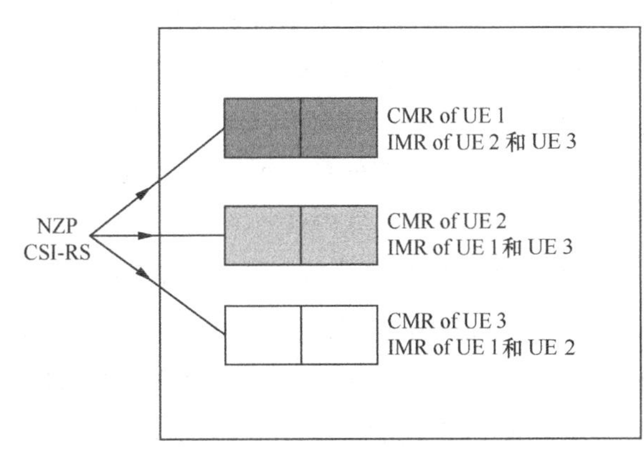

图4-4 CSI-RS干扰测量[4]

另外，基站还可将上述两种测量方式组合使用，即同时使用CSI-IM和CSI-RS进行干扰测量，其中，CSI-IM可以用于测量邻小区干扰，CSI-RS可以用于测量MU干扰。

基站可以灵活配置CSI-RS和CSI-IM的参数，以满足不同的CSI测量需求。对于一个CSI报告配置，基站会配置其关联的CSI-RS配置、CSI-IM配置等信息。CSI-RS配置中包括一个或多个CSI-RS资源的时频域图样、时隙位置、QCL信息、序列信息等。此外，基站还会配置功率偏移参数，表示终端需要假设的PDSCH的每个资源单元传输功率和CSI-RS的每个资源单元传输功率之间的比值。值得注意的是，基站配置的是终端假设的传输功率，并不代表基站的实际传输功率，终端计算CSI并不需要知道基站的实际传输功率。配置此参数是为了获得更大的CQI量化范围。实际上，终端根据自己的接收机和标准规定的PDSCH传输假设把测量到的信道SINR转换为CQI。因此，在一定假设下，CQI表格中所包含的调制和码率只能表示一定的SINR范围。如果实际信道SINR低于或超出了SINR范围，那么终端就只能将其量化为最低或最高一级的CQI，基站得到的CQI精度就较低。例如，如果不同子带上反馈的都是最低或最高的CQI，而实际的SINR可能有较大差别，基站将无法区分出不同子带的信道质量优劣，也就无法做出正确的频率选择性调度。基站通过配置这个功率偏移参数，可以控制终端计算CQI时假设的PDSCH传输功率，进而可以控制SINR的量化范围。例如，如果根据CSI-RS计算出的信道SINR较低，基站可以配置这个参数来增加终端假设的PDSCH传输功率，增加计算出的PDSCH SINR，使其落在CQI的量化范围内，能够区分出不同SINR对应的CQI等级。基站接收到CQI后，可以根据不同子带上CQI等级的差别，判断不同子带上信道质量的高低，进而进行频率选择性的调度。

4.1.3 CSI报告的组成和属性

终端经过对参考信号进行有用信道测量、干扰测量，计算出CSI参数。NR支持的CSI包括CRI、RI、PMI、CQI、LI。

CRI指示基站传输的一个CSI-RS资源集合中的一个CSI-RS资源；RI指示信道的秩，即表示预编码矩阵的列数，或数据传输的层数；PMI指示预编码矩阵，终端通过搜索预设的预编码码本计算PMI。

NR支持多种类型、精度的预编码码本。

- 低精度的码本统称为第一类（Type I）码本，这类码本中预编码矩阵的每一列（每一层的预编码矢量）通过一个二维DFT矢量及其相位偏转进行量化。NR的第一个版本Rel-15支持两种Type I码本，包括Type I单面板码本和Type I多面板码本，它们分别用于基站侧单面板或均匀分布的多面板天线阵列，以及非均匀分布的多面板天线阵列。
- 高精度的码本统称为第二类（Type II）码本，这类码本中每一层的预编码矢量是多个基矢量的线性组合[5]，PMI中包含基矢量的编号及加权系数的幅度和相位信息。根据基矢量的类型，Rel-15支持Type II码本，其基矢量为二维DFT矢量，也支持Type II

端口选择码本，其基矢量为单位矢量。Type II码本的量化精度远大于Type I码本，因此Type II码本能够带来更高的性能增益，但是也带来更大的反馈开销，尤其是子带模式下的PMI反馈开销较大。为了降低子带反馈加权系数信息的巨大开销，在Type II的基础上，Rel-16通过频域压缩的方式引入了增强型的第二类（eType II）码本和增强型的第二类端口选择码本，在保证高性能的同时降低了反馈开销。LTE系统并不支持这种高精度的码本，而高精度码本带来的CSI精度提升能够提升基站下行数据传输性能，尤其是在多用户MIMO调度下，高精度CSI使基站得到更好的MU配对和多流传输，大幅提升网络总流数和频谱效率。因此，Type II、eType II码本的使用是NR比LTE能够获取较大网络性能增益的一个重要因素。

本章的4.2节、4.3节和4.4节将进一步介绍Type I、Type II和eType II设计方案的细节。

CQI指示信道的质量，其每个状态指示一个MCS等级，包括调制方式和码率。NR支持多种CQI表格，包括适用于eMBB业务的CQI表格，其目标BLER为0.1，以及为了满足URLLC业务中高可靠性要求的CQI表格，其目标BLER为0.00001。为了终端正确地计算CQI，标准定义了一系列CQI计算假设，用于规定终端计算CQI时所需要使用的下行传输假设，包括下行时隙中PDCCH符号个数、参考信号开销、数据的RV版本、预编码的频域颗粒度，以及PDSCH和CSI-RS功率比值等。终端根据这些假设和自己的接收机，以及码本中不同的RI和PMI的取值，测量无线信道SINR，并将测量到的无线信道SINR计算成CQI，最终选出最好的CQI及对应的RI、PMI等参数，并将这些CSI反馈给基站。

LI指示一个TB对应的多个层中最强的一层。LI的用途主要是为了下行PTRS传输。下行PTRS端口需要使用多个DMRS端口（多个层）中最强一层的预编码矢量进行传输，因此，基站需要通过LI获取该信息，具体可参考本书3.4节。

在NR中，终端根据基站的配置信息来计算CSI参数，并通过上行信道将CSI反馈给基站。一个给定的CSI反馈，具有频域属性和时域属性。

CSI的频域属性指CSI对应的频域范围和频域颗粒度。由于NR支持的带宽范围远大于LTE，对于NR中的某个BWP，基站可以更灵活地配置需要反馈CSI的频域范围和频域颗粒度。具体而言，根据BWP的带宽和高层配置参数，BWP被分割成若干个子带，每个子带包含BWP中连续的若干个子带，如表4-1所示。基站再通过另一个高层参数，通过位图的方式从BWP的若干个子带中挑选出其中的一个子集，组成CSI反馈带宽。注意，CSI反馈带宽中包含的子带，在BWP中可以是连续的，也可以是非连续的。进一步地，基站可以将CSI中CQI和PMI的频域属性配置为宽带反馈或子带反馈。

- 对于宽带反馈的CQI，终端为CSI反馈带宽中的所有子带反馈一个CQI；对于子带反馈的CQI，终端为CSI反馈带宽中的每个子带分别反馈一个CQI。
- 除了eType II码本，对于宽带反馈的PMI，终端为CSI反馈带宽中的所有子带反馈一个PMI，对于子带反馈的PMI，终端为CSI反馈带宽中的所有子带反馈一个PMI宽带分量i_1，为CSI反馈带宽中的每个子带反馈一个PMI子带分量i_2。其中，不同码本中i_1、i_2的具体含义将在4.2节和4.3节中介绍。eType II码本使用了频域压缩的特性，因此定义宽带和子带对其并无实际意义，具体可参考4.4节。
- 通常来说，宽带CSI反馈具有较低的CSI开销和运算复杂度，而子带CSI则能反映信道的频域选择性。因此，当信道的频率选择性较强时，比较适合使用子带CSI；反之，当信道并无较强的频率选择性时，使用宽带CSI能减小CSI反馈的开销。因此，基站可以根据信道的频率特性，例如信道的相干时间、时延扩展等大尺度特性，选择最优的CSI频域属性。

表4-1　可配置的子带大小[6]

BWP带宽（RB）	子带大小（RB）
24～72	4，8
73～144	8，16
145～275	16，32

CSI反馈的时域属性是指CSI的时域类型，包括周期、半持续、非周期3种。

周期CSI反馈比较简单，它通过RRC参数配置CSI反馈周期和时隙偏置，终端由此确定CSI反馈所在时隙，并周期地上报。承载周期CSI反馈的是PUCCH，但是当承载CSI的PUCCH和传输数据的PUSCH冲突时，将PUCCH上的CSI复用进PUSCH上进行传输。周期CSI只能基于周期CSI-RS进行测量和计算，每个周期CSI可以关联一个CSI-RS集合，该集合中的CSI-RS均为周期CSI-RS。CSI-RS集合可以包含一个或多个CSI-RS资源。当CSI-RS集合中包含多个CSI-RS资源时，终端通过上文所述的CRI方式进行上报。

半持续CSI反馈具有更高的灵活性和动态程度，它通过基站发送的信令激活和去激活。基站激活半持续CSI反馈后，终端按照一定的周期反馈CSI，直至基站发送去激活信令，终止CSI反馈。根据激活和去激活信令的发送方式和CSI承载信道的不同，半持续CSI又分为PUSCH上的半持续CSI和PUCCH上的半持续CSI。PUSCH上的半持续CSI通过DCI激活，终端收到DCI激活信令之后，根据DCI激活信令中的调度信息，如时频域资源分配信息，按一定的周期在分配的半持续PUSCH资源上反馈CSI，直至收到另一个去激活DCI而终止。PUCCH上的半持续CSI通过MAC-CE触发，基站通过MAC-CE触发CSI之后，根据预先配置好的周期和时隙偏置，在周期性的PUCCH资源

上反馈CSI，直至收到另一个MAC-CE去激活而终止。半持续CSI可以基于周期CSI-RS或者半持续CSI-RS进行测量和计算，其中，半持续CSI-RS通过一个独立的MAC-CE信令进行激活和去激活，在激活的期间内周期发送。每个半持续CSI-RS可以关联一个CSI-RS集合，该集合中时CSI-RS均为周期CSI-RS，或者均为半持续CSI-RS。CSI-RS集合可以包含一个或多个CSI-RS资源。当CSI-RS集合中包含多个CSI-RS资源时，终端通过上文所述的CRI方式进行CSI的上报。

非周期CSI是灵活性和动态程度最高的一种方式，基站通过DCI动态地触发一次CSI传输。具体而言，基站通过DCI动态调度一次PUSCH传输，并通过该DCI中的“CSI请求”字段指示是否触发CSI，以及所触发CSI的具体参数。非周期CSI可以基于周期CSI-RS、半持续CSI-RS和非周期CSI-RS测量和计算CSI。和半持续CSI类似，半持续CSI-RS通过独立的MAC-CE信令进行激活和去激活。基于非周期CSI-RS的非周期CSI所使用的CSI-RS通过触发CSI的“CSI请求”字段联合触发，触发后，CSI-RS仅在指示的时隙上传输一次。每个非周期CSI报告可以关联一个周期CSI-RS集合、一个半持续CSI-RS集合，或者多个用于有用信道测量的非周期CSI-RS集合。当非周期CSI关联多个非周期CSI-RS集合时，基站通过DCI中的“CSI请求”字段从多个CSI-RS集合中挑选出一个CSI-RS集合，进行有用信道测量和CSI计算。具体来说，基站会给终端配置M个触发状态，每个触发状态可以对应于DCI中“CSI请求”字段的一个状态。每个触发状态中包含X个非周期CSI报告，这样可以通过DCI的某个状态一次触发出X个CSI报告，每个CSI报告本身又可以关联到一个CSI-RS配置。如果关联的CSI-RS是周期或半持续的，那么该CSI-RS配置中仅包含一个CSI-RS集合；如果关联的CSI-RS是非周期的，那么在CSI-RS配置中可以包含多个CSI-RS集合，而触发状态会指示从这些CSI-RS集合挑选一个的信息。由于DCI中CSI请求字段的某个状态对应于某个配置的触发状态，可以通过DCI动态挑选多个非周期CSI-RS集合中的一个来进行CSI测量。此外，如果DCI中“CSI请求”字段包含N个比特，且配置的触发状态数量$M \leqslant 2^N-1$，那么配置的触发状态可直接对应于非零的DCI状态。例如，如果CSI请求字段包含3bit信息，那么配置的第一个触发状态即可对应状态为001的CSI请求，第二个触发状态即可对应状态为002的CSI请求，以此类推。如果配置的触发状态数量$M > 2^N-1$，那么基站则先通过MAC层控制信令从M个触发状态中挑选2^N-1个，而挑出来的这2^N-1个触发状态一一对应于非零的CSI请求字段状态。最终，每个进行信道测量的CSI-RS集合中，当其包含多个CSI-RS资源时，终端通过上文所述的CRI方式进行CSI的上报。这种动态的CSI反馈可以较为准确地反映信道的时变特性。

表4-2总结了CSI的3种时域类型的基本特征。

表4-2 CSI的3种时域类型的基本特征

	周期CSI	半持续CSI	非周期CSI
指示信令	RRC	MAC-CE或DCI	DCI
承载信道	PUCCH	PUCCH或PUSCH	PUSCH
可用CSI-RS	周期CSI-RS	周期CSI-RS或半持续CSI-RS	周期CSI-RS、半持续CSI-RS或非周期CSI-RS

NR的CSI配置灵活性较高，终端可能会处理多种类型的CSI，这些CSI在同一个BWP上传输时，可能会发生时域上的冲突，即用于承载不同CSI的上行信道可能会占据相同的OFDM符号，此时，就需要定义CSI的优先级来解决时域冲突的问题。对于某个CSI报告，其优先级根据下式中的*Pri*值确定，*Pri*值越小，其优先级越高。

$$Pri_{\mathrm{CSI}}\left(y,k,c,s\right)=2N_{\mathrm{cell}}M_{\mathrm{s}}y+N_{\mathrm{cell}}M_{\mathrm{s}}k+M_{\mathrm{s}}c+s$$

其中，y表示CSI报告的时域类型，PUSCH上非周期CSI的 y 值为0，PUSCH上半持续CSI的y值为1，PUCCH上半持续CSI的y值为2，PUCCH上周期CSI的 y 值为3。也就是说，非周期CSI的优先级高于半持续CSI，半持续CSI的优先级高于周期CSI。k表示CSI包含的内容，包含L1-RSRP的CSI（波束测量报告）的k值为0，不包含L1-RSRP的CSI的k值为1，即波束测量报告优先级高于其他CSI测量报告。c表示服务小区ID，N_{cell}为基站能配置的服务小区的最大值，即载波聚合场景中，服务小区ID越低的CSI，优先级越高。s表示CSI报告ID，M_{s}表示基站可以配置的最大CSI报告数量，即CSI报告ID越低的CSI优先级越高。除了一些能复用传输的场景，例如PUCCH上的CSI可以复用在PUSCH上传输，如果两个CSI报告发生了时域冲突，那么优先级较低的CSI报告将被丢弃。

4.1.4 终端处理CSI的要求和能力

对于终端而言，计算CSI（包括对CSI-RS进行信道估计、搜索PMI等）是复杂度相对较高的信号处理过程，需要付出较大的计算资源和一定的计算时间。因此，为了实现上述CSI反馈的基本流程，终端和基站需要就终端的计算能力、处理时延达成一致意见。例如，对于非周期CSI反馈，基站从触发CSI和CSI-RS，到收到CSI反馈，再到将收到的CSI用于下行数据传输，这会带来一定的CSI时延。而无线信道具有时变的特征，因此，CSI反馈的时延，尤其是非周期CSI时延越小，基站就可以更快速地获取CSI，数据传输也就能得到更好的性能。因此，CSI反馈的定时也是数据能否得到高性能下行传输的重要因素之一。而从终端处理来看，终端在接收CSI触发的DCI之后，需要完成解DCI，以获取CSI-RS参数和CSI反馈相关参数，并且CSI-RS信道估计、CSI计算等一系列的步骤都需要一定的处理时间。在基于LTE的4G通信系统中，终端反馈CSI的时延较为固定，

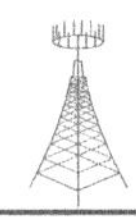

从DCI触发非周期CSI反馈到承载该CSI反馈的PUSCH间隔4个子帧，即对于15kHz子载波间隔的LTE系统来说，CSI时延固定为4ms。这样的固定间隔带来较大的CSI时延，并且缺乏灵活性。例如，处理32个端口的CSI-RS以计算子带CSI和处理2个端口的CSI-RS以计算宽带CSI，二者的处理复杂度是截然不同的，后者需要的CSI处理时延远小于前者。如果对于不同类型的CSI均采用固定的CSI定时，则会导致较大的性能损失。

NR对上述问题进行了改进。对于动态性要求较高的非周期CSI，基站可以利用PUSCH调度DCI的时域资源分配字段，通过动态指示CSI反馈的PUSCH所在的时隙和OFDM符号位置，动态指示CSI反馈的PUSCH到触发CSI的DCI之间的时间间隔，以达到动态改变CSI反馈时延的目的。同时，为了保证终端有足够的时间解DCI和处理CSI，CSI反馈的PUSCH所在时隙和OFDM符号位置需要同时满足以下两个条件。

- 条件1：从包含触发CSI的DCI的PDCCH最后一个OFDM符号，到承载该CSI的PUSCH的第一个OFDM符号之间，至少间隔Z个OFDM符号。
- 条件2：从计算CSI的CSI-RS和CSI-IM的最后一个OFDM符号，到承载该CSI的PUSCH的第一个OFDM符号之间，至少间隔Z'个OFDM符号。

图4-5给出了Z和Z'定义的一个具体示例。

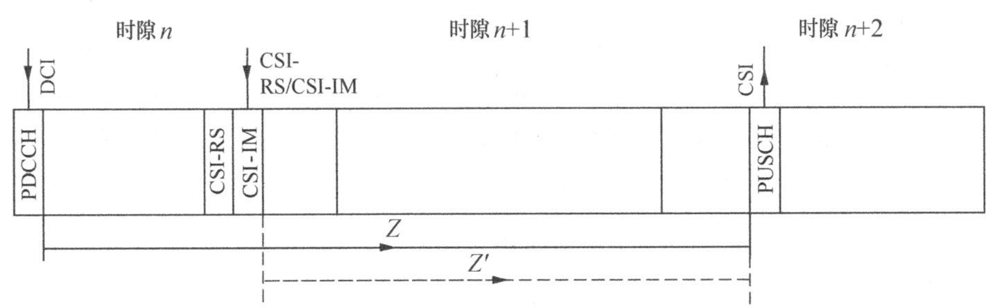

图4-5 CSI反馈时延Z和Z'的定义

Z和Z'的定义量化了NR中CSI反馈时延的具体要求。进一步地，根据不同的CSI类型，NR定义了不同的Z和Z'值，以期达到最小化CSI反馈时延和保证终端处理能力之间的平衡。

为了针对不同类型的CSI定义不同的Z和Z'值，又不至于因为过多的分类而使得基站和终端的处理过于复杂化，NR将所有的CSI分为以下两类。

- 低时延CSI：码本类型为Type I单面板码本或者为无PMI反馈方式，CSI-RS端口数不大于4，频域颗粒度为宽带，且不包含CRI的CSI。
- 高时延CSI：除低时延CSI以外的所有CSI。

对于低时延CSI，NR定义了两类CSI反馈时延要求，分别如表4-3和表4-4所示。其中，时延要求一的Z和Z'的取值，远小于时延要求二。时延要求一的Z和Z'取值非常小，对于15kHz和30kHz子载波间隔，甚至小于一个时隙，即基站可以在触发CSI的同一个时隙获得CSI。使用时延要求一的条件为基站只触发了一个CSI报告、终端没有当前正在处理的CSI报告且CSI在PUSCH中不和数据或ACK/NACK复用，如果此条件没有满足，则只能使用时延要求二。

表4-3　低时延CSI时延要求一

子载波间隔	CSI时延（OFDM符号）	
	Z	Z′
15kHz	10	8
30kHz	13	11
60kHz	25	21
120kHz	43	36

表4-4　低时延CSI时延要求二

子载波间隔	CSI时延（OFDM符号）	
	Z	Z′
15kHz	22	16
30kHz	33	30
60kHz	44	42
120kHz	97	85

对于高时延CSI类型，NR定义了一种时延要求，如表4-5所示。可以看出，高时延CSI的时延要求，虽然远大于低时延CSI的时延要求一和时延要求二，但也优于LTE中15kHz子载波间隔下4个子帧的固定CSI时延。因此，较低的CSI处理时延也是NR相较于LTE能带来更大性能增益的重要因素之一。

表4-5　高时延CSI时延要求

子载波间隔	CSI时延（OFDM符号）	
	Z	Z′
15kHz	40	37
30kHz	72	69
60kHz	141	140
120kHz	152	140

上述的Z、Z'为某单个CSI报告所需要的处理时间。如果基站通过一个DCI触发了多个非周期CSI报告，则如何确定终端的处理时间是要进一步解决的问题。此时，基站会根据触发的多个CSI报告对应的最大 Z 和 Z'值，确定终端是否能在给定的时间内处理完CSI报告。具体来说，同一个DCI调度的多个非周期CSI报告会在同一个PUSCH上传输，而终端会将DCI到PUSCH的时间与触发的多个CSI报告对应的最大Z值进行比

较，如果调度时延不满足最大Z值的限制，那么终端将丢弃掉所有的CSI报告。同时，这些CSI报告对应的CSI-RS的位置可能并不相同，因此，终端会将每个报告的CSI-RS到PUSCH的时间与最大Z′值进行比较。如果某个CSI报告的CSI-RS到PUSCH的时间不满足最大Z′值的限制，那么该CSI报告将会被丢弃；如果某个CSI报告的CSI-RS到PUSCH的时间满足最大Z′值的限制，而DCI到PUSCH的时间也满足最大Z值的限制，那么这个CSI报告就会被传输。

另外，由于基站可以灵活配置多个CSI报告，包括周期、半持续CSI报告，还可以一次触发多个CSI报告，而终端的处理能力是有限的，即终端不可能同时处理无限多个CSI报告，这就需要标准对终端同时处理多个CSI报告的能力下定义。一种比较简单的方式是将终端可以被配置的最大CSI报告个数作为这种能力的定义，但是由于非周期CSI的存在，基站可以在不同时间触发不同的CSI报告，仅仅用终端可以被配置的最大CSI报告个数来描述这一能力会太低效，不能最大限度地利用非周期CSI和终端的实际处理能力。NR标准采用的方式是引入CSI处理单元（CSI Processing Unit，CPU）这一定义[20]，用来描述终端可以同时处理的CSI报告数量。对于一个CSI报告，如果某个CSI报告采用表4-3中的时延要求，那么该CSI报告占用终端所有的CPU；如果该CSI报告用来进行波束训练，即反馈L1-RSRP（详见本书6.1节），那么该CSI报告占用1个CPU；否则，该CSI报告占据K个CPU，K代表该CSI用于信道测量的CSI-RS资源数量。对于一个CSI报告，定义了其占用CPU的时间，如下所述。

- 周期CSI报告或半持续CSI报告（除了DCI触发的半持续CSI报告的第一次传输）占用CPU的时间从不晚于CSI参考资源的最近一次CSI-RS、SSB或CSI-IM的第一个OFDM符号到承载该报告的PUCCH或PUSCH的最后一个OFDM符号。其中，CSI参考资源定义为和某次CSI报告相关的下行时隙。具体来说，如果某次CSI报告在上行时隙n'上传输，那该次CSI报告的CSI参考资源为下行时隙$n-n_{\text{ref}}$，其中，由于上下行的子载波间隔可能不同，上下行每个OFDM符号占据的绝对时间也会不相同。通过$n=\left\lfloor n'\cdot\frac{2^{\mu_{\text{DL}}}}{2^{\mu_{\text{UL}}}}\right\rfloor$将上行时隙编号转换为下行时隙编号，其中$\mu_{\text{DL}}$和$\mu_{\text{UL}}$分别表示上下行信道的子载波间隔，具体值如表4-6所示。如果只有一个CSI-RS或SSB资源用于该CSI报告的信道测量，那么$n_{\text{ref}}=4\times2^{\mu_{\text{DL}}}$，否则$n_{\text{ref}}=5\times2^{\mu_{\text{DL}}}$；
- 非周期CSI报告占用CPU的时间为从触发该CSI的PDCCH之后第一个OFDM符号到承载该CSI报告的PUSCH的最后一个OFDM符号所用的时间。
- DCI触发的半持续CSI报告的第一次传输占用CPU的时间为触发该报告的PDCCH之后第一个OFDM符号到承载该第一次传输的PUSCH的最后一个OFDM符号所用的时间。

表4-6　子载波间隔配置

μ_{DL} 或 μ_{UL} 取值	子载波间隔取值
0	15kHz
1	30kHz
2	60kHz
3	120kHz

CPU可以量化终端同时CSI处理的能力。终端上报自己能支持的CPU数量给基站，基站根据这个数量配置和触发CSI报告。根据CSI报告占用CPU的数量和时间，如果某一时刻终端的CPU已经全部被占满，那么基站就不能触发额外的CSI报告，基站必须等到被占用的CPU释放出来之后，才能继续触发额外的CSI报告。如果基站一次触发了多个CSI报告，而触发时终端剩余可用的CPU数量少于基站触发的CSI报告所需的CPU数量，那么终端只能从触发的这些CSI中选取部分CSI，使其能够满足剩余可用CPU的数量，而选取的规则需要标准定义，使得终端和基站保持一致。具体来说，终端根据前文所述的CSI优先级顺序选取，直至无法占用CPU。选出的这些优先级较高的CSI将会被处理，而未被选出的低优先级CSI将会被丢弃。采用这样的方式定义终端CSI处理能力，基站能通过时分的方式高效地利用终端的实际处理资源，充分发挥非周期CSI的优点。

4.2　Rel-15 Type Ⅰ码本设计方案

在NR支持的不同预编码码本类型中，Type I码本每一层的预编码矢量通过一个二维DFT矢量及其相位旋转量化，量化精度不高，因此吞吐量性能不如Type II及eType II码本。然而，Type I终端处理最简单、开销最低，在NR中被认为是最基本的PMI反馈码本，是NR终端的必选技术。

Type I码本包含Type I单面板码本和Type I多面板码本，本节从更为简单的Type I单面板码本介绍。量化的预编码矩阵码本设计从基站的天线拓扑开始介绍。在当前的商用基站产品中，最常用的天线拓扑是双极化矩阵平面天线阵列，如图4-6所示。图4-6中的天线阵列包含两个极化方向，在每个极化方向上，天线收发单元

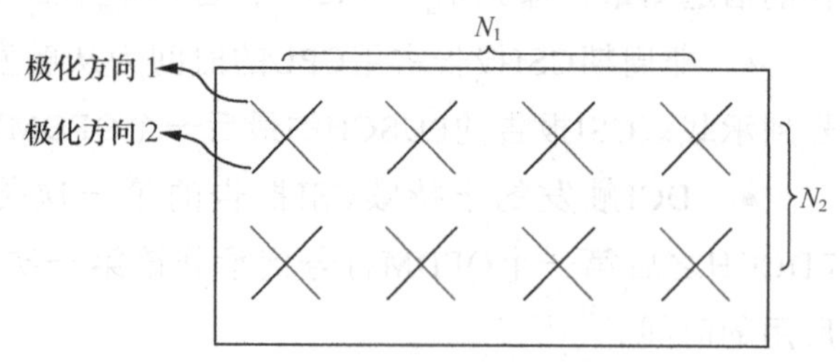

图4-6　双极化矩阵平面天线阵列

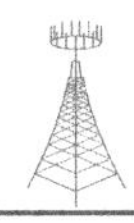

按矩形排布，水平方向包含N_1个天线收发单元，垂直方向包含N_2个天线收发单元。其中，每个天线收发单元可以是多个天线阵子通过预设的权值虚拟化得到的。

通常来说，PMI指示的预编码矩阵将v个传输层映射到$2N_1N_2$个天线收发单元上。因此，基站传输P（$P=2N_1N_2$）个端口的CSI-RS，终端基于这些端口的CSI-RS计算PMI和RI，当RI指示的秩是v层时，每个PMI指示的预编码矩阵包含v列。

一般来说，由于同一极化方向且同一维度上相邻两根天线之间的波程差能够引起相位变化，无线信道的每个空间上的多径簇可以通过一个包含水平和垂直两个维度的二维DFT矢量来表示，即两个普通DFT矢量的克罗内克积。另外，不同极化方向的天线之间，无线信道空间角度特征比较类似，但是在每个传输角度上，传输路径上的相位变化不一定相同。因此，Type I码本利用以下的矢量对第一层的预编码矢量进行量化。

$$\boldsymbol{w}_1=\begin{bmatrix}\boldsymbol{u}_1\otimes\boldsymbol{v}_1\\ \varphi_1\boldsymbol{u}_1\otimes\boldsymbol{v}_1\end{bmatrix} \tag{4-1}$$

其中，$\boldsymbol{u}_1$表示第一层预编码中水平方向上的N_1维DFT矢量，$\boldsymbol{v}_1$表示垂直方向上的N_2维DFT矢量，φ_1表示两个极化方向间的相位变化。终端通过在一个预设的码本中，选择指示$\boldsymbol{u}_1$、$\boldsymbol{v}_1$和φ_1的码本索引，并将其编码为PMI进行上报。

PMI具有频域属性，当PMI配置为子带反馈时，PMI包含宽带PMI和子带PMI两个分量。因此，预编码矩阵采用两级预编码。具体来说，公式（4-1）中的预编码矢量$\boldsymbol{w}_1$可以写成如下的两级形式。

$$\boldsymbol{w}_1=\begin{bmatrix}\boldsymbol{u}_1\otimes\boldsymbol{v}_1\\ \varphi_1\boldsymbol{u}_1\otimes\boldsymbol{v}_1\end{bmatrix}=\boldsymbol{w}_1^{(1)}\boldsymbol{w}_1^{(2)} \tag{4-2}$$

其中，$\boldsymbol{w}_1^{(1)}$通过宽带PMI分量i_1指示，$\boldsymbol{w}_1^{(2)}$通过子带PMI分量i_2指示。子带反馈时，终端为整个CSI反馈带宽反馈一个i_1，为CSI反馈带宽中的每个子带反馈一个i_2。

从上述子带PMI和宽带PMI的定义中可以看出，理想的设计应该是将在频率上没有变化或变化不大的因素放在$\boldsymbol{w}_1^{(1)}$中，而将频率选择性较强的因素放在$\boldsymbol{w}_1^{(2)}$中，以达到上行反馈开销和下行预编码传输性能的平衡。一般来说，两个极化方向间的相位变化具有较强的频率选择性，而信道中最强径所对应簇的DFT矢量在频域上变化相对较小。考虑这一设计准则，NR支持两种模式的设计方案。

第一种模式是将二维DFT矢量放在$\boldsymbol{w}_1^{(1)}$中，而将极化相位变化放在中$\boldsymbol{w}_1^{(2)}$。

$$\boldsymbol{w}_1^{(1)}=\begin{bmatrix}\boldsymbol{u}_1\otimes\boldsymbol{v}_1 & \boldsymbol{0}\\ \boldsymbol{0} & \boldsymbol{u}_1\otimes\boldsymbol{v}_1\end{bmatrix}$$

$$\boldsymbol{w}_1^{(2)}=\begin{bmatrix}1\\ \varphi_1\end{bmatrix}$$

第二种模式是将一组二维DFT矢量放在$\boldsymbol{w}_1^{(1)}$中，通过$\boldsymbol{w}_1^{(2)}$从这组二维DFT矢量中选出一个，并在$\boldsymbol{w}_1^{(2)}$中包含极化相位变化。

$$\boldsymbol{w}_1^{(1)} = \begin{bmatrix} \boldsymbol{u}_1^{(1)} \otimes \boldsymbol{v}_1^{(1)} & \cdots & \boldsymbol{u}_1^{(L)} \otimes \boldsymbol{v}_1^{(L)} & & \boldsymbol{0} & \\ & \boldsymbol{0} & & \boldsymbol{u}_1^{(1)} \otimes \boldsymbol{v}_1^{(1)} & \cdots & \boldsymbol{u}_1^{(L)} \otimes \boldsymbol{v}_1^{(L)} \end{bmatrix}$$

$$\boldsymbol{w}_1^{(2)} = \begin{bmatrix} \boldsymbol{e}_L^{(m)} \\ \varphi_1 \boldsymbol{e}_L^{(m)} \end{bmatrix}$$

其中，L表示$\boldsymbol{w}_1^{(1)}$中二维DFT矢量包含的矢量数量，$\boldsymbol{e}_L^{(m)}$表示长度为L的单位矢量，其第m个元素为1，其他元素均为0。

对比这两种模式，不难看出，第一种模式将更多的信息包含在宽带PMI中，而第二种模式将更多的信息包含在子带PMI中。因此，第一种模式具有更低的反馈开销，而第二种模式在信道频率选择性极强的场景中，可以达到更好的性能。在NR中，基站可以根据实际使用的场景，通过RRC信令选择这两种模式中的一种。

有了上述的预编码矩阵结构，剩下的问题就是如何设计预设的预编码码本。从上述的预编码矩阵结构中可以看出，预设的码本需要包含3个集合，第一个集合是水平方向的DFT矢量$\boldsymbol{u}_1$的候选集合，第二个集合是垂直方向的DFT矢量$\boldsymbol{v}_1$的候选集合，第三个集合是极化相位变化φ_1的候选集合。

- 对于N维的DFT矢量，其正交子空间包含N个矢量，即在整个空间中可以找到N个DFT矢量是相互正交的。然而，DFT矢量候选集合的数量意味着多径或角度的分辨率，仅使用正交子空间是不够的。经过仿真验证，NR最终支持对水平和垂直维度的正交子空间均做$O_1 = O_2 = 4$倍过采样，形成DFT矢量的候选集合。即$\boldsymbol{u}_1$候选集合包含N_1O_1个角度均匀分布的DFT向量；$\boldsymbol{v}_1$候选集合包含N_2O_2个角度均匀分布的DFT向量。

$$\boldsymbol{u}_1 \in \left\{ \begin{bmatrix} 1 \\ \mathrm{e}^{\mathrm{j}\frac{2\pi n_1}{N_1 O_1}} \\ \vdots \\ \mathrm{e}^{\mathrm{j}\frac{2\pi n_1 (N_1 - 1)}{N_1 O_1}} \end{bmatrix},\ n_1 = 0,1,\cdots,N_1O_1 - 1 \right\}$$

$$\boldsymbol{v}_1 \in \left\{ \begin{bmatrix} 1 \\ \mathrm{e}^{\mathrm{j}\frac{2\pi n_2}{N_2 O_2}} \\ \vdots \\ \mathrm{e}^{\mathrm{j}\frac{2\pi n_2 (N_2 - 1)}{N_2 O_2}} \end{bmatrix},\ n_2 = 0,1,\cdots,N_2O_2 - 1 \right\}$$

- φ_1的候选集合决定了极化相位变化的量化精度，由于子带PMI需要为每个子带反馈φ_1，当子带数量较多时，其反馈开销较大。最终NR对φ_1采用了QPSK量化。

Type I反馈将为网络提供基本的CSI，保证基本的SU传输性能。为了给未来可能的终端硬件发展做好准备，并且能服务不同的终端类型，虽然当前多天线的手机终端普遍使用2根或4根接收天线，但是NR可以支持最大8层的Type I反馈，以便于NR标准可以服务当前的不同终端类型。例如，笔记本电脑、车载终端、CPE（Customer Premise Equipment，客户场所设备）等，这些终端可能会实现8根接收天线。此外，未来的高

频通信场景下，终端的天线体积可能会越来越小，在商用手机上实现8根接收天线也很有可能。

至此，终端已经可以计算得到PMI中各个分量，以及RI、CQI的具体取值，最后一个步骤就是在上行信道中将这些CSI编码映射到UCI中反馈给基站。如何高效地对CSI进行编码传输是CSI反馈的UCI设计的重要因素。对于一个典型的包含RI、PMI、CQI的CSI报告，可以分析出以下特征。

- 在一次PUCCH或PUSCH传输中反馈一个完整的CSI，可以减小不必要的CSI时延。
- PMI的比特开销受RI影响。从上述码本结构中可以看出，不同层需要反馈的PMI信息量是不一样的，尤其在子带反馈模式下，不同层对应的PMI信息量相差较大。
- RI的取值影响PMI中比特的解析。对于相同的一串PMI比特序列，RI不同时，指示的预编码矩阵也不相同。
- CQI的比特开销受RI的影响较为固定。针对每一个TB，终端会反馈一个CQI。NR数据传输中，层数小于或等于4时，支持一个TB；层数大于4时，支持两个TB。因此，层数小于或等于4时，终端反馈一个CQI，而大于4时，终端反馈两个CQI。
- 综合第2点和第4点，不同RI下的CSI信息比特数量是不一样的，由于基站在解出CSI之前，并不知道RI的取值，需要一定的设计使得基站可以按相对固定的信息比特数目对CSI进行解码，否则基站需要盲检不同的信息比特数量，这会增加复杂度。

总体来说，宽带反馈和子带反馈下，不同CSI参数的开销及其所体现出的关系不尽相同。此外，作为承载CSI的信道，PUSCH和PUCCH的容量也不相同。因此，UCI设计也需要考虑这些因素的影响。最终，对于CSI反馈，NR采用的UCI设计方案如下。

- 对于PUCCH上的宽带反馈，RI、PMI、CQI三者联合进行信道编码反馈，信道编码链中的顺序是RI—PMI—CQI。
- 对于PUCCH上的子带反馈，以及PUSCH上的反馈，CSI分成两个部分，第一部分包含RI和第一个TB对应的CQI；第二部分包含PMI和第二个TB对应的CQI，每个部分的CSI分别进行信道编码。第一部分信道编码链中的顺序是RI—CQI；第二部分信道编码链中的顺序是宽带CQI—宽带PMI—偶数子带对应的子带CQI和PMI—奇数子带对应的子带CQI和PMI。

对于PUCCH上的宽带反馈，由于总的反馈比特数量有限，采用联合信道编码的方式较为简单，且不存在太大的效率损耗。对于不同RI下CSI信息比特数量不一样的情况，终端在信道编码前对CSI信息比特后面补0，直至达到所有RI下的最大CSI信息比特，再输入编码器进行信道编码。基站在解CSI之前就能确定CSI的比特数量，避免进行盲检。另外，插入的0还可以起到校验的作用，提高了CSI反馈的可靠性。

对于PUCCH上的子带反馈和PUSCH上的反馈，由于不同RI下CSI的信息比特数量差别较大，如果一起联合编码将会带来较大的冗余。因此，采用上述分量两部分编码的方式能达到更高的编码效率。第一部分的CSI比特数量固定，使用的资源和码率也是固定的，基站可以通过解出第一部分CSI即可得到第二部分CSI的信息比特数量，进而可以顺利地对第二部分CSI进行解码。进一步地，对于PUSCH上的CSI反馈，子带反馈下不同层的CSI信息比特差别较大，即总的CSI开销随着RI的不同会动态地呈现较大的变化，而基站在分配PUSCH资源时，很难准确预知RI的取值。因此，如果需要获得完整的CSI，基站需要每次都按照最大的开销进行资源分配，这样会带来一定的浪费。基于此，NR支持一种叫作UCI省略的机制[7]，该机制下，终端可以根据基站分配的PUSCH资源和一定的规则，省略一些第二部分CSI的信息比特，以使得CSI能以一定的码率在PUSCH传输。这样，在上行资源不足时，基站可以分配一个较小的PUSCH资源，能够得到部分CSI。该机制重要的一点是，基站在得到部分CSI时，仍能通过这部分CSI进行数据传输，且性能不至于损失太严重。基于这一准则，NR同意在PUSCH资源不足时，终端可以省略CSI第二部分中奇数子带对应的CSI。基站在得到偶数子带的CSI后，可以通过插值估算奇数子带上的预编码矩阵。这也是第二部分信道编码链中，将奇数子带上的CSI放在最后的原因，终端需要省略时，只需从最后的位置开始省略即可，处理较为简单。

上述的Type I 码本适用于图4-6中的平面均匀天线阵列，即需要平面上的天线呈均匀的矩形分布。实际应用中，基站的天线形态可能更为灵活，可能出现如图4-7所示的非均匀多面板天线阵列。

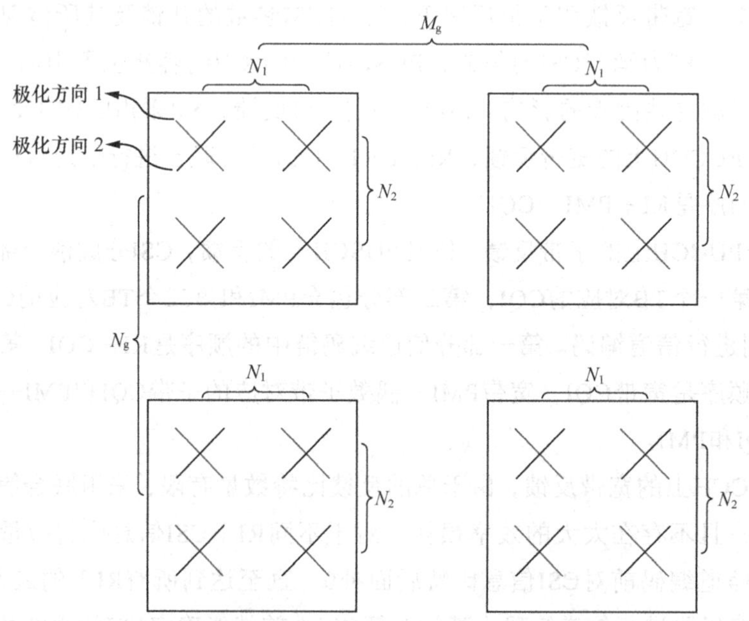

图4-7　非均匀多面板天线阵列示意图

在多面板天线阵列中，包含水平方向M_g个、垂直方向N_g个，总共M_gN_g个天线面板，每个面板上为均匀分布的平面天线阵列，而面板的间距则较为灵活，相邻面板上相邻

天线单元的间距并不一定等于同一面板上天线单元的间距。因此，此类非均匀分布使得基站不能用一个大的二维DFT矢量整体应用在多个面板上进行波束赋形。为了使得基站能够采用此多面板天线排布，NR Rel-15还支持Type I多面板码本即Type I码本的增强形式。

由于每个面板采用的是均匀平面天线阵列，每个天线面板上可以采用二维DFT矢量进行赋形，而天线面板之间，可以通过一定的相位变化来量化其无线信道之间的差异。此外，由于此多面板天线阵列是以集中式的方式排布在基站上的，天线面板之间的距离一般远小于基站和终端之间的距离。因此，不同天线面板可以采用同样的二维DFT矢量来近似赋形，以减小CSI反馈的开销。考虑到共$M_g N_g$个面板和两个极化方向，每层的预编码矩阵可以写成$2M_g N_g$个矢量的组合。这样，多面板码本每层的预编码矢量就可以采用如下的形式进行量化。

$$\boldsymbol{w}_1 = \begin{bmatrix} \boldsymbol{u}_1 \otimes \boldsymbol{v}_1 \\ \varphi_1^{(1)} \boldsymbol{u}_1 \otimes \boldsymbol{v}_1 \\ \vdots \\ \varphi_1^{(2M_g N_g - 1)} \boldsymbol{u}_1 \otimes \boldsymbol{v}_1 \end{bmatrix}$$

其中，$\boldsymbol{u}_1 \otimes \boldsymbol{v}_1$为每个面板、每个极化方向选取的二维DFT矢量，采用宽带上报的方式。$\left\{\varphi_1^{(1)},\cdots,\varphi_1^{(2M_g N_g-1)}\right\}$为面板间/极化方向之间的相位差。

基于这样的预编码量化模型，NR最终支持两个面板或者4个面板的天线排布。为了进一步平衡性能和反馈开销，当$M_g N_g = 2$时，两种模式的相位量化方式可以支持，通过高层参数配置，分别如下所示。

- $\varphi_1^{(1)} = \theta_1$，$\varphi_1^{(2)} = \theta_2$，$\varphi_1^{(3)} = \theta_1\theta_2$，终端宽带上报$\theta_1$，子带上报$\theta_2$。
- $\varphi_1^{(1)} = \theta_1$，$\varphi_1^{(2)} = a_1 b_1$，$\varphi_1^{(3)} = a_2 b_2$，终端宽带上报$\theta_1$、$a_1$、$a_2$，子带上报$b_1$、$b_2$。

对于$M_g N_g = 4$时，支持如下的相位量化方式。

$\varphi_1^{(1)} = \theta_1$，$\varphi_1^{(2)} = \theta_2$，$\varphi_1^{(3)} = \theta_1\theta_2$，$\varphi_1^{(4)} = \theta_3$，$\varphi_1^{(5)} = \theta_1\theta_3$，$\varphi_1^{(6)} = \theta_4$，$\varphi_1^{(7)} = \theta_1\theta_4$，终端宽带上报$\theta_1$，子带上报$\theta_2$、$\theta_3$、$\theta_4$。

4.3 Rel-15 Type Ⅱ码本设计方案

前面介绍的Type I码本中，每层的预编码矢量通过一个二维DFT矢量及其相位变化进行量化，虽然有较小的复杂度和反馈开销，但是这种粗糙的量化方式遗漏了多径信道中很多非最强但也有较多能量贡献的多径信息，会带来一定的性能损失，尤其是基站侧传输天线数较多或传输的总层数较多时。例如多用户传输时，不精确的CSI会带来较大的性能损失。为了弥补Type I码本的缺陷，Type II码本被提出了，并最终被NR采纳。

Type II码本的基本结构是，每层的每个极化方向上，使用的预编码矢量是一组基矢量的线性加权组合。终端反馈的PMI包括基矢量的信息、加权系数的幅度和相位信息。

Type II预编码原理的一个简单示例如图4-8所示，该图中，每层的每个极化方向上的预编码矢量是3个基矢量组成的线性组合。严格来说，对于N维空间中的任意一个矢量，都可以完美地写成空间中N个线性无关的基矢量的线性组合，不丢失任何信息。但是这样的完美线性组合却没有起到任何压缩的效果，即表示N维矢量和N个基矢量的线性组合所需要的信息量是一样的。从无线信道的特征上来看，具有较强能量贡献的多径通常具有稀疏特性，即它们占整个N维空间中很小的一个子空间。因此，表示这些多径所在的子空间，所需要的基矢量个数就可以大幅度减小。当基矢量个数减小到一定程度时，表述子空间中基矢量的线性组合比直接子空间中的N维矢量，相同精度的量化需要更小的信息比特数目，因而就可以达到压缩的效果。这就是Type II码本的理论基础。

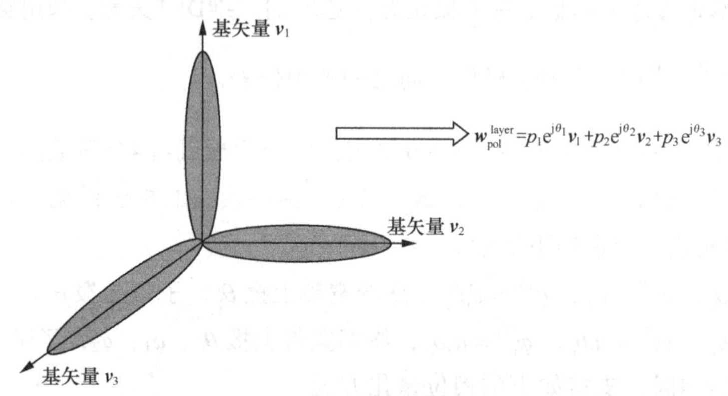

图4-8 Type II预编码原理

具体来说，NR的Type II预编码中，第一层的预编码矢量可以表述为以下形式。

$$\boldsymbol{w}_1=\begin{bmatrix}\boldsymbol{v}_1 & \cdots & \boldsymbol{v}_L & & \boldsymbol{0} & \\ & \boldsymbol{0} & & \boldsymbol{v}_1 & \cdots & \boldsymbol{v}_L\end{bmatrix}\begin{bmatrix}p_1e^{j\theta_1}\\ \vdots \\ p_Le^{j\theta_L}\\ p_{L+1}e^{j\theta_{L+1}}\\ \vdots \\ p_{2L}e^{j\theta_{2L}}\end{bmatrix} \tag{4-3}$$

其中，$\{v_1 \ \cdots \ v_L\}$表示L个基矢量，p_i表示加权系数幅度，θ_i表示加权系数相位。从该表达式中可以看出，根据不同极化方向多径特征的一致性，以及不同多径所经历幅度和相位的不同，不同极化方向使用相同的一组基矢量，但是加权系数的幅度、相位是独立反馈的。

从本书第2章所介绍信道模型和Type II预编码的表达式（4-3）中可以看出Type II反馈各分量的物理意义。基矢量$\{v_1 \ \cdots \ v_L\}$表示信道中各簇的角度信息，p_i表示每个簇对应的信道幅度增益，而θ_i则表示时域上每个簇对应的时延转换到频域上之后，形成的相位变化。因此，p_i和θ_i在频域上均会呈现一定的频率选择性，但不同频率位置之间又会存在一定的相关性。

基于上述对公式（4-3）中各分量物理意义的解释，可以对这些分量进行进一步的设计。

基矢量$\{v_1 \ \cdots \ v_L\}$表示角度信息，因此可以使用一组二维DFT矢量。更进一步，这组二维DFT矢量的设计，有如下两种方式。

- 方式1：$\{v_1 \ \cdots \ v_L\}$是一组两两正交的二维DFT矢量。
- 方式2：不要求$\{v_1 \ \cdots \ v_L\}$之间两两正交。

从之前Type I的设计中可以参考，$\{v_1 \ \cdots \ v_L\}$候选集合应该是对N_1N_2维正交二维DFT矢量空间进行O_1O_2倍过采样后得到的，那么在整个$N_1N_2O_1O_2$个矢量组成的集合内，共可以分成O_1O_2个正交组，每个正交组内的N_1N_2个矢量两两正交，如图4-9所示。方式1即先从O_1O_2正交组中选出一个组，再从该组内的N_1N_2个矢量中选择L个作为最终的基矢量。而方式2则是直接从$N_1N_2O_1O_2$个矢量中选择L个。

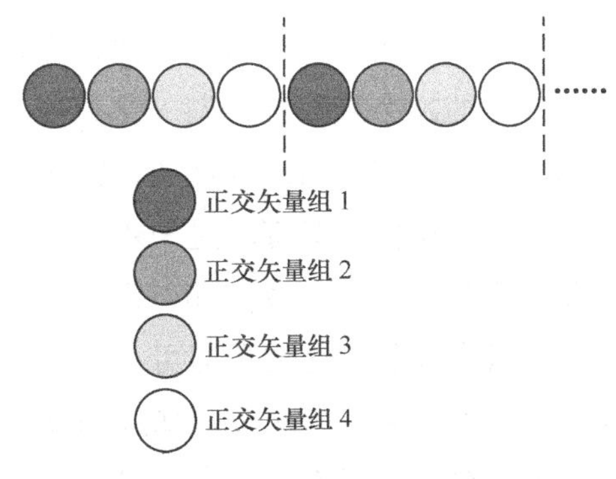

图4-9 正交矢量组的分布

对比方式1和方式2，从开销上看，由于方式1对上报的基矢量形式做了限定，其反馈开销小于方式2。从性能上看，在矢量量化理论中，采用线性组合的量化方式时，正交的矢量的加权系数量化效率高于非正交矢量的加权系数量化效率。具体来说，如果两个矢量之间的角度不是90°，其中一个矢量在另一个矢量方向上的投影变化范围就会变大，在使用相同的加权系数量化比特数时，非正交矢量间需要量化比特描述的动态范围就会变大，量化效率就会变小。因此，正交矢量组的性能应该优于非正交矢量组，那么使用方式1对比使用方式2，就不会有很大的性能损失。图4-10中的系统仿真结果也验证了这一点。

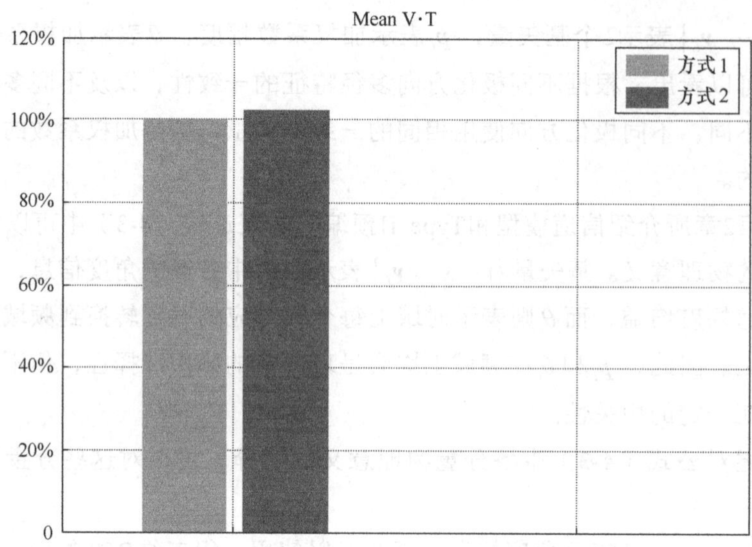

图4-10　Type II中基矢量设计两种方式的平均吞吐量性能对比

基于上述的分析和仿真，NR最终采用了方式1作为基矢量设计方案。

基矢量设计的另一个方面是基矢量反馈的频域颗粒度。在频域上，由于最好的L个正交基矢量本身在频域上变化很小，终端只需为整个CSI反馈带宽反馈一组L个基矢量，即基矢量的选择信息是包含在宽带PMI中反馈的。

Type II码本设计的另一个方面是加权系数幅度和相位的反馈方式。对于总共υ层的Type II预编码，每层的加权系数个数是$2L$。为了使得幅度能在0到1之间量化，需要对反馈的幅度系数进行归一化之后再量化反馈。一般来说，较为简单的归一化方式是对每层$2L$个系数分别进行归一化，比如从$2L$个系数中选择幅度最大的系数，用这个幅度对该层的$2L$个系数进行归一化处理。此归一化方式下，预编码矩阵的每一层乘以一个标量并不影响预编码的性能，归一化分母不需要反馈，终端只需反馈归一化后每个系数的幅度和相位即可。进一步地，归一化前每一层幅度最大的系数，归一化后系数幅度一定是1，相位一定是0，因此，不需要对其幅度、相位进行编码反馈，只需要反馈该系数在该层中的位置即可。

对于归一化后的系数，如果幅度和相位都是子带反馈，反馈的开销将会很大。根据之前的分析，具有较强频率选择性的相位信息包含在子带PMI中。对于幅度信息，为了平衡开销和性能，将每个系数的幅度分为了两个分量，第一个分量为宽带上报，第二个分量为子带上报，最终的系数幅度是这两个分量的乘积。此外，子带反馈时，对于每一层的$2L$个系数，根据宽带幅度分量的大小分成两组，宽带幅度较大的一组比宽带幅度较小的一组具有更高的子带量化比特数。这是一种非均匀量化的思想，将更多的比特数分配给更强的系数，以达到更高效率的Type II CSI反馈。最终，每个宽带幅度3bit量化，宽带幅度较大的一组系数通过8PSK或QPSK量化相位、1bit量化子带幅

度，宽带幅度较小的一组系数通过QPSK量化相位、子带幅度默认为1。

由于Type II反馈主要是为了在MU等需要高预编码增益的场景下提升CSI精度，且Type II的开销几乎是随着层数增加等比例增加的，最终Rel-15仅支持层数最大为2的Type II反馈。此外，子带反馈时，由于Type II反馈最高会达到几百至上千比特的开销，这样大的开销在PUCCH上周期反馈难度较大，最终仅支持在PUSCH上非周期反馈完整的Type II报告。

由于层数为2的Type II反馈开销几乎是层数为1的两倍，PUSCH上如果每次都以最大层数来反馈CSI，会对开销带来很大的浪费。因此，和Type I类似，Type II CSI在PUSCH上也是以两个部分的形式映射到UCI中的。

- 第一部分CSI包含RI、CQI和每层上非零系数的数量。
- 第二部分CSI包含PMI，其中包括正交波束矢量信息，非零系数的幅度、相位信息，幅度最强系数的位置信息等。

这样，基站解出第一部分之后，第二部分CSI的开销即可确定。此外，在第二部分中，不需要反馈幅度为0的系数信息，可以进一步减小开销。这样的设计使得Type II CSI可以在PUSCH上以较高的效率传输。

另外，Type II同样也支持UCI省略机制。具体方式和Type I中的方式类似，第二部分CSI映射到编码链中的顺序为宽带PMI—偶数子带对应的子带PMI—奇数子带对应的子带PMI。终端可以根据PUSCH资源大小，自主省略第二部分中奇数子带对应的子带PMI或所有子带PMI。

Type II CSI除了支持上述的码本，还支持Type II端口选择码本[16]。在存在信道互易性TDD场景下，或者存在部分互易性FDD场景下，例如上下行信道的多径角度存在互易性的场景下，基站可以通过测量SRS获取一组潜在基矢量的信息。基站用这组潜在基矢量对CSI-RS进行预编码，每个CSI-RS端口即对应一个潜在基矢量。终端测量CSI-RS之后，在每个极化方向上，利用端口选择的方式从所有的CSI-RS端口中挑选出较好的L个，计算其加权系数幅度和相位，并反馈端口选择信息、加权系数幅度相位信息给基站。具体来说，每一层的预编码矢量如公式（4-4）所示。

$$\boldsymbol{w}_1=\begin{bmatrix}\boldsymbol{e}_{\frac{P}{2}}^{(i_1)} & \cdots & \boldsymbol{e}_{\frac{P}{2}}^{(i_L)} & & \boldsymbol{0} & \\ & \boldsymbol{0} & & \boldsymbol{e}_{\frac{P}{2}}^{(i_1)} & \cdots & \boldsymbol{e}_{\frac{P}{2}}^{(i_L)}\end{bmatrix}\begin{bmatrix}p_1\mathrm{e}^{\mathrm{j}\theta_1}\\ \vdots \\ p_L\mathrm{e}^{\mathrm{j}\theta_L}\\ p_{L+1}\mathrm{e}^{\mathrm{j}\theta_{L+1}}\\ \vdots \\ p_{2L}\mathrm{e}^{\mathrm{j}\theta_{2L}}\end{bmatrix} \tag{4-4}$$

其中，P表示CSI-RS端口的数量，$\boldsymbol{e}_{\frac{P}{2}}^{(m)}$表示长度为$P/2$的单位矢量，即第$\boldsymbol{m}$个元素为

1，其他元素均为0的矢量。

Type II端口选择码本中，除将基矢量变成$\left\{ e_{\frac{P}{2}}^{(i_1)} \quad \cdots \quad e_{\frac{P}{2}}^{(i_L)} \right\}$外，其他反馈方式和常规Type II码本一样，包括加权系数的反馈方式、UCI映射方式、UCI省略等。Type II端口选择码本支持的单终端最大层数也和常规Type II一样，最大为2层。

使用Type II端口选择码本，基站可以根据SRS测量的结果灵活地设置基矢量的形式，不用局限于Type II中使用的二维DFT矢量，例如，可以是通过SRS测量得到的特征矢量等，基矢量的组合形式也可以更加多变，基站恢复的预编码矩阵精度可以进一步提升。此外，终端计算PMI时，无须对不同的二维DFT矢量进行搜索，只需根据各个端口的测量结果进行基矢量的选取，省略很多计算过程，终端的复杂度也可以降低很多。

4.4 Rel-16 eType II码本设计方案

4.3节介绍的Type II反馈中，由于幅度和相位存在一定的频率选择性，为了达到较高的性能，需要对每个子带反馈幅度和相位信息，反馈开销较大，且反馈开销随着子带的数量线性增加。典型场景中，Type II子带反馈的开销可达到几百至上千比特。这无疑会带来巨大的上行传输压力。另外，前文也提到，不同子带的幅度和相位之间存在一定的相关性，尤其是相位。不同子带的相位变化是由于无线信道中多径的时延变化到频域上的不同位置导致的。这样的相关性使得压缩Type II码本的开销成为可能。一般来说，开销和性能是息息相关的，压缩开销除了意味着可以节省PUSCH中所传输CSI的信息量，也意味着节省的开销可以用来提升码本中其他参数的精度，从而在相同开销的前提下，达到更高的性能。基于此，Rel-16对Type II码本进行了开销和性能方面的增强，形成了eType II码本。

公式（4-3）描述的Type II预编码矩阵中，不同子带的加权系数幅度p_i和相位θ_i在频域上呈现一定的相关性[18]，因此，对于一个给定极化方向上的波束i，N个子带上的加权系数组成的向量$\left[p_i^{(1)} e^{j\theta_i^{(1)}}, \cdots, p_i^{(N)} e^{j\theta_i^{(N)}} \right]^{\mathrm{T}}$可以通过一定的量化方式进行压缩。矢量压缩较好的方式是将目标矢量量化为一组基矢量的线性合并[19]。可以将这个长度为N的矢量写为M个基矢量的线性合并，如公式（4-5）所示。

$$\begin{bmatrix} p_i^{(1)} e^{j\theta_i^{(1)}} \\ \vdots \\ p_i^{(N)} e^{j\theta_i^{(N)}} \end{bmatrix} = \begin{bmatrix} \boldsymbol{u}_i^{(1)} & \cdots & \boldsymbol{u}_i^{(M)} \end{bmatrix} \begin{bmatrix} c_{i,1} \\ \vdots \\ c_{i,M} \end{bmatrix} \quad (4\text{-}5)$$

其中，$\begin{bmatrix} \boldsymbol{u}_i^{(1)} & \cdots & \boldsymbol{u}_i^{(M)} \end{bmatrix}$是$M$个长度为$N$的矢量构成的一组基矢量，为了区别于波束$\{\boldsymbol{v}_1 \ \cdots \ \boldsymbol{v}_L\}$构成的空域基矢量，$\{\boldsymbol{u}_i^{(1)} \ \cdots \ \boldsymbol{u}_i^{(M)}\}$可以称作频域基矢量，$\{c_{i,1} \ \cdots \ c_{i,M}\}$为频域压缩后的加权系数。由于不同子带的相位变化是无线信道中多径的时延变化到频域上的不同位置导致的，所以将DFT矢量用于频域基矢量是一个很好的选择。这样，频域基矢量$\{\boldsymbol{u}_i^{(1)} \ \cdots \ \boldsymbol{u}_i^{(M)}\}$可以利用DFT矢量的编号进行矢量量化，而压缩后的系数个数M可以远小于N，整体的反馈开销就能够得到减少。

根据上述基本原理，可以得到Rel-16 eType II码本的预编码矩阵基本结构[17]，如图4-11所示。

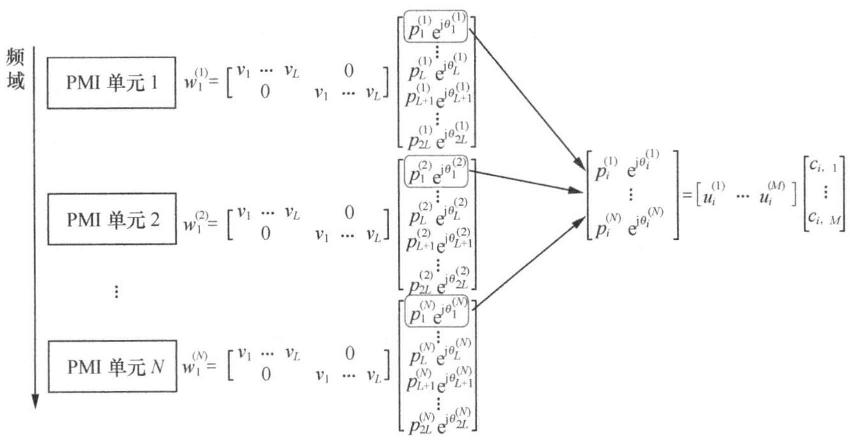

图4-11 基于频域压缩的eType II预编码结构

从图4-11中的eType II预编码结构可以看出，每个空域基矢量对应在频域上的加权系数形成的矢量是频域基矢量的线性合并。基于这一结构，eType II码本设计需要解决以下几个问题。

1. 问题一：如何设计频域基矢量

一是，是否对于不同空域基矢量、不同层独立选择频域基矢量。根据信道模型，空间中不同径对应的时延可能会不一样，但是由于每个空域基矢量已经对应一组时延的加权合并，再对不同空域基矢量选择不同的一组时延的必要性就不强了。因此，NR Rel-16最终采用的是，每层预编码矢量中，不同空域基矢量对应相同的一组频域基矢量，即图4-8中$\{\boldsymbol{u}_i^{(1)} \ \cdots \ \boldsymbol{u}_i^{(M)}\}$的下标$i$可以省略。这样，对于第一层，整个频域上所有

PMI单元的预编码矢量形成的矩阵可以写为公式（4-6）。

$$W_1=\left[w_1^{(1)}\quad\cdots\quad w_1^{(N)}\right]=\begin{bmatrix}v_1 & \cdots & v_L & & \mathbf{0} & \\ & \mathbf{0} & & v_1 & \cdots & v_L\end{bmatrix}C_1\left[u^{(1)}\quad\cdots\quad u^{(M)}\right]^{\mathrm{T}} \tag{4-6}$$

其中，C_1为第l层上的加权系数组成的$2L\times M$维矩阵。

$$C_1=\begin{bmatrix}c_{1,1}^{(1)} & \cdots & c_{1,M}^{(1)}\\ \vdots & \ddots & \vdots\\ c_{2L,1}^{(1)} & \cdots & c_{2L,M}^{(1)}\end{bmatrix}$$

由于Rel-15 Type II码本中每层的加权系数是独立选择的，如果不同层使用相同的一组频域基矢量，可能会带来一定的性能损失。因此，不同层对应的频域基矢量是独立选择的，即可以不相同。

二是，需要确定频域基矢量的候选集合。频域基矢量使用的是长为N的DFT矢量，与空域基矢量类似，为了保证加权系数的量化效率，使用的是一组正交的DFT矢量。但和空域基矢量不同的是，空域基矢量的候选集合是过采样后的DFT矢量集合，但频域基矢量的候选集合不需要过采样，即频域基矢量的候选集合采用N维空间中的任一正交子空间都不影响最终的性能。具体原因是，根据4.3节的描述，对正交DFT空间进行过采样，即对一组正交的DFT矢量偏移一定的角度，如图4-8所示。而对任一组正交的频域基矢量偏移一定的角度α，即对其乘以一个对角矩阵，对角线元素的幅度为1，即只包含相位变化，如公式（4-7）所示。

$$\begin{bmatrix}1 & & \\ & \ddots & \\ & & \mathrm{e}^{\mathrm{j}(N-1)\alpha}\end{bmatrix}\left[u^{(1)}\quad\cdots\quad u^{(M)}\right] \tag{4-7}$$

将公式（4-7）应用到公式（4-6）中，即每层、每PMI频域单元的预编码矢量乘以一个相位标量，基站侧对预编码矢量进行此操作并不会影响预编码传输的最终性能[21]。因此，频域基矢量的候选集合不需要过采样。

2. 问题二：如何确定PMI频域单元

在传统的PMI反馈中，PMI最小频域单元和CQI一样，均为子带，即终端最多为每个子带反馈一个PMI和一个CQI。而对于eType II码本，由于主要的反馈开销来自于压缩后的加权系数矩阵C_1，而C_1的反馈开销和PMI频域单元个数无关。和PMI频域单元有关的是每个频域基矢量长度，而由于频域基矢量$\left\{u_i^{(1)}\quad\cdots\quad u_i^{(M)}\right\}$是DFT矢量，采用的是用DFT矢量编号进行矢量量化的方式，其反馈开销受长度的影响很小。因此，提升PMI频域单元的精度并不会带来反馈开销的显著增大。另外，如果提升PMI频域单元的精度，可以使得每个子带反馈多于一个PMI，即每个子带可以被切成多个PMI频域单元，

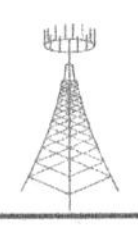

这样可以提升基站侧预编码的精度和调度的灵活性，提升系统性能。但从终端侧看，如果子带被切成多个PMI频域单元，终端需要缓存更多的信道估计结果，提升复杂度。因此，考虑终端复杂度和系统性能的平衡，NR引入了因子R，每个PMI频域单元包含的RB个数等于每个子带包含的RB个数除以R，R 的值为1或2，即支持最多将一个子带划分成两个PMI频域单元，得到最高精度的PMI反馈。

3. 问题三：如何设计加权系数

从eType II预编码的结构中可以看出，每一层的加权系数矩阵$\boldsymbol{C}_1$最多包含$2L\times M$个系数，而完全量化反馈这些系数可能带来较大的反馈开销。

无线信道的稀疏特性可以用来压缩加权系数的反馈开销。通过空域和频域压缩，加权系数是时延角度域上的信道系数。在这个域上，无线信道呈现稀疏特性，即$\boldsymbol{C}_1$中的非零元素的个数只占总元素个数的一部分。对于这样的稀疏矩阵，反馈非零元素在矩阵中的位置和非零元素的幅度、相位值，比完全量化反馈矩阵中每个元素的幅度、相位值具有更低的反馈开销。

具体来说，NR最终支持的方案中，基站可以为终端配置参数$K_0=\lceil\beta 2LM\rceil$。其中，$\beta$为大于0小于1的实数，通过基站高层信令配置，终端在所有层的$\boldsymbol{C}_1$中挑选K_{NZ}个非零元素，满足以下条件。

- 当秩为1时，终端上报的非零元素个数小于或等于K_0，即$K_{\text{NZ}}\leqslant K_0$；
- 当秩大于1而小于或等于4时，每层上报的非零元素个数小于或等于K_0，各层上报的非零元素总数小于或等于$2K_0$，即$K_{\text{NZ}}\leqslant 2K_0$。

除了这些非零元素的幅度、相位值，终端还上报K_{NZ}的取值，并为每层使用$2LM$长的比特图上报K_{NZ}个非零元素在每层$\boldsymbol{C}_1$中的位置。这样，利用稀疏矩阵的表示方法，终端的反馈开销减少，同时CSI反馈的性能没有显著损失。

4. 问题四：如何量化非零元素的幅度和相位

一般来说，为了能在0到1之间量化元素的幅度信息，终端需要在量化之前对系数进行归一化，见公式（4-8）。

$$\boldsymbol{C}_1'=\frac{1}{\max_{i,m}\left|c_{i,m}^{(1)}\right|}\boldsymbol{C}_1=\frac{1}{\max_{i,m}\left|c_{i,m}^{(1)}\right|}\begin{bmatrix}c_{1,1}^{(1)} & \cdots & c_{1,M}^{(1)}\\ \vdots & \ddots & \vdots\\ c_{2L,1}^{(1)} & \cdots & c_{2L,M}^{(1)}\end{bmatrix}\tag{4-8}$$

在这样的方式下，由于最终每层的预编码矢量乘以一个标量并不影响预编码传输的性能，系数的归一化对基站是完全透明的。因此，终端不需要上报用于归一化的标量信息，只需要上报归一化后非零元素的幅度相位信息。但是由于归一化后，每个系数幅度的变化范围是$0\sim\max_{i,m}\left|c_{i,m}^{(1)}\right|$，动态变化范围较大，因而量化后的精度受限。

针对这样的问题，在eType II码本的讨论中，公式（4-9）的归一化方式被提出[8]。

$$
\boldsymbol{C}_1' = \begin{bmatrix} \dfrac{1}{\max_{1,m}\left|c_{i,m}^{(1)}\right|} & & \\ & \ddots & \\ & & \dfrac{1}{\max_{2L,m}\left|c_{i,m}^{(1)}\right|} \end{bmatrix} \boldsymbol{C}_1
= \begin{bmatrix} \dfrac{1}{\max_{m}\left|c_{1,m}^{(1)}\right|} & & \\ & \ddots & \\ & & \dfrac{1}{\max_{m}\left|c_{2L,m}^{(1)}\right|} \end{bmatrix} \begin{bmatrix} c_{1,1}^{(1)} & \cdots & c_{1,M}^{(1)} \\ \vdots & \ddots & \vdots \\ c_{2L,1}^{(1)} & \cdots & c_{2L,M}^{(1)} \end{bmatrix} \quad (4\text{-}9)
$$

即针对每行中的元素，使用这行元素幅度的最大值进行归一化，并将各行的幅度最大值$\left\{\max_m\left|c_{1,m}^{(1)}\right|,\cdots,\max_m\left|c_{2L,m}^{(1)}\right|\right\}$通过$\max_{i,m}\left|c_{i,m}^{(1)}\right|$进行归一化后，量化并上报。此方式下，第$i$行中非零元素的动态变化范围减小为$0\sim\max_m\left|c_{i,m}^{(1)}\right|$，量化精度相比式（4-8）中的方式有一定提升，可以提升CSI反馈的最终性能。但是，由于需要上报归一化因子$\left\{\max_m\left|c_{1,m}^{(1)}\right|,\cdots,\max_m\left|c_{2L,m}^{(1)}\right|\right\}$，反馈开销有一定提升。

对比上述两种方式，公式（4-8）开销更小，而公式（4-9）性能占优。最终，经过反复讨论和性能评估、研究，NR最终采用了介于两者之间的归一化和量化方式[9]，如公式（4-10）所示。

$$
\boldsymbol{C}_1' = \begin{bmatrix} \dfrac{1}{\max_{i\in[1,L],m}\left|c_{i,m}^{(1)}\right|}\boldsymbol{I}_{L\times L} & \boldsymbol{0} \\ \boldsymbol{0} & \dfrac{1}{\max_{i\in[L+1,2L],m}\left|c_{i,m}^{(1)}\right|}\boldsymbol{I}_{L\times L} \end{bmatrix} \boldsymbol{C}_1 \quad (4\text{-}10)
$$

公式（4-10）表示的方法是每个极化方向的元素分别进行归一化，即对每个极化方向的元素，除以该极化方向上元素幅度的最大值。这样，相比公式（4-8），归一化后元素幅度的动态变化范围变小，量化精度和CSI反馈性能得到提升；相比公式（4-9），由于只有两个归一化因子，终端只需上报较弱极化方向上的最强幅度信息，即只需额外上报一个幅度参数，反馈开销得以减小。因而，NR最终采用了这一方式。具体说来，对于公式（4-10），终端上报较弱极化方向的最强幅度，并将其作为归一化因子，量化上报归一化后非零元素的幅度和相位信息。

5. 问题五：UCI设计

和Rel-15 Type II类似，Rel-16 eType II也采用了两部分上报的方式在UCI中映射

CSI，第一部分CSI的取值决定第二部分CSI的总开销。

总的来说，eType II中CSI参数总开销主要取决于两个因素：信道秩的取值、非零元素的个数。因此，CSI第一部分中需要包括上述两个因素的信息。3GPP讨论了以下两种方式。

- 方式1：CSI第一部分中包含RI和所有层上非零元素的总数。
- 方式2：CSI第一部分中包含每层上非零元素的数量。

方式1和方式2都可以指示出信道秩的取值和非零元素的数量。其中，对于方式2，如果允许的最大层数是4，那么就需要上报4个每层非零元素的值，这4个值中不为零的个数即为信道秩。对比方式1和方式2，方式1中所有层非零元素的总数比方式2中每层非零元素的数量所需的比特开销更小，如图4-12所示。因此，即使加上RI（最大2bit），方式1的开销也较小，因此最终NR采用了方式1。

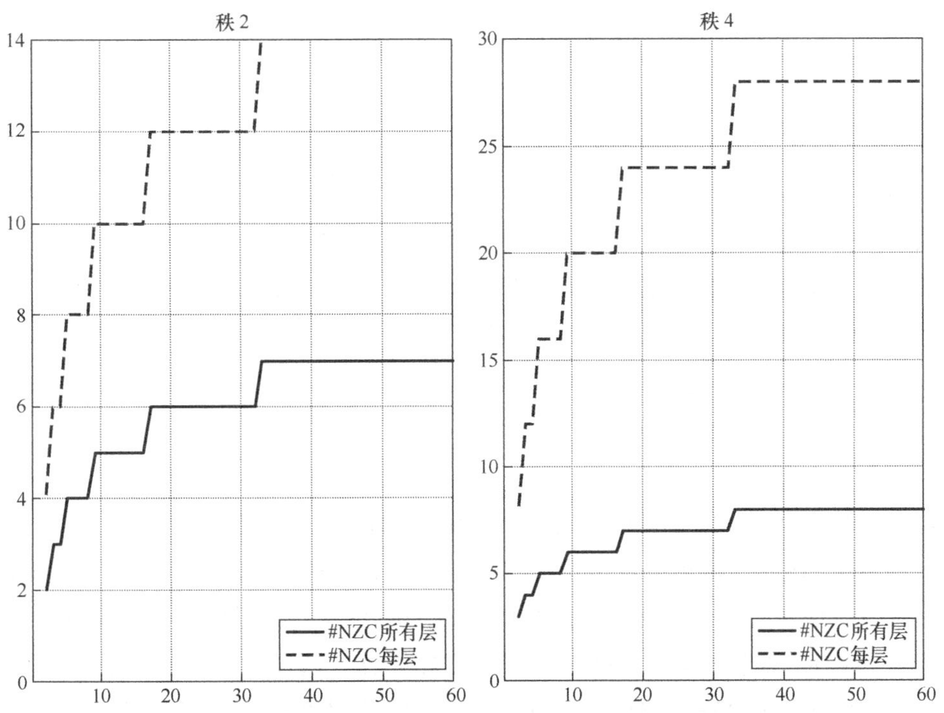

图4-12　反馈所有层上非零元素的总数和反馈每层上非零元素的个数的开销对比[10]

综上所述，eType II CSI中的两部分CSI分别包含以下的CSI参数。

- 第一部分CSI包含RI、所有层上的非零元素总数、CQI。
- 第二部分CSI包含PMI。

根据前文对eType II码本结构的描述，PMI中包含的参数如表4-7所示。

表4-7 eType II PMI的构成

PMI组成参数	描述
空域基矢量信息	指示L个空域基矢量
频域基矢量信息	指示每层M个频域基矢量
非零元素位置信息	长为$2LM$的位图，指示每层的非零系数在C_1中的位置
最强系数信息	每层最强系数的位置信息
参考幅度信息	较弱极化方向的幅度信息，用于系数归一化
系数幅度信息	归一化后的非零系数幅度信息
系数相位信息	归一化后的非零系数相位信息

上述PMI参数中，大部分参数的上报方式在前文的描述中已经介绍。这里着重介绍两个参数的进一步优化设计。

（1）频域基矢量信息：根据前文的描述，每层的频域基矢量是从$R\times N$个正交的DFT矢量中挑选出的M个矢量。此外，根据前文中的公式（4-6）可知，这M个矢量在$R\times N$个正交的DFT矢量中的相对位置影响性能，而其绝对位置并不影响性能。因此，终端可以将选出的M个DFT矢量进行循环移位，使得最强的DFT矢量成为编号为0的DFT矢量，这个DFT矢量始终会被选取，终端只需上报剩下的$M-1$个DFT矢量进行循环移位后的编号信息。进一步讲，由于$R\times N$的取值较大时，逐层编码上报$M-1$个DFT矢量会带来较大的开销，而最强的频域矢量集合呈现一定的集中特性，NR最终采取以下方式反馈频域基矢量信息。

- $R\times N\leqslant 19$时，直接编码上报每层的$M-1$个DFT矢量信息。
- $R\times N>19$时，采用两步指示的方式。首先，为所有层上报一个长度为$2M$的矢量集合信息，该矢量集合包含循环连续的$2M$个DFT矢量，因而只需上报该矢量集合的第一个矢量在$R\times N$个正交的DFT矢量中的位置信息。通过循环移位，最强的基矢量编号为0，且一定包含在这$2M$个DFT矢量中，即编号为0的DFT矢量一定包含在这$2M$个DFT矢量中。由于DFT矢量的周期性，这$2M$个DFT矢量的起始位置一定是编号为mod（$R\times N-x$，$R\times N$）的DFT矢量，其中x为大于等于0且小于$2M$的正整数。其次，为每层编码上报从该$2M$个DFT矢量中选取$M-1$个DFT矢量的信息。

（2）最强系数信息：最强系数信息指示每一层幅度最大的系数在共$2LM$个系数中的位置。根据公式（4-9）中的归一化方式可知，终端需要用最大的幅度归一化参考幅度，且该位置下归一化后系数幅度为1。进一步地，根据前文的描述，通过循环移

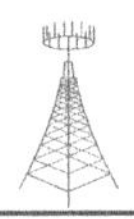

位，编号为0的频域基矢量一定是最强的，那么指示最强系数的位置只需要指示从编号为0的频域基矢量中对应的$2L$个位置选取就可以了，因此，该信息的比特开销只需要$\log_2 2L$bit。

由于eType II可以大幅度减小CSI反馈开销，且层数较多时，PMI开销可以通过基站配置的非零系数总数上界$2K_0$控制，CSI开销并不随着层数线性增加。同时，基站并不能每一时刻都能找到信道较好匹配的MU终端，有时基站不得不采用SU传输。对于有4根接收天线的终端，在无线信道能支持4层传输时，只用两层进行SU传输会带来较大的性能损失。因此，为了增强SU MIMO的性能，eType II支持的最大层数扩展到4层。

和Rel-15 Type I、Type II反馈类似，Rel-16 eType II的第二部分CSI也支持UCI省略机制，以克服在基站上行资源不足的情况下，CSI不能完全反馈的问题。但是，和Type I、Type II反馈不一样的是，eType II中不同子带的CSI并不是分别独立反馈的，而是统一进行压缩之后联合反馈的。因此，Type I和Type II基于奇偶子带划分的UCI省略机制并不能直接用于eType II。Rel-16 eType II最终采用的方式是将第二部分CSI划分为以下3组。

- 第0组包含空域基矢量信息和每层的最强系数信息。
- 第1组包含频域基矢量信息、参考幅度信息、非零系数位置信息中优先级最高的$v2LM-\left\lfloor\frac{K_{\mathrm{NZ}}}{2}\right\rfloor$比特，其中$v$表示秩，$v2LM-\left\lfloor\frac{K_{\mathrm{NZ}}}{2}\right\rfloor$个优先级最高的系数幅度和相位信息。
- 第2组包含非零系数位置信息中优先级最低的$\left\lfloor\frac{K_{\mathrm{NZ}}}{2}\right\rfloor$比特，$\left\lfloor\frac{K_{\mathrm{NZ}}}{2}\right\rfloor$个优先级最低的系数幅度和相位信息。

第l层、第i个空域基矢量、第m个频域基矢量对应的优先级按照公式（4-11）计算Pri值，Pri值越小，则优先级越高。

$$Pri_{\mathrm{eTypeII}}(i,m,l)=2Lv\cdot f(m)+vi+l \tag{4-11}$$

其中，$f(m)$按如下方式映射频域基矢量的编号m，$f(0)=0$，$f(N_3-1)=1$，$f(1)=2$，$f(N_3-2)=3$，$f(2)=4$，等等。即$f(m)$将$\{\cdots N_3-2, N_3-1, 0, 1, 2\cdots\}$映射为$\{\cdots 3, 1, 0, 2, 4\cdots\}$，两侧的频域基矢量映射后的值更低，中间的频域基矢量映射后的值更高，即两侧的频域基矢量比中间的频域基矢量有更高的优先级。

在终端映射UCI时，终端按照从第0组到第2组的顺序进行映射，如果基站分配的上行传输资源不足够映射这3组CSI，那么终端可以按组为单位省略第2组，或第1组和第2组中的CSI参数，以使得终端能在一定的码率要求下，传输尽可能多的CSI参数。这样，基站在上行资源不足的情况下，也能获取一定的CSI信息，以用于下行数据传输。

最后，与Rel-15 Type II类似，为了支持TDD互易性场景，或者FDD部分互易性场景的优化，Rel-16 eType II码本也支持端口选择码本。同时，相比单终端最大2层的码本，将eType II端口选择码本扩展到单终端最大4层，也能得到较大的网络吞吐量性能增益[22]。因此，Rel-16中的eType II端口选择码本支持的最大层数是4。支持的方式和Rel-15也很类似，将图4-10中的空域基矢量从DFT波束变为公式（4-12）由单位矢量组成的矩阵即可。

$$\begin{bmatrix} \boldsymbol{e}_{\frac{P}{2}}^{(i_1)} & \cdots & \boldsymbol{e}_{\frac{P}{2}}^{(i_L)} & \boldsymbol{0} \\ \boldsymbol{0} & \boldsymbol{e}_{\frac{P}{2}}^{(i_1)} & \cdots & \boldsymbol{e}_{\frac{P}{2}}^{(i_L)} \end{bmatrix} \tag{4-12}$$

其他的频域压缩方法、PMI频域单元的确定、加权系数的设计、UCI映射的方式等均和常规的eType II码本相同，这里不再赘述。

综上所述，NR Rel-16针对Rel-15 Type II码本子带反馈开销大的特点，根据Type II加权系数在频域上存在相关性这一特征，对Rel-15 Type II码本进行频域压缩，形成了eType II码本，减小了反馈开销，并提升了相同开销下的系统性能。4.5节将通过系统级仿真展示两种码本性能和开销的对比。

4.5 性能分析

至此，本章已介绍了3种5G标准中支持的码本设计方案，Type I、Type II和eType II。其中，Type I码本和4G LTE的进阶版本LTE-A Pro中Rel-13 Class A码本较为类似，而Type II和eType II码本则是5G区别于4G技术的重要元素。大规模天线系统中基站数据传输性能的提升来自利用大规模天线阵列进行MU调度和预编码传输，以提升整个网络的传输流数和频谱效率。而基站进行高性能预编码、MU传输的关键是高精度的CSI获取。由于FDD系统中基站无法通过信道互易性获取完整的CSI，Type II和eType II反馈是基站获取高精度CSI的重要途径，也是实现FDD下大规模MIMO的最关键技术。因此，在FDD频段上，NR Type II和eType II反馈的性能决定了5G大规模MIMO和4G相比可以达到的性能增益。

本节通过系统级仿真，验证并分析了NR Type II和eType II反馈的性能。由于NG Type I码本和LTE-A Pro中的Class A码本非常类似，本节中的仿真以NR Type I码本作为性能基线，将Type II和eType II码本的性能与之比较。此外，由于获取CSI的目的是下行数据传输，因此，平均的终端数据传输吞吐量作为仿真和性能分析的指标之一。另外，由于CSI开销也是评价不同CSI方案的重要指标，本节的仿真评估了不同开销下，CSI反馈方案的平均吞吐量变化曲线。

在本节的系统仿真中，为了体现不同方案应用在大规模天线上的性能增益，基站侧采用了128根发射天线，双极化结构，每个极化方向垂直方向包含8根天线、水平方向包含8根天线。垂直方向每4根天线通过固定的权值虚拟化成一个CSI-RS端口，这样，总共使用了32个CSI-RS端口，包含两个极化方向，每个极化方向为2×8的端口阵列。终端侧采用2根或4根接收天线，即单个终端的最大层数为2或4。此外，由于Rel-15 Type II码本支持的最大层数是2，采用Rel-15 Type II码本时，即使终端有4根接收天线，单终端的最大层数依然是2，而Type I和eType II的单终端最大层数都是4。基站侧可以根据反馈的CSI动态采用SU或MU传输。由于NR支持的最大正交DMRS端口数是12，因此，在MU传输时，仿真中假设的基站侧最大层数是12。

更详细的仿真假设如表4-8所示。

表4-8 CSI反馈系统级仿真参数

参数	取值
场景	3GPP TR38.901密集3D-Uma[11]
载波频率	4GHz
仿真带宽	下行10MHz
子载波间隔	15kHz
天线间距	垂直方向0.8倍波长，水平方向0.5倍波长
基站天线	32个CSI-RS端口：2×8×2 128个天线阵子：8×8×2
UE天线	对称天线增益模式 2接收天线：1×1×2 4接收天线：1×2×2
传输方案	SU/MU动态自适应 单终端最大2或4层 基站侧共12层
源数据模型	FTP 3，0.5MB组包
CSI-RS	5ms周期，开销计算在内
调度时延	4ms
调度算法	比例公平
终端接收机	MMSE-IRC
反馈假设	非理想信道估计，CSI-RS信道估计误差模型为 $\tilde{\boldsymbol{H}}=\alpha(\boldsymbol{H}+\boldsymbol{E})$
切换边界	3dB
下行开销计算	PDCCH占据两个OFDM符号，DMRS占24RE/RB
HARQ方法	CC合并（Chase Combining）
指标	平均UE吞吐量

在上述系统级仿真设置下，最终得到的不同CSI反馈方案的性能-开销曲线，如图4-13所示。

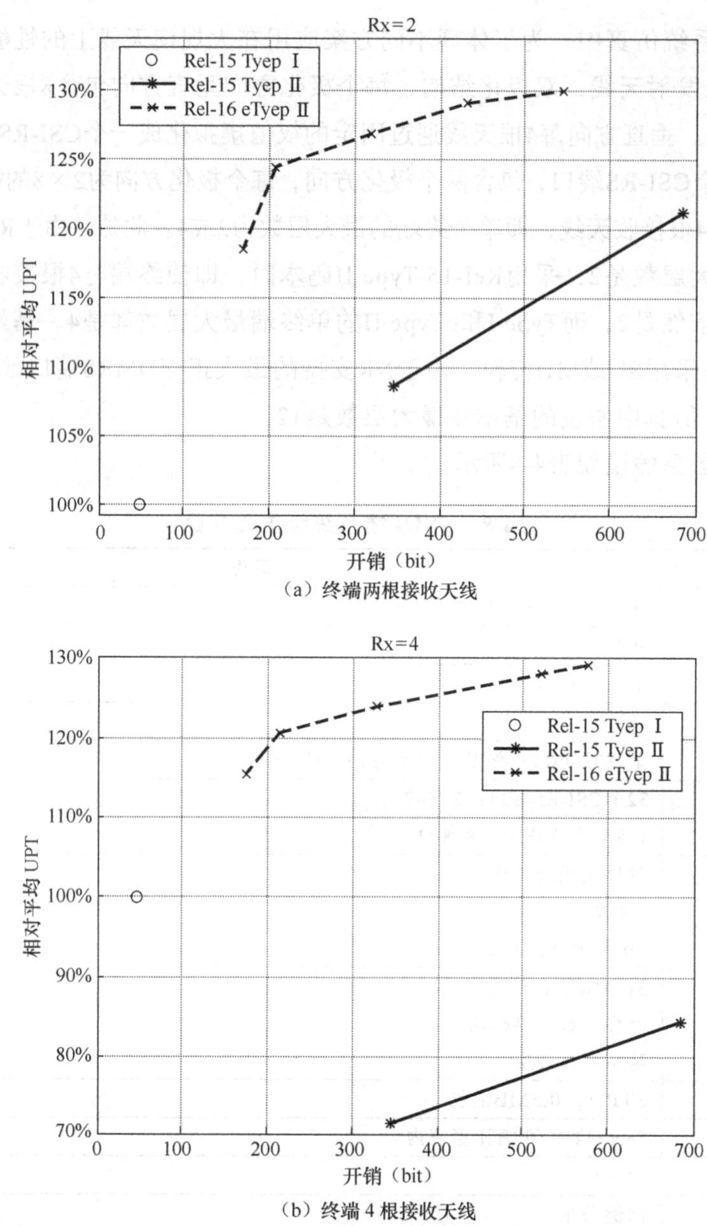

（a）终端两根接收天线

（b）终端4根接收天线

图4-13 不同CSI反馈方案的性能-开销曲线

从图4-13所示的仿真结果中，可以得出如下的结论。

- 当单终端的最大层数相同时（如终端两根接收天线），Type II码本和eType II码本相比Type I码本，可以达到较大的吞吐量性能增益，Type II的性能增益为10%～20%，eType II的性能增益为20%～30%。相似开销下，eType II码本的性能比Type II码本的增益约为10%～15%。通过频域压缩，节省的开销在eType II中可以用于更高的量化精度，因而使得eType II性能获得了较大的提升。

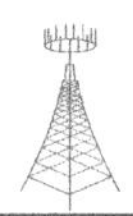

- 当Type II受限于较小的单终端最大层数时（例如，终端4根接收天线），即使对比Type I，Type II的性能也没有明显的优势。此时，eType II相比Type II，可以达到50%左右的巨大增益。
- Type II码本的开销最大，Type I码本的开销最小，eType II码本的开销介于二者之间。eType II码本达到最优性能的开销和Type II码本达到最优性能的开销相比，能节约超过100bit。
- 相同或相近的开销下，eType II码本达到的吞吐量性能明显大于Type I和Type II码本，即eType II码本可以达到最好的性能-开销曲线。

综上所述，eType II码本可以得到最好的性能-开销曲线，得益于eType II码本，5G FDD大规模MIMO相比4G，可以在可控的反馈开销下达到较大的频谱效率增益。

4.6 CSI反馈的未来发展方向

5G NR经过两个版本的发展，CSI反馈技术已经能够通过可控的反馈开销达到较高的数据传输性能。尤其从性能上来讲，所有CSI反馈技术的上界应是基站侧拥有理想CSI的性能，即基站侧知道理想信道矩阵或信道协方差矩阵。eType II反馈已经逐渐能够接近理想CSI反馈的性能，但是还与其有着一定的差距。因此，CSI反馈仍然有一定的性能提升空间。展望未来，无论是从性能提升、开销降低，还是终端处理复杂度降低等维度考虑，可以看到CSI反馈的一些进一步发展的方向。本节通过对一些现有文献的总结，简要介绍以下CSI反馈发展方向。

- 非理想互易性下的CSI反馈。
- 基于时域压缩的CSI反馈。
- 基于人工智能（AI）的CSI反馈。

1. 非理想互易性下的CSI反馈

非理想互易性下的CSI关注的问题是，FDD下CSI反馈性能的持续提升、反馈开销降低和终端复杂度降低。从前文对信道模型和eType II码本的介绍中可知，无线信道中，整个频带上信道矩阵的组成可以分成3个部分：

- 空域基矢量，代表无线信道中各条径的角度。
- 频域基矢量，代表无线信道中各条径的时延。
- 加权系数信息，代表无线信道中各条径经历的幅度变化和相位变化。

一般来说，信道互易性意味着上行链路的无线信道是下行链路无线信道的转置，如图4-1所示，即无线信道的上述3个组成部分完全一致。对于TDD系统，上下行部署

在相同的频率上，信道互易性是成立的。然而，对于FDD系统，上下行部署在不同的频率上，并不存在完全的信道互易性，即下行信道矩阵并不是上行信道矩阵的转置。从更深的层次分析这个问题，如果FDD中上下行信道矩阵并不完全一致，是哪些信道成分导致了这一结果？又有哪些信道成分对于上下行来说是一致的？理解了这两个问题，在FDD系统中也可以利用对上行信道的测量来辅助下行CSI的获取，提升系统性能、减少反馈开销或降低终端复杂度。

从无线信号空间传输理论上看，无线信道上各条径的角度和时延主要由收发端的空间角度关系、无线环境中反射体的位置和材质等因素决定，和无线信号的频率的关系不大。而无线信道的频率会在很大程度上影响无线信道的路径损耗、穿透损耗、极化泄漏因子等成分，因而会对各条径经历的幅度变化和相位变化产生较大的影响。因此，直观来看，FDD系统中上下行信道的频域基矢量和空域基矢量存在较强的相关性，而加权系数则较为独立，即存在部分互易性。参考文献[12]通过实测和理论分析，更为详细和全面地对此进行了分析，对上述直观结论进行了验证。

从上述的分析可知，基站可以通过对上行参考信号的测量来获取下行信道矩阵中较优的空域基矢量和频域基矢量的集合，并利用这些信息来辅助下行CSI的获取。在终端反馈的下行CSI中，主要包含加权系数信息。基站收到终端的反馈后，可以通过结合终端的反馈和此前对上行信道的测量，恢复高精度的CSI。

图4-14描述了这种方法的基本流程。基站通过对SRS的测量获取了较优的频域基矢量和空域基矢量集合，并将这些信息通过预编码的方式包含在对CSI-RS进行的空域、频域二维预编码中，预编码后的每个CSI-RS端口可以分别表征一个频域基矢量和空域基矢量组成的矢量对。终端测量CSI-RS之后，选择出最优的一组端口和其对应的加权系数信息，并反馈给基站。基站进而可以得到下行的整个频域上最优的高精度预编码信息。本书的7.1节给出了该方法的一些具体细节。

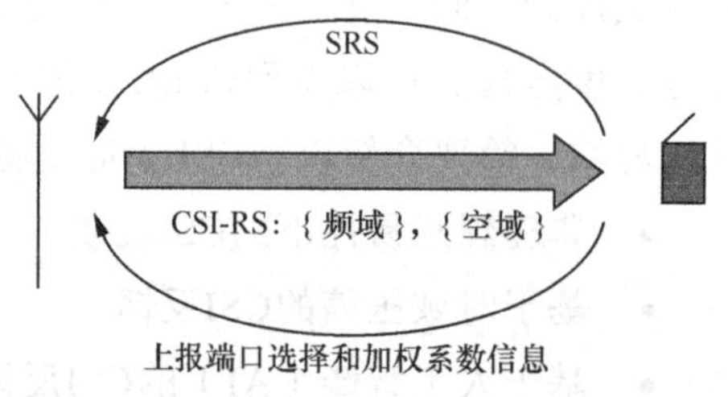

图4-14　基于FDD部分互易性的CSI获取

对比已有的eType II以及eType II端口选择码本，这样的方法在以下方面有一定的好处。

- 基站可以自行确定频域和空域基矢量的形式，不用根据固定的DFT矢量来生成频域和空域基矢量，可以使用精度更高的空域特征矢量或频域特征矢量。这样得到的最终预编码矩阵精度可以进一步提升，进而可以改善CSI获取的性能。
- 基站可以使用更小的预编码频域单元来产生频域基矢量，从而得到更小频域粒度的预编码矩阵，可以进一步提升频率选择性信道下的调度灵活性和性能。
- 终端不需要进行空域和频域的DFT变换来选择基矢量，7.1节描述了终端进行

SVD分解的维度得到了减小，因而终端的处理复杂度会被降低。

2. 基于时域压缩的CSI反馈

基于时域压缩的CSI反馈，需要关注的是信道快速变化条件下（例如，中高速移动的终端）高精度CSI反馈的开销减小。当终端以中高速度移动时，受多普勒效应影响，信道的相干时间较小，时变较快。此时，为了应对终端CSI的快速变化，基站需要比较频繁地触发非周期CSI报告来获取Type II、eType II等高精度CSI信息。CSI反馈会占据较多的上行资源，带来较大的CSI反馈开销。同时，终端需要测量较多的CSI-RS来更新CSI，这样会给下行带来较大的CSI-RS开销。

参考文献[13]通过对信道的实测和分析，提出将CSI反馈扩展到多普勒域。主要原理是对于移动中的终端，在较小的相干时间之上还存在一个较大的稳定时间。稳定时间内，信道的多普勒变化呈周期性趋势，且远远大于相干时间。这样，如果将稳定时间内不同相干时间上的CSI以某种方式进行联合反馈，可以利用稳定时间内信道多普勒周期性变化的特点对信道系数进行压缩，减小CSI反馈的开销。

具体来说，将CSI反馈扩展到多普勒域，即在eType II现有的频域和空域线性合并压缩的基础上，引入时域的线性合并压缩，形成图4-15所示的三维信道信息压缩。对于稳定时间内某个时隙上的CSI，经过eType II中的二维压缩之后，将N个频域单元和P个天线上的信道系数压缩成为M个频域基矢量和$2L$个空域基矢量形成的加权系数。进而，对T个此时隙内的CSI进行处理后，再利用S个时域基矢量再一次进行线性合并压缩，最终得到三维压缩之后的加权系数信息。终端反馈三维压缩之后的CSI给基站，基站可以恢复出T个时隙上的CSI，并利用稳定时间内多普勒周期变化的特点，预测出终端未来的CSI，并将其用于调度和数据传输。当S小于T时，信道系数的反馈开销即可减小，此外，由于信道的稀疏特性，三维压缩后非零系数的占比较小，在稀疏域的处理和反馈可以进一步减小反馈的开销。原本中高速移动下的终端需要分别反馈T个时隙上的CSI来应对信道的快速时变，通过这样的方式，终端将T个时隙内变化的CSI压缩、整合成一次反馈上报给基站，减小了反馈开销，可以节约上行和下行的资源，且能保证较高的下行传输性能。

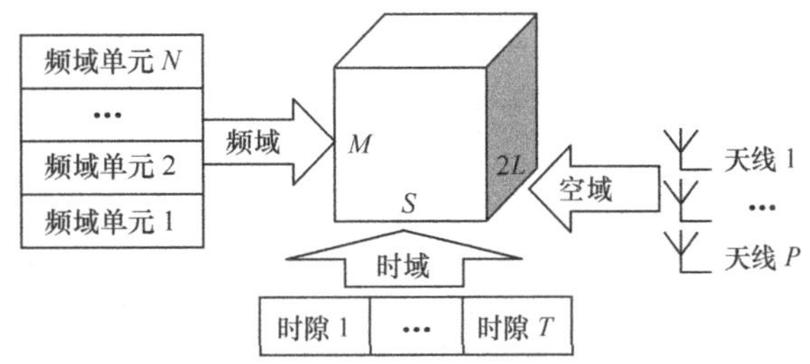

图4-15　基于时域压缩的CSI反馈

3. 基于AI的CSI反馈

近年来，ML等AI算法得到了广泛的关注和蓬勃的发展，AI算法的精度、鲁棒性、运行效率都得到了提高。AI技术的发展也为多天线CSI反馈提供了新的基础和思路，将AI用到CSI反馈使得进一步优化CSI反馈的性能、减小反馈开销成为可能[14]。

参考文献[15]介绍了几种AI在CSI反馈方向的可能用途。整体来说，应用了AI的CSI反馈方案将CSI获取过程分为两个步骤。

- 步骤1：训练阶段。在这一阶段，将离线设计好的训练数据输入AI算法的输入端，同时分析、对比输出端输出的结果，以调整、训练AI算法内部参数。如果输入和输出端分别在无线信道的不同侧（如基站和终端侧），那么训练数据需要事先定义好。
- 步骤2：运行阶段。经过训练之后，将实时数据（如根据参考信号测量得到的信道系数）输入AI算法，并从输出侧得到基站可以恢复的数据。

方法的原理以及一些简单的例子如图4-16所示。AI算法在其中扮演的角色类似一个黑盒子，训练阶段的主要任务是调整黑盒子中的一些具体参数（如算法的层数等），该阶段可以离线进行，或是以较大的周期运行，而运行阶段的主要任务是利用训练之后的AI算法处理实时数据，以得到实时的CSI。

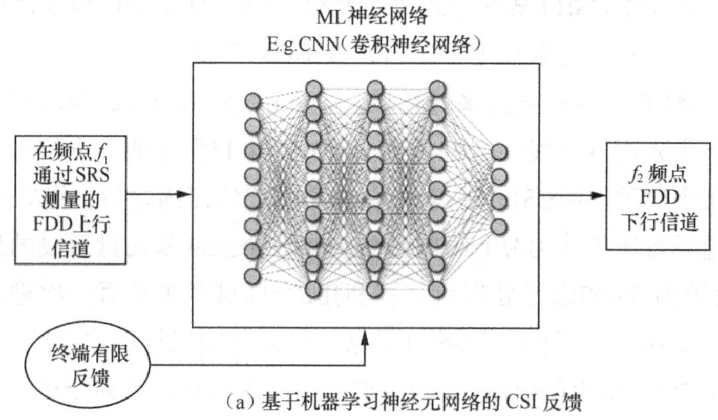

（a）基于机器学习神经元网络的CSI反馈

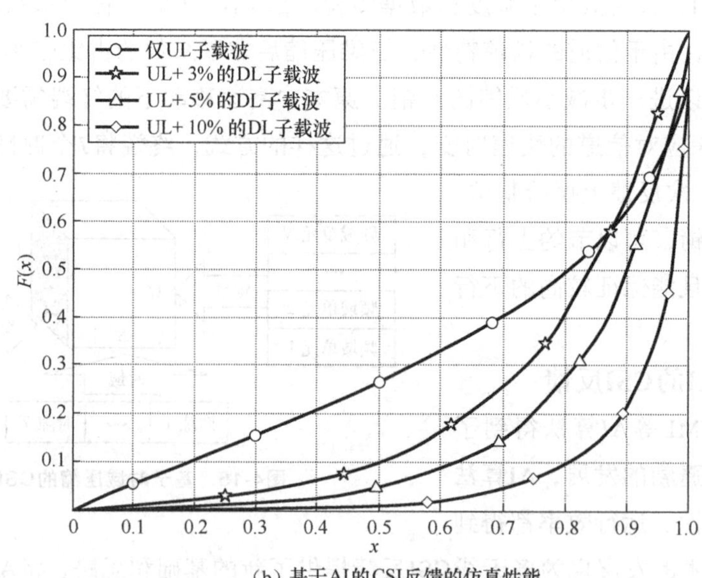

（b）基于AI的CSI反馈的仿真性能

图4-16 AI在CSI反馈方向的应用[15]

从上述原理中可以得到一些具体的应用实例。一种比较可能的应用是FDD系统下基于部分互易性的CSI获取。运行阶段，在基站侧根据SRS测量到上行频率上的信道之后，将测量结果输入到AI算法，以输出下行信道的CSI，其中，可能需要终端反馈一些小数据量的下行CSI参数以对AI算法进行辅助。由于该方法的AI算法完全在基站侧运行，该方法的训练可以离线进行，例如，基站利用不同场景下事先测量好的上行信道矩阵和下行信道矩阵训练AI算法中的参数。进一步地，如果是一些事先未训练过的场景，或是一些比较难被泛化的场景，终端可以在接入基站时通过高层信令上报由CSI-RS测量到的下行信道矩阵系数给基站。同时基站通过SRS测量上行信道，并利用两者对AI算法进行训练，而这样的训练只需要很长周期操作一次。在实时运行阶段，基站只需根据工作的场景使用对应的AI算法参数。这样，仅仅通过较小的信道信息反馈，就能得到FDD下的完整CSI，此方法下得到的CSI并没有经过量化，可以达到比eType II更高的精度和性能。此外，AI算法的训练和运行完全在基站侧进行，终端不需要参与AI算法，因而终端的复杂度较低。并且，取决于具体的训练方式，AI算法的训练可以不带来额外的开销，或者仅带来一些周期较长的信令开销，这样的训练带来的控制信令开销也是很低的。图4-16（b）中给出了这种方法性能的一些仿真结果，该结果描述的是基站估计出的下行信道系数和实际的下行信道系数之间相关性的CDF曲线。从该结果中可以看出，通过AI对上行测量结果和少部分下行信道信息反馈的联合处理，可以大大提升FDD下根据互易性获取下行CSI的性能，只需要下行频域范围内10%的信道系数反馈，就能获得很高的反馈性能——基站估计的下行信道系数和实际下行信道系数的相关性超过90%的概率就表示性能已达到较高的水平。

从前文的描述和一些仿真结果可以看出，将AI应用于信道信息获取可以使网络侧更智能、快速地对CSI进行获取，提升下行数据传输的性能。同时，带来的CSI反馈开销、控制信令开销都可以控制在很低的程度。

4.7 小结

本章介绍了5G大规模MIMO系统中，基站获取下行CSI的原理和方法，以及NR标准对CSI获取的支持情况等。对于不同的双工方式，基站采用的CSI获取方式也不尽相同。在TDD系统中，基站依靠上下行信道的互易性可以获取较高精度的下行CSI；而在FDD系统中，基站更多地依靠终端的CSI反馈来获取CSI。尤其是为了进行下行预编码传输，终端需要反馈PMI给基站。NR支持多种预编码码本来反馈PMI，包括低精度、低开销的Type I码本，这类码本每层的预编码矢量通过一个DFT矢量来量化空域波束；

还包括高精度、高开销的Type II码本，这类码本每层的预编码矢量是多个空域DFT矢量的加权合并；以及性能最高、开销相比Type II也较低的eType II码本，这是Type II的增强型码本，该码本将Type II中每个空域DFT矢量对应的多个频域单元上的加权系数通过一组频域DFT矢量的线性组合来进行压缩，节省出来的开销可以用于增加预编码反馈的精度，以提升性能。NR中的Type I码本和LTE所支持的码本较为类似，而Type II码本和eType II码本相较于Type I码本，可以得到较大的性能增益，这也是FDD系统中，NR相较于LTE的性能增益的重要来源之一。此外，本章还对CSI反馈的未来进行了展望，对多个可能方向的优缺点进行了分析，这些方向包括，对于FDD系统利用部分信道互易性来进行CSI反馈的增强方法，针对中、高速移动的终端进行时域压缩以减小高精度CSI反馈开销的方法，以及基于AI算法获取高精度CSI的方法。

总的来说，CSI的获取是大规模MIMO系统中基站进行高性能下行数据传输的技术重点和技术难点，如何通过较少的导频、较少的上行反馈开销来得到高精度CSI是学术界、工业界持续关注的问题。理解、研究和增强CSI获取的方法，是提升当前和未来无线通信网络性能的重要一环。

第5章

Multi-TRP方案

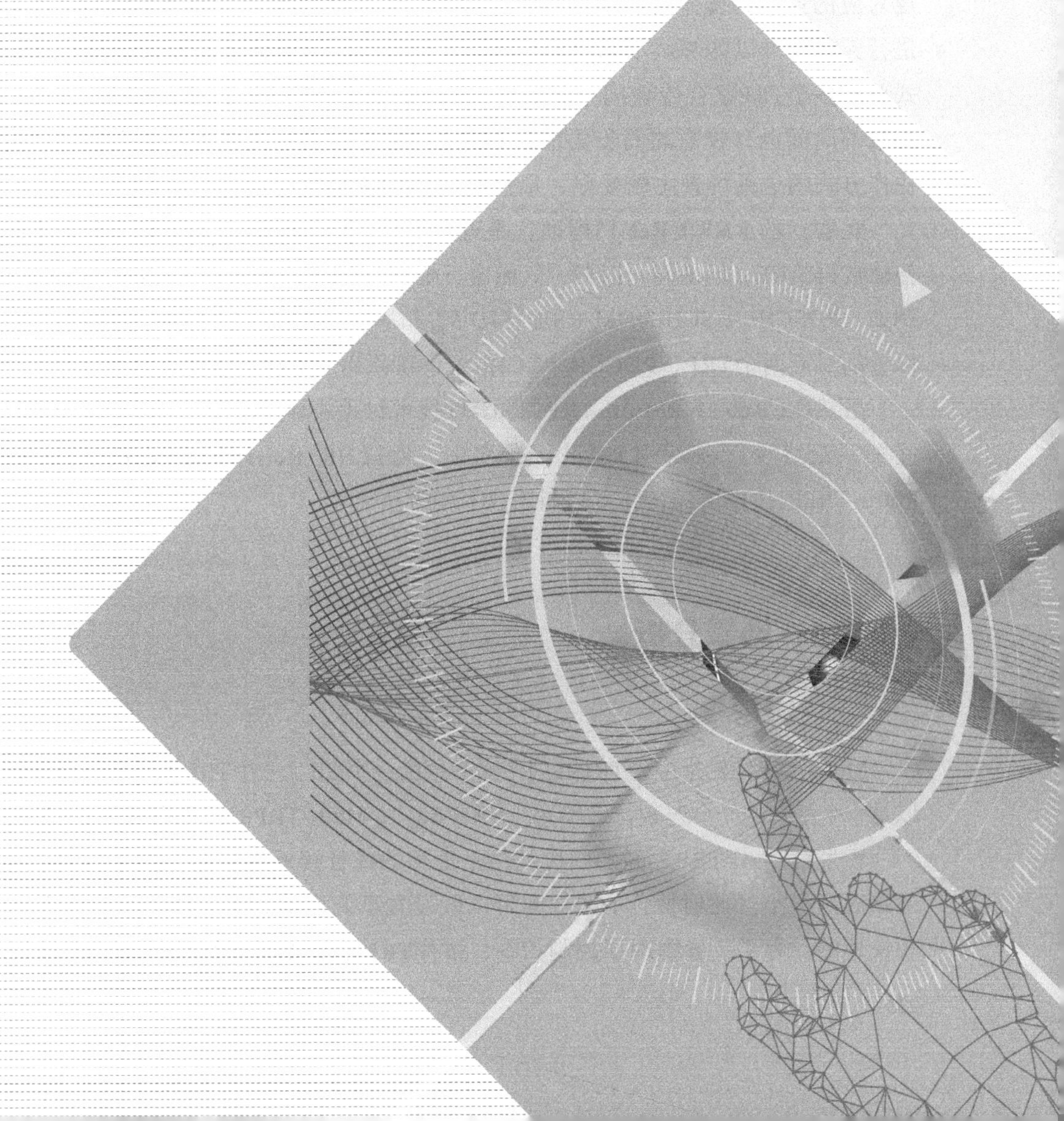

传统的下行数据传输是指服务基站到用户间的单点传输，对于一些小区边缘用户，由于距离服务基站远，路损比较大，这些用户获得的服务质量一般比较差。另外，这些用户到服务基站的距离与到相邻基站的距离往往差不多，到服务基站的信道条件与到相邻基站的信道条件差不多，所以相邻基站对这些用户的干扰就很大。为了提升小区边缘用户的性能，LTE在Rel-11就引入了CoMP的功能，即多个站点协作传输数据给相同的UE，到了LTE后期也进行了增强。LTE的CoMP方案中，主要支持TRP之间进行DPS传输，即非相干传输（Non-Coherent Joint Transmission，NC-JT），一个时刻只有一个TRP在传输，TRP间天线不需要进行相位校准。在LTE讨论中，多站点相干（Joint Coherent，JT）传输也作为一个备选方案，进行了充分讨论。多站点相干传输中一个层对应的预编码操作是在多个TRP的天线上联合进行的，这要求不同TRP的天线之间进行天线校准以能够调节TRP间的相位来获得最好的预编码。换句话说，JT的传输方式要求多个TRP联合传输同一层数据，此时需要多个TRP进行相位校准，多个TRP到达终端的时间也有较高的同步要求，TRP之间的交互量也比较大，所以这种JT的多TRP协作方式的适用场景比较受限，最终在LTE和NR都没有进行标准化。

此外，基于NR的Rel-15标准，是可以实现DPS功能的，即不同时刻由不同TRP来传输数据给UE，但是同一时刻，只能由一个TRP给UE传输数据。标准的描述比较隐晦，例如，PDSCH/PUSCH的DM-RS加扰ID N_{ID}^{0} 和 N_{ID}^{1}（如3.2.1节“DM-RS序列”所示）可以分别对应两个TRP，PDCCH中TCI指示也可以用于TRP的波束选择指示。

虽然NR Rel-15在Multi-TRP的NC-JT技术讨论中也得到了一些结论，但是由于时间关系最终没有在Rel-15中进行标准化。所以NR Rel-16的MIMO立项正式包含了Multi-TRP的技术演进，主要是针对NC-JT的。

5.1 场景分析

Multi-TRP传输指多个TRP共同传输数据给一个UE。一个TRP可以是一个基站，也可以是一个基站的一个射频拉远单元。NR在Rel-16 Multi-TRP的应用场景主要有两个。

场景1：协作TRP之间的回传链路是理想的或者接近理想的，协作TRP之间的回传链路时延很小。此时协作TRP之间可以假设共享调度器，且TRP之间的信令交互是比较快速的。为了节省物理层控制信令，协作TRP可以共享一个PDCCH，但是调度的数

据来自于多个TRP。如图5-1所示，两个协作的TRP发送不同的数据给UE，但是共享一个DCI，这种方式称为单DCI的M-TRP。

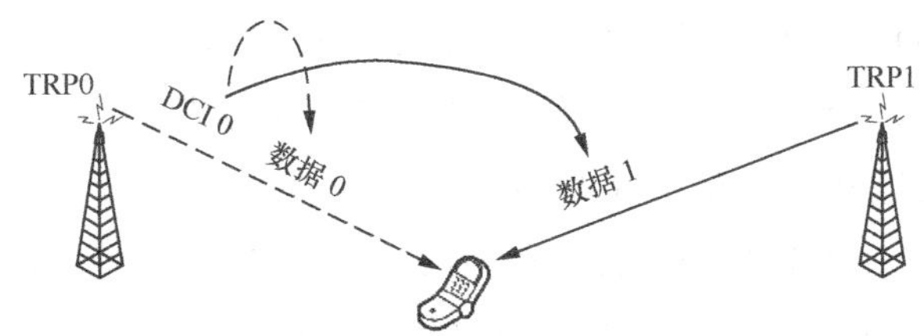

图5-1 基于单DCI的M-TRP

场景2：协作TRP之间的回传不够理想，协作TRP之间的回传时延稍大。由于两个TRP的交互可能具有时延，共享一个PDCCH比较困难，所以两个TRP的调度可以较独立地进行。如图5-2所示，两个TRP独立调度，各自发送DCI来调度数据，这种方式称为多DCI的M-TRP。

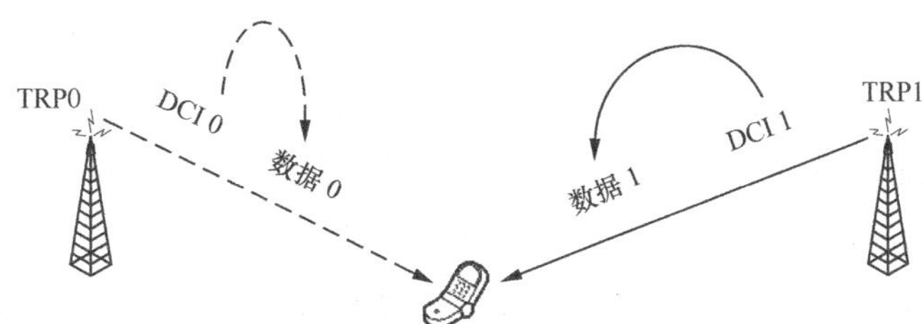

图5-2 基于多DCI的M-TRP

由于UE能力有限，Rel-16主要集中在最多两个TRP进行协作传输的场景。此外，从UE实现角度上讲，Rel-16支持的M-TRP的数据接收是假设UE只有1个IFFT窗口的，即假设两个TRP的多径会落在一个OFDM符号的CP范围内，这对协作TRP之间的同步要求比较高。

不管是哪种场景，由于两个TRP的位置不同，TRP到UE之间的信道条件就会不同，如多径、多普勒频移。在高频下，两个TRP到UE的发送波束也往往不同。因此，配置给数据0和数据1的QCL参数往往不同，即需要给数据0和数据1独立配置两个TCI状态。

Rel-16 M-TRP设计支持基于单DCI和多DCI两种模式，实际应用中可以根据部署的场景选择一种，一般不需要同时配置。

5.2 基于单DCI的M-TRP

在2018年9月进行的RAN#81次全会上，3GPP正式提出了M-TRP的工作设想[1]：在理想回传和非理想回传条件下，增强多TRP/多Panel传输的可靠性和鲁棒性。该设想提出了以下3点增强方向。

- 应用于NC-JT（非相干联合传输），针对下行控制信令的增强。
- 应用于NC-JT，针对上行控制信令/参考信号的增强。
- 针对URLLC业务需求的M-TRP技术增强。

其中第三点规定了在URLLC场景下，对数据传输鲁棒性的要求。保证数据传输可靠性的一个通用并且有效的方式是进行重复传输，虽然这种方案牺牲了一定的资源与容量，但能大大提高数据传输的可靠性。由于重复传输之后，接收端可以进行软合并，在信道条件不佳的场景下，重复传输比单次传输更有优势。也就是说，为了达到上述设想的目标，调度数据重复传输是必要的，而基于单DCI的M-TRP架构是实现数据重复传输的较优选择。

在标准推进初期，各个公司采用基于单DCI方案还是多DCI方案的M-TRP架构进行过激烈的讨论，许多公司倾向于只支持多DCI方案。然而经过研究发现，单DCI有着不可替代的优势。首先，单DCI方案在理想回传场景中实现简单，只需要一个TRP就可以负责调度并且处理控制信令；其次，基于单DCI的M-TRP架构对高层协议的改动与影响比基于多DCI的M-TRP架构要小；最后，在URLLC场景下，单DCI调度数据重复传输比多DCI更容易实现。最终，各公司同意两者都支持[2]。考虑到基站和UE的实现复杂度问题，目前同意最多两个TRP协同工作。

经过多次会议的反复讨论，基于单DCI的M-TRP传输的复用方式分为以下几种。

- 空分复用（Spatial Division Multiplexing，SDM）方式。
- 频分复用A（Frequency Division Multiplexing-A，FDM-A）方式。
- 频分复用B（Frequency Division Multiplexing-B，FDM-B）方式。
- 时分复用A（Time Division Multiplexing-A，TDM-A）方式。
- 时分复用B（Time Division Multiplexing-B，TDM-B）方式。

接下来对各方式进行介绍。

5.2.1 SDM方式

多个TRP发送数据给一个UE，每个TRP发送的部分PDSCH可以在空域资源上进行区分，这就是SDM方式的基本思想。SDM方式是几种方式中最先被认可的方式，其最大的优点就是资源利用率高。

具体来说，SDM方式就是在一个DCI调度的PDSCH中，某些传输层来自于TRP0，另一些传输层来自于TRP1。这些传输层共用相同的时域资源和频域资源，每个TRP的发送波束不同。如图5-3所示，假设TRP0是主服务TRP，即DCI由TRP0发送，PDSCH

由TRP0和TRP1发送。该DCI调度的PDSCH包含两层，层0由TRP0发送，层1由TRP1发送，两层数据使用相同的时频域资源，并且使用DCI当中指示的不同TCI状态。从UE端来看，UE在某一时域资源和频域资源上，不同的接收波束接收到一个PDSCH的两层数据。

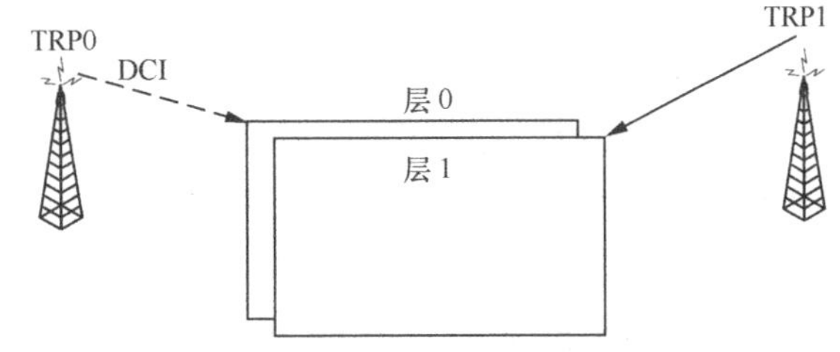

图5-3 基于单DCI的SDM方式

同时满足以下条件时，UE便可判断此时的PDSCH使用了SDM方式传输。

- 当UE没有被高层参数配置PDSCH的重复次数（这个主要限制SDM方式和TDM-B方式不能同时配置）。
- DCI中的TCI域中，一个TCI码点指示了两个TCI状态。
- DCI中的天线端口域中，指示的DM-RS端口属于两个CDM组。

因为TRP在地理位置上可能相距较远，多个TRP向一个UE发送数据时，不同TRP到UE的信道路径特性相差较大。此时，如果仍然按照Rel-15的方式，即UE假设一个PDSCH的所有DM-RS层具有相同的准共址信息，那么UE就不能正确接收到对应的数据，解调性能不佳。因此，不同TRP到UE的链路需要独立地配置准共址信息。具体实现方式为，基站需要配置两个TCI状态给调度的PDSCH，分别对应两个TRP调度的PDSCH传输层。

另外一个问题是，来自不同TRP的DM-RS端口并不能实现理想的同步，所以如果两个TRP发送的两层PDSCH数据的DM-RS端口处在一个CDM组内，将导致不准确的干扰测量，可能会对DM-RS OCC的解调有影响。来自不同TRP的PDSCH的DM-RS信号分别配置在不同的DM-RS CDM组上，DM-RS端口之间相互正交。根据CDM组的定义，配置在不同CDM组上意味着DM-RS信号在不同的频域上发送。由于TRP的个数是2，那么此时分配给UE的DM-RS端口必须要求占用两个CDM组，分别和基站指示的两个TCI状态对应。如图5-4所示，CDM组0和1中的DM-RS端口分别对应DCI指示的两个TCI状态。

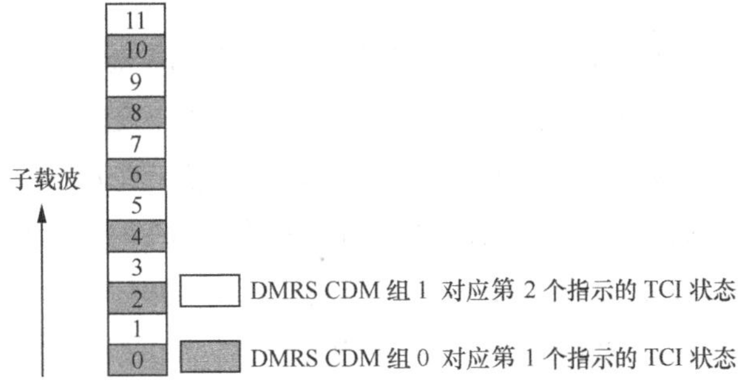

图5-4 DM-RS type 1，两个CDM组分别对应两个TCI状态

对于多TRP操作，UE可以同时从多个TRP接收下行链路信号，这些信号可以被相同或不同的天线面板所接收。例如，对于FR1频段，UE可能只有一个面板；对于FR2频段，UE可能有多个面板，可以针对不同方向，并且可以从不同面板接收来自不同TRP的下行链路信号[3-4]。

在Rel-15中，PDSCH的PT-RS为单端口信号，关联于最低索引的DM-RS端口。引入了M-TRP场景后，多个TRP并不一定会共享相同的振荡器，这就导致了来自不同TRP的相位噪声可能不同。此外，UE测量到的来自不同TRP的信号频偏也很有可能不同，单个端口的PT-RS信号并不足以跟踪M-TRP下不同链路的相移。因此，多TRP操作应支持超过一个PT-RS端口。当使用超过一个PT-RS端口时，UE应当知道PT-RS端口与DM-RS端口之间的关联。否则，UE可能使用不正确的天线端口接收PT-RS信号，从而无法跟踪相位偏移。在SDM方式中，为UE配置两个PT-RS端口，这两个端口分别与对应于第一个TCI和第二个TCI的最低索引值的DM-RS端口相关联。

为了使得UE解调简单，如果传输方式是SDM，UE就假定是SU-MIMO（Single User-MIMO，单用户MIMO）传输，即不需要再盲检测DM-RS上潜在的多用户干扰了。

在基于单DCI的M-TRP讨论过程中，还讨论了一种叫作单频网络（Single Frequency Network，SFN）的传输方式。该方式与SDM方式类似，都是两个TRP用不同的波束在相同的时频资源上发送PDSCH数据，区别是SDM的两个TRP分别发送一个PDSCH传输块的两层数据，这两层数据的DM-RS CDM组不相同；而SFN的两个TRP分别发送两个完全相同的PDSCH传输块，并且两个TRP发送的DM-RS天线端口相同。由于对该方案感兴趣的公司不多并且会议时间仓促等，该方案并没有被Rel-16采纳，留作基站以标准透明的方式实现，比如QCL-RS和DM-RS都被两个TRP传输。但是，实际实现中，一些公司发现SFN以标准透明的方式实现存在问题，特别是一个QCL-RS被两个TRP都传输之后，终端基于这个综合的QCL-RS得到的准共址信息，不能很好地跟踪两个TRP的准共址信息，SFN方式已经被写入了R17的WID（Work Item Description）中，并将在Rel-17会议进程中被详细讨论。

5.2.2 FDM-A方式

基站有多个TRP，一个PDSCH占有的频域资源划分为两组，每组对应一个TRP，每个TRP发送所属一个PDSCH的一个频域组上的部分PDSCH，这就是FDM-A的基本思想。引入FDM-A方式的标准复杂度低，可以实现多个波束传输一个PDSCH，增强PDSCH的传输可靠性，并且与SDM方式相比，在UE端不存在来自不同TRP的层间干扰，传输可靠性更好。FDM-A方式与TDM方式相比，传输时延更小。图5-5提供了一个仿真结果[5]，比较了SDM方式和FDM-A方式对PDSCH传输的影响。图5-5（a）最左边标记三角形的曲线代表FDM-A方式，中间标记圆点的曲线代表SDM方式，最右边标记正方形的曲线代表单

TRP［图5-5（b）中为增强的单TRP］。可以看出，虽然FDM-A方式和SDM方式都只传输了一个TB块，但FDM-A方式在数据信道BLER上的表现要略微优于SDM方式。

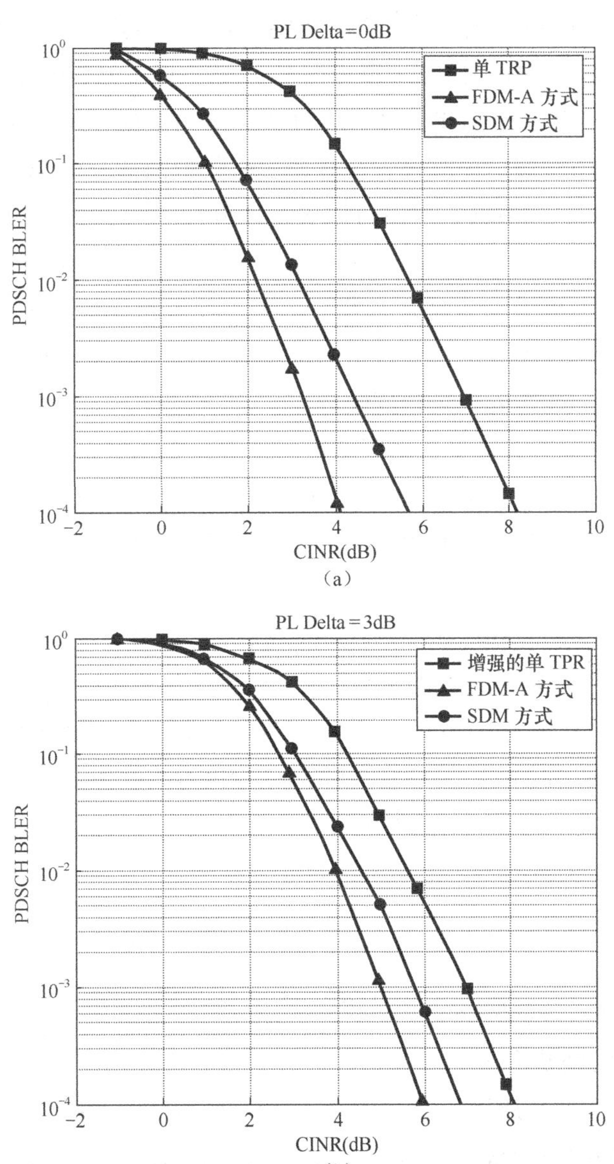

图5-5　SDM方式和FDM-A方式对PDSCH传输的影响

Rel-16协议中规定，如果一个DCI中给UE配置了两个TCI状态，并且PDSCH的DM-RS的端口都来自一个CDM组，同时，高层参数RepetitionSchemeConfig中repetitionScheme-r16配置为fdmSchemeA，此时UE认为PDSCH的发送将会采用FDM-A的方式。

FDM-A方式是指基站将一个PDSCH数据块，经过信道编码、速率匹配后分别映射在PDSCH的两部分频域资源上。资源块映射就是将发往各个天线端口的调制符号映射到资源块内的资源单元上，包括虚拟资源块（VRB）映射到物理资源块（PRB）上的过程。在映射时，基站可以将PDSCH的数据信息分别映射在两部分频域资源（PRB）上，第一部分PRB由TRP0发送，第二部分PRB由TRP1发送。这两部分PRB在发送时占据相同的时域资源(在相同的时隙上以相同符号发送)，不同TRP发送的PDSCH数据关联不同的TCI状态。在UE端，UE针对不同TRP发来的PDSCH有不同的QCL假设，即用DCI所指示的两个TCI状态，同时接收在频域上分集的两部分PDSCH。

通过这样的方式，一方面，基站可以灵活地分配不同TRP可发送的PDSCH数据信息，如果某一路径的一个波束有阻挡或障碍，另一路径的波束依然可以传递另一半PDSCH数据信息，不至于全部损失。另一方面，对于UE来说，收到的是一个完整的PDSCH传输块，UE不需要很大的缓存区来软合并重复的数据，仍然可以按照Rel-15的方式进行解调译码，UE端处理复杂度较低。

UE假设频域上的X个连续的PRB所使用的预编码矩阵相同，X即为预编码颗粒度，这X个PRB捆绑起来，被称之为一个PRG。也就是说，每个PRG当中的所有PRB拥有相同的预编码矩阵。X值由高层参数PDSCH-Config中的prb-BundlingType配置，取值可以为{2，4，全带宽}。

在FDM-A方式中，如果X的取值为{全带宽}，基站将第一部分PDSCH数据信息映射至索引为前一半的PRB上，并由TRP0发送，将第二部分PDSCH数据信息映射至索引为后一半的PRB上，并由TRP1发送，如图5-6所示。由于每个TRP的发送波束不同，上述前一半PRB与后一半PRB应当分别关联两个不同的TCI状态。如果X的取值为{2，4}中的一个值，则在分配给PDSCH的频域资源中，索引为偶数的PRG由TRP0发送并且关联第一个TCI状态，索引为奇数的PRG由TRP1发送并且关联第二个TCI状态。

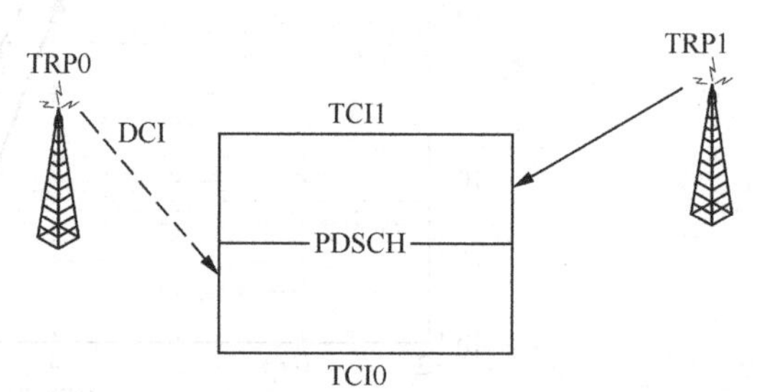

图5-6 基于单DCI的FDM-A方式，预编码颗粒度为{全带宽}

由于此种方式中，两部分PDSCH在频率域已经进行了分集，数据间没有干扰，所以发送这两部分PDSCH的DM-RS端口与DM-RS CDM组相同。PT-RS端口关联于配置给PDSCH的最低的DM-RS端口，即PT-RS信号通过该端口发送。同时，由于不涉及重复数据传输和软合并，UE端只接收到一个传输块，所以两部分PDSCH的冗余版本（RV）也相同，由DCI中的RV域进行指示。

5.2.3 FDM-B方式

FDM-B方式和FDM-A方式类似，都是基站将要发送的PDSCH在频率上进行分组，不同组由不同的TRP发送。不同之处在于，FDM-A方式只对应一个信道编码后的符号序列，一个信道编码后的符号序列分成两部分，分别由两个TRP进行发送，而FDM-B方式对应两个信道编码后的符号序列，两个信道编码后的符号序列分别由两个TRP进行发送。相对于FDM-A方式，这种方法在两个TRP的传输性能都可以的情况下，允许UE在接收端对两个PDSCH进行软合并以获得合并增益。某一个TRP的传输路径受到阻挡，UE仍然可以接收到另一个TRP发送的完整的PDSCH数据，进行独立解码，这大大提高了PDSCH传输的可靠性。以下对FDM-B的工作方式进行进一步的介绍。

Rel-16协议中规定，如果一个DCI中给UE配置了两个TCI状态，并且PDSCH的DM-RS的端口都来自一个CDM组，同时，高层参数RepetitionschemeConfig中repetition Scheme-r16配置为fdmSchemeB，此时UE认为PDSCH的发送将会采用FDM-B的方式。

FDM-B的方式是指由一个DCI调度，每个TRP独立发送一个PDSCH的传输块，两个TRP发送的PDSCH传输块相同。在基站端，两个传输块分别独立地进行信道编码、速率匹配，并且分别映射在频域的两部分物理资源块（Physical Resource Block，PRB）上，第一部分PRB由TRP0发送，第二部分PRB由TRP1发送。这两个传输块传输完全相同的数据信息，两个传输块具有相同的调制与编码方案（Modulation and Coding Scheme，MCS）和传输块大小（Transport Block Size，TBS）。这两部分PRB在发送的时候占据相同的时域资源（在相同的时隙上以相同符号发送），不同TRP发送的PDSCH数据关联不同的TCI状态，即使用不同的发送波束进行发送。在UE端，UE针对不同TRP发来的PDSCH有不同的QCL假设，即用DCI所指示的两个TCI状态，同时接收在频域上分集的两部分PDSCH。

和FDM-A方式类似，资源块映射的颗粒度取决于预编码颗粒度。如果预编码颗粒度的取值为{全带宽}，基站便将第一个PDSCH传输块映射至索引为前一半的PRB上，并由TRP0发送；将第二个PDSCH传输块映射至索引为后一半的PRB上，并由TRP1发送，如图5-7所示。由于每个TRP的发送波束不同，上述前一半PRB与后一半PRB应当分

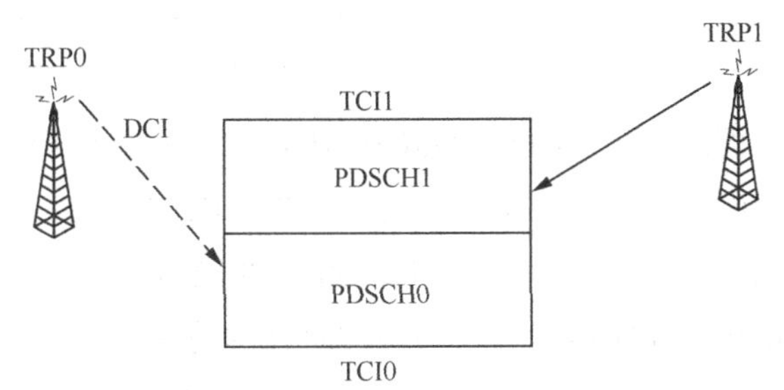

图5-7 基于单DCI的FDM-B方式，预编码颗粒度为{全带宽}

别关联两个不同的TCI状态。如果预编码颗粒度的取值为{2，4}中的一个值，则在分配给PDSCH的频域资源中，基站便将第一个PDSCH传输块映射至索引为偶数的PRG上，由TRP0发送并且关联第一个TCI状态；将第二个PDSCH传输块映射至索引为奇数的PRG上，由TRP1发送并且关联第二个TCI状态。

下面讨论FDM-B方式下的RV选择问题。速率匹配后，将源比特和冗余比特写入一个环形缓冲区，从信息比特开始写入，然后是奇偶校验比特，如图5-8所示。这样，每次传输究竟要传输哪些比特就取决于环形缓存区中要传输的比特长度及其起始位置，而起始位置由RV决定。针对同一组信息比特，通过选择不同的RV，就产生了不同的编码比特。因为RV0和RV3包含了绝大多数信息比特，所以RV0和RV3可以自解码。协议规定数据重传的默认RV顺序为RV0—RV2—RV3—RV1，这是因为，如果首传和重传分别为RV0与RV2，就能包括基本全部的信息比特以及奇偶校验比特，进而得到最好的解码性能。

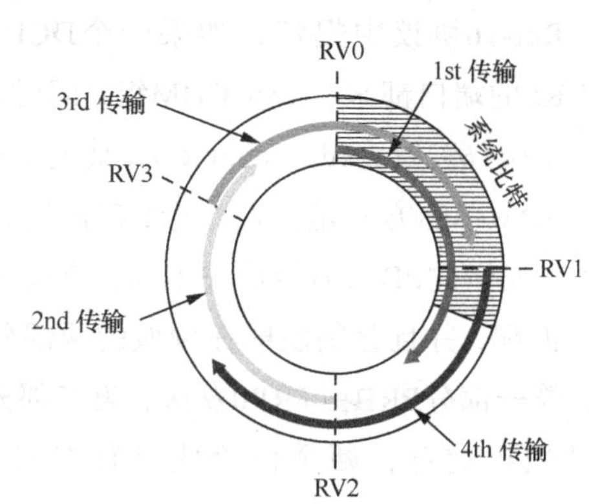

图5-8　RV的环形缓存区示例

在FDM-B方式中，由于两个TRP发送相同的传输块，为了获得RV合并增益，两个PDSCH所使用的RV可以不同。为了节省DCI开销，DCI中只通知一个RV值，用于指示第一个TRP发送的PDSCH的RV，并且协议中预定义了第二个TRP发送的PDSCH的RV与第一个PDSCH的RV值的关系，如表5-1所示。

表5-1　两个PDSCH传输块的RV关系

DCI指示的RV值	第一个PDSCH的RV值	第二个PDSCH的RV值
0	0	2
2	2	3
3	3	1
1	1	0

可以看出，两个PDSCH的RV关系还是按照RV0—RV2—RV3—RV1来循环选取的。UE端接收到两个RV版本的两个PDSCH传输块，就可以进行软合并，获得最大的编码增益。当然，这就需要UE有额外的能力支持软合并，即对于UE的能力要求较高。图5-9给出了FDM-B采用不同RV组合的仿真结果[6]。MCS = 12，6条曲线从左到右分别为：没有TRP阻挡的以三角形标识的RV = [0，2]、以圆点标识的RV = [0，3]、以正方形标识的RV = [0，0]，以及有TRP阻挡的以三角形标识的RV = [0，2]、以圆点标识的RV = [0，3]、以正方形标识的RV = [0，0]。可以看出，在有TRP阻挡和没有TRP阻挡的场景下，RV

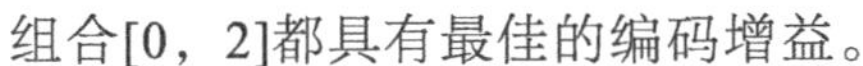

组合[0，2]都具有最佳的编码增益。

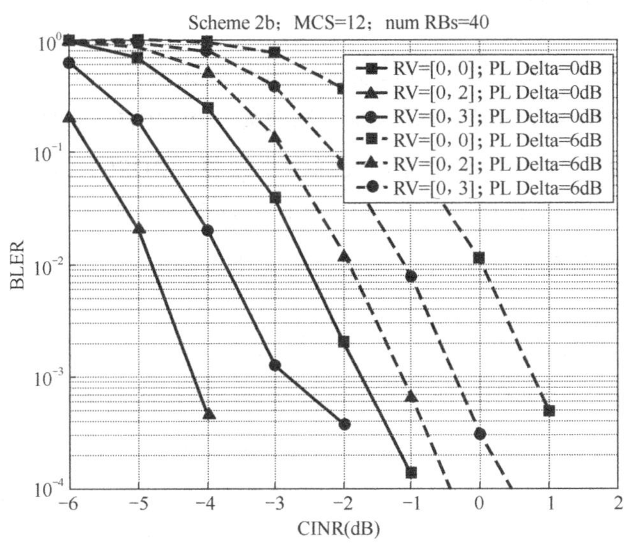

图5-9 不同RV组合下，FDM-B方式的实验结果

图5-10提供了一个FDM-A方式和FDM-B方式的实验结果对比[7]。图中左边两条基本重叠的曲线代表低码率的FDM-A方式和FDM-B方式的结果，右边两条基本重叠的曲线代表高码率的FDM-A方式和FDM-B方式的结果，其中虚线标识表示FDM-A方式，实线标识表示FDM-B方式，*R*表示预设的码率。可以看出，在低码率时，FDM-A方式和FDM-B方式基本没有差别；在高码率时，FDM-A方式的表现稍好于FDM-B方式（注：在3GPP会议讨论时，FDM-A方式被称为Scheme 2a，FDM-B方式被称为Scheme 2b）。

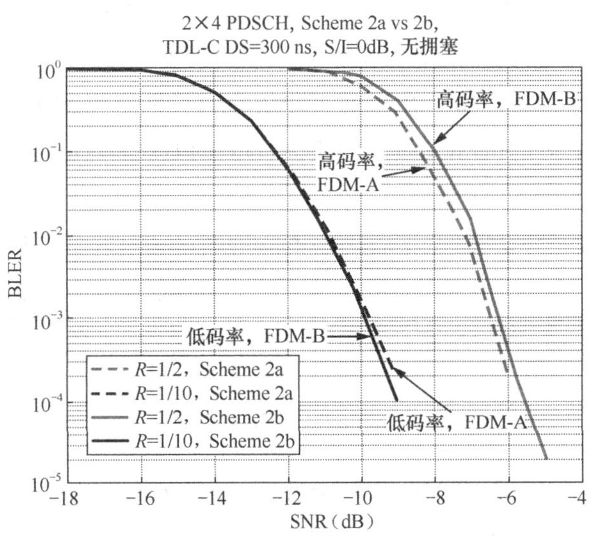

图5-10 不同码率下，FDM-A和FDM-B方式的对比实验结果

5.2.4 TDM-A方式

FDM-A和FDM-B方式都是在频域资源上进行分集发送。与之不同的是，TDM-A的方式是通过两个TRP在不同的时域资源上重复发送PDSCH。具体地，是指由一个DCI调度，两个TRP用两个发送波束独立地发送两个重复的PDSCH传输块，两个PDSCH传输块占用的频域资源完全相同，但是分别映射在一个时隙内的两部分时域资源上进行发送，所以该方式也被称为时隙内的重复传输。相比于FDM方式，该方式的优势在于，不具备多个天线面板（Panel）的UE也可在该方式下用不同的接收波束接收到重复的PDSCH，对UE能力的要求较低，但是时延较长。但是，相比后面TDM-B，该方式时延较短，在一个时隙内就能完成波束分集，能够较好地适应信道质量变化快速的场景。

Rel-16协议中规定，如果一个DCI中给UE配置了两个TCI状态，并且PDSCH的DM-RS的端口都来自一个CDM组，同时，高层参数RepetitionSchemeConfig中repetitionScheme-r16配置为tdmSchemeA，此时UE认为PDSCH的发送将会采用TDM-A方式。

TDM-A方式如图5-11所示。PDSCH0是第一个PDSCH传输块，PDSCH1是第二个PDSCH传输块，PDSCH0和PDSCH1传输完全相同的传输块，其对应的MCS和TBS也相同。DCI在时域资源分配（Time Domain Resource Allocation，TDRA）域指示PDSCH0的*K*0、起始OFDM符号和持续长度（Start and Length Indicator Value，SLIV）以及PDSCH的映射类型。其中，*K*0是PDSCH与DCI之间间隔的时隙数目，SLIV规定了一个PDSCH传输块的起始符号和持续符号个数。并规定PDSCH1的*K*0与持续符号个数和PDSCH0的相同，PDSCH映射类型都为Type B。为了增加灵活性，RRC信令startingSymbolOffsetK可以通知PDSCH1和PDSCH0之间的时间间距*k*，即两个PDSCH之间相差*k*个OFDM符号，*k*的取值可以为{0，1，2，3，4，5，6，7}。如果该参数没有被配置，那么UE认为PDSCH1和PDSCH0之间的时间间距为0。PDSCH0和PDSCH1分别对应DCI指示的两个TCI状态，这意味着UE需要在对应的PDSCH接收时机上，用该PDSCH对应的TCI状态来接收数据。

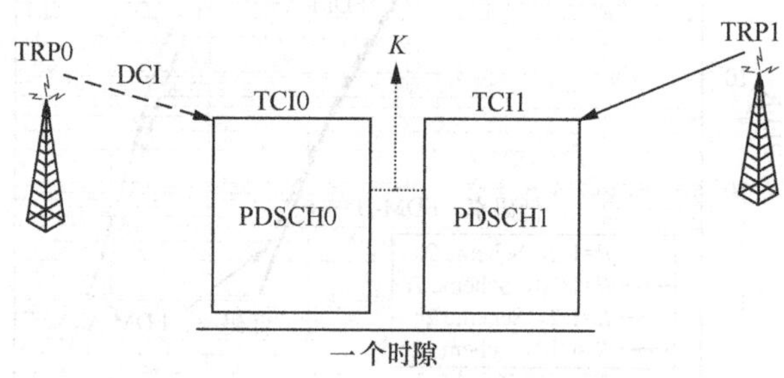

图5-11 基于单TCI的TDM-A方式

TDM-A的RV值为2，每个RV值对应于一次PDSCH传输，接收端可以将具有不同RV值的两个PDSCH传输块进行软合并，得到合并增益。和FDM-B的RV确定方式相同，

两个PDSCH传输块的RV按照表5-1确定。

5.2.5 TDM-B方式

TDM-B的方式是通过两个TRP，在不同的时域资源上重复发送PDSCH。具体地，是指由一个DCI调度，两个TRP用两个发送波束独立地发送多个重复的PDSCH传输块，它们占用的频域资源完全相同。与TDM-A方式不同之处在于，这些PDSCH传输块分别映射在连续的多个时隙上进行发送，每个PDSCH传输块占据一个时隙，所以该方式也称为时隙间的重复传输。对于一些具有挑战性的信道条件，例如移动障碍或信道阻塞，该方式能提供必要的空间时域多样性。对于这些场景，UE很难准确地获知最佳服务TRP和相关调度,因此在多个时隙上重复发送数据信息是大大提升URLLC服务鲁棒性的有效手段[8]。

Rel-15协议中已经定义了一种PDSCH时隙间重复传输的方式，即RRC参数pdsch-AggregationFactor配置PDSCH重复传输的次数，取值可以为{2，4，8}，无法动态调整重复次数。与之不同的是，Rel-16中规定在TDM-B方式下，PDSCH的重复次数可以通过DCI的指示进行动态变化，具有更高的灵活性。具体地，RRC中的PDSCH-TimeDomainResourceAllocationList参数配置了PDSCH的时域资源分配表格，表格中的每一行包括：时隙偏移值（$K0$）、SLIV、PDSCH映射类型和PDSCH的重复次数，重复次数的取值可以为{2，3，4，5，6，7，8，16}。在DCI中的TDRA域中只指示该表格的索引值，如果该域的值为m，那么UE可以从RRC配置的时域资源分配表格的第m+1行内获取PDSCH的时域位置信息。不支持同时为UE配置高层参数pdsch-AggregationFactor和TDRA域中的重复次数，如果同时配置了，UE将会优先考虑DCI中的重复次数指示，而忽略RRC参数的指示。

Rel-16协议中规定，如果一个DCI中给UE指示了两个TCI状态，并且PDSCH的DM-RS的端口都来自一个CDM组，同时，DCI中TDRA域指示的时域资源分配信息中包含PDSCH的重复次数，那么此时UE认为PDSCH的发送将会采用TDM-B方式。如果PDSCH的重复次数等于2，则两次PDSCH重复传输分别与指示的两个TCI状态相对应，通过两个TRP发送；如果PDSCH的重复次数大于2，那么DCI给UE指示的两个TCI状态和PDSCH重复传输之间的对应关系有以下两种映射模式。

（1）循环映射模式（CycMapping）如图5-12所示，TCI变化的粒度是一个PDSCH传输机会，即TCI0和TCI1交替变化使用。这种模式的优点是，UE能很快地获得波束分集增益，即在前两个PDSCH重复就获得了两个波束方向上的接收数据。在高频下，即使某个波束方向被阻挡了，UE仍然很有可能快速正确地接收PDSCH。如果UE能快速判断出前几个PDSCH传输块被正确解调，那么UE可以不再接收剩余的PDSCH传输块，以降低功耗。

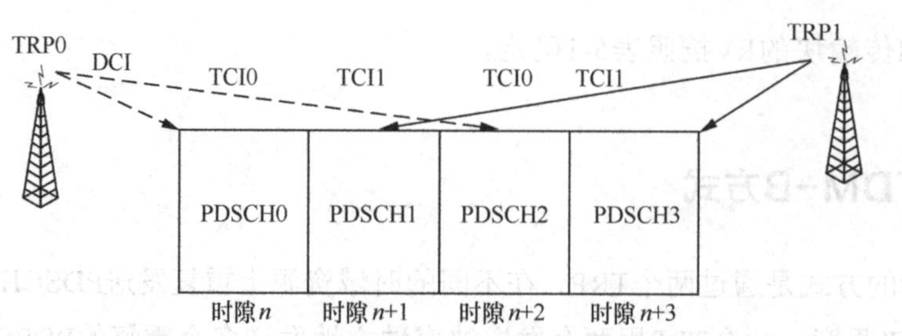

图5-12　基于TDM-B的单DCI方式，循环映射模式

（2）顺序映射模式（SeqMapping）如图5-13所示，TCI变化的粒度是两个PDSCH传输机会，即每两个连续的PDSCH重复使用相同的TCI状态，然后交替变化。这种模式的优点是可以减少UE波束切换的次数。

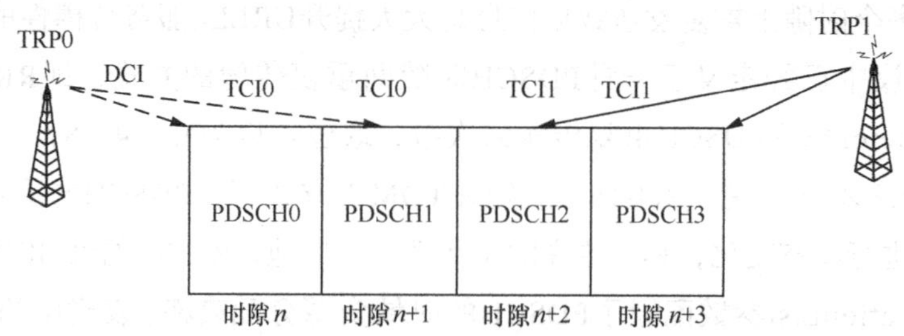

图5-13　基于TDM-B的单DCI方式，顺序映射模式

高层参数tciMapping用来配置当前采用的是循环映射模式还是顺序映射模式。

和FDM-B、TDM-A方式相似，当PDSCH传输块重复传输多次时，每次传输应当对应不同的RV，以在UE端获得最好的合并增益。在TDM-B方式中，对所有关联于第1个TCI状态的所有PDSCH传输，这些PDSCH的RV版本根据表5-1选取；对于关联于第2个TCI状态的所有PDSCH传输，这些PDSCH的RV版本根据表5-2选取。*n*为传输次数索引，在表5-1～表5-2中，*n* 仅仅针对关联于各自TCI的PDSCH传输计数。在表5-2中，RV为第2个RV值相对于第1个RV值的偏移值，该值由高层参数sequenceOffsetforRV配置，取值范围为{0，1，2，3}。

表5-2　RV配置为偏移值时，第2个TCI对应的PDSCH传输的RV值

DCI中指示的RV值	关联于第2个TCI状态的第*n*次PDSCH传输的RV值			
	n mod 4 = 0	*n* mod 4 = 1	*n* mod 4 = 2	*n* mod 4 = 3
0	（0+rv_s）mod 4	（2+rv_s）mod 4	（3+rv_s）mod 4	（1+rv_s）mod 4
2	（2+rv_s）mod 4	（3+rv_s）mod 4	（1+rv_s）mod 4	（0+rv_s）mod 4
3	（3+rv_s）mod 4	（1+rv_s）mod 4	（0+rv_s）mod 4	（2+rv_s）mod 4
1	（1+rv_s）mod 4	（0+rv_s）mod 4	（2+rv_s）mod 4	（3+rv_s）mod 4

当PDSCH重复传输次数为8、TCI的映射模式为循环映射模式、DCI中RV域指示

RV = 0、sequenceOffsetforRV配置的rv_s=1为例，说明TDM-B方式下的RV选取过程。如图5-14所示，PDSCH1 ~ PDSCH8分别位于8个连续的时隙上，其中，PDSCH1、PDSCH3、PDSCH5、PDSCH7关联于第一个TCI状态，PDSCH2、PDSCH4、PDSCH6、PDSCH8关联于第二个TCI状态。PDSCH1、PDSCH3、PDSCH5、PDSCH7的RV值按照表5-1选取，因为DCI中RV的取值RV_{id} = 0，取表5-1的第一行，则RV值分别为0，2，3，1；PDSCH2、PDSCH4、PDSCH6、PDSCH8的RV值取表5-2的第一行，因为rv_s = 1，则其RV值分别为(0+1)mod 4 = 1，(2+1)mod 4 = 3，(3+1)mod 4 = 0，(1+1)mod 4 = 2。

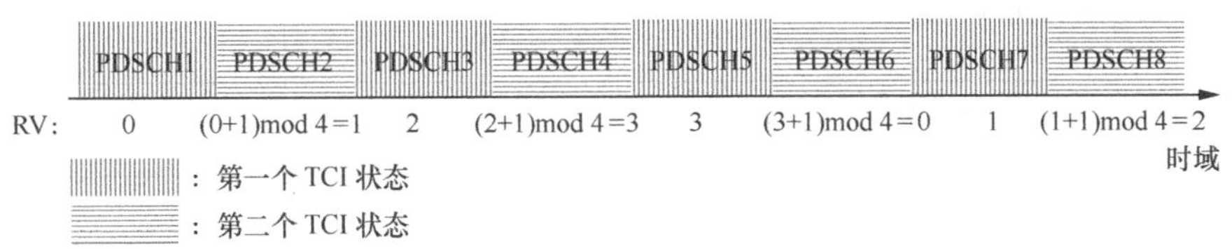

图5-14　TDM-B方式下，8次PDSCH重复传输的RV取值示意图

图5-15提供了一个TDM-A和TDM-B对比的仿真结果[7]。从左到右6条曲线分别是：正方形实线标识的低码率的TDM-B方式、正方形虚线标识的低码率的TDM-A方式、三角形实线标识的中码率的TDM-B方式、无形状实线标识的高码率的TDM-B方式、三角形虚线标识的中码率的TDM-A方式、无形状虚线标识的高码率的TDM-A方式。该实验结果证明了：码率越低，传输效果越好；在相同码率下，TDM-B方式比TDM-A方式表现更佳（注：3GPP会议讨论时，TDM-A方式被称为Scheme 3，TDM-B方式被称为Scheme 4）。

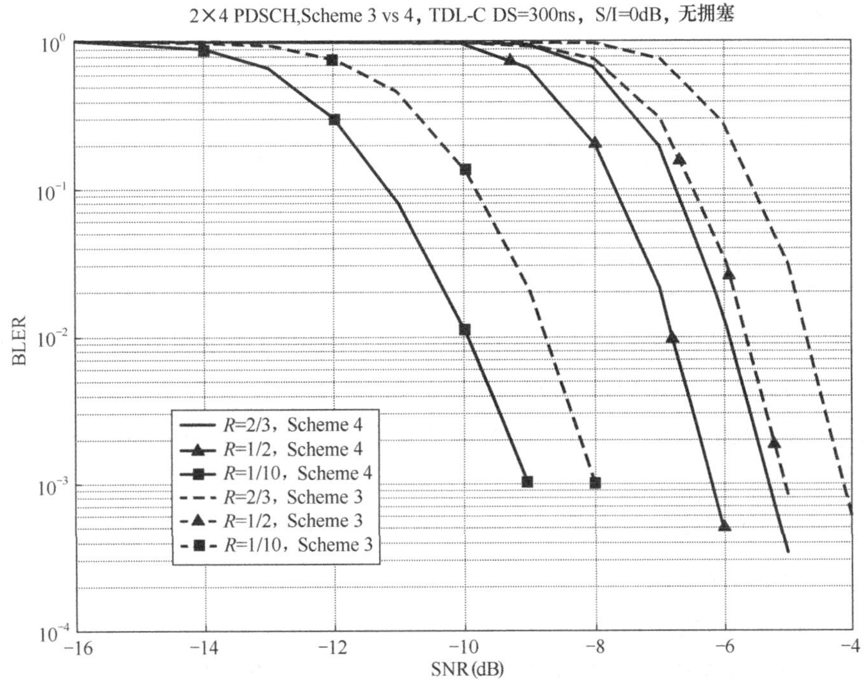

图5-15　不同码率下，TDM-A和TDM-B方式的对比实验结果

5.2.6 各种方式的对比与切换

基于单DCI的M-TRP的各个方式的对比见表5-3。

表5-3 基于单DCI的M-TRP的各个方式对比

	时频域资源	传输块个数	冗余版本	CDM组个数	TCI状态个数	PDSCH最大层数
SDM	时频域资源相同	1/2	1/2	2	2	8
FDM-A	时域资源相同，频域资源不同	1	1	1	2	2
FDM-B	时域资源相同，频域资源不同	1	2	1	2	2
TDM-A	时域资源不同，频域资源相同	1	2	1	2	2
TDM-B	时域资源不同，频域资源相同	1	n	1	2	2

经过激烈的3GPP会场讨论，绝大多数公司认为FDM-A方式、FDM-B方式、TDM-A方式、TDM-B方式之间没有必要进行动态切换，所以基站只能在RRC配置层面激活这4种传输方式中的1个。

协议支持以下3种传输方式间的动态切换。

- 单TRP方式。
- SDM方式。
- FDM-A方式、FDM-B方式、TDM-A方式、TDM-B方式中的1个。

UE判断具体是哪种传输方式，要根据DCI中指示的TCI状态的个数、DM-RS的CDM组个数、DCI中TDRA域是否指示了重复次数以及RRC信令来综合判断，流程如图5-16所示。

（1）如果在DCI中，1个TCI码点指示了1个TCI状态。

① DCI中TDRA域没有配置PDSCH的重复次数，UE假设此时是单TRP传输。

② DCI中天线端口域指示了1个CDM组，并且DCI中TDRA域配置了PDSCH的重复次数，则UE假设此时采用TDM-B方式传输，所有PDSCH传输使用相同的TCI状态。

（2）如果在DCI中，1个TCI码点指示了两个TCI状态，那么此时全部采用M-TRP方案。

① 如果DCI中天线端口域指示了1个CDM组，根据RRC高层参数配置的不同，UE可以确定采用FDM-A方式、FDM-B方式、TDM-A方式中的一种。

② 如果DCI中配置了PDSCH的重复次数，那么UE可以确定采用TDM-B方式。需要注意的是，FDM-A方式、FDM-B方式、TDM-A方式和TDM-B方式不可同时配置，只能选其一。

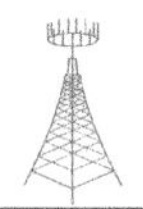

③ 如果DCI中指示的天线端口域指示了两个CDM组，UE假设此时PDSCH传输采用SDM方式。

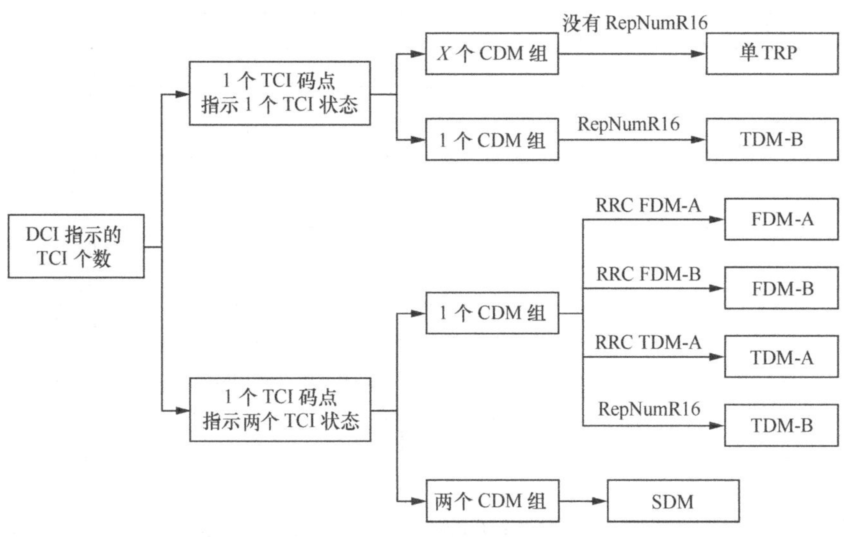

图5-16　基于单DCI的多TRP传输方式切换流程

5.2.7　DM-RS端口指示

在调度PDSCH的DCI中，如果TCI域的1个码点（Codepoint）指示了1个TCI状态，则UE在确定PDSCH的DM-RS天线端口时，重用Rel-15的DM-RS端口表；如果TCI域的1个码点指示了两个TCI状态，在NC-JT传输的情况下，通过不同TRP传输的DM-RS端口应当属于不同的CDM组，以降低DMRS之间的干扰。对于两个TRP来说，两个CDM组分别对应的传输层数（DM-RS端口数）存在以下组合[9]：1+1、1+2、2+1、2+2、2+3、3+2、3+3、3+4、4+3、4+4。由于各个公司提供的仿真结果证明“1+2”的层数组合优于其他方案[10]，最终，3GPP同意至少支持“1+2”的层数组合，并且针对Rel-15的一组DM-RS天线端口表，增加了一组新的DM-RS端口表，在Rel-16的标准协议中以表名附加一个“A”来标识。新表与旧表的区别是，新表在DM-RS端口表中新增加了一行，指示两个CDM组，DM-RS端口号为1000、1002、1003。如果UE收到的MAC-CE信令中，指示PDSCH的TCI状态的表格中，至少有一行指示了两个TCI状态，那么UE采用新表来确定DM-RS端口；否则UE仍然使用Rel-15的表格来确定DM-RS端口。这里以DM-RS-Type为1、maxLength为1的DM-RS端口表为例。表5-4为Rel-15的旧表，表5-5为M-TRP下的新表。

表5-4 天线端口旧表（1000 + DM-RS端口），DM-RS-Type=1，maxLength=1

索引值	CDM组个数	DM-RS端口
0	1	0
1	1	1
2	1	0，1
3	2	0
4	2	1
5	2	2
6	2	3
7	2	0，1
8	2	2，3
9	2	0～2
10	2	0～3
11	2	0，2
12～15	预留	预留

表5-5 天线端口新表（1000 + DM-RS端口），DM-RS-Type=1，maxLength=1

索引值	CDM组个数	DM-RS端口
0	1	0
1	1	1
2	1	0，1
3	2	0
4	2	1
5	2	2
6	2	3
7	2	0，1
8	2	2，3
9	2	0～2
10	2	0～3
11	2	0，2
12	2	0，2，3
13～15	预留	预留

5.2.8 波束指示与默认波束

在NR中，PDSCH的TCI指示流程分为3步，即3层指示架构：RRC信令→MAC-CE信令→DCI信令。具体流程如下。

（1）RRC高层参数tci-StatesToAddModList中配置一组TCI状态索引值，该组最多包含128个TCI状态。

（2）MAC-CE用于上述一组TCI状态索引值中，激活最多8个TCI码点，每个TCI码点可以包含1个或两个TCI状态索引值，这8个TCI码点可以应用在一个服务小区或一组小区上。

（3）DCI中TCI域大小为3bit，可以指示MAC-CE激活的8个TCI码点中的一个。

Rel-16协议中，针对单DCI的M-TRP，MAC-CE激活PDSCH的TCI状态的信令进一步进行了增强，其结构如图5-17所示。其中，Serving Cell ID指示该MAC-CE在哪个服务小区上应用，该域大小为5bit；BWP ID指示该MAC-CE信令在哪个下行BWP上应用，该域大小为2bit；Oct为8位字节（octet）；C_i表示该8位字节是否包括第2个TCI状态，取值为0和1；R为预留比特，其值为0。TCI State $ID_{i,j}$指示TCI状态的索引值，其中i是DCI中TCI域TCI码点的索引值，TCI State $ID_{i,j}$表示在第i个TCI码点上的第j个TCI状态。即TCI State $ID_{0,1}$和TCI State $ID_{0,2}$映射至DCI的TCI域中第1个TCI码点，TCI State $ID_{1,1}$和TCI State $ID_{1,2}$映射至DCI的TCI域中第2个TCI码点，以此类推。TCI State $ID_{i,2}$是可选的，一个MAC-CE的TCI码点中是否指示第2个TCI状态由C_i决定，也就是说，根据C_i取值为0或1，可以确定一个MAC-CE的TCI码点包含1个还是2个TCI状态。MAC-CE最多激活8个TCI码点，每个码点最多包含两个TCI状态，同时，这些TCI码点最多能指示8个TCI状态索引值。

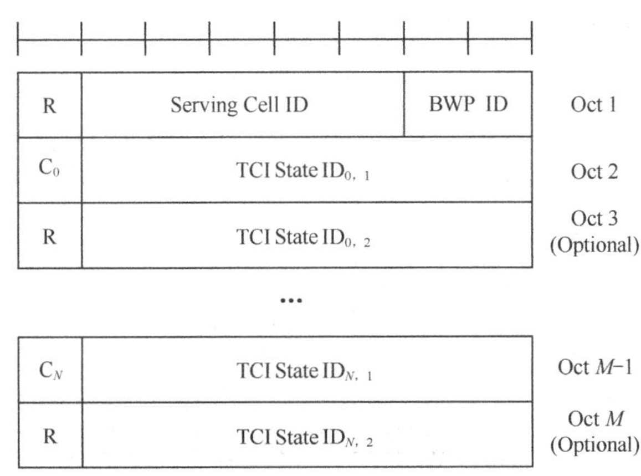

图5-17 MAC-CE的增强

当DCI调度了PDSCH传输，只有在DCI与被调度的PDSCH之间的时间间隔大于阈值时，UE才可以完成对DCI的解码，读取基站为其指示的包含QCL-typeD的TCI状态，并利用对应的接收波束接收PDSCH。上述阈值取决于UE的能力和下行的子载波间隔，通过高层参数timeDurationforQCL指示。然而，为了保证URLLC业务的低时延需求，PDSCH和调度其的DCI之间的时间间隔可能会小于阈值，UE无法完成全部的DCI

解码工作，或是已经完成DCI解码，但来不及切换指示的波束来接收PDSCH。此时需要定义默认波束，用来规定当DCI与其调度的PDSCH之间的时间间隔小于阈值时，UE如何接收PDSCH信息。还有一种情况是，RRC参数ControlResourceSet中没有配置tci-PresentInDCI，即DCI中没有TCI域，UE也需要通过定义默认波束来规定UE的行为。

由于Rel-15只有一个TRP，所以PDSCH的默认波束只有一个，即最近的包含下行控制信道的CORESET的调度时隙中，ID号最低的CORESET的波束。在Rel-16中，由于TRP数量增加为两个，所以默认波束的个数也需要相应地增加。基于单DCI的所有M-TRP方案的默认波束均为MAC-CE指示的，具有两个TCI状态的最低码点的两个TCI状态，在各种传输方式下，这两个默认的TCI状态与PDSCH传输之间的映射关系与DCI中指示的TCI状态与PDSCH传输的映射关系完全相同，上文已经对其进行了详述。换句话说，UE并没有应用DCI中指示的两个TCI状态，而是使用MAC-CE指示的默认TCI状态代替。

TDM-A方式和TDM-B方式存在的问题是，多次时域上的PDSCH重复传输与调度其的DCI之间的时间间隔并不相同。例如，有可能存在第一个PDSCH传输块的接收时机与调度其的DCI之间的时间间隔小于阈值，而第二个或之后的PDSCH传输块的接收时机与调度其的DCI之间的时间间隔大于阈值的情况。针对这个问题，许多公司也提出了一些不同的解决方案。例如，时间间隔小于阈值的PDSCH传输使用默认波束，时间间隔大于阈值的PDSCH传输使用DCI中指示的波束等。为了降低UE端的实现复杂度，3GPP最终同意了一种较为简单的方案，即在TDM-A方式和TDM-B方式下，如果时域上的第1个PDSCH传输与调度其的DCI之间的时间间隔小于阈值，那么包括第一个PDSCH传输在内的所有PDSCH传输都将采用MAC-CE指示的默认波束。图5-18所示为TDM-A方式下默认波束的示意图。

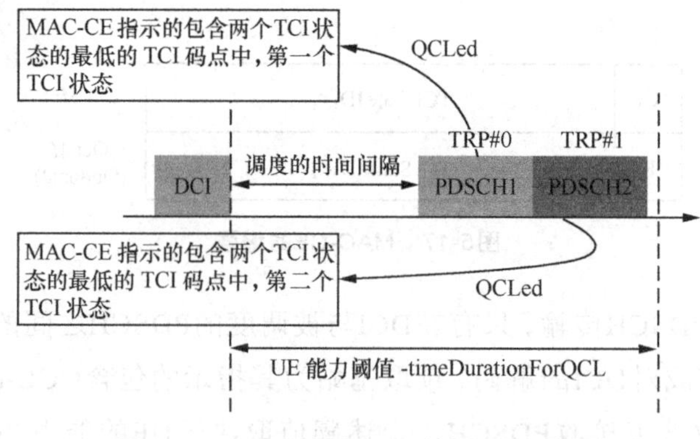

图5-18　TDM-A方式下默认波束的示意图

5.3 基于多DCI的M-TRP

Rel-16提出了两种传输方式，第一种传输方式是，利用单个PDCCH调度来自多个TRP的PDSCH，如5.2节所述；第二种传输方式是，利用多个TRP的PDCCH独立地调度相关联的PDSCH。两者的区别主要体现在以下方面。

- 回传时延：多个DCI设计可用于理想回传和非理想回传场景，但单DCI设计不能满足非理想回传的要求，因为单个PDCCH设计要求TRP之间能够动态完成信息交换。
- 下行控制链路开销：相比于单DCI，多DCI引入了更多的资源开销，尤其是PDCCH的开销。
- UE复杂性：PDCCH检测复杂度和需要检测的PDCCH数量有关系，因此，多DCI在PDCCH检测方面的复杂度要高于单DCI的传输方式。
- 调度的灵活性：单DCI设计要求通过TRP之间的回传进行严格的信息交换。因此，调度的灵活性会明显受限；多DCI设计能够支持更灵活的调度。例如，可以从两个TRP独立地调度数据。
- PUCCH传输：考虑到非理想回传，需要针对与多个PDSCH进行HARQ-ACK/NACK反馈。多DCI的设计能够更清楚地指示上行传输信息（例如，功率控制、QCL指示等）。
- PDSCH调度灵活性：两个TRP的PDSCH的参数比较独立，除了DM-RS在两个PDSCH有交集的时候需要满足正交的限制，其他参数都各自有其对应的PDCCH，基站的调度灵活性大大提高。

此外，支持多个PDCCH还可以带来其他好处。例如，提高PDSCH传输的鲁棒性、降低Rel-15 DM-RS序列的PAPR、避免高阶传输的CW层映射限制等。因此，基于多DCI传输的方式有利于实际部署[11]。下面从几个方面讲述多DCI方式的M-TRP标准的演进。

5.3.1 PDCCH

1. CORESET

Rel-15中规定，每个服务小区中每个BWP最多配置3个CORESET。如果继续保持与Rel-15的CORESET数量相同，那么在基于多DCI的M-TRP传输场景下将会导致每个TRP的CORESET减少。在基于多DCI的M-TRP传输场景下CORSET的功能如下。

第一个CORESET：CORESET 0的信息属于初始部分带宽配置信息的一部分。

CORESET 0的信息由主信息块（Master Information Block，MIB）提供给终端。通过CORESET 0，终端可以得到控制信息，知道如何接收剩余的系统消息。当连接建立之后，网络会通过RRC信令为终端配置多个CORESET，所以CORESET 0只需要由主TRP发送即可。

由于PDCCH的TCI是针对每个CORESET配置的，且一般不同TRP的TCI配置是不同的，所以每个TRP至少需要一个CORESET来调度单播PDSCH。因此可能需要为每个TRP至少配置一个CORESET。例如，URLLC可能需要大量保留的PRB资源来实现高可靠性和低时延迟，具体的资源数量取决于URLLC流量。然而，在非理想回传时，UE将由两个TRP分别独立调度，具有独立的频率资源分配。为了保证URLLC的服务质量需要牺牲频谱效率，其中一个可能的选择是调度eMBB和URLLC使用非重叠频率资源分配。例如，当URLLC流量相对较高时，可以通过网络半静态地实现。

除此之外，至少需要一个CORESET来传输组公共DCI（Group-Common DCI），其配置是针对一组UE进行优化，针对这些DCI信息，每个UE根据配置参数确定属于自己的指示信息的位置。有4种常见的组公共DCI：DCI格式2_0用于通知终端时隙格式指示（Slot Format Indicator，SFI）；DCI格式2_1用于指示不承载（被占用）UE数据传输的频域物理资源块和时域OFDM符号；DCI格式2_2用于承载PUCCH和PUSCH的传输功率控制命令，作为下行调度分配和上行调度授权中功率控制命令的补充；DCI格式2_3用于通知一个或多个终端上行SRS传输的功率控制命令，该信令使SRS的功率控制和PUSCH的功率控制解耦。在Rel-16的讨论中，有公司指出对于M-TRP中的主TRP需要发送DCI格式2_0、格式2_2和格式2_3。对于每个TRP服务的URLLC用户预占资源的信息，还需要从每个TRP发送DCI 2_1来指示[12]。

总之，对于基于M-DCI的M-TRP传输，每个服务小区内的每个BWP需要支持更多的CORESET。因此，在Rel-16中，为了实现基于多DCI的M-TRP，将每个BWP配置的CORESET的数量由最多3个增加到最多5个。

由于多DCI的M-TRP传输主要用于两个TRP之间回传不理想的场景，两个TRP的PDSCH调度、HARQ-ACK反馈等一般会独立进行。为了让UE区分来自两个不同TRP的调度，Rel-16引入了新的RRC参数CORESETPoolIndex，并将这一参数配置在每个CORESET下，根据CORESETPoolIndex的值将UE配置的CORESET分成了两个组，与CORESETPoolIndex = 0关联的PDCCH代表来自TRP 0，与CORESETPoolIndex = 1关联的PDCCH代表来自TRP 1。

对于一个PDSCH以及对应的HARQ-ACK反馈，UE可以根据调度PDCCH所关联的CORESET中配置的CORESETPoolIndex来判断该PDSCH以及HARQ-ACK是针对哪一个TRP的。

由于MAC-CE可用来激活PDSCH的TCI状态。Rel-16针对基于多DCI的M-TRP沿用

了Rel-15的MAC-CE结构，并且利用一个预留比特通知MAC-CE用于哪个TRP的PDSCH调度。如图5-19所示，CORESETPool ID用于指示对应的TRP信息。

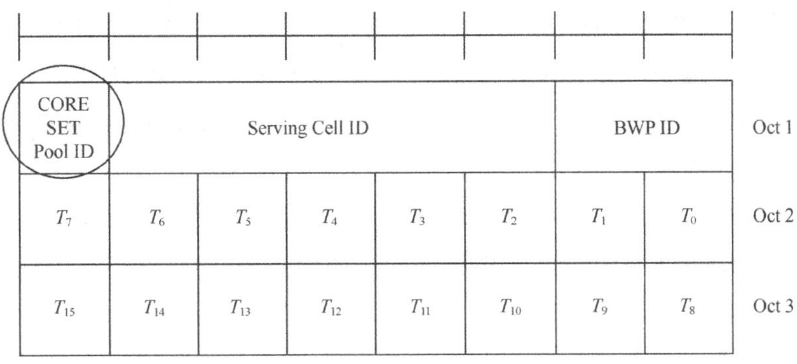

图5-19 MAC-CE的增强[38.321 section 6.1.3.14]

关于默认TCI的问题，在Rel-15中，如果UE接收DCI和相应PDSCH的时间间隔小于timeDurationForQCL，则UE认为当前PDSCH对应的TCI与在当前激活BWP中距离该PDSCH最近时隙中传输的CORESET-ID最小的CORESET保持一致。然而，在多DCI的M-TRP传输中，会导致一个默认波束不能适应于两个TRP的传输情况。因此，在Rel-16中，针对基于多DCI的M-TRP传输进行了如下增强：如果接收DCI和相应PDSCH的时间间隔小于timeDurationForQCL，当前PDSCH对应的TCI与在当前激活BWP中CORESETPoolIndex值配置相同的且距离该PDSCH最近时隙中CORESET-ID最小的CORESET保持一致。具体如图5-20所示。两个TRP的默认波束（TCI）是独立的。

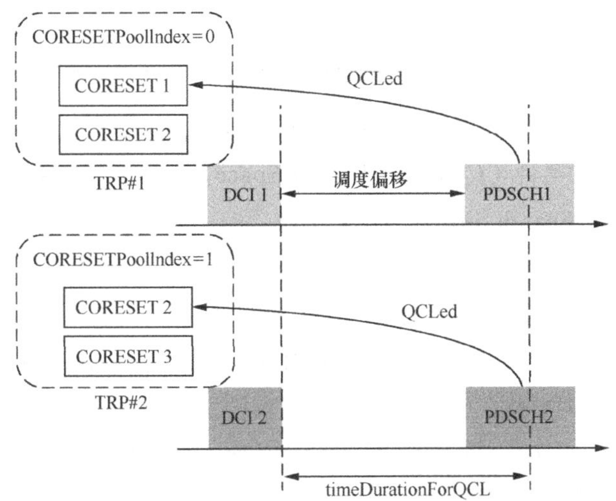

图5-20 基于多DCI传输的默认TCI选择

2. PDCCH监控和盲解码

NR系统设计具有灵活性，支持独立配置各个搜索空间的周期和偏置，导致某些时隙为UE配置的候选PDCCH超过UE的盲检能力。为此，这些时隙需要根据预定规则让终端只检测部分配置的候选PDCCH，缩小需要检测的候选PDCCH集合，舍弃部分配置的候选PDCCH不检测。Rel-15定义了UE盲检能力的上限，其中包括检测候选PDCCH数量和不重叠CCE数量。

检测候选PDCCH数量指每个时隙UE最多可以支持的解码次数；不重叠CCE数量指每个时隙所有CORESET中UE最多支持的CCE数量。表5-6提供了在子载波间隔配置为μ的每个服务小区的每个时隙上，UE可支持盲检的PDCCH候选的最大数量$M_{\text{PDCCH}}^{\max,\text{slot},\mu}$。表5-7提供了在子载波间隔配置为$\mu$的每个服务小区的每个时隙上，UE可支持盲检的不重叠CCE最大数量$C_{\text{PDCCH}}^{\max,\text{slot},\mu}$。

表5-6　PDCCH最大候选数量 $M_{\text{PDCCH}}^{\max,\text{slot},\mu}$

μ	子载波配置为μ的每个服务小区的每个时隙上，UE可支持盲检的PDCCH候选的最大数量 $M_{\text{PDCCH}}^{\max,\text{slot},\mu}$
0	44
1	36
2	22
3	20

表5-7　不重叠CCE最大数量 $C_{\text{PDCCH}}^{\max,\text{slot},\mu}$

μ	子载波间隔配置为μ的每个服务小区的每个时隙上，UE可支持盲检的不重叠CCE最大数量 $C_{\text{PDCCH}}^{\max,\text{slot},\mu}$
0	56
1	56
2	48
3	32

除此之外，针对检测的顺序，协议进行了如下设计。

- 公共搜索空间集合（Common Search Space，CSS）优先级高于UE专用搜索空间集合（UE-Specific Search Space，USS）。
- USS中ID编号小的优先级高于ID编号大的优先级。
- 按照上述优先级顺序判断是否要检测一个USS，当加入这个USS i后，使得累积的候选PDCCH数量超过最大值/累积的CCE数量超过最大值，对USS i中的PDCCH均不进行盲检，并且对USS j（$j>i$）也不进行盲检；其中候选PDCCH数量的最大值为$\min(M_{\text{PDCCH}}^{\max,\text{slot},\mu}, M_{\text{PDCCH}}^{\text{total},\mu})$，CCE的最大值为$\min(C_{\text{PDCCH}}^{\max,\text{slot},\mu}, C_{\text{PDCCH}}^{\text{total},\text{slot},\mu})$，其中$M_{\text{PDCCH}}^{\text{total},\mu}$和$C_{\text{PDCCH}}^{\text{total},\text{slot},\mu}$考虑了CA场景下的终端检测能力。

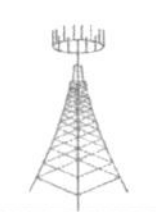

- 基站确保CSS盲检复杂度不超过UE能力，即不会对CSS进行舍弃。
- 候选PDCCH针对每个被调度Serving Cell单独计算，终端希望被调度Serving Cell为Secondary Cell时，配置到候选PDCCH不超过终端的能力值，只允许PScell配置到的候选PDCCH超过能力值，然后按照上述优先级进行舍弃。

针对基于多DCI的M-TRP传输，Rel-16对UE的盲检条件进行了增强。UE可以支持的服务小区数量用 $N_{\text{cells},0}^{\text{DL}} + r \cdot N_{\text{cells},1}^{\text{DL}}$ 代替Rel-15中的 $N_{\text{cells}}^{\text{DL}}$。其中，$N_{\text{cells},0}^{\text{DL}}$ 为不配置多DCI M-TRP传输的小区数量，$N_{\text{cells},1}^{\text{DL}}$ 为配置基于多DCI的M-TRP传输的小区数量。如果$r = 2$，就表示检测一个多DCI的M-TRP传输的分量载波（有时也称作小区）的复杂度与检测两个单TRP传输的CC的复杂度一样。

如果UE通过参数pdcch-BlindDetectionCA上报了支持的最大下行载波数量，那么 $N_{\text{cells}}^{\text{cap}} = \text{pdcch-BlindDetectionCA}$；如果UE没有上报pdcch-BlindDetectionCA，那么 $N_{\text{cells}}^{\text{cap}} = N_{\text{cells},0}^{\text{DL}} + r \cdot N_{\text{cells},1}^{\text{DL}}$。UE根据 $N_{\text{cells},0}^{\text{DL}} + r \cdot N_{\text{cells},1}^{\text{DL}}$ 和 $N_{\text{cells}}^{\text{cap}}$ 的关系来确定实际的最大盲检数量。

当 $\sum_{\mu=0}^{3}\left(N_{\text{cells},0}^{\text{DL},\mu} + r \cdot N_{\text{cells},1}^{\text{DL},\mu}\right) \leqslant N_{\text{cells}}^{\text{cap}}$ 时，在 $N_{\text{cells},0}^{\text{DL}}$ 服务小区上超过PDCCH最大候选数量 $M_{\text{PDCCH}}^{\text{total,slot},\mu} = M_{\text{PDCCH}}^{\text{max,slot},\mu}$，或者超过不重叠CCE最大数量 $C_{\text{PDCCH}}^{\text{total,slot},\mu} = C_{\text{PDCCH}}^{\text{max,slot},\mu}$ 时，UE不再进行盲检；在 $N_{\text{cells},1}^{\text{DL}}$ 服务小区上超过PDCCH最大候选数量 $M_{\text{PDCCH}}^{\text{total,slot},\mu} = r \cdot M_{\text{PDCCH}}^{\text{max,slot},\mu}$，或者超过不重叠CCE最大数量 $C_{\text{PDCCH}}^{\text{total,slot},\mu} = r \cdot C_{\text{PDCCH}}^{\text{max,slot},\mu}$ 时，UE不再进行盲检。

当 $\sum_{\mu=0}^{3}\left(N_{\text{cells},0}^{\text{DL},\mu} + r \cdot N_{\text{cells},1}^{\text{DL},\mu}\right) > N_{\text{cells}}^{\text{cap}}$ 时，在 $N_{\text{cells},0}^{\text{DL}}$ 服务小区上盲检PDCCH的数量超过PDCCH最大候选数量 $\min\left(M_{\text{PDCCH}}^{\text{total,slot},\mu}, M_{\text{PDCCH}}^{\text{max,slot},\mu}\right)$，或者超过不重叠CCE最大数量 $\min\left(C_{\text{PDCCH}}^{\text{total,slot},\mu}, C_{\text{PDCCH}}^{\text{max,slot},\mu}\right)$ 时，UE不再进行盲检；在 $N_{\text{cells},1}^{\text{DL}}$ 服务小区上超过PDCCH最大候选数量 $\min\left(r \cdot M_{\text{PDCCH}}^{\text{max,slot},\mu}, M_{\text{PDCCH}}^{\text{total,slot},\mu}\right)$，或者超过不重叠CCE最大数量 $\min\left(r \cdot C_{\text{PDCCH}}^{\text{max,slot},\mu}, C_{\text{PDCCH}}^{\text{total,slot},\mu}\right)$ 时，UE不再进行盲检。

其中，$M_{\text{PDCCH}}^{\text{total,slot},\mu} = \left\lfloor N_{\text{cells}}^{\text{cap}} \cdot M_{\text{PDCCH}}^{\text{max,slot},\mu} \cdot \left(N_{\text{cells},0}^{\text{DL},\mu} + \gamma \cdot N_{\text{cells},1}^{\text{DL},\mu}\right) \Big/ \sum_{j=0}^{3}\left(N_{\text{cells},0}^{\text{DL},j} + \gamma \cdot N_{\text{cells},1}^{\text{DL},j}\right) \right\rfloor$

$$C_{\text{PDCCH}}^{\text{total,slot},\mu} = \left\lfloor N_{\text{cells}}^{\text{cap}} \cdot C_{\text{PDCCH}}^{\text{max,slot},\mu} \cdot \left(N_{\text{cells},0}^{\text{DL},\mu} + \gamma \cdot N_{\text{cells},1}^{\text{DL},\mu}\right) \Big/ \sum_{j=0}^{3}\left(N_{\text{cells},0}^{\text{DL},j} + \gamma \cdot N_{\text{cells},1}^{\text{DL},j}\right) \right\rfloor$$

另外，在配置了多DCI的 $N_{\text{cells},1}^{\text{DL}}$ 个小区上，针对每个TRP还有如下限制：对每个TRP超过PDCCH最大候选数量 $\min\left(M_{\text{PDCCH}}^{\text{total,slot},\mu}, M_{\text{PDCCH}}^{\text{max,slot},\mu}\right)$，或者超过不重叠CCE最大数量 $\min\left(C_{\text{PDCCH}}^{\text{total,slot},\mu}, C_{\text{PDCCH}}^{\text{max,slot},\mu}\right)$ 时，UE不再进行盲检。Rel-15和Rel-16的盲检示意图如图5-21所示。

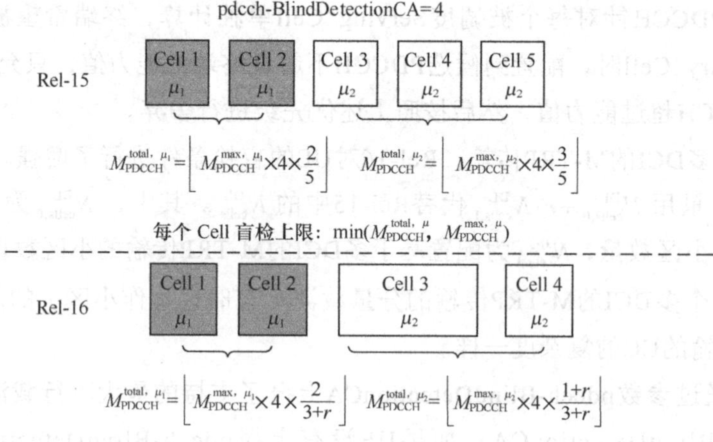

图5-21　基于多DCI传输的盲检限制

如图5-21所示，在UE上报pdcch-BlindDetectionCA = 4的情况下，分析了Rel-15和Rel-16的不同盲检规则[13]，在Rel-16中主要考虑了基于多DCI的M-TRP传输情况。例如，在Cell 3上配置了多DCI的传输，那么Cell 3的小区数量从1变为r。因此对于Cell 3的PDCCH最大候选数量为 $\min\left(r\cdot M_{\text{PDCCH}}^{\text{max,slot},\mu_2}, M_{\text{PDCCH}}^{\text{total,slot},\mu_2}\right)$，不重叠CCE最大数量为 $\min\left(r\cdot C_{\text{PDCCH}}^{\text{max,slot},\mu_2}, C_{\text{PDCCH}}^{\text{total,slot},\mu_2}\right)$，对于Cell 3中的每个TRP的PDCCH最大候选数量为 $\min\left(M_{\text{PDCCH}}^{\text{max,slot},\mu_2}, M_{\text{PDCCH}}^{\text{total,slot},\mu_2}\right)$，不重叠CCE最大数量为 $\min\left(C_{\text{PDCCH}}^{\text{max,slot},\mu_2}, C_{\text{PDCCH}}^{\text{total,slot},\mu_2}\right)$。

如果 $\min\left(r\cdot M_{\text{PDCCH}}^{\text{max,slot},\mu_2}, M_{\text{PDCCH}}^{\text{total,slot},\mu_2}\right) > \min\left(M_{\text{PDCCH}}^{\text{max,slot},\mu_2}, M_{\text{PDCCH}}^{\text{total,slot},\mu_2}\right)$ 或者 $\min\left(r\cdot C_{\text{PDCCH}}^{\text{max,slot},\mu_2}, C_{\text{PDCCH}}^{\text{total,slot},\mu_2}\right) > \min\left(C_{\text{PDCCH}}^{\text{max,slot},\mu_2}, C_{\text{PDCCH}}^{\text{total,slot},\mu_2}\right)$，先对TRP 0（主小区，关联CORESETPoolIndex = 0）对应的PDCCH进行盲检。按照USS索引从小到大的顺序，在超过主小区的PDCCH最大候选数量或者不重叠CCE最大数量时，再对TRP 1（关联CORESETPoolIndex =1）进行盲检，直到超过整个小区的盲检数量。

5.3.2 PDSCH

1. PDSCH重叠

在理想回传的情况下，两个TRP间相互通信可以确保传输数据所使用的资源完全重叠或完全不重叠。相反，如果回传不理想，就很难确保不发生部分资源重叠的情况[14]。因此，在Rel-16中，为了提高调度的灵活性和资源的利用率，同时在UE侧保持合理的性能和复杂度，规定基于多DCI的M-TRP可以在时域和频域使用全/部分/非重叠PDSCH

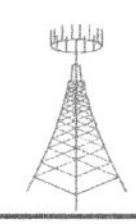

来调度UE，但是要满足以下限制。

- 如果UE被多个PDCCH调度在时域和频域具有完全/部分重叠的PDSCH，UE默认PDSCH使用的前置DM-RS符号的实际数量、额外DM-RS的实际数量、实际DM-RS符号位置和DM-RS配置类型采用相同的配置。这样可以让UE利用DM-RS检测重叠的PDSCH之间的干扰，且可以保证两个TRP的DM-RS正交。
- 如果UE被多个PDCCH调度在时域和频域具有完全/部分重叠的PDSCH，在同一个CDM组中的不同的DM-RS端口，UE不希望被关联多个TCI索引。也就是不同的TCI状态要关联不同的CDM组，所以两个TRP的DM-RS端口会映射在不同的CDM组。
- UE用于接收的PDSCH的完整调度信息仅由相应的PDCCH指示和携带，即两个TRP的调度是独立的。
- 如果UE需要在相同的符号同时接收多个PDSCH，那么TRP要使用相同的BWP带宽和相同子载波间隔（Subcarrier Space，SCS）进行调度。所以对于一个UE来说，每个服务小区同一时间可激活的BWP的数量仍然为1。

2. PDSCH加扰

PDSCH加扰是随机化干扰的一种有效技术，可以避免非期望信号的持续干扰。加扰是将编码比特和一个加扰序列进行比特级的乘法。没有加扰的话，至少从原理上讲，接收机无法有效地抑制干扰。对相邻小区的下行传输采用不同的扰码，或者对不同终端上行发送采用不同的扰码，干扰信号解扰后就会被随机化。这种随机化非常有助于充分利用信道编码的处理增益。

在Rel-15中，上行和下行的加扰序列都和终端标识（C-RNTI）有关。每个终端都会配置一个扰码标识，如果没有配置扰码标识，则默认采用物理层小区标识。这样就可以保证终端之间或者小区之间拥有不同的加扰序列。此外，如果对一次下行传输使用了两个传输块（用于支持高于4层的传输），那么这两个传输块会使用不同的加扰序列。对于基于多DCI的M-TRP传输，如果遵循Rel-15规范，对于UE，同一服务小区中不同TRP的PDSCH的加扰序列将相同，这可能导致PDSCH之间的持续干扰[15]。

因此，Rel-16中支持不同TRP的PDSCH使用不同的加扰序列。对于支持基于M-DCI的M-TRP传输的UE，高层参数dataScramblingIdentityPDSCH指示的值用于TRP 0（CORESETPoolIndex = 0）传输的PDSCH加扰；高层参数AdditionaldataScrambling Identity指示的值用于TRP 1（CORESETPoolIndex=1）传输的PDSCH加扰。

5.3.3 HARQ-ACK

HARQ协议是NR中最主要的重传方式。NR标准的HARQ机制基本和LTE类似，使用停等协议（Stop-and-Wait Protocol）来发送数据。在停等协议中，发送端每发送一个传输块后，就停下来等待确认信息，这样将导致系统的吞吐量很小。因此，采用多个停等进程并行处理，一个进程在等待确认信息时，发送端可以利用另一个进程进行数据发送。这些HARQ进程共同组成一个HARQ实体，兼具停等协议的简单性，同时也允许数据的并行连续传输。

NR每个上下行载波均支持最大16个HARQ进程，基站可以根据网络的部署情况，通过高层参数nrofHARQ-ProcessesForPDSCH半静态配置UE支持最大进程数。如果网络没有提供对应的配置参数，则下行默认的HARQ进程数为8。

NR上行和下行均采用异步HARQ，HARQ信息既可以在PUCCH上承载，也可以在PUSCH上承载。NR Rel-15只支持在一个时隙仅有一个承载HARQ-ACK信息的PUCCH，Rel-16在基于多DCI的M-TRP情况下，当UE被指示进行独立的HARQ-ACK反馈时，一个时隙可以有两个承载HARQ-ACK信息的PUCCH，如5.3.3节第2部分所述。

1. HARQ-ACK码本

NR支持将多个传输块的确认复用为一个多比特的确认消息。多个比特可以采用半静态或动态码本进行复用，通过RRC配置选择二者之一。

其中，定时参数$K1$是确定HARQ-ACK码本的重要参数之一。HARQ反馈定时参数$K1$指PDSCH和其相应的HARQ-ACK信息反馈的PUCCH或PUSCH之间的时隙偏移值，如果配置了高层参数pdsch-AggregationFactor $= N_{\text{PDSCH}}^{\text{repeat}}$（Rel-15支持的PDSCH重复的次数），那么UE将在slot $n - N_{\text{PDSCH}}^{\text{repeat}} + 1$ ～slot n接收到PDSCH，并且只在slot $n+K1$反馈该PDSCH的HARQ-ACK信息，在其他slot中默认对该PDSCH的反馈为NACK。$K1$参数的指示方式是基站先通过预定义的或RRC参数dl-DataToUL-ACK配置$K1$可能的取值集合，然后通过PDSCH相应地调度DCI信息中的PDSCH带HARQ反馈域动态指示上述$K1$可能取值集合中的一个值。

（1）半静态码本

半静态码本指HARQ-ACK码本大小不随实际的数据调度情况动态改变的一种HARQ-ACK码本生成方式。半静态码本的大小可以看作由时域维度和分量载波维度组成的二维矩阵，两个维度都是RRC半静态配置的。时域维度的大小取决于配置的HARQ确认定时集合，以及配置的候选PDSCH占有的时域符号位置。载波维度的大小取决于分量载波个数。以图5-22为例说明静态码本产生过程。图5-22中的确认定时集合为{1，2，3，4}，3个载波上分别配置了1个TB、两个TB和4个CBG，对应的半静态码本的大小为28bit（4×7=28）。

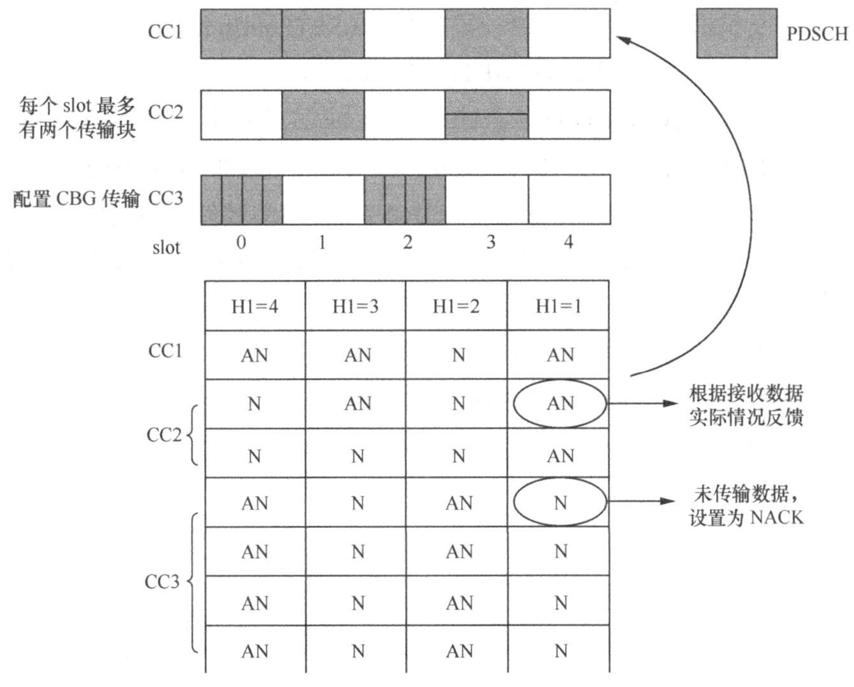

图5-22 半静态码本产生示意图

半静态码本存在的问题是，可能会导致上报的HARQ信息过大，当配置了较大数目的载波和CBG，但是实际只有少数的载波和CBG发生传输时，就会出现码本过大的问题，造成资源浪费。为了解决上述场景下的半静态码本过大的问题，NR还支持动态码本。

（2）动态码本

动态码本指HARQ-ACK码本大小会随着实际的数据调度情况动态改变的码本生成方式，动态码本基于DCI中的下行分配索引（Downlink Assignment Index，DAI）域生成，DAI域中包含累计DAI信息（Counter DAI，C-DAI）和总DAI信息（Total DAI，T-DAI）。C-DAI和T-DAI都是十进制的，但实际上分别用2bit回环表示。Rel-16协议中规定，在基于多DCI的M-TRP传输、UE被配置为动态联合HARQ反馈时，即使单服务小区场景，DAI比特数也为4bit。

C-DAI表示DCI 1_0或DCI 1_1调度的PDSCH接收或由DCI 1_0指示的SPS释放的累计个数。累计个数的统计顺序：先按照服务小区索引升序，再按照PDCCH检测时机索引升序。

T-DAI表示DCI 1_0或1_1调度的PDSCH接收或由DCI 1_0指示的SPS释放的总数。相同PDCCH检测时机上的所有服务小区的T-DAI值一样，T-DAI随着PDCCH检测时机索引更新。在Rel-16中，基于多DCI的M-TRP传输候选PDCCH中的DAI的处理排序问题协议规定：首先按照服务小区升序排列，然后根据搜索空间的起始时间升序排列，对于相同服务小区和相同检测时机中，根据CORESETPoolIndex值升序排列，也就是CORESETPoolIndex = 0优先于CORESETPoolIndex = 1。

基于DCI中的C-DAI和T-DAI值，UE可以生成动态码本。动态码本中包括X个PDSCH的HARQ-ACK信息，X由DACI确定。某个DCI调度的PDSCH的HARQ-ACK信息编排在动态码本的第Y个位置，Y等于该DCI中C-DAI的数值。通过对所有检测到的DCI调度数据的HARQ-ACK信息进行编排后，在动态码本的剩余没有填充HARQ-ACK信息的位置填充NACK。

在SPS PDSCH传输的情况下，考虑到没有DAI存在，无法将其放在合适的位置上，因此会在码本的尾部添加1bit，作为SPS PDSCH的HARQ-ACK反馈信息。动态码本生成示意图如图5-23所示。

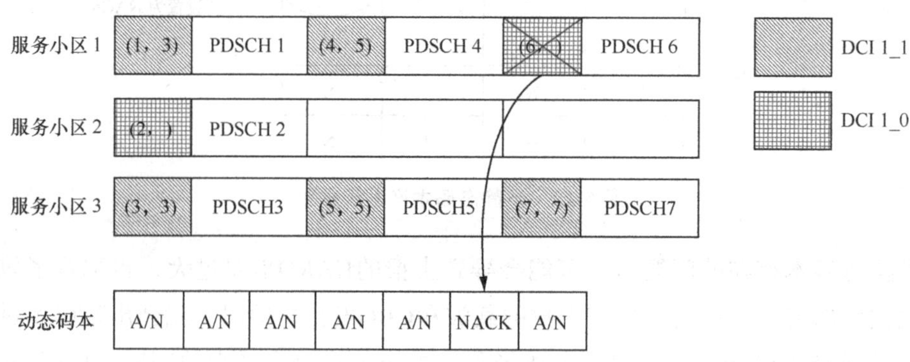

图5-23 动态码本生成示意图

基于以上动态码本的生成方式，可以保证在某些DCI丢失的情况下，基站还能和UE动态码本大小及各PDSCH的HARQ-ACK所在的比特索引保持同步，从而使基站能够提取出各PDSCH的HARQ-ACK信息。

基于多DCI的M-TRP传输，TRP之间可能是理想回传也可能是非理想回传。针对非理想回传场景，支持两个TRP独立HARQ-ACK反馈。针对理想回传场景，支持TRP独立HARQ-ACK反馈和联合HARQ-ACK反馈。

对于两种HARQ-ACK反馈模式，Rel-16规定通过RRC信令配置给UE独立HARQ-ACK反馈还是联合HARQ-ACK反馈。

图5-24是对基于多DCI的M-TRP传输，HARQ-ACK反馈分类的说明。

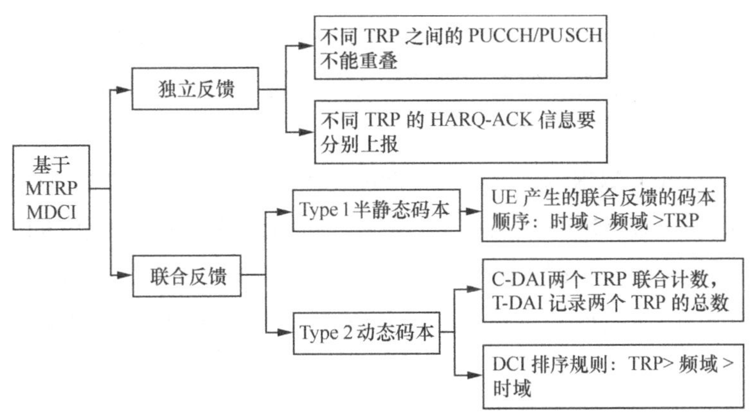

图5-24 MDCI的HARQ-ACK反馈

2. 独立HARQ-ACK反馈

独立HARQ-ACK反馈同时适用于理想回传和非理想回传情况。在高层参数ACKNACKFeedbackMode配置反馈类型为独立反馈时，UE为每一个TRP分别独立确定HARQ-ACK反馈信息的有效载荷。换句话说，UE不会将不同TRP发送的PDSCH的HARQ-ACK信息比特进行复用。独立HARQ-ACK反馈的设计可能更适合多个TRP之间非理想回传的情况[16]。例如，考虑在多个PDCCH传输的情况下，每个PDCCH来自不同的TRP并且调度各自的PDSCH。如果多个TRP之间的回传时延较大，那么多个TRP之间可能只有半静态的协调调度。在这种情况下，多个TRP之间不能快速地动态协调DAI信息，TRP将无法正确解释HARQ-ACK的有效载荷，因此联合HARQ-ACK反馈方案不能正常工作。

在Rel-15中，当一个终端需要发送UCI时，首先根据UCI的有效载荷（包括HARQ-ACK或HARQ-ACK+CSI的UCI位数）选择PUCCH资源集（PUCCH Resource Set），每一组资源配置包含了对应使用的PUCCH格式，以及该格式对应的所有参数。然后通过DCI中的PUCCH资源指示（PUCCH Resource Indicator）决定使用RRC配置的PUCCH资源集中的哪个PUCCH资源配置。

对于基于多DCI的独立HARQ-ACK反馈，用于传输不同TRP的HARQ-ACK反馈信息的PUCCH资源可能会由于TRP之间的非理想回传而资源重叠。这是由于RRC配置的PUCCH资源集在两个TRP之间共享，那么不同TRP的PUCCH资源指示器就可能会索引到相同或不同的资源，当索引到相同资源时，多个PUCCH就会发生重叠。

考虑到HARQ-ACK反馈的重要性，如果在时域上重叠传输用于HARQ-ACK反馈的PUCCH资源，则无法丢弃任何一个HARQ-ACK反馈。此外，如果考虑PUCCH资源之间的频域重叠，PUCCH资源之间的功率分配问题可能会降低PUCCH的覆盖范围，同时会产生复杂的上行功率控制设计问题。因此，Rel-16中规定，基于多DCI的M-TRP传输，在为UE配置了独立HARQ-ACK反馈时，两个TRP指示的PUCCH/PUSCH资源不能相互重叠，必须时分复用。但是两个TRP指示的PUCCH/PUSCH资源可以在一个时隙内，也可以在不同时隙。独立反馈的优点是，两个TRP之间的交互可以较少，且互不影响。

对于动态HARQ-ACK码本，由于PDSCH是两个TRP分别独立调度的，因此两个TRP的计数DAI和总DAI也都是独立计算的。如图5-25所示，两个TRP的ACK/NACK反馈也是独立的，UE对TRP0的反馈信息只包括实线框对应的传输数据，而对TRP1的反馈信息只包括虚线框的传输数据，同时基站要保证两个TRP对应的PUCCH资源不会发生重叠。

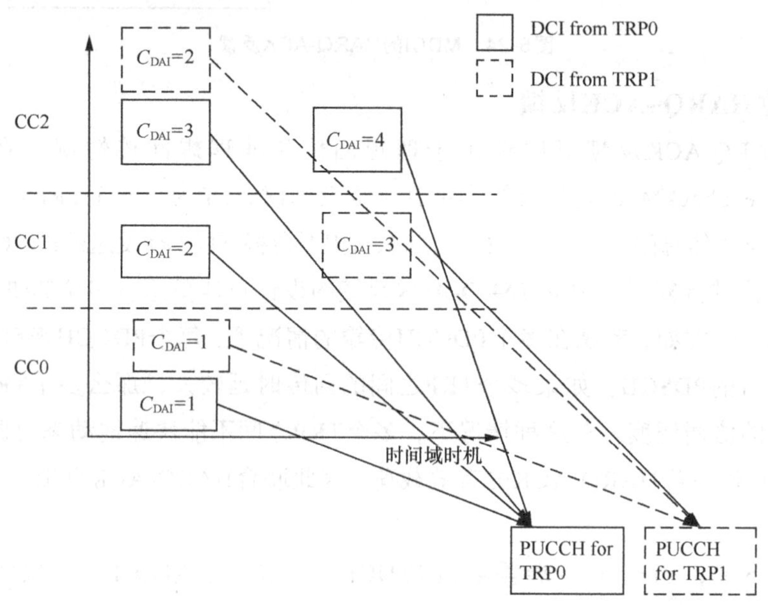

图5-25　独立DAI计算和ACK/NACK反馈

半静态HARQ-ACK码本也是同样的原理，UE分别对两个TRP产生相应的半静态码本，并进行独立反馈。

NR上行控制信道支持5种格式，但是每种格式的结构都有变化。其中，PUCCH格式0和格式2在时域上仅支持1～2个OFDM符号，可称为短PUCCH。PUCCH格式1、格式3和格式4在时域的持续时间能够支持4～14个OFDM符号，也称为长PUCCH。为了缩短HARQ-ACK的反馈时延，利用短PUCCH格式，可以实现UCI在较少的OFDM符号上传输，从而更好、更灵活地支持低时延业务。其他3种长格式的PUCCH的持续时间大于短PUCCH，更多用于保证UE发送PUCCH的覆盖。Rel-15中规定，在一个时隙内最多可以有两个PUCCH以TDM方式传输，且只能有一个PUCCH携带HARQ-ACK码本，因此通常在一个时隙内不支持两个长PUCCH传输，从而提高HARQ-ACK的可靠性。因此，Rel-15规定只允许在一个时隙内使用一个长PUCCH和一个短PUCCH或者两个短

PUCCH。

在Rel-16中，对于基于多DCI的M-TRP传输，当UE配置了独立HARQ-ACK反馈时，允许两个携带HARQ-ACK的PUCCH在一个时隙内以TDM方式传输。如果遵循Rel-15的限制，独立HARQ-ACK反馈时，用于传输HARQ-ACK的PUCCH资源最多只能占用两个符号，这便大大限制了UCI传输大小。此外，由于M-TRP传输很有可能应用于位于小区边缘或靠近小区边缘的用户，需要通过长格式PUCCH的传输来扩大覆盖范围。因此，Rel-16规定，在基于多DCI的M-TRP传输，并且为UE配置了独立HARQ-ACK反馈时，在一个时隙中支持两个长格式PUCCH的传输。

3. 联合HARQ-ACK反馈

联合HARQ-ACK反馈比较适用于理想回传的情况，需要两个TRP能实时交互。在高层参数ACKNACKFeedbackMode配置反馈类型为JointFeedback时，UE将来自不同TRP的PDSCH对应的HARQ-ACK信息进行复用。在动态HARQ-ACK反馈中，UE根据PDCCH中的$K1$值和DAI来确定HARQ-ACK有效载荷，与单TRP方案类似。从描述中可以清楚地看出，联合HARQ-ACK反馈的设计更适用于多个TRP连接理想回传的情况。具体而言，多个TRP可能需要在调度UE进行HARQ-ACK反馈之前通过信息交互传达$K1$、PRI和DAI信息，并且还可能需要传递接收到的HARQ-ACK信息，以确保所有TRP都能够接收到HARQ-ACK反馈信息。这种方案的优点是可以节省PUCCH资源的开销。

（1）半静态码本

对于半静态HARQ-ACK码本，在Rel-15中，通过以下两个步骤生成半静态HARQ-ACK码本。

步骤1：针对指定的HARQ-ACK反馈单元（时隙n）对应的每个服务小区中激活的下行BWP，UE根据$K1$集合中的配置值以及相关高层参数确定所有需要HARQ-ACK反馈的下行数据传输的集合（统称为候选PDSCH接收时机）。针对这些PDSCH的HARQ-ACK反馈，UE将在时隙n上进行传输。并且每个PDSCH接收时机只会有一个PDSCH，并且PDSCH时机不会发生重叠。

步骤2：UE根据各小区候选PDSCH集合和RRC配置的小区个数、HARQ空间绑定参数、CBG配置参数和各小区支持的最大码字参数，共同确定HARQ-ACK码本。UE将这些PDSCH接收时机对应HARQ-ACK信息进行排序并将其放置到相应的半静态码本中。具体生成HARQ-ACK码本细节可参考标准TS 38.213。

关于M-TRP传输下的半静态码本的生成，如果不对不同TRP的HARQ反馈信息进行分离，也就是在一个PDSCH接收时机会出现不同TRP的数据重叠，导致每次接收都会生成一个或两个PDSCH的HARQ-ACK。由于半静态码本对应的DCI中没有DAI指示，没有必要将两个TRP的HARQ比特交织，且联合反馈后，接收HARQ-ACK的TRP可能只有一个，此TRP需要将另一个TRP的HARQ-ACK转发给那个TRP。为了简单，可以

针对每个TRP独立计算HARQ-ACK比特序列，然后将两个序列连接在一起。如果交织在一起，便不能灵活应对如下场景，终端和终端的处理复杂度比较高。例如，某些CC上只有TRP1发送的PDSCH，而某些CC上同时有TRP1和TRP2发送的PDSCH，那么两个TRP的HARQ比特交织后可能会导致基站解析复杂度升高。

假设为UE配置了两个服务小区，并且仅在服务小区1上配置了多TRP传输，在服务小区2上只配置了单TRP传输。如果对两个TRP的PDSCH分别产生反馈信息，然后连接在一起，半静态码本的反馈机制就比较清晰了。针对同时在两个服务小区上传输的TRP，UE需要上报2bit的HARQ；对于只在服务小区2传输的TRP，UE仅需上报1bit的HARQ。因此，UE最终将会上报一个3bit大小的码本。

所以Rel-16规定，对于半静态联合HARQ-ACK反馈，UE对于两个TRP的ACK/NACK反馈比特分别按照Rel-15的规则产生：先按照PDSCH接收时机升序排列，然后按照服务小区索引升序排列。在分别产生了两个TRP的HARQ信息后，将反馈信息按照CORESETPoolIndex值序排列级联起来，作为UE最终上报的HARQ码本。

两个TRP半静态码本产生方式如图5-26所示。根据半静态码本的产生方式分别产生TRP0的反馈码本和TRP 1的反馈码本，然后将TRP 1的码本级联在TRP0的码本后，形成最终的码本。

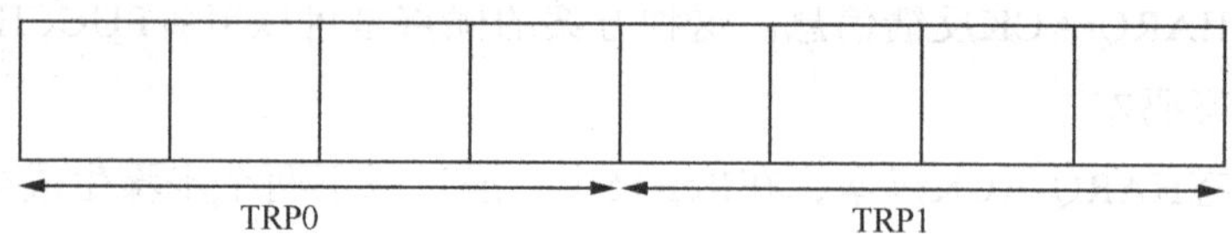

图5-26　联合HARQ-ACK反馈，Type 1半静态HARQ-ACK码本

此外，因为在M-TRP的情况下，UE可以在一个PDCCH监测时机接收到多个PDCCH。Rel-16进一步规定，在基于多DCI的M-TRP传输时，最近一个DCI（用于确定最终PUCCH的资源）的确定方式根据以下顺序：对于相同的PDCCH检测时机和相同的服务小区，DCI首先按高层索引CORESETPoolIndex进行升序排列，然后在相同的PDCCH检测时机下对服务小区进行升序排列，最后对PDCCH检测时机进行升序排列，如图5-27所示。

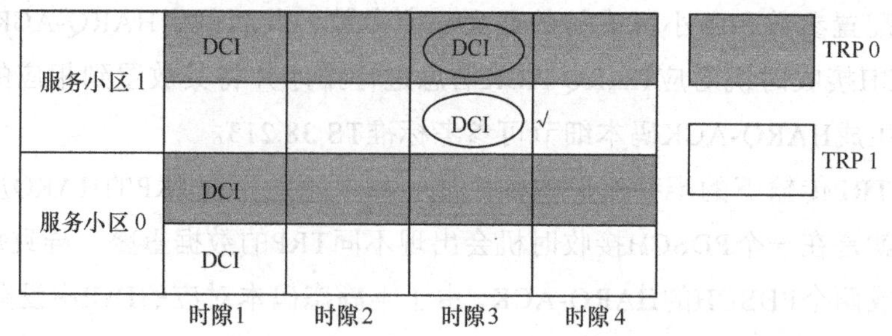

图5-27　基于多DCI传输的最近DCI确定最终PUCCH的资源

（2）动态码本

关于动态联合HARQ-ACK反馈，在保证HARQ-ACK反馈正确性的同时，要考虑到尽可能多地使用Rel-15中的机制来最大限度地降低对协议的影响。例如，对于配置了动态码本的联合HARQ-ACK反馈，DAI计数应该是TRP联合的。如果DAI计数是单独的，HARQ-ACK码本大小不匹配的概率会增加，因为任何TRP的最后一个DCI丢失，就会导致联合HARQ-ACK的码本大小出现错误。相反，通过联合DAI计数，可以减少丢失检测DCI的概率[17]，如图5-28所示。

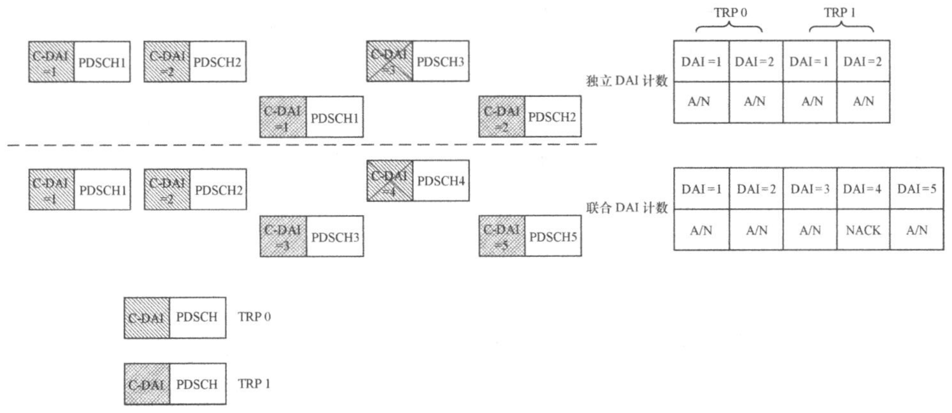

图5-28　分离DAI计数和联合DAI计数

图5-28中上半部分为DAI独立计数，如果TRP 1的最后一个DCI丢失，UE没有检测到相应的数据，此时UE只会对接收到的前两个数据进行反馈，产生2bit反馈信息分别对应TRP 1的DAI = 1和DAI = 2，同样的UE会产生2bit反馈信息分别对应TRP 2的DAI = 1和DAI = 2，最后生成一个大小为4bit的动态码本，就会导致发送的数据和反馈信息大小不匹配。然而，根据图中下半部分的DAI联合计数，通过最后的C-DAI = 5确定动态码本大小为5bit，对中间没有收到的数据直接反馈NACK。因此，Rel-16最终规定，动态码本下的联合反馈对不同TRP的C-DAI进行联合计数。

此外，当使用动态码本下的联合反馈时，在给定PDCCH监测时机中的T-DAI不仅应对跨不同服务小区发送的DCI进行计数，还应对给定服务小区中跨不同TRP发送的DCI进行计数。利用这一机制，可以进一步提高在丢失DCI情况下的鲁棒性。

如图5-29所示，如果基站配置的是联合HARQ-ACK反馈，那么UE会将两个TRP的ACK/NACK比特联合在一个PUCCH资源内进行反馈。计数DAI和总DAI对于两个TRP都是联合考虑的。具体而言，计数DAI的计算顺序是：一个CC内的两个TRP>下一个CC> PDCCH时机。总DAI则是两个TRP的总的DCI个数。联合T-DAI计算的优点是，PDCCH的鲁棒性更好。例如，最后一个时隙内存在两个PDCCH，分别来自于TRP 0和TRP 1，即使其中一个PDCCH没有接收到，UE仍然能根据另外一个PDCCH指示的总

DAI来确定总的ACK/NACK比特数。

在动态码本内，具体的ACK/NACK比特的顺序如图5-30所示，与计数DAI的计算顺序是一样的。

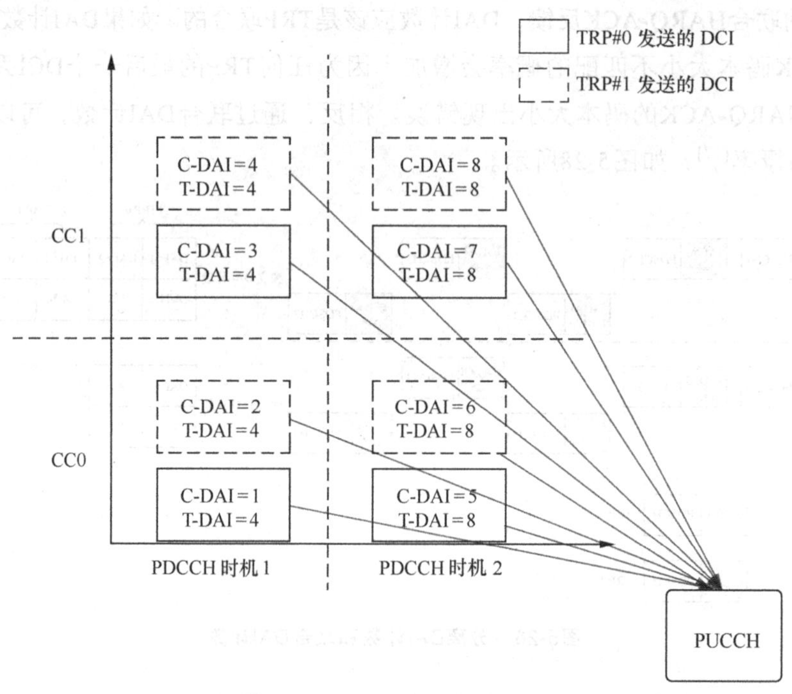

图5-29　联合DAI示意图

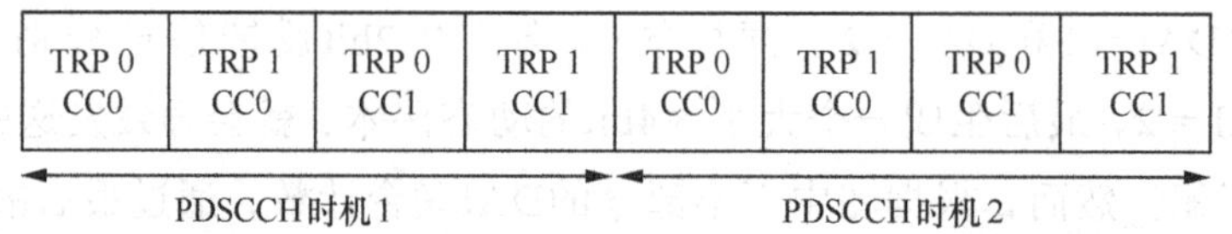

图5-30　联合HARQ-ACK反馈，Type 2动态HARQ-ACK码本示意图

5.3.4　乱序（Out-of-order）

为了降低终端实现的复杂度，对一个HARQ进程中的PDCCH 1、PDSCH 1、HARQ-ACK 1和另一个HARQ进程的PDCCH 2、PDSCH 2、HARQ-ACK 2，NR Rel-15支持顺序的HARQ调度。如果PDCCH 1在PDCCH 2之前传输，那么PDSCH 2就不能在PDSCH 1结束之前发送，如图5-31所示。另外，在一个CC内，Rel-15不支持两个PDSCH同时传输，即PDSCH 1和PDSCH 2是不能在时域上重叠的。

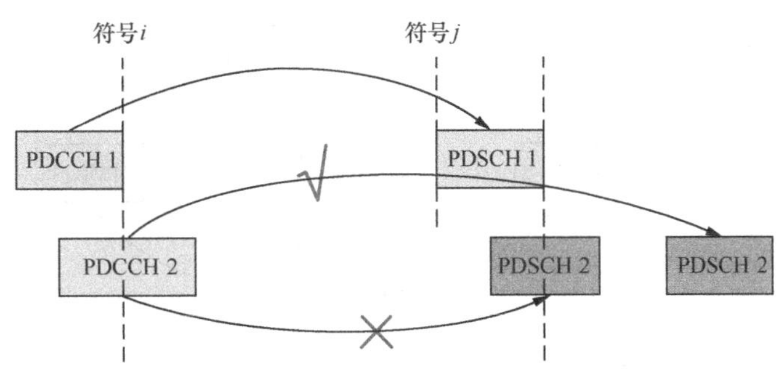

图5-31 Rel-15 PDCCH与PDSCH调度关系

然而，这种规定将极大地限制在非理想回传情况下的基于多DCI的M-TRP的传输。由于TRP之间仅通过非理想回传进行协调，每个TRP将会独立确定各自的调度偏移量*K*1（PDCCH到PDSCH的时间差），所以，PDSCH 2很有可能会在PDSCH 1的传输结束之前开始发送。此外，当两个TRP独立调度PDSCH时，PDCCH可以在任何监控时机发送。因此，基于多DCI的M-TRP无法满足上述PDSCH调度时间轴的限制[12]。

所以Rel-16最终规定，对于支持基于M-DCI的M-TRP传输的UE，任何两个HARQ进程ID，如果TRP 1发送的PDCCH 1结束于符号*i*，并调度UE接收相应的PDSCH 1，TRP 2发送的PDCCH 2结束晚于符号*i*，可以调度UE接收PDSCH 2，其中PDSCH 2的起始符号可以早于PDSCH 1的结束符号，如图5-32所示，且同一个TRP调度的PDSCH的时间限制满足Rel-15的特性。

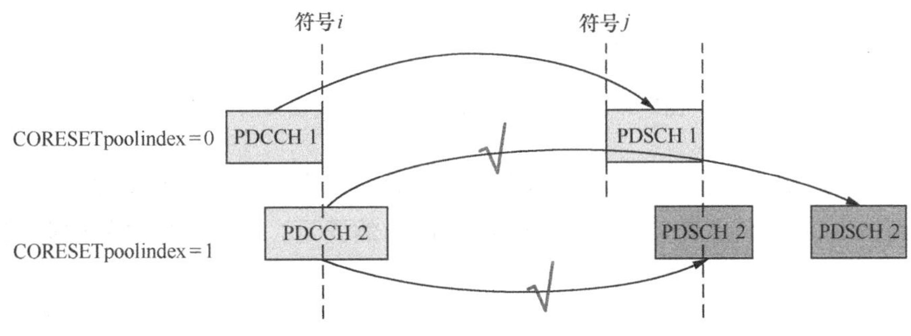

图5-32 Rel-16 PDCCH与PDSCH调度关系

另一个Rel-15的限制是，先调度的数据对应的HARQ-ACK不会比后调度的数据对应的HARQ-ACK先反馈。如果PDSCH 1在PDSCH 2之前，那么HARQ-ACK 2就不能在HARQ-ACK 1前面进行反馈，如图5-33所示。

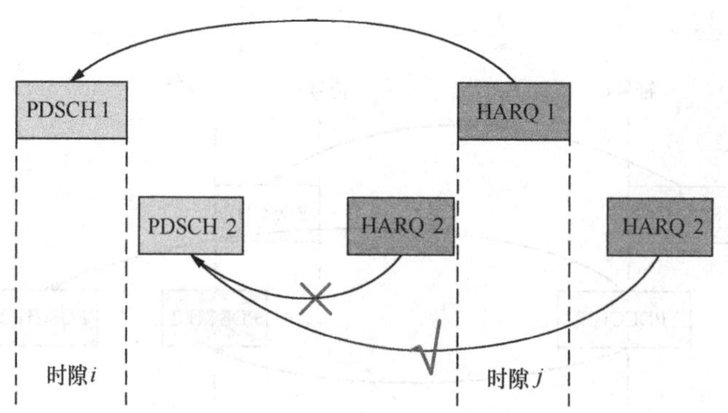

图5-33　Rel-15 PDSCH与HARQ反馈的关系

然而，对于非理想回传的情况，对于有效PDSCH分配和相应的HARQ-ACK分配，在两个TRP之间可能难以实现这种时间限制。所以Rel-16规定，对于支持基于M-DCI的M-TRP传输的UE，如果在时隙*i*收到TRP 1发送的PDSCH 1，并在时隙*j*对PDSCH 1进行HARQ 1反馈，在时隙*i*后收到TRP 2发送的PDSCH 2，UE可以在时隙*j*之前对PDSCH 2进行HARQ 2反馈，如图5-34所示。

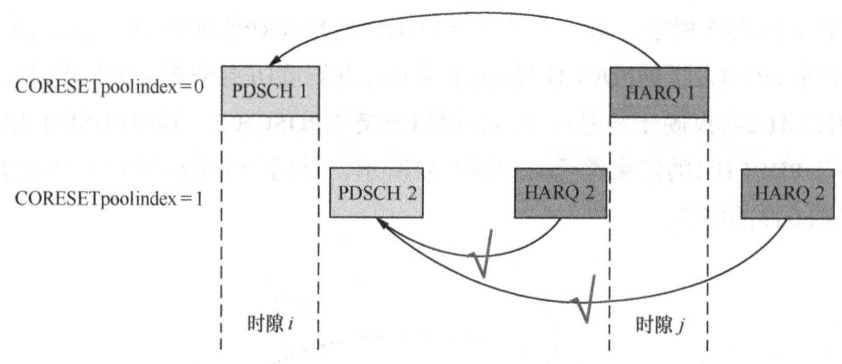

图5-34　Rel-16 PDSCH与HARQ反馈关系

总之，对于支持基于M-DCI的M-TRP传输，原有Rel-15支持的HARQ顺序调度以及PDCCH到PUSCH的顺序调度对于一个TRP来说仍然满足，但是TRP之间的调度就不需要满足了。

5.3.5　速率匹配

在Rel-15中，对于下行，采用调度协调来避免LTE和NR传输的冲突。但是，LTE下行包括一些“永远在线”的非调度信号，无法轻易通过调度绕开。例如，LTE的CRS，在频域上均匀发送，会根据CRS天线端口数量的不同，在时域上每个子帧的4个或6个符号上发送。相比于依靠调度来规避，NR预留资源的概念可用来对NR的PDSCH进行速率匹配以绕过LTE的CRS。关于LTE的CRS，NR标准明确支持PDSCH对重叠覆盖的

LTE载波的CRS资源单元进行速率匹配。为了能够正确接收速率匹配后的PDSCH，为终端配置了如下信息：LTE的载波带宽carrierBandwidthDL和频域位置，以允许LTE/NR共存，即使LTE载波带宽可能与NR载波带宽不同或者载波中心位置不同；LTE的MBSFN子帧配置mbsfn-SubframeConfigList，因为这会影响LTE子帧内CRS发送的OFDM符号集合；LTE的CRS天线端口数nrofCRS-Ports，因为这会影响CRS发送的OFDM符号集合和频域上每个资源块中CRS资源单元的数目，不同端口数的CRS发送位置和符号数不同；LTE CRS位移v-Shift，即频域上CRS准确位置。在Rel-15中，NR UE根据配置在SeringCellConfig或者ServingCellConfigCommon中的lte-CRS-ToMatch Around参数提供的RateMatchingPatternLTE-CRS进行速率匹配，绕开相应的RE，以避免碰撞LTE的CRS RE。否则，来自NR的PDSCH数据RE将对CRS RE产生干扰。因此，我们通过牺牲一些NR PDSCH可用的资源，在LTE/NR共存的基础上，保证现有的LTE网络性能。

在Rel-16中，对于基于多DCI的M-TRP传输，两个NR TRP可能与具有不同Cell ID的两个LTE TRP共存。通常情况下，LTE的相邻小区间具有不同的频移。如图5-35所示，NR TRP 1的NR PDSCH 1可以对来自LTE TRP 1的CRS 1资源进行速率匹配。但是，在Rel-15中，每个NR小区只能配置一个CRS模式（CRS Pattern），正是因为每个服务单元的CRS模式配置数量的限制，对于单小区内的M-TRP传输，TRP 2的NR PDSCH和TRP 2的LTE CRS 2会相互干扰[18]。

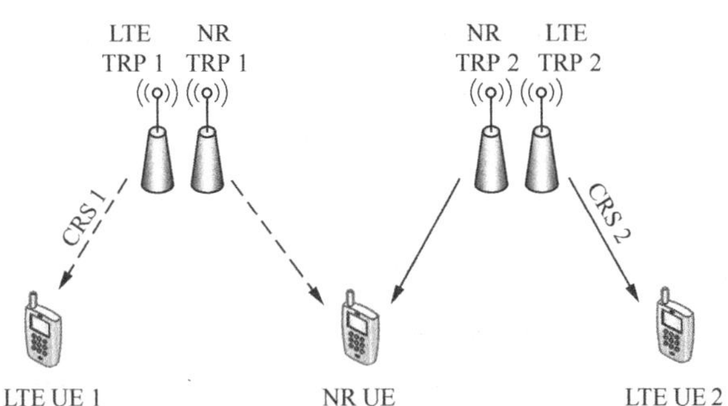

图5-35 基于多DCI传输的速率匹配

对于在LTE/NR共存情况下进行M-TRP传输，需要将参数lte-CRS-ToMatchAround在服务小区中扩展到多个CRS模式。然而，由于Rel-15 LTE CRS模式是通过小区级别的参数而不是UE特定级别的参数来配置的，因此简单的扩展将引起一些问题。其中最突出的问题就是，在某些情况下可能会导致NR PDSCH的传输产生大量CRS开销。

例如，图5-36中的小区0、1和2分别配置有CRS模式0、1和2。为了减少所有UE 0、UE 1和UE 2的CRS干扰，所有3种CRS模式都应根据当前的Rel-15 RRC结构进行小区专有配置，因此每个UE都会被配置3种不同的CRS模式。然而，CRS模式2的速率匹配会导致UE 0的不必要开销。同样，CRS模式1的速率匹配导致UE 1不必要的开销[19]。而

LTE CRS通常需要很大的开销，例如，4个端口CRS开销为LTE带宽的17%，2个端口CRS为10%。CRS引起的整个NR带宽上的开销可能是巨大的，消除这些不必要的CRS开销是必要的。

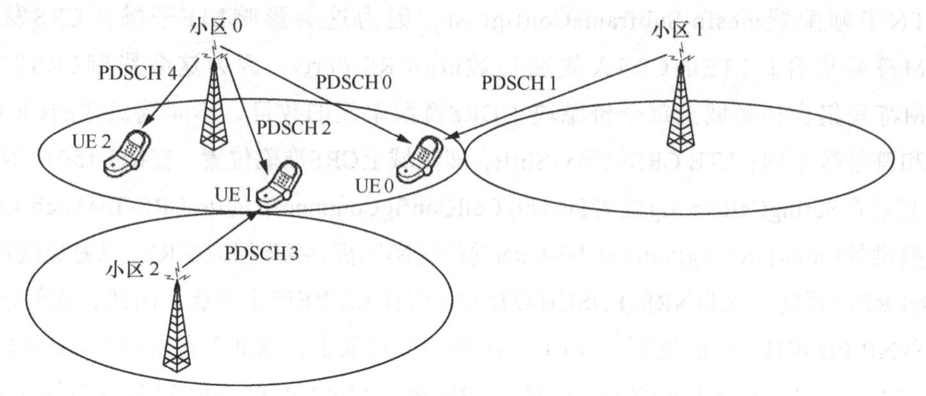

图5-36　基于多DCI多小区的速率匹配

因此，为了同时实现基于多DCI的M-TRP传输的速率匹配并减少CRS导致的速率匹配开销的问题，Rel-16根据UE是否支持独立速率匹配的能力来确定高层指示的方式，如果UE支持独立速率匹配，基站就可以配置CRS patterns和高层参数CORESETPool Index相关联，UE根据参数CRSPatternList-CORESETPoolIndex进行相应的PDSCH速率匹配。如图5-36所示，如果PDSCH由关联到CORESETPoolIndex = 0的DCI调度，例如，发送给UE 0的PDSCH 0、发送给UE 1的PDSCH 2或发送给UE 2的PDSCH 4，UE根据关联到COREETPoolIndex = 0的LTE CRS模式进行速率匹配。如果PDSCH由关联到CORESETPoolIndex = 1的DCI调度，例如，发送给UE 0的PDSCH 1、发送给UE 1的PDSCH，UE根据CORESETPoolIndex=1的LTE CRS模式进行速率匹配。总之，两个TRP的PDSCH可以分别对各自TRP的CRS进行独立速率匹配。当然，如果UE不支持独立速率匹配，每个PDSCH就需要对参数CRS-PatternList-r16配置的所有CRSpatterns进行速率匹配。

5.4　M-TRP技术演进

NR经过Rel-15和Rel-16两个版本的演进，已经可以支持DPS技术以及对于PDSCH的多小区协作传输。在高频场景下，即使存在波束遮挡，基站也可以利用不同TRP或者相同TRP的多个天线面板发送不同波束以传输PDSCH给UE，这样就可以大大提高高频下PDSCH传输的可靠性。然而，由于Rel-16时间有限，没有对PDCCH、PUSCH以及PUCCH进行标准化增强以提高可靠性，这部分内容将在Rel-17中讨论。另外，Rel-17

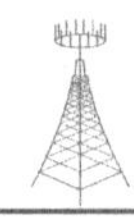

还会解决一些Rel-16中遗留的问题，例如不同小区间的M-TRP的QCL问题，以及M-TRP下的波束管理等。

另外，Rel-17针对M-TRP技术进行演进的一个重要场景就是高铁。高铁是我国一个非常重要的通信场景，火车运行速度很快，基站到用户之间的信道质量可能会比较差。而传统的基于SFN形式的M-TRP技术会出现一些问题，如多普勒估计不准确，Rel-17也会解决相关问题。

最终，2019年12月的RAN#86次全会上确定了MIMO Rel-17的立项内容[20]，其中包含了较多关于M-TRP技术的演进。下面介绍一下笔者对Rel-17 M-TRP各个技术演进的理解，这并不代表最终标准发展的走向。

1. PDCCH/PUSCH/PUCCH可靠性增强

针对PDCCH可靠性的增强，为了获得波束分集增益，主要可能的方案是多个具有不同TCI状态的PDCCH调度相同的PDSCH或者PUSCH，如图5-37所示。这样，即使其中某个PDCCH没有被UE正确接收，UE仍然可以顺利解调出DCI以进行PDSCH的接收或者PUSCH的发送。当然，还有其他方案可以考虑，如针对每个CORESET配置两个TCI状态等。

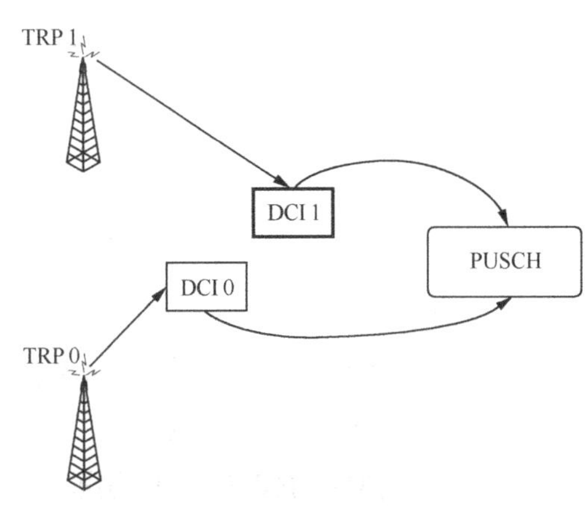

图5-37　多DCI重复

针对PUSCH，Rel-16针对URLLC业务已经进行了增强，支持PUSCH的时域重复传输，且重复的次数可以是动态的。为了获得波束分集增益，编者认为Rel-17中需要支持“PUSCH重复传输+波束分集”。可以考虑沿用Rel-16多DCI或者单DCI的结构进行增强。如图5-38（a）所示，基于单DCI的结构，PUSCH发送给不同TRP，但是DCI仍然是一个。然而它的缺点就是，由于UE到两个TRP的信道条件不同，两个PUSCH的TPMI可能会不同，可能需要增强DCI以通知多个TPMI。如图5-38（b）所示，基于多DCI的结构，两个DCI分别调度同一个TB的不同PUSCH传输，对PUSCH 0和PUSCH 1的TPMI可以不同，DCI的大小可以保证与Rel-15相同。然而，此时基站要告诉UE DCI 0和DCI 1调度的PUSCH是重复的，否则UE不会传输相同的TB在PUSCH 0和PUSCH 1上，也需要标准增强。当然，PUSCH 0和PUSCH 1也可以考虑是频分复用的，但是此时需要UE具有多波束同时发送的能力，在Rel-17标准化的优先级可能会较低。

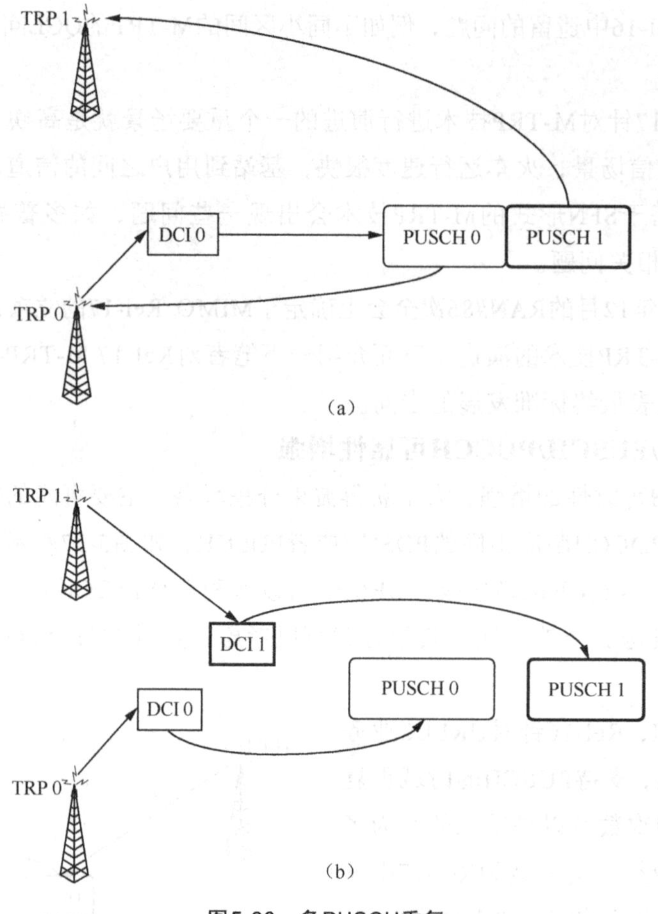

图5-38　多PUSCH重复

针对PUCCH，与PDCCH和PUSCH类似，标准化的方向可能以获得波束分集增益为主。例如，1个PUCCH重复传输多次，且波束不同，或者说针对相同的UCI反馈利用多个不同波束的PUCCH资源发送。

2. 小区间M-TRP的QCL问题

对于多DCI的M-TRP传输，如果2个协作的TRP是不同的小区，如TRP0是服务小区，TRP1是邻小区，2个TRP传输的PDSCH的QCL源需要分别对应来自于各自TRP的TRS或者其他CSI-RS。由于CSI-RS包括TRS的序列ID是RRC信令配置的，服务小区和邻小区对应的TRS的序列ID可以不一样，这属于基站实现问题，不需要明确的标准规定。

对于TRP0和TRP1发送的TRS0和TRS1来说，也是需要配置SSB用于TRS的QCL源。然而，在NR Rel-15和Rel-16中，一个TCI状态包含的QCL源对应的SSB默认是来自服务小区的。如果需要将邻小区的SSB当作TRS的QCL源，需要额外通知UE邻小区的配置信息，例如PCI（Physical Cell ID）或者其他配置信息。

3. HST（High Speed Train：高铁）场景的SFN问题

高铁无线通信场景对于我国通信发展来说非常重要，提高高铁用户的通信体验是运营商的重要需求。基于Rel-15的标准来实现SFN形式的M-TRP传输非常简单，如图5-39所示，两个TRP利用相同的DM-RS端口重复传输相同的数据给一个UE。由于Rel-15标准针对一个PDSCH传输只支持配置一个TCI状态，所以PDSCH的QCL源中配置的参考信号，如TRS也可以是由两个TRP同时发送的，即TRS也是SFN形式的。然而，由于UE运行速度过快，UE到两个TRP之间的多普勒频移都很大，且很可能互为相反数，通过SFN形式的TRS估计很难准确和实时地得到UE实际到两个TRP的频偏。

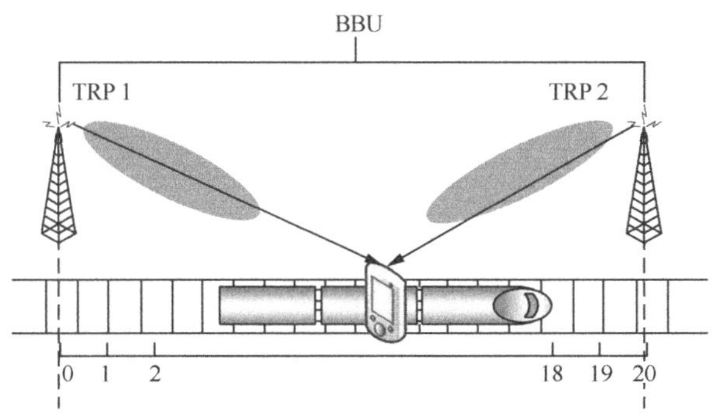

图5-39 高铁M-TRP传输

一种潜在的增强方案就是为该UE配置两个TCI状态，这样UE就可以分别估计出到两个TRP的频偏，然后在接收端进行处理。另一种方案便是让两个TRP在发送端进行频偏补偿。这两种方法带来的标准化影响会不同，应该都会在Rel-17中进行研究。

此外，由于Rel-16时间有限，没有针对M-TRP的CSI反馈增强进行研究，所以Rel-17也会在这方面有一定的仿真评估以及标准化讨论。

第6章

波束管理增强方案

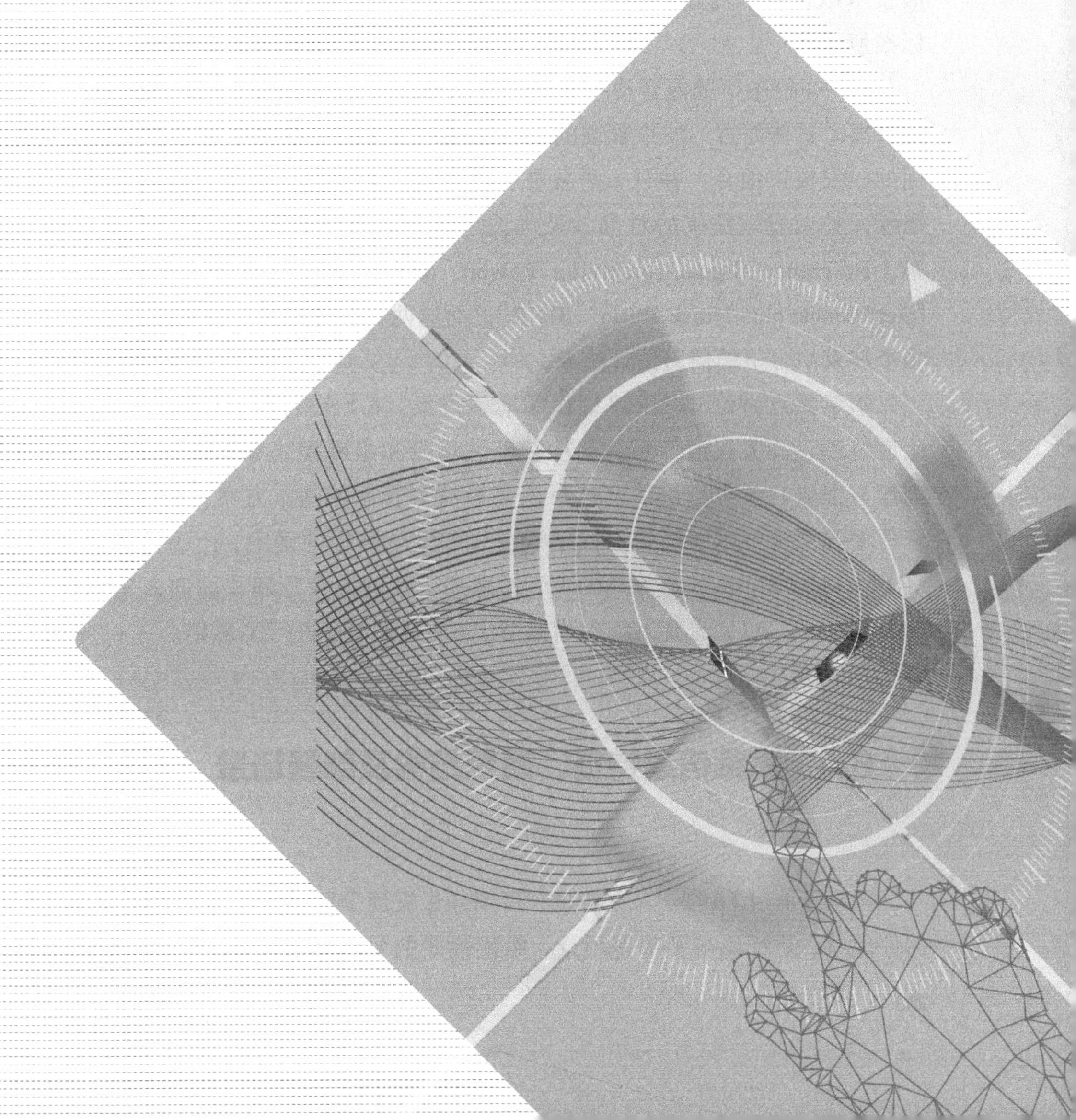

作为区别于4G LTE的一个重要特征，5G NR的频率范围从传统的低频分米波频段进一步扩展到了高频毫米波频段。5G NR支持最高为100GHz的频谱范围，以及高达100MHz甚至1GHz的带宽资源[1-2]。在超高频带获得了超宽的频谱资源的同时，5G NR高频段通信系统面临着更为严重的路径损耗。为了弥补显著的路径损耗，5G NR高频段通信系统需要采用大规模天线阵列技术来维持足够的链路余量。以70GHz为例，5G NR系统考虑支持高达1024个发送天线单元（Tx）[2]。随着天线单元数量的急速增加，考虑硬件开销、功率开销，以及标准实现的复杂度，使用纯数字波束赋形的经典MIMO架构变得越来越难以承受。因此，混合模拟和数字波束赋形技术以优良的传输性能和实现复杂度的折中，被5G NR高频段通信系统以及相关标准所采用[3]。

5G NR框架下的混合模拟和数字波束赋形方法[4]，在3GPP标准讨论中，被称为波束管理。具体而言，波束管理的目标，就是要为随后数据传输分辨出一组或者多组最优的收发波束组合，并且，需要在设备角度旋转、位置移动及链路被遮挡的情况下，继续保持收发端波束的对准。最优波束组合的判定准则包括最大化参考信号接收功率（Reference Signal Receiving Power，RSRP）和最大化接收信干噪比（Signal to Interference-plus Noise Ratio，SINR），而这两种判定准则都需要基于预先获得可选的多个波束组合下的信道估计结果。

本章重点讨论5G NR波束管理增强方案。6.1节对面向毫米波的高频无线通信的信道特性、高频段通信系统架构、部署场景和组网模式等展开介绍；6.2节讨论波束测量与报告、波束指示以及波束恢复等波束管理的基本方案；6.3节进一步讨论波束管理增强关键技术，包括上行默认波束和默认路损的确定，上下行多面板同时传输，MU-MIMO（Multi-User MIMO）下的感知干扰的波束管理和面向人工智能（Artificial Intelligence，AI）的波束管理增强等；6.4节对本章进行了总结。

6.1 高频信道特征、系统结构及部署场景

区别于4G LTE的分米波传输，高频毫米波通信面临着很多特有的信道特征和高频器件现状，进而影响了部署场景、组网模式的要求。在本节，6.1.1节讨论高频信道特

性；6.1.2节简要介绍高频段通信系统架构；6.1.3节讨论高频部署场景（涉及室内场景、室外场景以及室外-室内场景等）；6.1.4节讨论高低频混合组网和高频独立组网两个经典的高频组网场景。

6.1.1 高频信道特性

根据现有的研究成果，在3～300GHz的毫米波频谱资源中，由于57～64GHz频谱资源受到氧气吸收的影响，164～200GHz频谱资源受到水蒸气吸收的影响，这些资源仅适合于短距离通信。剩余的252GHz的海量频谱资源传播特性存在一定的相似性，都是大覆盖范围的移动宽带通信系统潜在的可用频谱资源，如图6-1所示。

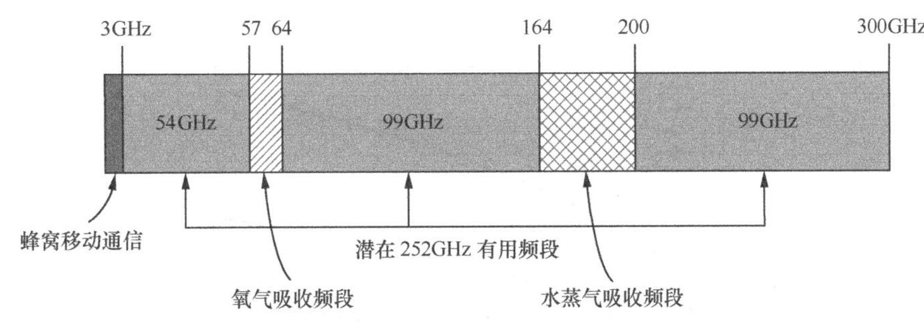

图6-1 毫米波频谱分布情况

通常认为自由空间的传播损耗与信号频率相关，频率越高，损耗越大，但该结论成立的前提是天线接收的有效面积与信号频率相关，频率越高，有效面积越小。考虑到单位面积上可摆放的天线数与频率成反比，所以在高频段可以通过摆放更多的天线进行波束赋形，以获得更高的增益。例如，在相同的天线面积下，相比于工作在2.4GHz频带的系统，工作在80GHz频带的系统通过更多的天线可获得约30dB的增益。

穿透损耗是无线通信中必须重视的问题，会影响室外基站对室内用户的覆盖。研究表明，相比于3GHz以下的频段，使用毫米波频段的室外基站信号在穿透某些建筑材料（砖块、混凝土等）时损耗非常大，达到上百分贝，无法对室内用户提供服务，这个问题可通过在室内放置Wi-Fi等低功率节点来解决。这里，以60GHz信号为例，白板、墙体、玻璃等障碍物对于60GHz信号的衰减如表6-1所示。由此可见，60GHz等毫米波无线通信可能难以实现穿墙数据传输。从安全性的角度来讲，考虑到在毫米波信号被限制在很小空间，室外非法窃听设备同样也很难实现对于60GHz无线通信信号的截获，从而实现了物理隔离。

表6-1　墙体等障碍物对于60GHz信号的衰减[5]

材料	衰减（dB/cm）
白板	5.0
干燥墙体	2.4
光滑玻璃	11.3
含金属加固网格的玻璃	31.9

对毫米波通信而言，植被穿透损耗也需要引起重视。图6-2给出了植被厚度为5m、10m、20m、40m情况下的不同频率的穿透损耗经验值。可以看出，植被越厚，穿透损耗越大，对使用毫米波频带进行大范围覆盖的移动宽带通信系统的性能影响越大[6]。

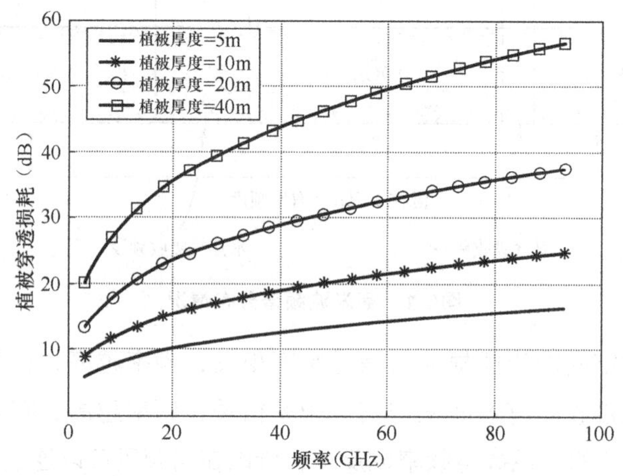

图6-2　毫米波频带植被穿透损耗经验值

此外，雨衰对毫米波通信的影响也是必须考虑的因素。当雨量达到150mm/h时，衰落值高达数十分贝[6]，会造成通信链路的中断。但出现这种雨量的概率比较低，而且也只是在全球的部分地区发生。

毫米波在实际的无线通信环境中传播时，存在反射和衍射，形成多径效应，这在限制毫米波传播范围的同时也使毫米波通信可在非视距传输场景中使用。考虑到利用毫米波频带进行大范围覆盖的移动宽带通信系统通过多天线可以形成很窄的波束，因此多径成分不会很多，实测表明，在城区环境下毫米波的多径时延为1～10ns，相关带宽为10～100MHz。

多普勒频移依赖于用户的移动速度及工作载频，在富散射、移动速度为3～350km/h、采用全向天线的环境中，毫米波通信的多普勒频移为10Hz～20kHz，接收端在不同方向上多普勒频移不同，形成较大的多普勒频移扩展范围。考虑到利用毫米波频带进行

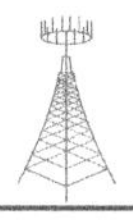

大覆盖范围的移动宽带通信系统通过多天线可以形成很窄的波束，这样可以有效地降低多普勒频移扩展范围。

6.1.2　高频段通信系统架构

高频段具有大带宽、信号传播损耗大等特点，高频段通信的实现挑战主要受限于高频器件，特别是高频段射频器件已成为影响5G研究及产业化的关键因素。为应对以上挑战，需结合超密集组网及大规模天线等5G关键技术，针对高频器件、射频前端系统及其实现工艺特点，开展高频段通信系统架构的研究，以最终实现高速、低时延、低成本、高可靠的5G高频段通信系统。

高频段覆盖小、信号指向性强，超密集组网通过密集部署来获得更高的频率复用效率，在局部热点区域实现百倍量级的系统容量提升，提高流量密度。考虑到组网密度极高，波束间的干扰协调与消除非常关键，这有赖于大规模天线等技术。高频段射频器件性能有限，通过采用大规模天线，一方面可以降低对单个射频器件性能的要求，另一方面可实现高精度波束赋形，提升其空口性能。在射频发射端进行空间功率合成，在射频接收端则可以实现信号传输方向选择性接收，分别提升发射及接收信号强度，可以有效地对高频段的传输损耗进行补偿；实现具有更为精细的空间分辨能力的高增益、窄细定向性波束，更好地抑制用户间干扰，提供更灵活的空间复用能力，支持更多用户，增加系统容量。

随着天线数量的增加，高频段通信系统在波束赋形实现上面临很多挑战：①在多通道大阵列系统架构实现中，需要降低时钟相位噪声及干扰；②对器件的一致性提出了更高要求，但由于制造误差等因素，大规模天线阵中天线单元间存在幅度及相位失配、天线相关性等缺点。与低频段阵列技术相比，高频段射频通道间的不一致特性会带来幅度、相位及时延上的较大差别；③随着芯片集成度及系统规模的增加，射频通道间的耦合等效应也逐渐变得重要；④环境影响及老化导致射频通道间出现幅度及相位时变误差。

以上问题导致波束常常指向错误方向，甚至出现波束扫描盲区。为克服射频通道的幅度及相位失配，实现低旁瓣、波束置零、大波束扫描角度范围等波束赋形要求，需要尽可能提高射频通道的一致性，结合基带系统，开展先进射频前端系统的新型架构、校准算法设计与实现研究。考虑到高频段宽带及高速工作的特点，以上研究需综合考虑射频系统移相精度、校准精度、基带处理速度及功耗等因素。可以预见，对大规模天线多用户传输而言，随着天线数量的大幅度增加，天线波束宽度极窄，通道间不一致等非理想因素的影响将更为严重，系统校准算法将更为复杂。

在通常情况下，无线收发机的天线尺寸与其工作频段所对应的波长处于同一个数量级。60GHz无线通信作为一种典型的毫米波通信，其天线尺寸相对于低频段的天线大大减小。例如，与4.9GHz低频段天线相比，60GHz单根天线尺寸仅有其尺寸的1/140[7]。60GHz天线的较小尺寸，在便于电路集成的同时，也利于系统使用多天线阵列技术来弥补巨大的传播路径损耗。60GHz系统4×4天线阵列尺寸如图6-3所示。与此同时，60GHz其他关键电路也朝着集成化的方向发展，射频和基带电路的尺寸不断减小。由此可见，毫米波无线通信技术易于小型化集成，可以应用到小型固定设备和便携式移动终端上。

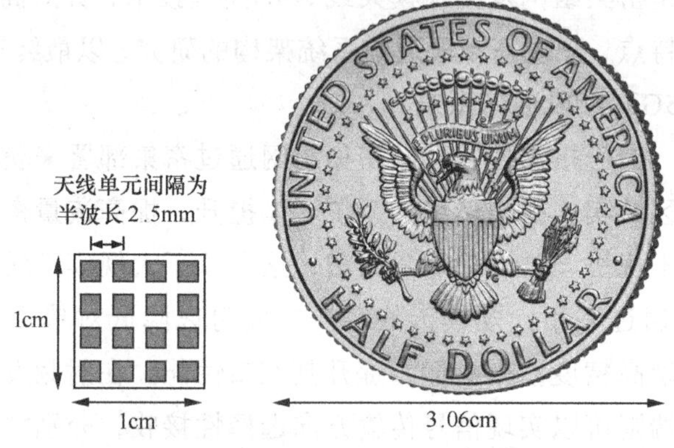

图6-3　60GHz系统4×4天线阵列尺寸

在实现方案上，大规模天线系统可采用数字阵列和数模混合阵列等实现方式。在数字阵列实现中，每根天线均连接一个射频通道。高频段的大带宽使得系统对信号的峰均比（PAPR）及干扰非常敏感，严重影响系统的功率效率等性能。考虑到大规模天线及射频通道数目、射频通道高线性度要求、大带宽器件成本、基带处理复杂度与功耗等因素，以全数字阵列的方式实现高频段大规模天线技术方案在实际应用中存在明显的限制。对比来看，数模混合结构的大规模天线阵列则可以根据实际需求，完成波束赋形及多用户通信，降低干扰，在性能、复杂度、成本、功耗等方面获得更好的平衡，在高频段具有很大的应用潜力。

为了便于本章随后的讨论，图6-4所示为一种典型的混合模拟和数字波束赋形传输系统框图。在混合波束赋形系统中，为了减少射频（RF）链路的数量（也被称为Transmit-Receive Unit，TXRU），TXRU和物理天线单元之间不再保持一对一的映射。取而代之的是，TXRU所关联的信号，将通过数字可控的移相器，进行模拟端的波束赋形（或者称为模拟端预编码技术），然后与物理天线单元相连。从实现的角度看，TXRU和物理天线的关联架构，可以进一步被细分为全连接结构和子阵列连接结构[8]。

- 在全连接结构中，每个TXRU都将通过移相器组与所有的物理天线单元关联。

- 在子阵列连接结构中，物理天线被分成了多个子阵列，而一个TXRU仅需要与某个子阵列下的所有物理天线单元关联，如图6-4所示。

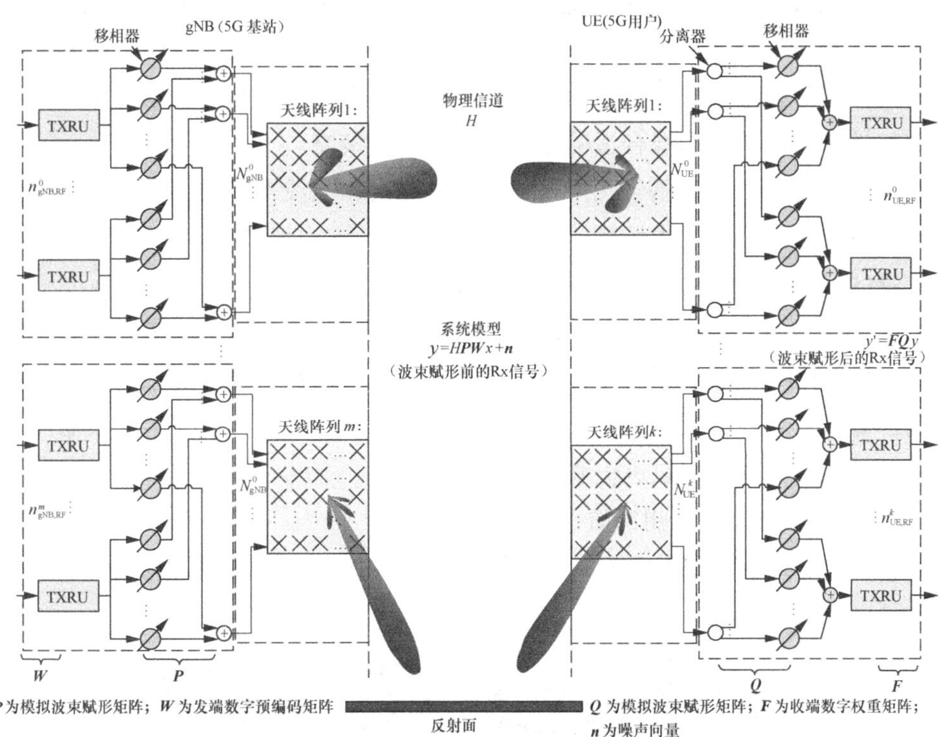

图6-4　混合模拟和数字波束赋形系统框图

在波束赋形技术方面，根据移相机制，可分为射频、本振、中频移相等实现方式[9]。本振及中频移相的优点是移相器不在收发信号通路上或者在较低频率信号通路上，降低了高频电路的设计难度。其缺点是线性度较差、混频器数量较多、时钟电路布局复杂。在大阵列情况下，采用这种架构会面临极大的困难。对比而言，射频移相结构的模块共享率最高、结构最为紧凑，且线性度等性能最好，在高频段通信中具有很大潜力。但由于射频移相器工作频率高，且在信号路径上，需着重降低移相器的损耗，提升带宽及精度等性能，以降低对系统性能的影响。

结合超密集组网、大规模天线阵列技术，高频通信可有效弥补信号传播特性的缺陷，充分发挥其在通信定向性及频谱资源等方面的优势，降低对功放等高频器件的性能（如输出功率等）要求。但这同时也加大了系统实现的复杂度，并对高频器件的实现提出了新的需求及挑战。为此，需面向5G高频通信应用，聚焦高频器件的需求及其实现挑战，结合工艺特点，开展高频核心器件及高频段射频系统的实现与验证[9]。

6.1.3 高频部署场景

相较于6GHz以下的典型移动通信频段，高频通信具有更为丰富的频谱资源，然而高频信号在传输中更容易受到更强的大气吸收、植物吸收、阴影衰落、穿透损耗等因素的影响，信号能量衰减明显。因此，在考虑高频系统的应用时，需要根据高频信号的传播特性和衰减特性选择合适的部署场景和组网策略。

高频通信的场景应该基于几何尺寸、业务应用和无线传播特性等因素进行分类，典型应用场景可以分为室内场景、室外场景和室外-室内场景。

1. 室内场景（Indoor-to-Indoor，I2I）

由于不存在雨衰和穿透损耗，以及具有相对较短的无线通信距离，高频通信适合部署在室内（I2I）场景，以提供高密度连接，满足室内高吞吐量需求。室内场景的主要应用部署场景包括会议室、办公室、购物中心、火车站、体育馆等。根据应用部署环境的特点，室内场景可以进一步划分如下。

（1）会议室/办公室应用部署

场景特点：房间呈格状分布，房屋面积适中，用户密度适中，流量需求大，用户移动性低，如图6-5所示。

图6-5 室内场景-办公室

场景需要解决的问题：满足室内高吞吐量需求，解决室内天线或微蜂窝间信号干扰，完善室内高频天线形态及微蜂窝部署方式，提供无线回传的支持。

（2）购物中心/体育馆/火车站应用部署

场景特点：室内面积大、宽敞、阻挡物少，用户密度高，流量需求大，用户移动缓慢，如图6-6所示。

场景需要解决的问题：提供高密度连接，满足室内高吞吐量需求，解决室内天线或微蜂窝间信号干扰，完善室内高频天线形态及小区部署方式，提供无线回传的支持。

图6-6 室内场景-购物中心

2. 室外场景（Outdoor-to-Outdoor，O2O）

高频通信同样可以应用于体育场、开放广场、城市街道和大学校园等流量需求大、需要提供高密度连接的室外典型场景。但是，与室内场景相比，室外场景下通信环境将会更加恶劣。具体而言，通信距离明显增长，在大雨或者暴雨情况下雨衰显著，人体和汽车对于传播链路遮挡的问题更为突出。

（1）Urban Micro（UMi）应用部署

场景特点：基站天线高度一般低于周围建筑物通信距离（在百米范围以内），用户密度高，流量需求大，用户移动性较低，如图6-7所示。

图6-7 室外场景-UMi

场景需要解决的问题：提供高密度连接，满足室外高吞吐量需求，解决链路遮挡，扩大覆盖范围，解决室外微蜂窝间信号干扰，完善室外高频天线形态及微蜂窝部署方式。

（2）Urban Macro（UMa）应用部署

场景特点：基站天线高度一般高于周围建筑物通信距离较长（超过百米），流量

需求大，用户移动性较低，如图6-8所示。

图6-8　室外场景-UMa

场景需要解决的问题：由于通信距离更长，在解决链路遮挡和传播损耗方面需要面临更大的困难。此外，需要解决室外微蜂窝间信号干扰、室外高频天线形态及微蜂窝部署方式等问题。相比于UMi场景，UMa场景具有较低的优先级。

3. 室外-室内场景（Outdoor-to-Indoor，O2I）

在当前3GPP 3D信道模型中，广泛使用的穿透损耗为20 + 0.5d（单位dB），其中d是指室内UE和建筑物墙面的距离。而随着频率的增加，其穿透损耗相较于小于6GHz传统移动通信而言会进一步增大。在难以获得显著收益的情况下，室外-室内场景（O2I）部署场景具有最低的优先级。

在实际网络中，某些业务热点区域需要在室外或者室内增加新的宏基站与微基站，但是不具备光纤传输条件。此时可以通过高频通信（可以结合大规模天线技术）为新建站点提供无线回传，从而解决城区部署有线回传成本高的问题。

场景特点：阻挡少、流量需求大、回传带宽高、用户静止。

场景需要解决的问题：满足高传输速率、高可靠性、低传输时延的要求，需要灵活回传带宽的配置。

高频无线回传场景（如图6-9和表6-2所示）可以进一步划分为6个典型场景。

图6-9　无线回传

表6-2 无线回传典型场景

场景	功能
城市热点覆盖回传	用于室外热点小站与室外基站间的数据回传； 流量业务、所需带宽需求较大； 回传与接入资源可灵活配置
室内热点回传	用于室内热点小站与室外基站间的数据回传； 流量业务、所需带宽需求适中； 回传与接入资源单独配置
街道热点回传	用于室外街道热点小站间的数据回传； 典型的线形多跳链路结构； 流量业务、带宽需求随着跳数的增加而增加； 回传与接入资源可灵活配置
城市补盲回传	用于室外补盲微基站与室外基站间的数据回传； 流量业务、所需带宽需求较小； 回传与接入资源可灵活配置
中继回传	用于郊区热点小站与基站间的数据回传； 中继小站只进行数据回传； 流量业务、所需带宽需求较小； 热点小站上回传与接入资源可灵活配置
密集部署回传	用于室外密集部署的热点小站间的数据回传； 网状网络结构，数据路由能够动态调整； 流量业务、带宽需求随着路由的变化而变化； 与基站相连的回传链路上带宽需求大； 回传与接入资源可灵活配置

上述典型的回传场景中，对于带宽的需求及资源配置的灵活性如表6-3所示。

表6-3 无线回传带宽需求和灵活配置

场景	城市热点	室内热点	街道热点	城市补盲	中继回传	密集部署
带宽需求	大	中	大	小	中	大
灵活配置	是	否	是	是	否	是

6.1.4 高频组网

根据组网方式，可以将高频组网分为高低频混合组网和高频独立组网。5G高低频混合组网是5G第一阶段部署高频通信基站的重要趋势，高频独立组网将会成为下一阶段重要的研究方向。

1. 高低频混合组网

在5G系统布网初期，低频网络（包括5G低频网络和已有低频网络LTE/LTE-A等）用于全区域的无缝覆盖，高频网络用于热点区域（包括室内和室外）的大容量、大数据速率的传输，同时实现对低频网络的负荷分流。作为低频段蜂窝空口的补充，高频空口将主要部署在室内场景（I2I）和室外场景（O2O）等热点区域，以提供高速率的数据业务。

高低频混合组网可以允许通过现有低频网络辅助实现终端对高频载波的使用，提高系统的配置效率。这里所说的现有网络并不限于蜂窝网络，也可以是D2D网络、Wi-Fi网络、自组织网络等，这些网络中的网元设备都有可能作为“辅助”节点，与高频站点紧密耦合，从而简化高频网络操作。

在高低频混合组网方式下，低频网络在其中发挥的作用不尽相同，分类如下。

（1）UE接入前终端所需辅助信息的提供

由于高频站点波束能力可能存在差异，即不同站点可控波束总量及同时发送波束数量可能各不相同。另外，波束发现信号的发送方式（时分、频分、码分、分组）存在多种可能，导致无先验信息的终端波束的导频开销很大，接入时延过长，甚至难以实现对优选波束的识别。

此时，低频网络可为待接入高频网络的终端，提供必要的波束信息（如高频站点的标识信息、工作频点带宽、高频站点波束数量、不同波束方向上波束识别信号的发送方式、波束识别信号的发送配置信息等），以便于终端优选波束识别及后续接入过程的顺利完成，实现快速的用户接入。

（2）UE接入前的高频站点激活

出于节能和避免干扰的考虑，在高低频混合组网的场景下，高频站点可以按需激活，不同于一直处于激活状态的传统低频站点。当终端已经预先接入低频网络，并且触发高频建立连接需求（可以由网络侧或终端触发）时，低频网络激活高频站点，开启发射训练信号。或者进一步地，当低频网络可以获取终端的位置信息（如通过无线定位技术，或者GPS定位信息的上传）时，低频网络可以选择性地激活其从属的高频站点，并触发高频站点在部分波束方向上发射训练信号，以加速用户的接入过程，如图6-10所示。

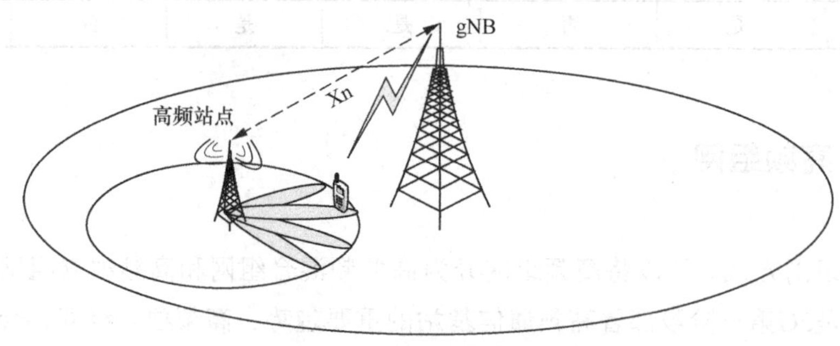

图6-10　UE接入前的高频站点激活

（3）系统消息的分流发送

UE接入过程中以及接入实现之后，低频站点可为高频站点分流传输部分高频系统信息。需要广域覆盖的系统广播消息，使用低频段站点gNB来辅助高频站点进行消息广播；而基于波束或者针对具体UE的系统消息，则使用高频站点以各波束周期轮询的方式或者按需选择部分波束的方式发送。针对待gNB分流发送的系统广播消息，高频站点可以通过与gNB间的直接接口（有线/无线）传递，或者将系统广播消息发送给位于核心网侧的实体，再由核心网侧的实体转发给gNB，如图6-11所示。

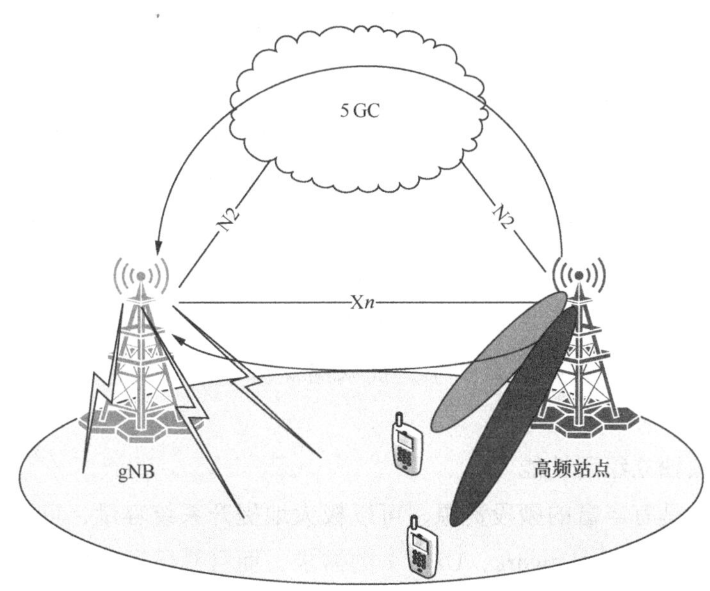

图6-11　系统消息的分流发送

2. 高频独立组网

在独立接入方案中，重点在于优选波束识别反馈过程与网络选择接入过程的融合设计，以及公共消息（如系统广播消息）传递机制的重新设计。

（1）高频网络独立接入流程

图6-12描述了典型的高频网络独立接入流程。假定终端波束能力：准全向天线接收，准全向或宽波束发射；图6-12（a）（b）（c）为下行优选波束识别与反馈的3个基本步骤（此外，若终端具备较强的波束能力时，还需进一步增加上行优选波束训练过程）。在这样的基本流程下，考虑网络选择与接入过程的融合。如步骤（a）中高频站点将同步序列作为发现信号，在各个波束上周期发送，终端在识别下行优选波束的过程中，也完成了下行同步；步骤（b）中终端通过与下行优选波束索引所对应的随机接入序列向高频站点反馈下行优选波束信息，同时也开启了随机接入过程。通过类似的设计，优选波束识别与反馈过程与网络选择接入过程得到了适当的融合。

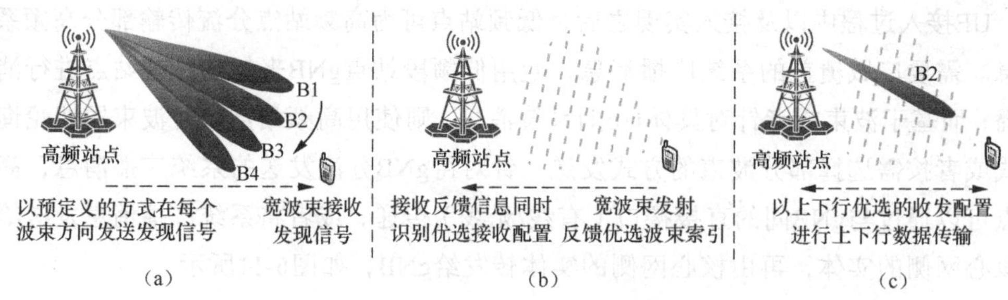

图6-12 下行优选波束识别与反馈过程

（2）系统广播消息的发送机制

在高频独立组网下，如果延续LTE系统广播消息发送机制，则需要在各个波束方向上分别周期地发送所有系统广播消息，存在较大的能量消耗与信令开销。系统广播消息的按需发送是高频独立组网潜在可行的方式：如将系统广播信息分为两类，各波束周期发送基本系统广播消息（如MIB或SIB消息），供终端接入网络，而其他系统消息（如RRC配置参数）基于终端的需求按需发送。在帧结构中，可以预留时频资源供终端发送系统广播消息请求，而网络侧基于请求发送系统广播消息也是一种潜在的方式。

（3）高频独立组网性能

高频网络具有丰富的频段资源，可以极大地提升系统容量，可以很好地支撑超密集组网（Ultra-Dense Network，UDN）的需求，而且高频通信的自由空间损失大、绕射差等信道特性更有利于UDN的部署。当然，高频UDN部署也面临一些挑战。由于部署比较密集，高频节点间存在大量的波束交叠，干扰情况复杂；节点数的增多，导致有线回程的成本较高，而且不利于灵活部署；终端移动会导致传递公共数据节点频繁切换等。尽管这些挑战都会对高频组网性能产生影响，但还是有技术手段来克服的。例如，采用波束干扰协调技术规避干扰；利用无线自回程来灵活部署节点；利用用户面/控制面分离技术来减少频繁切换。

6.2 波束管理技术

如上文描述，波束管理是面向5G NR毫米波混合波束赋形系统中的一种重要功能增强。在实际场景中，物理环境会受一些因素影响而发生变化，例如，用户移动[10]、用户旋转[11]，链路遮挡[12]等。波束管理可以被定义为获取、维护基站和用户波束的一组Layer-1（物理层）[13]和Layer-2（MAC层）[14]流程，用于支持下行和上行数据传输。具体而言，波束管理，包括如下子流程。

- 波束扫描（Beam Sweeping）：在给定的空域范围内，基站或者用户端通过发送多个波束赋形的参考信号（这些参考信号被用户端使用不同的接收波束以进行信道质量的测量）实现发送波束的空域扫描。
- 波束测量（Beam Measurement）：基站或者用户端，基于其接收端波束赋形，来测量参考信号下的信道质量特征。
- 波束报告（Beam Reporting）：对于用户端，将测量结果反馈给基站端。波束报告包含N个逻辑波束索引，以及相对应的RSRP测量结果。而分组的准则可以进一步提供不同参考信号之间是否能同时接收的信息。需要说明，N取决于用户端的能力行为。
- 波束确定（Beam Determination）：基站和用户端，根据测量报告和资源调度要求，选择相应的发送和接收波束用于数据传输，其中波束确定也被称为波束指示（Beam Indication）。波束确定可以通过多层波束指示的方法来实现，通过联合使用RRC、MAC-CE和DCI信令实现。
- 波束维护（Beam Maintenance）：基站和用户端，通过波束追踪或者波束细化来维护可选波束，进而对抗在用户旋转、移动和遮挡下的波束选择。
- 波束恢复（Beam Recovery）：用户端检测波束失效，然后尝试搜索新的可选波束，随后用户端向基站端发送波束恢复请求，并且指示新的可选波束信息。通过这种方法，可以在当前传输链路发送中断时，有效地发现新的可用链路，大幅度提高链路的稳定性。

波束管理流程可以被应用到下行传输和上行传输。在具有良好的信道互易性的场景下（如TDD系统），在一个传输方向下的波束管理阶段可以应用于另一个传输方向，如上行波束管理，可以基于下行波束管理的结果。在传统的4G系统中，信道互易性主要是针对非预编码信道。作为增强，在5G NR中，一种全新名称“波束对应”（Beam Correspondence）被引入到3GPP中用于预编码（波束赋形后的）信道的上下行互易性。下行发送和接收波束可以通过下行预编码（波束赋形后的）参考信号确定，反之亦然。

5G NR波束管理支持面向波束分组下的流程架构。波束管理的理念是，考虑具有相同信道特征的波束可以被划分成同一个波束组，进而波束分组作为波束指示的基础，而非基于一个单独波束。5G NR波束管理流程如图6-13所示。在下面的子章节中，将具体分析波束测量和报告、波束指示和波束恢复流程。

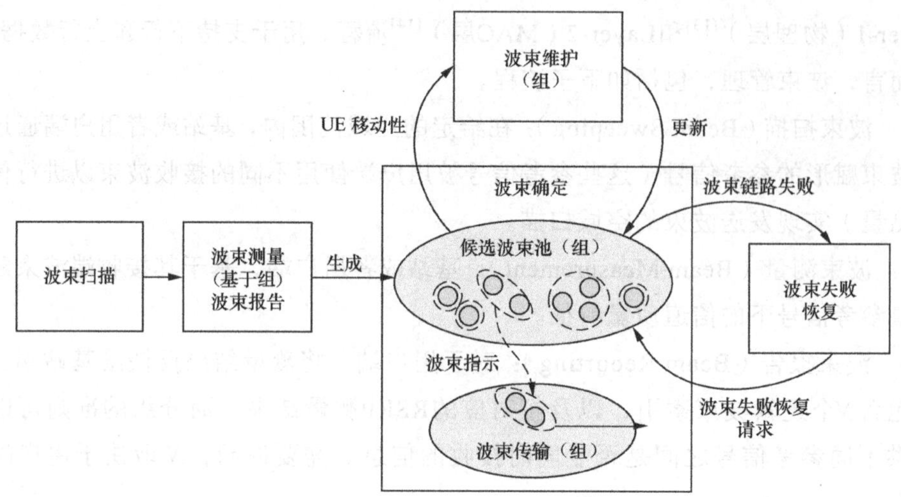

图6-13　5G NR波束管理流程框图

6.2.1　波束扫描与测量

为了实现波束对准，以服务随后的数据传输，基站端（gNB）和用户端（UE）需要执行波束扫描流程。而从物理传输实现的角度看，波束扫描流程可以大致分为以下3类，如图6-14所示。

- 流程1（P1）：基站端波束扫描，并且用户端波束扫描。
- 流程2（P2）：基站端波束扫描，用户端波束保持不变。
- 流程3（P3）：用户端波束扫描，基站端波束保持不变。

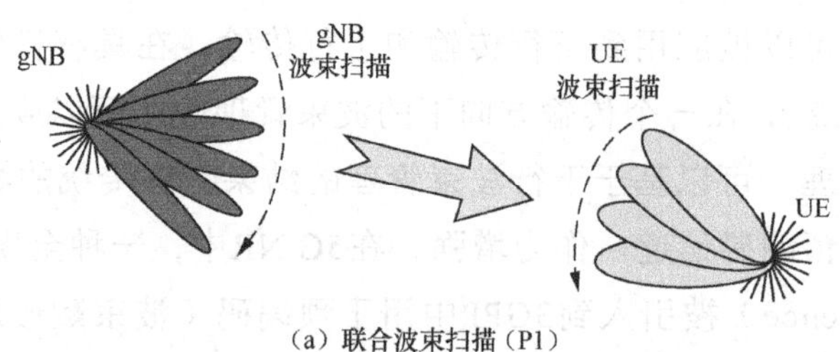

（a）联合波束扫描（P1）

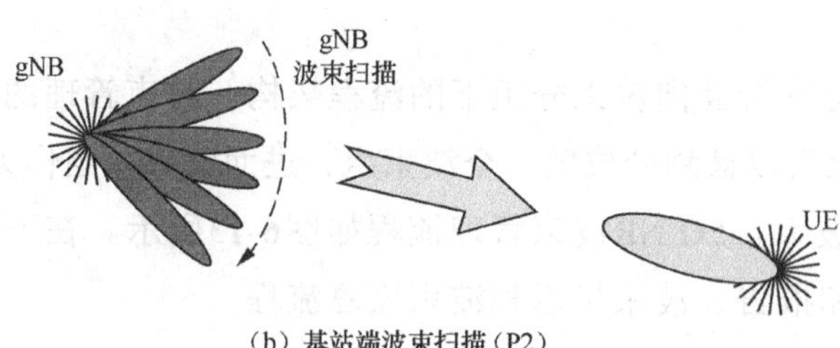

（b）基站端波束扫描（P2）

图6-14　波束扫描流程框图

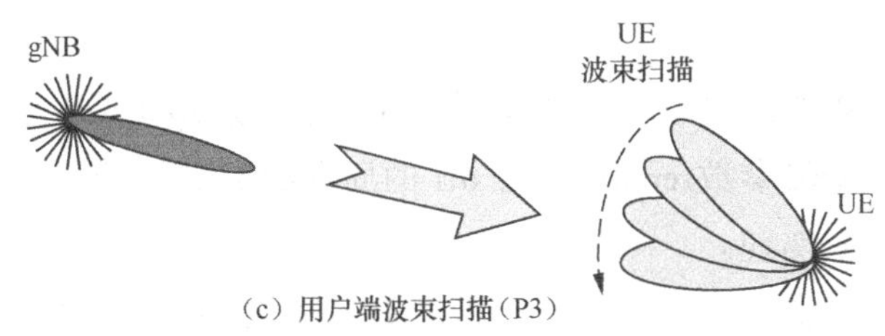

(c) 用户端波束扫描(P3)

图6-14 波束扫描流程框图(续)

为了执行多个发送波束下的波束扫描流程，每一个发送波束都需要承载在一个具体的用于波束管理的参考信号资源传输上。此外，为了执行面向多个接收波束的波束扫描，每个发送波束都需要在一个相同的参考信号资源集合（Resource Set，RS）上被重复多次发送，以便接收端可以在多个时分传输窗口下分别扫描其接收波束。以下行波束扫描为例，进行如下分析。

- 对于P1波束扫描流程，基站端有 N 个发送波束，而用户端有 M 个接收波束。考虑到N个发送波束中的任一波束都需要被重复发送 M 次，以便于用户端可以面向每个发送波束都可以进行M个不同接收波束下的分别测量。因此，P1流程一共需要 $N\times M$ 次波束赋形参考信号传输。
- 对于P2波束扫描流程，基站端需要执行 N 次波束赋形参考信号传输，其中每次传输对应着不同的基站端发送波束。而用户端需要使用相同的接收波束来接收相应的 N 次参考信号传输进行测量。
- 对于P3波束扫描流程，基站端需要执行 M 次波束赋形参考信号传输，其中每次传输对应着相同的基站端发送波束。而用户端需要使用不同的接收波束来接收相应的 M 次参考信号传输进行测量。

从协议的角度来看，下行波束扫描和测量是基于CSI-RS参考信号或者Synchronization Signal/Physical Broadcast Channel（SS/PBCH）资源块这两类参考信号实现的。CSI-RS资源集合可以被配置RRC参数repetition，进而告知用户端后续即将发送的CSI-RS资源集合中的多个CSI-RS资源对应的发送波束是否相同。

- 当RRC参数repetition配置为 off 时，用户端假定在上述CSI-RS资源集合下的多个CSI-RS资源将使用不同的空间发送滤波器（发送波束）。在这种情况下，用户端需要维持自身的接收波束不变，以便于支持基站端发送波束训练。这种配置对应于P2波束扫描流程。
- 当RRC参数repetition配置为on时，用户端假定在上述CSI-RS资源集合下的多个CSI-RS资源将使用相同的空间发送滤波器（发送波束），而这些CSI-RS资源需要被发送在不同的OFDM符号上（以方便用户端进行接收端波束扫描）。这种配置，对应于P3波束扫描流程。

- P1波束扫描流程可以通过配置多个RRC参数repetition为on的CSI-RS资源集合，或者配置一个RRC参数repetition为 off 的周期CSI-RS资源（通过多个周期的P2流程来模拟P1流程）来实现。

此外，在CSI-RS资源集合中，标准规定所有的CSI-RS需要有相同的天线端口（如一个或者两个天线端口）。当一个CSI-RS资源与一个Synchronization Signal/Physical Broadcast Channel（SS/PBCH）资源块（也称为Synchronization Signal Block, SSB）占用相同的OFDM符号时，用户端要求CSI-RS资源和SS/PBCH资源需要满足QCL接收空间参数（Spatial Rx Parameter）要求。SS/PBCH资源块可以被认为是一种RRC参数repetition配置为off 的周期参考信号。

对于上行波束扫描而言，具有相同的上述流程，仅是参考信号发送端和参考信号接收端需要在基站端和UE端对换。上行波束扫描主要是基于PRACH和SRS上行参考信号来实现的。其中，SRS则是面向数据传输阶段的上行波束管理流程。用户端可以被配置一个或多个SRS资源集合用于波束管理（SRS资源集合的RRC参数Usage配置为Beam Management)，其中，仅有一个来自同一SRS资源集合的SRS资源可以在同一个时刻下被发送，而来自不同的SRS资源集合下的SRS资源可以被同时发送。对应的，从实现的角度看，这些SRS资源集合分别对应于独立的用户端天线面板（UE Panel)。而PRACH主要是面向初始接入流程，本章不再讨论。

通过测量波束赋形的下行参考信号（如CSI-RS或者SSB）和上行参考信号（如SRS)，基站端和用户端分别执行下行和上行波束测量。对于下行传输而言，用户端测量每个波束赋形的下行参考信号下的接收信号功率，以便得到相应的波束质量。基于测量结果，用户端可以自行进行波束分组操作。具体而言，根据测量得到的空间信道特征（考虑到达角、空间相关性等)，用户端将下行发送波束分成一个相同的波束组。由于用户端装配的天线数量远小于基站端，用户端发送和接收波束的波束宽度因而更宽。因此，对于相同的用户接收波束，多个基站端的发送波束可以被同时接收。在考虑用户端支持多个天线面板或者多个射频通路的情况下，同时接收到的多个发送波束可以用于支持高秩传输。

6.2.2 波束报告

在5G NR标准中，经过波束扫描和测量后，UE可以通过上行资源进行波束相关信息的报告，包括N个下行发送波束的索引信息（下行参考信号资源索引）和下行发送波束所对应的信道质量。在3GPP Rel-15中，信道质量基于L1-RSRP。根据波束分组方案是否执行，波束报告格式可以分成以下两类[13]。

- 基于分组的报告：在一个波束报告中，N个下行发送波束可以被同时接收，对应于多个接收端天线面板。这意味着，随后的下行传输可以同时被调度N个下行发送波束。例如，在图6-1中，用户端可以使用两个天线面板同时接收两个不同的发送波束，而这两个发送波束分别经历了一个LOS路径和一个强NLOS路径。
- 基于非分组的报告：在不要用户端同时接收的假设下，用户端报告最佳的N个下行发送波束。换言之，在没有同时接收信息的情况下，在一个给定的时刻，基站端仅可以调度 N 个下行发送波束中的1个下行发送波束用于传输。

从下行同时传输的角度看，基于分组的报告主要服务于下行多波束同时传输的场景（例如，在多TRP场景下，单DCI触发多TCI指示下的一个PDSCH传输以及多DCI下多个PDSCH同时传输的场景）。

在基于分组的报告下，用户端可以协助基站端识别多个物理路径及隐含的用户端的波束信息。在$N = 2$的假定条件下，通过系统级仿真，对基于分组报告和非分组报告的性能进行了评估。在室内热点（Indoor Hotspot）和城市宏站（UMa）场景下的仿真结果，分别如图6-15（a）和图6-15（b）所示。可以看到在这两个场景下，基于分组的报告都可以获得约15%的性能提升。一般而言，基于分组的报告可以很好地通过避免报告高度相干的波束来反馈更多的空间信息，这些提升来自于对于多天线面板传输的支持，包括空间复用、联合传输和分级增益。

- 通过利用不相干波束进行同时传输，UMa小区中心用户可以获得空分增益。而对于UMa场景下的边缘UE，通过支持复用可以有效地降低在UMa场景下的中断概率。
- 在室内热点场景下，5G NR系统将面临一个小覆盖区域，但是干扰受限的环境。由于来自干扰小区动态的业务负载，用户端所经历的SINR会动态地实时变化。基于分组的报告可以提供有效的信道和干扰信道状态信息，进而来辅助网络在不同的传输模式下进行切换。

在3GPP Rel-15中，基于非分组的报告可以支持$N = 4$，而基于分组的报告可以支持$N = 2$，即用户端可以报告最多两个波束可以被用户端同时接收（对于包含两个天线面板的用户端）。为了支持更多用户端天线面板，以及每个用户端的接收天线面板可能拥有更多的可选波束，波束分组被认为是未来标准演进的重要方向。

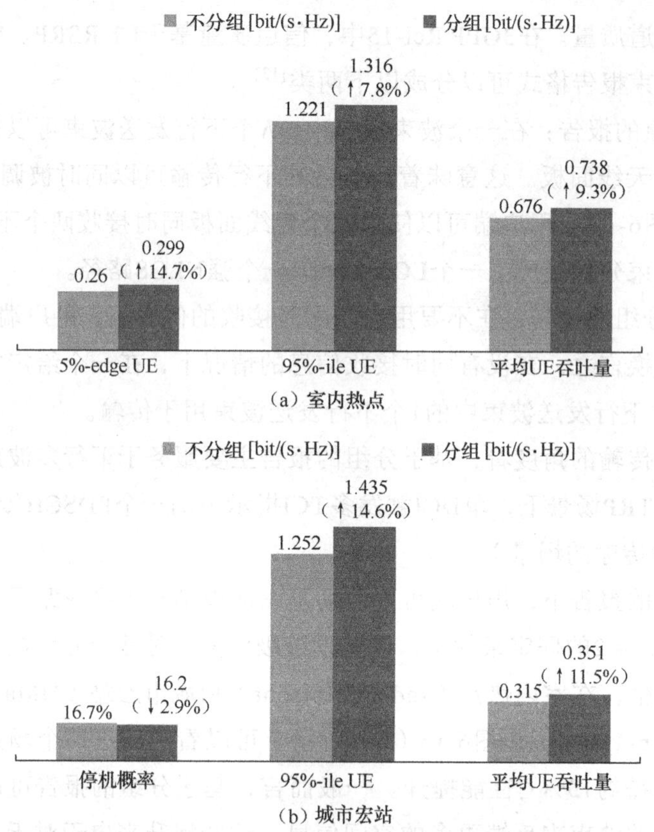

图6-15　基于分组的报告和基于非分组的报告性能评估

为了节省波束报告的开销，5G NR引入了差分波束报告模式，应用于基于分组的报告和基于非分组的报告。具体而言，在5G NR协议上，当RRC参数nrofReportedRS指定波束报告的参考信号数量等于1时，唯一的L1-RSRP将按照7bit绝对值上报，取值范围为[−140，−44]dBm并且以1dB作为步进；当RRC参数nrofReportedRS指定波束报告的参考信号数量大于1时，最大测量的L1-RSRP还会被按照7bit绝对值来反馈，取值范围为[−140，−44]dBm并且以1dB作为步进，而其他的L1-RSRP，将使用差分方式报告。差分L1-RSRP值是以本次上报的测量得到的最大L1-RSRP值作为基础，通过4bit绝对值以2dB作为步进进行上报。

综上所述，波束报告由波束指示（CSI-RS Resource Indicator, CRI和SSB Resource Indicator, SSBRI）和L1-RSRP测量结果组成。其中，每个波束指示（如CRI和SSBRI），都会关联一个唯一的波束测量结果L1-RSRP。波束报告下CRI、SSBRI和RSRP比特长度，如表6-4所示。其中 $K_s^{\text{CSI-RS}}$ 和 K_s^{SSB} 分别表示，用于波束测量的CSI-RS或者SSB的参考信号资源集合下参考信号资源的数量。

表6-4 波束报告下CRI、SSBRI和RSRP比特长度

参数	比特长度
CRI	$\lceil \log_2(K_s^{\text{CSI-RS}}) \rceil$
SSBRI	$\lceil \log_2(K_s^{\text{SSB}}) \rceil$
RSRP	7
差分RSRP	4

6.2.3 波束指示

通过波束扫描、波束测量和波束报告，基站获得了具有良好信道特性的传输波束信息以及波束分组信息。对于基站而言，最直接的方案是根据用户报告推荐的结果，使用相对应的最佳RSRP的波束用于随后的数据传输，但不能认为这是唯一的场景。考虑到基站端调度可能有多种不同的维度，例如，多用户传输、干扰协同、信道互易性等，因此，基站端可以告知用户端哪个波束将会被用于随后的数据传输，以便于用户端使用相对应的、合适的接收波束进行数据接收。

就波束指示而言，基站端指示参考信号索引（代替直接指示发送波束索引）来表征相对应的波束组将会用于数据传输。换言之，基站端通过将空间信道特征信息告知用户端，以辅助用户端来执行波束赋形和接收。作为一种动态流程，波束相关指示需要考虑用户端和基站端的波束赋形能力、信道特性、用户需求以及基站端的资源调度等。5G NR波束指示通过多层的准共址参数（Quasi Co-Location，QCL）（涉及联合的高层信令和物理层信令）指示来实现，这样可以降低信令开销，同时又保证了波束指示的灵活性。在标准中，准共址参数通过TCI（Transmission Configuration Indication）状态来承载。

出于DCI负载的考虑，仅基于DCI的波束指示是很难有效应对各种场景的。同时，波束指示信息，不同于传统的CQI/PMI等短时信息，而是一种长时间有效的信息，所以可以借用RRC和MAC-CE的调度指示来进行有效指示。因此，NR设定了灵活的多层波束指示，以PDSCH波束指示为例，如图6-16所示。

- 步骤1：配置/重配置，通过RRC信令，配置或者重配置参考信号索引集合，构成可选的TCI状态（Candidate TCI States）资源池，用于描述波束特征。
- 步骤2：激活/去激活，通过MAC-CE信令，激活或者去激活TCI状态。激活或者去激活参考信号索引集合基于基站端的波束赋形能力和资源调度。激活的参考信号索引将会被动态地组合并配置到DCI-field相关联的TCI、参考信号集合中。

- 步骤3：指示，通过DCI信令，指示一个TCI状态用于DMRS端口组的指示，用于明确PDSCH的解调方法。

需要说明的是，当TCI状态被激活后，TCI状态中所关联的TRS参考信号将会被用户进行时频追踪（对应QCL参数中的多普勒偏移，多普勒扩展，平均时延，以及时延扩展），用于PDSCH解调的时频补偿。

这种基于RRC+MAC-CE+DCI的QCL指示可以有效满足配置和指示灵活性的要求，而且有效减少了DCI的开销。具体如下所述。

- 使用RRC信令来进行配置和重配置，可以有效地满足不同类型的UE和TRP能力、用户需求和物理信道特征的要求。在波束报告之后，一个或者多个用于数据传输的波束调度被配置或者被重配置。这些配置或重配置信息可能比较大，而且尺度动态变化，同时对于时延要求较小。
- 用于激活或者去激活的MAC-CE信令，可以支持TRP资源的灵活配置。对于MU-MIMO调度和干扰协调的考虑，部分或者全部的CSI-RS ID由基站灵活调度。如果需要对多个波束进行同时指示，MAC-CE会将RRC配置的结果进行组合，并且将在组合后进行激活处理。
- 用于指示PQI的DCI信令，通过如上两步的操作，有效的子集可以被很好地限制，从而节省开销，同时又很好地满足实时性的要求。

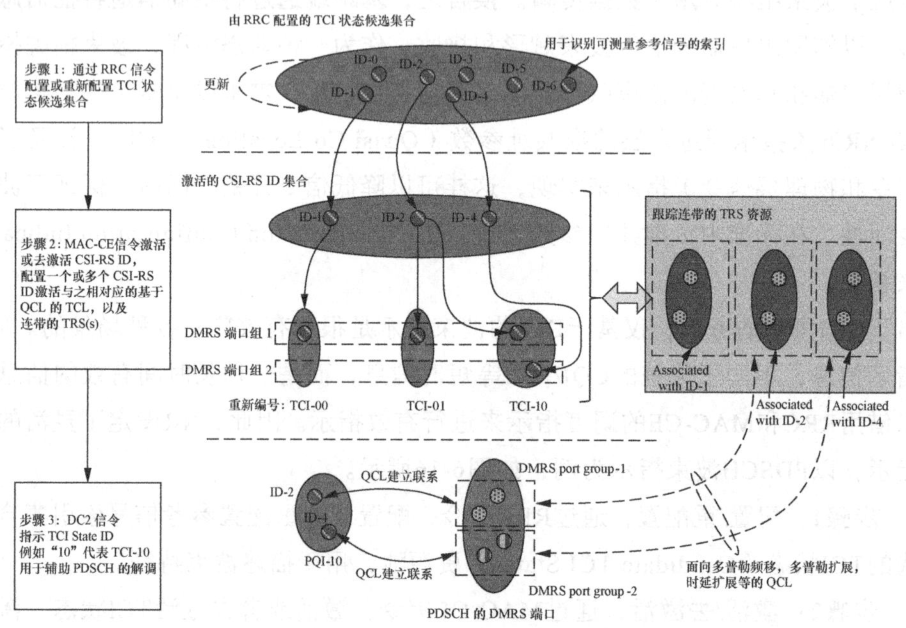

图6-16　基于TCI状态的多层下行波束指示

对于不具有波束对应的上行波束管理，用户端应用多个发送波束来传输上行波束赋形的参考信号（SRS）用于上行的波束扫描和波束测量。但是，不同于下行波束管理，基站端不需要额外报告上行波束测量的结果给用户端，仅需要通过对应的测量的上行波束赋形参考信号索引（隐含表征上行发送波束）来进行上行波束指示。对于上行和下行信道，都是沿用了上文描述的PDSCH多层波束指示的方法。下面整理了对应的波束指示的RRC、MAC-CE及DCI的信令架构。

- PDCCH/CORESET：RRC+MAC-CE。
- PDSCH: RRC+MAC-CE+DCI。
- 周期CSI-RS: RRC。
- 半持续CSI-RS：RRC+MAC-CE。
- 非周期CSI-RS：RRC+MAC-CE+DCI。
- PUCCH：RRC+MAC-CE。
- PUSCH：RRC+DCI。
- 周期SRS：RRC。
- 半持续SRS：RRC+MAC-CE。
- 非周期SRS：RRC/RRC+MAC-CE。

需要说明的是，对于非周期SRS，在NR Rel-15中仅支持基于RRC的上行波束指示。在NR Rel-16中，为了增强非周期SRS的波束指示灵活度，引入了RRC+MAC-CE的波束指示方法。

区别于其他上行和下行信道，5G NR还额外为PDSCH引入了默认波束指示的方法。具体而言，波束指示需要在PDSCH实际接收之前完成，但是，基于DCI的波束指示存在一个DCI解调和波束切换的时延。在有这个时延的情况下，UE端是无法预先知道随后PDSCH传输的波束信息的。考虑到传输的实时性要求，类似于LTE，5G NR也支持在同一个时隙上完成PDCCH和相关联PDSCH的传输。因此，相对于上文描述的显式的波束指示，5G NR对于下行PDSCH波束管理，同样也支持默认波束指示。具体而言，这里包括所在载波存在CORESET/PDCCH配置和不存在CORESET/PDCCH配置的两种场景（分别对应于本载波调度和跨载波调度）。

- 对于所在载波存在CORESET/PDCCH配置的场景，用户端假定在所述载波下，距离当前传输时隙最近的时隙且具有最低CORESET-ID的PDCCH波束，作为默认的波束进行潜在的PDSCH传输。

- 对于所在载波不存在CORESET/PDCCH配置的场景，用户端假定在所述载波下，PDSCH MAC-CE激活的TCI状态中最低ID对应的TCI状态所关联的波束，作为默认的波束进行潜在的PDSCH传输。

需要说明的是，潜在的PDSCH在标准中被称为“调度偏置（从相应的DCI到PDSCH

传输）小于波束切换门限”的PDSCH。

6.2.4 波束维护

在数据传输的过程中，基站端和用户端需要通过波束追踪和波束细化来进行波束维护，用于解决用户端移动或者从宽波束到窄波束下的波束对准问题。波束追踪的常用策略是对于相邻波束组合的扫描搜索。例如，在16个天线单元的高频通信系统中，定向波束的半功率衰减波瓣宽度（HPBW，Half Power BeamWidth）大约为22.5°，而由人体肘关节和手腕驱动下的设备旋转可以导致高频段收发机在很短的时间内出现波束未对准。一旦接收信号功率低于预先设定的门限，系统需要通过相邻波束扫描的方法来追踪新的最优波束组合。在这种情况下，波束追踪的备选波束的偏离角度可能会大于一半的半功率衰减波瓣宽度，即出现波束未对准。手持设备的移动特性是区别于一般固定设备的主要特征。具体而言，手持设备的移动由设备位移和设备旋转两种运动形式构成。

例如在室内热点场景下，如果目的设备距离源设备1m，2m/s的步行速度所带来的设备位移在最恶劣的情况下每196.3ms就会发生22.5°旋转。与设备位置移动相比，设备旋转带来的天线角度的旋转会更为明显。通过智能手机中内嵌的加速度传感器和陀螺仪传感器的测试，文献[15]给出了各种常见场景下，手持设备的旋转速度，如表6-5所示。在极限情况下，手持设备在28.1ms内就会发生22.5°旋转。而在浏览网页时，每62.5～375ms的时间内就会发生一次22.5°旋转。

表6-5 手持设备的旋转测量[15]

活动	旋转速度 （Revolutions Per Minute，RPM）	每100ms内角度旋转
阅读，浏览网页 （屏幕方向未旋转）	10～18	6°～11°
阅读，浏览网页 （屏幕方向旋转，从水平显示切换到竖直显示，或相反）	50～68	30°～36°
玩游戏	120～133	72°～80°

由此可见，当设备位移和旋转同时发生时，仅需要百毫秒左右的时间，高频段接收信号就会发生3dB功率衰减，数据传输定向波束不再对准。若不进行定向链路维护，高频系统需要不断地进行波束训练。

具体而言，对于发送和接收波束的波束维护/追踪可以通过P2和P3流程来实现。通过探测相邻波束，波束追踪可以有效地追踪和补充最佳传输方向的变化。此外，可以

通过P1流程找到的宽波束，进行波束细化。在一个给定的宽波束范围内，基站可以被配置多个波束赋形参考信号资源，来执行更窄波束的波束细化。在灵活的触发流程下，系统可以支持分层波束扫描方法，用于降低复杂度和节省搜索时间。

在链路质量低于期望值的情况下，在进行数据和控制信道切换前，基站端和用户端可以探测多个备选波束，随后确定是否进行波束切换。如果在备选的波束集合中，可以找到一个有效的波束链路，数据传输可以在没有中断或者波束失效的情况下进行波束切换。

6.2.5　波束恢复

波束赋形带来定向波束运行方法，而定向波束缺乏多个物理路径的分集，导致信号传输会对信道抖动、链路遮挡非常敏感，如人体遮挡导致大概20dB的路径损耗[16]。另外，人体移动和设备旋转将导致发送和接收端的波束无法对齐，如果波束追踪也不能有效纠正，这将会导致波束赋形增益的严重损失。

因此，对于PCell的波束失效问题，5G NR Rel-15引入了用户端主动进行波束上报的流程，称为波束恢复。如果控制信道的波束链路失效，用户端触发了波束恢复流程，发现了一个新的潜在波束，并触发波束恢复请求流程。波束恢复机制包括如下几个步骤，如图6-17所示。

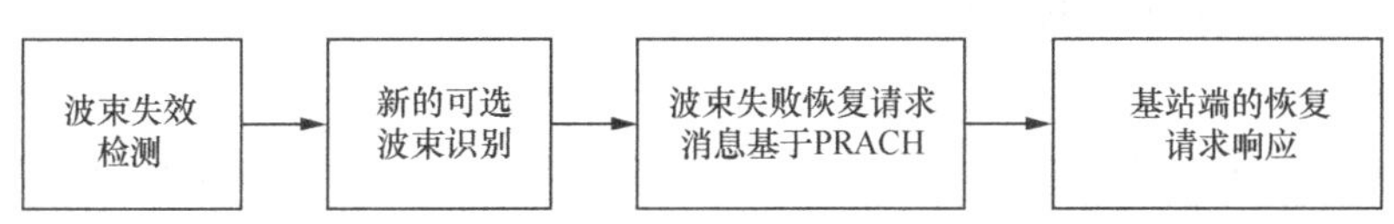

图6-17　PCell波束恢复结构框图

- 波束失效检测（Beam Failure Detection）：一个或多个下行参考信号可以通过显式配置或者隐式获取的方法来确定能否用于波束失效检测。作为波束失效检测的测量参数，误块率（Block Error Ratio，BLER）可以通过测量一个或多个下行参考信号获得。当在一个可以配置的窗口下、BLER测量结果都差于预定义门限时，链路失效指示会从用户端物理层报告给用户端MAC层。MAC层如果收到来自物理层的链路失效指示，用户端会将累计波束失效（BFI_COUNTER）次数加1。当BFI_COUNTER大于或等于预定义门限时，用户端会认为波束失效事件发生。

- 新的可选波束识别（New Candidate Beam Identification）：一个或多个下行参考信号可以被配置作为新的可选波束识别的备选波束。如果所述的一个或多个下行参考信号中存在一个参考信号的L1-RSRP测量结果（作为新波束识别的度量参数）大于或等于预定义门限时，该参考信号将被认为是新的可选波束，即q_new。

- 波束失败恢复请求（Beam Failure Recovery Request，BFR）：当波束失效事件发生，并且至少一个新的可选波束被发现后，用户端会根据所确定的新的可选波束确定参考信号q_new，发起所对应的PRACH传输。如果新的可选波束识别的备选波束的信道质量均差于门限，用户端将会任意选择一个下行参考信号进行对应的上行PRACH传输。需要说明的是，新的可选波束识别所对应的任意一个下行参考信号，可以关联一个或多个PRACH传输机会。
- 基站端的恢复请求响应（gNB Response for Recovery）：在发送用于波束恢复请求的PRACH后，用户端根据下行参考信号q_new对应的QCL假定将会监控专门用于波束恢复的专属search space/CORESET下的PDCCH传输。当用户端成功检测到所述的PDCCH传输后，用户端会假定基站端已经成功接收到了用户端发送的波束失败恢复请求消息（BFR）。然后，用户端会继续根据新参考信号q_new对应的QCL假定将会监控专门用于波束恢复的专属Search Space/CORESET，直到基站端重新配置CORESET的TCI指示。相应地，PUCCH的空间滤波器（Spatial Filter），即上行发送波束，也会进行相应的更新到PRACH所使用的空间滤波器。

为了便于理解，PCell波束恢复的具体流程如图6-18所示。通过检测PCell下行控制信道（PDCCH）所关联的参考信号对应的BLER性能可知，如果相应的BLER比预设波束失效门限更差，用户端将宣称波束失效，并且执行新的可选波束的识别。当新的可选波束所对应的RSRP的性能高于新的可选波束门限，波束恢复流程将会触发波束恢复请求的信息（包括用户ID和新的可选波束），告知基站端。此后，用户端将使用新的可选波束来接收控制信道的搜索空间，尝试接收基站端的波束恢复请求。为了加速波束恢复流程和确保波束恢复信息传输的鲁棒性，非竞争（Contention-Free）物理随机接入信道（PRACH）可以用于承载波束恢复请求消息。

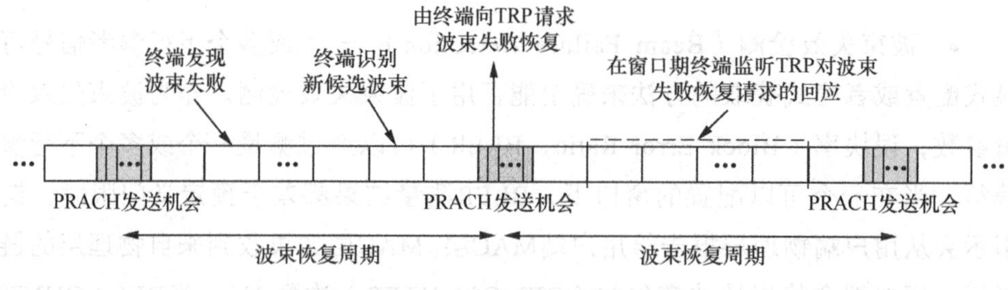

图6-18　PCell波束恢复流程

在5G NR Rel-16中，考虑PCell在低频段，而高频段仅为SCell的场景，额外对SCell下的波束恢复方案进行了增强。从流程的角度看，SCell波束恢复流程和前面描述的PCell波束恢复流程基本一致，区别在于波束恢复请求消息通过PUCCH-BFR+MAC-CE信令承载，而非PRACH。这主要是考虑SCell波束恢复场景下，PCell很有可能还有有效的上下行链路。因此，可以通过MAC-CE信令来承载波束恢复消息，这具有更高的

上行资源利用率和较好的实效性。

具体而言，基站可以配置面向一个或者多个SCell的波束恢复流程。通过检测对应的SCell下行控制信道（PDCCH）所关联的参考信号对应的BLER性能可知，如果相应的BLER比预设波束失效门限更差，用户端将认为该SCell波束失效，并且进行新的可选波束的识别。但是，区别于PCell波束恢复流程，SCell波束恢复允许用户端在未能发现新的可选波束的情况下，执行SCell波束恢复上报（这主要是因为，对于SCell而言，基站可以通过关闭该SCell或者触发新的波束测量的方法来选择新的可用波束）。然后，用户使用PUCCH-BFR信令（类似于专属于波束恢复的调度请求消息）请求上行共享信道资源（Uplink-Shared Channel，UL-SCH）。在新的UL-SCH资源上，用户将发送波束恢复MAC-CE信息（包括用户ID和新的可选波束或者未发现任何可用波束的标识），告知基站端。

6.3 波束管理后续演进

在2019年6月，3GPP 5G方案已经提交到ITU IMT-2020[17]，同时，面向Beyond 5G的标准预研工作也开始启动。对于波束管理而言，Beyond 5G的增强方案包括扩展到更广的应用场景，包括超可靠低时延通信，毫米波MU-MIMO增强，以及用户功率节省等。为了支持这些应用场景，面向5G波束管理的技术增强成为非常重要的一部分。

本节分析波束管理增强的关键技术，具体包括：上行默认波束和默认路损参考信号技术，上行和下行多面板同时传输，以及MU-MIMO场景下干扰感知的波束管理。

6.3.1 上行默认波束和默认路损确定

在6.2.3节面向下行的PDSCH传输中，5G NR在Rel-15规定了其下行默认波束。为了进一步节省上行波束指示的开销，在Rel-16中，讨论并通过了面向上行传输（包括PUSCH，PUCCH和SRS）的上行默认波束和默认路损参考信号。下行默认波束所面临的DCI的解调时延，对于上行波束指示其实并不存在。因此，对于上行默认波束和默认路损参考信号指示的方法，仅是为了节省开销，并且不需要考虑和用户切换波束能力的关系。

对于PUCCH和SRS信道而言，基站端可以对其直接进行空间关系（Spatial Relation）配置，类似于下行的TCI状态，基于空间关系中指示的参考信号来确定上行传输的发送波束。而PUSCH本身并不需要进行空间关系（Spatial Relation）配置，而是通过关联的SRS的天线端口间接获得。

（1）对于PUCCH和SRS而言，

- 当所在载波存在CORESET/PDCCH配置，并且上行传输没有配置空间关系时，用户端将使用在所述载波下最低CORESET-ID所关联的CORESET/ PDCCH的TCI状态中QCL-Type D（Spatial Rx Parameter）RS所对应的波束，作为默认上行波束来执行上行传输。
- 当所在载波不存在CORESET/PDCCH配置，并且上行传输没有配置空间关系时，用户端将使用在所述载波下PDSCH MAC-CE激活的TCI状态中最低ID的TCI状态中QCL-Type D RS所对应的波束，作为默认上行波束来执行上行传输。

（2）对于PUSCH而言，通过所关联的SRS天线端口间接获取空间关系，并需要额外的标准规定。

需要说明的是，对于SRS而言，用于波束管理的SRS以及配置了下行参考信号的用于非码本（Non-Codebook）传输的SRS，不适用上述的默认波束方法。

为了便于理解，图6-19描述了上述两种场景下的上行波束的获取。可以看到这两种场景下的上行波束的获取与下行默认波束获取是不同的，当所在载波存在CORESET/PDCCH配置时，上行波束获取不需要额外考虑最近的时隙（Slot），这是因为在用户端不会出现上行默认波束频繁切换的场景。

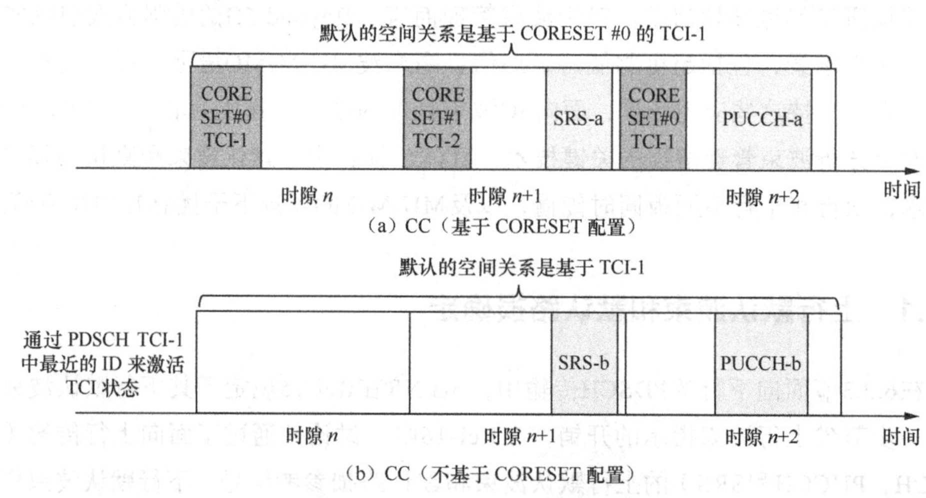

图6-19 上行默认波束方法

此外，对于上行传输而言，除了需要明确上行波束信息外，所有的上行传输都需要明确上行功率控制参数。对于默认波束方法而言，上行功率控制参数中的路损参考信号需要和上行波束变化对齐。因此，默认路损参考信号，基本上使用了与上行默认波束相同的参考信号，但是对于PUSCH需要有明确的规定。

（1）PUCCH和SRS。

- 当所在载波存在CORESET/PDCCH配置，并且上行传输没有配置空间关系时，用户端将使用在所述载波下最低CORESET-ID所关联的CORESET/PDCCH的TCI状态中的QCL-Type D RS，作为默认路损参考信号来确定上行传输所需要的路损补充。
- 当所在载波不存在CORESET/PDCCH配置，并且上行传输没有配置空间关系时，用户端将使用在所述载波下PDSCH MAC-CE激活的TCI状态中最低ID的TCI状态中的QCL-Type D RS，作为默认路损参考信号来确定上行传输所需要的路损补充。

（2）对于PUSCH而言，通过所关联的SRS所对应的路损参考信号，作为默认路损参考信号来确定上行传输所需要的路损补充。

因为路损测量要求参考信号必须为周期参考信号，所以标准明确在这种场景下，QCL-Type D RS需要为周期参考信号。

6.3.2 上下行多面板同时传输

5G NR标准（Rel-15）主要是面向单个用户端激活天线面板场景展开的，这意味着，在一个给定时刻，仅有一个上行或者下行的发送波束可以被同时传输。在这种情况下，上行和下行传输的灵活性被大幅度限制。在多传输节点（Multiple Transmission Points，Multi-TRP）和车到物（Vehicle-to-Everything，V2X）场景下，多节点下的同时传输成为重要的应用要求。因此，在用户端多天线面板的情况下，上行和下行多面板同时传输成为Beyond 5G波束管理增强的重要演进方向。

在基于分组的波束报告的基础上，面向下行多面板的多波束同时传输，在3GPP Rel-16中得到了很好的增强和提升。具体而言，对于一个给定的PDSCH下行数据传输，基站端可以同时指示两个不同的发送波束，分别作用于两个不同的PDSCH-DMRS空口组，用户端将会生成面向所述两个发送波束对应的接收波束组合，对于PDSCH传输进行同时接收。此外，3GPP Rel-16还支持两个传输节点下的PDSCH的同时发送，其中，每个PDSCH仅针对一个发送波束，但是对于用户端而言，需要生成相对应的两个不同的接收波束，来分别接收来自两个传输节点的PDSCH传输。在6.2.2节，图6-15给出了通过使用分组波束报告来使下行多面板、多波束同时接收，所获取的显著性能提升（其中，基于非分组波束报告对应于下行单面板、单波束传输方案性能）。

此外，对于上行传输而言，基站端和用户端都需要配置多个天线面板。并且，为了获得更高的多层传输，传输节点和用户端需要使用不同的波束来充分利用各个天线面板的性能。多天线面板、多传输节点下的多波束同时传输实例，如图6-20所示。通过利用4个天线面板，用户端便可以同时发送上行信号到两个不同的传输节点。

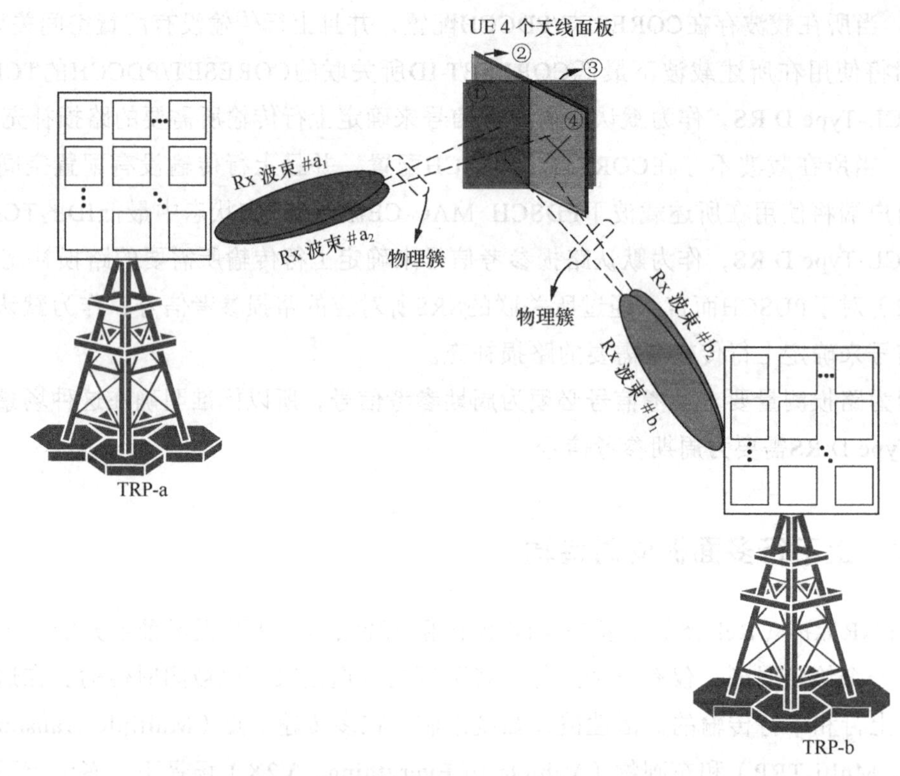

图6-20　多天线面板、多传输节点下的多波束同时传输

对于网络部署而言，支持多天线面板同时传输方案，需要重复考虑各种情况下的用户实现架构。

- 多天线面板用户-第1类假定［Multi-Panel UE（MPUE）–Assumption 1］：多个天线面板在一个用户端，其中仅有一个天线面板可以被激活。
- 多天线面板用户-第2类假定（MPUE–Assumption 2）：多个天线面板在一个用户端，其中多个天线面板可以被激活用于传输。
- 多天线面板用户-第3类假定（MPUE–Assumption 3）：多个天线面板在一个用户端，其中多个天线面板可以被激活，但是仅有一个天线面板可以用于传输。

为便于理解，这里以用户为中心的多天线面板管理为例，如图6-21所示。需要说明的是，对于非激活天线面板而言，天线面板从非激活状态转换成激活状态需要3ms左右的额外时延。并且系统需要额外执行面向新激活天线面板的波束管理流程，以便于发现新激活天线面板的可选波束，实现无中断的数据传输。

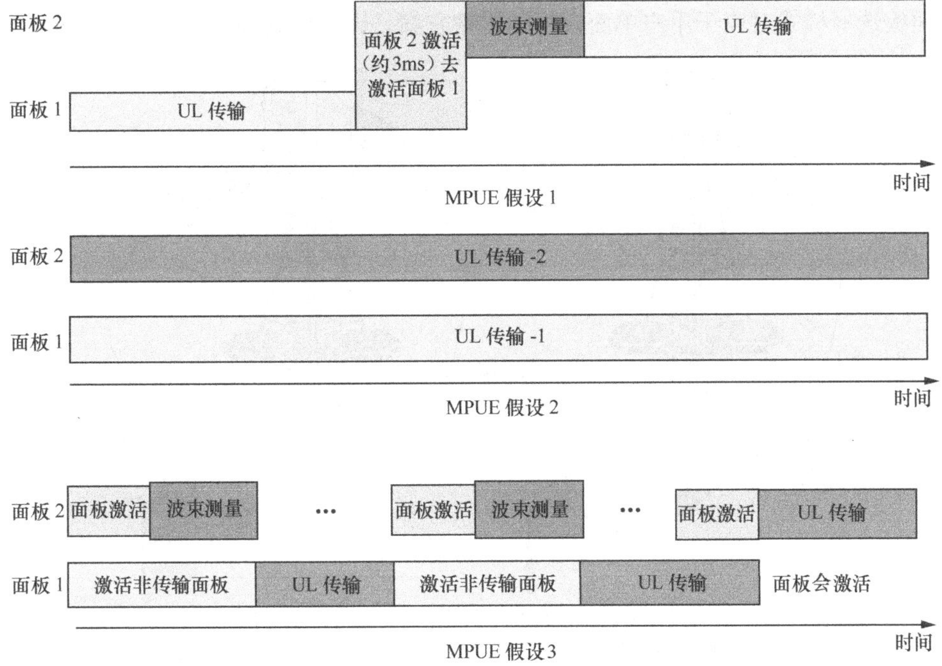

图6-21　以用户为中心的多天线面板管理

由于基站端无法完整地获取用户端的实时信息，如链路遮挡、用户端过热，以及低功率工作模式等，所以以用户为中心的面板管理需要被着重考虑。这意味着，天线面板的状态，例如休眠态或者激活态，可以被用户端控制，而仅有激活状态的天线面板可以被基站端调度。为了确保基站端和用户端可以有相同的理解，需要考虑如下议题。

- 为了支持基站端和用户端的天线面板信息的交互，用户端可以向基站端执行面向天线面板的专属信息的报告。具体而言，功能可以分成3种类型：①用户端独立确定天线面板的状态；②用户端天线面板状态由用户端报告，但是以基站端的配置和确认信息为准；③动态激活的用户端天线面板个数的上限可以由用户端辅助信息灵活请求，但是用户端的天线面板状态由基站端配置获取。
- 为了支持动态的天线面板的切换，对于传输参数的配置方法和相对应的天线面板切换的时间要求，可以考虑整合成一个传输配置资源组。当天线面板状态从一个状态（如两个天线面板状态）切换到另外一个状态（如一个天线面板状态），上行信道和参考信号所管理的诸多传输参数可以在一个给定时间框架下同时更新。

在单TRP和多TRP两个传输场景下，分析和评估通过支持上行多面板同时传输可以获得的性能提升。

首先，通过链路级仿真（Link Level Simulation, LLS），评估对于单TRP传输场景下的上行多面板同时传输性能。仿真场景如图6-22所示，这里讨论用户面板选择（UE Panel Selection）和多面板同时传输（Multi-Panel Simultaneous Transmission）两种场景。其中，

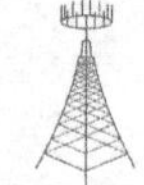

用户面板选择模式对应于用户单面板下的传输方案。详细仿真假设可见参考文献[18]。

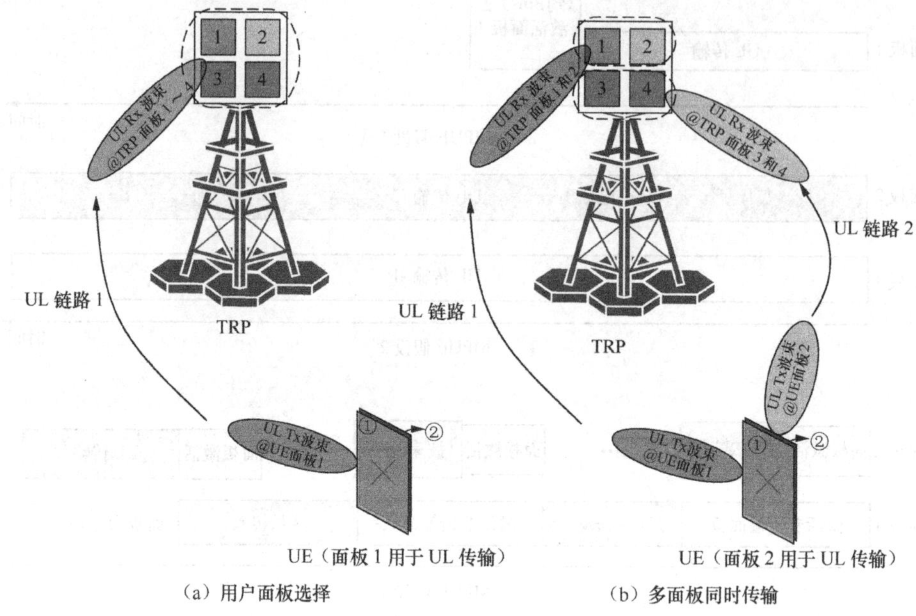

（a）用户面板选择　　（b）多面板同时传输

图6-22　在单传输节点场景下上行传输模式

在单TRP场景下，评估了用户面板选择（UE Panel Selection）和多面板同时传输两种模式下的频谱效率（Spectral Efficiency），结果如图6-23和表6-6所示。从仿真结果可以看出，无论在5%、50%还是在95%用户端上，上行多面板同时传输相对于传统的用户面板选择方法获得了明显的性能提升。在平均频率效率上，上行多面板同时传输方案可以获得11.87%的性能提升，这些提升主要来自于可以支持更多传输层和分集增益。

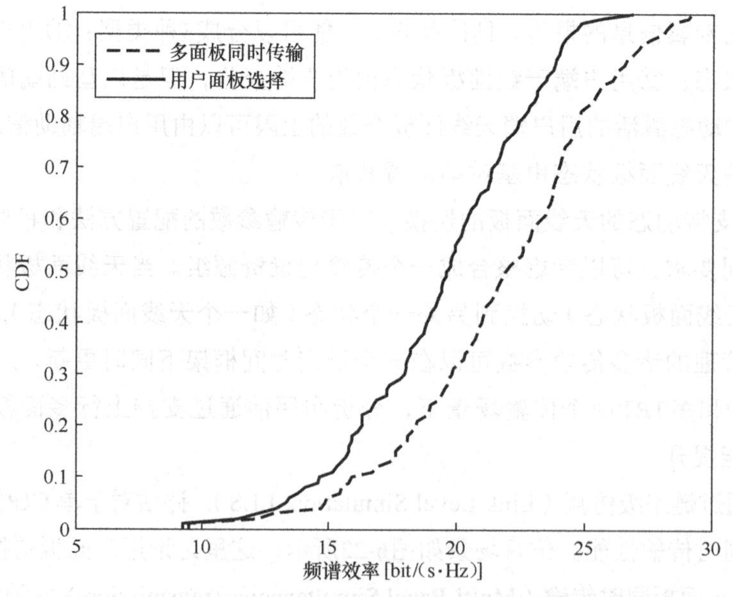

图6-23　在单传输节点（Single-TRP）场景下频谱效率曲线

表6-6　在单传输节点场景下频谱效率

	用户面板选择	多面板同时传输
平均值	19.4（100%）	21.7（+11.87%↑）

然后，通过链路级仿真，又进一步评估了对于多传输节点场景下的上行多面板同时传输性能。仿真场景如图6-24所示，这里讨论了两种场景下用户面板选择和多面板同时传输。其中，用户面板选择模式对应于用户单面板下的传输方案。详细仿真假设可参见文献[19]。

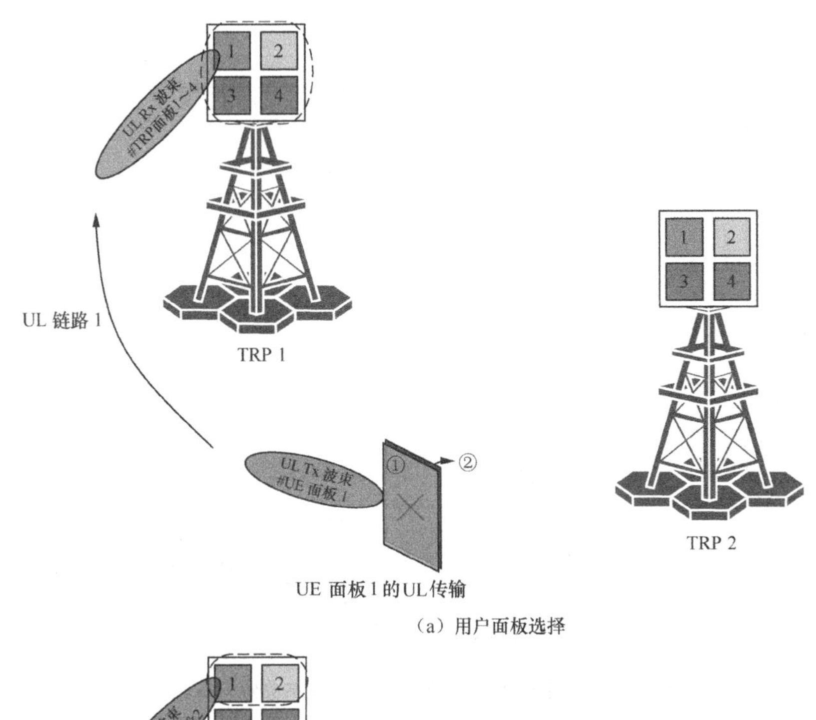

（a）用户面板选择

（b）多面板同时传输

图6-24　在多传输节点场景下上行传输模式

多传输节点场景下，用户面板选择和多面板同时传输两种模式下的频谱效率评估结果如图6-25和表6-7所示。从仿真结果可以看出，上行多面板同时传输相对于传统的用户面板选择方法可以获得非常显著的性能提升，尤其是对于50%、95%的用户而言。在平均频谱效率上，上行多面板同时传输方案可以获得19.99%的性能提升。由于可以支持更多的传输链路，通过对比单传输节点和多传输节点场景，上行多面板同时传输在多传输节点场景上可以获得更为显著的性能提升。

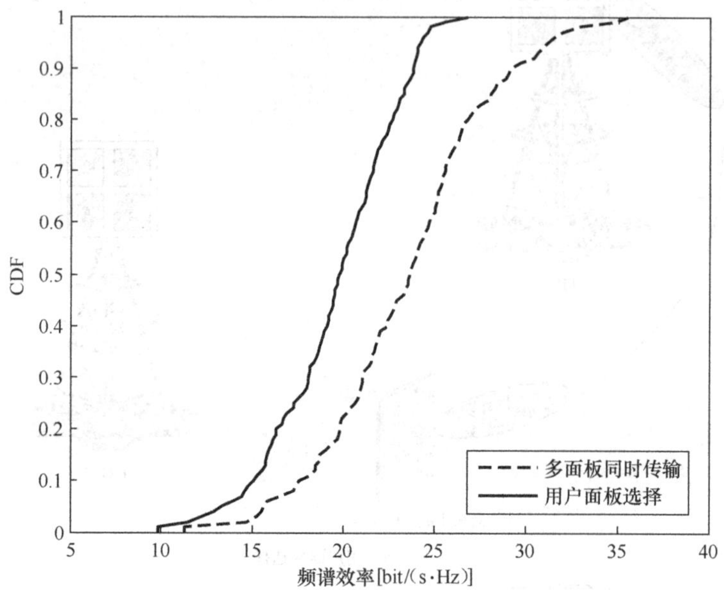

图6-25 在多传输节点场景下频谱效率曲线

表6-7 在多传输节点场景下频谱效率性能

	用户面板选择	多面板同时传输
平均值	19.6 （100%）	23.5 （+19.99%↑）

6.3.3 MU-MIMO下的感知干扰的波束管理

在5G NR系统中，用户端可以报告N个发送波束（下行参考信号资源索引）和相应的L1-RSRP结果。根据波束报告结果和其相应的调度测量，基站端将从可选的波束集合中选择一个波束用于随后的数据传输。但是，从数据传输的角度看，这种基于RSRP的选择准则可能并不能反映选择波束的实际信道质量。

• 具体而言，RSRP被定义为用于测量的下行参考信号的资源单元（Resource Element, RE）对应的线性平均功率。其中，资源单元的功率基于有用的符号来确定，即不考虑循环前缀（CP）的影响。

由于不考虑干扰和噪声的影响，RSRP仅反映了下行参考信号的接收信号功率这意味着RSRP并不能准确地反映传输性能。对于不同的波束链路，干扰的影响可能千差万别，而且作为结果，较大RSRP的波束链路可能有较差的BLER性能。

• 例如，基站端的天线面板可以被分成多个小组，其中每个小组独立地服务于MU-MIMO场景下的用户，如图6-26所示。这包括3个基站端的天线面板组：{面板1，面板2}{面板3}{面板4}，它们分别对应于用户端a、用户端b和用户端c。这种场景下的主要挑战是：如何有效地选择多个用户的波束，以服务于MU-MIMO的同时传输。

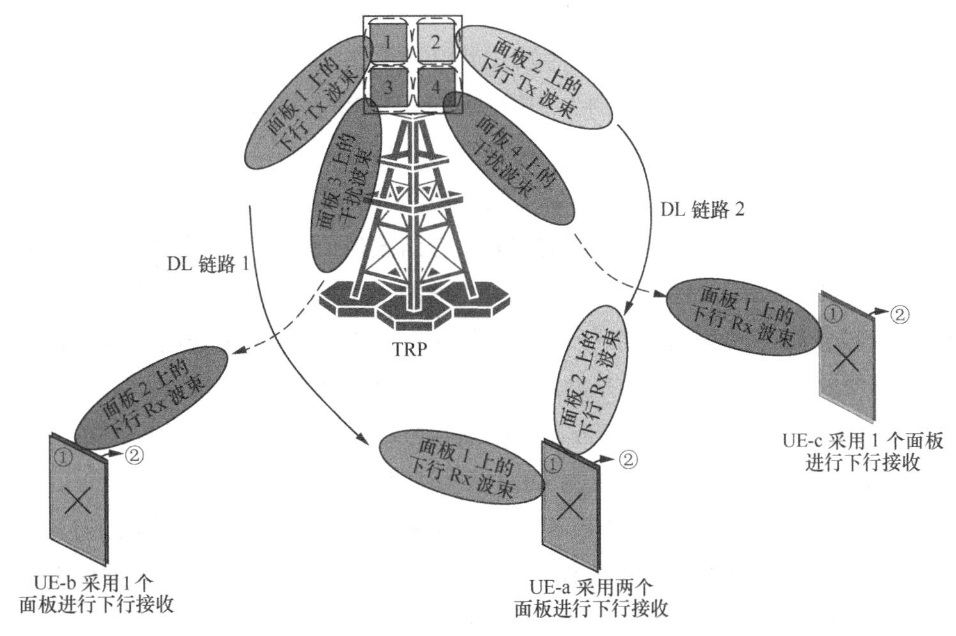

图6-26　MU-MIMO下的干扰感知的波束管理

干扰感知的波束管理，可以用于处理在这种场景下的MU-MIMO的波束报告和波束指示。

• 低干扰波束报告：在一个给定的传输下，干扰不仅与用户专属的传输的发送波束有关系（用于信道测量的下行参考信号），而且，由于干扰的定向传输，它也与其他用户的调度有关（在MU-MIMO场景下，其他用户端的发送波束）。干扰水平与用户端的接收波束赋形有关，这意味着，对于不同的发送和接收波束链路，不同的干扰波束下，用户端可以测量出不同的干扰水平。因此，对于每个用户端，除了推荐用于传输的波束，可以考虑一起上报低干扰波束。这种情况下，低干扰波束信息可以用于支持MU-MIMO和多TRP下的波束调度。

- 传输波束和干扰波束的联合指示：除了需要指示传输波束，为了优化用户端的波束赋形方法，可以额外指示干扰波束信息。假定相同的下行参考信号用于信道部分的信道指示，用户端可以根据不同的干扰波束假设确定对应的接收端波束赋形预编码。例如，在给定的信道部分和干扰部分的信息下，接收波束赋形方法可以分成两个部分——数据信号的增强和干扰信号的抑制。因此，从用户端的角度看，波束指示信息可以额外提供干扰波束的索引信息。

此外，干扰感知的波束报告和波束指示增强可以考虑支持非正交多址复用（Non-Orthogonal Multiple Access, NOMA）的多用户场景等[20-21]。并且，除了干扰波束的空间信息，功率信息也可以考虑由用户端告知基站侧，以便于辅助基站端的调度和功率分配。与波束指示一样，功率信息可以用于辅助用户端执行接收端干扰消除。

本节通过系统级仿真（SLS）评估了低干扰波束上报对于下行传输性能的提升。需要说明的是，本仿真是在支持下行同时传输（分组报告）模式下评估的。对比的基线为传统的L1-RSRP下的波束上报（不考虑波束之间的干扰），仿真结果如表6-8所示。对于低干扰波束报告而言，每个用户面板接收功率小于最佳发送波束的接收功率15dB的波束被认为是低干扰波束，并报告给基站端。详细仿真假设可参见文献[22]。

- 如果不执行低干扰波束报告，仅增强判定准则从L1-RSRP到L1-SINR，很难看到显著的系统性能提升。甚至在50% UE下，存在一定程度的性能下降。

- 支持低干扰波束报告的场景下，系统传输性能有了显著提升。可以看到，通过报告在最佳传输波束下的低干扰波束索引信息，基站可以根据低干扰波束列表来优化MU-MIMO场景下的配对波束，进而避免严重的串扰。

表6-8 在室内热点场景下，L1-RSRP波束报告与L1-SINR下低干扰波束报告的吞吐率性能对比

	负载率（RU）	平均吞吐率（Mbit/s）	5%UE吞吐率（Mbit/s）	50%UE吞吐率（Mbit/s）	95%UE吞吐率（Mbit/s）
L1-RSRP	47.47%	427.95	69.04	414.25	860.37
支持上报IMR索引信息的L1-SINR	46.62%	425.12（-0.66%↓）	75.92（+9.97%↑）	404.27（-2.41%↓）	883.01（2.63%↑）
不支持上报IMR索引信息的L1-SINR	36.83%	502.52（+17.42%↑）	173.86（+151.83%↑）	486.3（+17.39%↑）	932.07（+8.33%↑）

考虑实际波束报告的开销，研究人员进一步评估了低干扰波束数量与传输性能的关系。我们引入了低干扰波束率（Low Interference Beam Ratio）的概念，即满足了预定义门限下报告的低干扰波束的数量与全部备选波束的比值。仿真评估结果如图6-27所示。在本仿真中，共配置了32 NZP-IMR（非零功率干扰管理资源）用于模拟低干扰波束，例如，当报告4个IMR时，低干扰波束率为4/32 = 12.5%。

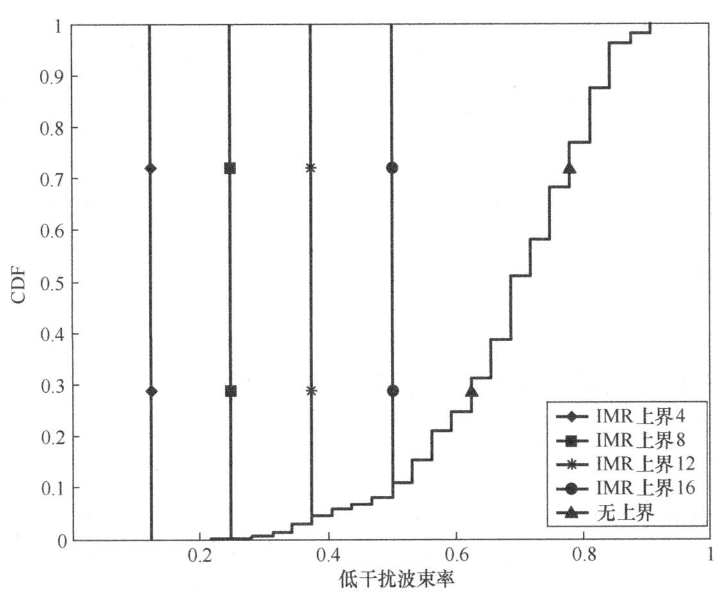

图6-27 低干扰波束报告下的低干扰波束率

在报告X个低干扰波束的情况下，当$X = 4$或者8时，低干扰波束率为恒定值。这意味着，用户可以直接找到所设置的X个低干扰波束的上限。但是，当X的值大于8后，这个比例会有增加，最终达到X所设定的上限。可以看到，在这种场景下，当低干扰波束率为50%时， CDF值为8%。这意味着，对于92%的UE，可以从整体的低干扰波束可选集合中发现不少于50%的波束为低干扰波束。由此可见，在实际场景下，用户可以找到足够多的低干扰波束，用于服务MU-MIMO下多用户的同时传输。

随后，以低干扰波束报告的数量为变量，进一步评估了系统性能。仿真结果如表6-9所示，其中，上报低干扰波束报告的数量被限制为X（X为4、8、12和16）。可以看到，当适当的X值被配置后，低干扰波束报告相对于L1-RSRP报告有显著的系统性能提升。例如，当报告4个IMR时（报告模式与Rel-15 L1-RSRP报告相同），相对于基本的L1-RSRP报告，在平均吞吐率和5%边缘UE上，分别获得19.34%和146.71%的性能提升。此外，当配置$X = 8$时，系统可以获得最佳性能。但是随着X的增加，系统性能略有下降，这是因为从报告的低干扰波束角度出发，系统在MU-MIMO场景下面临的干扰将会增大。

表6-9 在室内热点场景下，L1-SINR下低干扰波束报告的吞吐率性能

	负载率（RU）	平均吞吐率（Mbit/s）	5%UE吞吐率（Mbit/s）	50%UE吞吐率（Mbit/s）	95%UE吞吐率（Mbit/s）
L1-RSRP	47.47%	427.95	69.04	414.25	860.37
L1-SINR IMR 上界为4	36.58%	510.7（+19.34%↑）	170.33（+146.71%↑）	500.81（+20.90%↑）	932.07（+8.33%↑）
L1-SINR IMR 上界为8	36.49%	511.6（+19.55%↑）	171.2（+147.97%↑）	500.81（+20.90%↑）	932.07（+8.33%↑）
L1-SINR IMR 上界为12	36.56%	509.72（+19.11%↑）	172.07（+149.23%↑）	493.45（+19.12%↑）	932.07（+8.33%↑）
L1-SINR IMR 上界为16	36.56%	508.43（+18.81%↑）	177.54（+157.16%↑）	493.45（+19.12%↑）	932.07（+8.33%↑）
L1-SINR IMR 报告无上界	36.83%	502.52（+17.42%↑）	173.86（+151.83%↑）	486.3（+17.39%↑）	932.07（+8.33%↑）

6.3.4 基于人工智能（AI）的波束管理增强

基于机器学习的人工智能算法在整个通信领域已经引起了非常广泛的关注，进而开始出现将AI算法引入到5G网络部署上的趋势。可以预期，AI将会广泛应用到网络乃至用户端。一般而言，AI算法是一种基于历史数据训练和学习后快速高效地进行决策的方法。从MIMO传输角度看，AI算法有望节省反馈和控制信令开销，提供更为精确的反馈结果，以及促成基站端和用户端更为理想的协同。这些潜在的收益将会体现在系统性能的提升上，例如，吞吐率和可靠性。对于波束管理而言，AI算法可以应用于如下两个领域。

- 波束训练[23-24]：对于毫米波传输而言，非散射物理信道路径的功率远低于接收机噪声，所以功率贡献从实际传输的角度来看几乎可以忽略不计。然而，用于支持数据传输的主要物理信道路径的数量是非常有限的。因此，考虑毫米波信道的稀疏特性（换言之，具有良好信道性能的波束组合的数目，远低于可选的波束组合数目），基于机器学习的波束训练算法成为大规模波束训练的重要发展方向。此外，当在密集的毫米波网络下执行多用户波束管理时，系统需要有效平衡各种类型的性能指标（如平均吞吐率、边缘用户吞吐率、小区内以及小区间的干扰消除和协同）。基于深度学习的波束管理成为一个有效消除无线资源管理（Radio Resource Management）复杂性问题的方法。在文献[25]中，一种基于深度学习的波束管理和干扰协同方法被提出。通过这种方法，波束方向、波瓣宽度及每个波束的发送功率可以被同时优化。
- 波束追踪[26]：作为一种解决设备移动性问题的方案，波束追踪被广泛地应用

于毫米波通信系统。通过探测相邻的可控波束，波束追踪可以有效地追踪和补偿天线方向的改变。但是，在没有历史信息的前提下，移动信息（如用户端移动的速度和方向）是不确定的。因此，通过考虑运动方向、速度和位置信息等，基于用户端的波束切换学习成为一种重要的增强方案，以优化波束追踪过程中探测波束的数量和变化范围，通过基于用户移动行为的实时收集，获取AI算法所需要的训练数据。因此，基于预测和用户报告的移动轨迹，波束切换能够快速确定。

考虑到基站端和用户端都有权利来灵活选择相应的AI算法，为了在3GPP标准中支持基于AI的波束管理，需要研究标准化各种类型的神经网络，支持基于AI算法的波束管理标准化进程，规定基于AI算法的波束管理进程的整体框架。在这里，提供了4种典型的应用场景，如图6-28所示。

- 图6-28（a）中，标准规定用户端反馈其移动信息，以便于移动信息可以作为一个输入信息，用于建立基站端的基于AI算法波束管理的神经网络。
- 图6-28（b）中，在基站端，基于AI算法的波束管理将会进行未来波束的预测，相应地，包含多个波束指示和对应时间戳的消息将会被指定给用户端。
- 图6-28（c）中，神经网络可以在用户端实现，将来自用户端的AI输出结果如波束预测结果或者测量得到的解调导频信息作为标准化内容。
- 图6-28（d）中，基站端和用户端可以协作AI流程。基站端可以执行训练，并且下载训练的网络到用户端。具体的执行将会在用户端执行，然后将产生的最终波束训练结果告知基站端。

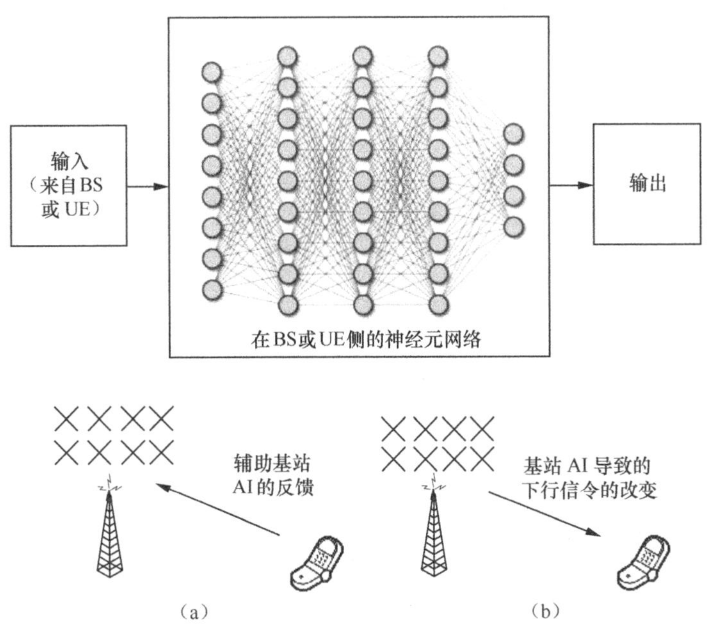

图6-28 面向AI算法的波束管理的标准化流程

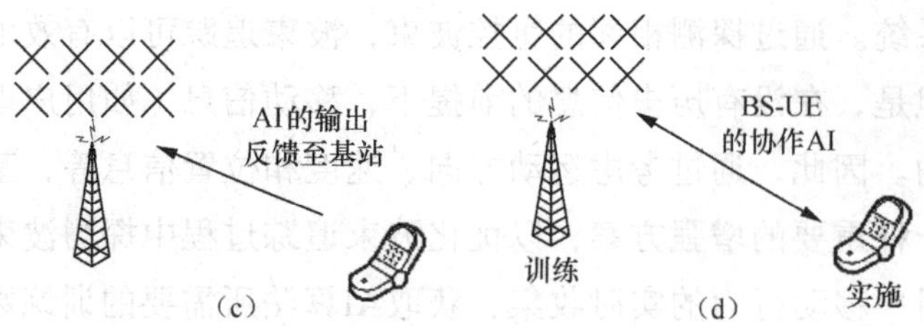

图6-28　面向AI算法的波束管理的标准化流程（续）

6.4　小结

本章系统地分析了高频信道、部署场景和组网模式，然后整体介绍了5G NR的3GPP标准化的波束管理架构，最后面向3GPP正在研究及未来潜在研究的波束管理课题进行了阐述和总结。5G NR标准支持波束扫描、波束测量、波束报告、波束指示、波束维护和波束恢复等流程。其中，在波束报告中，基于分组的波束报告开启了多波束同时传输模式，这对于提升系统的吞吐率和通信的鲁棒性有着重要意义。在面向毫米波通信的波束管理技术的后续演进中，探讨了上行默认波束和默认路径参考信号确定的方案，多面板同时传输（特别是面向上行）、MU-MIMO下的感知干扰的波束管理，以及基于AI技术的波束管理增强。

第7章

上行传输增强

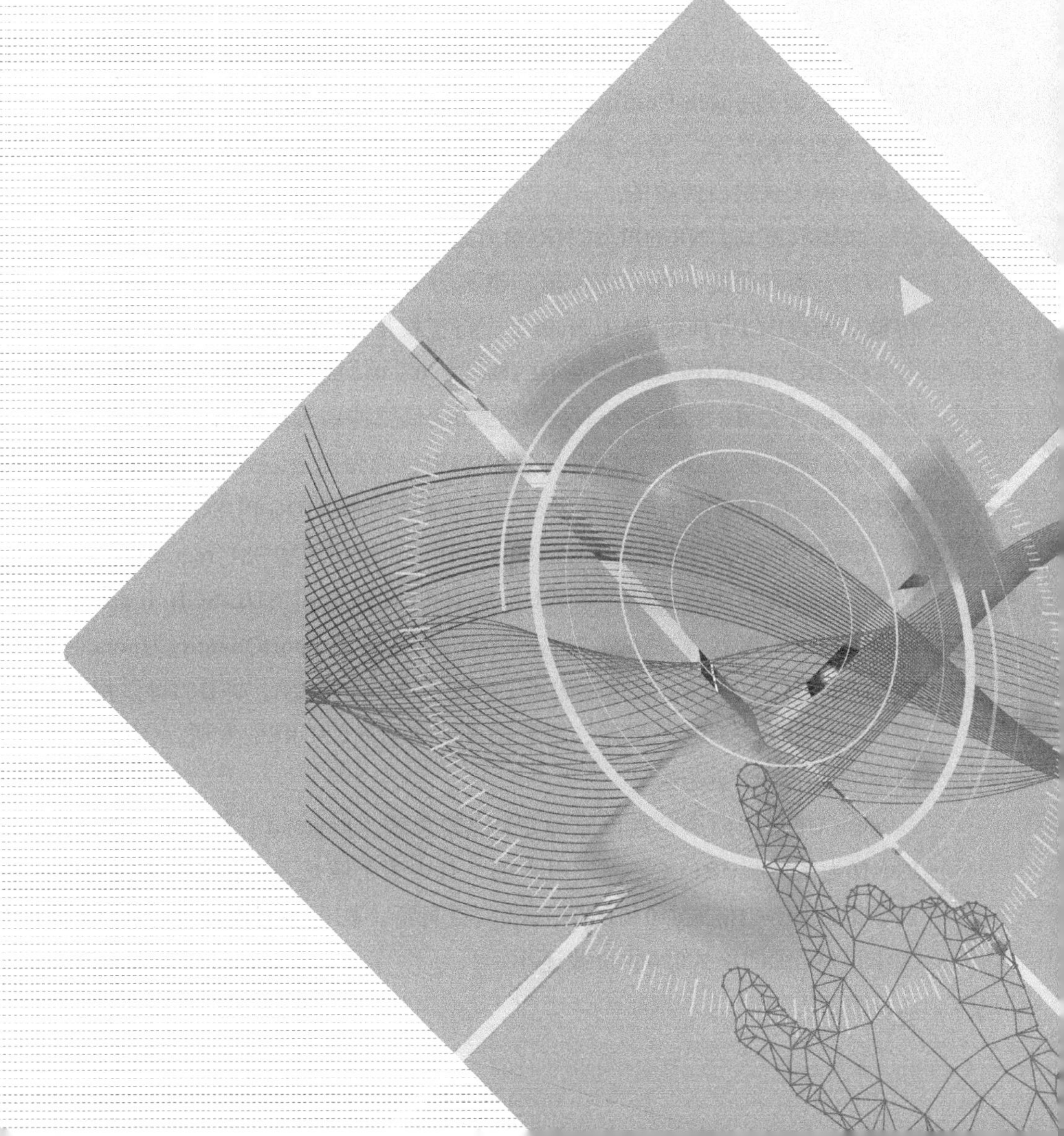

NR的多天线、多波束特性也体现在上行传输技术中。相对于LTE，NR的PUCCH并没有增强多天线特性，仅支持单天线端口传输，但是完善了对多波束场景的支持。对于PUSCH，NR支持基于码本和非码本两种传输方案，分别突出了多天线和多波束的特性。

NR上行传输的功率控制方面，Rel-15主要突出了对波束级别功率控制的支持，而Rel-16则增强了基于码本的PUSCH传输使用满功率发送的特性。

7.1 PUSCH传输

基站通过pusch-Config参数中的txConfig参数配置为码本或非码本为UE指示PUSCH的传输方式。当该参数没有配置时，UE只能被DCI格式0_0调度，此时PUSCH是基于单天线端口传输的。

按授权方式，NR的PUSCH传输方式分为两类。

（1）动态调度的PUSCH传输，也称为动态授权（Dynamic Grant，DG）的PUSCH传输，通过DCI中携带的UL grant（上行授权）指示PUSCH的调度信息。

① DG PUSCH传输可以被DCI格式0_0、0_1或0_2调度。其中DCI格式0_0结构最简单，包含的域的数量最少。DCI格式0_0只支持单天线端口传输，不包含MIMO特性的参数，所以通过DCI格式0_0调度PUSCH也称为回退方式（Fallback）调度PUSCH。DCI格式0_1、0_2用于单天线、多天线可灵活切换的DG PUSCH传输。

② DCI格式0_1或0_2中包括UL-SCH indicator域和CSI request域，分别用于指示DCI调度的PUSCH传输是否承载UL-SCH和CSI信息。当UL-SCH indicator域为0，CSI request域为非0值，并且CSI-ReportConfig参数中的reportQuantity为none时，则UE忽略DCI中除了CSI request域之外的域，并且不发送PUSCH，即DCI可以用于通知UE周期的或半持续的CSI-RS的发送，或者调度非周期的CSI-RS的发送，UE测量对应CSI-RS，但不需要上报测量结果。

③ UE根据高层参数配置确定DCI的负载（Payload）的大小。DCI格式0_2是NR Rel-16为了增强URLLC的需求引入的，其中多个域是否存在及占用比特数都是可配置的，因此比DCI格式0_0和DCI格式0_1更灵活。在一些配置场合，DCI格式0_2的负载大小可能比DCI格式0_0的负载还小。

（2）配置授权（Configured Grant，CG）的PUSCH传输，由高层参数配置PUSCH传输的全部或部分参数。CG PUSCH传输又进一步分为Type 1的CG PUSCH传输和Type 2的CG PUSCH传输。

① Type 1的CG PUSCH传输是半静态配置的，由包括rrc-ConfiguredUplinkGrant的configuredGrantConfig高层参数配置发送该PUSCH传输所需的参数。UE接收到上述高层参数后按照其中配置的资源发送PUSCH传输，不需要检测DCI。

② Type 2的CG PUSCH传输也是由高层参数configuredGrantConfig配置的，但是其中不包括rrc-ConfiguredUplinkGrant参数。UE在接收到高层参数后，还需要被携带UL grant的激活DCI半持续地调度。该激活DCI中的UL grant信息指示的PUSCH传输资源周期性地生效，直到被其他DCI去激活。

Type 2的CG PUSCH传输可以被DCI格式0_0/0_1/0_2激活，但是只能被DCI格式0_0去激活。Rel-16中支持配置同时在一个BWP上激活多个Type 1/Type 2的CG PUSCH。

除了高层参数configuredGrantConfig以外，CG PUSCH传输还有一些参数需要根据pusch-Config中相关的参数获得，包括扰码信息dataScramblingIdentityPUSCH、传输是基于码本或非码本的信息（txConfig）、UE天线端口的相干能力的指示信息（codebook Subset）、最大秩（maxRank）、UCI占PUSCH的RE的最高比值（UCI-OnPUSCH中的scaling）等。另外，如果configuredGrantConfig参数中包括transformPrecoder，则UE根据pusch- Config中的tp-πBPSK参数确定是否应用π/2 BPSK。

CG PUSCH的重传由DCI动态调度，重传的CG PUSCH需要使用pusch-Config参数中配置的功控参数、MCS的表格及transformPrecoder的使能配置。

1. PUSCH传输调度的限制

当UE在一个服务小区被配置了两个上行载波时，PUSCH传输中同一个TB的初传与重传应该保持在同一个上行载波上。

在单TRP场景，在一个服务小区上的多个PUSCH传输不支持乱序调度，即时间上靠后的DCI调度的PUSCH传输不能在时间靠前的DCI调度的PUSCH传输结束之前开始。在多TRP场景，同一个服务小区上不同TRP的DCI调度的PUSCH则没有以上要求，即TRP间支持独立调度。在一个服务小区上，如果符号j开始一个CG PUSCH传输，在符号j之前$N2$个符号的时间内不能有DCI调度的、与该CG PUSCH传输交叠的另一个PUSCH传输，$N2$与UE的处理能力有关。

对于CG PUSCH重传，如果仅通过前若干次PUSCH传输，基站即可正确解码，则后续的重复传输是没有必要的。NR系统允许在UE处理时间足够的情况下，取消后续没有必要的PUSCH重传。当UE收到DCI，其中包含终止后续的PUSCH重复传输的ACK时，如果DCI到PUSCH的重复传输的时间间隔大于或等于$N2$个符号，则UE需要终止后续的PUSCH重复传输。UE支持每个小区最多配置16个上行的HARQ过程。

2. PUSCH的空间关系

当PUSCH传输被配置或指示了SRS资源作为参考时，其空间关系与相应的SRS资源相同，具体可参考7.1.1节和7.1.2节。

在PUSCH被DCI格式0_0调度时，由于DCI格式0_0不包括SRI域，因此PUSCH传输的关联关系由以下方式确定：当激活的UL BWP中的最小编号的专有PUCCH资源关联的PUCCH空间关系存在时，PUSCH的空间关系由激活的UL BWP中的最小编号的专有PUCCH资源关联的PUCCH空间关系确定；或者，如果UE处于RRC连接状态，且enableDefaultBeamPlForPUSCH0_0参数设置为使能，DCI格式0_0在一个服务小区上调度PUSCH时，在该服务小区的激活UL BWP上没有配置PUCCH资源，或者配置了PUCCH资源，但是所有的PUCCH资源都没有配置空间关系，则UE根据当前CC激活BWP上最低CORESET编号的QCL Type D的参考信号（Reference Signal，RS）确定PUSCH的空间关系。

7.1.1 基于码本的PUSCH传输

基于码本的上行预编码一般用在上下行信道不具备互易性的场景，此时基站需要针对上行信道进行测量，才能决定上行传输适用的预编码矩阵。基于码本的上行传输的基本准则是由网络决定一个上行传输的层数及其对应的预编码矩阵。为了选择合适的层数以及预编码矩阵，网络通过对SRS的测量，探测从UE的天线端口到基站接收天线之间的无线信道，再根据探测结果进一步得到合适的层数和预编码矩阵，用于随后的上行传输。实际上，NR标准中基于码本的上行预编码传输可以看作是LTE系统中基于码本的上行传输的增强版，不同之处在于码本设计不同。确切地说，NR标准增强支持多天线面板UE的上行预编码传输。因此，这里首先介绍一下NR中UE的多天线结构设计。需要说明的是，虽然NR标准并未使UE的多天线设计标准化，而是取决于各家厂商自行的实现，但NR标准在制定该功能时基于一定的假设，了解这些假设能够让我们更好地理解该功能的整体设计结构。

LTE中仅支持单天线面板的UE，即所有天线端口都在一个面板上传输，属于同一个面板上的天线端口在传输时无时延，因此可以同时传输，也意味着可以实现联合编码。这里需要注意，标准中的天线端口是一个逻辑概念而不是指一个实际的物理天线，其中每个天线端口对应有各自的传输信道及其参考信号，也对应有各自的功率放大器（Power Amplifier, PA）。图7-1所示为一个单天线面板UE的传输示意过程。

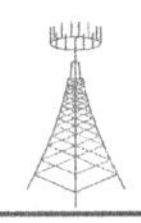

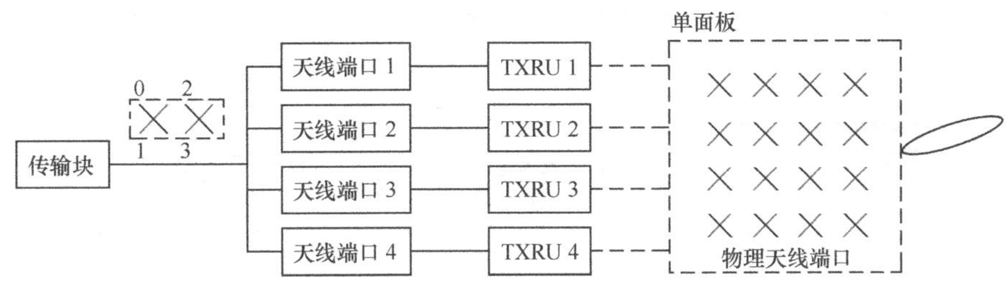

图7-1 单天线面板UE的上行传输

顾名思义，多天线面板UE是指将多个天线端口配置在多个天线面板的UE，其中每个天线面板配置在UE的不同位置，且每个天线面板对应的天线端口数相同。NR UE引入多天线面板的一个原因在于增强NR定向波束的覆盖范围。多端口传输能够将上行传输的波束集中在一个特定的方向，获得波束赋形增益，以提升高频段信号发射的覆盖距离，但弊端在于较窄波束的覆盖宽度范围不足。因此，在UE不同位置配置多个天线面板能够增加UE整体的波束指示方向的范围，以解决波束赋形导致的覆盖宽度范围不足的问题。然而，由于UE硬件实现的问题，不同面板上的天线端口往往不能保证上行传输时的时延与相对相位差，因此不同天线面板间无法进行同时传输，即不能进行联合编码传输。图7-2所示为多天线面板UE的传输示意过程。

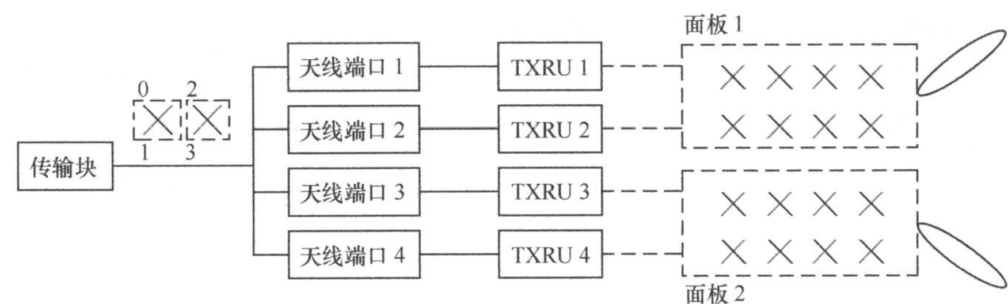

图7-2 多天线面板UE的上行传输

由前述内容可知，UE天线端口之间能否调整相对相位差以进行联合传输，取决于多个天线端口是否布置在同一个天线面板上。根据多个天线端口之间的相干关系，NR标准定义了以下3种UE天线端口相干能力，包括完全相干、部分相干和不相干，定义如下。

- 完全相干（Full Coherent）：UE能够调整任意数量的天线端口之间的相对相位。
- 部分相干（Partial Coherent）：将具有相干性的天线端口划分为一个端口组，此类UE仅能够调整组内天线端口的相对相位，无法调整组间天线端口的相对相位。
- 不相干（Non Coherent）：UE无法调整任意数量的天线端口之间的相对相位。

需要说明的是，到目前为止，NR仍未标准化UE天线面板的指示行为，即UE天线面板对于基站而言是透明的，而天线面板数目只能通过UE上报的天线端口数及其相干能力来隐式地推断出来。图7-3所示为4个天线端口的UE及其端口间相干能力。完全相干时对应单个面板，部分相干时对应两个面板，不相干时对应4个面板。

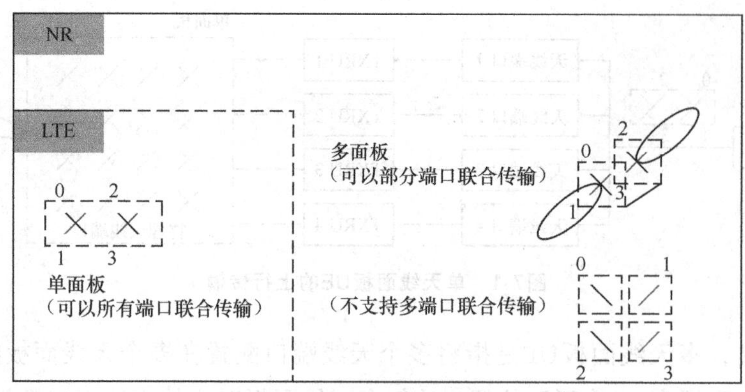

图7-3 UE多天线面板

针对不同天线端口数量以及不同相干能力的情况，NR标准设计了相应的预编码码本，用于UE基于码本的上行传输，以减小基站选择预编码矩阵的搜索范围并降低计算复杂度。这里以单层传输下的4个天线端口的预编码码本（CP-OFDM）为例进行解释，如表7-1所示。如果UE上报天线端口间为不相干关系，则只能使用单个端口进行上行传输，对应TPMI = 0 ~ 3的预编码矩阵。如果UE上报天线端口间为部分相干关系，则可以使用具有相干关系的部分天线端口进行联合传输，对应TPMI = 4 ~ 11的预编码矩阵。这里，也可以使用TPMI = 0 ~ 3的预编码矩阵，原因在于不相干能力可以看作是部分相干能力的特例。如果UE上报天线端口间为完全相干关系，则可以使用所有天线端口进行联合传输，对应TPMI = 12 ~ 27的预编码矩阵，同样也可以使用TPMI = 0 ~ 11的预编码矩阵。至此，基站可以根据UE上报的天线端口数量及其相干能力，再结合传输层数从对应的搜索范围内选择指示的上行预编码矩阵。

表7-1 4个天线端口UE单层传输时的上行预编码码本

TPMI索引	预编码矩阵（从左至右索引值依次增加）	相干关系
0～3	$\frac{1}{2}\begin{bmatrix}1\\0\\0\\0\end{bmatrix}\frac{1}{2}\begin{bmatrix}0\\1\\0\\0\end{bmatrix}\frac{1}{2}\begin{bmatrix}0\\0\\1\\0\end{bmatrix}\frac{1}{2}\begin{bmatrix}0\\0\\0\\1\end{bmatrix}$	不相干
4～11	$\frac{1}{2}\begin{bmatrix}1\\0\\1\\0\end{bmatrix}\frac{1}{2}\begin{bmatrix}1\\0\\-1\\0\end{bmatrix}\frac{1}{2}\begin{bmatrix}1\\0\\j\\0\end{bmatrix}\frac{1}{2}\begin{bmatrix}1\\0\\-j\\0\end{bmatrix}\frac{1}{2}\begin{bmatrix}0\\1\\0\\1\end{bmatrix}\frac{1}{2}\begin{bmatrix}0\\1\\0\\-1\end{bmatrix}\frac{1}{2}\begin{bmatrix}0\\1\\0\\j\end{bmatrix}\frac{1}{2}\begin{bmatrix}0\\1\\0\\-j\end{bmatrix}$	部分相干
12～19	$\frac{1}{2}\begin{bmatrix}1\\1\\1\\1\end{bmatrix}\frac{1}{2}\begin{bmatrix}1\\1\\j\\j\end{bmatrix}\frac{1}{2}\begin{bmatrix}1\\1\\-1\\-1\end{bmatrix}\frac{1}{2}\begin{bmatrix}1\\1\\-j\\-j\end{bmatrix}\frac{1}{2}\begin{bmatrix}1\\j\\1\\j\end{bmatrix}\frac{1}{2}\begin{bmatrix}1\\j\\j\\-1\end{bmatrix}\frac{1}{2}\begin{bmatrix}1\\j\\-1\\-j\end{bmatrix}\frac{1}{2}\begin{bmatrix}1\\j\\-j\\1\end{bmatrix}$	完全相干
20～27	$\frac{1}{2}\begin{bmatrix}1\\-1\\1\\-1\end{bmatrix}\frac{1}{2}\begin{bmatrix}1\\-1\\j\\-j\end{bmatrix}\frac{1}{2}\begin{bmatrix}1\\-1\\-1\\1\end{bmatrix}\frac{1}{2}\begin{bmatrix}1\\-1\\-j\\j\end{bmatrix}\frac{1}{2}\begin{bmatrix}1\\j\\1\\j\end{bmatrix}\frac{1}{2}\begin{bmatrix}1\\j\\j\\-1\end{bmatrix}\frac{1}{2}\begin{bmatrix}1\\j\\-1\\-j\end{bmatrix}\frac{1}{2}\begin{bmatrix}1\\j\\-j\\1\end{bmatrix}$	

基于码本的上行预编码传输流程如图7-4所示，下面逐一介绍每个步骤。

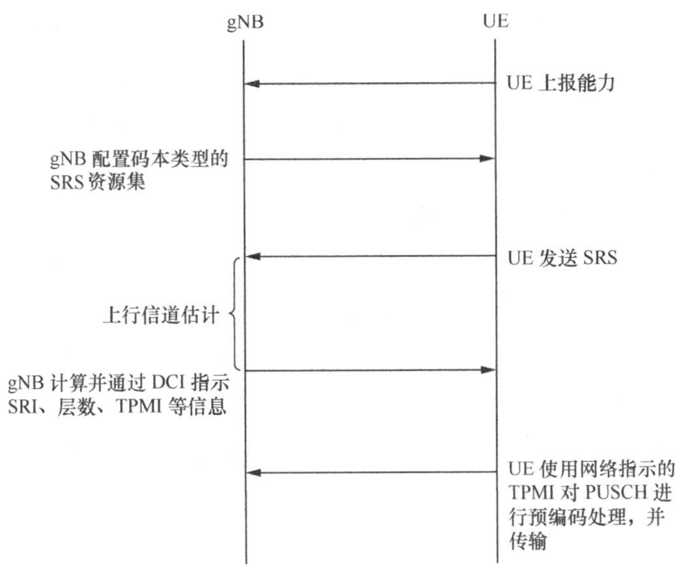

图7-4 基于码本的上行预编码传输

（1）UE上报天线端口数量、相干关系等能力至基站。

（2）基站配置SRS资源集合（SRS Resource Set）以及SRS资源。

SRS资源集合可看作一个功能单位，一个SRS资源集合中的所有SRS资源具有唯一且相同的功能，可以用于基于码本或非码本的上行预编码传输，也可以用于波束管理或天线切换。SRS资源用于表示SRS在传输资源网格上的时频位置。例如，基站为基于码本的上行传输配置SRS资源集合给UE侧，其中SRS资源集合包含两个SRS资源。然后，基站指示UE使用SRS资源集合中的一个SRS资源发送PUSCH传输，即UE使用指示的SRS资源相同的天线端口发送PUSCH传输。此时可假设这两个SRS资源对应于不同的天线面板。

（3）UE按照基站指示的SRS资源集合传输SRS至基站，用于上行信道的测量。

（4）基站通过测得的上行信道结果以及步骤1中UE上报的能力，为随后的上行传输计算，并选择合适的传输层数及其预编码矩阵。如果前述步骤中基站配置的SRS资源个数为2，则基站此时选择的SRS资源可视为天线面板的选择。

（5）UE接收基站的指示信令DCI，得知上行传输对应的传输层数、预编码矩阵以及SRS资源对应的波束方向等，从而进行随后的基于码本的上行预编码传输。

基于码本的PUSCH传输可以被DCI格式0_0、0_1和0_2调度，或者被半静态地配置。DCI格式0_1、0_2调度或激活的PUSCH传输，其预编码是基于SRI、TPMI以及秩确定的。其中，SRI、TPMI以及秩是由DCI格式0_1、0_2中的SRS资源指示（SRS Resource Indicator，SRI）域、预编码信息和层数（Precoding Information and Number of Layers）域指示的。对于Type 1的CG PUSCH传输，SRI、TPMI以及秩是由高层参数srs-Resource Indicator和precodingAndNumberOfLayers配置的。

对于基于码本的PUSCH传输，SRI指示用途为码本的SRS资源集合中的SRS资源。当SRS资源集合中的SRS资源数量为1时，不需要指示SRI，PUSCH传输所参考的SRI就是该SRS资源；当SRS资源集合中的SRS资源数量大于1时，SRI用于指示SRS资源集合中的SRS资源的其中之一。UE使用与SRI指示的SRS资源相同的天线端口发送PUSCH。TPMI指示SRI对应的SRS资源的预编码用作PUSCH传输的预编码。预编码所对应的天线端口数量由高层参数SRS-Config中的nrofSRS-Ports确定。SRI所对应的SRS资源会存在多次传输，用于指示PUSCH传输的SRI所对应的SRS资源，即最近一次发送的SRI对应的SRS资源。

UE根据TPMI以及UE的相干能力确定PUSCH传输的预编码码本子集。不同相干能力的UE可使用预编码集合中不同的子集。UE所使用的相干能力包括“全相关、部分相关及不相关”“部分相关和不相关”和“不相关”，由基站根据UE上报的天线端口间的相干能力进行配置。相比于Rel-15阶段的NR标准，Rel-16支持的相干能力是“部分相关和不相关”和“不相关”的UE的发送功率增强功能，分为满功率模式1和满功率模式2。最大秩数也是由基站通过高层参数为DCI格式0_1和0_2分别配置。

SRS的资源的时域类型包括周期、半持续和非周期，其中非周期的SRS资源由DCI中的SRS请求域触发。

在非满功率传输模式2的情况下，用途为码本的SRS资源集合中所有的SRS资源配置的最大SRS端口数都相同，并且用途为码本的SRS资源集合最多包含两个SRS资源。

在满功率传输模式2的情况下，用途为码本的SRS资源集合中的SRS资源配置的SRS端口数可以相同或者不同，用途为码本的SRS资源集合中的SRS资源所配置的不同的空间关系的数量最大为2，并且用途为码本的SRS资源集合中最多可以配置两个或者4个SRS资源，具体取决于UE的能力。

7.1.2 非码本的PUSCH传输

非码本的上行传输是指UE可以自行确定用于SRS传输以及PUSCH传输的预编码

矩阵，该预编码矩阵不需要局限于预先定义的码本，因此称为“非码本”。其中，UE选择预编码矩阵的方式有两种：①UE接收来自基站配置的下行参考信号以获得下行信道的测量结果，并依此估计上行信道的信息，计算预编码矩阵。此方法需要基于上下行信道的互易性假设。②UE不依据对下行参考信号的测量决定上行预编码矩阵，因此不需要基于上下行信道的互易性假设，而上行预编码矩阵的形式由UE自行选择。简而言之，UE发送自己确定预编码形式的SRS传输，这些SRS传输的SRS资源对应于用途为非码本的SRS资源集合中的SRS资源；基站接收并评估上述SRS传输，通过发送SRI选择部分或全部的SRS资源给UE作为PUSCH传输的参考；UE使用SRI对应的SRS资源所应用的预编码方式发送PUSCH。

基于非码本的上行预编码传输流程如图7-5所示，下面逐一介绍每个步骤。

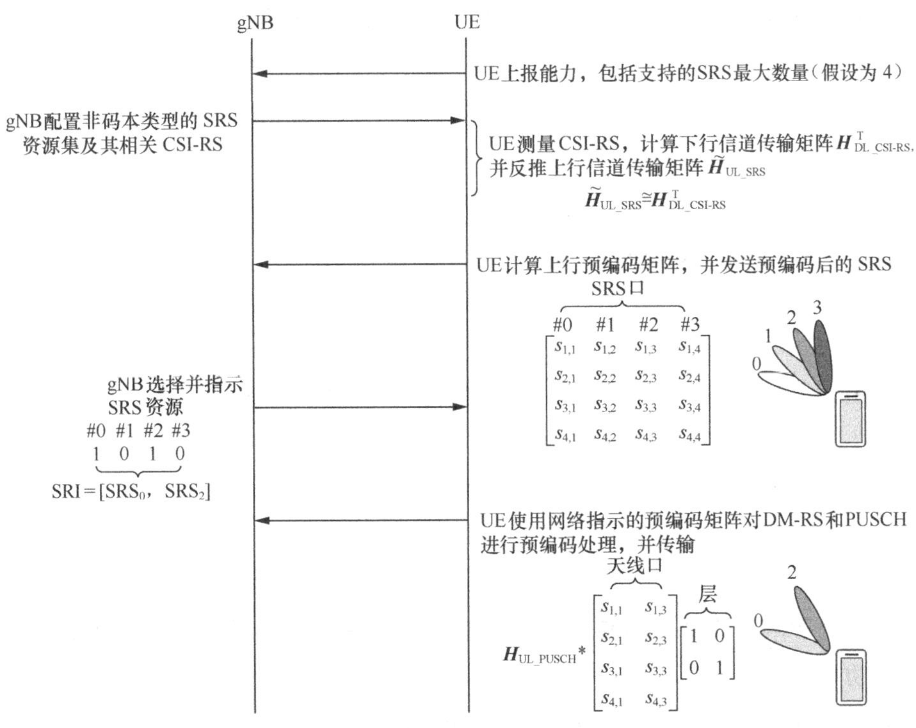

图7-5　基于非码本的上行预编码传输

（1）UE上报能力至基站，其中包括可以同时传输的SRS的最大数量。

（2）基站配置SRS资源集合及其包含的SRS资源。其中，对于非码本的上行预编码传输，SRS资源集合中的每个SRS资源只能配置一个天线端口，且基站可能会为这个SRS资源集合配置一个相关的CSI-RS用于UE计算、推测上行信道。非码本的SRS资源集合中的SRS资源数量最大是4。PUSCH传输所参考的SRS资源由SRI信息确定，其中指示SRS资源集合中的SRS资源的任意组合最多有15种取值。

（3）UE确定各个SRS端口上的权值。当SRS资源集合配置CSI-RS时，UE可由接收到的CSI-RS计算出下行信道传输矩阵 $\boldsymbol{H}_{\text{DL\_CSI-RS}}$，此时基于上下行信道互易性假设，上行信道传输矩阵与下行信道传输矩阵互为转置，因此UE可以反推得到上行信道传输矩阵为 $\tilde{\boldsymbol{H}}_{\text{UL\_SRS}} \cong \boldsymbol{H}_{\text{DL\_CSI-RS}}^{\text{T}}$。接下来，UE根据上行信道传输矩阵计算各个SRS端口上的权值，组成相应的预编码矩阵。标准中没有规定如何计算这些权值，因此这取决于UE自身的实现方法，其中一种方法是将 $\boldsymbol{H}_{\text{UL\_SRS}}$ 的特征向量作为SRS端口的权值矩阵。UE根据计算得到的上行预编码矩阵发送预编码后的SRS。当SRS资源集合没有配置CSI-RS时，UE可以自行确定各个SRS端口的权值。例如，采用单位矩阵作为预编码矩阵。

（4）基站接收SRS并进行测量，然后使用DCI中的SRI域指示用于随后上行调度传输的一个或多个SRS，隐含指示了基站期望的上行预编码矩阵。其中，SRS的个数等于传输层数。

（5）UE使用SRI指示的SRS资源相同的预编码矩阵发送PUSCH传输。

7.2 上行功率控制

无线通信系统中的UE能耗会直接影响消费者的体验。由于UE在发送上行传输时的耗电量比接收下行传输时的耗电量高，因此上行传输的发送功率控制（简称功控）一直以来都是无线通信系统很重要的研究课题。

虽然使用高的发送功率能使上行链路的覆盖距离足够远、数据传输速率足够高，但是高的发送功率不仅不利于UE节能，也会给其他小区的用户带来干扰，进而对系统性能造成不利影响。因此上行传输功率控制的目标是在满足接收性能的前提下，尽量降低发送功率。

一般地，发送功率确定方式为：目标接收功率+路径损耗量+闭环功控调整量。

其中，目标接收功率受接收端的器件灵敏度、干扰水平等因素影响，由基站配置给UE。路径损耗（Path-Loss，PL）简称路损，是无线信道大尺度参数的体现，是一个慢变的参数。路径损耗是根据下行参考信号测量得到的，是下行链路方向的信道特征的反映，将其用作上行传输的功率控制时，假设上行链路和下行链路的路损是一致的。然而，在实际环境中，上下行链路的路损量很可能存在偏差，路损的测量到应用的时间差也会导致测量的路损与实际的上行传输的路损不一致。另外，还存在配置的目标接收功率与实际的目标接收功率存在偏差的问题。因此，基站还需要根据接收信号质量实时调整上行传输的发送功率，闭环功率控制很有必要。

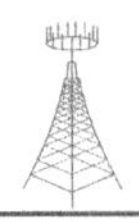

上述将测量的路损量直接用于功率计算的方式是完全路损补偿方案。LTE技术引入了路损补偿的增强方案，即采用可配的路损补偿因子支持部分路损补偿（Fractional Path-loss Compensation，FPC）功能。理论上完全路损补偿方案可以使上行传输到达基站的接收功率刚好达到目标接收功率，没有功率浪费。但是问题在于：小区边缘用户距离基站远，路损值很大，导致发送功率很高，会对其他用户造成很大的干扰；而且由于发送功率被控制得恰到好处，没有功率冗余，导致实际的传输速率不高，因此完全路损补偿方案的系统性能并不是很理想。研究发现，部分路损补偿的路损补偿因子在0～1之间，配合目标接收功率的调整，可以灵活控制边缘用户的发送功率，从而达到控制上行干扰、兼顾边缘用户性能与大部分用户的传输速率、提高系统性能的目的[1]。

在路损量和目标接收功率相同的情况下，上行传输占用的发送带宽越宽，数据传输速率越高，需要的发送功率就越高。因此，上行传输功控也需要体现这些因素。

此外，由于无线通信中的电磁波信号传播会对其他系统造成干扰，而且过高功率的电磁波也会给人体带来伤害，因此UE的发送功率需要设置上限值。实际的发送功率不能超出最大发送功率。

综上所述，发送功率由以下参数确定。

- 目标接收功率。
- 路损量。
- 路损补偿因子。
- 传输带宽。
- 传输速率。
- 闭环功控调整量。
- 最大发送功率。

实际上，LTE的上行功率控制支持上述所有参数。NR也支持上述参数，相对于LTE的增强，NR主要体现在对多波束系统的支持。

7.2.1 波束相关的功率控制

NR系统支持FR1（Frequency Range 1）（小于或等于6GHz频段）和FR2（大于6GHz频段）。在FR2高频段场景中，波束方式是主要的传输方式。从设计的复杂度考虑，FR1和FR2最好能采用统一的上行功控架构。基于该目的，现有NR中为FR2设计了支持可变的波束数量的功控方案，当波束数量为较小值时，该功控架构可用于FR1场景。下面主要介绍多波束场景的功控方案。

在影响功率的参数中，目标接收功率$P0$、路损量PL、路损补偿因子α、以及闭环功控调整量是波束相关的参数。严格地讲，这些参数应该与传输链路的波束对（Beam Pair）相关，即不同的波束对应独立的参数。但是，由于基站与UE之间的波束对数量庞大，很显然，功控要支持这样的复杂度是不现实的。事实上，NR并不支持对下行传输或上行传输明确地指示传输所使用的波束对。对上行传输，基站只需要通知UE上行传输所参考的RS（上行或下行RS），UE根据所参考的RS即可确定上行传输的发送波束。因此，NR支持多波束的功控方式主要是将功控参数与上行传输所参考的RS关联，根据上行传输的调度信息中包含的上行传输所参考的RS即可获得上行传输对应的功控参数。具体而言，基站配置以上各个参数的参数池，再为每个备选的用于上行传输的参考RS从配置的参数池中挑选合适的功控参数进行关联。对于每种上行传输类型，各个功控参数池也是独立配置的。每个功控参数的参数池的大小是独立确定的。

由于上述功控参数与RS相关联，而RS代表波束信息，因此当UE确定了上行传输的波束信息时，也就获取了波束信息所关联的功控参数。这些参数是波束相关的（Beam-Specific）功控参数，具体如下所述。

- PL值是高层滤波的结果，因此需要UE对测量PL的RS进行较长时间的监测。LTE系统中，测量PL所使用的RS取决于UE的实现，不需要基站配置。而在NR系统中，可用于测量PL的下行RS，如CSI-RS、SSB都存在多种配置，因此UE使用哪些RS资源测量PL是需要基站指示的。考虑到复杂度，目前支持UE在一个服务小区同时监测最多4个用于测量PL的RS。需要注意的是，REL-16支持为UE配置多于4个测量PL的RS，最多可以达到64个，但是同时需要监测的，或同时激活的测量PL的RS数量不能大于4。
- 闭环功控调整量由DCI中携带的TPC命令确定。LTE中闭环功控调整量支持两种方式：累积式和绝对值式。累积式闭环功控调整量是新的TPC命令指示的值与历史闭环功控调整量之和；而绝对值式的闭环功控调整量只等于新的TPC命令指示的值。NR系统也支持累积式和绝对值式两种方式。LTE只支持一个闭环功控，不能很好地适应NR的多波束场景，尤其是Multi-TRP/Multi-Panel（多TRP，多面板）场景，因此NR需要对闭环功控的数量进行扩展。但闭环功控的数量增多会提升UE的复杂度，综合考量灵活度和复杂度，NR最多支持两个闭环功控。
- 目标接收功率$P0$与路损补偿因子α，如前所述，部分路损补偿功能需要通过调整目标接收功率$P0$与路损补偿因子α来实现。在LTE中，$P0$包括两部分：小区级别的$P0$（Cell-Specific $P0$，对应标准中的$P_{\mathrm{O_NOMINAL}}$）和UE级别的$P0$（UE-specific $P0$，对应标准中的$P_{\mathrm{O_UE}}$）。在NR中，$P0$也由以上两部分组成。LTE中的路损补偿因子α是小区级别的参数，而在NR中它是UE级别的参数。与LTE相同，NR的部分路损补偿

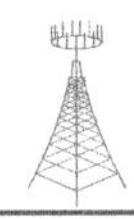

功能也只用于PUSCH和SRS传输，而不用于PUCCH传输。由于在UE侧应用$P0$和α时，可选配置的数量对实现复杂度几乎没有影响，因此对于PUSCH，高层信令对$P0$和α联合配置，支持的上限数量是30。对于PUCCH，高层信令配置的$P0$的数量最多为8。

下面对NR的功率控制方式进行详细说明。由于PUSCH、PUCCH、SRS的功控参数确定方式相似，下面先描述各类型传输的功控参数相同的部分，然后再分别描述各类型传输的功控参数不同的部分。

PUSCH、PUCCH、SRS的发送功率分别由以下公式[2]确定。

$$P_{\mathrm{PUSCH},b,f,c}(i,j,q_d,l)=\min\begin{cases}P_{\mathrm{CMAX},f,c}(i),\\ P_{\mathrm{O\_PUSCH},b,f,c}(j)+10\lg(2^{\mu}\cdot M_{\mathrm{RB},b,f,c}^{\mathrm{PUSCH}}(i))+\\ \alpha_{b,f,c}(j)\cdot PL_{b,f,c}(q_d)+\varDelta_{\mathrm{TF},b,f,c}(i)+f_{b,f,c}(i,l)\end{cases}\text{（dBm）}\tag{7-1}$$

$$P_{\mathrm{PUCCH},b,f,c}(i,q_u,q_d,l)=\min\begin{cases}P_{\mathrm{CMAX},f,c}(i),\\ P_{\mathrm{O\_PUCCH},b,f,c}(q_u)+10\lg(2^{\mu}\cdot M_{\mathrm{RB},b,f,c}^{\mathrm{PUCCH}}(i))+\\ PL_{b,f,c}(q_d)+\varDelta_{\mathrm{F\_PUCCH}}(F)+\varDelta_{\mathrm{TF},b,f,c}(i)+g_{b,f,c}(i,l)\end{cases}\text{（dBm）}\tag{7-2}$$

$$P_{\mathrm{SRS},b,f,c}(i,q_s,l)=\min\begin{cases}P_{\mathrm{CMAX},f,c}(i),\\ P_{\mathrm{O\_SRS},b,f,c}(q_s)+10\lg(2^{\mu}\cdot M_{\mathrm{SRS},b,f,c}(i))+\\ \alpha_{\mathrm{SRS},b,f,c}(q_s)\cdot PL_{b,f,c}(q_d)+h_{b,f,c}(i,l)\end{cases}\text{（dBm）}\tag{7-3}$$

上述公式中角标的含义如下。

- b：BWP编号。
- f：载波编号，用于区分SUL（Supplementary Up-Link，补充上行链路）和UL。
- c：服务小区编号。
- i：PUSCH/PUCCH/SRS传输时机（Occasion）编号（区别于LTE的功控公式中的i是子帧编号）。
- j：PUSCH的$P0$与α的编号。
- q_d：测量路损的RS的编号。
- l：闭环功控编号。
- μ：子载波间隔配置参数。
- q_u：PUCCH的$P0$的编号。
- F：PUCCH的格式编号。
- q_s：SRS资源集合标识。

由于NR在服务小区（Serving Cell）的基础上，进一步支持了载波和BWP（BandWidth

Part），因此NR各功控相关参数都定义在BWP级别，只有P_{CMAX}是基于服务小区c的载波f定义的，即载波f中的各个BWP的P_{CMAX}是相同的。

下面介绍上述公式中各个功率相关参数。

（1）P_{CMAX}

P_{CMAX}是针对上行传输确定的最大允许发送功率值，具体由RAN4定义[5-7]。简单地说，P_{CMAX}主要与以下参数有关。

- UE的功率等级（Power Class），确定UE支持的最大发送功率。FR1的最大发送功率不考虑波束增益，用总辐射功率（Total Radiated Power，TRP）表示；而FR2的最大发送功率需要考虑波束增益，用等效全向辐射功率（Equivalent Isotropically Radiated Power，EIRP）表示。在FR1中，功率等级分为Power Class 1、2、3，在不同的频带（Band）有不同的定义。Power Class 3在所有频带都有定义，对应的最大发送功率是23dBm。Power Class 2和Power Class 1只在部分频带定义，分别对应的最大发送功率是26dBm和31dBm。在FR2中，功率等级分为4个等级，分别对应4类UE：固定无线接入（Fixed Wireless Access，FWA）UE、车载（Vehicular）UE、手持（Handheld）UE、高功率非手持（High Power Non-Handheld）UE。FR2中对每个功率等级都定义了最低EIRP值，以及上限的TRP值和EIRP值，因此FR2中UE的发送功率需要分别满足TRP要求和EIRP要求。
- 基站配置的最大发送功率与网络部署密度等因素有关。
- 最大功率减少量（Maximum Power Reduction，MPR）与传输的调制阶数、上行传输所占的RB数量以及上行传输的波形参数（包括DFT-S-OFDM、CP-OFDM）有关，对不同功率等级分别定义。
- 附加的最大功率减少量（Additional-MPR，A-MPR）与部署场景或者国家地区对输出频谱（Output RF Spectrum Emissions）的要求有关。
- 功率管理的最大功率减少量（Power Management-MPR，P-MPR）与电磁吸收等因素有关。

以上参数中，通过UE的功率等级确定的最大发送功率与基站配置的最大发送功率中的较小值确定最大发送功率的上限，由最大发送功率的上限减去以上各个功率减少量，并考虑各种较小值的功率偏差（Tolerance）得到一个最大发送功率的下限，UE在最大发送功率的上限和下限之间取值作为P_{CMAX}。

（2）$P0$

对PUSCH和PUCCH，NR与LTE相同，分别配置以下两个参数，$P0$是以下两部分之和。

- 小区级别的$P_{O_NOMINAL}$。
- UE级别的P_{O_UE}。

对SRS，LTE定义了SRS的P_{O_UE}与PUSCH的P_{O_UE}的差值，而NR没有区分小区级别$P_{O_NOMINAL}$和UE级别P_{O_UE}，只配置了一个参数$P0$，相当于小区级别和UE级别之和。

（3）α

对PUSCH传输，参数α与P_{O_UE}由高层参数配置，并成对关联到上行传输的波束信息上，如PUSCH参考的SRI。

对SRS传输，该参数在SRS资源集合中配置。

（4）PL

UE根据基站配置的用于测量PL的RS获得PL。用于测量PL的RS（PL-RS）是下行RS，包括SSB或CSI-RS。PL-RS一般是周期的RS。为使UE基于PL-RS测量路损值，基站需要通知UE PL-RS的发送功率。其中SSB的发送功率通过SIB消息通知UE，而CSI-RS的发送功率则在SSB功率的基础上通过CSI-RS与SSB的功率差通知UE。

对于PUSCH、PUCCH和SRS，PL-RS是独立配置的，但要保证UE在一个小区上同时激活的PL-RS的总数量不超过4。

PUSCH的PL-RS主要通过PUSCH传输所参考的SRI，以及高层参数配置的SRI与PL-RS的关联关系获取。在一些特殊情况下，DCI不指示SRI，或者SRI与PL-RS没有预配置的关联关系时，标准规定了在这些情况下获得PL-RS的方式。SRI与PL-RS的关联关系通过高层参数配置，并且可以通过MAC CE更新。PUCCH的PL-RS通过PUCCH空间关系配置。SRS的PL-RS关联在SRS资源集合上，通过高层参数配置并通过MAC CE更新。

（5）M

M是PUSCH、PUCCH、SRS传输占用的RB数量。LTE仅支持一种子载波间隔，而NR支持了多种子载波间隔。同样的RB数量，子载波间隔越大，功率越大。

（6）Δ_{TF}

PUSCH的功控参数Δ_{TF}与LTE的定义形式相同，K_S是由RRC配置的deltaMCS参数确定的，相当于比特速率是否影响发送功率的开关。如果PUSCH传输超过1层，则K_S是0。$K_S = 1.25$时，$\Delta_{TF,b,f,c}(i) = 10\lg\left(\left(2^{K_s \cdot BPRE} - 1\right) \cdot \beta_{offset}^{PUSCH}\right)$，其中BPRE为Bits Per Resource Element；$K_S = 0$时，$\Delta_{TF,b,f,c}(i) = 0$。其中，当PUSCH包括上行共享信道（UL-SCH）的数据时，$\beta_{offset}^{PUSCH} = 1$；当PUSCH包括CSI并且不包括上行共享信道的数据时，$\beta_{offset}^{PUSCH} = \beta_{offset}^{CSI,1}$，其中$\beta_{offset}^{CSI,1}$是高层配置参数。

PUCCH的Δ_{TF}对不同的PUCCH格式有不同的定义。

对于PUCCH格式0或PUCCH格式1，$\Delta_{\mathrm{TF},b,f,c}(i)=10\lg\left(\frac{N_{\mathrm{ref}}^{\mathrm{PUCCH}}}{N_{\mathrm{symb}}^{\mathrm{PUCCH}}(i)}\right)+\Delta_{\mathrm{UCI}}(i)$。其中，$N_{\mathrm{symb}}^{\mathrm{PUCCH}}(i)$是PUCCH传输实际占用的符号数，而$N_{\mathrm{ref}}^{\mathrm{PUCCH}}$是PUCCH格式支持的最大符号数。PUCCH格式0中，$\Delta_{\mathrm{UCI}}(i)=0$，而PUCCH格式1中，$\Delta_{\mathrm{UCI}}(i)=10\lg(O_{\mathrm{UCI}}(i))$，其中，$O_{\mathrm{UCI}}(i)$是PUCCH传输中的UCI的比特数。

对于PUCCH格式2、PUCCH格式3或PUCCH格式4，UCI比特数≤11的情况，$\Delta_{\mathrm{TF},b,f,c}(i)=10\lg\left[K_1\cdot\left(n_{\mathrm{HARQ\text{-}ACK}}(i)+O_{\mathrm{SR}}(i)+O_{\mathrm{CSI}}(i)\right)/N_{\mathrm{RE}}(i)\right]$；而UCI比特数>11的情况，$\Delta_{\mathrm{TF},b,f,c}(i)=10\lg\left[2^{K_2\cdot\mathrm{BPRE}(i)}-1\right]$。其中，$n_{\mathrm{HARQ\text{-}ACK}}(i)$是PUCCH传输中HARQ-ACK信息比特的数量，$O_{\mathrm{SR}}(i)$是PUCCH传输中的SR信息比特的数量，$O_{\mathrm{CSI}}(i)$是PUCCH传输中的CSI信息比特的数量；$K_1=6$，$K_2=2.4$则是根据多个公司的仿真结果确定的[8]。

（7）$\Delta_{\mathrm{F\_PUCCH}}$（F）

$\Delta_{\mathrm{F\_PUCCH}}$（F）是基站为UE的不同PUCCH格式独立配置的偏差值，用于调整PUCCH格式之间的功率差，默认值是0。

（8）*f*（ ）、*g*（ ）、*h*（ ）

f（ ）、*g*（ ）和*h*（ ）分别为PUSCH、PUCCH和SRS传输的闭环功控调整量。其中PUSCH、PUCCH最多支持两个闭环功控。SRS的闭环功控分为两种情况：共享PUSCH的闭环功控、SRS独立的闭环功控。其中SRS独立的闭环功控仅支持一个闭环功控。

闭环功控包括两种方式：累积式闭环功控、绝对值式闭环功控。其中，PUSCH和SRS对两种方式都支持，而PUCCH只支持累积式闭环功控。

闭环功控调整量*f*（ ）、*g*（ ）和*h*（ ）由各传输对应的TPC命令确定。TPC命令在DCI中携带。

PUSCH的TPC命令可通过DCI格式0_0、0_1、0_2、2_2携带。

PUCCH的TPC命令可通过DCI格式1_0、1_1、1_2、2_2携带。

SRS的TPC命令可通过DCI格式2_3携带。

其中DCI格式2_2和2_3是UE组的DCI。DCI格式2_2是以联合的方式为一组UE的PUSCH或PUCCH指示TPC命令。DCI格式2_3是以联合的方式为一组UE的SRS指示TPC命令。DCI格式2_2用于指示PUSCH或PUCCH的TPC命令，区分方式是DCI分别以TPC-PUSCH-RNTI和TPC-PUCCH-RNTI进行CRC加扰。

在NR中，累积式和绝对值式的闭环功控的TPC命令都是占用2bit，但是其含义有所不同。NR系统默认的闭环功控调整方式是累积式闭环功控，如表7-2所示，绝对值式的TPC命令的指示范围比累积式闭环功控的范围大。累积式闭环功控的TPC命令正向调整的范围比负向调整的范围大，即累积式的闭环功控调整的特点是功率抬升速度比下降速度快。

表7-2 DCI中的TPC命令域的取值与累积式 $\delta_{\text{PUSCH},b,f,c}$、$\delta_{\text{SRS},b,f,c}$ 或 $\delta_{\text{PUCCH},b,f,c}$ 及绝对值式 $\delta_{\text{PUSCH},b,f,c}$ 或 $\delta_{\text{SRS},b,f,c}$ 的取值的对应关系[2]

TPC命令域的取值	累积式 $\delta_{\text{PUSCH},b,f,c}$ $\delta_{\text{SRS},b,f,c}$ 或 $\delta_{\text{PUCCH},b,f,c}$（dB）	绝对值式 $\delta_{\text{PUSCH},b,f,c}$ 或 $\delta_{\text{SRS},b,f,c}$（dB）
0	–1	–4
1	0	–1
2	1	1
3	3	4

下面分别对PUSCH、PUCCH、SRS的部分功控参数和功控机制进行进一步讨论。

1. PUSCH的功控

（1）PUSCH功控参数的配置架构和获取方式

基站通过SRI为PUSCH传输指示参考的一个或多个SRS资源，使UE确定PUSCH传输的波束资源以及MIMO相关的参数。SRI指示的SRS资源来自于与PUSCH的传输方式是基于码本或非码本属性相同的SRS资源集合。SRI的取值数量取决于SRS资源集合的SRS资源数量以及PUSCH的传输方式。

为支持多波束场景，基站通过RRC为UE在BWP级别配置PUSCH-PowerControl，其中包括PUSCH的开环功控参数（$P_{\text{O_UE}}$和α）的池、PUSCH的PL-RS的池、PUSCH的闭环功控的个数（池），这些池由DG PUSCH和CG PUSCH共享。

基站还为PUSCH的每个可能的SRI取值配置与以上3种功控参数的关联。在SRI与功控参数的关联关系中，SRI并不直接出现，而是与sri-PUSCH-PowerControlId一一对应。为了支持灵活的波束更新，SRI取值与PL-RS的关联关系可以通过MAC CE更新。

对于DG PUSCH，$P_{\text{O_NOMINAL}}$由p0-NominalWithGrant参数配置。通过DCI中的SRI域的值在上述SRI与功控参数的关联关系中查找，即可获得PUSCH的其他功控参数。

对于CG PUSCH，$P_{\text{O_NOMINAL}}$由p0-NominalWithoutGrant参数配置。$P_{\text{O_UE}}$和α以及闭环功控编号都在ConfiguredGrantConfig中通过上述参数池中的参数编号配置。对于type 1的CG PUSCH，PL-RS是在ConfiguredGrantConfig中配置，即通过上述PL-RS参数池中参数的编号指示；对于Type 2的CG PUSCH，PL-RS是通过激活该PUSCH的DCI中指示的SRI域并查找SRI与功控参数的关联关系获得，或者采用上述PL-RS参数池的编号最小的PL-RS。

对DG PUSCH或Type 2的CG PUSCH，当DCI中不包含SRI域而无法获得SRI关联的功控参数时，功控的参数根据以下方式之一确定：RRC配置的PUSCH的功控参数池中编号最小的功控参数、编号最小的激活的PUCCH资源对应的功控参数、编号最小的CORESET对应的RS。

（2）PUSCH的功控参数$P0$、α、PL-RS以及闭环功控参数

① $P0$和α

j为$P0$和α的编号，根据PUSCH传输的种类分为3类。

a. $j=0$，用于随机接入过程成功后还没有收到RRC配置的$P0$和α参数时的PUSCH传输，或者随机接入过程中的Type 1、随机接入过程的Msg3或Type 2随机接入过程的MsgA的PUSCH传输。$P_{\mathrm{O_UE}}$都是0，而$P_{\mathrm{O_NOMINAL}}$将上述Msg3和MsgA分别定义为：$P_{\mathrm{O_NOMINAL_PUSCH},f,c}(0)=P_{\mathrm{O_PRE}}+\Delta_{\mathrm{PREAMBLE_Msg3}}$和$P_{\mathrm{O_NOMINAL_PUSCH},f,c}(0)=P_{\mathrm{O_PRE}}+\Delta_{\mathrm{MsgA_PUSCH}}$。其中$P_{\mathrm{O_PRE}}$是随机接入过程的前导（Preamble）的$P0$值，msg3-DeltaPreamble是Msg3与Preamble的功率偏差值，msgADeltaPreamble是MsgA与Preamble的功率偏差值。

$j=0$时的α：高层参数为MsgA和Msg3分别配置α值，对于没有配置的情况，α为1。

b. $j=1$，用于配置授权的PUSCH。对Type 1和Type 2的CG PUSCH，$P0$的获取方式是一致的。$P_{\mathrm{O_NOMINAL}}$和$P_{\mathrm{O_UE}}$都由RRC参数配置。

$j=1$时的α值由RRC信令配置。

c. $j\geqslant2$，用于动态授权的PUSCH。$P_{\mathrm{O_NOMINAL}}$是RRC配置的，或与$P_{\mathrm{O_NOMINAL}}$（$j=0$）一致。$P_{\mathrm{O_UE}}$的获取方式如下。

（a）当调度PUSCH的DCI中有SRI域时，通过DCI中的SRI获取$P_{\mathrm{O_UE}}$，SRI与$P_{\mathrm{O_UE}}$的关联关系是RRC配置的。

（b）当DCI中没有SRI时，或者Rel-15的SRI与功控参数的关联关系不存在时，$j=2$。

- 当UE被配置了P0-PUSCH-Set参数，并且DCI中包括开环功控参数集合指示域（Open-Loop Power Control Parameter Set Indication Field）时，该域指示如下两种或3种情况。

两种情况：用1bit指示用Rel-15的P0-PUSCH-AlphaSet中的第一个集合或Rel-16 P0-PUSCH-Set中的第一个集合确定$P_{\mathrm{O_UE}}$。

3种情况：用2bit指示用Rel-15的P0-PUSCH-AlphaSet中的第二个集合、Rel-16 P0-PUSCH-Set中的第一个集合或Rel-16 P0-PUSCH-Set中的第二个集合确定$P_{\mathrm{O_UE}}$。

- 否则，使用Rel-15的P0-AlphaSets中的第一个集合确定$P_{\mathrm{O_UE}}$。

Rel-16之所以引入更多的$P0$的选择，主要是为了考虑URLLC的需求。因为与eMBB相比，URLLC需要更高的可靠性，提高发送功率是简单而有效的手段。UE还需要同时支持URLLC和eMBB，即有必要在DCI中支持不同功率水平切换的功能；而Rel-16的P0-PUSCH-Set支持最多两个$P_{\mathrm{O_UE}}$，是为了给URLLC的发送功率提供更多灵活性。

$j\geqslant2$时的α：如果DCI中存在SRI域，并且存在SRI与功控参数的关联关系，则由SRI确定对应的功控参数；如果DCI中不存在SRI域，或者不存在SRI与功控参数的关联关系，α由高层参数P0-AlphaSets中的第一个P0-PUSCH-AlphaSet确定。

② PL-RS

表7-3总结了在不同情况下，PUSCH的PL-RS的确定方式。

表7-3　不同情况下PUSCH的PL-RS的确定方式

序号	确定PL-RS的方式	应用条件
1	用于获取MIB的SSB	没有配置PL-RS池，或UE获取专有高层参数之前
2	用PRACH的PL-RS	Msg3，或MsgA中的PUSCH传输
3	DCI中指示的SRI获取PL-RS	配置了PL-RS池以及SRI与PL-RS之间的关联关系，且调度PUSCH的DCI中包含SRI时
4	编号最小的PUCCH资源的空间关系对应的PL-RS	PUSCH被DCI格式0_0调度，且编号最小的PUCCH资源有空间关系配置时 注：DCI格式0_0不包括SRI域
5	PUSCH的PL-RS参数池中编号为0的PL-RS	PUSCH被DCI格式0_0调度，且PUCCH资源无空间关系配置时，或调度PUSCH的DCI格式0_1不包括SRI域时，或SRI与PL-RS之间的关联关系没有配置时
6	调度PUSCH的小区中激活的DL BWP中编号最小的CORESET的TCI状态或QCL假设中的Type D的周期的RS资源	PUSCH被DCI格式0_0调度时，在激活的UL BWP上没有配置PUCCH资源，且enableDefaultBeamPlForPUSCH0_0参数使能
7	PCell中的激活DL BWP中编号最小的CORESET的TCI状态或QCL假设中的Type D的周期的RS资源	PUSCH被DCI格式0_0调度时，在PCell的激活UL BWP上没有配置PUCCH资源的空间关系，且enableDefault Beam-PlForPUSCH0_0参数使能
8	RRC从PUSCH的PL-RS参数池中挑选编号配置PL-RS	Type 1的配置授权的PUSCH
9	根据DCI中指示的SRI获取PL-RS	Type 2的配置授权的PUSCH，且激活PUSCH的DCI中包含SRI域
10	PUSCH的PL-RS参数池中编号为0的PL-RS	Type 2的配置授权的PUSCH，且激活PUSCH的DCI中不包含SRI域
11	sri-PUSCH-PowerControlId = 0对应的PL-RS	UE的enablePLRSupdateForPUSCHSRS使能，SRI与PL-RS的关联关系可以通过MAC CE更新。 当调度PUSCH的DCI中不包含SRI域时，或激活Type 2的配置授权的PUSCH的DCI中不包含SRI域时

PL-RS资源在当前小区发送还是在主小区发送，取决于高层参数pathlossReference-Linking。

③ $f(\ )$

$f(\ )$是PUSCH的闭环功控部分，由DCI中的TPC命令确定。PUSCH最多支持两个闭环功控，用闭环功控编号l标识。

不同情况下PUSCH传输 l 的确定方式如表7-4所示。

表7-4　不同情况下PUSCH的闭环功控编号的确定方式

序号	l的确定方式	条件
1	$l=0$	当UE没有被配置twoPUSCH-PC-AdjustmentStates参数时
2	$l=0$	对于被RAR UL grant调度的PUSCH
3	l由RRC信令配置	当UE被配置了twoPUSCH-PC-AdjustmentStates参数时，对于Configured grant的PUSCH
4	由DCI中指示的SRI与关联关系确定l	当UE被配置了twoPUSCH-PC-AdjustmentStates参数时，当UE被配置了SRI与功控参数的关联关系，且调度PUSCH的DCI中包含SRI域时
5	$l=0$	当UE没有被配置SRI与功控参数的关联关系，或调度PUSCH的DCI中不包含SRI域时

PUSCH的TPC命令可通过DCI格式0_0、0_1、0_2以及2_2携带。其中，DCI格式0_0、0_1和0_2用于调度PUSCH传输时，每个DCI中包含一个TPC命令，该TPC命令的闭环功控编号与被调度的PUSCH传输的闭环功控编号相同。DCI格式2_2中包括多个UE的TPC命令，每个UE可以通过RRC信令获知自己的TPC命令在DCI中的位置。当UE支持两个闭环功控时，DCI格式2_2还包含闭环功控编号指示域，用于指示该UE的TPC命令对应的闭环功控编号。

a. 累积式闭环功控的TPC命令区间的确定方式。

NR中累积式闭环功控与LTE中的闭环功控有很大区别。一方面，LTE的闭环功控调整量$f(i)$是针对子帧的，而NR的闭环功控调整量$f(i)$是针对PUSCH传输的编号i的，包括DG PUSCH传输和CG PUSCH传输；另一方面，LTE中如果UE在一个子帧中同时检测到UE专有的DCI（如DCI格式0/0A/0B/4/4A/4B）和UE组的DCI（如DCI格式3/3A），则使用UE专有的DCI中的TPC命令，而忽略UE组的DCI中的TPC命令。NR中对一个PUSCH传输确定TPC命令的累积时间段，在该时间段内收到的所有DCI，包括UE专有的DCI（包括DCI格式0_0、0_1、0_2）和UE组的DCI（包括DCI格式2_2），其中的PUSCH的TPC命令都需要按闭环功控编号累积到对应的闭环功控调整量中。

对于PUSCH传输，确定TPC命令的累积时间段的方法如下。

首先，确定TPC命令的累积时间段的终止点：对于DCI调度的PUSCH传输，TPC命令的累积时间段的终止点为调度该PUSCH传输的DCI的PDCCH传输的最后一个符号结尾；对于CG PUSCH传输，TPC命令的累积时间段的终止点为该PUSCH传输开始时间向前一段由基站配置的$k2$参数确定的时间段。该$k2$与UE的处理能力有关。

然后，确定TPC命令的累积时间段的起始点：对于PUSCH传输i，其前面第$i0$个传输的TPC命令的累积时间段的终止点就是PUSCH传输i的TPC命令的累积时间段的起始点。$i0$是满足以下条件的最小整数值：PUSCH传输$i-i0$的TPC命令的累积时间段的终止点早于PUSCH传输i的TPC命令的累积时间段的终止点。

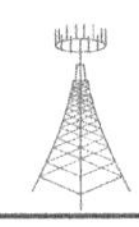

之所以用PUSCH传输$i-i0$而不是用PUSCH传输$i-1$确定PUSCH传输i的TPC命令的累积时间段的起始点，是因为PUSCH传输$i-1$的TPC命令的累积时间段的终止点可能在PUSCH传输i的TPC命令的累积时间段的终止点之后。由于目前NR不支持PUSCH乱序调度，仅考虑DCI调度的PUSCH传输，则该问题还不存在。但是目前NR支持DG PUSCH和CG PUSCH同时存在。当PUSCH传输i是DCI调度的传输，而PUSCH传输$i-1$是CG PUSCH传输时，很可能因为$k2$参数确定的时间段比PUSCH传输i到调度该PUSCH的DCI之间的时间段小很多，此时PUSCH传输$i-1$的TPC命令的累积时间段的终止点作为PUSCH传输i的TPC命令的累积时间段的起始点，会晚于PUSCH传输i的TPC命令的累积时间段的终止点，这样确定的PUSCH传输i的TPC命令的累积时间段是没有意义的，需要避免。因此需要向前再找第2个、第3个，直到符合PUSCH传输$i-i0$的TPC命令的累积时间段的终止点早于PUSCH传输i的TPC命令的累积时间段的终止点的条件为止。

如图7-6所示，DCI#1、#2、#5分别调度PUSCH传输$i-2$、i和$i+1$，其中分别包括TPC1、TPC2、TPC5；DCI#3、#4是DCI格式2_2，仅分别指示TPC3、TPC4，但不调度PUSCH传输；PUSCH传输$i-1$是CG传输，没有对应的DCI。按上述规则，PUSCH传输$i-1$、i以及$i+1$对应的闭环功控调整量的TPC命令的累积时间段以及$f(i-1)$、$f(i)$和$f(i+1)$的计算方式分别如图7-6所示。图中$K_{\min}$是$k2$参数确定的时间段。

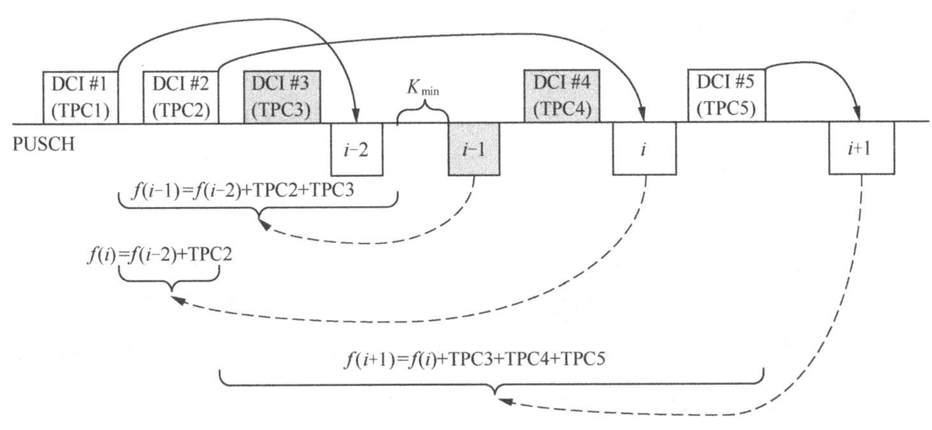

图7-6　不支持乱序的DG PUSCH和CG PUSCH

b. 闭环功控调整量的重置。

当$P_{\mathrm{O_UE}}(j)$或$\alpha(j)$由高层参数提供时，闭环功控调整量被重置，$f_{b,f,c}(k,l)=0$，$k=0,1,\cdots,i$，即只有闭环功控调整量被清零，而PUSCH传输的计数不清零。

当$j=0$，或没有配置SRI与功控参数的关联关系时，闭环功控编号$l=0$对应的闭环功控调整量被重置。

当j=1时，高层参数配置给CG PUSCH的闭环功控编号l对应的闭环功控调整量被重置。

当$j>1$，并且配置了SRI与功控参数的关联关系时，则与被提供的P_{O_UE}（j）或α（j）的编号j有关联关系的闭环功控编号l对应的闭环功控调整量被重置。

当UE接收到随机接入过程对PRACH或MsgA传输的响应信息时，PUSCH的传输编号清零，闭环功控调整量被置为$f_{b,f,c}(0,l)=\Delta P_{\text{rampup},b,f,c}+\delta_{\text{msg2},b,f,c}$，其中$l=0$。$\Delta P_{\text{rampup}}$是随机接入过程中前导从第一次发送到最后一次发送的功率爬升的总和。Δ_{msg2}是在以下信息中指示的TPC值：Type 1的随机接入过程中的PRACH传输的随机接入响应消息（RAR），或Type 2的随机接入过程中的MsgA的回退随机接入响应信息（FallbackRAR）。Type 2的随机接入过程中没有Msg2时，$f_{b,f,c}(0,l)=\Delta P_{\text{rampup},b,f,c}$。

2. PUCCH的功控

（1）PUCCH的功控参数配置架构和获取方式

首先，RRC在BWP级别为PUCCH传输配置如下资源。

- PUCCH功控参数池，包括PUCCH开环功控参数（$P0$）的池、PUCCH的PL-RS的池、PUCCH闭环功控的个数（池）。
- PUCCH空间关系的池，Rel-15最大支持8个PUCCH的空间关系，Rel-16扩展到最大64个。
- 空间关系与功控参数的关联，在每个空间关系中配置相关联的功控参数，包括PUCCH功控参数池中各功控参数的编号。

其次，MAC CE激活一个或多个PUCCH资源，并为每个激活的PUCCH资源关联RRC配置的PUCCH的空间关系池中的一个PUCCH的空间关系。UE收到激活PUCCH资源的MAC CE后将其发送HARQ-ACK给基站，之后经过3个子帧，MAC CE激活PUCCH资源生效。

最后，DCI指示一个PUCCH资源，根据其关联的PUCCH的空间关系，即可得到对应的PUCCH的功控参数。没有配置PUCCH的空间关系时，PUCCH的开环功控参数由开环功控参数池中的第一个配置值确定，PUCCH的PL-RS则根据编号最小的CORESET确定，PUCCH的闭环功控编号是0。下面进行详细的描述。

（2）PUCCH的功控参数$P0$、PL-RS及闭环功控参数

- $P0$

PUCCH的$P0$分为$P_{O_NOMINAL}$和P_{O_UE}。$P_{O_NOMINAL}$由RRC参数配置或取0。P_{O_UE}由PUCCH资源关联的PUCCH空间关系确定，或由开环功控参数池p0-Set中最小编号的p0-PUCCH-Value确定。

- PL-RS

如果PUCCH的空间关系PUCCH-SpatialRelationInfo中包括servingCellId，则UE在servingCellId标识的服务小区的激活DL BWP中接收PL-RS。

如果提供了PUCCH的PL-RS参数池pathlossReferenceRSs给UE，但是没有提供PUCCH的空间关系，则UE根据PUCCH的PL-RS参数池中的第一个PL-RS确定PUCCH传输的PL-RS，该PL-RS在当前服务小区，或者在pathlossReferenceLinking参数指示的服务小区。

如果没有提供PUCCH的PL-RS参数池，也没有提供PUCCH的空间关系池给UE，同时使能了enableDefaultBeamPlForPUCCH功能，则UE使用PCell的激活DL BWP的编号最小的CORESET的TCI状态或QCL假设的QCL-Type D的周期的RS资源作为PUCCH传输的PL-RS。

- 闭环功控参数

PUCCH支持最多两个闭环功控。当UE被提供了twoPUCCH-PC-AdjustmentStates，且被提供了PUCCH的spatial参数池时，$l \in \{0,1\}$；当UE没有被提供twoPUCCH-PC-AdjustmentStates或PUCCH-SpatialRelationInfo时，$l = 0$。

PUCCH传输按照与DCI的关系分为两类。

响应DCI的PUCCH传输，此类PUCCH传输主要承载用于DCI（格式1_0、1_1或1_2）调度的PDSCH的HARQ-ACK/NACK信息；

非响应DCI的PUCCH传输，此类PUCCH传输主要用于上报CSI，通常是预先配置周期的资源。

PUCCH传输的闭环功控编号的确定方法为，对一个PUCCH传输，其对应的PUCCH资源所关联的PUCCH空间关系中包含了闭环功控的编号指示。

PUCCH的TPC命令的闭环功控编号的确定方法为，DCI格式1_0、1_1或1_2中的TPC命令所应用的闭环功控编号由DCI所指示的PUCCH资源关联的PUCCH空间关系对应的闭环功控编号确定。当UE支持两个闭环功控时，DCI格式2_2中的TPC命令的闭环功控编号是由DCI中的闭环功控编号确定的。

对于PUCCH传输，确定TPC命令的累积时间段的方法与PUSCH的类似。NR中对一个PUCCH传输确定TPC命令的累积时间段时，在该时间段内收到的所有DCI（包括UE专有的DCI，如DCI格式1_0、1_1和0_2；UE组的DCI，如DCI格式2_2）中的PUCCH的TPC命令，都需要累积到闭环功控调整量中。

首先，确定TPC命令的累积时间段的终止点。

对于响应DCI（格式1_0、1_1或1_2）的PUCCH传输，TPC命令的累积时间段的终止点为对应该PUCCH传输的DCI的PDCCH传输的最后一个符号结尾。

对于非响应DCI的PUCCH传输，TPC命令的累积时间段的终止点为该PUCCH传输开始时间向前一段由基站配置的$k2$参数确定的时间段。该$k2$参数与UE的处理能力有关。

然后，确定TPC命令的累积时间段的起始点。

对于PUCCH传输i，其前面第$i0$个PUCCH传输的TPC命令的累积时间段的终止点就是PUCCH传输i的TPC命令的累积时间段的起始点。$i0$是满足以下条件的最小正整数：PUCCH传输$i-i0$的TPC命令的累积时间段的终止点早于PUCCH传输i的TPC命令的累积时间段的终止点。

（3）PUCCH闭环功控调整量的重置

当$P_{\mathrm{O_PUCCH},b,f,c}(q_u)$被提供时，PUCCH的闭环功控调整量被重置为$g_{b,f,c}(k,l)=0$，$k=0,1,\cdots,i$，即只有闭环功控调整量被清零，而PUCCH传输的计数不清零。如果UE被配置了PUCCH的空间关系PUCCH-SpatialRelationInfo，则与被提供的$P_{\mathrm{O_PUCCH},b,f,c}(q_u)$有关联关系的闭环功控编号$l$对应的闭环功控调整量被重置，否则$l=0$。

RACH过程导致的闭环重置：在随机接入过程和波束失败恢复（Beam Failure Recovery）过程中，PUCCH的闭环功控会被重置为$g_{b,f,c}(0,l)=\Delta P_{\mathrm{rampup},b,f,c}+\delta_{b,f,c}$，其中$l=0$。此时，PUCCH的传输编号清零。其中，$\Delta P_{\mathrm{rampup}}$是随机接入过程中的前导从第一次发送到最后一次发送的功率爬升的总和。

$\delta_{b,f,c}$是在以下信息之一指示的TPC值。

- Type 1的随机接入过程中的PRACH的响应消息（RAR）。
- Type 2的随机接入过程中的MsgA的回退随机接入响应信息（FallbackRAR）。
- Type 2的随机接入过程中的MsgA的成功随机接入响应信息（SuccessRAR）。
- 如果PUCCH传输是第一个PDCCH的最后一个符号之后28个符号后的第一个PUCCH传输，而第一个PDCCH是UE在recoverySearchSpaceId标识的搜索空间集合上检测到的，且该PDCCH承载用C-RNTI或MCS-C-RNTI加扰CRC的DCI格式，则$\delta_{b,f,c}$是指第一个PDCCH的DCI中指示的TPC值。

3. SRS的功控

（1）SRS的功控参数配置架构

RRC在BWP级别配置SRS资源集合，每个SRS资源集合至少包含一个SRS资源。

RRC在SRS资源集合级别配置功控参数，包括SRS的开环功控参数（P_{O}和α）、SRS的闭环功控参数、SRS的PL-RS。SRS的功控参数都在SRS资源集合级别定义，即SRS资源集合中包含的所有SRS资源都用一样的功控参数。对一个SRS传输，根据其SRS资源所属的SRS资源集合，可以得到对应的功控参数。

NR Rel-16支持为SRS资源集合配置SRS的PL-RS参数池，主要是为了支持MAC CE更新SRS资源集合的PL-RS参数。即MAC CE可以更新SRS资源集合编号所关联的SRS的PL-RS参数池中的PL-RS的编号。

（2）SRS的功控参数$P0$、α、PL-RS以及闭环功控参数

SRS的$P0$不区分小区级和UE级，而是直接在SRS资源集合上配置$P0$，取值范围是$-202\sim24$dBm，只能配置偶数值，与PUSCH、PUCCH的$P_{\mathrm{O_NOMINAL}}$取值范围相同。

SRS的α值也是在SRS资源集合中配置，未配置时取1。

SRS的 $PL_{b,f,c}(q_d)$ 是关联到SRS资源集合 q_s 的PL-RS。如果UE被提供了enablePLR-SupdateForPUSCHSRS，则MAC CE可以通过指示RRC配置的PL-RS中的ID（SRS-PathlossReferenceRS-Id）为SRS资源集合 q_s 更新对应的PL-RS。

如果没有提供PL-RS或PL-RS参数池给UE，或者UE在获得专有高层参数之前，则UE使用获取MIB的SSB计算 PL。

如果UE被配置了pathlossReferenceLinking，则测量 PL 的RS在pathlossReference-Linking所指示的服务小区。

如果没有提供PL-RS或SRS的PL-RS池，也没有提供SRS资源的空间关系给UE，但提供了enableDefaultBeamPlForSRS，则UE使用以下方式确定PL-RS。

- 如果激活的DL BWP上配置了CORESET，则使用编号最小的CORESET的TCI状态或QCL假设中的QCL-Type D的周期的RS资源。
- 如果激活的DL BWP上没有配置CORESET，则使用激活的PDSCH的编号最小的TCI状态中的QCL-Type D的周期的RS资源。

SRS的闭环功控分为两种情况。

- 共享PUSCH的闭环功控，即 $h_{b,f,c}(i,l)=f_{b,f,c}(i,l)$，SRS闭环功控数量与PUSCH的一致，最多两个。
- 独立的SRS闭环功控，即 $h_{b,f,c}(i)=\delta_{\mathrm{SRS},b,f,c}(i)$ 或, $h_{b,f,c}(i)=h_{b,f,c}(i-i_0)+\sum_{m=0}^{\mathrm{C}(S_i)-1}\delta_{\mathrm{SRS},b,f,c}(m)$，分别对应SRS的闭环功控是绝对值方式和累积方式。此时SRS的闭环功控数量为1。

由高层参数srs-PowerControlAdjustmentStates确定SRS的功控参数与PUSCH有共享和独立两种关系。该参数不存在时，SRS共享PUSCH的第1个闭环功控；该参数取值sameAsFci2时，SRS共享PUSCH的第2个闭环功控；该参数取值separateClosedLoop时，或在没有配置PUSCH传输的UL BWP上，SRS是独立的闭环功控。

$\delta_{\mathrm{SRS},b,f,c}(m)$ 是DCI格式2_3的PDCCH中的TPC命令。

对于绝对值式的闭环功控方式，$\delta_{\mathrm{SRS},b,f,c}(m)$ 是SRS传输的第一个符号前的 $K_{\mathrm{SRS,min}}$ 符号之前的DCI格式2_3的PDCCH中的TPC命令。

对于累积式闭环功控方式，对一个SRS传输需要确定TPC命令的累积时间段，方法与PUSCH的类似。在该时间段内收到的所有DCI中的该UE的SRS的TPC命令，都需要累积到闭环功控调整量中。

首先，确定TPC命令的累积时间段的终止点：对于非周期（Aperiodic，AP）的SRS传输，TPC命令的累积时间段的终止点为对应该SRS传输的DCI的PDCCH传输的最后一个符号结尾；对于半持续的（Semi-Persistent，SP）或周期的（Periodic）SRS传输，TPC命令的累积时间段的终止点为该SRS传输开始时间向前一段由基站配置的 $k2$ 参数确定的时间段，$k2$ 的值与UE的处理能力有关。

然后，确定TPC命令的累积时间段的起始点：对于SRS传输i，其前面第$i0$个SRS传输的TPC命令的累积时间段的终止点就是SRS传输i的TPC命令的累积时间段的起始点。$i0$是满足以下条件的最小正整数：SRS传输$i-i0$的TPC命令的累积时间段的终止点早于SRS传输i的TPC命令的累积时间段的终止点。

（3）SRS累积式闭环功控调整量的重置

如果高层提供了$P_{\text{O_SRS},b,f,c}(q_s)$或$\alpha_{\text{SRS},b,f,c}(q_s)$的配置值，$h_{b,f,c}(k)=0$，$k=0,1,\cdots,i$，即SRS传输编号不重置，闭环功控调整量清零。否则，$h_{b,f,c}(0)=\Delta P_{\text{rampup},b,f,c}+\delta_{\text{msg2},b,f,c}$。其中，$\delta_{\text{msg2},b,f,c}$是UE发出的随机接入前导对应的RAR grant中的TPC命令。而ΔP_{rampup}参数是随机接入前导从第一次到最后一次的功率爬升的总和$\Delta P_{\text{rampuprequested},b,f,c}$。

如果SRS传输与PUSCH共享闭环功控调整量，SRS传输时机i的闭环功控调整量在SRS资源集合q_s的每一个SRS资源的传输开始位置更新，这样可以使SRS的功控随着PUSCH的闭环功控变化及时更新；否则，SRS传输时机i的闭环功控调整量在SRS资源集合q_s的第一个SRS资源的传输开始位置更新，即SRS资源集合内的所有SRS资源使用相同的闭环功控调整量。

SRS的TPC在DCI格式2_3中指示。DCI格式2_3为每个UE携带多个TPC命令，分别用于CA的不同的小区。该DCI还可能携带SRS Request，又细分为两种。

Type A时，该DCI为每个UE携带一个SRS Request，用于该UE的所有小区。

Type B时，该DCI为每个UE的每个小区携带一个SRS Request。

Rel-16还支持用于定位功能的SRS。定位功能的SRS的功控参数也配置在SRS资源集合级别，但不支持闭环功控，仅支持开环功控与路损补偿。定位功能的SRS的PL-RS可以来自其他小区。

4. PRACH的功控

物理随机接入信道（Physical Random Access Channel，PRACH）的发送功率确定方式如下。

$$P_{\text{PRACH},b,f,c}(i)=\min\left\{P_{\text{CMAX},f,c}(i),P_{\text{PRACH,target},f,c}+PL_{b,f,c}\right\}\text{（dBm）}$$

其中$P_{\text{CMAX},f,c}(i)$同前所述，$P_{\text{PRACH,target}f,c}$是高层为激活的UL BWP b提供的PRACH目标接收功率PREAMBLE_RECEIVED_TARGET_POWER。$PL_{b,f,c}$是激活UL BWP b的路损量，是基于激活的DL BWP上与PRACH传输关联的DL RS测量的，是用referenceSignalPower高层滤波的RSRP计算的。如果激活的DL BWP是初始DL BWP，并且SSB与CORESET的复用方式（Multiplexing Pattern）为2或3，则UE基于与PRACH关联的SSB测量PL。

PRACH目标接收功率PREAMBLE_RECEIVED_TARGET_POWER = preambleReceived TargetPower + DELTA_PREAMBLE +（PREAMBLE_POWER_RAMPING_ COUNTER – 1）× PREAMBLE_POWER_RAMPING_STEP。其中，preambleReceived TargetPower是高

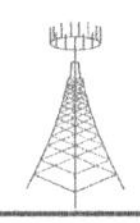

层指示的初始目标功率，DELTA_PREAMBLE是preamble格式不同导致的功率差，PREAMBLE_POWER_RAMPING_COUNTER是preamble发送失败导致的功率爬升的次数，PREAMBLE_POWER_RAMPING_STEP是preamble发送失败导致的功率爬升的量。

如果PRACH传输不是UE检测到PDCCH order（PDCCH命令）的响应，或PRACH传输是UE检测到的用于触发基于竞争的随机接入过程的PDCCH命令的响应，或PRACH传输是关联到链路恢复过程且链路恢复过程的 q_{new} 关联到一个SSB上，则referenceSignalPower由ss-PBCH-BlockPower确定。

如果PRACH传输是UE检测到的用于触发基于非竞争的随机接入过程的PDCCH命令的响应，并且用于测量PL的DL RS与PDCCH命令的DMRS是准共址的，则referenceSignalPower由ss-PBCH-BlockPower确定。或者，UE被配置了周期的CRI-RS接收，或关联到链路恢复过程的PRACH传输，其对应的 q_{new} 与周期的CSI-RS配置关联，则referenceSignalPower由ss-PBCH-BlockPower和powerControlOffsetSS确定。其中powerControlOffsetSS是CSI-RS发送功率与SSB的发送功率的偏差值。如果提供PDCCH命令的PDCCH的激活TCI状态包括两个RS，UE在应用powerControlOffsetSS时期望用具有QCL-Type D特征的RS。

如果在随机接入响应窗内，UE没有收到包括对应UE发送的preamble序列的preamble标识的随机接入响应，UE为后续的PRACH传输可能用同样的波束，提升功率发送，也可能换波束发送。如果在PRACH重传之前，UE更换了空间发送滤波器，则物理层通知高层挂起功率爬升计数器。

如果由于CA或DC场景下多个传输的功率分配原则，UE不能发送PRACH传输或UE以降低的功率发送PRACH传输，则层1需要通知高层挂起对应的功率爬升计数器。

7.2.2 CA、DC的功率共享

为了支持更大的带宽和更灵活的频带利用方式，LTE已经支持了载波聚合（CA）、双连接（DC）技术。NR则进一步在小区内划分了更细的频域粒度BWP，上行小区还可以同时支持正常的上行载波（UL）和上行补充载波（SUL）。

对于同一个频域区间（FR1或FR2）内的支持SUL和UL的单小区场景，或载波聚合（CA）场景，可能会存在多个传输在时域重叠的情况。时域重叠包括完全重叠或部分重叠。如果UE同时支持FR1与FR2，其FR1与FR2的传输不共享功率。

在传输时机i内，如果PUSCH、PUCCH、PRACH或SRS传输的发送功率之和超出了传输时机i的最大发送功率 $P_{CMAX}(i)$，则UE需要按下面的优先级为这些传输分配功率，确保在传输时机i的每个符号上，所有传输的功率之和都不超出最大发送功率 $P_{CMAX}(i)$。

以下是PUSCH、PUCCH、PRACH或SRS传输的从高到低优先级。

- PCell上的PRACH传输。

- 承载HARQ-ACK信息、SR和链路恢复请求（Link Recovery Request，LRR）的PUCCH传输，或承载HARQ-ACK信息的PUSCH传输。

- 承载CSI的PUCCH传输，或承载CSI的PUSCH传输。

- 不承载HARQ-ACK信息或CSI的PUSCH传输，或Type 2随机接入过程在PCell上的PUSCH传输。

- 非周期的SRS传输优先级高于半持续的或周期的SRS，或在非PCell的服务小区上的PRACH传输。

在同等优先级的情况下，NR还定义了不同上行载波和小区的传输的优先级：主小区组（Master Cell Group，MCG）或辅小区组（Second Cell Group，SCG）中的主小区比辅小区的传输优先级高。在两个上行载波（UL+SUL）之间，配置传输PUCCH的上行载波优先级高于另一个上行载波。如果两个上行载波都没有配置PUCCH，非SUL的上行载波优先级更高。

在LTE的DC的功率共享技术中，在确定一个小区组（Cell Group，CG）的传输功率的场景下，确定对方CG传输的情况（标准讨论中也叫Look Ahead能力）下，或不能确定对方CG的传输的情况时，对功率共享方式分别进行了标准化。考虑到NR技术与LTE技术可能在很长一段时间内都会共存，而NR技术与LTE并不能兼容，所以DC是一种比较可行的共存方式。目前，NR支持3种方式的DC，下面对每种DC的配置特点以及功率共享方式进行讨论。

（1）EN-DC：MCG配置为E-UTRA无线接入，SCG配置为NR无线接入。其中NR可同时支持FR1和FR2。E-UTRA的传输功率由LTE的标准确定，NR在FR1的传输功率和在FR2的传输功率分别独立地由NR的标准确定。NR在FR1的传输的最大功率由参数p-NR-FR1确定，E-UTRA的传输的最大功率由参数p-MaxEUTRA确定，两者的和不能超出EN-DC在FR1的最大功率 $P_{\text{Total}}^{\text{EN-DC}}$。

- 如果UE不支持在E-UTRA与NR之间动态功率共享，则UE期望E-UTRA被配置为TDD方式。在这种配置下，在E-UTRA的上行子帧时间内，NR在FR1不发送。

- 如果UE支持在E-UTRA与NR之间动态功率共享，E-UTRA被配置为TDD方式，但是不能支持tdm-Pattern-dualTx，则UE在E-UTRA有传输的子帧，NR在FR1不发送。

- 如果UE支持在E-UTRA与NR之间动态功率共享，当MCG的E-UTRA的传输与NR的FR1的传输有任何部分的时间重叠，且任何重叠部分的发送功率之和大于UE的FR1的最大发送功率，则要缩减NR的FR1的传输的功率，确保任何重叠部分的发送功率之和不大于UE的FR1的最大发送功率。如果为了满足上述要求，需要NR的FR1的传输功率削减比例超出了高层参数X_{SCALE}指示的比例，则不要求UE发送NR的FR1的传输；否则，UE需要发送NR的FR1的传输。

（2）NE-DC：MCG配置为NR无线接入，SCG配置为E-UTRA无线接入。其中NR可同时支持FR1和FR2。E-UTRA的传输功率由LTE的标准确定，NR在FR1的传输功率和在FR2的传输功率分别独立地由NR的标准确定。NR在FR1的传输的最大功率由参数p-NR-FR1确定，E-UTRA的传输的最大功率由参数p-MaxEUTRA确定，两者的功率和不能超出NE-DC在FR1的最大功率 $P_{\text{Total}}^{\text{EN-DC}}$。

- 如果MCG没有配置tdd-UL-DL-ConfigurationCommon，SCG的传输功率由LTE的标准确定，最大功率由参数p-MaxEUTRA确定。

- 如果SCG的传输与MCG的任何一个被指示为UL或弹性（Flexible）的符号重叠，则SCG的传输功率由LTE的标准确定，最大功率由参数p-MaxEUTRA确定；否则，SCG的传输功率由LTE的标准确定，最大功率不需要考虑参数p-MaxEUTRA。

- 如果UE不支持在E-UTRA与NR之间动态功率共享，则UE期望E-UTRA被配置为TDD方式。在这种配置下，在E-UTRA的上行子帧时间内，NR在FR1不发送。

- 如果UE支持在E-UTRA与NR之间动态功率共享，当MCG的E-UTRA的传输与NR的FR1的传输有任何部分的时间重叠，且任何重叠部分的发送功率之和大于UE的FR1的最大发送功率时，要缩减NR的FR1的传输功率，确保任何重叠部分的发送功率之和不大于UE的FR1的最大发送功率。

（3）NR-DC：MCG和SCG都配置为NR无线接入。

- 当MCG与SCG分别属于不同的FR，则两个CG不能共享功率。

- MCG和SCG可工作在FR1/FR2。UE被配置MCG传输的最大功率P_{MCG}、SCG传输的最大功率P_{SCG}，以及在FR1和FR2各自的两CG间功率共享的模式NR-DC-PC-mode。NR-DC-PC-mode包括3种取值：Semi-static-mode1、Semi-static-mode2、Dynamic。

- 当采用Semi-static-mode1或Semi-static-mode2时，P_{MCG}与P_{SCG}之和不大于$P_{\text{Total}}^{\text{NR-DC}}$。

- 当采用Semi-static-mode1时，两个CG各自使用自己的最高门限P_{MCG}、P_{SCG}确定功率即可。

- 当采用Semi-static-mode2时，MCG或SCG在确定对方CG与自己的传输交叠部分的符号是UL或Flexible时，则使用自己的最大功率P_{MCG}或P_{SCG}的限制。否则，不需要考虑自己的最大功率P_{MCG}或P_{SCG}的限制。Semi-static-mode2必须工作在同步NR-DC场景。

- 当采用Dynamic时，在MCG和SCG的传输有重叠，并且重叠部分和功率大于最大发送功率 $P_{\text{Total}}^{\text{NR-DC}}$ 时，削减SCG的传输功率，使得调整后的传输的功率和不大于最大功率 $P_{\text{Total}}^{\text{NR-DC}}$。如果MCG与SCG的传输没有重叠，则MCG和SCG在传输时不需要考虑最大功率P_{MCG}或P_{SCG}的限制。

- 当采用Dynamic时，如果UE在SCG传输的第一个符号上就能确定SCG的总发送功率，则要求MCG上如果存在与SCG的重叠传输，承载MCG传输的调度信息的DCI的

PDCCH传输必须早于SCG的传输开始（T_{offset}）时间。当SCG的传输时间内MCG上没有任何传输时，UE在SCG的传输时机开始时确定SCG的最大发送功率为 $P_{Total}^{NR\text{-}DC}$；而当MCG上存在总功率为 $\widehat{P}_{MCG}^{actual}$ 的传输时，UE在SCG的传输时机开始时确定SCG的最大发送功率为 $\min\left(\widehat{P}_{SCG}, \widehat{P}_{Total}^{NR\text{-}DC} - \widehat{P}_{MCG}^{actual}\right)$，即SCG需要优先为能确定的MCG的传输预留足够的发送功率。

7.2.3 PHR

基站接收上行传输，并根据上行传输的接收质量调整后续的上行传输功率。例如，基站通过为UE配置或指示开环功控参数$P0$、α、路损测量参数PL-RS、闭环功控的TPC命令等控制上行传输的功率。在该过程中，基站能确定上行传输的接收功率，但不能确定上行传输的发送功率。实际上，对于相同接收功率的两个UE，如果传输路损值的差异很大，发送功率也会相差很大。如果路损值大的UE的发送功率已经接近最大发送功率，则基站在为其调度新的上行传输时，就需要避免会导致发送功率增大的调度参数，如更多的调度RB数量、更高的MCS、正值的TPC命令等。为了使基站获知UE的发送功率水平与最大发送功率的差距，LTE系统引入了功率余量报告（Power Headroom Report，PHR）。NR系统也支持PHR。相比LTE系统，NR的PHR需要支持更多的子载波间隔、多波束等特性。

PHR定义为最大发送功率与上行传输需要的功率之差。上行传输需要的功率在计算时不需要考虑最大发送功率的限制，因此可能大于最大发送功率。当上行传输需要的功率大于最大发送功率时，PHR为负值。每个PHR信息是6bit[3]，取值范围见表7-5[4]。

表7-5　功率余量报告取值区间

报告值	测量值（dB）
POWER_HEADROOM_0	PH < −32
POWER_HEADROOM_1	−32 ≤ PH < −31
POWER_HEADROOM_2	−31 ≤ PH < −30
POWER_HEADROOM_3	−30 ≤ PH < −29
…	…
POWER_HEADROOM_60	32 ≤ PH < 34
POWER_HEADROOM_61	34 ≤ PH < 36
POWER_HEADROOM_62	36 ≤ PH < 38
POWER_HEADROOM_63	PH ≥ 38

根据传输类型的不同支持不同类型的PHR。

- Type 1的PHR是基于PUSCH传输计算的。基于真实的PUSCH传输计算的PHR叫作Type 1的真实PHR；基于PUSCH参考格式计算的PHR叫作Type 1的虚拟PHR。

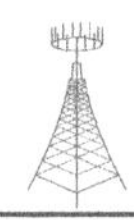

- Type 3的PHR是基于SRS传输计算的。Type 3的PHR用于没有配置PUSCH传输的载波/小区。Type 3的PHR也分为真实的PHR和虚拟的PHR，分别基于真实的SRS传输或SRS参考格式计算。

需要说明的是Type 2的PHR在LTE中是用作基于PUCCH传输计算的PHR，目前在NR中没有定义。标准讨论中有观点认为在基于PUSCH的PHR已经存在的情况下，再上报基于PUCCH传输的PHR的意义不大。基站可以根据基于PUSCH的传输的PHR信息确定PUCCH传输的调度。

在CA或DC的场景，UE在每个激活的小区上独立判断PHR上报条件，条件满足后PHR被触发。PHR的触发条件主要包括距离上次PHR上报时长超出门限，或PL变化超出门限。PHR被触发后，UE需要等待一个合适的PUSCH传输时机承载PHR。PHR上报前，可能会存在多个小区上的PHR被触发的可能。合适的承载PHR的PUSCH传输时机包括：在PHR被触发后，第一个被DCI调度的初始PUSCH传输，或者一个配置授权的PUSCH传输。

承载PHR的PUSCH传输在一个小区上发送，其中包括所有激活的小区各自的PHR。每个小区只对应一个PHR，PCell上报的是Type 1的真实或虚拟的PHR，其他服务小区可能是Type 1或者Type 3的真实或虚拟PHR。当UE在一个小区上支持两个上行载波时，则可能确定Type 1和Type 3的PHR，按以下规则选择其中一个：当Type 1和Type 3的PHR都是真实的PHR，或者都是虚拟的PHR时，选择Type 1的PHR上报；当Type 1和Type 3的PHR中有一个是真实的，另一个是虚拟的时候，选择真实的PHR上报。

PHR的MAC CE中包括各个激活小区的PHR，其中上报PHR的MAC CE所在的小区的PHR是真实PHR，其他激活小区上的PHR是真实的还是虚拟的PHR由以下信息确定：配置授权的高层信令、周期的或半持续的SRS传输，或在承载PHR的PUSCH传输相关的时间点之前收到的DCI信息。

- 当承载PHR的PUSCH传输是动态授权的PUSCH传输时，承载PHR的PUSCH传输相关的时间点是指PHR被触发后，UE收到的第一个调度初次传输的PUSCH的DCI的PDCCH监控时机（Monitoring Occasion）的结束时间。
- 当承载PHR的PUSCH传输是配置授权的PUSCH传输时，承载PHR的PUSCH传输相关的时间是指承载PHR的PUSCH传输开始前的一段由$T_{proc,2}$确定的时间。$T_{proc,2}$的值与UE的处理能力有关。

如图7-7所示，UE支持载波聚合，包含3个激活的小区，分别记为CC #1～#3。图中时隙c_x表示CC #c内的编号为x的时隙。

CC #1的PHR被触发后，CC #3中的承载PHR的PUSCH传输是配置授权的PUSCH传输，则承载PHR的PUSCH传输相关的时间是该PUSCH传输向前$T_{proc,2}$的时间。

CC #2的PHR被触发后，CC #1中第一个调度初传的DCI的结束时间是承载PHR的

PUSCH传输相关的时间点。

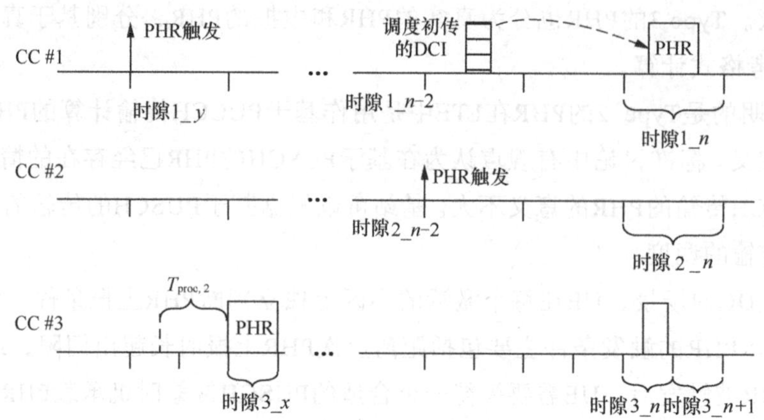

图7-7　PHR的参考时间段

另外，其他激活的CC确定PHR时需要先确定其他激活的CC的时隙。规则如下。

在第一CC上的时隙1传输PHR，且第二CC的时隙与第一CC的时隙相同时，则基于与第一CC的时隙1重叠的第二CC的时隙确定第二CC的PHR。

在第一CC上的时隙1传输PHR，且第二CC的时隙比第一CC的时隙短时，第二CC中存在多个时隙与第一CC的时隙1重叠，则基于第二CC中第一个与第一CC的时隙1完全重叠的时隙确定第二CC的PHR。

如图7-7所示，CC #1所调度的PUSCH传输在时隙1_*n*中发送，携带CC #1～CC #3的PHR。对于CC #1，PHR为真实PHR，根据该PUSCH的传输参数计算PHR。CC #2的时隙与CC #1的时隙长度相同，而时隙2_*n*与时隙1_*n*重合，因此CC #2的PHR是根据该时隙内的传输计算的。时隙2_*n*中没有传输，所以CC #2的PHR是虚拟PHR。而CC #3的时隙比CC #1的时隙长度短，其中时隙1_*n*与时隙3_*n*以及时隙3_*n*+1重叠，所以CC #3中的时隙选择第一个与时隙1_*n*完全重叠的时隙，即时隙3_*n*。时隙3_*n*中有传输，所以CC #3的PHR是真实PHR。

如果其他激活小区确定PHR的时隙上存在动态授权的PUSCH传输，且该PUSCH的DCI晚于上述承载PHR的DG PUSCH传输相关的时间点，则该动态授权的PUSCH传输不能被考虑，即对应小区不能用该动态授权的PUSCH进行真实的PHR计算。

如果UE在一个小区被配置了两个上行载波，而UE需要上报Type 1的虚拟PHR，则UE选择配置了pusch-Config参数的一个上行载波计算Type 1的虚拟PHR。如果两个上行载波都配置了pusch-Config参数，则UE挑选配置了pucch-Config参数的一个上行载波计算Type 1的虚拟PHR。如果两个上行载波都没有配置pucch-Config参数，则UE选择非SUL的上行载波计算Type 1的虚拟PHR。

如果UE在一个小区上配置了两个上行载波，而UE需要上报Type 3的虚拟PHR，则UE选择配置了pucch-Config参数的一个上行载波计算Type 3的虚拟PHR。如果两个上行载波都没有配置pucch-Config参数，则UE选择非SUL的上行载波计算Type 3的虚拟PHR。

虚拟PHR的P_{CMAX}与真实PHR的P_{CMAX}的假设条件不同，所以取值也不同。上报真实PHR时，P_{CMAX}是一起上报的。上报虚拟PHR时，不需要上报P_{CMAX}，因为虚拟PHR所假设的P_{CMAX}基本不变化。

7.3　上行满功率传输增强

相比于LTE系统，5G NR的上行功率控制需要支持更多种类的传输场景，并具备更高的灵活性。NR Rel-15中所采纳的上行功率控制方法基本上延续了LTE系统中的设计思想，即通过控制上行物理信道或信号的发射功率来保证基站对于各个上行传输的接收功率电平保持在一个合适的区间。对于上行多天线端口的传输，NR Rel-15则沿袭了LTE对于天线端口的PA能力假设，即按照最低能力假设。例如，支持最多4个天线端口的UE，每个天线端口的发送功率不超过最大发送功率（如23dBm）的1/4，这样的规定可以保证UE使用小于或等于4的任意数量的天线端口参与传输时，总功率都不会超过最大发送功率。但当只有部分天线端口（如1个或2个）参与传输时，无法达到最大发送功率。NR的应用场景广泛，从低性能到高性能的UE都需要支持，而高性能的UE可能配置的部分甚至所有的天线端口的PA能力都可以支持到最大发送功率，但仅仅由于标准限制，使得部分天线端口参与传输时无法达到最大发送功率，即无法最大化利用高性能UE的高PA能力优势来提升上行传输的性能。

鉴于上述原因，3GPP标准组织于2018年6月在美国拉荷亚召开的RAN 80次会议上，立项了在Rel-16阶段开展关于使用多天线端口进行上行满功率传输的工作内容[9]。该工作主要针对基于码本的PUSCH传输的功率增强。对于基于非码本的PUSCH传输在Rel-15中并不存在以上描述的限制，因此上述问题只存在于基于码本的PUSCH传输。基于此，3GPP RAN1工作组明确了该功能在Rel-16阶段的增强目标为：支持基于码本的PUSCH满功率传输增强，旨在某些特定场景下允许UE以满功率传输上行用户数据，以能够应用更高的调制编码水平，增加传输比特率，提升传输鲁棒性和服务质量（Quality of Service，QoS），降低误码率和丢包率等[10]。

7.3.1 上行满功率传输增强的约束因素

从直观的理解可知，UE上行多天线传输功率的上限取决于其固有物理属性，因此首先需要识别出UE发射功率的受限因素，在此基础上，综合各个受限因素以识别出性能相对较弱的UE类型，从而明确上行满功率传输的增强目标。

1. UE发射功率基线

在NR系统中，按照上行载波在传输带宽内的不同频段以及QPSK调制下的标称最大输出功率，定义了3种UE功率等级：Power Class 1、Power Class 2和Power Class 3。如不考虑干扰影响，Power Class 1的UE支持在某些频段内的最大输出功率值为31dBm；Power Class 2的UE支持在某些频段内的最大输出功率值为26dBm；Power Class 3的UE支持在所有频段内的最大输出功率值为23dBm。目前，所有频段主要的UE功率等级设为23dBm[5]。因此在Rel-16 NR的讨论中，Power Class 3对应的23dBm被定为上行满功率传输增强的最大输出功率基准。下文中若没有特别指出，默认上行传输的满功率值为23dBm。

Rel-16 NR并没有增强上行传输的天线端口数量，所支持的天线端口数量最多为4，上行预编码矩阵最多可支持4层。结合UE物理天线端口的设计复杂度及成本控制，Rel-16 NR讨论中默认的多天线UE端口数量为2或4。

2. 天线端口PA最大输出功率的组合

一般来说，UE的天线是不可拆卸的，传输功率大小的限制一般通过定义和测量天线连接器的传导要求来规定，UE是否具有满功率传输能力实际上直接取决于天线端口的射频特性，单个天线端口的射频输出功率上限由天线端口上的功率放大器（Power Amplifier，PA）的最大输出功率决定。因此，UE发射受限因素之一为单个天线端口的PA最大输出功率。

Rel-16 NR根据多天线端口PA的最大输出功率的组合，定义了以下3种UE的天线端口PA输出功率能力。

- 能力1（UE Capability 1）：UE的每个天线端口都具有满功率输出的能力。以4天线端口的能力1-UE为例，其PA最大输出功率的组合为$\{X_1, X_2, X_3, X_4\}$，其中X_1、X_2、X_3、X_4都等于23dBm，如{23dBm，23dBm，23dBm，23dBm}。
- 能力2（UE Capability 2）：UE的每个天线端口都不具有满功率输出的能力。以4天线端口的能力2-UE为例，其PA最大输出功率的组合为$\{X_1, X_2, X_3, X_4\}$，其中X_1、X_2、X_3、X_4都小于23dBm，如{17dBm，17dBm，17dBm，17dBm}，或{20dBm，20dBm，20dBm，20dBm}等。
- 能力3（UE Capability 3）：UE的部分天线端口具有满功率输出的能力。以4个

天线端口的能力3-UE为例，其PA最大输出功率值的组合为{X_1，X_2，X_3，X_4}，其中X_1、X_2、X_3、X_4部分等于23dBm，如{23dBm，17dBm，17dBm，17dBm}，或{23dBm，20dBm，23dBm，20dBm}等。

如上所述，能力1-UE的天线性能相对最强，其任意一个天线端口都能够支持上行满功率的传输，也可以通过多个端口的合并来进行上行满功率的传输。能力2-UE天线性能最弱，只能通过多个端口的合并进行上行满功率的传输。能力3-UE的天线性能居中，其可以使用部分满功率天线端口中的一个进行上行满功率的传输，也可以通过多个端口的合并进行上行满功率的传输。这里需要注意，上行信道或信号的传输总功率限制为23dBm，对应于UE的发射功率为200mW。当使用两个23dBm的天线端口联合进行上行满功率传输时，则需要将这两个端口的发射功率降至20dBm，再合并进行23dBm的上行满功率传输。基于以上所述，3GPP RAN1工作组在Rel-16阶段明确了首先需要考虑如何支持天线性能相对较弱的能力2和能力3的UE实现上行满功率的传输[11]。

3. 天线端口间的相干关系

基于码本的PUSCH传输的一个特点是，UE可以在同一个数据层内使用多个天线端口进行传输。从功率控制的角度来看，较低的传输层数意味着每个传输层可以分配到更多的传输功率，这有助于提高该层内的上行传输质量。多个天线端口能否合并至同一数据层内，取决于这些天线端口之间是否具有相干关系。如果天线端口之间具有相干能力，则UE可以调整各天线单元发射链路至特定的功率并保证相对相位差，从而可以使用这些具有相干关系的天线端口在同一传输层内同时发送数据，以获得波束赋形等增益。如果天线端口之间不具有相干能力，则由于天线阵列间的互耦效应、馈线差异以及射频链路功率放大器的相位漂移以及增益变化等原因，UE无法绝对精确地校准天线端口之间的相对相位差及其功率值，因此不具备相干能力的天线端口只能在不同传输层内同时发送数据，这也意味着此类UE无法使用多个天线端口同层合并传输。所以，UE上行多天线传输发送功率的另一个限制为天线端口之间的相干能力。相干能力见7.1.1节中的相关描述。

天线端口之间的相干性直接决定能否在同层内合并多个天线端口的功率进行上行传输，因此在传输层数受限的场景中，该能力会直接影响到UE可支持的上行传输功率大小。图7-8所示为4个天线端口的UE基于天线端口相干能力的功率合并传输示意，其中设4个天线端口的PA最大输出功率组合为{17dBm，17dBm，17dBm，17dBm}。如果4个天线端口之间完全相干，则该UE可以支持单层的上行满功率传输（17dBm+17dBm+17dBm+17dBm=23dBm）。如果4个天线端口之间为部分相干或不相干，则该UE无法支持单层的上行满功率传输。由于天线端口部分相干或不相干的UE能力较弱，因此在Rel-16的开端讨论中，这种UE就被确定为上行满功率传输功能需要支持的目标。此外，还需要指出，2个天线端口的UE只支持完全相干和不相干两种能力。而对于4个天线端口的UE，则支持完全相干、部分相干和不相干3种能力。

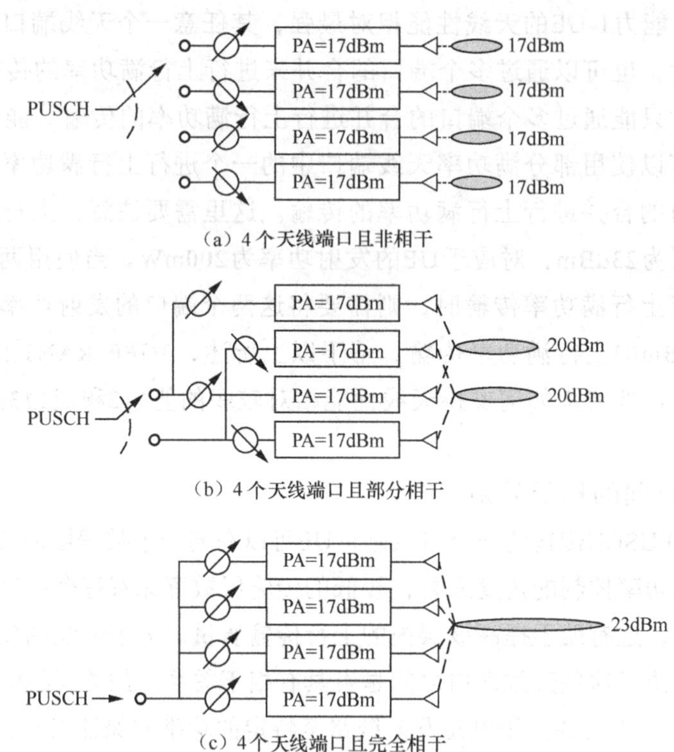

图7-8 4个天线端口的UE基于相干能力的功率合并传输

7.3.2 上行满功率传输模式1

在NR Rel-15中，针对基于码本的PUSCH传输，基站需要根据UE上报的天线端口相干能力确定可用于指示上行传输的预编码矩阵。其中，非相干能力的UE仅能使用天线选择对应的预编码矩阵子集，即每层传输只能使用单个天线端口发送；部分相干能力的UE能够使用天线端口组内线性合并所对应的预编码矩阵子集，也允许使用非相干能力所允许的预编码矩阵；完全相干能力的UE能够使用所有天线端口线性合并所对应的预编码矩阵子集，也允许使用非相干和部分相干能力所允许的预编码矩阵。因此，在NR Rel-15中，天线端口合并的数量取决于天线端口的相干能力。前面提到，使用单层传输的优点在于UE能够将更多的功率分配到该数据传输层，以提高传输的鲁棒性。另外，当NR小区内用户较多时，UE可使用的传输层数会受到限制，因此无法通过多层传输合并多个天线端口以获得发射功率的提升。

为此，NR Rel-16讨论过程中确定了一种称为上行满功率传输模式1（Mode 1）的传输模式，其核心思想在于解除了天线端口相干性对于多个端口在同层内合并的限制，即允许不具有相干关系的天线端口在同层内进行合并传输。具体实现方法为：允许不相干或部分相干天线端口的UE使用完全相干天线端口对应的预编码矩阵。这里，没有支持不相干天线端口的UE使用部分相干天线端口对应的预编码矩阵的原因在于，不相干天线端口的UE使用部分相干和完全相干能力对应的预编码矩阵时，两种效果可能大致相同，因为两者都无法保证非相干关系的天线端口（对）间的相对相位差。此外，使用更多的天线端口可能会带来更好的波束赋形增益。

图7-9所示为一个4个天线端口且不相干UE使用上行满功率模式1的传输过程示意，这里设天线端口的PA功率组合为{17dBm，17dBm，17dBm，17dBm}，对应于PA输出最大功率组合中的能力2-UE。在NR Rel-15中，此类UE单层传输的预编码矩阵仅能使用天线选择的对应预编码矩阵集合，即仅支持该UE使用单个天线端口进行单层的上行传输，因此最大输出功率为17dBm，无法实现满功率传输。Rel-16 NR针对此情况增加了一个允许4个天线端口在单层内传输的预编码矩阵来支持此类UE的上行满功率传输增强。此外，考虑到4个天线端口在单层传输时采用CP-OFDM预编码或DFT-S-OFDM预编码技术时所对应的完全相干预编码矩阵子集有所不同，因此将TPMI = 13的预编码矩阵$[1\ 1\ j\ j]^{T}$作为该情况下的扩展预编码矩阵。至此，4个天线端口且不相干UE可使用该扩展预编码矩阵将4个PA能力为17dBm的天线端口在单层内合并，以实现最大输出功率为23dBm的满功率传输。

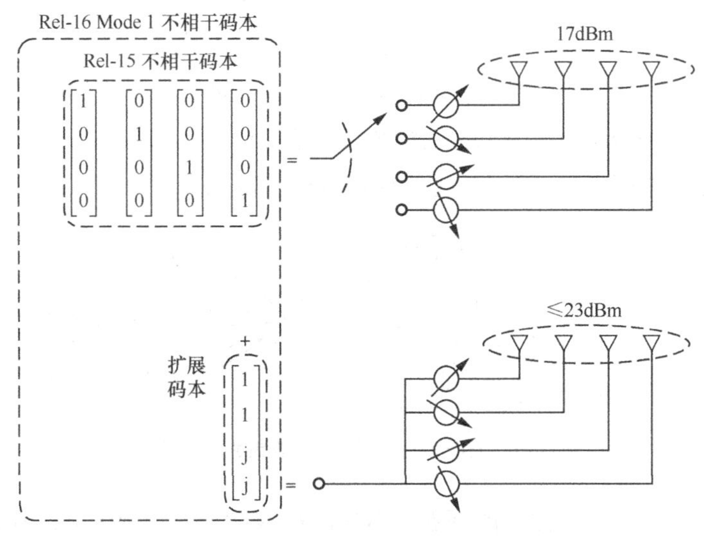

图7-9 4个天线端口且不相干UE的上行满功率模式1传输

表7-6所示为UE天线端口数量等于2或4、天线端口相干关系为不相干或部分相干时，上行满功率传输模式1扩展的上行预编码矩阵。

表7-6　上行满功率传输模式1扩展的上行预编码矩阵

天线端口数及相干性	层数及预编码矩阵指示	预编码矩阵
2个天线端口，不相干	层1：TPMI = 2	$\frac{1}{\sqrt{2}}\begin{bmatrix}1\\1\end{bmatrix}$
4个天线端口，不相干	层1：TPMI = 13 层2：TPMI = 6 层3：TPMI = 1	$\frac{1}{2}\begin{bmatrix}1\\1\\j\\j\end{bmatrix}$，$\frac{1}{2}\begin{bmatrix}1&0\\0&1\\1&0\\0&-j\end{bmatrix}$，$\frac{1}{2}\begin{bmatrix}1&0&0\\0&1&0\\1&0&0\\0&0&1\end{bmatrix}$
4个天线端口，部分相干（DFT-s-OFDM）	层1：TPMI = 12，TPMI = 13，TPMI = 14，TPMI = 15	$\frac{1}{2}\begin{bmatrix}1\\1\\1\\-1\end{bmatrix}$，$\frac{1}{2}\begin{bmatrix}1\\1\\j\\j\end{bmatrix}$，$\frac{1}{2}\begin{bmatrix}1\\1\\-1\\1\end{bmatrix}$，$\frac{1}{2}\begin{bmatrix}1\\1\\-j\\-j\end{bmatrix}$
4个天线端口，部分相干（CP-OFDM）	层1：TPMI = 12，TPMI = 13，TPMI = 14，TPMI = 15	$\frac{1}{2}\begin{bmatrix}1\\1\\1\\1\end{bmatrix}$，$\frac{1}{2}\begin{bmatrix}1\\1\\j\\j\end{bmatrix}$，$\frac{1}{2}\begin{bmatrix}1\\1\\-1\\-1\end{bmatrix}$，$\frac{1}{2}\begin{bmatrix}1\\1\\-j\\-j\end{bmatrix}$

NR上行功率控制是基于波束的功率控制，当UE进行上行多天线预编码时，需要准确调整天线端口之间的相移乃至幅度，将发送能量集中在特定的方向或空间位置，这样才能够获得波束赋形增益。此外，这种方向性传输还能够降低干扰，提高整体频谱效率。如果无法控制天线端口间的相对相位，则合并后的上行传输的波束方向是随机的，这样使得基于多天线预编码的上行传输没有意义。因此，即使允许低相干能力的天线端口使用高相干能力的预编码矩阵进行上行传输，也不一定能够保证传输质量提升。实际上，由于不相干天线端口间的相对相位不可调整，采用上行满功率传输模式1不可避免地会导致多天线端口合并后的效果是随机的、不可控的，因此也会导致多天线端口发射的波束方向发生随机变化，如图7-10所示。

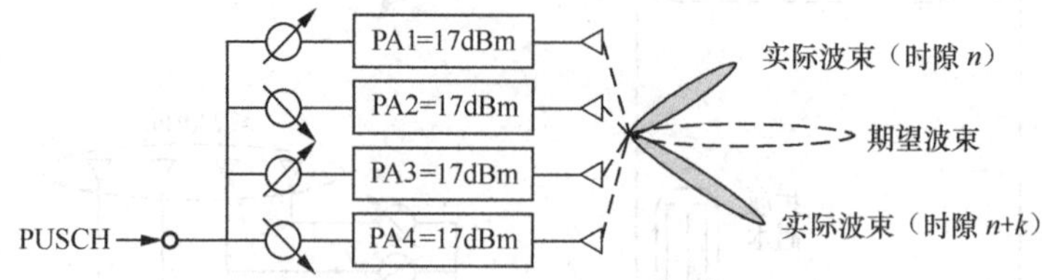

图7-10　上行满功率模式1的波束方向随机化

针对上行满功率传输模式1的问题，3GPP RAN1工作组在NR Rel-16讨论过程中明确说明：UE无法按照基站指示的完全相干预编码矩阵来补偿不相干天线端口间的相对相位。对于此问题的解决方法，有公司在NR Rel-16标准讨论过程中提出可考虑借助LTE系统中循环时延分集（Cyclic Delay Diversity，CDD）的思想，使用一种称为小循

环时延分集（Small-CDD，S-CDD）的解决方案，以期望能够消除不相干天线端口（对）间过大的相位差，从而减小天线端口合并增益随机化的影响[12-13]。

本章重点介绍上行传输的增强，因此这里仅简单阐述一下CDD的原理。CDD是一种通过对发送带宽内每个OFDM子载波应用不同相位时延（循环相位时延）以实现发射分集的机制，通过这种人为增加空间路径的方式以获得分集增益并减缓信道的衰落。图7-11所示为基于CDD原理的发射分集处理机制，其中使用一个天线端口传输原始数据插入循环前缀（Cyclic Prefix，CP）之后的版本，再将原始数据按固定长度循环移位并添加相应的CP后，使用另一个天线端口传输原始数据移位后的版本。此处时域上的循环移位操作实际上可对应于频域上的移相操作，即CDD的频域处理方法。

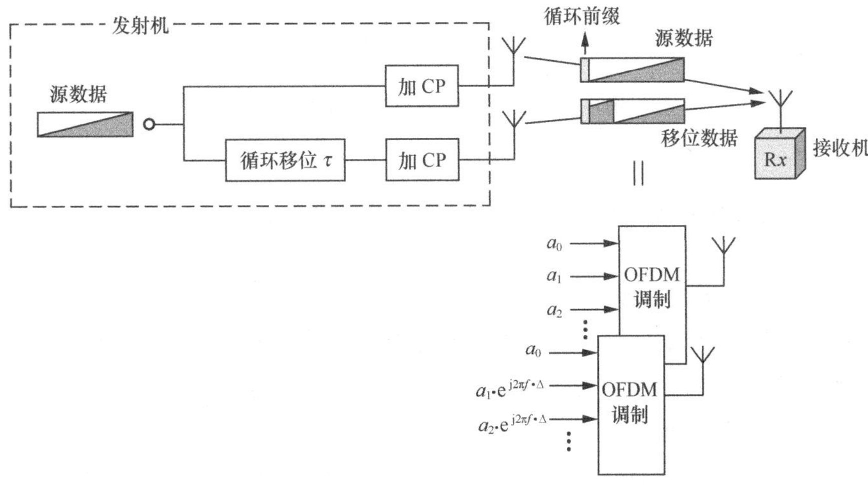

图7-11 基于CDD原理的发射分集处理机制

基于CDD的原理，为解决上行满功率传输模式1中的不相干端口间的相对相位不可控的问题，可以在该模式下的每次上行信道或信号的传输中，人为地在各个天线端口上引入较小的循环相位，以补偿不相干端口间的相位偏差，提高传输的鲁棒性。另外，由于随机化的相对相位可能造成连续上行传输过程中的不连续相位变化，S-CDD也能够提高此场景下的传输质量。基于S-CDD原理的不相干天线端口间的相位补偿方法如图7-12所示。

在NR Rel-16标准讨论过程中，多家公司针对S-CDD方案进行了相关的链路级与系统级仿真，以验证该方案的补偿效果。仿真结果表明，S-CDD在链路级传输和系统级传输中能够提供一定的增益[14]。但是最终，S-CDD技术并未被3GPP RAN1工作组标准化，仅是将其作为解决上行满功率传输模式1中随机相位误差的一种UE补偿实现方法。

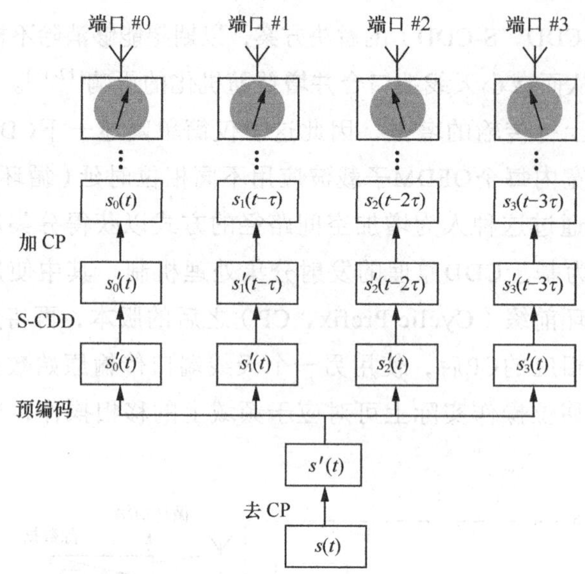

图7-12 基于S-CDD的相位补偿方法

7.3.3 上行满功率传输模式2

NR Rel-16讨论过程中确定了一种称为上行满功率传输模式2（Mode 2）的传输模式，其功能实现有两种途径：基于天线虚拟化合并的上行传输和基于UE上报满功率预编码矩阵组的上行传输，下面分别介绍这两种途径的实现原理。

1. 天线虚拟化合并

天线虚拟化合并方式的特征在于UE将多个天线端口合并为一个虚拟天线端口，再通过该虚拟天线端口发送PUSCH，实现上行发射功率的提升与增强。此处的虚拟天线端口数量是针对基站而言的，即基站所认为的UE上行传输使用的天线端口数量。例如，当4个天线端口的UE支持天线虚拟化功能时，基站可以通过SRS资源指示SRI来通知UE使用2个或1个虚拟端口进行上行传输，其中虚拟端口数量取决于UE上报的能力。图7-13所示为4个天线端口虚拟化为1个天线端口的示意过程。

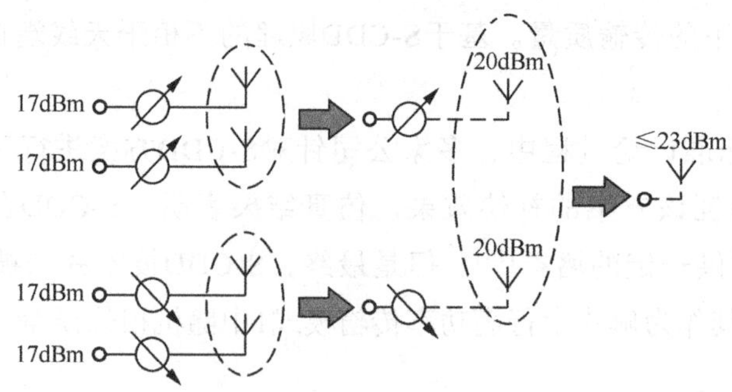

图7-13 4个天线端口虚拟化合并

在Rel-16 NR标准讨论中，并未对UE以何种方式实现天线虚拟化提出明确要求，此功能主要取决于UE厂商各自的硬件实现。但是，能否虚拟化合并仍受限于天线端口（对）间的相干关系能力，即需保证合并后的虚拟天线端口的相位是可控的，以获得波束指向性增益等。由以上介绍可知，天线虚拟化合并与上行满功率传输模式1的增强原理很相似，都是通过天线端口功率的合并来提升上行信号的最大输出功率，但主要区别在于基站所理解的上行发送端的天线端口数量，这会直接影响到基站指示给UE的预编码矩阵。例如，同样是使用单个天线端口发送上行传输，4个天线端口的预编码矩阵为$[1\ 0\ 0\ 0]^T$，而2个天线端口的预编码矩阵为$[1\ 0]^T$。另外，采用虚拟天线端口意味着UE可以自由地选择实际的物理天线。当部分端口被阻塞时，此时若使用上行满功率传输模式1进行天线端口功率的合并，则有可能会导致最大输出功率总是低于满功率23dBm，原因在于上行满功率模式1需要使用所有天线端口进行发送，包括发生了阻塞的天线端口。而在虚拟天线端口的上行传输中，基站可以指示UE避免使用阻塞的天线端口进行上行传输，从而保证合并后的发送功率水平。

2. UE上报满功率预编码矩阵组

前面提到，在NR系统设计之初，上行功率控制机制延续了LTE系统的基本思想，其中为了保证小区内各个UE的上行发射功率处于合适的水平（以避免对其他上行传输造成过高的干扰），针对PUSCH的传输引入了一个功率缩放系数s来限制每个天线端口PA的最大输出功率。具体方法为：UE根据上行信道或信号的载波、宽带资源、开环参数、闭环参数、占用资源大小等调节量计算得到发射传输功率线性值，接下来UE在每个非零功率（Non-Zero-Power，NZP）天线端口上计算得到功率值，即每个NZP端口分配到的功率等于实际发送传输的计算功率值与功率缩放系数s的乘积。其中，功率缩放系数s等于PUSCH传输的NZP天线端口数量与基站配置的天线端口数量的比值。功率缩放系数s对于单个PA最大输出功率的限制按照天线端口数量有所不同。

- 当2个天线端口的UE使用部分端口发送传输PUSCH时，功率缩放系数s将使得具有23dBm满功率端口的实际的最大传输功率限制在20dBm。例如，2个天线端口的UE的PA = {23dBm，XdBm}（其中$X \in \{20, 17\}$），当基站指示该UE使用上行预编码矩阵[1 0]进行PUSCH的上行传输，且假设UE侧计算的PUSCH发送功率值为23dBm时，由于功率缩放系数$s = 1/2$，该23dBm天线端口传输PUSCH的实际功率值为$23\text{dBm}+10\lg\left(\frac{1}{2}\right)=20\text{dBm}$。
- 当4个天线端口的UE使用部分端口发送PUSCH时，功率缩放系数s将使得具有23dBm满功率端口的实际的最大传输功率限制在17dBm。例如，设4个天线端口的UE的PA = {23dBm，X_1dBm，23dBm，X_3dBm}（其中X_1，$X_3 \in \{20, 17\}$），当UE侧计算的PUSCH发送功率值为23dBm且基站指示该UE使用预编码矩阵[1 0 0 0]进行PUSCH的上行传输时，由于功率缩放系数$s = 1/4$，该23dBm天线端口传输PUSCH的实际最大发送功率值为$23\text{dBm}+10\lg\left(\frac{1}{4}\right)=17\text{dBm}$。而当基站指示该UE使用预编码矩阵[1 0 1 0]进行PUSCH的上行传输时，此时的功率缩放系数$s = 1/2$。但是由于使用了两个天线端口，依照Rel-15 NR中的上行功率控制方法，UE会将计算得到的功率乘以系数s之后再平分给两个端口，作为每个端口的实际发射功率值。因此，这种情况下每个23dBm天线端口传输PUSCH的实际最大发送功率值仍然为$23\text{dBm}+10\lg\left(\frac{1}{2}\right)+10\lg\left(\frac{1}{2}\right)=17\text{dBm}$，合并的输出功率为20dBm。

由以上介绍可知，NR Rel-15中的功率缩放系数s限制了UE在使用部分天线端口发送PUSCH时每个天线端口的最大输出功率，因此进一步限制了部分天线端口无法使用满功率进行PUSCH的传输。基于此，NR Rel-16解除了这一限制，具体方法为：基站根据UE上报的能力，允许其使用部分天线端口进行满功率传输，并指示给UE相应的上行预编码矩阵用于随后的PUSCH传输，此时满功率传输预编码矩阵对应的功率缩放系数$s = 1$。这意味着UE在使用部分天线端口传输时每个端口的实际发射功率不再受到限制，在一些情况下端口的实际发射功率可能等于其PA的最大输出功率。

关于UE的能力，基站需要显式或隐式地知道UE天线端口间的相干性以及每个天线端口PA的最大输出功率。对于天线端口相干关系的上报，在NR Rel-15中已经支持了UE"显式上报"这项能力，但对天线端口PA最大输出功率的上报还没提供支持。一种直接的方式是UE直接上报各端口最大功率的数值大小。然而，天线端口PA最大输出功率的最小值与多天线端口的数量有关，因此需分不同情况来考虑，具体如下。

- 对于2个天线端口，至少需要保证每个端口的PA最大输出功率不小于20dBm，才可以通过$20\text{dBm}+10\lg 2=23\text{dBm}$的多天线端口合并来实现满功率发射传输，所以2天线端口的UE上报的功率值选项为：20dBm或23dBm。
- 对于4个天线端口，至少保证每个端口的PA最大输出功率都不小于17dBm，才可以通过$17\text{dBm}+10\lg 4=23\text{dBm}$的多天线端口合并来实现满功率发射传输。同样地，也可以通过部分天线端口，如$20\text{dBm}+10\lg 2=23\text{dBm}$的多天线端口合并来实现满功率发射传输，所以4个天线端口的UE上报的功率值选项为：17dBm、20dBm、23dBm。

UE在上报每个天线端口的PA最大输出功率时所使用的信息指示域可以采用Codepoint的形式来指示不同的功率值。对于2个天线端口的UE而言，每个端口的PA最大输出功率可使用1bit的Codepoint指示，如"1"表示23dBm，"0"表示20dBm，因此2个天线端口的PA最大输出功率的上报信息指示域开销为$1\times 2 = 2\text{bit}$。对于4个天线端口的UE而言，每个端口的PA最大输出功率需使用2bit的Codepoint指示，如"11"表示23dBm，"10"表示20dBm，"01"表示17dBm，"00"作为保留项。因此，4个天

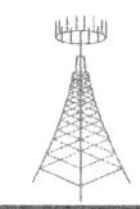

线端口PA最大输出功率的上报信息指示域开销为$2 \times 4 = 8$bit。无线资源是十分宝贵的，为了能够降低UE在上报天线端口最大输出功率信息时的信令开销，尤其是针对4个天线端口需要8bit的问题，在Rel-16 NR讨论过程中提出了如下的解决方案：UE根据其能力上报一组能够支持上行满功率传输的预编码矩阵，而基站不需要知道UE天线端口的PA最大输出功率的组合，只需要结合上行信道测量结果和UE上报的预编码矩阵组，指示给UE一个可用于随后上行满功率传输的预编码矩阵即可。

由前面所述可知，按照天线端口PA最大输出功率的组合，可将UE分为能力1-UE、能力2-UE和能力3-UE。由于能力1-UE的每个天线端口都支持满功率23dBm的输出，所以只要让此类UE在使用同层内多天线端口传输所对应的预编码矩阵的功率缩放系数$s = 1$即可。下面描述能力2-UE和能力3-UE的类型及其预编码矩阵组的设计。这里，仍需按照天线端口数量的不同进行分类讨论。

- 对于2个天线端口的UE，已知每个端口的PA最大输出功率值可选项为20dBm或23dBm，对应的能力2-UE为PA = {20dBm，20dBm}，能力3-UE为PA = {23dBm，20dBm}或PA = {20dBm，23dBm}。因此，2个天线端口的UE所需上报的满功率预编码矩阵组数量为3，其中对于完全相干和不完全相干的情况，分别采用开销为2bit的Codepoint进行指示即可。
- 对于4个天线端口的UE，已知每个端口的PA最大输出功率值可选项有17dBm、20dBm、23dBm，进行排列组合后共计$3 \times 3 \times 3 \times 3 = 81$种，相应的上报开销为7bit。如果按照这种方式上报81种候选的满功率预编码组，其相比于各天线端口上报具体PA功率值的方法仅节省了1bit的开销。然而，如果仅从PA最大输出功率值组合的角度考虑，则可以将81种类型分为15组，如图7-14所示。其中，由前述可知能力1-UE对应的PA组合1无须得到此功能的支持；能力2中的PA组合2和PA组合3只能使用4层传输预编码矩阵实现满功率传输。这对于传输信道质量有着很高的要求，且此时的传输效果等同于非码本的PUSCH传输（4个天线端口在4个传输层上发送数据），因此Rel-16不支持这3种PA组合的UE进行满功率预编码矩阵组上报的功能。基于以上所述，4个天线端口的UE对应的满功率预编码矩阵组数量为12，对于完全相干和不完全相干的情况，所需的上报信令开销大小都为4bit即可，这大大降低了UE能力上报的信令开销。

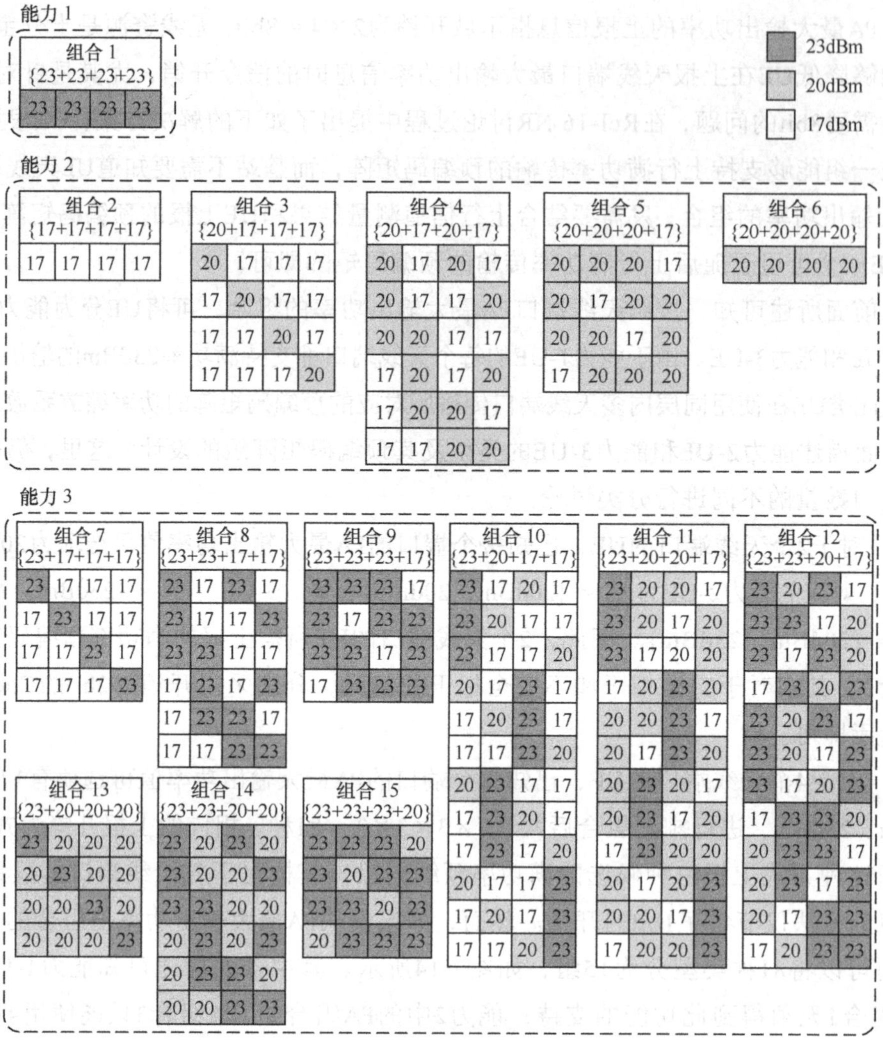

能力 1

组合 1 {23+23+23+23}
23 23 23 23

23dBm
20dBm
17dBm

能力 2

组合 2 {17+17+17+17}
17 17 17 17

组合 3 {20+17+17+17}
20 17 17 17
17 20 17 17
17 17 20 17
17 17 17 20

组合 4 {20+17+20+17}
20 17 20 17
20 17 17 20
20 20 17 17
17 20 17 20
17 20 20 17
17 17 20 20

组合 5 {20+20+20+17}
20 20 20 17
20 17 20 20
20 20 17 20
17 20 20 20

组合 6 {20+20+20+20}
20 20 20 20

能力 3

组合 7 {23+17+17+17}
23 17 17 17
17 23 17 17
17 17 23 17
17 17 17 23

组合 8 {23+23+17+17}
23 17 23 17
23 17 17 23
23 23 17 17
17 23 17 23
17 23 23 17
17 17 23 23

组合 9 {23+23+23+17}
23 23 23 17
23 17 23 23
23 23 17 23
17 23 23 23

组合 10 {23+20+17+17}
23 17 20 17
23 20 17 17
23 17 17 20
20 17 23 17
17 20 23 17
17 17 23 20
20 23 17 17
17 23 20 17
17 23 17 20
20 17 17 23
17 20 17 23
17 17 20 23

组合 11 {23+20+20+17}
23 20 20 17
23 20 17 20
23 17 20 20
17 20 23 20
20 20 23 17
20 17 23 20
20 23 20 17
20 23 17 20
17 23 20 20
20 17 20 23
20 20 17 23
17 20 20 23

组合 12 {23+23+20+17}
23 20 23 17
23 23 17 20
23 17 23 20
17 23 20 23
23 20 23 17
23 20 17 23
23 17 20 23
17 23 23 20
20 23 23 17
20 23 17 23
20 17 23 23
17 20 23 23

组合 13 {23+20+20+20}
23 20 20 20
20 23 20 20
20 20 23 20
20 20 20 23

组合 14 {23+23+20+20}
23 20 23 20
23 20 20 23
23 23 20 20
20 23 20 23
20 23 23 20
20 20 23 23

组合 15 {23+23+23+20}
23 23 23 20
23 20 23 23
23 23 20 23
20 23 23 23

图7-14 4个天线端口的PA分组

实际上，上行满功率传输模式2的4个天线端口UE的分组方法仍有缺陷，即所对应的预编码矩阵组仅能用于各组内的一个PA最大输出功率组合，或者需要强制要求4个端口具备天线切换的功能。截至本书出版，关于不同天线端口数量、不同相干能力下的满功率预编码矩阵组的设计，3GPP RAN1工作组仍在紧张而严谨地讨论、制定，但基本设计思想如前面介绍。感兴趣的读者可以通过3GPP网站获取最新的讨论进展，或在将来迭代更新的NR标准中查找、阅读相关内容。

另外，对于上行满功率传输模式2，由于同时支持了两种实现此功能的途径，基站指示UE用于传输PUSCH的一个SRS资源集中的每个SRS资源所对应的天线端口数目可能不同。例如，4个天线端口的UE可以通过虚拟化合并成一个天线端口进行满功率发送PUSCH，也可以通过满功率预编码矩阵上报的方式使用4个天线端口进行满功率发送

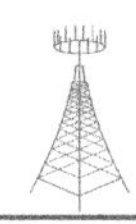

PUSCH。为此，Rel-16支持在UE上报的基于码本的SRS资源集合中，各个SRS资源的端口数量可以不同。在此基础上，Rel-16还支持基于码本传输的SRS资源集合中最多可以包括4个SRS资源，并且对应的SRI数量仍然限制为两个，与Rel-15支持两个SRS资源的目的相同,即基于码本的PUSCH传输可能支持两个不同方向的模拟波束,如图7-15所示。

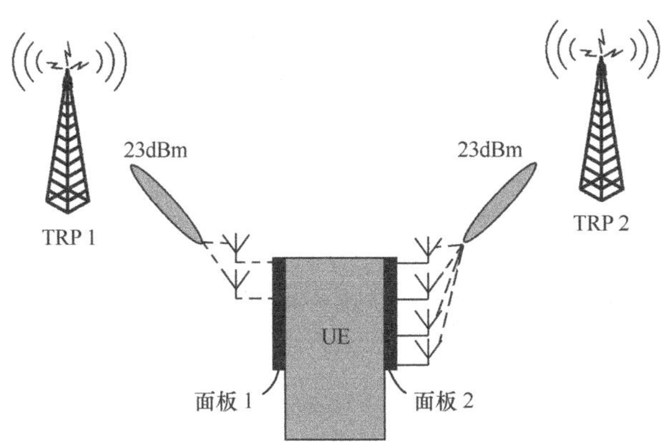

图7-15 UE配备多面板的上行满功率传输

7.4 小结

本章针对Rel-15与Rel-16 NR中关于多天线上行传输的功能设计及演进增强，首先介绍了PUSCH的基于码本与非码本的两种传输方式，及其各自的特性与适用的传输场景；其次，介绍了NR上行功率控制，指出其主要特点为基于波束的功率控制；最后，介绍了上行满功率传输增强及其对应的满功率传输模式。

对于上行传输，由于UE的电池能力对上行传输功率的限制，导致上行传输的覆盖范围不足是无线通信技术中由来已久的问题。而在5G NR中，高频或超高频场景的巨大的传输损耗也是艰巨的挑战。随着NR应用在越来越多的场景，新的需求也将不断涌现，上行传输的功能增强也将不断迭代更新。

第8章

大规模天线的IMT-2020性能评估

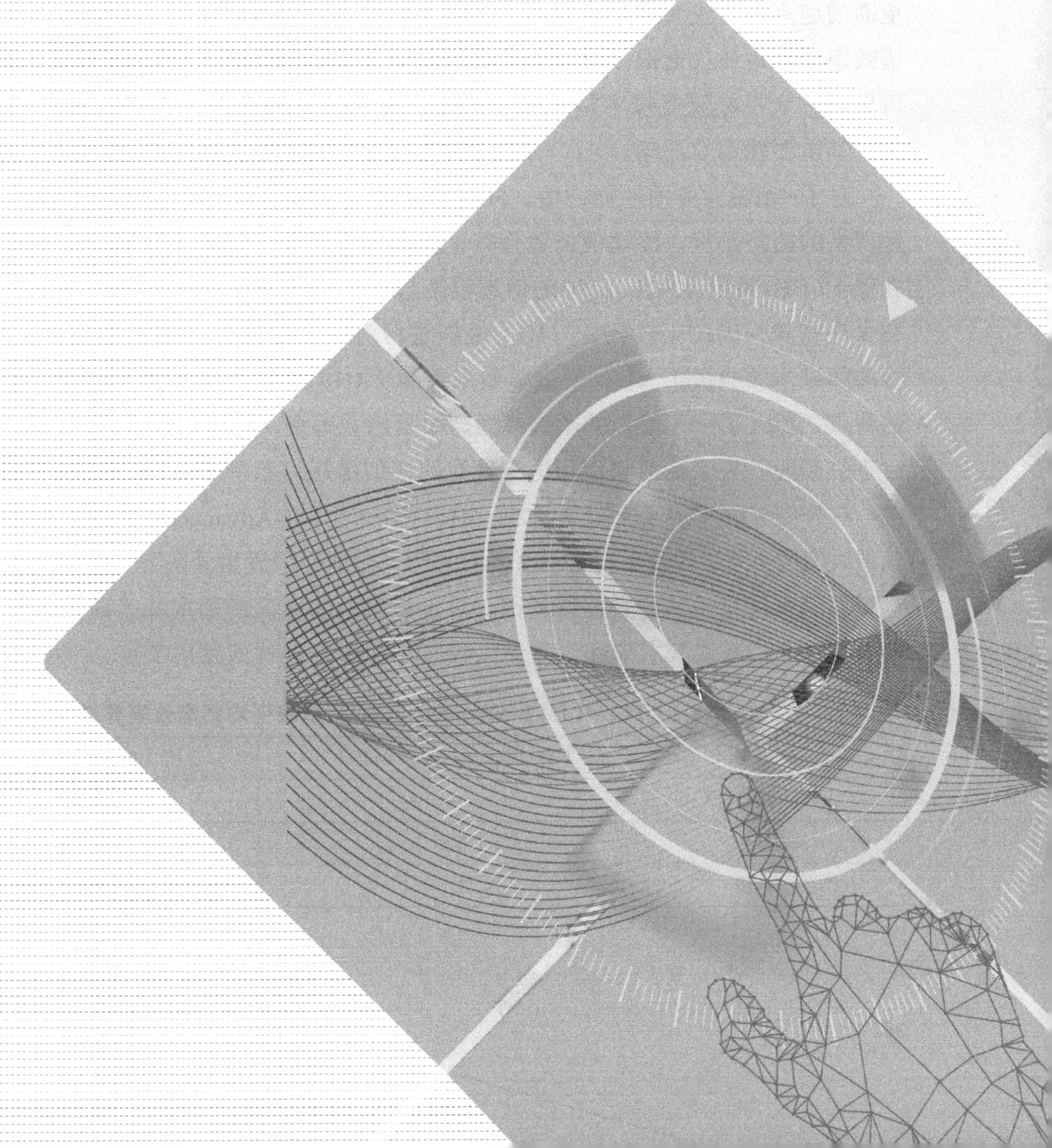

8.1 IMT-2020的关键性能指标

IMT-2020的关键性能指标（KPI）是由国际电信联盟（ITU）下的无线电通信部门（ITU-R）为5G系统制定的，ITU-R还负责验证各标准组织递交的技术规范是否满足5G技术指标。之前的几代移动通信技术，每代都是多种制式并存，因此ITU-R需要评估多种技术规范。到了5G，移动通信制式将在全球范围内走向统一，例如，3GPP制定了5G NR（New Radio）技术规范。IMT-2020的关键性能指标分为很多类型，对应三大应用场景，包括增强型移动宽带（eMBB）、超可靠性低时延通信（URLLC）、大规模机器类通信（mMTC）。eMBB作为传统的移动业务，在5G中将提供更大的带宽、更高的速率以及更大的系统容量。其中与系统容量相关的系统平均频谱效率和边缘频谱效率一直是各代通信系统极为重要的KPI，这两项指标与大规模天线技术紧密相关。可以说，大规模天线技术是5G系统的平均和边缘频谱效率大大高于4G系统的关键原因，其重要性不言而喻。

对于eMBB业务的性能评估，5G系统沿袭了大部分4G系统的评估方法，例如多小区网络的拓扑形状、终端的位置分布、基本部署场景、业务模型等。信道模型方面，在低于6GHz频段（FR1），5G的信道模型与4G的信道模型基本相同，仅在路损方面存在少许差异，因此比较容易与4G的性能进行对比。而在高于6GHz的频带（FR2）（典型的如毫米波频段），5G的信道模型采用基于4G的统计模型方法，并结合毫米波传输的特点，加入了一些因素的影响模型，如阻挡、雨衰、空间一致性等，适用于114GHz以下的频段。关于信道模型和仿真参数的详细描述可参考本书第2章。

在介绍5G的系统频谱效率之前，先了解一下IMT-Advanced，即ITU-R对4G系统的频谱效率的要求，见表8-1和表8-2。4G的业务模型都假设为满队列（Full-Buffer），即发送缓冲器永远有足够的数据待发送。对于微宏站和城区的基本覆盖场景，主要关注同构网情形，即系统只有宏小区基站，没有小功率的异构网发射节点。

表8-1 ITU-R IMT-Advanced（4G）系统平均频谱效率要求

评估场景	下行［bit/(s · Hz · cell)］	上行［bit/(s · Hz · cell)］
室内热点	3	2.25
微宏站	2.6	1.80
乡村场景	1.1	0.7

表8-2 ITU-R IMT-Advanced（4G）系统边缘频谱效率要求

评估场景	下行［bit/(s · Hz · cell)］	上行［bit/(s · Hz · cell)］
室内热点	0.1	0.07
微宏站	0.075	0.05
乡村场景	0.04	0.015

IMT-Advanced（4G）的几个主要评估场景的基本参数见表8-3。

表8-3 ITU-R IMT-Advanced（4G）主要评估场景的基本参数

场景参数	室内热点	微宏站	乡村场景
基站天线高度	6m	10m	35m
基站最大天线数	收8，发8	收8，发8	收8，发8
基站总发射功率	24dBm（40MHz）， 21dBm（20MHz）	41dBm（10MHz）， 44dBm（20MHz）	46dBm（10MHz）， 49dBm（20MHz）
终端发射功率	21dBm	24dBm	24dBm
终端最大天线数	收2，发2	收2，发2	收2，发2
载频	3.4GHz	2.5GHz	800MHz
小区拓扑	室内平层	六边形网格	六边形网格
站间距	60m	200m	1732m
信道模型	ITU-InH	ITU-UMi	ITU-RMa
终端用户分布	均匀分布	均匀分布，50%室内	均匀分布，100% 室外，在车中
终端移动速度	3km/h	3km/h	120km/h
小区用户数	10	10	10
基站噪声系数	5dB	5dB	5dB
终端噪声系数	7dB	7dB	7dB
基站天线增益	0dBi	17dBi	17dBi
终端天线增益	0dBi	0dBi	0dBi

IMT-2020的eMBB系统性能的评估场景与IMT-Advanced基本对应，仅部分参数有所不同，见表8-4～表8-6，相对于IMT-Advanced的变化主要包括以下几个方面。

（1）部署频段：IMT-2020增加了毫米波部署频段，即在室内热点和密集城区都包含了4GHz和30GHz两个频段。IMT-2020中的密集城区的频段（4GHz）高于IMT-Advanced的微宏站的频段（2.5GHz）。

（2）天线数量：IMT-2020 eMBB评估中的基站和终端的接收和发送天线数相比IMT-Advanced都大幅增多。需要注意的是，IMT-2020中的天线数是指天线单元的数量，而IMT-Advanced中是指天线的数字通道数。一个数字通道可以包含一个或者多个天线单元。从宏站天线的增益来看，IMT-2020的每个天线单元只有8dBi，而IMT-Advanced的天线单元有17dBi，相差8倍。

（3）信道模型：由于IMT-2020增加了毫米波频段，信道模型采用专门为5G标准化而制定的新的模型，详见TR 38.901，包含6GHz以下频段和毫米波频段。对于低于6GHz的频段，TR 38.901中的信道路损模型参数比4G后期制定的TR 36.873模型中的要稍微大一些，而TR 36.873模型与ITU的UMi和RMa模型很相近。

（4）用户分布：IMT-2020的密集城区中的室内用户比例（80%）高于IMT-Advanced的微宏站（50%），而在乡村场景下，IMT-2020中的室外用户比例（50%）低于IMT-Advanced的室外用户比例（100%），即5G乡村场景下不都是高速移动的用户。

表8-4　ITU-R IMT-2020（5G）eMBB系统平均频谱效率要求

评估场景	下行［bit/(s · Hz · cell)］	上行［bit/(s · Hz · cell)］
室内热点	9	6.75
密集城区	7.8	5.4
乡村场景	3.3	1.6

表8-5　ITU-R IMT-2020（5G）eMBB系统边缘频谱效率要求

评估场景	下行［bit/(s · Hz · cell)］	上行［bit/(s · Hz · cell)］
室内热点	0.3	0.21
密集城区	0.225	0.15
乡村场景	0.12	0.045

表8-6　ITU-R IMT-2020（5G）eMBB主要评估场景的基本参数

场景参数	室内热点	密集城区	乡村场景
载频	4GHz，30GHz	4GHz，30GHz	700MHz，4GHz
基站天线高度	3m	25m	35m
基站最大天线单元数	收256，发256	收256，发256	700MHz: 收64，发64 4GHz: 收256，发256
基站总发射功率	4GHz: 24dBm（20MHz）， 21dBm（10MHz） 30GHz: 23dBm（80MHz）， 20dBm（40MHz）	4GHz: 44dBm（20MHz）， 41dBm（10MHz） 30GHz: 40dBm（80MHz）， 37dBm（40MHz）	49dBm（20MHz）， 46dBm（10 MHz）
终端发射功率	23dBm	23dBm	24dBm

续表

场景参数	室内热点	密集城区	乡村场景
终端最大天线单元数	收8，发8	4GHz: 收8，发8 30GHz: 收32，发32	700MHz: 收4，发4 4GHz: 收8，发8
小区拓扑	室内平层	六边形网格	六边形网格
站间距	60m	200m	1732m
信道模型	TR 38.901	TR 38.901	TR 38.901
终端用户分布	均匀分布	均匀分布，80%室内，20%室外车中	均匀分布，50%室内，50%室外车中
终端移动速度	3km/h	室内：3km/h 室外：30km/h	室内：3km/h 室外：120km/h
小区用户数	10	10	10
基站噪声系数	4GHz: 5dB 30GHz: 7dB	4GHz: 5dB 30GHz: 7dB	5dB
终端噪声系数	4GHz: 7dB 30GHz: 10dB	4GHz: 7dB 30GHz: 10dB	7dB
基站天线单元增益	5dBi	8dBi	8dBi
终端天线单元增益	4GHz: 0dBi 30GHz: 5dBi	4GHz: 0dBi 30GHz: 5dBi	0dBi

对比表8-1、表8-2和表8-4、表8-5，可以看出对所有评估场景，IMT-2020的eMBB的上行和下行系统要求的频谱效率是IMT-Advanced的3倍（除了乡村场景的上行平均频谱效率），关键原因在于基站和终端的最大天线数的大幅增加。经过天线单元数与数字通道数的换算之后，IMT-2020的基站侧和终端侧的天线单元数都增加到了IMT-Advanced的4倍。这些天线单元数的增加有助于形成更窄的波束，从而弥补更高频段部署带来的额外传播损耗，同时窄波束有利于降低干扰，提高系统的频谱效率。

8.2　IMT-2020 eMBB系统频谱效率的评估

根据5G NR Rel-15的空口协议，3GPP对ITU-R IMT-2020所规定的eMBB的若干场景进行了系统级仿真。在仿真之前，公司之间进行了仿真平台的校准，以保证在基本参数一致的条件下，仿真结果在允许的偏差之内可以进行比较。由于ITU-R只规定关键的参数，无法覆盖所有的仿真参数，不同公司对关键的参数之外的仿真参数，如天线配置、多天线的信道状态信息反馈方式、TDD帧结构、系统带宽等取值可以不同，所以不同公司的仿真结果会存在不可避免的偏差。但只要关键的仿真参数一致，各公司仿真的结果的算术平均值就可以作为可信的结果参与评估。下面选取部分具有代表性的配置，考察5G NR Rel-15是否能满足IMT-2020系统频谱效率指标。

对于基站多天线，许多公司采取了一定的简化处理。如上节所述，IMT-2020的最大天线单元数可达256，但每个基站天线单元的增益只有8dBi。简化方式包括：将256个天线单元分为32组，每组对应一个数字天线端口，每个数字天线端口包含8个天线单元，每个数字天线端口的等效天线增益为8+10lg(8) = 17dBi。简化后的IMT-2020基站侧与IMT-Advanced的天线增益参数一致，更容易进行对比。

8.2.1 室内热点场景

室内热点场景的基站（也称为收发节点，TRP）数量包括两种配置：12个和36个。两种配置的仿真结果差别不大，下面以12个基站的配置为例进行分析。3GPP对于室内热点场景的两种频段进行了仿真：中频段的4GHz和毫米波波段的30GHz。中频段又分为FDD和TDD两种双工方式。从表8-7和表8-8可见，由于接收端或发送端采用了更多的天线，天线数量是IMT-Advanced的4倍左右，5G NR在室内热点场景下的系统平均频谱效率和边缘频谱效率，无论在中频还是高频，无论是下行还是上行，都超过了IMT-2020的性能指标要求。

表8-7　室内热点场景系统平均频谱效率，12TRP（节选）

部署频段	上/下行	双工方式（TDD帧结构）	ITU性能指标要求[bit/（s·Hz）]	天线配置	子载波间隔（kHz）	系统带宽	仿真平均频谱效率[bit/（s·Hz）]
4GHz	下行	FDD	9	32Tx，4Rx	15	20MHz	12.38
		TDD（DDDSU）			30	40MHz	15.20
	上行	FDD	6.75	2Tx，32Rx	15	10MHz	8.75
		TDD（DDDSU）			30	20MHz	6.95
30GHz	下行	TDD（DDDSU）	9	32Tx，8Rx	60	80MHz	12.28
	上行	TDD（DDDSU）	6.75	8Tx，32Rx			7.04

表8-8　室内热点场景系统边缘频谱效率，12TRP（节选）

部署频段	上/下行	双工方式（TDD帧结构）	ITU性能指标要求[bit/(s·Hz)]	天线配置	子载波间隔（kHz）	系统带宽	仿真平均频谱效率[bit/（s·Hz）]
4GHz	下行	FDD	0.3	32Tx，4Rx	15	20MHz	0.41
		TDD（DDDSU）			30	40MHz	0.44
	上行	FDD	0.21	2Tx，32Rx	15	10MHz	0.52
		TDD（DDDSU）			30	20MHz	0.39
30GHz	下行	TDD（DDDSU）	0.3	32Tx，8Rx	60	80MHz	0.31
	上行	TDD（DDDSU）	0.21	8Tx，32Rx			0.40

8.2.2　密集城区场景

密集城区场景主要仿真了中频段（4GHz），包含FDD和TDD两种双工方式。与室内热点场景类似，从表8-9和表8-10中可以看出，由于采用相比IMT-Advanced更多的天线［32/8 = 4（倍）］，5G NR在密集城区场景下的系统平均频谱效率和边缘频谱效率，无论是下行还是上行，无论是FDD还是TDD双工方式，都超出了IMT-2020的性能指标要求。

表8-9　密集城区场景系统平均频谱效率（节选）

部署频段	上/下行	双工方式，（TDD帧结构）	ITU性能指标要求［bit/(s · Hz)］	天线配置	子载波间隔（kHz）	系统带宽	仿真平均频谱效率［bit/(s · Hz)］
4GHz	下行	FDD	7.8	32Tx，4Rx	15	20MHz	12.98
		TDD（DDDSU）			30	40MHz	15.42
	上行	FDD	5.4	2Tx，16Rx	15	10MHz	7.69
		TDD（DDDSU）		2Tx，32Rx	30	20MHz	6.14

表8-10　密集城区场景系统边缘频谱效率（节选）

部署频段	上/下行	双工方式，（TDD帧结构）	ITU性能指标要求［bit/(s · Hz)］	天线配置	子载波间隔（kHz）	系统带宽	仿真平均频谱效率［bit/(s · Hz)］
4GHz	下行	FDD	0.225	32Tx，4Rx	15	20MHz	0.43
		TDD（DDDSU）			30	40MHz	0.50
	上行	FDD	0.15	2Tx，16Rx	15	10MHz	0.25
		TDD（DDDSU）		2Tx，32Rx	30	20MHz	0.28

8.2.3　乡村场景

乡村场景仿真了两个频段：700MHz和4GHz，每个频段仿真了FDD和TDD双工方式。与以上两种场景类似，从表8-11和表8-12可以看出，由于采用更多的天线，尤其是在4GHz频段，数量大约是IMT-Advanced的4倍（32/8 = 4），5G NR在乡村场景的系统平均频谱效率和边缘频谱效率，无论是700MHz还是4GHz，无论是下行还是上行，无论是FDD还是TDD双工方式，都超出了IMT-2020的性能指标要求，并且在大多数配置下都远高于IMT-2020的性能指标要求。

表8-11　乡村场景系统平均频谱效率（节选）

部署频段	上/下行	双工方式，（TDD帧结构）	ITU性能指标要求[bit/(s · Hz)]	天线配置	子载波间隔（kHz）	系统带宽	仿真平均频谱效率[bit/(s · Hz)]
700MHz	下行	FDD	3.3	8Tx，2Rx	15	20MHz	6.72
		TDD（DDDSU）			30	40MHz	8.96
	上行	FDD	1.6	1Tx，8Rx	15	10MHz	4.35
		TDD（DDDSU）		2Tx，8Rx	30	20MHz	4.75
4GHz	下行	FDD	3.3	32Tx，4Rx	15	20MHz	14.17
		TDD（DDDSU）			30	40MHz	17.83
	上行	FDD	1.6	1Tx，32Rx	15	10MHz	4.28
		TDD（DDDSU）			30	20MHz	3.18

表8-12　乡村场景系统边缘频谱效率（节选）

部署频段	上/下行	双工方式，（TDD帧结构）	ITU性能指标要求[bit/(s · Hz)]	天线配置	子载波间隔（kHz）	系统带宽	仿真平均频谱效率[bit/(s · Hz)]
700MHz	下行	FDD	0.12	8Tx，2Rx	15	20MHz	0.18
		TDD（DDDSU）			30	40MHz	0.20
	上行	FDD	0.045	1Tx，8Rx	15	10MHz	0.14
		TDD（DDDSU）		2Tx，8Rx	30	20MHz	0.10
4GHz	下行	FDD	0.12	32Tx，4Rx	15	20MHz	0.48
		TDD（DDDSU）			30	40MHz	0.43
	上行	FDD	0.045	1Tx，32Rx	15	10MHz	0.14
		TDD（DDDSU）			30	20MHz	0.11

8.3　小结

本章重点介绍了IMT-2020的关键性能指标及仿真需求。通过评估可以看出，采用大规模天线阵列技术的NR标准可以很好地满足IMT-2020的需求。

第9章

未来技术演进

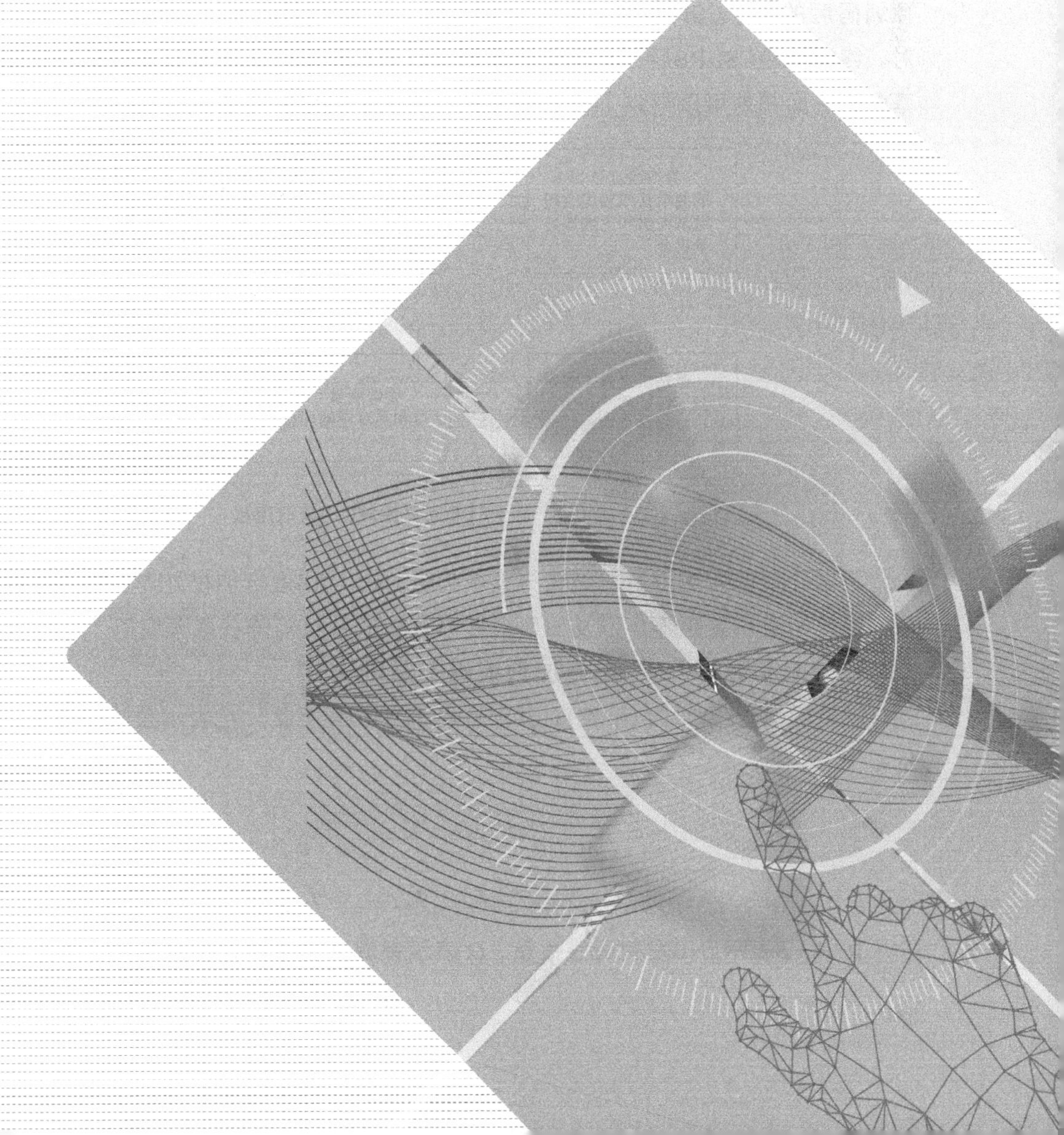

9.1 非理想互易性CSI获取

在FDD（Frequency Division Duplex，频分双工）场景中，上下行信道不具有理想的互易性。相较于Rel-15的Type II码本，Rel-16的eType II码本在降低反馈开销的同时，提高了CSI反馈的精度。然而，eType II码本仍然希望能进一步降低反馈开销、提高CSI的反馈精度，并降低UE的复杂度。本章将在4.6节内容的基础上，详细介绍非理想互易性CSI获取的方法。

基于FDD互易性的CSI获取流程如图9-1所示，基站通过对SRS的测量获取较优的频域基矢量和空域基矢量集合，并将这些信息对CSI-RS进行空域、频域二维预编码，预编码后的每个CSI-RS端口可以分别表征一个频域基矢量和空域基矢量组成的矢量对。终端测量CSI-RS后，将选择最优的一组端口和其对应的加权系数信息，并反馈给基站，进而基站可以得到下行整个频域上最优的高精度预编码信息。

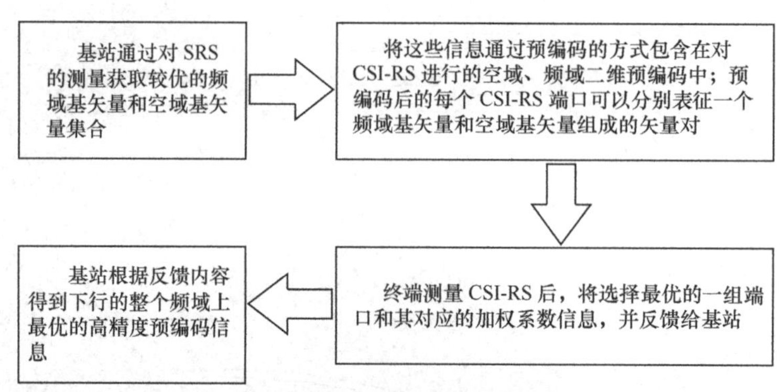

图9-1　基于FDD互易性的CSI获取流程

下面介绍如何使用空域矢量与频域矢量对CSI-RS进行加权处理、如何分析终端获取的等效信道系数矩阵，以及如何根据等效信道系数矩阵获取预编码。

1. gNB发射的CSI-RS施加预编码矢量的方法

设第i个基矢量对为$(\boldsymbol{v}_l,\boldsymbol{f}_m)$，其中$\boldsymbol{v}_l$表示空域基矢量，$\boldsymbol{f}_m$表示频域基矢量。具体表示如下。

$$\boldsymbol{v}_l=\begin{bmatrix}\boldsymbol{v}_{l,0} & \boldsymbol{v}_{l,1} & \cdots & \boldsymbol{v}_{l,B-1}\end{bmatrix}^{\mathrm{T}} \tag{9-1}$$

$$\boldsymbol{f}_m=\begin{bmatrix}\boldsymbol{f}_{m,0} & \boldsymbol{f}_{m,1} & \cdots & \boldsymbol{f}_{m,Q-1}\end{bmatrix}^{\mathrm{T}} \tag{9-2}$$

其中，B表示gNB发射天线数量，Q表示频域基矢量中包括的元素，也是频域的采

样点数，并且每一个元素对应一个频域位置（可以用子载波序号、RB序号，或者子带序号表示）。

CSI-RS符号 s 经过预编码基矢量对 $(\boldsymbol{v}_l, \boldsymbol{f}_m)$ 加权后，形成如表9-1所示的符号阵列。

表9-1 发射天线上的发射符号

	第0发射天线上的符号	第1发射天线上的符号	…	第$B-1$发射天线上的符号
第0频率位置的符号	$sf_{m,0}v_{l,0}$	$sf_{m,0}v_{l,1}$	…	$sf_{m,0}v_{l,B-1}$
第1频率位置的符号	$sf_{m,1}v_{l,0}$	$sf_{m,1}v_{l,1}$	…	$sf_{m,1}v_{l,B-1}$
…	…	…	…	…
第$Q-1$频率位置的符号	$sf_{m,Q-1}v_{l,0}$	$sf_{m,Q-1}v_{l,1}$	…	$sf_{m,Q-1}v_{l,B-1}$

2. UE接收的CSI-RS符号及等效信道系数矩阵分析

（1）第a接收天线与第b发射天线组成收发天线对（a，b）；收发天线对（a，b）上的接收符号形成如表9-2所示的符号阵列，其中，$h_{a,b,q}$ 表示第a接收天线、第b发射天线、第q频域位置处的信道系数。

表9-2 第a接收天线上对第b发射天线的接收符号

	收发天线对上的符号
第0频率位置的符号	$sf_{m,0}v_{l,b}h_{a,b,0}$
第1频率位置的符号	$sf_{m,1}v_{l,b}h_{a,b,1}$
…	…
第$Q-1$频率位置的符号	$sf_{m,Q-1}v_{l,b}h_{a,b,Q-1}$

（2）将收发天线对（a，b）上的接收符号展开。

第0接收天线上对各发射天线的接收符号见表9-3。

表9-3 第0接收天线上对各发射天线的接收符号

	第0发射天线上的符号	第1发射天线上的符号	…	第$B-1$发射天线上的符号
第0频率位置的符号	$sf_{m,0}v_{l,0}h_{0,0,0}$	$sf_{m,0}v_{l,1}h_{0,1,0}$	…	$sf_{m,0}v_{l,B-1}h_{0,B-1,0}$
第1频率位置的符号	$sf_{m,1}v_{l,0}h_{0,0,1}$	$sf_{m,1}v_{l,1}h_{0,1,1}$	…	$sf_{m,1}v_{l,B-1}h_{0,B-1,1}$
…	…	…	…	…
第$Q-1$频率位置的符号	$sf_{m,Q-1}v_{l,0}h_{0,0,Q-1}$	$sf_{m,Q-1}v_{l,1}h_{0,1,Q-1}$	…	$sf_{m,Q-1}v_{l,B-1}h_{0,B-1,Q-1}$

第1接收天线上对各发射天线的接收符号见表9-4。

表9-4　第1接收天线上对各发射天线的接收符号

	第0发射天线上的符号	第1发射天线上的符号	…	第B–1发射天线上的符号
第0频率位置的符号	$sf_{m,0}v_{l,0}h_{1,0,0}$	$sf_{m,0}v_{l,1}h_{1,1,0}$	…	$sf_{m,0}v_{l,B-1}h_{1,B-1,0}$
第1频率位置的符号	$sf_{m,1}v_{l,0}h_{1,0,1}$	$sf_{m,1}v_{l,1}h_{1,1,1}$	…	$sf_{m,1}v_{l,B-1}h_{1,B-1,1}$
…	…	…	…	…
第Q–1频率位置的符号	$sf_{m,Q-1}v_{l,0}h_{1,0,Q-1}$	$sf_{m,Q-1}v_{l,1}h_{1,1,Q-1}$	…	$sf_{m,Q-1}v_{l,B-1}h_{1,B-1,Q-1}$

第2接收天线上对各发射天线的接收符号见表9-5。

表9-5　第2接收天线上对各发射天线的接收符号

	第0发射天线上的符号	第1发射天线上的符号	…	第B–1发射天线上的符号
第0频率位置的符号	$sf_{m,0}v_{l,0}h_{2,0,0}$	$sf_{m,0}v_{l,1}h_{2,1,0}$	…	$sf_{m,0}v_{l,B-1}h_{2,B-1,0}$
第1频率位置的符号	$sf_{m,1}v_{l,0}h_{2,0,1}$	$sf_{m,1}v_{l,1}h_{2,1,1}$	…	$sf_{m,1}v_{l,B-1}h_{2,B-1,1}$
…	…	…	…	…
第Q–1频率位置的符号	$sf_{m,Q-1}v_{l,0}h_{2,0,Q-1}$	$sf_{m,Q-1}v_{l,1}h_{2,1,Q-1}$	…	$sf_{m,Q-1}v_{l,B-1}h_{2,B-1,Q-1}$

第3接收天线上对各发射天线的接收符号见表9-6。

表9-6　第3接收天线上对各发射天线的接收符号

	第0发射天线上的符号	第1发射天线上的符号	…	第B–1发射天线上的符号
第0频率位置的符号	$sf_{m,0}v_{l,0}h_{3,0,0}$	$sf_{m,0}v_{l,1}h_{3,1,0}$	…	$sf_{m,0}v_{l,B-1}h_{3,B-1,0}$
第1频率位置的符号	$sf_{m,1}v_{l,0}h_{3,0,1}$	$sf_{m,1}v_{l,1}h_{3,1,1}$	…	$sf_{m,1}v_{l,B-1}h_{3,B-1,1}$
…	…	…	…	…
第Q–1频率位置的符号	$sf_{m,Q-1}v_{l,0}h_{3,0,Q-1}$	$sf_{m,Q-1}v_{l,1}h_{3,1,Q-1}$	…	$sf_{m,Q-1}v_{l,B-1}h_{3,B-1,Q-1}$

（3）如果不同的发射天线在相同的时频资源位置上发射经过基矢量对(v_l, f_m)加权的CSI-RS符号，那么接收天线a接收的符号将是各发射天线所发射的CSI-RS符号的叠加和，见表9-7。

表9-7　接收天线a接收的符号

	接收天线a接收的符号
第0频率位置的符号	$sf_{m,0}\sum_b v_{l,b}h_{a,b,0}$
第1频率位置的符号	$sf_{m,1}\sum_b v_{l,b}h_{a,b,1}$
…	…
第Q–1频率位置的符号	$sf_{m,Q-1}\sum_b v_{l,b}h_{a,b,Q-1}$

3. 单个频率位置上的接收符号与等效信道系数矩阵分析

第q频率位置，接收天线a接收的CSI-RS符号为

$$sf_{m,q}\sum_{b}\boldsymbol{v}_{l,b}h_{a,b,q}=sf_{m,q}h'_{a,l,q} \tag{9-3}$$

其中，$h'_{a,l,q}$表示在频率位置q，接收天线a在基矢量$\boldsymbol{v}_l$下的等效信道系数。

$$h'_{a,l,q}=\sum_{b}\boldsymbol{v}_{l,b}h_{a,b,q} \tag{9-4}$$

频率位置q的CSI-RS的接收符号用矩阵表示为

$$sf_{m,d}\boldsymbol{H}'_q=sf_{m,q}\boldsymbol{H}_q\boldsymbol{V}=sf_{m,q}\begin{bmatrix}h_0^{\mathrm{T}}\\h_1^{\mathrm{T}}\\\vdots\\h_{A-1}^{\mathrm{T}}\end{bmatrix}\begin{bmatrix}v_0 & v_1 & \cdots & v_{L-1}\end{bmatrix} \tag{9-5}$$

其中，

$$\boldsymbol{H}'_q=\boldsymbol{H}_q\boldsymbol{V}=\begin{bmatrix}h_0^{\mathrm{T}}\\h_1^{\mathrm{T}}\\\vdots\\h_{A-1}^{\mathrm{T}}\end{bmatrix}\begin{bmatrix}v_0 & v_1 & \cdots & v_{L-1}\end{bmatrix} \tag{9-6}$$

$\boldsymbol{h}_a^{\mathrm{T}}$表示接收天线$a$与各发射天线之间的信道系数构成的矢量。

$$\boldsymbol{h}_a^{\mathrm{T}}=\begin{bmatrix}h_{a,0} & h_{a,1} & \cdots & h_{a,B-1}\end{bmatrix} \tag{9-7}$$

$\boldsymbol{v}_l$表示空域基矢量，即加在每个发射天线上的权系数构成的矢量。

$$\boldsymbol{v}_l=\begin{bmatrix}v_{l,0} & v_{l,1} & \dots & v_{l,B-1}\end{bmatrix}^{\mathrm{T}} \tag{9-8}$$

4. Q个频率位置上的接收符号处理与等效信道系数矩阵分析

UE把接收天线a上收到的各频率位置上的CSI符号进行叠加，即把第0到第$Q-1$频域位置上的CSI-RS符号进行叠加处理，具体见表9-8。

表9-8 接收符号在频域上求和

	接收天线a 接收的符号		UE将各频率位置上的符号叠加
第0频率位置的符号	$sf_{m,0}\sum_{b}\boldsymbol{v}_{l,b}h_{a,b,0}$	→	$s\sum_{q}f_{m,q}\left(\sum_{b}\boldsymbol{v}_{l,b}h_{a,b,q}\right)$
第1频率位置的符号	$sf_{m,1}\sum_{b}\boldsymbol{v}_{l,b}h_{a,b,1}$		
…	…		
第$Q-1$频率位置的符号	$sf_{m,Q-1}\sum_{b}\boldsymbol{v}_{l,b}h_{a,b,Q-1}$		

$$
\begin{aligned}
& sf_{m,0}\sum_b v_{l,b}h_{a,b,0}+sf_{m,1}\sum_b v_{l,b}h_{a,b,1}+\cdots+sf_{m,Q-1}\sum_b v_{l,b}h_{a,b,Q-1} \\
& =s\sum_q f_{m,q}\left(\sum_b v_{l,b}h_{a,b,q}\right) \\
& =s\sum_q\sum_b f_{m,d}v_{l,b}h_{a,b,q} \\
& =s\sum_b v_{l,b}\left(\sum_q f_{m,q}h_{a,b,q}\right) \\
& =sh''_{a,l,m}
\end{aligned}
\tag{9-9}
$$

其中，$h''_{a,l,m}$ 表示在频域基矢量 f_m 与空域基矢量 v_l 作用下，接收天线a的等效信道系数。

$$
(h''_{a,l,m}=\sum_q f_{m,q}\left(\sum_b v_{l,b}h_{a,b,q}\right)=\sum_b v_{l,b}\left(\sum_q f_{m,q}h_{a,b,q}\right))=\sum_q\sum_b(f_{m,q}v_{l,b}h_{a,b,q}) \tag{9-10}
$$

这一过程用矩阵表示如下。

$$
sH''=s\left[h''_{a,l,m}\right]=s\begin{bmatrix}h''^{\mathrm{T}}_0\\h''^{\mathrm{T}}_1\\\vdots\\h''^{\mathrm{T}}_{A-1}\end{bmatrix}=s\begin{bmatrix}h^{\mathrm{T}}_0\\h^{\mathrm{T}}_1\\\vdots\\h^{\mathrm{T}}_{A-1}\end{bmatrix}kron(V_{B,L},F_{Q,M})=sH_{A,BQ}K_{BQ,LM} \tag{9-11}
$$

其中，$H_{A,BQ}$ 为B根发送天线到A根接收天线在Q个频域位置上的信道系数构成的矩阵

$$
H_{A,BQ}=\begin{bmatrix}h^{\mathrm{T}}_0\\h^{\mathrm{T}}_1\\\vdots\\h^{\mathrm{T}}_{A-1}\end{bmatrix} \tag{9-12}
$$

$K_{BQ,LM}$ 为信道变换矩阵。

$$
\begin{aligned}
K_{BQ,LM}&=\mathrm{kron}\left(V_{B,L},F_{Q,M}\right)\\
&=\mathrm{kron}\left(\left[v_0\quad v_1\quad\cdots\quad v_{L-1}\right],\left[f_0\quad f_1\quad\cdots\quad f_{M-1}\right]\right)
\end{aligned}
\tag{9-13}
$$

$V_{B,L}$ 为空域基矢量构成的变换矩阵。

$$
V_{B,L}=\left[v_0\quad v_1\quad\cdots\quad v_{L-1}\right] \tag{9-14}
$$

$F_{Q,M}$ 为频域基矢量构成的变换矩阵。

$$
F_{Q,M}=\left[f_0\quad f_1\quad\cdots\quad f_{M-1}\right] \tag{9-15}
$$

5. 根据等效信道系数矩阵获取CSI中的预编码

把等效系数矩阵 H''（变换域矩阵）进行SVD（Singular Value Decomposition，奇异值分解）$\left[(H'')^{*}H''=XSY^{*}\right]$，矩阵$Y$为理想的预编码矩阵；把理想预编码矩阵$Y$中的系数的幅度与相位分别量化后进行反馈。

9.2 基于OAM的复用及涡旋波传输

无线通信技术虽然目前已经到达了一个新的高度，但其一直是以信号的幅度、相位、频率等形式利用电磁波辐射的线性动量承载信息传输的。即使多天线进一步利用多发多收特性来进行空间复用，也仍然只是线动量的一些组合利用，一些更前沿的研究正在关注采用更新的角动量技术，来扩展无线通信的维度或提升现有维度的使用效率。

根据经典电动力学理论，电磁辐射实际上还可以携带角动量。角动量分为两部分，由自旋角动量（Spin Angular Momentum，SAM）和描述螺旋相位结构的轨道角动量（Orbital Angular Momentum，OAM）组成。不同于电磁波辐射的线性动量，角动量有着完全不同的性质，因此利用角动量的通信技术与利用线动量的通信技术存在明显的区别。

SAM在光的传播中呈现出一种圆偏振的表现形式。20世纪初Poynting预测了SAM的存在，1936年Beth通过实验验证之后，SAM才被广泛应用。在无线通信中，与基于SAM的应用相对应的一种应用是圆极化的形式，包括左旋圆极化和右旋圆极化。OAM作为电磁波所携带的角动量的一种，是微观粒子沿传播方向进行圆周运动形成的，与粒子的空间分布有关，宏观表现为携带波前相位因子 $\exp(\mathrm{j}l\varphi)$（l表示OAM模态，φ 表示发射相位角）的涡旋波束。OAM模态表示绕光束闭合环路一周线积分为2π整数倍的数量。模态值为不同整数的涡旋波束之间是相互正交的，两束不同模态的涡旋波可以独立地传播。理论上同一频率的电磁波拥有无穷种模式，且携带不同本征模式的OAM波束之间相互正交。因此，基于OAM的无线通信，理论上在同频率波段可以传输无穷的信息。

目前偏振和极化已经在通信中广泛应用。近年来，利用电磁波传输轨道角动量进行无线通信越来越受到人们的关注，其增加信道容量的潜力也得到了广泛的探索。2011年科学家们首次利用涡旋电磁波不同模式在同一频率的条件下进行无线通信，并取得了成功，作为一项新型无线通信技术，该技术被《自然》杂志誉为具有革命性的创新技术。

9.2.1 OAM模态与涡旋电磁波

携带轨道角动量的电磁波可以采用螺旋相位前端和环形的强度分布这两个主要的特征来进行描述。一个圆柱坐标系 (ρ,ϕ,z)，ρ,ϕ,z 依次表征径向距离、方位角、高度，如图9-2所示。

圆柱坐标系与直角坐标系的换算关系为$\rho = r\cos\phi$，$y = r\sin\phi$，$z = z$，我们假设z为固定值，那么电场可以描述为

$$E_l(\rho,\phi) = A(\rho)\exp(\mathrm{j}l\phi) \tag{9-16}$$

其中，$A(\rho)$为幅度函数，可以表征为l阶贝塞尔函数形式：$\exp(il\varphi)$为螺旋相位的前端，为本征值。OAM电磁波如图9-3所示。

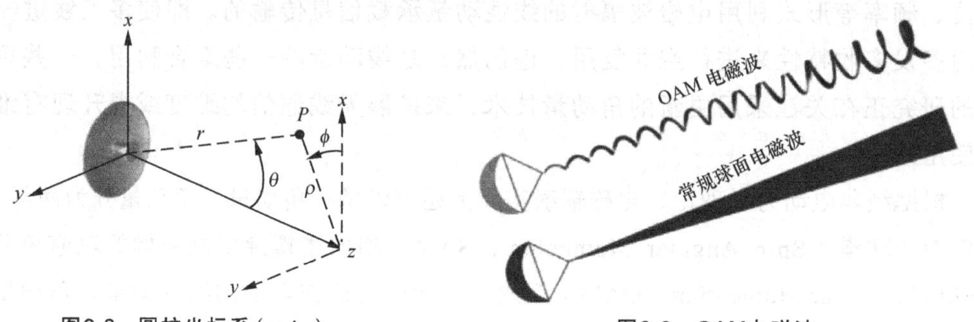

图9-2　圆柱坐标系(ρ,ϕ,z)　　　　图9-3　OAM电磁波

不同的OAM模式对应不同的l取值，l的绝对值越大，说明螺旋的旋转速度越快。蜗旋电磁波一个显著特点是当l不等于0时，电磁波的相位分布沿着传播方向呈现螺旋上升形态。图9-4列出了不同模态的轨道角动量电磁波等相位面。图9-4（a）为等相位面与传播轴垂直的平面电磁波，对应l等于0的情况（可以想象得更密一些）；图9-4（b）为l等于1的电磁波形态，沿着传输轴观测，在一个周期内电场相位绕传输轴逐渐连续地变化了360°，所以具有$\exp(\mathrm{j}l\varphi)$的相位因子；图9-4（c）沿着传输轴观测，在一个周期内电场相位绕传输轴逐渐连续地变化了720°，l等于2，以此类推。“+”和“−”分别对应不同螺旋方向，如果l绝对值相同，螺旋方向不同，则基本螺旋结构是具有对称性的。

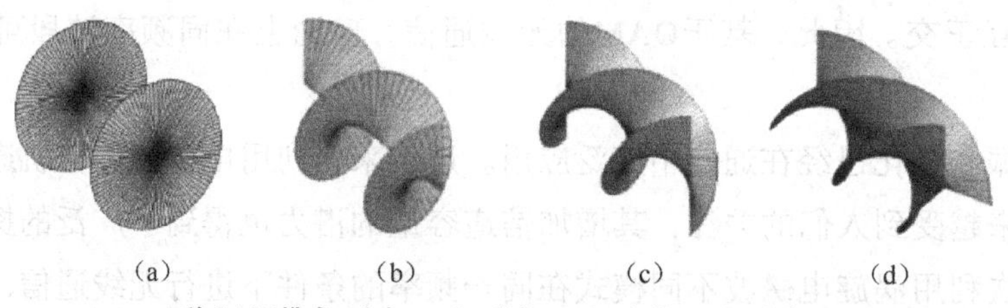

图9-4　不同本征值的螺旋波前图

涡旋电磁波的另外一个特点是波束整体呈现发散形态，波束中心凹陷，中心能力为0，整个波束呈现中空的倒锥形，并且l越大，倒锥形对应的圆心角越大。图9-5很好地描述了涡旋电磁波的波束形态[1]。当l等于0时，如图9-5左上所示，电磁波并不具有涡旋特性，相控天线阵的最大辐射方向沿着z轴；当由1到2再到4变化时，电磁波

束原本的最大辐射方向开始出现辐射暗区，并逐渐扩大，波束发散越来越厉害，随着传输距离的越来越大，环形波束的半径也会越来越大，这对电磁波的接收造成了很大困扰，已经成为制约涡旋电磁波进一步发展和普及的重要因素之一。这种电磁波的接收方法是利用大口径的天线或天线阵列将整个环形波束先接收下来。

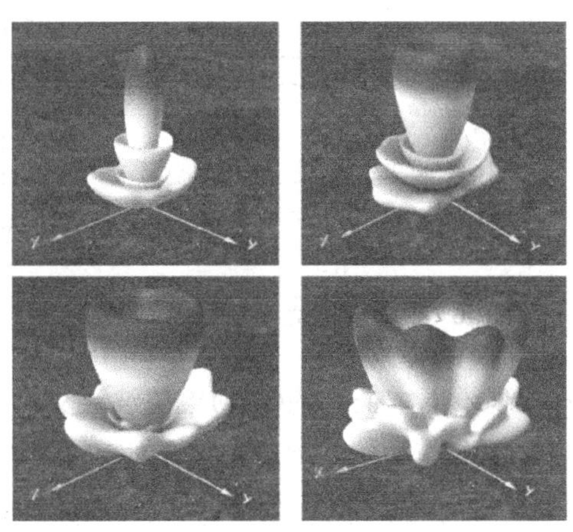

图9-5 不同本征值的螺旋波束

携带轨道角动量的电磁波有如下基本性质。

- 理论上OAM本征模数可以取任意离散值，一般使用具有整数阶的本征模数。非整数阶OAM模态可用傅里叶级数展开为整数阶OAM模态叠加，不同本征模数的OAM模态正交。
- 涡旋波束中心区域场值为0，称为空区或暗区，能量主要集中在以波束传播轴向为中心的圆环区域上。
- 随传播距离的增大，波束逐渐发散，圆环区域半径扩大，呈现为一个逐渐扩大的中空锥形。
- OAM的模数越大，涡旋波束发散角度越大。

9.2.2 OAM模态正交性

按照前面的定义可以发现，不同的OAM模态类似于频域的子载波，其存在固有的正交性。与之对应，OAM也可以具有螺旋谱。理想情况下，l取值为任意整数时，OAM模态对应的电磁波是正交的。OAM传输是通过对信号相位施加“扭曲”而产生的，因此它在离开天线时遵循类似于螺旋钻的间距，可以产生多种扭曲(对应于不同本征值l)，将其配置成沿着顺时针或逆时针方向旋转，可以在得到的相位轮廓中观察到这些扭曲。这些扭曲独立于其他众所周知的波形特性，例如，基带信号相位、幅度和极化。因此，有观点认为它们为复用提供了额外的自由度(该说法在之前的几年中存在较大的争议）。一种简单的OAM模式复用如图9-6所示（本征值的绝对值不同），这种复用的方式可以认为是一种比较新的方式。

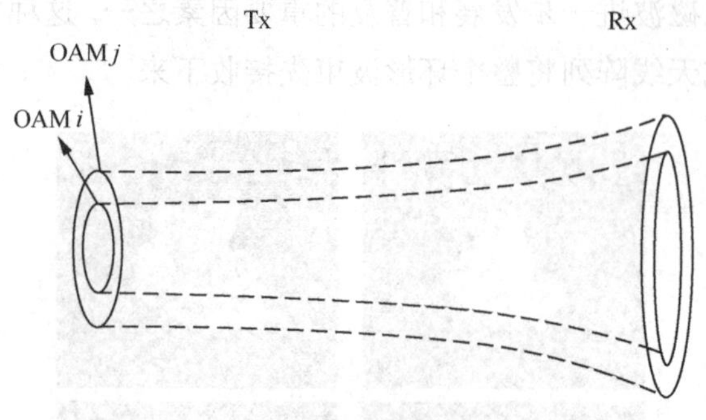

图9-6 OAM模式之间螺旋钻式的复用

采用常用的UCA方式实现不同本征态的OAM电磁波正交，可以看到以下的电磁波强度和相位分布，如图9-7所示，上面的图为强度，下面的图为相位。特征如下：相同绝对值，+/−不同的*l*具有相同的强度分布；不同的*l*绝对值，可以实现不同的"亮斑"区域。

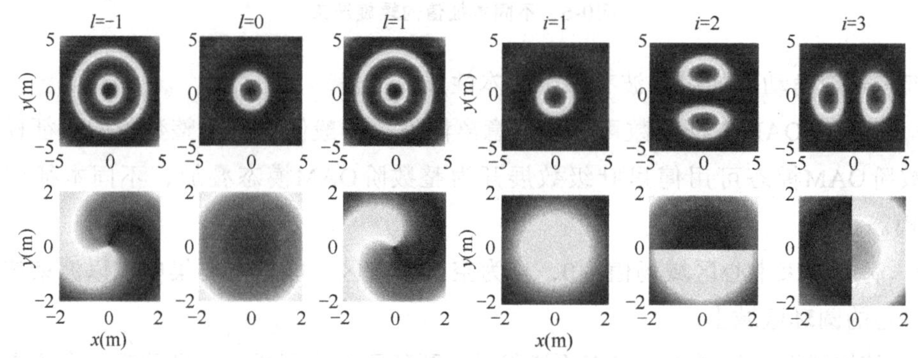

图9-7 OAM模式的场强分布（上）和相位分布图（下）

文献[2]给出了在比较理想的条件下，测到的OAM本征值1和−1与其他本征值的相干性，如图9-8所示。

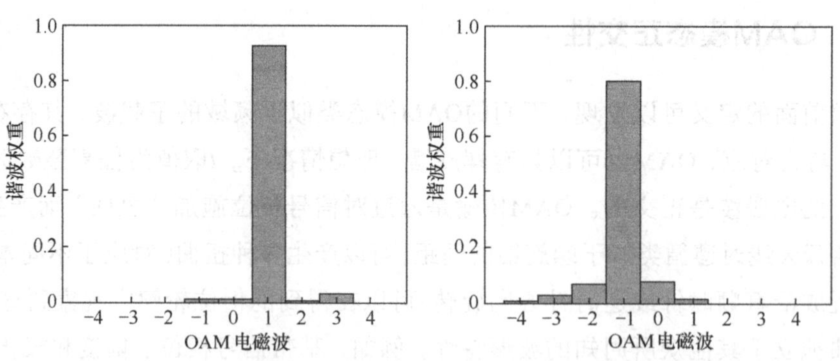

图9-8 OAM不同模式之间正交性

从图9-8看出，不同OAM本征值之间的正交性还是比较好的，可以用于复用多路信息。需要说明的是，这里仅仅是从MIMO的角度对其复用的原理进行一些简单的解释。

不同OAM模态相互正交的特性使得其可以实现复用传输，从而大大提高信道的容量，并使得频谱效率大幅度提高，这是目前OAM电磁波应用于通信领域最大的关注点，也是未来无线通信，特别是大规模无线中继传输的重要发展方向。正是具有不同模态数的电磁涡旋波间相互正交，在无线传输过程中可以在同一载波上将信息加载到具有不同轨道角动量的电磁波上，以实现大数据量的传输，这种OAM电磁波复用技术可有效提高频谱的利用率。

OAM已经成功地应用于光通信中，在无线通信产业中有着十分可观的应用前景，因为该技术具有不再需要利用大量的不相关路径来进行空间复用的特征，即使是视距（Line Of Sight，LOS）环境，该技术也能够通过大量的OAM模态来分别承载多路数据，实现LOS下高自由度的空间复用传输，这是传统的MIMO技术所不具有的优势。对于微波无线回传链路、点对点通信的容量提升以及满足短距离单用户超高速率的数据传输（如虚拟现实场景）的需求，都有较好的应用前景。此外，OAM模态之间良好的正交性还可以用于各类干扰的消除，如小区间干扰、上下行干扰、全双工收发自干扰等，为干扰消除提供了更多的技术手段。

9.2.3 OAM无线通信发展

2010年，Mohammadi等详细分析了利用均匀圆形天线阵列（Uniform Circular Array，UCA）产生和检测不同模态的OAM电磁波[3]。接收端采用与发射端OAM模式相反的接收天线从空间接收整个环形波束能量，发射的OAM电磁波被接收天线相位补偿后变为常规平面电磁波，而由于不同模式的OAM电磁波环形波束半径随模式数正比例增大，通过空分方式即可分离出相位补偿后的常规电磁波。这种全空域接收方法是从光学OAM借鉴而来的。

2011年，Tamburini等利用7阵子的八木天线在2.4GHz频点实现了对电磁波OAM的产生与检测[4]。该实验同样对非整数OAM电磁波的产生与测量进行了验证，并在距离为442m的威尼斯湖面上实现了两路不同OAM电磁波的通信。该实验说明利用OAM电磁波可以在同一个频点实现多路传输，从而可以极大地提高通信效率。

中国高校在该研究方向上也取得了很大的进展。从2013年开始，浙江大学研究团队发表了多篇OAM天线的论文，该研究团队提出了二维平面螺旋轨道角动量（Plane Spiral Orbital Angular Momentum，PSOAM）波束的新概念[5]，并提出了部分孔径接收方案[6]。2016—2019年，西安电子科技大学研究团队在OAM调制与编码以及长距离通信领域[7~9]做了大量研究工作，结合MIMO实现了高频谱效率，为了进一步减小波束发散角，该团队提出特殊的OAM序列设计方案，采用类似于波束成形的方法解决了OAM波束发散角的问题。2017年，华中科技大学研究人员研究了OAM信道容量[10]，并提出基于轨道角动量的空间调制（Orbital Angular Momentum-Spatial Modulation，OAM-SM）传输方案[11]，分析了能量效率、接收复杂度和平均误码率性能，并在能量效率上对比了基于轨道角动量的多输入多输出（Orbital Angular Momentum-Multiple Input Multiple Output，OAM- MIMO）毫米波通信系统。该OAM-SM方案具有抗路径损耗衰减的能力，适合于长距离传输。

清华大学航电实验室研究了采用OAM域映射到第二频域的方法，2016年12月完成世界首次28.5km长距离OAM电磁波传输实验[12-13]，并提出联合OAM编码调制方法，联合OAM维度建立欧氏空间。在2018年，相继实现了从十三陵水库到清华大学的30.6km长距离4模式索引调制OAM传输和172km长距离OAM部分相位面接收实验，为未来长距离OAM电磁波空间传输实验（100～400 000km）奠定了关键的理论和技术基础。

日本内政和通信部（Ministry of Interior and Communications，MIC）委托日本电气股份有限公司（Nippon Electronic Corporation，NEC）和日本移动通信公司（Nippon Telegraph and Telephone Corporation，NTT）等多家单位联合推广OAM在5G和B5G中的工程化。2018年12月，NEC首次成功演示了在80GHz频段内，超过40m的OAM模态复用实验（采用256QAM调制、8个OAM模态复用），其主要面向于点对点的回程应用。NTT在2018年和2019年成功演示了OAM模态的11路复用技术实验，并实现了在10m的传输距离下达到100Gbit/s的传输速率[14-15]。2019年，韩国科学技术院面向未来无线通信应用，将OAM应用于6G移动通信中，同时也制定了关于OAM量子态传输的国家级重点课题，计划支持到2026年。

2019年，中国工业和信息化部召开第六代移动通信工作研讨会，将轨道角动量作为6项6G备选关键技术之一，列入国家未来3年重点研究计划，并成立了相应的OAM技术任务组。

9.2.4 OAM与MIMO的关系

近年来，在OAM技术的迅速发展过程中，其与MIMO技术的关系存在着一些争议。主要争议在于OAM是否提供了一个全新的维度、基于OAM的无线通信是否是MIMO的一种特例、OAM与MIMO之间到底是什么关系。在经过大量的讨论后，目前争论已经趋于明朗。OAM可以分为两大类，一类称为量子轨道角动量（quantum-Orbital Angular Momentum，q-OAM）；另一类称为合成轨道角动量（synthetic-Orbital Angular Momentum，s-OAM）。前者的研究进展相对较小，从量子学的角度看，电磁波发送时，已经具备

了不同模态的轨道角动量。传统的天线是无法生成具有各种模态的OAM电磁波的，也无法在接收时对其进行区分。实现基于q-OAM的传输需要新型的量子天线，这样才能提供一个无线通信的全新维度，但是目前这方面还面临很多挑战。前面介绍的进展都属于s-OAM的范畴，其发出的电磁波经过相位的改变后形成了涡旋形态的波束，实际上可以理解为一种特殊的波束成形。OAM与MIMO的关系如表9-9所示。

表9-9 OAM与MIMO的关系

波束	子类	与MIMO关系
OAM	q-OAM	独立于MIMO外，开辟了新的维度
	s-OAM	MIMO子集的特殊形式，对应涡旋波束成形

目前MIMO技术中经典的波束形状并不是涡旋态的，所以只能在不同“方向”上进行空间资源区分。而涡旋波束可以对相同方向上的空间资源进行区分，提供了一个新的维度“波数”。新的维度并不是不占用其他维度，而是在占用其他维度时是否可以再区分。方向和波数是一组对偶维度，在相同方向下，可以再按照波数区分，引入波数维度；在相同波数下，可以再按照方向区分，引入方向维度。

MIMO理论上是一种处理方向/空间和波数的通用技术，其并没有规定信号形式和天线使用方式，也没有给出如何根据信道特征进行空间采样的方法。因此，s-OAM属于MIMO的一种应用形式，因为其使用的也是传统意义上的空间资源，但由于目前的空间采样采用几何波束形式，只能高效地让信号在空间方向上区分，不能高效地让信号在波数上区分。因此，s-OAM具有一个非常好的特征：不再需要利用大量的不相关路径来进行空间复用，即使是在视距环境下，该技术也能够通过大量的OAM模态来分别承载多路数据，实现视距下的高自由度的空间复用传输，并且接收检测的复杂度变低。

在接收天线尺寸受限的前提下，OAM不会超过同等天线规格MIMO的容量极限，也不会提高给定信道的最大自由度，即MIMO和OAM具有相同的理论性能上界。然而，在多径信道稀疏的情况下，视距多输入多输出（Line of Sight-Multiple Input Multiple Output，LOS-MIMO）信道矩阵的秩（自由度）远小于天线数量。基于OAM的正交基可以降低子信道之间的互相关性，提高信道矩阵的秩（自由度），使之趋近于满秩矩阵。通过引入正交基使信道矩阵正交化。在某些情况下，LOS-MIMO信道矩阵的秩退化，这时可以通过OAM的正交基提升信道矩阵的秩，使其尽可能地接近满秩。

2018年，Hirano[16]发现在近场区域中OAM-MIMO性能会提高。此外，他还发现，当UCA的半径变大时，性能也会提高。Wang等[10]基于所提出的OAM无线信道模型，导出了OAM-MIMO通信系统的容量。同时他们还研究了一些系统参数（如OAM状态间隔和天线间距）对OAM-MIMO通信系统容量的影响。仿真结果表明，较大的OAM状态间隔和较大的天线间距可以增加基于OAM的MIMO通信系统的信道容量。为了提高频谱效率，Cheng等[8]提出了轨道角动量嵌入式多输入多输出（OAM-MIMO）通信框架，以获得大规模OAM-MIMO毫米波无线通信的乘法频谱效率增益。结果表明，该框架比传统的大规模MIMO毫米波通信更大，且OAM-MIMO毫米波通信能够显著提高频谱效率。为了最大化OAM-MIMO系统的频谱效率，2018年，Zhao等[17]又提出了一种多OAM模式多路复用涡旋无线电（Reused Multi-Orbital Angular Momentum-Mode Multiplexing Vortex Radio，RMMVR）MIMO系统，该系统基于分形均匀圆阵列。

9.2.5 OAM的产生与接收

如何很好地获得各种OAM模态是实际应用中的一个重要问题。目前的一些研究中给出了多种方式，如表9-10所示。这些方法从OAM的基本原理出发，从不同的角度使得电磁波携带波前相位，从而产生不同模态的s-OAM波束。

表9-10　s-OAM产生方式、原理及优缺点

类型	原理	优点	缺点	应用领域
螺旋相位板（Spiral Phase Plate，SPP）	利用平面波经过厚度变化或者介电常数变化的圆形介质板引起相位延迟，两种方案：（1）厚度螺旋增加的介质板；（2）多孔型相位板，实际中也采用多阶梯相位板近似	原理简单、成本低	用于高频到光波波段，只能产生单一模数OAM波，模数较高时轴心部分加工难度大，波束发散角度大，透射损耗大，复用技术方案复杂	光通信、无线通信
阶梯反射法	各个阶梯之间有相位阶跃，当波束入射时，会由于这种特殊的阶梯状结构导致反射波不再是平面，成为波前扭曲的涡旋电磁波	结构简单	只能产生单一模数OAM波，不易小型化	
旋转抛物面天线	将抛物面反射器改造为具有螺旋抬升的结构	保留了抛物面天线的优点，无须相位控制，波束方向性强	只能产生单一模数的OAM波，体积大	无线通信
阵列天线	利用等距圆阵，相邻阵元采用等幅、相位差为$2\pi l/N$的激励馈电	理论成熟，可产生多个模数的OAM波	馈电结构复杂，高阶模数OAM需要大量天线单元，波束发散角度大，阵元相位误差易导致波前抖动和主瓣宽度增大	无线通信
反射/透射阵列	利用馈源向周期性单元组成的反射/透射面照射，形成OAM波	无复杂的馈电网络	反射/透射面上单元设计复杂	无线通信
波导谐振天线	方案较多，例如，行波谐振天线、介质谐振天线等	尺寸小、易集成	传输距离较近，离实用尚有差距	无线通信
电磁超表面天线	通过人工设计的亚波长周期性微结构单元改变入射平面波的电磁特性，从而获得反射/透射的OAM波	尺寸小、易集成	工艺较复杂	光通信、无线通信

s-OAM的接收方法主要包括全空域共轴接收、部分接收、单点接收和其他接收。

1. 全空域共轴接收法

接收端采用与发射端OAM模态相反的接收天线，从空间接收整个环形波束能量，发射的OAM电磁波被接收天线相位补偿后变为常规平面电磁波。然而，由于OAM电磁波波束发散，所需的全空域接收天线尺寸随着传输距离的增加而线性增大，所以在实际中无法实现。因此，全空域的接收方法只适用于短距离点对点接收。此外，采用电磁波衍射模块对全空域接收信号进行坐标变换法，可以将输入的不同OAM模态变换到横向不同的动量模态[18]。

2. 部分接收法

不同OAM模态的电磁波产生的相位差不同。当天线间距固定时，天线间相位差与OAM模态呈正比。因此，可以在部分环形波束上均匀布置一个弧形天线阵列接收信号，对接收信号进行傅里叶变换即可完成不同相位差的检测，进而完成不同OAM模态的检测和分离。然而，由于部分接收法是对部分环形波束进行采样，其可以检测和分离的OAM模态数量受限于接收天线数量以及天线阵所形成的弧段尺寸，且检测同一数量的OAM模态所需的天线阵弧段尺寸随传输距离而线性增大。

3. 单点接收法

单点接收法又称为远场单点近似法，通过检测电场和磁场在3个坐标轴的幅度分量来完成OAM模态的检测[19]。但是，由于该方法为远场近似的结果，只有当OAM电磁波波束的发散角很小，并且接收点的极化方向与OAM波的极化方向完全一致时，才能达到很好的近似效果。此外，由于单点接收法采用的是电场强度和磁场强度的幅度，所以其检测性能受噪声影响很大。

4. 其他接收方法

最近几年，还出现了许多其他的OAM接收与检测方法。2018年，参考文献[20]提出了一种基于数字旋转虚拟天线的OAM模式检测方法[20]，即通过测量相应的旋转多普勒频移来识别不同的OAM模式。有效检测OAM波束一直以来都是研究学者最关注的课题之一，研究性能更好地检测算法需要注意两个方面：一方面，需要检测算法功率损失最小；另一方面，不能破坏正交性，除此之外，还需要考虑实际的天线尺寸与间距。

9.2.6 未来OAM的研究方向

涡旋波的一个特点是波束整体呈发散形态，波束中心凹陷，中心能量为0，整个波束呈中空的倒锥形，并且 l 越大，倒锥形对应的圆心角越大。当模态增大时，电磁波束原本的最大辐射方向开始出现辐射暗区，并逐渐扩大，波束发散越来越厉害。随着传输距离越来越远，环形波束的半径也会越来越大，不利于接收，这对电磁波的接收造成了很大困扰，已成为制约涡旋电磁波进一步发展和普及的重要因素之一。OAM信号中非零模态信号主瓣发散以及接收和发射天线的配置问题对整体性能影响巨大，包括收发天线中心未对准、传输距离过长导致接收天线无法完全接收主瓣信号等问题。OAM大多数在无线通信领域中仍处于探索阶段，我们认为未来的研究趋势应当主要集中在以下几个方面。

1. 非理想情况下OAM的传输

OAM系统要求收发天线轴心对齐，当收发机之间出现轴心偏角时，接收器会产生模态串扰，导致误码率增大，系统性能下降。无线通信尤其是移动通信中存在很多非理想状态，包括非共轴、非视距等几种类型。这是解决涡旋电磁波在移动通信中应用的关键问题。非理想条件都会破坏OAM模态的正交性，使一些原有的优良特性丧失。并且这些非理想条件会使涡旋电磁波的接收方法失效，因为目前大多接收方法都是基于理想条件下的仿真或实验。虽然当前也有一些学者提出了针对某些非理想条件的解决方案，比如参考文献[21]提出一种针对收发天线非共轴情况下的波束接收方案，但该方案只考虑非平行不对称的情形，仍有很大的局限性。还有很多现实应用中的非理想条件需要考虑。一些补偿方案只能解决较小幅度的离轴和非平行情况，比较适合点对点的应用场景。而对于移动通信的典型场景，则存在大幅度的离轴，并且终端还可能发生快速的旋转和移动。这些非理想条件都是移动通信中肯定会面临、必须要解决的问题，因此需要有针对性地进行优化。

2. 对OAM发散角的抑制或消除

现有的OAM接收检测方法是采用一个大口径的天线（或天线阵）将整个环形波束接收下来，随着传输距离的增大，涡旋电磁波的发散角变大，所需接收天线尺寸也越来越大。这种接收方法在长距离传输时变得异常困难，天线尺寸几乎无法接受。另外，接收端采用大口径的天线部署也限制了其在无线通信中的应用。目前针对抑制能量发散角，学者们也提出了一些解决办法，例如部分波面检测算法。它虽然可以增加通信距离，但会破坏OAM模式的正交性。因此，如何较大幅度地抑制甚至消除能量发散角，解决远场下的OAM传输问题需要进一步探索。

3. OAM-MIMO的天线拓扑研究

传统的MIMO技术侧重于在一些给定的经典天线拓扑下，最大限度地开发其潜在的性能潜力，如均匀线性阵列（Uniform Linear Array，ULA）、UCA。但是由于应用场景不同，在设计天线结构时考虑的条件就不同。在不同的尺寸限制、通信频率、收发距离条件下，传统MIMO并没有充分研究如何设计天线拓扑才能获得最优的性能。参考文献[20]基于圆柱坐标系下辐射场的理论公式，分析了其传输和接收特性。通过计算多个OAM波的上下边界的函数公式及分析多个OAM波的最佳接收位置的振幅和相位，确认多模OAM波的共同接收采样区域。不同的天线拓扑其通信性能

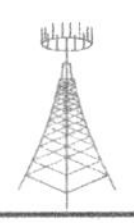

存在显著差异，如何在不同的应用场景，针对该场景找到最优的天线拓扑结构将是未来研究的重点。

4. OAM模态选择

OAM中不同模态相互正交的特性为传输信息提供了新维度。因此，如何利用不同模态进行信号的调制、处理也成为研究的重点，除了可以与传统通信一样直接传输信息外，OAM电磁波中不同的模态也可用于索引调制、保密传输等新的应用场景。无论是部分相位面接收还是虚拟旋转接收，可利用的OAM模态数有限（小于发射天线数），直接利用不同模态传输信息所带来的增益有限，将OAM模态组合调制，模态组合对应独立的信息传输通道，可以显著地提高频谱利用率。

5. OAM应用场景的选择

目前来说，产生不同模式的涡旋电磁波的方法有很多种，如SPP板、UCA等。不同的产生方法，其对应的实现复杂度、成本、所需的天线数量都不一样，而且其性能也存在差异。OAM-MIMO系统也有多种应用场景，不同的应用场景对应服务的对象、接受服务的人员数量不同，对通信的标准要求也不同。因此针对不同场景选择不同的OAM实现方法也是值得研究的。

9.3 智能电磁表面

9.3.1 可控无线环境

随着构成未来物联网（Internet of Things，IoT）的用户设备的普及，我们从未停止过具有挑战性的无线网络优化的工作，以提高无线网络的能效或频谱效率（Energy Efficiency/Spectral Efficiency，EE/SE），满足用户的苛刻数据速率和多样化的服务质量（Quality of Service，QoS）需求。当前，无线网络的性能优化要么集中在用户侧，要么集中在网络控制器，例如基站（Base Station，BS）和网络运营商。对于无线网络运营商来说，可以通过在密集网络中部署高能效的小型蜂窝小区或在BS处使用多个天线来提高频谱效率并满足不断增长的流量需求[22]，通过优化BS的发射波束成形或功率分配以适应信道变化。在用户侧，多个用户可以通过设备到设备（Device-to-Device，D2D）和中继通信加入协作。这些功能会带来以下优点：提高链路质量和覆盖范围，提高EE/SE性能，降低干扰和降低功耗[23]。当最终用户和网络控制器之间的信息交换和协调可用时，可以进行联合优化，以获得更高的性能增益。因此，文献中的大量研究工作提出了联合系统优化，以通过组合不同的技术来改善无线网络的EE/SE性能。这些可能包括协作中继、波束成形和资源分配等的优化。

然而，在当前的无线网络优化方式中，无线环境本身仍然是不可控的因素，因此在问题表述中并未加以考虑。由于无线环境中的随机性，信号传播在到达接收器之前通常会经历反射、衍射和散射，并在不同路径中具有原始信号的多个随机衰减和延迟副本，这样的信道衰落效应成为进一步提升无线网络的EE/SE性能的主要限制因素。无线通信研究界已经提出了一种智能反射面（Intelligent Reflective Surface，IRS）的新概念。IRS是电磁（Electro Magnetic，EM）材料的二维（2-Dimensional，2D）人造表面（即超表面），它由大量具有特殊设计的物理结构的无源散射元素组成，可以以软件定义的方式控制每个散射元件，以改变入射RF（Radio Frequency）信号在散射元件上反射的EM特性（例如相移）。通过所有散射元件的联合相位控制，可以任意调整入射RF信号的反射相位和角度，以产生理想的多径效应。特别地，反射的RF信号可以被相干地添加以改善接收信号功率，或者可以相消地组合以减轻干扰。IRS辅助无线通信的典型系统模型如图9-9（a）所示。通过将IRS部署在如涂在建筑物墙壁上，IRS可以将无线电环境转变为可以帮助信息传感、模拟计算和无线通信的智能空间[24]。随着对传统RF收发器的最佳控制，IRS辅助的无线系统将变得更加灵活，以支持各种用户需求。例如，增强的数据速率、扩展的覆盖范围、最小的功耗以及更安全的传输。

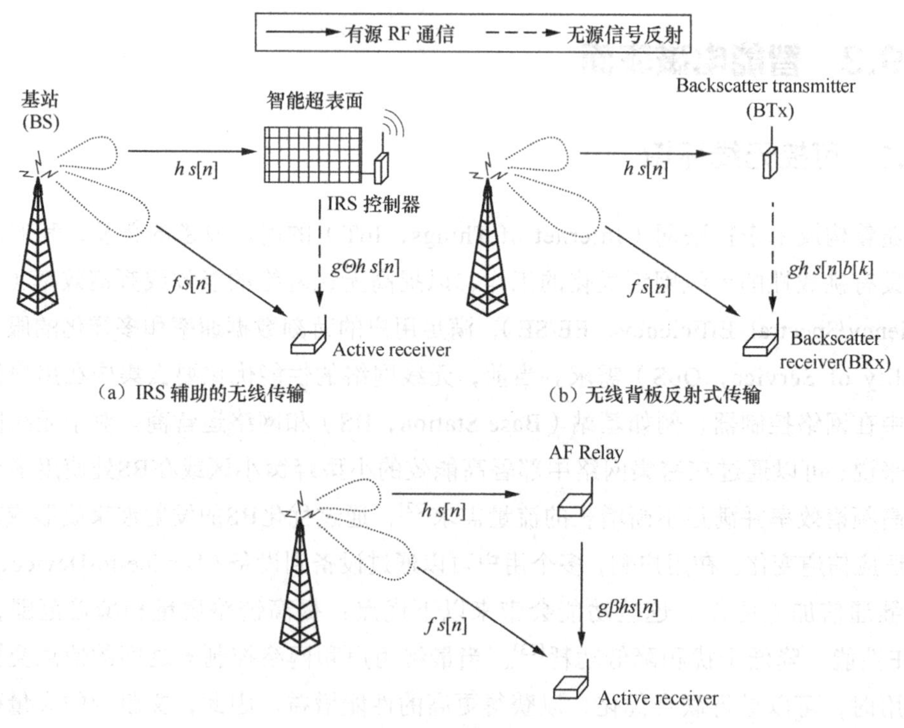

图9-9　无线通信的典型系统模型

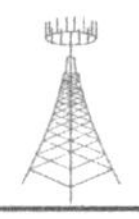

图9-9将IRS辅助无线通信与后向散射通信和放大转发（AF，Amplify Forward）中继辅助无线通信进行比较。图9-9（a）中的IRS引入相移矩阵θ以配置等效反射信道；图9-9（c）中的AF继电器引入功率放大系数β以转发接收到的信号。接收器对IRS辅助和AF中继辅助通信的第n个源信息符号s（n）进行解码；而在图9-9（b）中，其目的是从强干扰中解码出第k个搭载信息符号b（k）与无线反向散射通信中的s（n）。BS-IRS（Base Station-Intelligent Reflective Surface）、BS接收器和IRS接收器信道分别由h、f和 g 表示。

通过仿真和实验验证了智能无线电环境的构想，证明无线通信具有利用IRS的可重新配置性改善不同无线网络中传输性能的能力。通过使用有源频率选择性表面（Frequency Selective Surface，FSS）来设置无线环境，在文献[25]中引入了有源墙。FSS提供了对输入信号的窄带频率滤波，可用于构建使墙壁智能化的认知引擎。参考文献[26]中的实验表明，通过在建筑物的墙壁中部署混合式有源-无源元件，可以预期：（1）减轻传统无线通信的多条路径的破坏性影响；（2）消除环境中条件差的相似信道；（3）同时衰减干扰功率并增加不同接收器处的信号强度。参考文献[27]通过使用超表面（软件控制的超材料）来覆盖无线电环境中的物理对象，提出了可编程无线信道或环境的想法。在参考文献[28]中实现并评估了几种用于可编程无线环境的物理层构建块技术。通过控制电流在超表面上的分布，可以根据所需的响应来对入射的RF信号进行整形，从而实现可重构的无线环境。通过减轻信号路径损耗、多路径衰落和同信道干扰，可编程无线环境能够在信号质量、通信范围和EE/SE性能方面改善传输性能。

可将智能无线环境集成到网络优化问题中，构想IRS辅助的无线网络彻底改变了当前的网络优化方式，并有望在未来的无线网络中发挥积极作用[22]。

IRS辅助的无线通信的优势可总结如下。

- 易于部署和可持续运营：IRS由嵌入超表面的低成本无源散射元件组成。它可以是任何形状，因此为其部署和更换提供了高度的灵活性。它可以很容易地连接到建筑物、室内墙壁和天花板等外墙上，也可以从外墙上拆除。如果不使用有源组件进行耗电的信号处理算法，则IRS无须电池，可以通过基于RF的能量无线供电收集。

- 通过无源波束成形的灵活重新配置：IRS可以为反射信号带来额外的相移。通过共同优化所有散射元件的相移，即无源波束成形，可以将信号反射连贯地聚焦在预期的接收器上，并在其他方向上置零。反射元件的数量可能非常大，具体数量取决于IRS的导线尺寸。这意味着其在提高无线网络性能方面具有巨大潜力。IRS的相位控制与收发器的运行参数（例如发射波束成形、功率分配和资源分配）相结合，可以共同优化以探索IRS辅助无线网络的性能增益。

- 增强的容量和EE/SE性能：通过使用IRS，可以对无线信道进行编程，以支持更高的链路容量，同时减少点对点通信的功耗。通过使用IRS，干扰抑制也变得有效，这对于小区边缘用户而言意味着更好的信号质量。对于多用户（Multi User，MU）无线网络，可以对散射元素进行分区和分配，以辅助不同用户的数据传输。这样，由IRS辅助的无线网络可以提供更好的QoS设置，并有可能改善不同用户之间的总速率性能或最大、最小公平性。

- 新兴无线应用的探索：IRS的发展有望为新的、有希望的研究方向奠定基础。例如，IRS最近被引入为一种新颖的方法，可通过同时控制发射机处的传输和IRS处的反射来防止无线窃听攻击。IRS的使用还使许多其他新兴研究领域受益，例如无线电力传输、无人机（Unmanned Aerial Vehicle，UAV）通信和移动边缘计算（Mobile Edge Computing，MEC）。

尽管IRS的操作类似于多天线中继的操作，但它与现有的中继通信从根本上有所不同。通过使用无源元件，IRS可以实现完全可控的波束控制，而无须专用的能量供应以及用于信道估计、信息解码、放大转发的复杂有源电路。与主动生成新的RF信号的常规放大转发（AF）继电器相比，IRS不使用有源发射器，而仅将周围的RF信号反射为无源阵列，因此不会产生额外的功耗。它也不同于传统的反向散射通信，在传统的反向散射通信中，反向散射发射器通过调制和反射环境RF信号与接收器进行通信[29]。背向散射的信息负载在环境RF信号中。尽管有IRS的区别，但由于它具有配置反射信号相位的能力，所以它也可以用于执行无线反向散射通信。

9.3.2 智能表面的理论与设计

超表面是一种二维（具有接近零厚度）的人造材料，根据其结构参数具有特殊的EM特性。如图9-10所示，超表面由大量的无源散射元素（如金属或介电粒子）组成，它们以不同的方式转换入射的EM波[30]。散射元件的亚波长结构布置确定入射波如何被变换，即反射和衍射波的方向和强度。通常，当电磁波传播到两种不同介质之间的边界时，反射波和衍射波的强度和方向通常分别遵循菲涅耳方程和斯涅尔定律[31]。当同一波撞击超表面时，情况就变得不同。散射元件的周期性布置会引起共振频率的偏移，从而引起边界条件的变化。结果，反射波和衍射波将携带额外的相位变化。智能反射面板的基本原理是部署大规模反射面板，通过改变阵子上的电磁特性，产生可调辐射电场，获取我们需要的辐射特性，在发射或者反射时，实现大规模MIMO的BF效果。理论上可以改变的特性包括：相位、幅度、频率、极化。但是后两者的实现难度较大，需要非常先进的面板技术。

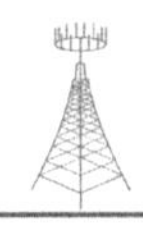

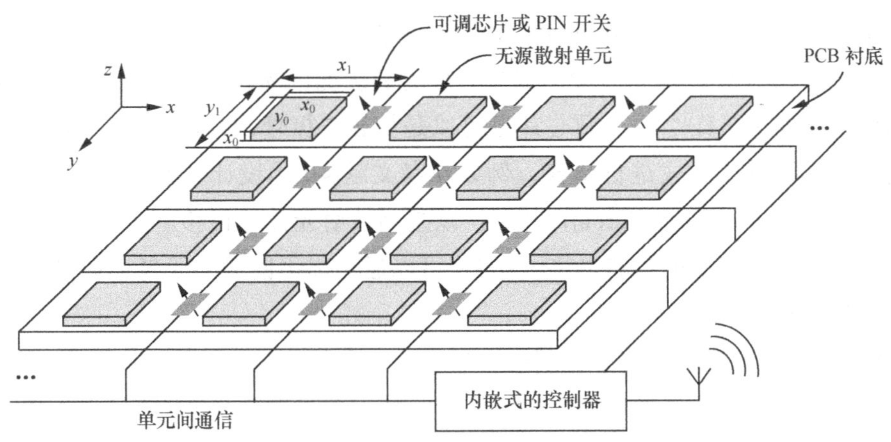

图9-10 IRS可重构的超表面结构

一旦超表面被制成具有特定的物理结构，它将具有固定的EM特性，因此可以用于特定的需求，例如，以一定频率工作的理想吸收体。电磁特性的分析可以基于通用全波电磁模拟器或近似计算技术[32]。更有效的分析方法依赖复杂的边界条件来描述超表面的不连续性及其电磁响应[33]。然而，由于必须重新设计和制造新的超表面以用于其他目的或以不同的频率运行，因此它变得非常不灵活。特别是根据应用要求，必须通过综合方法[34-35]，重新计算构成超表面的散射元素的结构参数（这属于计算方面的要求）。IRS由可重新配置的超表面构建而成，可以完全控制单个散射元素引起的相移。这可以通过在散射元素上施加外部刺激从而改变其物理参数来实现，从而无须重新制造就可以改变超表面的EM特性[36]。IRS的一个设计问题在于控制机制，该机制与大型散射元件连接和通信，从而根据需要灵活地联合控制其EM行为。另一个主要问题是实现可重构性，以实现对反射波或衍射波的完整而准确的相位控制。

1. IRS控制器和可调谐芯片

通常，IRS对EM行为的重新配置是通过对单个散射元素进行联合相位控制来实现的。这影响着可调谐芯片在超表面结构内的集成，其中每个可调谐芯片与散射元件局部相互作用并与中央控制器通信[37]。因此，它允许控制机制的软件定义实现[38]。例如，IRS控制器可以在现场可编程门阵列（Field Programmable Gate Array，FPGA）中实现，而可调谐芯片是典型的PIN二极管。如图9-10所示，嵌入式IRS控制器可以通信并从外部设备接收重新配置请求，然后优化其相位控制决策并将其分配给所有可调谐芯片。在接收到控制信息后，每个可调谐芯片都会更改其状态，并允许相应的散射元素重新配置其行为。智能反射面IRS还可以配备嵌入式传感器，以感应环境。IRS控制器可以使用此类感测信息来自动更新其配置，从而在动态环境条件下保持一致的EM行为。

可调谐芯片可以是具有ON和OFF状态的PIN二极管，这允许输入阻抗的变化与自由空间阻抗匹配或不匹配。Kovina等设计并通过实验演示了一种基于混合谐振器的双态可调谐芯片，该混合谐振器由PIN二极管作为超表面的晶胞进行控制，并在2.466GHz左右的谐振频率下工作[39]。可调芯片也可以是变容二极管，可以在给定不同的电压偏置的情况下以连续的方式进行调整，例如参考文献[40]中设计了具有连续可调负载阻抗的集成电路（Integrated Circuit，IC），以控制散射元件的相移。可以通过施加栅极电压来控制IC中的可调电阻和电容。因此，可以通过优化偏置电压来实现电磁波操作。

2. 相位调整机制

IRS的可重新配置性取决于控制各个散射元素的相位。当外部或环境刺激改变时，散射元件和基底的物理参数将被相应地调整。典型的刺激包括电刺激、磁刺激、光刺激和热刺激，它们可以调整超表面的主体，从而对其EM特性（例如，吸收水平、共振频率和波的极化）提供全局控制。通过将刺激局部地施加到每个散射元件，每个散射元件的单独相位控制也是可能的。该方法有望实现更复杂的波操作，例如光束控制、聚焦、成像和全息照相。

实现局部调谐的最直接方法是改变散射元件的物理尺寸，导致谐振频率的变化，从而改变相移，如图9-11所示。目前可以实现完全可控的相位通过组合两个不同的散射元素进行平移。通过优化阵列图案，可以将总的波反射最小化。更为流行的调谐方法是基于电控二进制相位调谐或连续电抗调谐机制，例如，分别使用二极管或变容二极管，可以使用电子可控制的液晶进行实时波操作。每个超表面单元都装有一薄层液晶。通过控制每个单元上的电压偏置，有效介电常数将发生变化，从而导致在超表面的各个位置产生所需的相移。

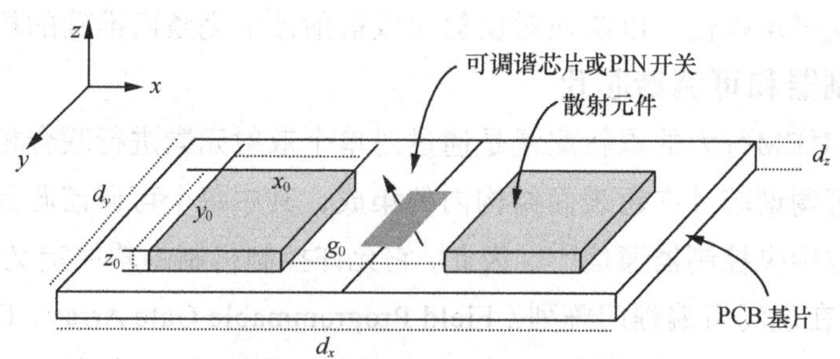

图9-11 IRS的单位单元示意图

图9-11给出了用于IRS的单位单元示意图。可以选择基本拓扑和尺寸参数（d_x，d_y，d_z，x_0，y_0，z_0，g_0）以在不同频率范围内进行操作，结合可调谐芯片（例如，二极管和变容二极管）以连续方式提供可变阻抗。

9.3.3 面临的挑战性问题

1. 高效的信道感测和估算

IRS由大量无源散射元件组成，这些元件通常由集中控制器互连并控制。根据从发射器到接收器的信道条件，使用IRS的优势取决于对每个散射元素的相移的重新配置，这需要信道感测和信号处理的能力，这在无源散射元件没有专用信号处理能力的情况下变得非常具有挑战性。通常在通信过程的一个端点（例如，具有较高计算能力的BS）执行IRS辅助系统的信道估计，用于IRS信道估计的现有方法通常假定每次仅一个散射元素处于活动状态，而所有其他元素都不处于活动状态。例如，对于具有大量散射元素的大规模IRS，这种基于逐元素ON/OFF的信道估计方案意味着高昂的成本。特别是，由于每次只有一小部分散射元件处于活动状态，因此IRS没有得到充分利用，这就降低了信道估计精度并且产生了较长的估计时延。实用高效且可持续的信道估计仍然是IRS辅助无线系统的关键。

2. 控制信息交换协议

通常，IRS的信道测量和估计可以通过监听有源收发器发送的训练序列来实现。因此，需要在IRS与活动收发器之间进行信息交换，以同步监听和训练。当使用传输调度协议来协调MU的数据传输时，也会发生信息交换。在这种情况下，IRS还需要与不同的传输帧进行同步，并根据不同用户的信道状况重新配置其无源波束成形方案。因此，IRS需要一种实用的协议来与常规收发器通信，使用专用控制信道的常规收发器可以使信息交换变得容易。然而，在没有足够的能量供应的情况下，无源IRS检测并解码来自其他有源收发器的信息就变得更具挑战性。因此，信息交换协议的设计首先必须具有极低的功耗，以使其可以通过无线能量收集来维持；其次，它必须通过最大限度地减少与现有系统的冲突或变更而具有成本效益。IRS固有的感应能力可能会引发潜在的设计想法[24]。特别是，IRS感测物理层信息而不是对MAC层信息比特流进行解码，这样可能更加节能。因此，可以通过调制分组长度或发送功率来使得信息交换成为可能，使得无源IRS可以以低功耗感测信号功率的变化。

3. 资源分配

在未来的智能无线电环境中，由于可重新配置的元件表面普遍部署在不同的对象上，因此具有独立控制的IRS单元的分布式IRS系统可以辅助无线网络，这意味着要为动态和异构网络（HetNets）中的多个数据流提供服务的不同IRS的实时分配和优化面临挑战。一般而言，各个收发器可以使它们的操作参数独立地适应信道条件，该信道条件遵循某种随机模型并且可以通过训练过程来预测或估计。然而，因为IRS的可重新配置性，无线电环境本身变得可控且不稳定。收发器通过训练来获得CSI，这意味着对IRS辅助网络（至少对于分布式IRS单元）进行集中式协调，使得无线环境易于控制。具体来说，需要一个联合控制机制来有效分配和关联IRS单元，以同时服务多个用户。

4. 低复杂度的相位调控

为了有效地控制波束，单个散射元件的相位控制必须相互协调，即使在单个散射元素的相移有限的情况下，大尺寸的IRS散射元素也可以使整体相位调整更加灵活。然而，这种灵活性需要付出代价，需要一种有效的算法来根据无线电环境动态及时地共同控制所有散射元件的相移。散射元件尺寸的增加也给信道估计带来了很大的压力，从而使有效相位控制变得更加困难。此外，IRS的相位控制与有源收发器的发送控制紧密耦合，这对于设计具有最小能量消耗和通信开销的敏捷、轻量级的相位控制算法而言更具挑战性。在目前的文献中，大多数相位控制算法都基于交替优化方法，该方法将IRS的相位控制与常规的发射控制（例如，功率分配、发射波束成形和预编码矩阵设计）分离在单独的子问题中。尽管这种简化可以为次优方案提供收敛的解决方案，但它不可避免地会导致较大的通信开销和处理时延。与最佳方案相比，表征收敛解决方案的性能损失也非常具有挑战性。

9.3.4 未来研究方向

本节重点介绍一些潜在的研究方向，以供将来进行研究。

1. 无源波束成形的学习方法

与文献中常用的交替优化不同，机器学习方法对于IRS基于本地无线电环境的信息实现敏捷和轻量级相位控制更具吸引力。这可以最大限度地减少IRS和活动收发器之间的信息交换开销。大量的散射元素及其感测能力进一步暗示可以在信道感测期间收集丰富的信息，从而为数据驱动的深度学习（Deep Learning，DL）方法提供了可能。此外，还可以设想潜在的模拟计算，以通过多层超表面实现人工神经网络，这潜在地使学习方法在计算和轻量级方面变得灵活，而无须进行信息交换。但是，当前的DL方法仍面临许多实际挑战，包括训练开销、稳定性和适应性问题。DL方法的设计必须满足IRS辅助无线系统的硬件约束，例如无源散射元件的有限计算和通信能力，例如利用DL方法，可以仅在观察到的系统状态（例如，通过其感知能力感知到的CSI）以及接收者对其反馈的基础上，在IRS控制器处采用决策代理来调整其相位配置。IRS可以通过检测或监听从接收器到发送器的ACK数据包来估计系统状态。使用专门设计的ACK（Acknowledge Character）数据包，例如具有不同持续时间或发射功率的ACK数据包，可以简化IRS的信道检测，而不会在解码ACK数据包时消耗能量。在无线反向散射通信中，类似的想法已经用于信息交换。

2. 由IRS协助的D2D通信

D2D通信技术可以连接数十亿个低功耗用户设备，与通常从多天线接入节点（Access Point，AP）到接收器的下行链路传输不同，D2D通信变得更加分散和多样化，这为IRS辅助的D2D通信带来了新的研究问题。一方面，该技术可以动态地重新配置IRS以增强D2D通信的各个数据链路，这需要高效的信道感知和估计协议以及灵活的相位重新配置算法。物联网设备的能源供应不足意味着另一种困难情况，即需要最大限度地减少IRS与物联网设备之间的交互。另一方面，通过从时空区域中的大量IRS辅助传输中学习，可以使用分布式IRS单元来了解系统概况。系统配置文件可能包含有关潜在瓶颈设备、随时间变化的流量模式、整个网络上的能量分布以及用于预测和诊断网络故障的信息。D2D网络可以进一步使用这些信息来优化IRS单元的部署和设置、IoT设备的传输控制、中继节点的位置以及信标站。

3. IRS辅助的毫米波和太赫兹通信

IRS有发展的应用之一是在5G和5G通信之外的扩展范围。我们预计mmWave 5G通信和超越5G通信的未来——太赫兹（Tera Hertz，THz）将会面临死角的关键问题，因为此类短波波形的严重阻塞损耗将无法很好地解决。在这种情况下，当IRS部署在基站和最终用户之间时，可以利用IRS的反射和折射两个显著的EM属性来解决盲区的关键问题。例如，用户位于服务BS的同一侧，在这种情况下，IRS上的入射EM波可以向用户反射，而如果用户在相反侧，则入射EM波可以通过IRS折射，以增强到达用户的信号质量。可以预见，具有5G和5G无线系统的IRS的3D部署可以消除此类覆盖死角，并具有成本效益，并且当前发展中的大规模MIMO和mmWave技术最终将与IRS技术集成在一起，以最终扩展覆盖范围。

4. 在智能无线传感中使用IRS

当前的研究通常使用IRS作为辅助手段来增强现有收发器的传输性能。实际上，IRS的每个散射元素都可以单独进行相位调整，从而对来自不同方向的入射信号显示出不同的灵敏度。这意味着IRS可以配置为被动监视无线电环境的传感器设备阵列。给定与中央IRS控制器之间的有线或无线连接，可以以节能的方式收集和分析来自不同散射元件的所有传感信息。从这个角度来看，将IRS用作智能传感器阵列将在无线传感方面具有丰富的应用，例如室内定位以及人体姿势的理解。这样，由IRS协助的无线系统不仅会增强通信，而且会带来人与网络交互的可能性，即通过使用IRS来了解人类在无线网络中的行为或意图，通信性能和用户满意度甚至可以更高。

5. 用于智能无线的环境AI

IRS有3个功能：①无源中继；②无源发射器；③定位。通过中继的无源波束成形可以提高主信号的质量，同时可以将IRS本身生成的辅助信息嵌入主信号中（例如，环境反向散射）。例如，IRS可能配备有传感器监视环境，该传感器监视环境生成要在上行链路中报告给IoT网关的相关辅助信息。因此，IRS的模式切换将需要由控制中心通过IoT网关（例如，边缘节点）以智能方式和远程方式进行判决，同时要考虑到用户目标和设备位置。此外，如果在某个区域中部署了大量IRS来辅助主要传输，同时传输其自身的辅助信息（来自IoT传感器），则这些IRS的全局控制将需要由控制中心来收集目标用户和设备位置信息，以确保与模式切换相结合的IRS的最优利用方式。但是，由于时延和隐私问题，控制中心的全局控制可能不可行，相反，协作式（联合）学习将扮演关键角色，通过与边缘节点的协作智能地执行所需的全局控制，边缘节点在本地执行学习并将其模型参数上传到控制中心。这样，就可以解决时延和隐私问题。

9.4 无蜂窝大规模MIMO

无线通信未来增加容量的主要方式之一是进一步增加网络密度。然而，对于传统蜂窝网络，网络密度增加的同时又会带来非常严重的干扰问题，整体吞吐量的提升会受到小区间干扰的限制。为了减轻网络中小区间干扰，Shamai和Zaidel在2001年提出了协同处理（Co-Processing）的概念，关键思想是让网络中所有接入点共同为下行链路和上行链路中的所有用户服务，从而将干扰转化为有用的信号。尽管该技术理论潜力巨大，提出时间距离现在也已经近20年，但目前仍然难以被完美实现，主要原因是其对网络侧有非常高的要求，例如基带处理能力、节点交互能力等。Co-Processing实际上在3GPP LTE Rel-11（2012年发布）中就已经支持简单的协作方式，但后来被证明未能提供明显增益。在3GPP NR Rel-15（2018年发布）中，该技术得到了一定程度的增强，但实际的应用效果仍然具有较大的不确定性。到目前为止，Co-Processing并不能称为一项被成功应用的技术。虽然Co-Processing网络距离理想的情况还比较远，未能充分地发挥其巨大潜力，也面临一些较难解决的实际问题，但其一直都被广泛关注并且不断地发展。从最初的传统无协作蜂窝网络，到简单协作的蜂窝网络，然后是增强的协作蜂窝网络，目前发展到我们所要讨论的Cell Free M-MIMO网络。

2015年，H. Q. Ngo等最早引入Cell-Free Massive MIMO的网络架构[41]，在考虑信道误差、功率控制影响的情况下，对下行Cell-Free M-MIMO的容量进行了闭合公式推导，并对随机导频和贪婪导频分配算法进行了性能比较。随后G. Interdonato针对

Cell-Free M-MIMO相关概念、实际部署问题、功率控制、导频分配等进行了详细的介绍[42-43]。Zhang在考虑AP和UE的硬件损耗情况下对Cell-Free Massive MIMO的频谱效率、能量效率进行了深入研究[44]，随着AP数目的增加，AP的硬件损耗对系统性能的不利影响逐渐减弱。参考文献[45-46]也对导频复用、功率分配、预编码等技术在该系统中的应用进行了阐述。由于Cell free M-MIMO网络从理论上给出了更详细的分析和推导，网络部署也得到很大程度的简化，传统蜂窝概念被淡化，可以很好地消除干扰，因此吸引了大量研究人员及通信工程师的关注，迅速成为B5G/6G的研究热点。

目前研究Cell-Free Massive MIMO的机构主要有Linköping University、Queen's University Belfast、University of York、University of Kent、Bell Labs和Ericsson。值得一提的是，该技术与瑞典爱立信公司有着非常密切的联系，其提出者中就有爱立信的研究人员。由于有通信公司的人员参与，相关方案考虑并解决了分布式MIMO实际应用时面临的一些主要的问题，具有较强的实用性。同时，该方案强调从Cellular到Cell-Free的设计理念转变，这极有可能是未来标准化的一个发展趋势。

9.4.1 Cell-Free Massive MIMO的原理

传统蜂窝网络的吞吐量受到不存在协调关系的小区间干扰的限制。为了减轻这种干扰，Shamai和Zaidel在2001年提出了协同处理的概念，关键思想是让网络中的所有接入点共同为下行链路和上行链路中的所有用户服务，从而将干扰转化为有用的信号。尽管理论潜力巨大，但难以实现。该技术在3GPP中以简单的方式被支持，但未能提供明显增益。

Cell-Free Massive MIMO可以从两个角度来理解，其包括了两个核心的技术特征。首先，Cell-Free Massive MIMO是一种基站天线空间呈分布式而非集中式的Massive MIMO系统，因此它属于广义的分布式MIMO的一种实现形式，但有别于以往提出的一些传统的分布式的实现技术，例如Virtual MIMO、Network MIMO和（Spatially）Distributed MIMO。其次，Cell-Free指的是在通信过程中并没有小区的限制，多个AP灵活地组合和协作为UE服务，体现了以用户为中心的理念。

为了更好地理解Cell-Free Massive MIMO，本节主要从协作的角度出发，对网络的演进和发展，及其特征进行简单介绍和分析。通常，无线通信系统主要包括如图9-12所示的几类网络。

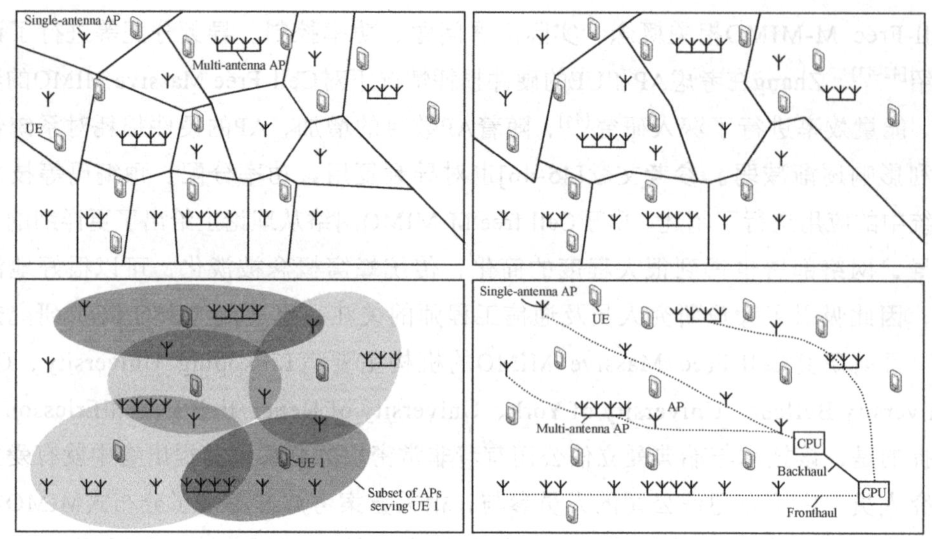

图9-12 无线通信系统主要的网络类型

传统蜂窝网络（Classic Cellular Network）：如图9-12的左上图所示，这种网络中每个UE只接入一个AP，一般来说每个AP对应一个物理小区，每个UE仅接收来自一个物理小区的信号，每个物理小区要服务多个这样的终端。同步信号、广播信道、上/下行的控制、数据、导频都属于该物理小区，使用的序列、扰码等参数与物理小区强绑定，除了支持切换功能外，UE检测的信号和信道被限制在该物理小区内。该网络的一个主要缺点是，随着小区密度和用户数量增加，会出现比较严重的小区间干扰，小区边缘用户体验差。但网络密度增加是未来的发展趋势，所以这种网络的缺点会明显放大。这种网络一般只能通过频域ICIC（Inter Cell Interference Coordination）等非常简单的技术一定限度地减少小区间干扰。一个典型的例子就是基于LTE Rel-8标准构建的4G网络，该网络的特点是简单易于实现，不需要太多的交互信息，调度也是每个AP独立，但小区间干扰较强，不适合部署密集网络。

简单协作蜂窝网络(Simplified Co-Processing Cellar Network)：如图9-12右上所示，这种网络中每个UE仍然只接入一个AP，一般来说每个AP对应一个小区。虽然每个UE仅仅接收来自一个小区的广播信道和控制信道，但是对于数据信道来说，UE却已经可以接收来自多个小区的信号，实现协作传输。虽然这种网络内一般都只能支持简单的非相干协作技术，如节点选择DPS（Dynamic Path Selection）或者是Non Coherent JT，但是已经可以一定限度地解决干扰问题，相比传统的无协作蜂窝网络有更好的小区边缘谱效率。不过尽管性能相比无协作的蜂窝网络会有一些提升，这种网络存在的问题也是很明显的，包括以下几点。

- 难以实现集中式调度，需要较好的回传支持交互（时延要短，容量大）。
- 存在小区间Cell-Specific信号冲突问题，常用的RE Muting策略导致资源浪费。

- 多个节点CSI的上行反馈开销较大且UE复杂度较高，且需要回传较好地交互。
- 控制信道不支持协作传输，干扰仍然没有得到较好的解决。

典型的例子为基于4G LTE Rel-11标准所组建的网络（考虑主要的控制信道仍为PDCCH），该网络中数据信道支持的主要协作传输技术为：协作调度与协作波束赋形CS/CB（Coordinated Scheduling/Coordinated Beamforming）、非相干协作传输（NCJT）、动态节点选择DPS等一些简单的协作技术。

增强协作蜂窝网络（Enhanced Co-Processing Cellar Network）：如图9-12左下图所示，这种网络在接入时UE可以接入到小区中的一个虚拟扇区，一个物理小区可以包括多个虚拟扇区，不同的UE在同步接入时就可以接入到不同虚拟扇区，网络侧算法可以利用分布式天线/节点，以及基带或射频BF进行灵活的扇区虚拟化，将蜂窝小区拆分成了多个虚拟扇区。虚拟化的方式有多种，可以是半静态或者是动态的，可以利用Co-Located天线也可以是Distributed AP。一般可以根据UE的分布特点进行虚拟化，确定虚拟化扇区的个数与覆盖范围，虚拟扇区可以根据用户特征的变化半静态地调整。与简单的协作蜂窝网络相比，这种网络在以下几个方面进行了增强。

- 支持相干JT及更多协作节点同时传输，可以获得更大的协作增益，干扰消除效果更好。
- 调度和回传方面有更贴近实际应用的考虑，在传输性能、回传交互要求、网络侧方案实现复杂度等方面有了更好的折中，更容易实施和落地。
- 强调UE-Centric的思想，支持网络侧构建虚拟扇区，可针对UE的分布进行优化配置。小区概念淡化，可以配置更大的小区，在小区内可动态地进行虚拟小区切换。

近年来提出一些具体的应用技术包括：用户特定的动态协作簇、小小区、C-RAN、虚拟MIMO、网络MIMO等，这些技术在以上几个方面考虑了不同程度的增强。一个比较典型的例子是，5G NR Rel-15标准所支持的网络，该标准与之前的4G LTE标准相比，其显著的增强是支持灵活的虚拟化技术。虽然这种设计的一个重要目的是为了支持高频多波束，但对于低频来说，同样也可以很好地加以利用，实现增强协作传输。标准设计时强调了UE-Centric的思想，网络有较大的灵活性构造出适合终端的虚拟扇区，除了同步广播外，下行控制信道、数据信道、各种导频都没有和小区建立强绑定关系，仅仅需要与SS块直接或间接地满足一些准共位置关系。理论上网络侧可以非常灵活地根据用户特征及需求构建出其所需要的虚拟小区，这种虚拟化还可以是Channel/RS Specific的，也就是说，我们可以分别对CSI-RS、PDCCH、PDSCH进行不同的虚拟化扇区定义（虚拟化权值在信道及信号之间可以无强绑定关系）。此外，CSI的反馈也非常灵活，可以按照需求触发各种类型的测量及反馈。标准的灵活性可以使得上面提出的一些应用技术以不同形式被支持。

在性能方面，这种网络比之前的两种网络的性能都要好，但仍然存在一些缺点。

• 对回传的需求、调度问题等仍然没有较理想的解决方案。

• 虚拟化小区的数量仍然会受到一定限制，较难做到每个UE都有与其信道特征对应的虚拟化小区，只能是针对UE Group，并且存在SS（Stack Segment）和RS（Register Segment）的开销问题。

• 协作传输限于虚拟小区对应的AP簇内，其包含的AP数量有限，因此簇之间仍然会存在干扰问题。

• 对协作的Multi-Layer传输支持得不够好。

无小区非蜂窝协作网络（Cell-Free Co-processing Network）：Cell Free协作网络如图9-12的右下图所示。这种网络在接入时UE可以接入到小区中的一个虚拟扇区，该虚拟扇区是按照UE的信道特征选择最合适的AP为其专门组建的。最理想的情况是，所有AP都为该UE提供服务，但实际上很难做到。尽管如此，为了获得较好的信道硬化效果，协作的规模仍比较大，高于某个RSRP（Reference Signal Receiving Power）、高于预设的门限AP就会参与协作，一般来说比目前的增强型协作网络中组成虚拟扇区的AP簇要大，可以实现更充分的协作，获取更大的相干传输增益并可以更好地消除干扰。理论上，这种虚拟扇区是根据接入UE的位置按需产生的，可以支持的虚拟扇区数量不受限制，假设有M个AP，只需要使用不同的虚拟化权值即可构建大量的虚拟小区，虚拟化权值可以根据目标UE发送的上行测量导频，利用TDD互易性得到，其预编码方式为共轭预编码，每个AP独立地处理不需要交互预编码信息。

相较于增强型的协作蜂窝网络，虽然协作AP数量实际上还是达不到网络中的所有AP，但其规模上肯定有显著的增长。另外，虚拟小区可以实现专有UE的产生、维持与消亡。与终端的同步及控制、数据发送需求有关，当需求消失时，虚拟小区消失，而不是预设一些虚拟小区等待用户的接入，这种网络在以用户为中心的理念上得到了更大的增强。这种网络的特征我们在下一节中进行更详细的介绍。

无小区完全协作网络（Full Co-Processing Ubiquitous Cell-Free Network）：最理想的无边界Cell Free协作网络可以被认为是一种理想的Full Co-Processing网络，但这种网络受限于AP间交互的容量和时延，以及处理的复杂度。另外，实际网络中AP到UE的大尺度信道也会有明显的差异，一些AP发送的信号到达UE时已经极小。因此，完全协作的无边界无小区网络目前只能存在于理论中。

9.4.2 Cell Free M-MIMO的实现

1. 网络架构

典型的Cell Free M-MIMO网络结构如图9-13（b）所示，AP具有少量基带功能，如测量和预编码，但不负责调度、功率控制、导频分配等，主要的网络侧处理功能在

CPU（Center Processing Unit）实现，CPU会向AP发送一些控制信息指示其进行同步、控制、数据、导频等信息的发送。与图9-13（a）中Cellular方式相比，其中AP是通过前传连接到CPU，CPU间通过回传连接，这种架构不需要所有的AP都与CPU直接连接。网络中每个UE得到了更多天线的服务，与此同时，每个天线也服务于更多的UE。对于一个特定的UE，离它最近的若干个AP会参与数据传输，每个UE可以基于其位置组建一个该UE数据或信令传输期间为该UE服务的AP组，为该UE进行服务。物理小区的概念将被淡化，没有明显的小区边界。需要说明的是，图9-13中的网络架构是一种典型的实现方式，但并非唯一方式。

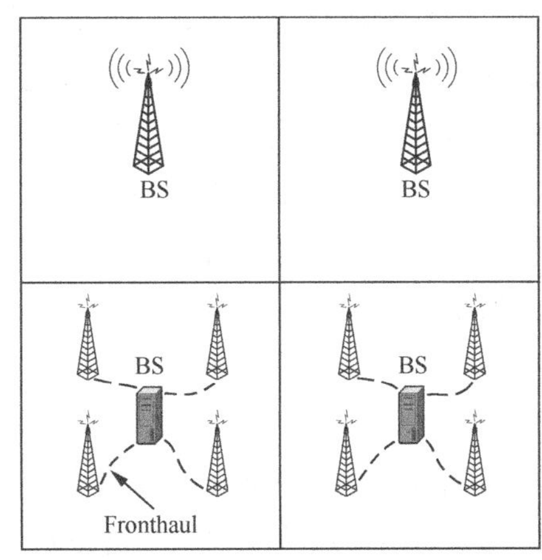

（a）具有大规模天线的蜂窝网基站天线阵列式是集中式（上）或是分布式（下）

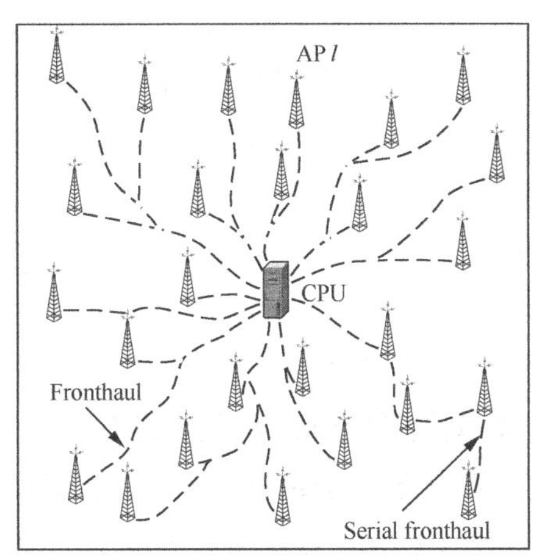

（b）无蜂窝网的大规模天线网络

图9-13　Cellular DAS和Cell-Free M-MIMO

2. 同步接入

该网络中，可以使用专用AP或者专用AP组发送同步及广播信息，但是如果所有的AP都发送同步的话，会面临巨大的开销。目前文献中给出的一些例子并没有对同步的开销进行充分的优化，但实际系统可能需要考虑基于主AP的同步，或者是考虑按需的同步信号发送。其方式可以根据UE的位置或者是基站先检测UE发送的接入请求信息。这一点是标准化时需要考虑的重要内容，否则无法实现完全的Cell Free，只能在RRC（Range Controlled Communication）连接建立以后实现数据传输过程的Cell Free。

3. AP间同步

AP间的同步也是需要考虑的一个重要问题，一般由AP预先进行同步校准。同步的方法一般采用脉冲的发送，测量发送时间与接收时间之差，假设第i个AP发送，第j个AP接收，即可以获得t_i-r_j之间的时间差异。

4. 预编码与CSI获取

每个AP可以采用共轭预编码方式，每个AP将上行信道响应的共轭作为预编码权值。这种方式使得下行传输时每个AP发送的信号到达目标UE时，其相位响应都近似为0，具有相干合并的效果，因此可以认为这是一种相干预编码的实现方式。

对于CSI信息，在TDD系统中，每个AP都可以根据信道互易性通过对上行信道的测量而获取。目前TDD系统上下行校准技术已经逐渐成熟，AP可以利用互易性获得较准确的信道信息。该方式中每个AP只需要进行本地预编码，不需要AP之间预编码的交互，因此比较简单。而且其实现的Coherent JT参与协作的AP数量可以较方便地增加或者减少，十分灵活。

5. 上下行传输的解调导频

在提出者最初的构想中，上行的传输可以采用信道测量导频同时作为解调导频，但并没有详细的分析来论证这是否是一种较好的方式，所以还需要进一步研究。由于初始假设的UE天线数量少，只有一根天线，因此只要增加密度，同时满足CSI测量和解调需求可能也是可行的。如果UE天线数量增加，则可能需要重新评估。对于下行的传输，如果是TDD系统，考虑到信道硬化效应，提出者认为可以不需要下行解调导频，但这种情况需要信道硬化特性很理想。在后续的研究中，下行解调导频的开销与性能增益如何折中也是一个重点的问题。

6. 数据传输与AP间信息交互

该网络中仍然需要AP间进行信息交互，但是与传统的网络相比，这种交互需要部署的线路会少得多，成本会大大减少，因为可以采用串行总线的方式。信令方面，AP需要接收到CPU发送的功率控制信令、资源分配信令，这些信令对延迟有一定的要求。

需要交互的信息中对容量要求比较大的是数据信息。对于下行，CPU将面向K个UE的编码调制后将控制和数据符号发送至各个AP，每个AP在完成本地预编码后再发送给UE，因此AP与CPU间需要进行信息交互。CPU可以与AP直接连接，但大多数的AP与CPU之间可以间接连接。

9.4.3 Cell-Free M-MIMO网络的特征

Cell-Free Massive MIMO可以基于以下几个关键词来理解，同时也对应了其主要特点，包括：Distributed、Massive MIMO、Cell Free。其典型设计还对网络结构进行了优化，AP间信息交互、基带处理都较简单、易实现。

可以将Cell-Free Massive MIMO网络的特征归纳为以下几点。

- 分布式网络：该网络中天线部署在空间上呈分布式而非集中式，因此它属于广义的分布式MIMO系统的一种实现形式，但又有别于其他分布式的实现技术，这主要在于这种分布式的网络架构简单、交互需求低，但又能够集中式处理，参与协作的AP数量多。因此，这一网络技术具有其自身的一些特点，属于一种融合创新技术。

• 大规模MIMO：构建该网络的天线/AP是大规模的，可以同时服务的用户也是大规模的。理论上每个UE都同时被所有的M个AP服务，所有的M个AP可以同时服务所有的K个UE，这样就构造了一个大规模的多输入多输出网络。相比于目前的增强型协作网络，该网络在为每个UE服务时，所利用的天线和AP比传统的协作技术都要大得多，大规模MIMO使得在数据传输和信道估计时都可以充分地利用中心极限定理带来的信道硬化效应，以及完美的信道正交特性来进行简化设计和更好地消除干扰。

• 时分双工：该网络采用时分双工，一方面是为了更灵活地上下行调度，提高资源自用率，另一方面是为了获得TDD下较好的信道互易性，这样可以简化CSI反馈。此外，其提供的强大干扰消除能力也可以用于TDD上下行之间，进一步提高性能。

• 非蜂窝小区：该网络的提出者认为只要依赖于以网络/小区为中心，邻区干扰就很难被消除，因此该网络的设计理念是：在未来，人们会逐渐过渡到彻底放弃目前的蜂窝网络设计。"Cell-Free"指的是在通信过程中并没有物理小区的限制，多个AP灵活地组合和协作为UE服务，更好地体现了以用户为中心的理念，小区边界理论上将会被淡化，或者理解为小区无限拓宽，因此区别于传统的蜂窝网络。

• 简化的架构：在实用性方面进行了充分的考虑，充分利用TDD互易性、上行匹配滤波、下行共轭预编码来简化基站端的处理，无须CSI的交互以及反馈，数据交互信息也得到了显著减少，但仍然能获得有用信号相干合并的增益。由于CSI获取、预编码实现等都被AP本地化，提供了更大的分布式处理便利。

• 相干协作：在该网络中，对于任意UE，AP在为其传输信息时，都是期望在到达该UE时会有相同的相位，因此这是一个相干协作的网络。

上述这些特征的结合，就产生了一个有别于目前各种现有技术的新技术，被提出者赋予了一个新的名称为"Cell-Free M-MIMO"，其致力于解决现有无线通信网络中存在的一些实际问题，同时采用了更新的Cell Free设计理念，在协作方面追求更大规模的AP协作，并且是相干协作，这是一种更有前途和挑战性的技术。

9.4.4 Cell-Free M-MIMO的优势

首先，Cell-Free M-MIMO是一种分布式网络，其继承了分布式MIMO的所有优势，包括：①AP与UE之间的距离减小，路径损耗减小；②由于建筑物遮挡产生的阴影衰落也会明显减小；③不需要高精度、高维度的CSI信息；④可以针对不均匀的用户分布进行热点覆盖增强等。因此，其容量表现相对于集中式MIMO会有更好的应用前景，尤其是对于上行信道，由于其发送功率受限，这种方式会有更明显的优势。

其次，Cell Free Massive MIMO较好地解决了制约分布式MIMO的性能的主要问题：①复杂的协作机制与调度算法能够控制干扰；②CSI的反馈开销大；③交互能力受限，除非使用高成本的AP间通信链路。这种网络不需要CSI交互，协作也很简单，很多处理都在AP本地，不需要考虑其他AP行为的影响。当信道估计和预编码都在每个AP上实现时，不需要瞬时信道状态信息的交换，时分双工操作确保系统的可扩展性和分布式处理。因此，Cell-Free M-MIMO可以支持更大规模的协作，而且是相干协作，在传输性能方面会有显著的提升。

再次，随着参与相干协作的AP数量有效地增加，Cell-Free M-MIMO网络可以提供较大的宏分集或者相干BF增益，到达终端的有用信号强度会得到提升。由于Massive MIMO对干扰的天然抑制能力，当AP的数量远大于同时服务的用户数量时，不需要额外的迫零等算法就可以很好地抑制上下行的干扰，因此干扰会下降，SINR（Signal to Interference Plus Noise Ratio）会提升，整体性能会进一步提升。图9-14（a）给出了Cell-Free M-MIMO和传统Cellular网络（无协作）情况下的信道增益，以及归一化信道内积的CDF（Cumulative Density Function）分布图。考虑2500个单天线AP，ISD（Inter-Site Distance）为5m或100m。

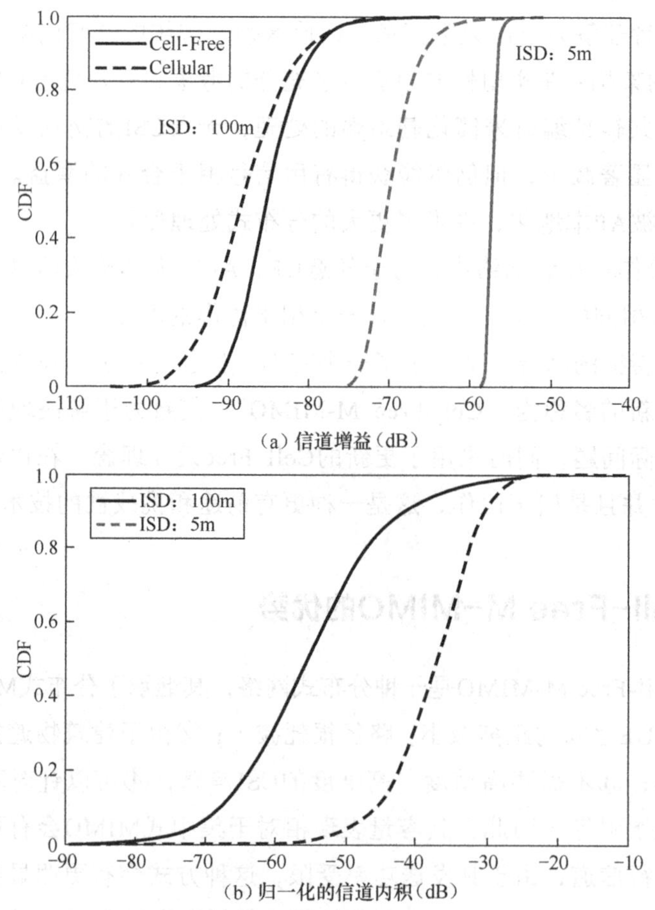

（a）信道增益（dB）

（b）归一化的信道内积（dB）

图9-14　信道增益和归一化的信道内积

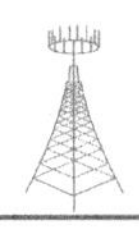

最后，由于没有小区的概念，即没有小区边界，强调以用户为中心的服务，利用信道硬化效果，使得用户间性能差异变小。从系统角度来看，Cell-Free M-MIMO极大地提高了边缘频谱效率，带来了更好的用户体验。图9-15中给出了传统蜂窝网络与Cell Free网络频谱效率的简单比较［采用较高阶的MCS（Modulation and Coding Scheme）］方式，可以看到，频谱效率的差异随用户位置的变化明显减小，因此用户间的频谱效率差异显著减小。

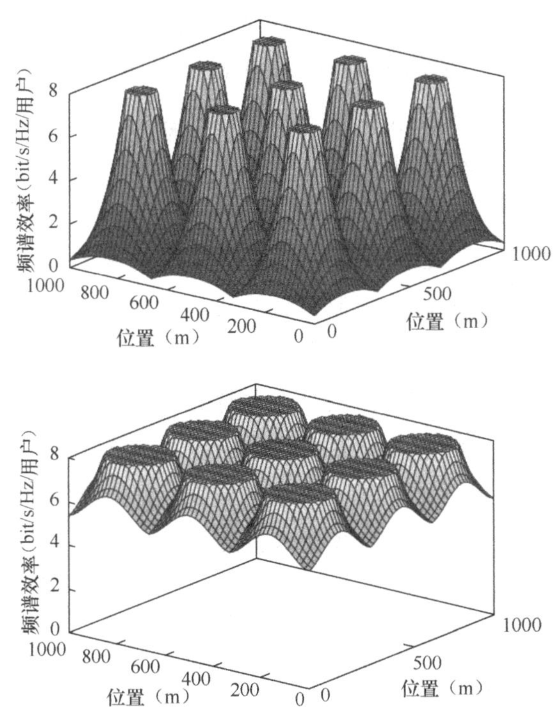

图9-15 传统蜂窝网络Cell Free网络中每一点的频谱效率

除了上面提到的一些方面，该技术还具有一些其他方面的优势。例如，信道硬化效应也会简化一些设计，尤其是在导频开销方面可能会有明显的降低。“无小区”概念使得“边缘”用户基本上消除，提升了用户体验。网络密度的增加不会造成严重的干扰，反而会使得相干传输的增益更大，干扰抑制效果更好，AP和UE发送功率降低等。

9.5 太赫兹极窄波束通信

9.5.1 太赫兹通信介绍

过去的几十年，无线数据传输速率平均每18个月就要翻一番，以满足数据流量的爆炸性增长。2020年后，无线通信系统的数据传输速率接近100Gbit/s。人们设想，在不久的将来则需要每秒太比特（Tbit/s）的链路。在原有的无线高速通信技术上，如何进一步提高无线网络速率是现阶段无线通信领域的一个重要研究方向。遗憾的是，传统无线通信系统（6GHz以下）甚至最近研究的毫米波通信解决方案（30~300GHz）也无法实现如此高的数据传输速率。在这种情况下，太赫兹频段（0.1~10THz）已经被提升为一个关键的无线技术来满足这个要求。太赫兹超高速无线网络是一种新型的无线网络，与传统的无线网络不同，它工作在太赫兹频段，并且可支持数十Gbit/s乃至1Tbit/s的数据传输速率。太赫兹频段的频段较宽，且大部分尚未被分配使用，利用太赫兹进行通信能够有效缓解日益紧张的频谱资源和当前无线系统的容量限制，能够承载Gbit/s的数据量，具有广泛的应用前景。

太赫兹波是指频率在0.1~10THz（波长在0.03~3mm）的电磁波，其在电磁波频谱的位置如图9-16所示，太赫兹波正好位于电磁辐射的毫米波波段的高频边缘和低频率的远红外光谱带边缘之间的过渡频带，它的长波段与亚毫米波重合，短波段与红外线光波重合，因此该波段兼有电子学和光学的所有特点，可以有效弥补微波通信和光波通信的不足。近年来的一系列研究表明，太赫兹频率存在着巨大的开发潜力和应用价值，它可以广泛地应用于爆炸物检测、药品检测、成像、雷达和无线宽带通信。典型的太赫兹应用系统主要包括3个部分：太赫兹波源、太赫兹传输及辐射、太赫兹探测。随着相关技术的不断发展，太赫兹天线技术也会进一步发展。

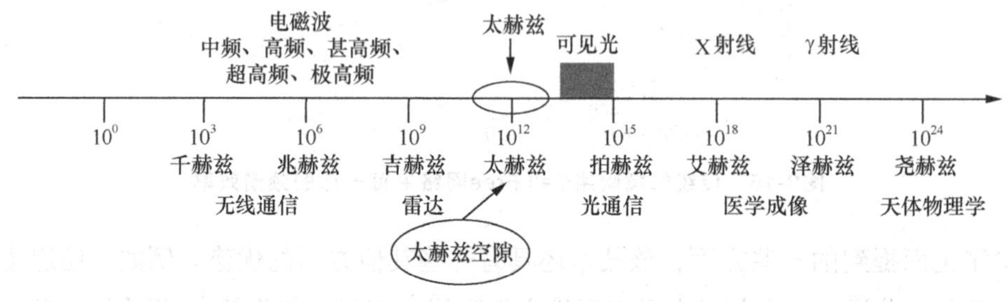

图9-16　太赫兹频率范围

太赫兹通信在军事领域的应用前景广阔，相较于微波通信和光波通信，太赫兹通信在远距离卫星空间通信、大容量近距离军事保密通信、高传输速率的无线安全接入网络等方面均有广阔的应用前景。

卫星空间通信：太赫兹空间通信兼具光波通信和微波通信的优点，太赫兹通信相对光波通信波束更宽，接收端容易对准，量子噪声较低；与微波波段相比，天线系统可以实现体积小型化、平面化。因此，太赫兹通信更适合卫星空间通信，可用于构建卫星之间、星地之间及局域网的宽带移动高速信息网络。国际电信联盟已为卫星通信预留了200GHz的频段，随着卫星通信的进一步发展，300GHz以上太赫兹通

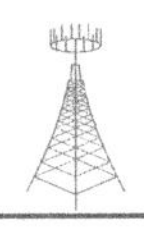

信范围将成为现实。

高速飞行器通信：高速飞行的临近空间飞行器及重返大气层的飞行器（如导弹、飞船等），其周围都会产生频率为几十吉赫兹的等离子体，形成"黑障"通信盲区，造成无线电遥测信号迅速衰减和中断，太赫兹波通信是唯一可以穿透等离子体的通信方式。

军事通信：大容量、近距离军事保密通信可采用太赫兹通信技术。高频段的太赫兹波具有更强的抗干扰能力，可实现2～5km的战场短距离定向保密通信，具备短距离、大容量通信优势。太赫兹通信可应用在GHz带宽扩调频通信、战术区域的保密通信与组网、航空编队通信等场景。

室内超高速通信：目前人们对室内宽带高速无线通信系统的需求持续增长，如点对点高速蓝牙通信、地面超高速组网（无线接入、无线下载、无线互联等）。太赫兹通信的应用示例如图9-17所示。太赫兹的通信速率有10Gbit/s以上，可用于高传输速率的无线安全接入，未来很有可能代替蓝牙和无线局域网。

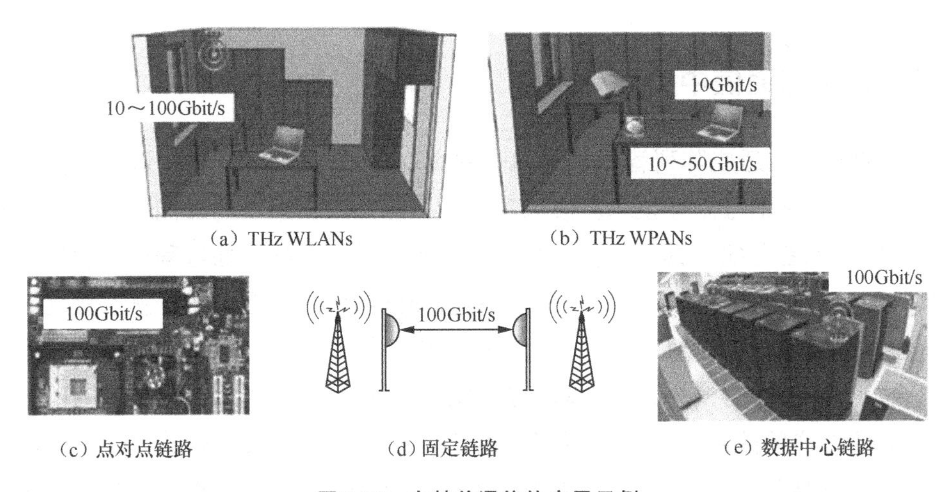

图9-17　太赫兹通信的应用示例

太赫兹通信将缓解当前无线通信系统的频谱不足和频段带宽限制的问题，是未来无线通信的首要选择。虽然太赫兹频段可以提供较大的带宽和较高的传输容量，但该频段的电磁波在空气中传播时衰减较大，当空气中水分子较多时衰减尤其严重，因此其传输距离较短，适用于室内短距离无线通信。总之，太赫兹通信在短距离、超高速无线通信方面有着巨大的应用潜力，能够满足人们对于超高网络速率的需求。

当前对太赫兹无线通信的研究大多集中于太赫兹频段的空间传输模型和链路损耗等方面，对MAC（Medium Access Control）协议的研究较少，不过太赫兹无线个域网络的标准制定已纳入进程。2008年IEEE 802.15工作组创建了太赫兹兴趣小组（THz Interest Group，IG THz），该小组主要研究太赫兹通信及相关工作在275～3000GHz太赫兹频段的网络应用。太赫兹兴趣小组对太赫兹通信的MAC层技术进行了研究，对比分析了几种不同太赫兹用途模型的MAC层需要实现的功能，指出针对不同的用途模型应采用不同的太赫兹MAC解决方案。太赫兹兴趣小组建议太赫兹无线个域网接入协议以IEEE 802.15.3c MAC部分为参考，在此基础上修改形成新的协议。802.15工作组于2013年7月建立了一个研究小组IEEE 802.15 Study Group 3d 100Gbit/s Wireless［SG 3d（100G）］，向建立一个新的太赫兹标准迈出了一大步。该研究小组主要的任务是评估100G标准的有效性，并于2014年5月完成了工作，同时进阶为任务小组TG 3d（100G）。2016年任务小组TG 3d对IEEE 802.15.3c进行了修订，定义了一个无线点到点的物理层，其物理层速率将达到100Gbit/s乃至更大，MAC层也要进行相应修改以支持新的物理层。

目前通信系统的工作频率正在由毫米波向亚毫米波及太赫兹领域发展，这些系统要求高增益、高效率天线以提高空间或角度分辨率，而传统的天线系统存在一定的局限性。

9.5.2 太赫兹通信中的波束赋形

波束赋形是自适应阵列智能天线的一种实现方式，是一种在多个阵元组成的天线阵列上实现的数字信号处理技术。波束赋形的目标是根据系统的性能指标，形成对信号的最佳组合或者分配。具体而言，其主要任务是补偿无线传播过程中由空间损耗、多径效应等因素引入的信号衰落与失真，同时降低同信道用户间的干扰。因此，首先需要建立系统模型，描述系统中各处的信号，而后才可能根据系统的性能要求，将信号的组合或分配表述为一个数学问题，并寻求其最优解。

目前较为成熟的毫米波波束赋形有基于码本的802.15.3c和802.11.ad波束赋形技术。码本可以理解为一个矩阵，码本中的每一列代表波束赋形的权重向量，是一个模式。原始信号经过基带信号处理之后变频到射频，射频信号根据发送权重向量进行相移操作然后发送，接收到的射频信号根据接收权重向量进行相移操作然后变频到基带。不同的码本对应不同的相移，也对应不同的波束宽度。

802.15.3波束赋形过程为3个阶段：准全向级别的波束赋形、扇区级别的波束赋形、波束级别的波束赋形。3个阶段对应不同的波束赋形区域。3个阶段的定向增益依次增大，而覆盖范围依次减小。这种从宽到窄的波束搜索方式能够找到最佳波束。

802.11.ad波束赋形过程分为两个阶段：扇区级搜索阶段、波束优化协议阶段。与802.15.3c波束赋形的方法类似，这两个阶段的波束赋形的范围也是依次减小，任何阶段的波束赋形都必须在前一阶段波束赋形完成后才能进行。然而，与802.15.3c波束赋形方法不同的是，802.11.ad波束赋形在确定最佳波束时采用定向发送、全向接收的方

式，而802.15.3c波束赋形在确定最佳波束时采用定向发送、定向接收的方式。

太赫兹波束赋形方案设计所面临的问题本质上与传统的毫米波系统的问题类似，均是要寻找最佳波束，但太赫兹通信使用更高的频率而变得更为复杂。太赫兹频率比毫米波频率更高，波束也更窄，所以太赫兹波束赋形方法采用60GHz频段的分阶段从宽到窄地进行迭代是不合适的。太赫兹波束赋形方法只能遍历每个波束，因此带来了极大的时间消耗，如何进行高效而准确的波束对准，是一个亟待解决的问题。

（1）根据特定赋形场景进行优化

目前对上面问题的解决方法，主要的思路是针对不同的太赫兹波束赋形场景进行优化，参考文献[47]中提到的路边太赫兹通信基站与高速运行的高铁进行通信的场景，如图9-18所示。该方法提供的思路是通过提前获知高铁运行的轨迹和时段，路边基站的太赫兹波束提前照射在列车可能出现的位置，由此进行快速地波束赋形。而列车车厢间的固定天线的波束赋形则采用传统的遍历式波束赋形，因为收发天线均是固定的，所以在收发天线完成了一次波束赋形后，可在此基础上持续地进行数据传输，无须进行波束赋形，只有当信道质量变差时再进行新的波束赋形。

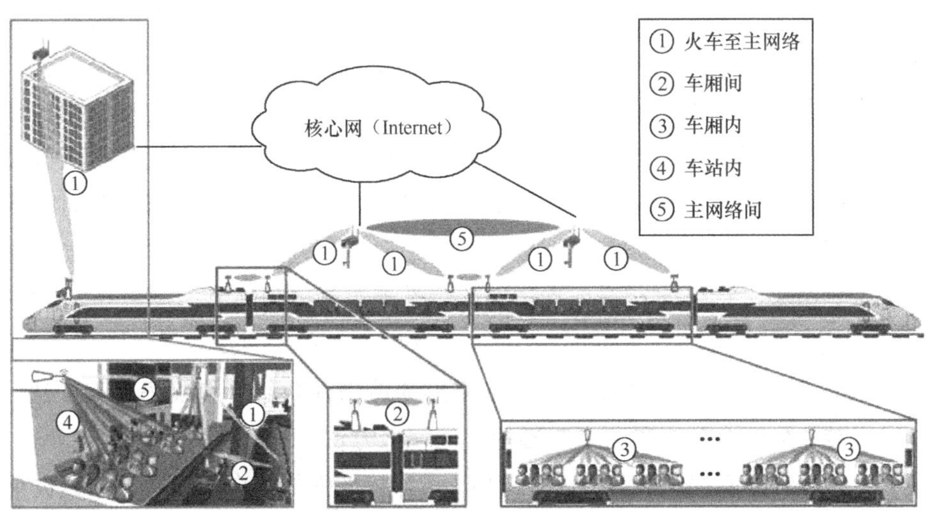

图9-18 太赫兹通信基站与高速运行的高铁进行通信

（2）采用带外信令的方式进行快速波束对准

参考文献[48]提到的带外信令方式的快速波束对准，设备需要配备高频（太赫兹）和低频（2.4/5GHz）两套收发机，如图9-19所示。在收发设备进行太赫兹波束赋形前，先通过低频段进行信息交互、信道扫描，预知彼此的位置信息，收发设备再利用位置信息进行彼此太赫兹波束赋形。提前获知设备的位置信息，不仅能提高太赫兹波束赋形的成功率，还能提高波束赋形的效率。

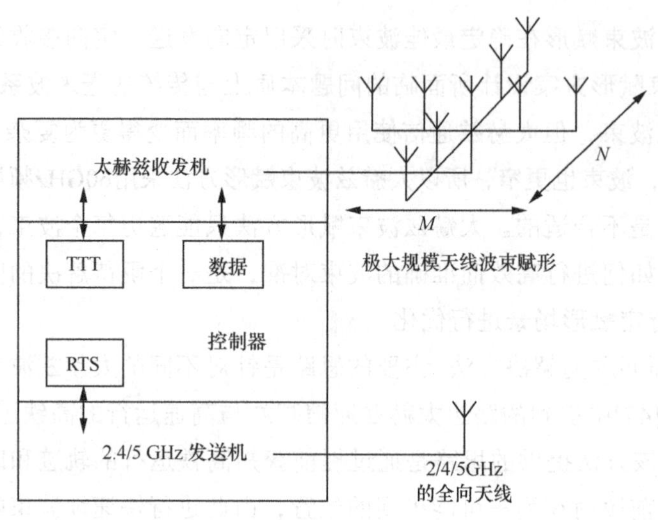

图9-19 带外信令方式的快速波束对准

（3）协同波束赋形训练

波束赋形技术与传统的天线技术有所不同。尽管波束赋形算法的基本原理是相通的，但是并没有统一的算法。不能仅用一套设计方案完全适用于所有的要求，波束赋形算法的灵活性正是在于基本原理可以适应不同的设计要求。文献[49]提出了一种适用于太赫兹的多分辨率时延码本，并在此基础上提出了一种自适应的波速赋形算法，然后根据此算法提出了分层波束赋形训练策略，可以同时搜索多个用户以获得最佳的波束。码本和算法的设计思路是在太赫兹系统中引入时延移相器，基于时间时延集，通过不同子阵列之间的物理波束自适应获得一个码本，并且在该码本的基础上根据不同的波束赋形结果进行优化，进而动态地获得性能更优的码本。

（4）其他方法

在上面的讨论中，重点对太赫兹波束赋形的特殊性介绍了解决思路和方法。这里不再赘述太赫兹MIMO系统和波束赋形的其他一些方法。

由于太赫兹波的高损耗特性，高指向性、可操控性强的定向天线是太赫兹波束赋形的关键。传统的微波通信系统的传输器件主要包括各种波导与同轴线，以及以天线振子、喇叭天线、微带天线和反射面天线为主的各类天线形式。光学系统中，光波可以通过自由空间或光纤进行传播，利用镜面进行光束调整。对于太赫兹系统来说，由于该波段的频率相对微波较高，因此传统的波导与同轴线的损耗因子过大。微带传输线的介质损耗和腔体波导及同轴线的金属壁损耗都使得它们在太赫兹频率段的应用受到很大限制。

9.5.3 太赫兹通信的窄波束赋形应用前景与展望

随着太赫兹相关技术的发展和工艺水平的提升，目前研制的太赫兹源、检测器等关键器件的性能指标已逐步具备满足安检成像等近距应用要求的条件。

太赫兹波束赋形探测技术可应用于公共安全检测，且具有如下优势：①太赫兹波具有穿透包装盒、衣服、书包、纸板、陶瓷、塑料等非极性物质与保持一定高分辨率的双重特性，可以实现对人员携带的隐藏物品进行穿透衣物探测和高分辨率成像识别；②按照目前的太赫兹源功率水平和探测灵敏度，已基本可实现在20m以外的距离对目标携带的隐藏物品实现展开式检测，未来这个距离甚至可以达到百米量级，这种非接触式的探测可在爆破半径范围外提供早期的危险预警；③与X射线相比，太赫兹光子能量低，在1meV量级，远小于人体皮肤的电离能，不会对人体产生电离损伤，而且太赫兹安检辐射功率在1mW量级，是手机辐射的千分之一，远低于人体安全阈值，不会对人体造成危害。

太赫兹雷达是太赫兹波应用研究中重要的研究方向之一。相较于常规雷达，太赫兹雷达具有频率高、带宽大、波束窄的特点，这些特点赋予了太赫兹雷达巨大的应用潜力。太赫兹雷达可搭载飞艇或卫星用于对临近空间高超声速目标的探测，穿透等离子体对目标本体远距离成像，获取的信息是高分辨本体像。天基太赫兹雷达能够近距离探测空间碎片并成像，得到其类型和轨道信息，从而为航天器的安全提供保障。太赫兹雷达在引导信息与末制导领域也有广阔的应用前景：测角和测距精度高，引导信息更加精准；具备近距离快速成像和微多普勒测量能力，支持目标及其部位识别；功率小、大气衰减严重，天然具备抗干扰能力；对沙尘烟雾有穿透性，优于激光制导。

太赫兹通信除了可以广泛应用于太空通信中，还可以实现超高速有线网络（如光纤网络）和短距离的无线个人设备（如笔记本电脑、桌面设备等）的无缝连接，这将促进超宽带视频业务在室内移动、静止等场景中的应用。此外，太比特无线局域网还可以应用在一些特定的场景中，如高清全息视频会议和无线数据中心、进行超高速数据分发等。在文献[50]中，将太赫兹频段在无线通信中的应用划分为宏观大尺度应用和纳米尺度应用，分别如图9-20和图9-21所示。

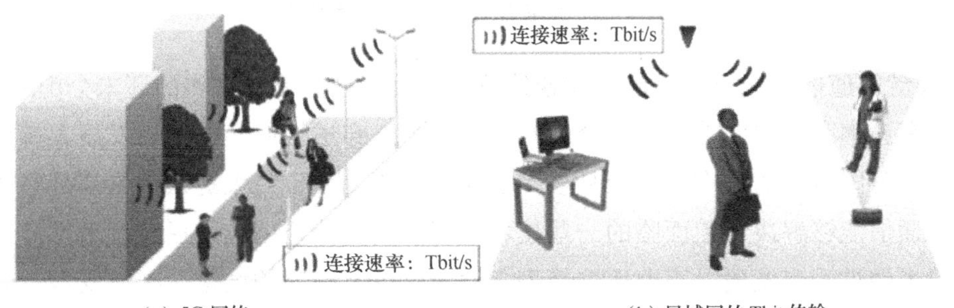

（a）5G 网络　　（b）局域网的 Tbit 传输

图9-20　太赫兹通信的宏观大尺度应用

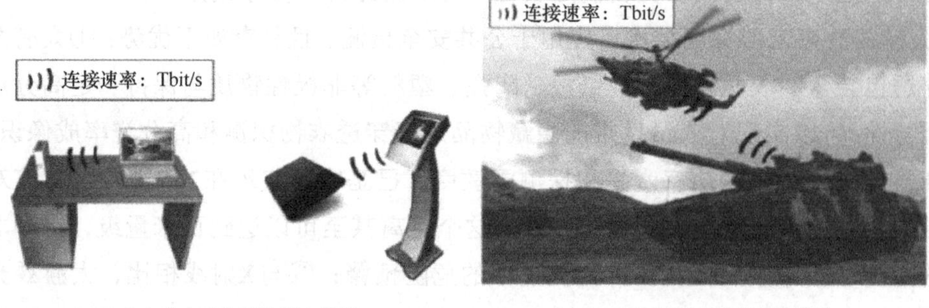

（c）个人办公区的 Tbit 传输　　（d）军事上的高可靠传输

图9-20　太赫兹通信的宏观大尺度应用（续）

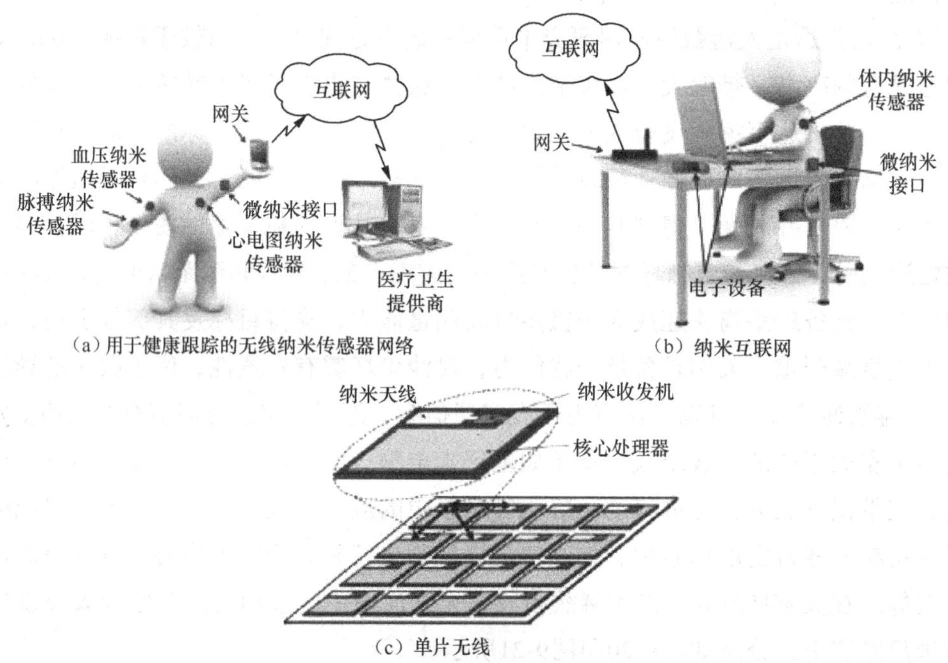

（a）用于健康跟踪的无线纳米传感器网络　　（b）纳米互联网

（c）单片无线

图9-21　太赫兹通信的纳米尺度应用

太赫兹通信是一个极具应用前景的技术，太赫兹波有非常宽的还未分配的频带，并且具有速率高、方向性好、安全性高、散射小、穿透性好等特性。发展太赫兹通信技术成为各国研究的热点。无论从技术上还是战略上，研究太赫兹通信都是必要的。太赫兹通信能够解决目前面临的一些技术问题，同时给新的应用提供技术支持。无线通信技术的进一步发展，高速率的趋势必然会向更高频率的太赫兹频段发展，而主干网上成熟的光波通信，在接入网和无线化、移动化的发展要求下，也必然会寻求与毫米波、亚毫米波相结合。另外，在国际安全和空间通信方面，太赫兹波也表现出很多优点，具有很大的发展潜力。

从国内外的发展来看，太赫兹技术的研究已经被高度重视，国内外都有许多新的研究成果。目前国内外的研究者都注重几个方面的研究：一是更为稳定的太赫兹波发射源；二是传输控制和调制方式；三是信号的探测和接收技术；四是太赫兹波传输的稳定性。这4个研究方向对于太赫兹技术的发展来说具有实际的意义，无论是在民用通信、军事通信还是在空间通信领域都有着更为实际的应用前景。

与毫米波通信不同，太赫兹通信对波束赋形提出了更高的要求，例如，波束没有实现窄波束级别的严格对准时，较难建立通信连接。另外，窄波束的数量非常多，且可能在短时间内快速地变化，这给波束扫描、测量、跟踪与恢复等波束管理的设计带来非常大的困难，这也是未来需要进一步研究的课题。

9.6　小结

本章介绍了未来多天线技术潜在的演进方向，分析了各个演进方向的优缺点及可能的解决方案和应用场景。重点对FDD双工模式下更为高效的信道信息获取技术、轨道角动量的技术原理及其在无线通信系统中的潜在应用、可以改变无线环境传输特性的IRS技术发展的趋势、分布式天线网络架构的特征及潜在技术方案，以及太赫兹通信原理进行了阐述。人工智能这一技术的发展，必将对多天线技术的发展提供强大的支撑，两者的结合也是未来需要重点关注的领域。

附表1　Part-1 UMi的信道模型参数

场景		UMi		
		LOS	NLOS	O2I
Delay spread（DS） lgDS = lg（DS/1s）	$\mu_{\lg DS}$	−0.24 lg（1+f_c）− 7.14	−0.24 lg（1+f_c）− 6.83	−6.62
	$\sigma_{\lg DS}$	0.38	0.16 lg（1+f_c）+ 0.28	0.32
AOD spread（ASD） lgASD = lg（ASD/1°）	$\mu_{\lg ASD}$	−0.05 lg（1+f_c）+ 1.21	−0.23 lg（1+f_c）+ 1.53	1.25
	$\sigma_{\lg ASD}$	0.41	0.11 lg（1+f_c）+ 0.33	0.42
AOA spread（ASA） lgASA = lg（ASA/1°）	$\mu_{\lg ASA}$	−0.08 lg（1+f_c）+ 1.73	−0.08 lg（1+f_c）+ 1.81	1.76
	$\sigma_{\lg ASA}$	0.014 lg（1+f_c）+ 0.28	0.05 lg（1+f_c）+ 0.3	0.16
ZOA spread（ZSA） lgZSA = lg（ZSA/1°）	$\mu_{\lg ZSA}$	−0.1 lg（1+f_c）+ 0.73	−0.04 lg（1+f_c）+ 0.92	1.01
	$\sigma_{\lg ZSA}$	−0.04 lg（1+f_c）+ 0.34	−0.07 lg（1+f_c）+ 0.41	0.43
Shadow fading（*SF*）	σ_{SF}	参考表2-9	参考表2-9	7
K-factor（*K*）(dB)	μ_K	9	N/A	N/A
	σ_K	5	N/A	N/A
Cross-Correlations	ASD vs DS	0.5	0	0.4
	ASA vs DS	0.8	0.4	0.4
	ASA vs SF	−0.4	−0.4	0
	ASD vs SF	−0.5	0	0.2
	DS vs SF	−0.4	−0.7	−0.5
	ASD vs ASA	0.4	0	0
	ASD vs *K*	−0.2	N/A	N/A
	ASA vs *K*	−0.3	N/A	N/A
	DS vs *K*	−0.7	N/A	N/A
	SF vs *K*	0.5	N/A	N/A
	ZSD vs SF	0	0	0
	ZSA vs SF	0	0	0
	ZSD vs *K*	0	N/A	N/A
	ZSA vs *K*	0	N/A	N/A
	ZSD vs DS	0	−0.5	−0.6
	ZSA vs DS	0.2	0	−0.2
	ZSD vs ASD	0.5	0.5	−0.2

续表

场景		UMi		
		LOS	NLOS	O2I
Cross-Correlations	ZSA vs ASD	0.3	0.5	0
	ZSD vs ASA	0	0	0
	ZSA vs ASA	0	0.2	0.5
	ZSD vs ZSA	0	0	0.5
Delay scaling parameter r_τ		3	2.1	2.2
XPR（dB）	μ_{XPR}	9	8.0	9
	σ_{XPR}	3	3	5
Number of clusters N		12	19	12
Number of rays per cluster M		20	20	20
Cluster DS (c_{DS}) (ns)		5	11	11
Cluster ASD (c_{ASD})		3°	10°	5°
Cluster ASA (c_{ASA})		17°	22°	8°
Cluster ZSA (c_{ZSA})		7°	7°	3°
Per cluster shadowing std (dB)		3	3	4
Correlation distance in the horizontal plane（m）	DS	7	10	10
	ASD	8	10	11
	ASA	8	9	17
	SF	10	13	7
	K	15	N/A	N/A
	ZSA	12	10	25
	ZSD	12	10	25

附表2　Part-2 UMa的信道模型参数

场景		UMa		
		LOS	NLOS	O2I
Delay spread（DS） lgDS = lg（DS/1s）	μ_{lgDS}	−6.955−0.096 3 lg（f_c）	−6.28−0.204 lg（f_c）	−6.62
	σ_{lgDS}	0.66	0.39	0.32
AOD spread（ASD） lgASD = lg（ASD/1°）	μ_{lgASD}	1.06 + 0.111 4 lg（f_c）	1.5−0.114 4 lg（f_c）	1.25
	σ_{lgASD}	0.28	0.28	0.42
AOA spread（ASA） lgASA = lg（ASA/1°）	μ_{lgASA}	1.81	2.08−0.27 lg（f_c）	1.76
	σ_{lgASA}	0.20	0.11	0.16
ZOA spread（ZSA） lgZSA = lg（ZSA/1°）	μ_{lgZSA}	0.95	−0.323 6 lg（f_c）+ 1.512	1.01
	σ_{lgZSA}	0.16	0.16	0.43
Shadow fading（SF）(dB)	σ_{SF}	参考表2-9	参考表2-9	7
K-factor（K）(dB)	μ_K	9	N/A	N/A
	σ_K	3.5	N/A	N/A

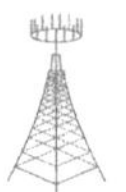

续表

场景		UMa		
		LOS	NLOS	O2I
Cross-Correlations	ASD vs DS	0.4	0.4	0.4
	ASA vs DS	0.8	0.6	0.4
	ASA vs SF	−0.5	0	0
	ASD vs SF	−0.5	−0.6	0.2
	DS vs SF	−0.4	−0.4	0.5
	ASD vs ASA	0	0.4	0
	ASD vs *K*	0	N/A	N/A
	ASA vs *K*	−0.2	N/A	N/A
	DS vs *K*	−0.4	N/A	N/A
	SF vs *K*	0	N/A	N/A
	ZSD vs SF	0	0	0
	ZSA vs SF	−0.8	−0.4	0
	ZSD vs K	0	N/A	N/A
	ZSA vs K	0	N/A	N/A
	ZSD vs DS	−0.2	−0.5	−0.6
	ZSA vs DS	0	0	−0.2
	ZSD vs ASD	0.5	0.5	−0.2
	ZSA vs ASD	0	−0.1	0
	ZSD vs ASA	−0.3	0	0
	ZSA vs ASA	0.4	0	0.5
	ZSD vs ZSA	0	0	0.5
Delay scaling parameter r_τ		2.5	2.3	2.2
XPR（dB）	μ_{XPR}	8	7	9
	σ_{XPR}	4	3	5
Number of clusters *N*		12	20	12
Number of rays per cluster *M*		20	20	20
Cluster DS（c_{DS}） in（ns）		max（0.25，6.562 2 −3.408 4 lg（f_c））	max（0.25，6.562 2 −3.408 4 lg（f_c））	11
Cluster ASD（c_{ASD}） in		5°	2°	5°
Cluster ASA（c_{ASA}） in		11°	15°	8°
Cluster ZSA（c_{ZSA}） in		7°	7°	3°
Per cluster shadowing std（dB）		3	3	4
Correlation distance in the horizontal plane（m）	DS	30	40	10
	ASD	18	50	11
	ASA	15	50	17
	SF	37	50	7

续表

场景		UMa		
		LOS	NLOS	O2I
Correlation distance in the horizontal plane（m）	*K*	12	N/A	N/A
	ZSA	15	50	25
	ZSD	15	50	25

附表3　Part-3 RMa的信道模型参数

场景		RMa		
		LOS	NLOS	O2I
Delay spread（DS） lgDS = lg（DS/1s）	$\mu_{\lg DS}$	−7.49	−7.43	−7.47
	$\sigma_{\lg DS}$	0.55	0.48	0.24
AOD spread（ASD） lgASD = lg（ASD/1°）	$\mu_{\lg ASD}$	0.90	0.95	0.67
	$\sigma_{\lg ASD}$	0.38	0.45	0.18
AOA spread（ASA） lgASA = lg（ASA/1°）	$\mu_{\lg ASA}$	1.52	1.52	1.66
	$\sigma_{\lg ASA}$	0.24	0.13	0.21
ZOA spread（ZSA） lgZSA = lg（ZSA/1°）	$\mu_{\lg ZSA}$	0.47	0.58	0.93
	$\sigma_{\lg ZSA}$	0.40	0.37	0.22
Shadow fading（SF）（dB）	σ_{SF}	参考表2-9		8
K-factor（*K*）（dB）	μ_K	7	N/A	N/A
	σ_K	4	N/A	N/A
Cross-Correlations	ASD vs DS	0	−0.4	0
	ASA vs DS	0	0	0
	ASA vs SF	0	0	0
	ASD vs SF	0	0.6	0
	DS vs SF	−0.5	−0.5	0
	ASD vs ASA	0	0	−0.7
	ASD vs *K*	0	N/A	N/A
	ASA vs *K*	0	N/A	N/A
	DS vs *K*	0	N/A	N/A
	SF vs *K*	0	N/A	N/A
	ZSD vs SF	0.01	−0.04	0
	ZSA vs SF	−0.17	−0.25	0
	ZSD vs *K*	0	N/A	N/A
	ZSA vs *K*	−0.02	N/A	N/A
	ZSD vs DS	−0.05	−0.10	0
	ZSA vs DS	0.27	−0.40	0
	ZSD vs ASD	0.73	0.42	0.66

续表

场景		RMa		
		LOS	NLOS	O2I
Cross-Correlations	ZSA vs ASD	−0.14	−0.27	0.47
	ZSD vs ASA	−0.20	−0.18	−0.55
	ZSA vs ASA	0.24	0.26	−0.22
	ZSD vs ZSA	−0.07	−0.27	0
Delay scaling parameter r_τ		3.8	1.7	1.7
XPR（dB）	μ_{XPR}	12	7	7
	σ_{XPR}	4	3	3
Number of clusters N		11	10	10
Number of rays per cluster M		20	20	20
Cluster DS（c_{DS}）（ns）		N/A	N/A	N/A
Cluster ASD（c_{ASD}）		2°	2°	2°
Cluster ASA（c_{ASA}）		3°	3°	3°
Cluster ZSA（c_{ZSA}）		3°	3°	3°
Per cluster shadowing std（dB）		3	3	3
Correlation distance in the horizontal plane（m）	DS	50	36	36
	ASD	25	30	30
	ASA	35	40	40
	SF	37	120	120
	K	40	N/A	N/A
	ZSA	15	50	50
	ZSD	15	50	50

附表4　Part-4室内的信道模型参数

场景		Indoor-Office	
		LOS	NLOS
Delay spread（DS） lgDS = lg（DS/1s）	μ_{lgDS}	−0.01 lg（1+f_c）− 7.692	−0.28 lg（1+f_c）− 7.173
	σ_{lgDS}	0.18	0.10 lg（1+f_c）+ 0.055
AOD spread（ASD） lgASD = lg（ASD/1°）	μ_{lgASD}	1.60	1.62
	σ_{lgASD}	0.18	0.25
AOA spread（ASA） lgASA = lg（ASA/1°）	μ_{lgASA}	−0.19 lg（1+f_c）+ 1.781	−0.11 lg（1+f_c）+ 1.863
	σ_{lgASA}	0.12 lg（1+f_c）+ 0.119	0.12 lg（1+f_c）+ 0.059
ZOA spread（ZSA） lgZSA = lg（ZSA/1°）	μ_{lgZSA}	−0.26 lg（1+f_c）+ 1.44	−0.15 lg（1+f_c）+ 1.387
	σ_{lgZSA}	−0.04 lg（1+f_c）+ 0.264	−0.09 lg（1+f_c）+ 0.746
Shadow fading（SF）	σ_{SF}	参考表2-9	
K-factor（K）（dB）	μ_K	7	N/A
	σ_K	4	N/A

续表

场景		Indoor-Office	
		LOS	NLOS
Cross-Correlations	ASD vs DS	0.6	0.4
	ASA vs DS	0.8	0
	ASA vs SF	−0.5	−0.4
	ASD vs SF	−0.4	0
	DS vs SF	−0.8	−0.5
	ASD vs ASA	0.4	0
	ASD vs *K*	0	N/A
	ASA vs *K*	0	N/A
	DS vs *K*	−0.5	N/A
	SF vs *K*	0.5	N/A
	ZSD vs SF	0.2	0
	ZSA vs SF	0.3	0
	ZSD vs *K*	0	N/A
	ZSA vs *K*	0.1	N/A
	ZSD vs DS	0.1	−0.27
	ZSA vs DS	0.2	−0.06
	ZSD vs ASD	0.5	0.35
	ZSA vs ASD	0	0.23
	ZSD vs ASA	0	−0.08
	ZSA vs ASA	0.5	0.43
	ZSD vs ZSA	0	0.42
Delay scaling parameter r_τ		3.6	3
XPR（dB）	μ_{XPR}	11	10
	σ_{XPR}	4	4
Number of clusters *N*		15	19
Number of rays per cluster *M*		20	20
Cluster DS（c_{DS}）(ns)		N/A	N/A
Cluster ASD（c_{ASD}）		5°	5°
Cluster ASA（c_{ASA}）		8°	11°
Cluster ZSA（c_{ZSA}）		9°	9°
Per cluster shadowing std（dB）		6	3
Correlation distance in the horizontal plane（m）	DS	8	5
	ASD	7	3
	ASA	5	3
	SF	10	6
	K	4	N/A

续表

场景		Indoor-Office	
		LOS	NLOS
Correlation distance in the horizontal plane（m）	ZSA	4	4
	ZSD	4	4

附表5 Part-5室外工厂的信道模型参数

场景		InF	
		LOS	NLOS
Delay spread（DS） lgDS = lg（DS/1s）	$\mu_{\lg DS}$	lg[26（V/S）+14]−9.35	lg[30（V/S）+32]−9.44
	$\sigma_{\lg DS}$	0.15	0.19
AOD spread（ASD） lgASD = lg（ASD/1°）	$\mu_{\lg ASD}$	1.56	1.57
	$\sigma_{\lg ASD}$	0.25	0.2
AOA spread（ASA） lgASA = lg（ASA/1°）	$\mu_{\lg ASA}$	−0.18 lg（1+f_c）+ 1.78	1.72
	$\sigma_{\lg ASA}$	0.12 lg（1+f_c）+ 0.2	0.3
ZOA spread（ZSA） lgZSA = lg（ZSA/1°）	$\mu_{\lg ZSA}$	−0.2 lg（1+f_c）+ 1.5	−0.13 lg（1+f_c）+ 1.45
	$\sigma_{\lg ZSA}$	0.35	0.45
Shadow fading（SF）	σ_{SF}	Specified as part of path loss models	
K-factor（K）(dB)	μ_K	7	N/A
	σ_K	8	N/A
Cross-Correlations	ASD vs DS	0	0
	ASA vs DS	0	0
	ASA vs SF	0	0
	ASD vs SF	0	0
	DS vs SF	0	0
	ASD vs ASA	0	0
	ASD vs K	−0.5	N/A
	ASA vs K	0	N/A
	DS vs K	−0.7	N/A
	SF vs K	0	N/A
	ZSD vs SF	0	0
	ZSA vs SF	0	0
	ZSD vs K	0	N/A
	ZSA vs K	0	N/A
	ZSD vs DS	0	0
	ZSA vs DS	0	0
	ZSD vs ASD	0	0
	ZSA vs ASD	0	0

续表

场景		InF	
		LOS	NLOS
Cross-Correlations	ZSD vs ASA	0	0
	ZSA vs ASA	0	0
	ZSD vs ZSA	0	0
Delay scaling parameter r_τ		2.7	3
XPR（dB）	μ_{XPR}	12	11
	σ_{XPR}	6	6
Number of clusters N		25	25
Number of rays per cluster M		20	20
Cluster DS（c_{DS}） in（ns）		N/A	N/A
Cluster ASD（c_{ASD}） in（deg）		5	5
Cluster ASA（c_{ASA}） in（deg）		8	8
Cluster ZSA（c_{ZSA}） in（deg）		9	9
Per cluster shadowing std（dB）		4	3
Correlation distance in the horizontal plane(m)	DS	10	10
	ASD	10	10
	ASA	10	10
	SF	10	10
	K	10	N/A
	ZSA	10	10
	ZSD	10	10

附表6　Part-1 UMa的ZSD和ZOD偏置参数

场景		LOS	NLOS
ZOD spread（ZSD） lgZSD = lg（ZSD/1°）	μ_{lgZSD}	max[−0.5，−2.1（d_{2D}/1000）−0.01（h_{UT}−1.5）+0.75]	max[−0.5，−2.1（d_{2D}/1000）−0.01（h_{UT}−1.5）+0.9]
	σ_{lgZSD}	0.40	0.49
ZOD offset	$\mu_{offset,ZOD}$	0	$e(f_c)-10^{\{a(f_c)\lg(\max(b(f_c),\ d_{2D}))+c(f_c)-0.07(h_{UT}-1.5)\}}$

说明：对NLOS的ZOD偏置：
$a(f_c)=0.208\lg(f_c)-0.782$；$b(f_c)=25$；$c(f_c)=-0.13\lg(f_c)+2.03$；$e(f_c)=7.66\lg(f_c)-5.96$

附表7　Part-2 UMi的ZSD和ZOD偏置参数

场景		LOS	NLOS
ZOD spread（ZSD） lgZSD = lg（ZSD/1°）	μ_{lgZSD}	max[−0.21，−14.8（d_{2D}/1000）+0.01|h_{UT}−h_{BS}| + 0.83]	max[−0.5，−3.1（d_{2D}/1000）+ 0.01 max（$h_{UT}-h_{BS}$，0）+0.2]
	σ_{lgZSD}	0.35	0.35
ZOD offset	$\mu_{offset,ZOD}$	0	$-10^{\{-1.5\lg[\max(10,\ d_{2D})]+3.3\}}$

附表8 Part-3 RMA的ZSD和ZOD偏置参数

场景		LOS	NLOS	O2I
ZOD spread（ZSD） lgZSD = lg(ZSD/1°)	$\mu_{\lg ZSD}$	max[−1，−0.17(d_{2D}/1000)−0.01(h_{UT}−1.5)+0.22]	max[−1，−0.19(d_{2D}/1000)−0.01(h_{UT}−1.5)+0.28]	max[−1，−0.19(d_{2D}/1000)−0.01(h_{UT}−1.5)+0.28]
	$\sigma_{\lg ZSD}$	0.34	0.30	0.30
ZOD offset	$\mu_{offset,ZOD}$	0	arctan[(35−3.5)/d_{2D}]−arctan[(35−1.5)/d_{2D}]	arctan[(35−3.5)/d_{2D}]−arctan[(35−1.5)/d_{2D}]

附表 9 Part-4 室内(Office)的 ZSD 和 ZOD 偏置参数

场景		LOS	NLOS
ZOD spread（ZSD） lgZSD = lg(ZSD/1°)	$\mu_{\lg ZSD}$	−1.43 lg(1+f_c)+2.228	1.08
	$\sigma_{\lg ZSD}$	0.13 lg(1+f_c)+0.30	0.36
ZOD offset	$\mu_{offset,ZOD}$	0	0

附表10 Part-5室外工厂的ZSD和ZOD偏置参数

场景		LOS	NLOS
ZOD spread（ZSD） lgZSD = lg(ZSD/1°)	$\mu_{\lg ZSD}$	1.35	1.2
	$\sigma_{\lg ZSD}$	0.35	0.55
ZOD offset	$\mu_{offset,ZOD}$	0	0

缩略语

英文简称	英文全称	中文全称
2D	Two-Dimensional	二维
3D	Three-Dimensional	三维
3G/4G/5G	The 3/4/5 Generation	第 3/4/5 代
3GPP	3rd Generation Partnership Project	第三代合作伙伴计划
AF	Amplify Forward	前向放大
AI	Artificial Intelligence	人工智能
AOA	Azimuth Angle of Arrival	水平到达角
AOD	Azimuth Angle of Departure	水平离开角
AP	Access Point	接入节点
AS	Angular Spread	角度扩展
ASA	Azimuth Angle Spread of Arrival	水平到达角角度扩展
ASD	Azimuth Angle Spread of Departure	水平离开角角度扩展
AWGN	Additive White Gaussian Noise	加性高斯白噪声
BF	Beam Forming	波束赋形
BM	Beam Management	波束管理
BP	Break Point	断点
BPRE	Bits Per Resource Element	比特速率
BPSK	Binary Phase Shift Keying	二进制相移键控
BS	Base Station	基站
BFR	Beam Failure Recovery Request	波束恢复请求消息
BLAST	Bell-Laboratories Layered Space-Time	贝尔实验室空时编码
BLER	Block Error Ratio	误块率
BWP	BandWidth Part	部分带宽
CA	Carrier Aggregation	载波聚合
CBG	CodeBlock Group	码块组
CC	Component Carrier	分量载波
CCE	Control Channel Element	控制信道元素
CDD	Cyclic Delay Diversity	循环时延分集
CDF	Cumulative Distribution Function	累积分布函数
CDL	Clustered Delay Line	聚合时延线
CDM	Code Division Multiplexing	码分复用

续表

英文简称	英文全称	中文全称
CDMA	Code Division Multiple Access	码分多址
CG	Configured Grant	配置授权
CoMP	Coordinated Multiple Point	协作多点传输
CORESET	Control Resource Set	控制资源集
CP	Cyclic Prefix	循环前缀
CPE	Customer Premise Equipment	客户场所设备
CPU	CSI Processing Unit	CSI 处理单元
CPU	Center Processing Unit	中心处理单元
CQI	Channel Quality Indicator	信道质量指示
CRI	CSI-RS Resource Indicator	CSI-RS 资源指示
CRS	Cell-Specific Reference Signal	小区级专用参考信号
CS/CB	Coordinated Scheduling/Coordinated Beamforming	协作调度与波束赋形
CSI	Channel-State Information	信道状态信息
CSI-IM	CSI Interference Measurement Resource	CSI 干扰测量资源
CSI-RS	Channel State Information Reference Signal	信道状态信息参考信号
CSS	Common Search Space	公共搜索空间
CW	Code Word	码字
D2D	Device-to-Device	设备到设备
DAI	Downlink Assignment Index	下行分配索引
DC	Dual Connectivity	双连接
DCI	Downlink Control Information	下行控制信息
DFT	Discrete Fourier Transform	离散傅里叶变换
DG	Dynamic Grant	动态授权
DL	DownLink	下行链路
DL	DeepLearning	深度学习
DMRS	Demodulation Reference Signal	解调参考信号
DPS	Dynamic Point Selection	动态站点选择
DPS	Dynamic Path Selection	动态路径选择
DS	Delay Spread	时延扩展
EDGE	Enhanced Data Rate for GSM Evolution	增强型数据速率 GSM 演进
EE	Energy Efficiency	能量效率
EM	Electro Magnetic	电磁
E-UTRA	Evolved UTRA	演进 UTRA
FDM	Frequency Division Multiplexing	频分复用
FDMA	Frequency Division Multiple Access	频分多址

续表

英文简称	英文全称	中文全称
FD MIMO	Full Dimensional MIMO	全维 MIMO
FPC	Fractional Path-Loss Compensation	部分路损补偿
FPGA	Field Programmable Gate Array	现场可编程门阵列
FR1/2	Frequency Range1/2	频率范围 1/2
FSS	Frequency Selective Surface	有源频率选择性表面
GCS	Global Coordinate System	全局坐标系
GPRS	General Packet Radio Service	通用分组无线业务
HARQ	Hybrid Automatic Repeat reQuest	混合自动重传请求
HPBW	Half-Power Beam Width	半功率衰减波瓣宽度
I2I	Indoor-to-Indoor	室内到室内
IC	Integrated Circuit	集成电路
ICIC	Inter Cell Interference Coordination	小区间干扰协作
IG THz	THz Interest Group	太赫兹兴趣小组
IID	Independent and Identically Distributed	独立同分布
IMT-Advanced	International Mobile Telecommunications Advanced	国际移动通信增强
InF	Indoor Factory	室内工厂
InF-DH	Indoor Factory with Dense Clutter and High Base Station Height	室内工厂-高密度杂质高基站天线
InF-DL	Indoor Factory with Dense Clutter and Low Base Station Height	室内工厂-高密度杂质低基站天线
InF-HH	Indoor Factory with High Tx and High Rx （both Elevated Above the Clutter）	室内工厂-高发送和高接收天线
InF-SH	Indoor Factory with Sparse Clutter and High Base Station Height	室内工厂-低密度杂质高基站天线
InF-SL	Indoor Factory with Sparse Clutter and Low Base Station Height	室内工厂-低密度杂质低基站天线
InH	Indoor Hotspot	室内热点
IoT	Internet of Things	物联网
IRR	Infrared Reflecting	红外反射
IRS	Intelligent Reflective Surface	智能反射面
ISD	Inter Site Distance	站点间距
ITU	International Telecommunication Union	国际电信联盟
K	Ricean K factor	莱斯 K 因子
L1-RSRP	Layer-1 Reference Signal Receiving Power	层 1 参考信号接收功率
LCS	Local Coordinate System	本地坐标系
LI	Layer Indicator	层指示
LLS	Link Level Simulation	链路级仿真
LOS	Line of Sight	视距

续表

英文简称	英文全称	中文全称
LOS-MIMO	Line of Sight-Multiple Input Multiple Output	视距多输入多输出
LTE	Long Term Evolution	长期演进
MAC-CE	Medium Access Control-Control Element	介质访问控制-控制元素
MBSFN	Multicast Broadcast Single Frequency Network	多播广播单频网络
MCS	Modulation and Coding Scheme	调制和编码方案
MCG	Master Cell Group	主小区组
MDCI	Multiple Downlink Control Information	多个下行控制信息
MEC	Mobile Edge Computing	移动边缘计算
MIB	Master Information Block	广播信息块
MIC	Ministry of Interior and Communications	日本内政和通信部
MIMO	Multiple-Input Multiple-Output	多输入多输出
ML	Machine Learning	机器学习
MPC	MultiPath Component	多径成分
MPUE	Multi-Panel UE	多天线面板用户
MU	Multi User	多用户
MU-MIMO	Multi-User Multiple Input Multiple Output	多用户多输入多输出
NC-JT	Non-Coherent Joint Transmission	多站点非相干传输
NEC	Nippon Electronic Corporation	日本电气股份有限公司
NLOS	Non Line of Sight	非视距
NOMA	Non-Orthogonal Multiple Access	非正交多址复用
NR	New Radio	新射频
NTT	Nippon Telegraph and Telephone Corporation	日本移动通信公司
NZP	Non-Zero-Power	非零功率
O2I	Outdoor-to-Indoor	室外到室内
O2O	Outdoor-to-Outdoor	室外到室外
OAM	Orbital Angular Momentum	轨道角动量
OAM-MIMO	Orbital Angular Momentum-Multiple Input Multiple Output	轨道角动量多输入多输出
OAM-SM	Orbital Angular Momentum-Spatial Modulation	轨道角动量的空间调制
OEM	Orbital Angular Momentum-Embedded-Multiple Input Multiple Output	轨道角动量嵌入式多输入多输出
OFDM	Orthogonal Frequency Division Multiplexing	正交频分复用
PA	Power Amplifier	功率放大器
PAPR	Peak to Average Power Ratio	峰值平均功率比
PAS	Power Angular Spectrum	功率角度频谱
PCell	Primary Cell	主小区

续表

英文简称	英文全称	中文全称
PCI	Physical Cell ID	物理小区 ID
PDCCH	Physical Downlink Control CHannel	物理下行控制信道
PDSCH	Physical Downlink Shared CHannel	物理下行共享信道
PHR	Power Head Room	功率剩余空间
PIN	Positive Intrinsic Negative	二极管
PL	Path Loss	路径损耗
PMI	Precoding Matrix Indicator	预编码矩阵指示
PQI	PDSCH Quasi-collocated Indicator	物理下行共享信道准共址指示
PRACH	Physical Random Access CHannel	物理层随机接入信道
PRB	Physical Resource Block	物理资源块
PRG	Physical Resource Group	物理资源组
PSOAM	Plane Spiral Orbital Angular Momentum	二维平面螺旋轨道角动量
PT-RS	Phase-Tracking Reference Signal	相位追踪参考信号
PUCCH	Physical Uplink Control CHannel	物理层上行控制信道
PUSCH	Physical Uplink Shared CHannel	物理层上行共享信道
QAM	Quadrature Amplitude Modulation	正交振幅调制
QCL	Quasi-Co Location	准共址
Q-OAM	Quantum-Orbital Angular Momentum	量子轨道角动量
QOS	Quality of Service	服务质量
QPSK	Quadrature Phase-Shift Keying	正交相移键控
RB	Resource Block	资源块
RE	Resource Element	资源单元
RF	Radio Frequency	射频
RI	Rank Indicator	秩指示
RMa	Rural Macro	乡村宏
RMS	Root Mean Square	均方根
RMMVR	Reused Multi-Orbital Angular Momentum-Mode Multiplexing Vortex Radio	多 OAM 模式多路复用涡旋无线电
RNTI	Radio Network Temporary Identity	无线网临时标识
RPF	RePetition Factor	重复因子
RRC	Radio Resource Control	无线资源控制
RSRP	Reference Signal Received Power	参考信号接收功率
RS	Reference Signal	参考信号
RT	Ray Tracing	射线跟踪
RV	Redundancy Version	冗余版本

续表

英文简称	英文全称	中文全称
Rx	Receiver	接收端
SAM	Spin Angular Momentum	自旋角动量
SCell	Secondary Cell	辅小区
SCG	Second Cell Group	辅小区组
SCM	Spatial Channel Model	空间信道模型
SCME	Spatial Channel Model Extension	空间信道模型扩展
sDCI	single Downlink Control Information	单个下行控制信息
SDM	Spatial Division Multiplexing	空分复用
SE	Spectral Efficiency	频谱效率
SF	Shadow Fading	阴影衰落
SFI	Slot Format Indicator	时隙格式指示
SFN	Single Frequency Network	单频网络
SINR	Signal to Interference-plus Noise Ratio	信干噪比
SIR	Signal-to-Interference Ratio	信干比
SLIV	Start and Length Value	起始符号和持续长度
s-OAM	synthetic-Orbital Angular Momentum	合成轨道角动量
SPP	Spiral Phase Plate	螺旋相位板
SRI	Spatial Relation Index	空间关系指示
SRS	Sounding Reference Signal	探测参考信号
SS/PBCH	Synchronization Signal/Physical Broadcast Channel	同步信号/物理广播信道
SSB	Synchronization Signaling Block	同步信号块
SSBRI	SSB Resource Indicator	同步信号块资源指示
SUL	Supplementary Uplink	补充上行
SU-MIMO	Single-User MIMO	单用户 MIMO
SVD	Singular Value Decomposition	奇异值分解
TBS	Transport Block Size	传输块大小
TCI	Transmission Configuration Indicator	传输配置指示
TDRA	Time Domain Resource Allocation	时域资源分配
TDD	Time Division Duplex	时分复用
TDL	Tapped Delay Line	抽头时延线
TD-SCDMA	Time Division-Synchronous Code Division Multiple Access	时分同步码分多址
TDM	Time Division Multiplexing	时分复用
TDMA	Time Division Multiple Access	时分多址
THz	Tera Hertz	太赫兹

续表

英文简称	英文全称	中文全称
TOA	Time of Arrival	到达时间
TP	Transmission Point	透射点
TPC	Transmission Power Control	发射功率控制
TPMI	Transmit Precoding Matrix indicator	传输预编码矩阵指示
TRP	Transmission Receive Point	传输接收节点
Tx	Transmitter	发送端
TXRU	Transmit-Receive Unit	收发单元
UAV	Unmanned Aerial Vehicle	无人机
UCA	Uniform Circular Array	均匀圆形天线阵列
UE	User Equipment	用户终端
ULA	Uniform Linear Array	均匀线性阵列
UL-SCH	Uplink Shared CHannel	上行共享信道资源
UMa	Urban Macro	市区宏小区
UMi	Urban Micro	市区微小区
URLLC	Ultra-Reliable Low-Latency Communication	超可靠低时延通信
USS	UE-Specific Search Space	UE 专属搜索空间
UT	User Terminal	用户终端
UTD	The Uniform Theory of Diffraction	一致性绕射理论
V2V	Vehicle-to-Vehicle	车到车
VRB	Virtual Resource Block	虚拟资源块
WCDMA	Wideband Code Division Multiple Access	宽带码分多址
Wi-Fi	Wireless-Fidelity	无线保真
WLAN	Wireless Local Area Network	无线局域网
WPAN	Wireless Personal Area Network	无线个人局域网
XPR	Cross-Polarization Ratio	交叉极化比
ZOA	Zenith Angle of Arrival	垂直到达角
ZOD	Zenith Angle of Departure	垂直离开角
ZSA	Zenith Angle Spread of Arrival	垂直到达角扩展
ZSD	Zenith Angle Spread of Departure	垂直离开角扩展

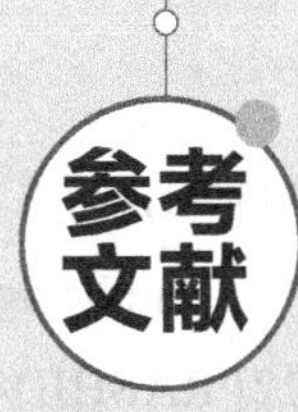

第1章

[1] RUSEK F, PERSSON D, LAU B K, et al. Scaling up MIMO: opportunities and challenges with very large arrays[J]. IEEE Signal Processing Magazine, 2013, 30(1): 40-60.

[2] MARZETTA T L. Noncooperative cellular wireless with unlimited numbers of base station antennas[J]. IEEE Transactions on Wireless Communications, 2010, 9(11): 3590-3600.

[3] NGO H Q, LARSSON E G, MARZETTA T L. Energy and spectral efficiency of very large multiuser MIMO systems[J]. IEEE Transactions on Communications, 2013, 61(4): 1436-1449.

[4] TELATAR E. Capacity of multi-antenna Gaussian channels[J]. European Transactions on Telecommunications, 1999, 10(6): 585-595.

[5] GORE D A, PAULRAJ A J. MIMO antenna subset selection with space-time coding[J]. IEEE Transactions on Signal Processing, 2002, 50(10): 2580-2588.

[6] CANDES E J, ROMBERG J, TAO T. Robust uncertainty principles: exact signal reconstruction from highly incomplete frequency information[J]. IEEE Transactions on Information Theory, 2006, 52(2): 489-509.

[7] CANDES E J, TAO T. Near-optimal signal recovery from random projections: universal encoding strategies[J]. IEEE Transactions on Information Theory, 2006, 52(12): 5406-5425.

[8] DONOHO D L. Compressed sensing[J]. IEEE Transactions on Information Theory, 2006, 52(4): 1289-1306.

[9] DONOHO D L, HUO X. Uncertainty principles and ideal atomic decomposition[J]. IEEE Transactions on Information Theory, 2001, 47(7): 2845-2862.

[10] CANDES E J, TAO T. Decoding by linear programming[J]. IEEE Transactions on Information Theory, 2005, 51(12): 4203-4215.

[11] KHAN F. LTE for 4G Mobile Broadband: air interface technologies and performance[M]. Cambridge: Cambridge University Press, 2009.

[12] RASHID-FARROKHI F, LIU K J R, TASSIULAS L. Transmit beamforming and power control for cellular wireless systems[J]. IEEE Journal on Selected Areas in Communications, 1998, 16(8): 1437-1450.

[13] SONG L Y, HAN Z, ZHANG Z S, et al. Non-cooperative feedback-rate control game for channel state information in wireless networks[J]. IEEE Journal on Selected Areas in Communications, 2012, 30(1): 188-197.

[14] PERAHIA E, GONG M X. Gigabit wireless LANs: an overview of IEEE 802.11ac and 802.11ad[J]. ACM SIGMOBILE Mobile Computing and Communications Review, 2011, 15(3): 23-33.

[15] JACOB M, PRIEBE S, DICKHOFF R, et al. Diffraction in mm and sub-mm wave indoor propagation channels[J]. IEEE Transactions on Microwave Theory and Techniques, 2012, 60(3): 833-844.

[16] RAPPAPORT T S, MURDOCK J N, GUTIERREZ F. State of the art in 60-GHz integrated circuits and systems for wireless communications[J]. Proceedings of the IEEE, 2011, 99(8): 1390-1436.

[17] 3GPP. Study on new radio access technology physical layer aspects: TR 38.802, v14.1.0, 2017.

[18] 3GPP. Study on scenarios and requirements for next generation access technologies: TR 38.913, v14.3.0, 2017.

第2章

[1] THEODORES.RAPPAPORT. 无线通信原理与应用：[英文版][M]. 北京：电子工业出版社, 2004.

[2] HATA M. Empirical formula for propagation loss in land mobile radio services[J]. IEEE Transactions on Vehicular Technology, 1980, 29(3): 317-325.

[3] WALFISCH J, BERTONI H L. A theoretical model of UHF propagation in urban environments[J]. IEEE Transactions on Antennas and Propagation, 1988, 36(12): 1788-1796.

[4] KALIVAS G A, EL-TANANY M, MAHMOUD S A. Millimeter-wave channel measurements for indoor wireless communications[C]//Proceedings of [1992 Proceedings] Vehicular Technology Society 42nd VTS Conference - Frontiers of Technology.

Piscataway: IEEE Press, 1992: 609-612.

[5] YONG S C, JAEKWON K, WON Y Y, et al. MIMO-OFDM无线通信技术及MATLAB实现[M]. 北京：电子工业出版社, 2013.

[6] 3GPP. Spatial channel model for multiple input multiple output (MIMO) simulations (Release 9): TR 25.996, v9.0.0, 2009.

[7] NARANDZIC M, SCHNEIDER C, THOMA R, et al. Comparison of SCM, SCME, and WINNER channel models[C]//Proceedings of 2007 IEEE 65th Vehicular Technology Conference- VTC2007-Spring. Piscataway: IEEE Press, 2007: 413-417.

[8] R-REP-M.2135-2008-MSW-E. Guidelines for evaluation of radio interface technologies for IMT-Advanced.

[9] IST-4-027756 WINNER II D1.1.1 V1.1. WINNER II interim channel models, 2006.

[10] IEEE 802.16m Evaluation Methodology Document (EMD). IEEE, 2009.

[11] 3GPP. Study on 3D channel model for LTE: TR 36.873, v12.2.0.

[12] 3GPP. Study on channel model for frequencies from 0.5 to 100 GHz (Release 16): TR 38.901, v16.0.0, 2019.

[13] JORDAN E C, ANDREWS C L. Electromagnetic waves and radiating systems[J]. American Journal of Physics, 1951, 19(8): 477-478.

[14] ITU-R Rec. P.2040-1. Effects of building materials and structures on radiowave propagation above about 100 MHz. International Telecommunication Union Radiocommunication Sector ITU-R, 2015.

第3章

[1] 3GPP. NR Physical channels and modulation(Release 16): TS 38. 211-g10.

[2] 3GPP. On CSI-RS for CSI acquisition: R1-1712303. ZTE Sanechips, 2017.

[3] 3GPP. On CSI-RS for CSI acquisition and beam management: R1-1719541. ZTE Sanechips, 2017.

[4] 3GPP. On remaining details of TRS: R1-1718352. MediaTek Inc, 2017.

[5] 3GPP. Remaining issues on TRS: R1-1718550. Qualcomm Incorporated, 2017.

[6] 3GPP. Remaining issues on TRS: R1-1802831. Qualcomm Incorporated, 2018.

[7] 3GPP. TEI on TRS for FR1: R1-1912551. CMCC, CATT, Huawei, HiSilicon, Ericsson, ZTE, Samsung, Intel, 2019.

[8] 3GPP. On remaining NR TEI issues: R1-2002229. Nokia, 2020.

[9] 3GPP. Study on scenarios and requirements for next generation access technologies

(Release 15): TR 38. 913-f00.

[10] 3GPP. WF on the number of DL orthogonal DM-RS ports: R1-1706310. Huawei, HiSilicon, AT&T, IITM, Softbank, CeWiT, CMCC, IITH, Tejas Networks. MediaTek, CATT, CATR, Nokia, ASB, Mitsubishi Electric, NTT DOCOMO, Fujitsu, China Unicom, Deutsche Telekom, KDDI, TELECOM ITALIA, Xinwei, 2017.

[11] 3GPP. WF on front-load DM-RS design: R1-1709833. Qualcomm, Huawei, HiSilicon, ZTE, Mediatek, Ericsson, Mitsubishi, LGE, ITL, NTT DOCOMO, ETRI, CATT, 2017.

[12] 3GPP. Summary of DM-RS Issues: R1-1811838. Qualcomm, 2018.

[13] 3GPP. Remaining issues on DM-RS: R1-1803911. ZTE, Sanechips, 2018.

[14] 3GPP. Discussion on low PAPR RS: R1-1810223. ZTE, 2018.

[15] 3GPP. Lower PAPR reference signals: R1-1811941. Qualcomm Incorporated, 2018.

[16] 3GPP. Lower PAPR reference signals: R1-1813898. Qualcomm Incorporated, 2018.

[17] 3GPP. On the limitations of sounding reference signal for UL MIMO: R1-093916. NSN, 2009.

[18] 3GPP. SRS enhancements for LTE-A UL transmission: R1-100075. CATT, 2010.

[19] 3GPP. Sounding capacity enhancements using DMRS: R1-101077. Huawei, 2010.

[20]3GPP. UL SRS design for CSI acquisition and beam: R1-1704241. Huawei, HiSilicon, 2017.

[21] 3GPP. Discussion on SRS design for NR: R1-1710200. ZTE, 2017.

[22] 3GPP. Discussion on phase noise modeling: R1-163984. Samsung, 2016.

[23] 3GPP. Study of phase noise tracking: R1-1609529. Intel Corporation, 2016.

[24] 3GPP. Phase noise in high frequency bands for new radio systems: R1-164888. CMCC, 2016.

[25] 3GPP. Physical procedures for data: TS 38.214, 2020.

[26] 3GPP. On UL PT-RS design: R1-1704981. LG Electronic, 2017.

[27] 3GPP. Frequency domain pattern for RS for phase tracking: R1-1612499. Samsung, 2016.

[28] 3GPP. DL PT-RS considerations: R1-1713410. Qualcomm Incorporated, 2017.

[29] 3GPP. Remaining details on PT-RS: R1-1719543. ZTE Sanechips, 2017.

[30] 3GPP. On PT-RS design: R1-1802201. LG Electronics, 2018.

[31] 3GPP. PT-RS insertion methods and patterns for UL DFTsOFDM waveform: R1-1712266. Mitsubishi Electric, 2017.

[32] 3GPP. Further details of PT-RS: R1-1717306. Huawei Hisilicon, 2017.

[33] 3GPP. On details on PT-RS design for CP-OFDM: R1-1714357. Nokia, 2017.

[34] 3GPP. NR Medium Access Control(MAC) protocol specification(Release 15): TS 38.321-f80.

第4章

[1] SHLIVINSKI A, HEYMAN E, KASTNER R. Antenna characterization in the time domain[J]. IEEE Transactions on Antennas and Propagation, 1997, 45(7): 1140-1149.

[2] PALOMAR D P, CIOFFI J M, LAGUNAS M A. Joint Tx-Rx beamforming design for multicarrier MIMO channels: a unified framework for convex optimization[J]. IEEE Transactions on Signal Processing, 2003, 51(9): 2381-2401.

[3] 3GPP. On reciprocity based CSI acquisition: R1-1712294. ZTE, 2017.

[4] 3GPP. Remaining details on CSI measurement: R1-1801579. ZTE, 2018.

[5] 3GPP. Advance CSI measurement and report framework for NR MIMO: R1-1608672. ZTE, 2016.

[6] 3GPP. NR: Physical layer procedure for data: TS 38.214. ZTE, 2017.

[7] 3GPP. WF on omission rules for partial Part 2 reporting: R1-1718886. ZTE, Sanechips, Ericsson, MediaTek, Samsung, NTT DOCOMO, ASTRI, CATT, 2017.

[8] 3GPP. CSI enhancement for MU-MIMO support: R1-1901633. ZTE, 2019.

[9] 3GPP. CSI enhancement for MU-MIMO support: R1-1903343. ZTE, 2019.

[10] 3GPP. CSI enhancement for MU-MIMO support: R1-1906235. ZTE, 2019.

[11] 3GPP. Study on channel model for frequencies from 0.5 to 100 GHz: TR 38.901.

[12] HAN Y, HSU T H, WEN C K, et al. Efficient downlink channel reconstruction for FDD multi-antenna systems[J]. IEEE Transactions on Wireless Communications, 2019, 18(6): 3161-3176.

[13] 3GPP. Measurement results on doppler spectrum for various UE mobility environments and related CSI enhancements: RP-192978. Fraunhofer IIS, Fraunhofer HHI, Deutsche Telekom, 2019.

[14] HAN Y, LI M Y, JIN S, et al. Deep learning-based FDD non-stationary massive MIMO downlink channel reconstruction[J]. IEEE Journal on Selected Areas in Communications, 2020, 38(9): 1980-1993.

[15] 3GPP. Evolution of NR MIMO in Rel-17: R1-192566. ZTE, Sanechips, 2019.

[16] 3GPP. Linear combination based CSI feedback design for NR MIMO: R1-1701809. ZTE, 2017.

[17] 3GPP. CSI enhancement for MU-MIMO support:R1-1900086. ZTE, 2019.

[18] 3GPP. Overhead reduction for Type II CSI: R1-1712295. ZTE, 2017.

[19] 3GPP. On CSI enhancements for MU-MIMO support: R1-1811193. Ericsson, 2018.

[20] 3GPP. Remaining details on CSI reporting: R1-1719532. ZTE, Sanechips, 2017.

[21] 3GPP. CSI enhancement for MU-MIMO support: R1-1900904. Qualcomm Incorporated, 2019.

[22] 3GPP. CSI enhancement for MU-MIMO support: R1-1910283. ZTE, 2019.

第5章

[1] 3GPP. Revised WID: enhancements on MIMO for NR: RP-182067. Samsung, 2018.

[2] 3GPP. On multi-TRP and multi-panel: R1-1813271. Ericsson, 2018.

[3] 3GPP. Enhancements on multi-TRP/panel transmission: R1-1810104. Huawei, 2018.

[4] 3GPP. Discussion on multi-TRP/multi-panel transmission: RP-1810790. Intel, 2018.

[5] 3GPP. Multi-TRP Enhancements: R1-1813442. Qualcomm Incorporated, 2018.

[6] 3GPP. Multi-TRP Enhancements: R1-1907289. Qualcomm Incorporated, 2019.

[7] 3GPP. On multi-TRP/multi-panel transmission: RP-1904313. Intel, 2019.

[8] 3GPP. Enhancements on multi-TRP/panel transmission: RP-1903970. Huawei, HiSilicon, 2019.

[9] 3GPP. Enhancements on multi-TRP/panel transmission: RP-1901634. ZTE, 2019.

[10] 3GPP. On multi-TRP and multi-panel: RP-1902540. Ericsson, 2019.

[11] 3GPP. Enhancements on multi-TRP/panel transmission: RP-1812243. Huawei, HiSilicon, 2018.

[12] 3GPP. Enhancements on multi-TRP/panel transmission: RP-1905523. Huawei, HiSilicon, 2019.

[13] 3GPP. Multi-TRP Enhancements: RP-1909272. Qualcomm Incorporated, 2019.

[14] 3GPP. On multi-TRP/panel: RP-1902540. Ericsson, 2019.

[15] 3GPP. Enhancements on multi-TRP/panel transmission: RP-1906029. Huawei, HiSilicon, 2019.

[16] 3GPP. Multi-TRP Enhancements: RP-1905026. Qualcomm Incorporated, 2019.

[17] 3GPP. Multi-TRP Enhancements: RP-1911126. Qualcomm Incorporated, 2019.

[18] 3GPP. Enhancements on multi-TRP/panel transmission: RP-1910073. Huawei, HiSilicon, 2019.

[19] 3GPP. Enhancements on multi-TRP and multi-panel transmission: RP-1910284. ZTE, 2019.

[20] 3GPP. New WID: further enhancements on MIMO for NR: RP-193133. Samsung, 2019.

第6章

[1] 3GPP. Study on new radio access technology physical layer aspects: TR 38.802, v14.1.0, 2017.

[2] 3GPP. Study on scenarios and requirements for next generation access technologies: TR 38.913, v14.3.0, 2017.

[3] NIU Y, LI Y, JIN D P, et al. A survey of millimeter wave communications (mmWave) for 5G: opportunities and challenges[J]. Wireless Networks, 2015, 21(8): 2657-2676.

[4] AYACH O E, RAJAGOPAL S, ABU-SURRA S, et al. Spatially sparse precoding in millimeter wave MIMO systems[J]. IEEE Transactions on Wireless Communications, 2014, 13(3): 1499-1513.

[5] ANDERSON C R, RAPPAPORT T S, BAE K, et al. In-building wideband multipath characteristics at 2.5 and 60 GHz[C]//Proceedings of Proceedings IEEE 56th Vehicular Technology Conference. Piscataway: IEEE Press, 2002: 97-101.

[6] 3GPP. Study on channel model for frequencies from 0.5 to 100 GHz: TR 38.901, v15.0.0, 2018.

[7] YONG S K S, XIA P F, VALDES-GARCIA A. 60 GHz Technology for Gbps WLAN and WPAN[M]. Chichester, UK: John Wiley & Sons, Ltd, 2010.

[8] 3GPP. Study on elevation beamforming / Full-Dimension (FD) Multiple Input Multiple Output (MIMO) for LTE: TR36.897, v13.0.0, 2015.

[9] HUANG K C, WANG Z C. Millimeter wave communication systems[M]. John Wiley & Sons, 2011.

[10] GIORDANI M, POLESE M, ROY A, et al. A tutorial on beam management for 3GPP NR at mmWave frequencies[J]. IEEE Communications Surveys & Tutorials, 2019, 21(1): 173-196.

[11] 3GPP. Beamforming procedure considering high frequency channel characteristics: R1-1700126. ZTE, 2017.

[12] 3GPP. On the impact of UE rotation: R1-1609248. LG Electronics, 2016.

[13] 3GPP. NR Physical layer procedures for data (Release 15): TS 38.214, v15.4.0, 2018.

[14] 3GPP. Medium Access Control (MAC) protocol specification (Release 15): TS 38.321, v15.4.0, 2018.

[15] TSANG Y M, POON A S Y. Detecting human blockage and device movement in mmWave communication system[C]//Proceedings of 2011 IEEE Global Telecommunications Conference - GLOBECOM 2011. Piscataway: IEEE Press, 2011: 1-6.

[16] JACOB M, MBIANKE C, KÜRNER T. A dynamic 60 GHz radio channel model for system level simulations with MAC protocols for IEEE 802.11ad[C]//Proceedings of IEEE International Symposium on Consumer Electronics. Piscataway: IEEE Press, 2010: 1-5.

[17] Alliance for Telecommunications Industry Solutions. 3GPP final technology submission Overview of 3GPP 5G solutions for IMT-2020.

[18] 3GPP. Details and LLS evaluation on L1-SINR measurement and reporting: R1-1906248. ZTE, 2019.

[19] 3GPP. Details and LLS evaluation on UL simultaneous transmission for multi-TRP: R1-1906247. ZTE, 2019.

[20] XIAO Z Y, ZHU L P, CHOI J, et al. Joint power allocation and beamforming for non-orthogonal multiple access (NOMA) in 5G millimeter wave communications[J]. IEEE Transactions on Wireless Communications, 2018, 17(5): 2961-2974.

[21] XIAO Z Y, ZHU L P, GAO Z, et al. User fairness non-orthogonal multiple access (NOMA) for millimeter-wave communications with analog beamforming[J]. IEEE Transactions on Wireless Communications, 2019, 18(7): 3411-3423.

[22] 3GPP. Details and SLS evaluation on L1-SINR measurement and reporting: R1-1906249. ZTE, 2019.

[23] DING Y, SU L, JIN D P. New fast multi-user beam training scheme based on compressed sensing theory for millimetre-wave communication[J]. IET Communications, 2019, 13(6): 642-648.

[24] ZHOU P, FANG X M, WANG X B, et al. Deep learning-based beam management and interference coordination in dense mmWave networks[J]. IEEE Transactions on Vehicular Technology, 2019, 68(1): 592-603.

[25] KIM J S, LEE W J, CHUNG M Y. A multiple beam management scheme on 5G mobile communication systems for supporting high mobility[C]//Proceedings of 2016 International Conference on Information Networking (ICOIN). Piscataway: IEEE Press, 2016: 260-264.

[26] WANG Y Y, NARASIMHA M, HEATH R W. MmWave beam prediction with situational awareness: a machine learning approach[C]//Proceedings of 2018 IEEE 19th International Workshop on Signal Processing Advances in Wireless Communications.

 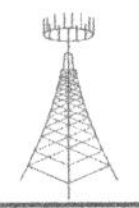

Piscataway: IEEE Press, 2018: 1-5.

第7章

[1] 3GPP. Interference mitigation via power control and FDM resource allocation and UE alignment for E-UTRA uplink and TP: R1-060401. Motorola, 2006.
[2] 3GPP. NR: Physical layer procedures for control: TS 38.213.
[3] 3GPP. NR: Medium Access Control (MAC) protocol specification: TS 38.321.
[4] 3GPP. NR: Requirements for support of radio resource management: TS 38.133.
[5] 3GPP. NR: User Equipment (UE) radio transmission and reception: TS 38.101-1: Part 1: Range 1 Standalone.
[6] 3GPP. NR: User Equipment (UE) radio transmission and reception: TS 38.101-2: Part 2: Range 2 Standalone.
[7] 3GPP. NR: User Equipment (UE) radio transmission and reception: TS 38.101-3: Part 3: Range 1 and Range 2 Interworking operation with other.
[8] 3GPP. Summary for Al 7.1.6.1 NR UL power control in non-CA aspects: R1-1807653. ZTE, 2018.
[9] 3GPP. WI Proposal on NR MIMO Enhancements: RP-181453. Samsung, 2018.
[10] 3GPP. Final Report of 3GPP TSG RAN WG1 #94bis v1.0.0: RP-1812101. MCC Support, 2018.
[11] 3GPP. Final Report of 3GPP TSG RAN WG1 #97 v1.0.0: RP-1907973. MCC Support, 2019.
[12] 3GPP. Full Tx power UL transmission: R1-1810436.MediaTek Inc, 2018.
[13] 3GPP. Full Tx power for UL transmissions: R1-1900907. Qualcomm Incorporated, 2019.
[14] 3GPP. On full power UL transmission: R1-1900926. Ericsson, 2019.

第9章

[1] THIDÉ B, THEN H, SJÖHOLM J, et al. Utilization of photon orbital angular momentum in the low-frequency radio domain[J]. Physical Review Letters, 2007, 99(8): 087701.
[2] Fabio Spinello, Elettra Mari, Matteo Oldoni. Experimental near field AM-based communication with circular patch array. arXiv: 1508. 06889v1 [physics.optics] 24, 2015.

[3] MOHAMMADI S M, DALDORFF L K S, FOROZESH K, et al. Orbital angular momentum in radio: measurement methods[J]. Radio Science, 2010, 45(04): 1-14.

[4] TAMBURINI F, THIDÉ B, MARI E, et al. Encoding many channels on the same frequency through radio vorticity: first experimental test[J]. New Journal of Physics, 2011, 14(11): 78001-78004.

[5] ZHENG S L, CHEN Y L, ZHANG Z F, et al. Realization of beam steering based on plane spiral orbital angular momentum wave[J]. IEEE Transactions on Antennas and Propagation, 2018, 66(3): 1352-1358.

[6] ZHENG S L, HUI X N, ZHU J B, et al. Orbital angular momentum mode-demultiplexing scheme with partial angular receiving aperture[J]. Optics Express, 2015, 23(9): 12251.

[7] QIN F, GAO S, CHENG W C, et al. A high-gain transmitarray for generating dual-mode OAM beams[J]. IEEE Access, 2018, 6: 61006-61013.

[8] CHENG W C, ZHANG H L, LIANG L P, et al. Orbital-angular-momentum embedded massive MIMO: achieving multiplicative spectrum-efficiency for mmWave communications[J]. IEEE Access, 2018, 6: 2732-2745.

[9] YANG Y W, CHENG W C, ZHANG W, et al. Mode modulation for wireless communications with a twist[J]. IEEE Transactions on Vehicular Technology, 2018, 67(11): 10704-10714.

[10] WANG L, GE X H, ZI R, et al. Capacity analysis of orbital angular momentum wireless channels[J]. IEEE Access, 2017, 5: 23069-23077.

[11] GE X H, ZI R, XIONG X S, et al. Millimeter wave communications with OAM-SM scheme for future mobile networks[J]. IEEE Journal on Selected Areas in Communications, 2017, 35(9): 2163-2177.

[12] ZHANG C, MA L. Millimetre wave with rotational orbital angular momentum[J]. Scientific Reports, 2016, 6(1): 31921.

[13] ZHANG C, MA L. Detecting the orbital angular momentum of electro-magnetic waves using virtual rotational antenna[J]. Scientific Reports, 2017, 7(1): 4585.

[14] LEE D, SASAKI H, FUKUMOTO H, et al. An experimental demonstration of 28 GHz band wireless OAM-MIMO (orbital angular momentum multi-input and multi-output) multiplexing[C]//Proceedings of 2018 IEEE 87th Vehicular Technology Conference. Piscataway: IEEE Press, 2018: 1-5.

[15] LEE D, SASAKI H, FUKUMOTO H, et al. An evaluation of orbital angular momentum multiplexing technology[J]. Applied Sciences, 2019, 9(9): 1729-1741.

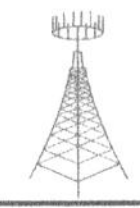

[16] HIRANO T. Equivalence between orbital angular momentum and multiple-input multiple-output in uniform circular arrays: investigation by eigenvalues[J]. Microwave and Optical Technology Letters, 2018, 60(5): 1072-1075.

[17] ZHAO L J, ZHANG H L, CHENG W C. Fractal uniform circular arrays based multi-orbital-angular-momentum-mode multiplexing vortex radio MIMO[J]. China Communications, 2018, 15(9): 118-135.

[18] YAN Y, XIE G D , LAVERY M P , et al. High-capacity millimetre-wave communications with orbital angular momentum multiplexing[J]. Nature Communications, 2014, 5(1): 4876-4876.

[19] MOHAMMADI S M, DALDORFF L K S, FOROZESH K, et al. Orbital angular momentum in radio: measurement methods[J]. Radio Science, 2010, 45(04): 1-14.

[20] ZHANG Y, ZHANG H H, PANG L H, et al. On reception sampling region of OAM radio beams using concentric circular arrays[C]//Proceedings of 2018 IEEE Wireless Communications and Networking Conference. Piscataway: IEEE Press, 2018: 1-5.

[21] XIAO F, HU W W, XU A S. Optical phased-array beam steering controlled by wavelength[J]. Applied Optics, 2005, 44(26): 5429.

[22] MUIRHEAD D, IMRAN M A, ARSHAD K. A survey of the challenges, opportunities and use of multiple antennas in current and future 5G small cell base stations[J]. IEEE Access, 2016, 4: 2952-2964.

[23] KAMEL M, HAMOUDA W, YOUSSEF A. Ultra-dense networks: a survey[J]. IEEE Communications Surveys & Tutorials, 2016, 18(4): 2522-2545.

[24] RENZO M D, DEBBAH M, PHAN-HUY D T, et al. Smart radio environments empowered by reconfigurable AI meta-surfaces: an idea whose time has come[J]. EURASIP Journal on Wireless Communications and Networking, 2019: 129.

[25] SUBRT L, PECHAC P. Controlling propagation environments using Intelligent Walls[J]. 2012 6th European Conference on Antennas and Propagation (EUCAP), 2012: 1-5.

[26] WELKIE A, SHANGGUAN L F, GUMMESON J, et al. Programmable radio environments for smart spaces[C]//Proceedings of the 16th ACM Workshop on Hot Topics in Networks. New York, NY, USA: ACM, 2017: 36-42.

[27] LIASKOS C, NIE S, TSIOLIARIDOU A, et al. A new wireless communication paradigm through software-controlled metasurfaces[J]. IEEE Communications Magazine, 2018, 56(9): 162-169.

[28] LIASKOS C, TSIOLIARIDOU A, NIE S, et al. On the network-layer modeling and

configuration of programmable wireless environments[J]. IEEE/ACM Transactions on Networking, 2019, 27(4): 1696-1713.

[29] VAN HUYNH N, HOANG D T, LU X, et al. Ambient backscatter communications: a contemporary survey[J]. IEEE Communications Surveys & Tutorials, 2018, 20(4): 2889-2922.

[30] BONOD N. Large-scale dielectric metasurfaces. Nature Materials, Jun. 2015: 664-665.

[31] CHEN H T, TAYLOR A J, YU N. A review of metasurfaces: physics and applications[J]. Reports on Progress in Physics Physical Society (Great Britain), 2016, 79(7): 076401.

[32] PESTOURIE R, PÉREZ-ARANCIBIA C, LIN Z, et al. Inverse design of large-area metasurfaces[J]. Optics Express, 2018, 26(26): 33732-33747.

[33] VAHABZADEH Y, CHAMANARA N, ACHOURI K, et al. IEEE J. Multiscale and Multiphysics Computational Techniques, 2018: 37-49.

[34] ACHOURI K, SALEM M A, CALOZ C. General metasurface synthesis based on susceptibility tensors[J]. IEEE Transactions on Antennas and Propagation, 2015, 63(7): 2977-2991.

[35] LAVIGNE G, ACHOURI K, ASADCHY V S, et al. Susceptibility derivation and experimental demonstration of refracting metasurfaces without spurious diffraction[J]. IEEE Transactions on Antennas and Propagation, 2018, 66(3): 1321-1330.

[36] LIU F, PITILAKIS A, MIRMOOSA M S, et al. Programmable metasurfaces: state of the art and prospects[J]. 2018 IEEE International Symposium on Circuits and Systems (ISCAS), 2018: 1-5.

[37] YANG H, CAO X, YANG F, et al. A programmable metasurface with dynamic polarization, scattering and focusing control. Scientific Reports, 2016.

[38] LIASKOS C, TSIOLIARIDOU A, PITSILLIDES A, et al. Design and development of software defined metamaterials for nanonetworks[J]. IEEE Circuits and Systems Magazine, 2015, 15(4): 12-25.

[39] KAINA N, DUPRÉ M, FINK M, et al. Hybridized resonances to design tunable binary phase metasurface unit cells[J]. Optics Express, 2014, 22(16): 18881.

[40] ZHAO J, CHENG Q, CHEN J, et al. A tunable metamaterial absorber using varactor diodes[J]. New Journal of Physics, 2013, 15(4): 043049.

[41] NGO H Q, ASHIKHMIN A, YANG H, et al. Cell-Free Massive MIMO: uniformly great service for everyone[J]. 2015 IEEE 16th International Workshop on Signal Processing Advances in Wireless Communications (SPAWC), 2015: 201-205.

[42] INTERDONATO G, NGO H Q, LARSSON E G, et al. How much do downlink pilots improve cell-free massive MIMO? [J]. 2016 IEEE Global Communications Conference (GLOBECOM), 2016: 1-7.

[43] INTERDONATO G, BJÖRNSON E, QUOC NGO H, et al. Ubiquitous cell-free Massive MIMO communications[J]. EURASIP Journal on Wireless Communications and Networking, 2019: 197.

[44] ZHANG J Y, WEI Y H, BJÖRNSON E, et al. Performance analysis and power control of cell-free massive MIMO systems with hardware impairments[J]. IEEE Access, 2018, 6: 55302-55314.

[45] NGO H Q, ASHIKHMIN A, YANG H, et al. Cell-free massive MIMO versus small cells[J]. IEEE Transactions on Wireless Communications, 2017, 16(3): 1834-1850.

[46] ATTARIFAR M, ABBASFAR A, LOZANO A. Random vs structured pilot assignment in cell-free massive MIMO wireless networks[J]. 2018 IEEE International Conference on Communications Workshops (ICC Workshops), 2018: 1-6.

[47] GUAN K, LI G K, KÜRNER T, et al. On millimeter wave and THz mobile radio channel for smart rail mobility[J]. IEEE Transactions on Vehicular Technology, 2017, 66(7): 5658-5674.

[48] TONG W Q, HAN C. MRA-MAC: a multi-radio assisted medium access control in terahertz communication networks[C]//Proceedings of GLOBECOM 2017 IEEE Global Communications Conference. Piscataway: IEEE Press, 2017: 1-6.

[49] LIN C, LI G Y, WANG L. Subarray-based coordinated beamforming training for mmWave and sub-THz communications[J]. IEEE Journal on Selected Areas in Communications, 2017, 35(9): 2115-2126.

[50] AKYILDIZ I F, JORNET J M, HAN C. Terahertz band: next frontier for wireless communications[J]. Physical Communication, 2014, 12: 16-32.